Über dieses Buch

Wilhelm Reichs spätes Hauptwerk, das in seiner Einsicht in die Krebserkrankung und -behandlung möglicherweise bahnbrechend sein könnte, war in der ganzen Welt jahrzehntelang unbekannt und tabuisiert. Es erschien 1948 zum erstenmal in Amerika, wurde aber ein paar Jahre später durch Gerichtsbeschluß aus dem Handel gezogen und verbrannt. Erst Anfang der siebziger Jahre konnte es im Zuge der allgemeinen Enttabuisierung des Krebsproblems und der Sexualität wieder erscheinen, und zwar gleichzeitig in Amerika, auf dem deutschen Buchmarkt und in vielen anderen europäischen Ländern.

Die Theorie Wilhelm Reichs sieht in der Krebskrankheit im Gegensatz zur gewohnten mechanistisch vorgehenden Krebsforschung nicht in erster Linie einen Tumor, der auf geheimnisvolle Weise in einem gesunden Körper entsteht, sondern eine Krankheit des Gesamtorganismus, verursacht durch chronische, traditionsbedingte Stagnation biologisch sexueller Energie. Er erkannte in dieser Krankheit, die er die »emotionale Pest« nannte und der er schicksalhaft später selbst zum Opfer fiel, die biopathologische Grundlage und suchte in intensiver Klinischer Forschung nach Methoden zu ihrer Bekämpfung. Allerdings hat Reich trotz einiger erstaunlicher Erfolge an sogenannten hoffnungslosen Fällen nie behauptet, den Krebs heilen zu können. Er legt nach jahrzehntelanger Erfahrung auf dem Gebiet der Orgonenergie-Forschung eine Krebstheorie vor, die Entstehung und Entwicklung der Krankheit untersucht und Möglichkeiten einer Therapie und vor allem einer Prophylaxe auch aus psychoanalytischer und sozialer Sicht anbietet.

Über den Autor

Wilhelm Reich wurde 1897 in Dobrzcynica, Galizien, geboren. 1920 Eintritt in die Internationale Psychoanalytische Vereinigung, 1928 Fachwissenschaftlicher Leiter der Sozialitischen Gesellschaft für Sexualberatung und Sexualforschung Wien. Nach Auseinandersetzungen mit der Komintern, den Austromarxisten und der KPD auf der einen Seite, mit der Freud-Schule auf der anderen, wurde er 1934 aus der KP und aus der Internationalen Psychoanalytischen Vereinigung ausgeschlossen. Nach der Emigration in die USA entwickelte er von 1939 bis zu seinem Tode (1957) die »Orgon«-Therapie.

Weitere Bücher von Reich im Fischer Taschenbuch Verlag:
Die sexuelle Revolution (Bd. 6093), *Die Entdeckung des Orgons/ Die Funktion des Orgasmus* (Bd. 6140), *Charakteranalyse* (Bd. 6191), *Die Massenpsychologie des Faschismus* (Bd. 6250) und *Der Einbruch der sexuellen Zwangsmoral. Zur Geschichte der sexuellen Ökonomie* (Bd. 6268); außerdem von Ola Raknes: *Wilhelm Reich und die Orgonomie* (Bd. 6225).

Wilhelm Reich
Die Entdeckung des Orgons

Der Krebs

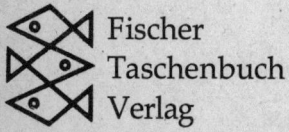
Fischer
Taschenbuch
Verlag

Den 32seitigen Bildteil (Fig. 25—64 g)
finden Sie etwa in der Mitte des Buches.

Fischer Taschenbuch Verlag
November 1976
Ungekürzte Ausgabe

Umschlagentwurf: Jan Buchholz / Reni Hinsch

Die englische Übersetzung erschien zuerst unter dem Titel
The Cancer Biopathy, Orgone Institute Press Inc. 1948

Fischer Taschenbuch Verlag GmbH, Frankfurt am Main
Lizenzausgabe mit freundlicher Genehmigung
des Verlages Kiepenheuer & Witsch, Köln
© 1971 by Mary Boyd Higgins as Trustee of the
Wilhelm Reich Infant Trust Fund.
Deutsche Ausgabe:
© 1974 Verlag Kiepenheuer & Witsch, Köln
Gesamtherstellung: Clausen & Bosse, Leck (Schleswig)
Printed in Germany
6336-980-ISBN-3-436-02375-2

Liebe, Arbeit und Wissen sind
die Quellen unseres Lebens.
Sie sollten es auch beherrschen.

Inhalt

VORWORT 9

VORWORT ZUM ZWEITEN BAND 15

I. DIE SPANNUNGS-LADUNGS-FUNKTION 27
1. Die Orgasmusfunktion 27
2. Forderung nach einer spezifisch biologischen Energie ... 30

II. DIE ORGON-ENERGIE-BLÄSCHEN (»BIONE«) UND DIE NATÜRLICHE
ORGANISATION VON PROTOZOEN 37
1. Der allgemeine Bläschenzerfall quellender Materie
   (PA-Bione) 38
2. Die Frage der »Brownschen Bewegung« 48
3. Die T-Bazillen 52
4. Erstrahlung und Attraktion 62
5. Verschmelzung und Durchdringung 64
6. Die natürliche Organisation der Protozoen 68
   Experiment 80

III. DIE TATSÄCHLICHE ENTDECKUNG DER ORGONENERGIE .. 94
1. Absurditäten der Luftkeimtheorie 94
2. Die strahlenden Sand-Bion-Kulturen 101
3. Die Sichtung des atmosphärischen Orgons 109

IV. DER OBJEKTIVE NACHWEIS DER ORGON-STRAHLUNG .. 115
1. Gibt es subjektive Lichteindrücke? 115
2. Das Flimmern am Himmel – Objektiviert
   (Das Orgonoskop) 118
3. Abgrenzung eines Strahlungsraumes und objektive
   Sichtbarmachung 123
4. Der Orgon-Akkumulator 127
5. Nachweis der orgonotischen Pulsation im
   nichtlebenden Bereich 158
6. Nachweis der orgonotischen Erstrahlung am
   Orgonenergiefeld-Meßapparat 162
7. Eine motorische Kraft der Orgonenergie 165

V.	DIE KARZINOMATÖSE SCHRUMPFUNGS-BIOPATHIE	167
1.	Die Definition der Biopathien	167
2.	Die biopathische Schrumpfung	169
3.	Sexualökonomische Voraussetzungen	171
4.	Aus der Geschichte einer Krebskranken: Versuch einer Orgontherapie	176
5.	Das Wesen des funktionalen Zusammenbruchs: Zusammenfassung	206
6.	Über den Sexualhunger des Organismus bei chronischer Abstinenz an Hand eines Falles karzinomatöser Schrumpfung ohne Tumoren	211
VI.	DIE KREBSZELLE	226
1.	Das Rätsel der Entstehung der Krebszelle	226
2.	Das Sterben bei lebendigem Leibe	255
3.	Rätsel in der traditionellen Krebsforschung	260
4.	Krebszelle: Produkt einer Abwehrreaktion des Organismus	287
5.	Eine Bemerkung zur Vererbungsfrage	293
VII.	WESEN UND ENTWICKLUNG DES ORGONTHERAPIEEXPERIMENTS	297
VIII.	DIE RESULTATE DER EXPERIMENTELLEN ORGONTHERAPIE AN KREBSKRANKEN MENSCHEN	316
1.	Die orgonotische Zell-Erstrahlung: Wirkung des Orgon-Akkumulators und therapeutischer Faktor	316
2.	Offene Fragen der Orgontherapie des Krebses	328
3.	Fünf Jahre Erfahrungen mit physikalischer Orgontherapie	337
IX.	DIE ANORGONIE DER KREBSSCHRUMPFUNGSBIOPATHIE	347
X.	DIE KREBSBIOPATHIE ALS SEXUALSOZIOLOGISCHES PROBLEM	401
Register		425

Vorwort

Die Theorie Wilhelm Reichs, daß die Krebskrankheit in erster Linie kein Tumor ist, der auf geheimnisvolle Weise in einem sonst gesunden Körper entsteht, sondern eine Krankheit des Gesamtorganismus, die durch chronische sexuelle Aushungerung verursacht ist, wird den Durchschnittsleser, der gewöhnt ist, eine Sexualstörung zwar als betrüblich, nicht aber als krankhaft anzusehen, aufs äußerste überraschen. Auch wird sie viele erzürnen, denen eine solche Verbindung aufgrund moralischer Vorurteile anstößig und unhaltbar erscheint. Wilhelm Reich mit seinem Sinn für den Zusammenhang *aller* Naturerscheinungen setzte sich über diese Vorurteile hinweg und rechnete auch den Orgasmus zu den ernstzunehmenden Forschungsgegenständen. Im Laufe seiner Forschungen untersuchte er schließlich die genaue Natur der Energie, die sich im Orgasmus äußert, und zeigte, daß diese Energie nicht nur in lebenden Organismen wirkt, sondern auch das allgemeine Funktionsprinzip der Natur darstellt.

Der Weg, der Reich zur Entdeckung dieser allgegenwärtigen Energie, die er Orgon nannte, führte, ist in *Die Funktion des Orgasmus – Die Entdeckung des Orgons*, Bd. I beschrieben. Hier, in *Der Krebs*, geht Reich in die Details der faktischen Entdeckung der Orgonenergie und enthüllt ihre praktischen Folgen für das Krebsproblem. Dabei liefert er einen Beitrag von außerordentlicher Bedeutung für das Verständnis der schwersten und rätselhaftesten Krankheit, an der die Menschheit heute leidet.

Obwohl *Der Krebs* 1948 zum ersten Mal veröffentlicht wurde, ist das Buch heute praktisch unbekannt. Es hatte eine äußerst begrenzte Verbreitung, und später wurde die Einstellung seines Verkaufs durch einen Gerichtsbeschluß erzwungen, aufgrund dessen die Bücher Wilhelm Reichs nicht ausgeliefert bzw. durch eine Dienststelle der US-Regierung verbrannt wurden. Glücklicherweise zeigt sich heute, da diese Neuausgabe erscheint, eine wachsende Offenheit gegenüber unorthodoxen Ansätzen, das Krebsproblem zu lösen.

Reichs Krebstheorie basiert auf der Orgonenergie. Diese Energie kann bei der Erforschung aller Naturerscheinungen und bei der Untersuchung, Behandlung und Prophylaxe von Krankheiten nutzbar gemacht werden. Man sollte erwarten, daß der tatsächliche Beweis für die Existenz einer derartigen Energie, über die der Mensch während seiner ganzen Vergangenheit spekuliert hat, begierig aufgenommen würde. Doch die Unfähigkeit des Durchschnittsmenschen, seine eigenen körperlichen Empfindungen, in denen sich die Bewegung der Lebensenergie ausdrückt, zu erleben und zu verstehen, ließ ihn die Realität einer spezifischen Kraft, die seinen Organismus regiert, zurückweisen. Und folgerichtig hielt man die Entdeckung der Orgonenergie durch Reich für Phantasie oder einen Betrug.

Ein großes Hindernis für das Verständnis der Reichschen Krebstheorie ist die vorherrschende mechanistische Art, Krankheiten zu begreifen. Vor gar nicht langer Zeit, tatsächlich vor weniger als hundert Jahren, schrieb man Krankheiten den Wechselwirkungen vieler Variablen im Individuum und seiner Umgebung zu. Beginnend mit den Forschungen Pasteurs und Kochs entstand jedoch die »Doktrin der spezifischen Ätiologie«, nach der eine Krankheit durch einen spezifischen Faktor verursacht ist, z. B. durch ein Bakterium, einen Virus oder einen Hormonausfall. Die moderne Medizin basiert auf dieser mechanistischen Sichtweise, und diese ist es auch, die gegenwärtig durch die großzügigen staatlichen Fonds zur Krebsforschung unterstützt wird. Die Begeisterung für den mechanistischen Ansatz gründet sich auf das Wissen, daß durch einen einzelnen isolierten Faktor bei einem Versuchstier eine Krankheit hervorgerufen werden kann und daß ein mechanisches Verfahren oder eine chemische Substanz, die oft durch einen glücklichen Zufall entdeckt wird, bei der Behandlung von Krankheiten helfen kann. Es gibt prominente Wissenschaftler, die diesen Ansatz beim Krebs ablehnen und die versichern, daß die Suche nach einem spezifischen kausalen Faktor fruchtlos ist. Trotzdem geht die Suche weiter.

Mehrere einzelne »Ursachen« der Krebskrankheit werden gegenwärtig untersucht; man stützt sich dabei u. a. auf die Virus-Theorie, auf psycho-somatische und chemische Theorien. So sind einige Forscher davon überzeugt, daß Krebs eine durch Viren verursachte Infektionskrankheit ist, und sie glauben, daß bald ein Impfstoff entwickelt werden wird. Andere haben die Aufmerksamkeit auf die Möglichkeit einer psycho-somatischen Ätiologie gelenkt und über die Zusammenhänge zwischen der Entstehung eines bösartigen Tumors und psychischer Depression, fehlender

Aggression usw. spekuliert. Wieder andere glauben, daß psychologische Faktoren das hormonale Gleichgewicht des Organismus stören oder die Immun-Mechanismen unterdrücken und dadurch zur Krebsätiologie beitragen. Schließlich wird auf biochemischem Gebiet angesichts der Beobachtung, daß Sauerstoffmangel die Krebsentwicklung zu fördern scheint, jene lang vernachlässigte Entdeckung Otto Warburgs heute wieder beachtet, daß die normalen Oxidationsvorgänge in der Krebszelle irreversibel geschädigt und durch anaerobe Prozesse ersetzt sind.

Trotz des Interesses, das durch diese verschiedenen Theorien angeregt wird, ist unübersehbar, daß zahlreiche Fragen der Ätiologie unbeantwortet bleiben und daß vieles unklar und verworren ist. Wenn z. B. Viren beteiligt sind, wo oder wie entstehen sie? Wenn aber etwas Grundlegenderes als Viren am Werk ist, etwas Chemisches, was ist es? Wenn die Emotionen ursächlich beteiligt sind, wie produzieren sie faktisch Krebs? Daß eine Beziehung zwischen Krebs auf der einen und Viren, Emotionen, Sauerstoffmangel usw. auf der anderen Seite besteht, scheint sicher. Wodurch aber oder wie die bösartige Umwandlung im Gewebe erfolgt, ist unbekannt.

Weil man nichts über die Ätiologie wußte, orientierte sich die Behandlung weitgehend an den Symptomen, und die Ergebnisse waren unvorhersehbar und allgemein entmutigend. Tatsächlich ist das Leiden der Krebspatienten oft mehr durch die Mittel, die zur Behandlung der Symptome eingesetzt werden, verursacht als durch die Krankheit selbst. Weil der Tumor das hervorstechendste Merkmal der Krankheit ist und von den meisten Forschern als die Krankheit selbst angesehen wird, besteht die Behandlung entweder in seiner operativen Beseitigung oder in dem Versuch, ihn durch Bestrahlung oder Medikamente zu zerstören. Der Wert dieser Maßnahmen ist heftig umstritten. Es herrscht z. B. ständig Unklarheit darüber, wieviel Gewebe entfernt werden muß, damit sichergestellt ist, daß keine Krebszellen zurückgeblieben sind, die in das umgebende gesunde Gewebe eindringen und es zerstören würden. Dr. George Crile, Jr, von der Cleveland Klinik, hat festgestellt, daß zahlreiche Operationen viel zu weitgehend sind, und er beklagt, daß wir »bei unserem überhasteten Vorgehen, Krebs durch wahllose Anwendung chirurgischer Operationen herauszuschneiden, den Patienten vergessen und die Krankheit sogar noch im Organismus verbreiten«. Trotz der begrenzten Möglichkeiten

dieser Therapie, die in der Zerstörung oder Entfernung des Tumors besteht, gilt der Tumor in der üblichen medizinischen Praxis als der einzige echte Ansatzpunkt für therapeutische Eingriffe. Das liegt an der mechanistischen Prämisse, daß der Tumor *de novo* in einem sonst gesunden Organismus entsteht.
In *Der Krebs* stellt Reich eine funktionale Krebstheorie vor, die die Entstehung und Entwicklung der Krankheit erklärt und auch Möglichkeiten einer Therapie und, was wichtiger ist, einer Prophylaxe, anbietet. Hierbei berücksichtigt er auch die vorherrschenden Spekulationen über die Beziehungen der Krankheit zu Infektion, emotionalen Störungen, Schädigungen des Zell-Stoffwechsels, den Wert simpler Exzisionen großer Tumoren usw. Den theoretischen »Krebs-Virus« muß man zweifellos Reichs T-Bazillen zuordnen, die in Versuchstieren Krebstumoren hervorbringen und so die moderne Infektionstheorie stützen. Um sich Reichs Einsichten zu nähern, müßte die Infektionstheorie allerdings die Tatsache übernehmen, daß die T-Bazillen endogen durch den bionösen Zerfall lebendiger Substanz entstehen. Dies paßt natürlich schlecht zur metaphysischen Theorie von den »Luftkeimen«, aus denen sich angeblich alle Bakterien entwickeln. Die psychische Depression oder das Fehlen von Aggression, die von den Psychosomatikern festgestellt wurden, sind Reichs »charakterliche Resignation«. Für Reich ist »Resignation« aber nicht nur ein interessanter Befund, der auf unklare Weise an der Entstehung der Krankheit beteiligt ist; sie kennzeichnet vielmehr die erste Phase eines Schrumpfungsvorganges, der darauf beruht, daß die Entladung der sexuellen Energie gestört ist. Der Sauerstoffmangel auf zellulärer Ebene, der ursprünglich von Warburg entdeckt wurde und der heute theoretisch wieder berücksichtigt wird, ist bei Reich kein isolierter unerklärter Befund, sondern der innere biochemische Ausdruck dafür, daß die äußere Atmung behindert ist. Mit anderen Worten: Die erwähnten und andere Faktoren sind in Reichs Krebstheorie nicht zufällig angeordnet und unzusammenhängend, sondern sie erscheinen als Symptome einer Krankheit des gesamten Organismus, die ihren Ursprung in der chronischen Stagnation der organismischen biologischen Energie hat. Das bedeutet: Alle Faktoren haben einen gemeinsamen Ursprung und erlangen später die Fähigkeit, autonom zu funktionieren, wodurch sie dann den Eindruck erwecken, als hätten sie primäre ätiologische Bedeutung.

Sämtliche Aspekte der Krebskrankheit sind in Reichs Krebstheorie berücksichtigt und hierdurch unterscheidet sie sich von allen bisher angebotenen Erklärungen. Er macht nicht nur dieselben Beobachtungen, die heute einzeln untersucht werden, sondern er demonstriert auch eine funktionale Beziehung zwischen ihnen, die mit der mechanistischen Methode nicht entdeckt werden konnte. Die Tragödie besteht darin, daß man seine Funde mit Spott, Nichtbeachtung und vor allem mit Indifferenz aufnahm, als sie vor mehr als einem Vierteljahrhundert bekanntgegeben wurden, und daß niemals ein Versuch gemacht worden ist, sie unvoreingenommen zu prüfen. Selbst das gegenwärtige Interesse an Reichs Frühschriften, die weiterhin aktuell und dem herrschenden gesellschaftlichen Klima angemessen sind, erstreckt sich nicht auf seine späteren Arbeiten, die mit der Entdeckung der Orgonenergie zu tun haben. Doch wird dieses neue Interesse vielleicht eine günstigere Aufnahme seiner Orgontheorie anregen und es ermöglichen, daß die Orgonenergie beim Studium und der Behandlung somatischer Krankheiten, wie Krebs, nutzbar gemacht wird.

Man kann nur hoffen, daß *Der Krebs* weder mystische Begeisterung noch blinde Zurückweisung hervorrufen wird. Reich hat diese möglichen irrationalen Reaktionen auf sein Werk vorhergesehen und warnend darauf hingewiesen, daß seine Lösung des Krebsproblems nicht bedeutet, daß ein Heilmittel gefunden worden ist. Trotz seiner Bemühungen, Mißverständnissen vorzubeugen und überschießende Erwartungen zu dämpfen, wurde er aber wegen Behauptungen lächerlich gemacht und verurteilt, die er nicht nur nicht gemacht hat, sondern von denen er sogar voraussagte, daß man sie ihm fälschlicherweise unterschieben werde. Die Tatsache, daß er sich der Unausweichlichkeit der Entstellungen und bösartigen Reaktionen bewußt war, ist unmißverständlich in seinem Vorwort festgehalten. Es sollte sehr sorgfältig gelesen werden, damit jegliche Mißverständnisse darüber, was er tatsächlich beanspruchte, vermieden werden. Um allen in dieser Hinsicht verbliebenen Zweifeln zu begegnen, sei die Aufmerksamkeit des Lesers zusätzlich auf das letzte Kapitel gelenkt, in dem Reich noch einmal nachdrücklich betont, daß die eigentliche Lösung des Krebsproblems in der Prophylaxe der Krankheit und nicht so sehr in ihrer Heilung liegt. Die Mittel für diese Lösung finden sich in erster Linie im gesellschaftlichen Bereich; denn es ist unsere lebensfeindliche Gesellschaftsordnung, die die sexuelle Misere erzeugt und damit die Stagnation der biologischen Energie, in der die Krebskrankheit wurzelt.

Forest Hills, N. Y.   Chester M. Raphael, M. D.
1973

Vorwort zum zweiten Band

Der vorliegende *zweite* Band meines Buches *The Discovery Of The Orgone* (dtsch. *Die Entdeckung des Orgons)* ist die unmittelbare Fortsetzung des ersten Bandes, *The Function of the Orgasm* (dtsch. *Die Funktion des Orgasmus*, Köln 1969). Er setzt sich aus mehreren Abhandlungen zusammen, die in den Jahren 1942 bis 1945 im *International Journal of Sex Economy and Orgone Research* in New York erschienen und über die Entdeckung der kosmischen Orgon-Energie berichteten. Die Zusammenfassung dieser Abhandlungen in Buchform bietet für den Leser den Vorteil, daß die Orgon-Biophysik als eine logische Folge der vorgenommenen Beobachtungen, Experimente und Arbeitshypothesen klarer hervortritt. Der unvoreingenommene Leser kann sich nun besser als durch die einzelnen Abhandlungen überzeugen, daß der Entdecker der Orgon-Energie weit eher ein Werkzeug naturwissenschaftlicher Logik und Konsequenz als ein Schöpfer »neuer Theorien« war. Kein menschlicher Verstand vermag die Fülle der Beziehungen und Tatsachen auszudenken, die in diesem Bande vorgelegt werden. Meine Aufgabe im Prozeß der Entdeckung der kosmischen Orgon-Energie war nicht die, Theorien zu bauen, sondern einzig und allein die, den Beobachtungen aufmerksam und mit ehrlicher Selbstkontrolle zu folgen, sie durch entsprechende Experimente zu verifizieren und die logischen Denkbrücken zu bauen, die von einem Funktionsgebiet ins andere hinüberführten.

Ich habe meine früher publizierten Abhandlungen zum Teil neu angeordnet, so daß Wiederholungen vermieden wurden und die zeitliche Folge im wesentlichen zum Ausdruck kam. Es wurde eine Darstellung der Irrtümer eingefügt, die mit der »Luftkeimhypothese« verbunden sind; es wurde ferner für den spezialisierten Krebsforscher ein Abschnitt angefügt, der die Verbindung zwischen der klassischen und der *orgonomischen Krebsforschung* herzustellen versucht. Am Ende der orgon-physikalischen Darlegungen findet sich eine kurze Notiz über den Nachweis des atmosphärischen Orgons mittels des Geiger-Müller-Apparats. Es war nicht mehr möglich, diese höchst bedeutsame Tatsache ausführlich darzustellen, da sie erst im Verlaufe der Sommermonate des Jahres 1947 aufgefunden wurde.

Ich glaube – und hoffe –, daß dieser Band auch dem nicht speziell geschulten Leser zugänglich ist, wenn er sich mit den Grundsätzen naturwissenschaftlicher Forschung im allgemeinen und mit denen der Orgonomie im besonderen vertraut gemacht hat. Die allzu spezialisierten Abschnitte können übergangen werden, ohne daß das Verständnis des Ganzen darunter leiden würde.
Das vorliegende Buch umfaßt eine Arbeitsperiode von ungefähr siebzehn Jahren, etwa 1930–1947. Ich habe mich auf das Wesentliche beschränkt, da die Mitteilung aller Details das Buch unleserlich gemacht hätte. Es wird sich ja in anderen Zusammenhängen reichlich Gelegenheit bieten, wichtige Tatsachen, die hier ungenannt blieben, nachzutragen.
Es ist zu bedauern, doch leicht verständlich, daß dieser Band keine abgeschlossene Darstellung geben kann. Dies ist einfach dem Umstande zuzuschreiben, daß die bisherige Orgonforschung viele Lücken ungefüllt lassen mußte, wie es in objektiver Naturforschung eben geht. Es liegen kein »Denksystem« oder keine »neue Naturphilosophie« vor, sondern bloß neue Tatsachen und neue Zusammenhänge bekannter Tatsachen, soweit sie bisher gesichert werden konnten. Wo Unsicherheiten blieben, habe ich sie ausdrücklich vermerkt.
Die Orgonforschung ist heute viel weiter als dieses Buch. Die *orgonometrischen* Resultate der letzten Jahre mußten einer späteren Darstellung vorbehalten bleiben. Ebenso mußte eine systematische Diskussion der *Funktionellen Denktechnik*, die allen Beobachtungen, Experimenten und Verknüpfungen zugrundeliegt, weggelassen und auf einen späteren Zeitpunkt aufgeschoben werden. Dies ist bedauerlich, war aber nicht zu umgehen. Es hat sich im Verlaufe der letzten zwölf Jahre immer wieder gezeigt, daß die Orgonforschung von Biologen und Physikern nicht begriffen oder mißverstanden wird, weil sie die neuen Tatsachen nicht im *Denkrahmen des Energetischen Funktionalismus* sehen, sondern sie mit klassischen *mechanistischen* Denkmethoden zu fassen versuchen. Dies aber ist keinesfalls möglich. Für den Bakteriologen etwa ist ein Staphylococcus ein statisches Gebilde, das kreisrund oder oval, etwa 0,8 μ groß, mit Gramfärbung blau und traubenartig angeordnet ist. Für die Orgonbiophysik sind diese Kennzeichen wichtig, aber nicht die Hauptsache. Der Name besagt ihr nichts über Herkunft, Funktion und Stellung des blauen coccus in der Natur. Für die Orgonphysik ist das, was der Bak-

teriologe »Staphylococcus« nennt, ein in Degeneration begriffenes *Energiebläschen*. Sie erforscht die *Herkunft* der Staphylokokken aus anderen Lebensformen, verfolgt ihre *Verwandlungen*; sie untersucht sie im Zusammenhange mit den Vorgängen der biologischen Gesamtenergie des Organismus, sie *erzeugt* sie experimentell durch degenerative Prozesse in Bionen und Zellen, etc.

Ich wollte mit diesem Beispiel nur andeuten, und nicht mehr als andeuten, weshalb die Tatsachen der Orgonomie nicht mit den klassischen, mechanistischen und chemischen Methoden erfaßt werden können; weshalb ferner eine systematische Darstellung der Denktechniken und Methoden der Orgonomie für das Verständnis der Orgon-Energie so wichtig wäre.

Doch ich muß mich beschränken und kann nur hoffen, daß die hier dargelegten Tatsachen und Funktionen für sich selbst sprechen werden, auch wenn sie dem in klassischer Weise geschulten Bakteriologen, Biologen und Mediziner neu und fremd erscheinen sollten.

Die hier dargestellten Prozesse der Natur werden ohne Kenntnis der *biophysikalischen Funktion des Orgasmus* nicht leicht zugänglich sein. Wer Tierarten erforschen will, muß zureichende Kenntnisse in der Geologie haben. Wer die Naturgesetze erforschen will, die dem kosmischen Orgon zugrundeliegen, muß die Funktion des Orgasmus genau kennen. Die andere Forderung, daß die Organempfindungen des Naturbeobachters nicht allzu sehr gesperrt sein dürfen, wenn er mit Orgon-Energie arbeitet, kann ich hier nur erwähnen, aber nicht begründen. Es ist aber verständlich, daß die emotionelle Struktur des Naturforschers seine Beobachtungen und Denkakte färbt, daß also die Organempfindung des Forschers ein Werkzeug seiner Arbeit ist. Dies gilt für mich wie für jeden anderen, der mit orgonotischen Naturfunktionen operiert. Das Experiment hat zwar die Beobachtungen und die Arbeitshypothesen zu bestätigen (oder zu widerlegen). Aber die Art, wie Experimente erdacht und durchgeführt werden, hängt vom Empfindungsapparat des Forschers ab. Die Sinnes- und Organempfinungen sind hier entscheidende Faktoren. Es ist ein Fehlschluß zu glauben, daß Experimente *allein* Aufschlüsse geben können. Es ist immer wieder der lebendige, empfindende und denkende Organismus, der forscht, experimentiert und seine Schlüsse zieht.

Soviel über das weite und schwierige Gebiet der funktionellen Denktechnik, das in diesem Buche nur gestreift ist.

Unser Thema ist sehr ernst und voll von entscheidenden Konsequenzen für die Naturwissenschaft im allgemeinen. Dessen war ich mir vom Anbeginn der Niederschrift (1941) voll bewußt. Deshalb habe ich immer mehrere Jahre verstreichen lassen, ehe ich eine neue Beobachtung oder ein ungewöhnliches Experiment der Öffentlichkeit vorlegte. Ich habe es mir zur Regel gemacht, keine neue Tatsache zu melden, wenn nicht weitere Tatsachen die früher erfaßten bestätigten. Ich bitte den aufmerksamen und willigen Leser darum, nicht zu glauben, daß ich mein privates Einkommen seit 1933 in Beträgen weit über 100 000 Dollar für meine Forschung einer »Illusion« oder einer bloßen »Idee« zuliebe oder gar zum Spaß ausgegeben habe. Es ist bereits von vielen Seiten her zugegeben worden, daß die Orgonforschung viele alte und unrichtige Vorstellungen über die Natur umstürzt. Es ist bereits in weiten Kreisen begriffen worden, daß die starren Grenzen zwischen den Spezialwissenschaften in der Orgonomie niederbrechen. Wer mit dem kosmischen Orgon arbeitet, muß genügend Kenntnisse in der Medizin, Biologie, Soziologie, Physik und Astronomie haben, um die Orgonfunktionen in ihren verschiedenen Funktionsgebieten zu verfolgen. Die Natur kennt keine Grenzen zwischen Spezialfunktionen. Es ist vor allem die *Bio-Psychiatrie*, von der ich ursprünglich herkomme; es ist die Kenntnis der menschlichen Emotionen und Triebfunktionen, die in der Orgonforschung eine große Rolle spielen; nicht nur in Hinblick auf die Grundfunktionen des Orgons, sondern ganz besonders auch bezüglich der menschlichen Reaktionen auf die Existenz einer universellen kosmischen Energie, die im Bereiche des Lebendigen als »Biologische Energie«, als die Energie unserer Emotionen funktioniert. Dies ist gewiß sehr ernst und folgenschwer.

Da ich ein Jahrzehnt lang die wesentlichsten biologischen Funktionen der Orgon-Energie an Hand der *Krebsbiopathie* erforschte, ist es verständlich, daß diese Seuche die Achse bildet, um die sich das orgonomische Thema des vorliegenden Bandes dreht. Ich darf es als einen Triumph der Bio-Psychiatrie betrachten, daß sie es war, die den Zugang zum Verständnis der *biologischen Zell-Energie* eröffnete. Mit der biologischen Zell-Energie war auch der Zugang zur atmosphärischen Orgon-Energie geöffnet. Dies wird aus den Darstellungen in logischer Weise hervorgehen. Es ist ferner eine Genugtuung, daß es im besonderen der *sexualökonomische* Zweig der Bio-Psychiatrie war, dem es gelang, *das Rätsel der Krebserkrankung zu lösen* und eine hoffnungsvolle Methode der *Verhütung* der Krebserkrankung zu eröffnen. Dies sind – ich weiß es und ich empfinde es mit Sorge – erschreckend verantwortungsvolle Sätze. Aber ich kann sie nicht vermeiden, wenn ich dem geneigten Leser mein Empfinden vom Ernst der Situation übermitteln soll. Der Ernst des Gegenstandes dieses Buches fordert Ernst in der Aufnahme und Kritik meiner Tatsachen und Behauptungen. Um es kurz zusammenzufassen: Die Krebserkrankung, deren Kernmechanismus die fortschreitende Schrumpfung des Lebenssystems ist, wird einfach und leicht verständlich, wenn man seinen Widerstand überwindet, folgende Riesentatsachen *in einem* zu fassen:

1. Wir müssen die *Luftkeimtheorie* aufgeben und die »*Endogene Infektion*« anerkennen.
2. Wir müssen die Rolle der Emotionen in den organischen Krankheiten voll einbeziehen.
3. Wir müssen die Entwicklung lebendiger, spontan bewegter Substanz aus anderer lebender oder aus nichtlebender Substanz, ja mehr, aus freier Orgon-Energie zugeben und aufmerksam, experimentell und denktechnisch bewältigen. Mit anderen Worten, wir finden uns dem Problem der *Biogenese* unmittelbar gegenüberstellt, wenn wir den Krebs behandeln.
4. Wir müssen die viel gehaßte und vermiedene *Sexualpathologie* ins Zentrum unserer medizinischen Anstrengungen stellen, wenn wir mit der Krebserkrankung operieren.
5. Wir müssen endlich die Existenz einer grundsätzlich neuartigen, funktionellen, und nicht mechanischen Gesetzen gehorchenden, überall existenten *kosmischen* Energie anerkennen, eben der Energie, die ich ORGON genannt habe, wenn wir die Krebserkrankung in *einfacher* Weise begreifen wollen.

Jeder einzelne dieser fünf Punkte genügt für sich allein, einen ernsten Naturforscher zunächst kritisch zu machen. Ich versichere dem Leser dieses Buches, daß ich viele Jahre verstreichen ließ, ehe ich es wagte, die Fülle der neu erschlossenen Tatsachen und Zusammenhänge mir selbst oder anderen zu eröffnen. Dr. Walter Hoppe schrieb mir einmal mit Recht, die größte Schwierigkeit meiner Arbeit bestünde darin, daß *zuviel* entdeckt wurde.

Es gibt in der ernsten Naturforschung den Zwang zur Anerkennung von Tatsachen unter dem Risiko kompletten Genickbruchs. Ich konnte und durfte mich diesem Risiko nicht entziehen, wenn ich den entdeckten Tatsachen genügen sollte. Mit der Zeit erschien die Riesenhaftigkeit der erschlossenen Tatsachen weniger erschreckend. Und ich glaube, daß der standfeste und wahrheitsliebende Leser ebenfalls viel von seinem Schrecken verlieren wird, wenn er sich mit den folgenden Umständen vertraut macht:

1. Die Überwindung der in der Naturwissenschaft scharf gezogenen Grenzen der Spezialwissenschaften erleichtert die Arbeit in Medizin und Naturforschung. Die Natur ist, trotz ihrer unendlich vielen Abartungen, doch im Grunde ein einheitliches Ganzes. Diese Einheitlichkeit und Einfachheit am Grunde der Natur spiegelt sich in der Einfachheit der Orgonfunktionen wider, wenn wir mit ihnen operieren. Ich glaube, die Orgon-Energie ist weit weniger erschreckend und weit weniger kompliziert als eine einzige Vorrichtung zum Abschuß von Bomben.

2. Je vertrauter man mit den Orgonfunktionen wird, desto mehr fühlt man sich in ihnen »zu Hause«. Die Aufschlüsse, die diese Arbeit bietet, entlasten vom ständigen Druck, den man empfindet, wenn man ohne Kenntnis der biologischen Energie zum Beispiel mit Krebskranken arbeitet. Nach einigen Jahren Gewöhnung begreift man nicht, wie man früher ohne diese Kenntnisse auskommen konnte. Choreatische Bewegungen oder epileptische Anfälle bilden kein Rätsel mehr. Die Vorgänge werden einfach und durchsichtig.

3. Man lernt es allmählich, dem menschlichen Irrationalismus leichter zu begegnen. Man begreift besser, was in Menschen vorgeht, wenn sie der Mystik oder der Emotionellen Pest verfallen.

4. Es ist ferner eine große und nicht abzuschätzende Wohltat, daß man den religiösen Menschen tiefer und voller versteht, wenn man weiß, daß es eine überall vorhandene und alles durchdringende kosmische Energie, Newtons Äther, den »Gott« aller Zeiten und Völker, gibt, die man mittels der Organempfindung, des Auges, des Thermometers, des Elektroskops und des Geiger-Müller-Apparats sichten und messen kann.

5. Endlich ist es befreiend, das medizinische Wort »Disposition« nun mit handgreiflichem Inhalt füllen zu können. Es entlastet,

wenn man begreifen lernt, weshalb der eine stets an Erkältungen leidet, der andere aber nicht; weshalb nur bestimmte Individuen einer Epidemie zum Opfer fallen, und andere nicht; weshalb der eine an Krebs oder vaskulärer Hypertonie stirbt, und der andere nicht, und was ein lebhaftes von einem erkalteten Kind biologisch unterscheidet.
Kurz, die Helle, die man der Kenntnis der Orgon-Energie verdankt, wiegt reichlich den Schrecken auf, den man erlebt, wenn sich die großen Rätsel der Natur enthüllen.
Ich möchte mit einigen Sätzen an diejenigen Mitarbeiter abschließen, die die Erforschung und Handhabung des kosmischen Orgons zu ihrem Lebensberuf gemacht haben.
Die Neuheit und die Rasanz unserer Arbeit fordern bestimmte neue Haltungen der Mitwelt gegenüber und zwingen uns, einige übliche Techniken im Verkehr mit ihr aufzugeben, wenn wir unsere Aufgabe als Orgonforscher erfüllen sollen. Es ist nicht persönliches Interesse, sondern das Interesse an der Durchsetzung der Anerkennung der kosmischen Orgon-Energie zum Wohle der Allgemeinheit, die mich zwingt, die folgenden Bemerkungen zu machen:
Wir erleben im Verkehr mit der Fachwelt und der Laienwelt scharfe Anfeindungen, ja gefährliche Angriffe auf unsere persönliche und sachliche Integrität. Wir begreifen als Psychiater den Irrationalismus dieser Angriffe und Anfeindungen. Wir wissen, aus welchen Quellen sie herstammen. Sie haben nichts mit dem persönlichen Charakter dieses oder jenes Orgonforschers oder Orgontherapeuten zu tun. Sie begegnen in einer *typischen* Weise mir wie anderen, die weitab von meinem Laboratorium leben und wirken. Wir können in der Öffentlichkeit unsere Kenntnis der Motive irrationalen Verhaltens nicht in einer *persönlichen* Weise anwenden. Wir können *unter keinen Umständen* einem Physiker, der die Orgonfunktionen in einer neurotischen Weise weginterpretiert, sagen, was ihn dazu im Grunde bewegt. Wir können diese Motive nur allgemein bekanntgeben, aber in keinem Falle persönlich gegen bestimmte Personen richten. Das einzige, das wir mit gutem Gewissen tun können, ist, uns zu fragen, ob der bestimmte Angriff rational oder irrational ist. *Die irrationalen Angriffe sollten unter keinen Umständen beantwortet werden*. Wir bekämpfen sie durch Enthüllung des Irrationalismus im menschlichen Leben. Sie erledigen sich mit der Zeit

von selbst, auch wenn sie gelegentlich gefährliche Formen annehmen. Wir wissen genau, daß der heutige durchschnittliche Mensch nichts so sehr fürchtet wie die *Erkenntnis* seines biologischen Wesens. Wir wissen gleichzeitig, daß er nichts so sehr herbeisehnt wie die *Erfüllung* seines biologischen Wesens. Beide, Angst vor Erkenntnis und Sehnsucht nach Erfüllung, begegnen uns gleichzeitig. Wir müssen daher stets das Rationale im Irrationalen aufsuchen, begreifen und ohne Haß oder Entrüstung vorlegen. Mit der Zeit wird das Rationale siegen. Doch ich habe leider keinen Rat zu geben, wie man sich vor *lebensgefährlichem* Irrationalismus schützt. Weder Gerichtsprozesse noch Widerschimpfen können hier abhelfen.

Es gibt jedoch ein erprobtes Mittel, rationales Verhalten im Verkehr mit Laien und Nichtlaien zu *erzwingen: Wir delegieren keinerlei Autorität in Fragen der Orgonforschung, wenn der Kritiker nicht nachweisen kann, daß er sich lange Zeit hindurch und äußerst gründlich mit unseren Publikationen und Tatsachen vertraut gemacht hat.* Unsere Wissenschaft kann nur vom Standpunkt ihrer *eigenen* Voraussetzungen, Methoden und Denktechniken, und von keinem anderen Standpunkt aus beurteilt werden. Dies ist ein strenges Gesetz im wissenschaftlichen Verkehr, das überall gilt, wo wissenschaftlich gearbeitet wird. Wir erwarten und wollen Kritik, aber nur *immanente* Kritik.

Wenn also ein abstinenter Gerichtspsychiater oder ein festgefahrener Krebsfachmann oder gar ein »freier Schriftsteller« sich anmaßt, unsere Arbeit zu verdammen, weil er sie nicht versteht, oder weil sein Weltbild erschüttert wird oder weil er sich persönlich getroffen oder weil seine politische Partei sich bedroht fühlt, so bewahren wir Schweigen. *Wir nehmen an keiner irrationalen Diskussion oder Rauferei teil.* Ich möchte diese Regel sehr empfehlen. Sie hat sich als sehr nützlich erwiesen.

Es ist sonst üblich, wenn man eine Entdeckung gemacht hat, sie von bestimmten »Autoritäten« anerkennen zu lassen, um solche Anerkennung zu bitten, sich ihretwegen zu erniedrigen, sich aller möglichen Taktiken und Hintertreppenoperationen zu bedienen. Man versucht auch üblicherweise, so rasch wie möglich in einer Tageszeitung gedruckt zu erscheinen.

All dies schickt sich nicht für uns, die mit todernsten Dingen operieren. Wenn wir ehrlich und gewissenhaft arbeiten, an den Tatsachen festhalten, keiner Verlockung zu Kompromissen in wesentlichen Dingen, wie etwa der Orgasmusfunktion, nachgeben, werden wir früher oder später das Vertrauen der weiten Allgemeinheit erzielen. Es gibt wenig in der Welt, das sie dringender braucht als die Kenntnis der Orgonfunktionen innerhalb und außerhalb der Organismus.

Wir dürfen keine Autorität zusprechen, wo keine erprobte Autorität in Orgonfragen besteht. Doch *wir müssen Verantwortung delegieren*. Es ist fraglos die Verantwortlichkeit einer Krebsklinik, die Krebskranke behandelt, mit der Orgon-Energie zu operieren. Es ist die Verantwortung jedes einzelnen Arztes, der Zeuge der Heilwirkungen des Orgons war, diese Tatsachen beruflich zu vertreten und ihnen nicht auszuweichen, auch nicht auf die Meinung der »Autorität« zu warten. Es ist die Verantwortung jedes einzelnen Genießers der Heilwirkungen der Orgon-Energie, seinen Mitmenschen zu helfen, wenn Hilfe möglich ist. Es ist die unabsprechbare Verantwortung eines Schriftstellers, den Einsatz der lebensrettenden Wirkung des Orgons nicht durch skandalöse und sensationelle Aufmachungen in der Tagespresse zu behindern. Er muß wissen, daß er indirekt Menschen tötet, wenn er gegen uns hetzt. Es ist schließlich die Verantwortung der Regierung dieses oder jenes Landes, ob und wie rasch die kosmische Orgon-Energie der Allgemeinheit zugänglich gemacht wird. Wir tun unsere Pflicht in jeder Weise und so gut wir können. Wir arbeiten hart, durch die Jahrzehnte; wir opfern Geld und Freizeit; wir versuchen so gut wie möglich anständig und ehrlich zu sein. Wir teilen unsere Ergebnisse in verantwortungsvoller Weise mit. Wir können nicht mehr tun. *Der Rest ist Sache der Öffentlichkeit*. Wenn sie Hetzartikel, Verleumdungen, Unwahrheiten, Verzerrungen duldet, so ist es das Publikum, das im Grunde getroffen und geschädigt wird, und nicht dieser oder jener Orgontherapeut.

Ich wünschte, ich hätte diese Dinge nicht zu sagen. Doch sie müssen gesagt werden. Es ist Pflicht, darüber nicht zu schweigen.

Gleichzeitig müssen wir begreifen, daß die Welt der *ernsten* Naturforschung viel Zeit braucht, um sich in unserem Gebiet, das so neu ist, zu orientieren. Es ist zum Schaden der menschlichen Wohlfahrt, daß der Nichtswisser und Nichtskönner so rasch und so leicht Artikel schreiben und unterbringen kann; daß die politische Lebensart der Gegenwart die Publikation einer Hetze

so viel leichter macht als die einer folgenschweren, lebenswichtigen Tatsache. Ja, wir müssen zugeben, daß sich gewichtige Tatsachen im Kampfe mit den irrationalen menschlichen Reaktionen schärfer und besser entwickeln. Doch es bleibt ein trauriges Faktum, daß das Rationale im sozialen Leben viel Zeit braucht, um seine Urteile zu sichern, sehr viel Zeit!
Am Ende möchte ich allen Freunden meinen Dank sagen, die mir durch die harten Jahre halfen, die Gerüste zu bauen, die dieses Buch beschreibt. Ich könnte viele und wichtige Namen nennen. Diejenigen, die in unserer Arbeit sich beheimatet fühlen, werden begreifen, weshalb ich sie an dieser Stelle nicht beim Namen nenne. Einige meiner engen Freunde und Mitarbeiter rieten mir selbst, vom Üblichen auch hier abzuweichen.
Daß ich genau weiß, wieviel ich den großen Pionieren der Naturwissenschaft schulde, daß ohne ihre Sorgen und Mühen die Entdeckung der kosmischen Energie unmöglich gewesen wäre, geht aus vielen meiner Publikationen hervor. Der kontinuierliche Zusammenhang und die wechselseitige Abhängigkeit aller Zweige der lebenswichtigen Arbeit wurden von mir immer wieder gebührend betont. Ich muß hervorheben, daß die vielen Tatsachen, die die mechanistische Krebsforschung in mühseliger Arbeit zusammengetragen hat, für meine neuartige Fassung der Krebsbiopathie unentbehrlich waren. Dies, obgleich die orgonomische und die klassische Krebstheorie so sehr voneinander abweichen und einander in vielem widersprechen. So mancher Krebsforscher weiß heute bereits, daß das Krebsproblem *gelöst* ist, und daß es der Entdeckung des Orgons und der Erhellung der Biogenese bedurfte, um es zu lösen.
Auf der anderen Seite sind unberechtigte Prioritätsansprüche, die in der psycho-somatischen Medizin nach dem Erscheinen der *Function of the Orgasm* (1942) erhoben wurden, abzuweisen. Die Orgasmustheorie ist als Grundlage der Kenntnis psycho-physischer Störungen weit älter (1923) als irgendeine der anderen Auffassungen, die sich von der Psychoanalyse herleiten. Wenn die Orgasmusfunktion, die Kernfrage der psycho-somatischen Prozesse, dort so eifrig übergangen wird, so besteht für uns kein Grund, allzu rücksichtsvoll zu sein. Wir können über die Konsequenz in der Vermeidung der Hauptsache nur staunen. Die Geschädigten sind wieder nur die vielen Kranken.
Ich schicke dieses Buch nicht ohne große Sorge in die Öffentlich-

keit hinaus. Den Kern meiner Sorge bildet die Erwartung so vieler Leser unserer Literatur, daß nun ein Allheilmittel für den Krebs gefunden wurde. Dies muß ich strikt ablehnen. Es ist richtig, daß das Rätsel der Krebserkrankung durch die Entdeckung des Orgons voll zugänglich wurde. Doch es ist unrichtig zu glauben, daß nun jeder Krebskranke gerettet werden kann. Es wird harte, lange und kooperative Arbeit erfordern, ehe wir wissen werden, wieviel die Orgon-Energie in bestimmten Fällen von Krebs zu leisten vermag. Der Anfang ist gewiß gemacht.

Orgonon, im September 1947 Wilhelm Reich

I. Die Spannungs - Ladungs - Funktion

1. DIE ORGASMUSFUNKTION

Den Kennern der Sexualökonomie ist das wichtige Ereignis bekannt, das 1933 den Wendepunkt in der Entwicklung unserer Forschung darstellte: *Die Entdeckung der biologischen Spannungs – Ladungs – Funktion*. Ich möchte hier kurz wiederholen, welche Bewandtnis es damit hatte.

Die klinische Forschung hat uns gelehrt, daß die Orgasmusfunktion den Schlüssel zur Energiefrage bildet. Die Neurosen sind Folgen einer Stauung der *sexuellen* Energie. Ursache der Stauung ist eine Störung in der *Abfuhr* hoher sexueller Erregung des Organismus, gleichgültig, ob dies vom Ich wahrgenommen ist oder nicht; es ist auch gleichgültig, ob der seelische Apparat des Menschen die Vorgänge neurotisch umdeutet, ob er sich falsche Ideen über die Disharmonie in seinem Energiesystem macht und sie mit Ideologien verklärt. Der klinische Alltag läßt keinen Zweifel: *Die Behebung der Sexualstauung durch orgastische Entladung der biologischen Erregung beseitigt jede Art neurotischer Wucherung*. Die Schwierigkeit solcher Lösung ist meist sozialer Natur. Es ist unerläßlich, auf diese einfachen Grundtatsachen immer wieder mahnend zurückzukommen.

Es war der Sexualökonomie seit langem bekannt, daß der Orgasmus ein *grundsätzlich biologisches* Phänomen ist; »grundsätzlich« deshalb, weil die orgastische Energieentladung am Urgrund der Lebensfunktion schlechthin erfolgt. Diese Entladung erscheint in Form einer unwillkürlichen Zuckung des gesamten Plasmasystems. Sie ist, ebenso wie die Atemfunktion, eine Grundfunktion jedes tierischen Systems. Biophysikalisch ist es nicht möglich, die Gesamtzuckung einer Qualle von der orgastischen Zuckung eines Vielzellers zu unterscheiden. *Hohe biologische Erregung* und *beschleunigte Pulsation*, wiederholte *Expansion* und *Kontraktion*, *Ausstoßung von Körperflüssigkeit* und *rasche Herabsetzung der biologischen Erregung* sind die auffallendsten Kennzeichen. Um diese Kennzeichen als biologische Funktionen zu begreifen, mußten wir uns natürlich von den lüsternen Gefühlsreaktionen freimachen, die sich beim Menschen mit jeder Betrachtung sexueller ebenso wie allgemeiner autonomer Lebensfunktionen verknüpfen; diese Gefühlsreaktionen bilden als neurotische Lebensäußerungen selbst ein Problem unserer psychiatrischen Arbeit.

Mit seinen rasch aufeinander folgenden Expansionen und Kontraktionen bildet der Orgasmus verdichtet eine Funktion ab, die aus *Quellung* und *Entquellung, Ladung* und *Entladung,* zusammengesetzt ist: *die biologische Pulsation.*

Genauere Betrachtung zeigt, daß diese vier Funktionen nicht paarig, sondern in einem bestimmten gesetzmäßigen Viertakt auftreten; der Quellungsspannung in der biologischen Erregung, die eben als *sexuelle* Erregung auftritt, folgt eine Aufladung der Peripherie. Das zeigen eindeutig die Potentialmessungen an den erogenen Zonen im Vorgang der Lust. Haben quellende Spannung und bioenergetische Aufladung einen bestimmten Grad erreicht, so folgen Zuckungen, d. h. Kontraktionen, des biologischen Gesamtsystems. Die hohe Energiespannung an der Peripherie *entlädt sich*. Das gibt sich im plötzlichen Absinken des bioelektrischen Potentials an der Haut und subjektiv als ein jähes Absinken der Erregung kund. Das jähe Umschlagen der hohen Ladung in die Entladung nennt man »Akme«. Der energetischen Entladung folgt eine mechanische Entspannung der Gewebe durch eine Entleerung von Flüssigkeit. Daß es sich tatsächlich um eine energetische Entladung handelt, zeigt der Umstand, daß der Organismus unmittelbar nach der Entladung keiner neuerlichen sexuellen Erregung fähig ist. Diesen Zustand nennt man psychologisch »Befriedigtheit«. Das Bedürfnis nach Befriedigung, biophysikalisch ausgedrückt: nach *Entladung des Energieüberschusses durch Verschmelzung mit einem zweiten Organismus,* tritt in mehr oder minder regelmäßigen Intervallen auf. Sie schwanken beim Individuum ebenso wie bei der Gattung. Die Intervalle werden im Frühling meist kürzer; bei den Tieren gibt es die Erscheinung der Brunst, eine Konzentration dieser biologischen Bedürftigkeit in bestimmten Jahreszeiten, die überwiegend mit dem Frühling zusammenfällt. Dieser Tatbestand verrät uns eine enge Beziehung der Orgasmusfunktion zu einer Energiefunktion kosmischer Art. Sie gehört, mit den allgemein bekannten Wirkungen der Sonne auf den lebenden Organismus, zu den Erscheinungen, die uns veranlassen, den leben-

den Organismus als einen eigentümlich funktionierenden Teil der nichtlebenden Natur zu betrachten.
Die Funktion des Orgasmus läßt sich also durch den Viertakt: *Spannung – Ladung – Entladung – Entspannung* beschreiben. Wir wollen sie kurz die »Sp-L-Funktion« nennen.
Wir wissen aus früheren Untersuchungen, daß die Sp-L-Funktion nicht nur dem Orgasmus eigentümlich ist. Sie gilt für sämtliche Funktionen des autonomen Lebensapparates. Herz, Darm, Harnblase, Lunge (Atmung) funktionieren in diesem Rhythmus. Aber auch die *Zellteilung* gehorcht diesem Viertakt. Ebenso die Bewegung von Protozoen und Metazoen aller Art; Würmer und Schlangen bewegen sich in Teilen wie im Ganzen in einer eindeutigen Weise, die wir in der Sprache unserer Sp-L-Formel ausdrücken können. *Ein* Grundgesetz scheint also den Organismus als Ganzen ebenso wie seine autonomen Organe zu beherrschen. Der Gesamtorganismus zuckt im Orgasmus wie das Herz bei jedem Pulsschlag. Wir fassen mit unserer biologischen Grundformel den Kern des lebenden Funktionierens. *Die Orgasmusformel entpuppt sich als Lebensformel schlechthin.* Das entspricht durchaus unserer alten Formulierung: »*Der Sexualitätsprozeß ist der produktive biologische Prozeß schlechthin*«, in Fortpflanzung, Arbeitsleistung, Lebenslust, geistiger Produktion etc. Durch Anerkennung oder Ablehnung dieser Formulierung trennen sich Kenner und Gegner der Orgon-Biophysik.
Die mechanische Spannung von Organen durch Aufquellung ist leicht verständlich: Sie besteht in Flüssigkeitszunahme und in Distanzierung der einzelnen Teilchen des biologischen Kolloids. Die Entspannung besteht in einer Entquellung durch Flüssigkeitsauspressung und in gegenseitiger Annäherung der Teilchen. Schwieriger wird die Frage nach der Natur der Ladung und Entladung. Die elektrischen Potentialmessungen könnten uns dazu verführen, das Riesenproblem mit der Bezeichnung »elektrische Auflagung« und »elektrische Entladung« zu erledigen. Wurden doch Quantitäten elektrischer Energie bei der Zuckung der Muskeln oder den »elektrischen Fischen« gemessen. Ist man doch sogar soweit gekommen, die elektrischen Schwankungen am Gehirn zu messen! Ich habe bei meinen bio-elektrischen Experimenten (1934–36) die Erregungsschwankungen bei Lust und bei Angst angegeben.

2. FORDERUNG NACH EINER SPEZIFISCH BIOLOGISCHEN ENERGIE

Ist die spezifisch biologische Energie identisch mit Elektrizität?
Wir dürfen es uns nicht so leicht machen. Gewiß, es wäre schön, wenn wir die Orgasmusfunktion in wohlvertrauten physikalischen Begriffen ausdrücken könnten. Der Organismus erschiene uns dann nur als eine »besonders komplizierte elektrische Maschine«. Es wäre sehr angenehm und bequem, die Reaktion von rheumatischen Menschen auf Veränderungen des Wetters mit der Auskunft zu erledigen, daß die »Körperelektrizität« eben durch die »elektrischen« Ladungen in der Luft beeinflußt werde. Es wurde auch versucht, die Gesetze des Eisenmagnetismus auf den lebenden Organismus anzuwenden. Pflegt man doch auch zu sagen, daß man sich zu einer geliebten Person wie »magnetisch« hingezogen fühle, oder daß man vor Erregung wie »elektrisiert« sei. Wir werden uns bald überzeugen, daß solche Analogieschlüsse falsch sind. Ich sprach in früheren Publikationen von »Bio-*Elektrizität*« und folgte dabei dem gewöhnlichen Sprachgebrauche. Es gibt im Organismus zweifellos Elektrizität in Form elektrisch geladener Kolloidpartikel und Ionen. Die gesamte Kolloidchemie operiert damit; ebenso die Muskel-Neurophysiologie. Man kann Zuckungen von Muskeln durch Anwendung elektrischen Stromes herbeiführen. Beim Kämmen der Haare sprühen »elektrische« Funken.
Dennoch: Es gibt eine Reihe von Erscheinungen, die wir in keiner Weise mit der Theorie der elektromagnetischen Energie in Einklang zu bringen vermögen.
Da sind zunächst die Wirkungen des körperlichen »Magnetismus«. Viele Ärzte und Laientherapeuten operieren praktisch mit diesen magnetischen Kräften. Aber uns will nicht einleuchten, daß die uns bekannten magnetischen Kräfte von organisch-kolloidalem, nicht metallischem Material ausgehen sollten. Wir werden in der Folge einen experimentellen Beweis dafür antreffen, daß die Energie, mit der wir es beim lebenden Organismus zu tun haben, nicht identisch ist mit dem Eisenmagnetismus.
Wir erleben die elektrischen Wirkungen eines faradischen Stromes als körperfremd, als nicht »organisch«. Die Wirkung elektrischer Energie bildet sogar in kleinsten Quantitäten immer nur

Störungen unseres normalen Funktionierens. Die Muskeln geraten in unnatürliche, unzweckmäßige, »sinnlose« Kontraktionen. Nie hat man bei elektrischer Beeinflussung eine organische Bewegung gesehen, die die geringste Ähnlichkeit mit unseren alltäglichen lebendigen Bewegungen ganzer Muskelsysteme oder funktioneller Muskelgruppen gehabt hätte. Der elektrische *Strom* erzeugt eine Bewegung, in der das wesentlichste Kennzeichen der biologischen Energie, die Bewegung einer *Gruppe* von *Organen in koordinierter, funktionell sinnvoller Form* fehlt. Dagegen haben die *Störungen* des biologischen Funktionierens durch elektrischen Strom durchaus den Charakter der elektrischen Energie. Sie sind rasch, zackig, eckig, ganz wie die Schwankungen am Oszillographen, die man durch Reiben einer Elektrode an Metall erzielt. (s. *Die Funktion des Orgasmus*, Köln 1969).

Der elektrische Reiz kommt am Muskel-Nerv-Präparat nicht als solcher in der Bewegung zum Ausdruck; sonst müßte der glatte Muskel ebenso rasch zucken wie der quergestreifte. Er zuckt aber in der ihm eigenen wellig-langsamen Form, die für den glatten Muskel charakteristisch ist. Zwischen den elektrischen Reiz und die Muskelaktion schiebt sich also ein unbekanntes »Etwas« ein. Es wird durch den elektrischen Reiz nur ausgelöst und kommt als Bewegung, die von einem Aktionsstrom begleitet ist, zum Vorschein. Aber »Es« selbst ist nicht Elektrizität.

Unsere Organempfindungen sagen uns deutlich, daß die Emotionen (zweifellos Äußerungen unserer biologischen Energie) grundsätzlich verschieden sind von den Empfindungen, die man bei elektrischen Schlägen erlebt. Unsere Sinnesorgane versagen völlig bei der Einwirkung der elektromagnetischen Wellen, die die Atmosphäre füllen. Wir verspüren nichts in der Nähe eines Radiowellensenders. Wir reagieren nicht wie ein Radioapparat in der Nähe einer elektrischen Hochspannungsleitung. Wenn unsere Lebensenergie aus Elektrizität bestünde, dann wäre es, da unsere Organempfindungen Ausdruck dieser Energie sind, unverständlich, weshalb wir nur für den Wellenbereich des sichtbaren Lichtes im Auge zugänglich sind, sonst aber unempfindlich bleiben. Wir verspüren weder die Elektronen einer Röntgenmaschine noch die Radiumstrahlen. Die elektrische Energie wirkt nicht biologisch aufladend. Es ist bisher nicht gelungen, die Vitamine, die zweifellos biologische Energien enthalten, in elektrischen Maßen auszudrücken. Wir könnten beliebig fortfahren. Es ist auch

ein Problem, wie unser Organismus es zustande bringt, von den unendlich vielen elektro-magnetischen Kraftfeldern, die ihn umgeben, nicht zerstört zu werden.
Wir beeinflussen zwar feine Voltmeter durch Berührung, aber die Quantitäten dieser Reaktion sind im Verhältnis zu den Energieleistungen unseres Organismus derart minimal, daß wir keinen Zusammenhang sehen.
Das sind Riesenwidersprüche, die im Rahmen der bekannten Energieformen nicht aufzulösen sind. Sie waren der Biologie und Naturphilosophie seit langem bekannt. Man versuchte die Kluft mit Begriffen zu überbrücken, die das spezifisch *lebendige* Funktionieren begreiflich machen sollten. Solche Versuche wurden meist von den Gegnern des mechanischen Materialismus, den Vitalisten, unternommen. *Driesch* versuchte mit seiner dem Lebenden innewohnenden »Entelechie« abzuhelfen. Das sollte eine Lebenskraft sein, die das Leben steuert. Da sie unmeßbar und unfaßbar war, mußte seine Annahme in der Metaphysik landen. *Bergsons* »élan vital« trug ebenfalls der Unvereinbarkeit der bekannten Energieformen mit dem lebendigen Funktionieren Rechnung. Seine »Schöpferische Kraft« stellt eine explosible Funktion der Materie dar, die sich im Lebendigen am klarsten manifestiert. *Bergsons* Hypothese richtet sich sowohl gegen den mechanischen Materialismus wie gegen den teleologischen Finalismus. Sie faßte den grundsätzlich *funktionellen* Charakter des Lebendigen theoretisch richtig an, entbehrte aber empirischer Grundlagen. Die fragliche Kraft war weder meßbar noch sonst real faßbar oder lenkbar.
Der berühmte deutsche Physiologe *Pflüger* vermutete eine Beziehung der Lebensenergie zum Feuer auf Grund der Funktion des Cyans. Seine Vermutung war richtig. Hervorragende Biologen, wie etwa der Wiener Biologe *Kammerer* forderten eindeutig die Existenz einer *spezifisch biologischen Energie,* die zunächst nichts mit Elektrizität, Magnetismus etc. zu tun habe.

»Soll ich schließlich noch kundgeben, was mir persönlich am wahrscheinlichsten dünkt, und damit – eigentlich über die Schranken des Erlaubten hinaus – ein unbewiesenes, jetzt unbeweisbares wissenschaftliches Glaubensbekenntnis ablegen, so muß ich sagen: die Existenz einer *besonderen Lebenskraft* kommt mir durchaus wahrscheinlich vor! Also einer Energie, die weder

Wärme, noch Elektrizität, Magnetismus, Bewegung (einschließlich Schwingung und Strahlung), noch chemische Energie, noch ein Mosaik von allen zusammen darstellt, sondern eine Energie, die spezifisch nur denjenigen natürlichen Abläufen zukommt, die wir »Leben« nennen. Deswegen beschränkt sie sich aber nicht nur auf diejenigen Naturkörper, die wir »Lebewesen« heißen, sondern ist mindestens auch im gestaltenden Geschehen der Kristalle zugegen. Weshalb man sie, um Mißverständnisse auszuschalten, vielleicht besser statt Lebensenergie »*Formenergie*« benennen sollte. Aber nichts Überphysikalisches hätte sie an sich, obwohl sie sich mit bisher bekannten physikalischen Energien nicht identifizieren ließe; keine mysteriöse »*Entelechie*« (Aristoteles, Driesch), sondern eine echte, natürliche »*Energie*«; nur, gleichwie elektrische Energie an elektrische Erscheinungen, chemische Energie an chemische Umwandlungen, so an Lebens-, Formengestaltungs- und Formenwandlungs-Erscheinungen gebunden. Untertan vor allem dem Gesetz von der Erhaltung der Energie: in adäquater Weise umschaltbar in andere Energiearten, wie etwa Wärme in Bewegung und Bewegung in Wärme sich verwandelt.« (*Kammerer: Allgemeine Biologie*, S. 8).

Kammerer war bei seinen Versuchen, die Vererbung erworbener Eigenschaften an Molchen nachzuweisen, auf das Problem einer formbildenden »lebendigen Kraft« gestoßen. Die »vererbten Stoffe« und »Gene« der Erbhypothetiker verhüllten ja nur die Frage des lebendigen Funktionierens und schienen wie eigens dazu erdacht, jeden Zugang dazu zu verrammeln. Dem auf die Spitze gestellten Kegel gleich, schwankte bei ihnen ein Wust von hypothetischen Behauptungen auf der minimalen und überdies fragwürdigen Basis von Tatsachen hin und her. Man denke etwa an die unwissenschaftlichen, unerlaubten und moralisierenden Konsequenzen, die aus der berühmt gewordenen »Familie Kalikak« gezogen wurden. Man hat beim Lesen hereditärer Hypothesen stets mehr den Eindruck einer krampfhaften Ethisiererei als von Wissenschaft. Die lebendige Funktion wurde in einem Haufen mechanistischer Hypothesen erstickt. Diese Theorien arteten schließlich in der Hitlerschen Pest aus.

Bei den Vitalisten wurde das Lebendige zu einem geisterhaften Spuk, bei den Mechanisten wurde es zu einer unlebendigen Maschine. Bei den Bakteriologen schwebt für jedes Lebewesen ein besonderer, nie gesehener Keim »in der Luft«. *Pouchet* widmete sich in der zweiten Hälfte des 19. Jahrhunderts der mühseligen Aufgabe, die Luftkeimtheorie auf ihre Richtigkeit zu prüfen. *Pasteur* wies experimentell nach, daß sich in Flüssigkeiten, die zu bestimmter Temperatur erhitzt werden, keine lebenden Keime finden. Vorhandensein bewegter Organismen führte er auf Infektion von der Luft her zurück. *Friedrich Albert Lange* kritisiert in seiner »Geschichte des Materialismus« die Pasteursche Deutung und weist auf Pouchets Experimente hin. Pouchet läßt Hunderte von Kubikmetern Luft durch Wasser streichen und untersucht das Wasser. Er erfindet ein eigenes Instrument, das Luft gegen Glasplatten bläst, auf denen die Samenstäubchen haften bleiben. Er analysiert den Staub, der sich niedergesetzt hat. Er macht diese Versuche auf den Gletschern in den Pyrenäen, in den Katakomben von Theben, auf dem Lande und auf dem Meere in Ägypten und auf der Spitze des Domes von Rouen. Er findet zwar alles Mögliche, aber nur höchst selten ein Keimsporn eines Schimmelpflänzchens und noch weit seltener die Leiche eines Infusors. *Pasteurs* Widerlegung der primitiven Urzeugungslehren war gründlich mißverstanden. Es war verboten zu fragen, wo die *ersten* Lebenskeime herkämen. Man nahm Zuflucht zu plasmatischem Schleim, der durch den Weltenraum auf unseren Planeten flog, nur um mit der »göttlichen Zeugung« nicht in Konflikt zu geraten.

Keine dieser Richtungen vermochte je zu funktionellen Fragen des Lebensprozesses vorzudringen oder den Anschluß an die experimentelle Physik zu erzielen. Das Lebendige erschien als ein unbegreifbares, unantastbares, nur der göttlichen Vorsehung vorbehaltenes Mysterium mitten im Riesengebiet der experimentellen Naturwissenschaft.

Dennoch demonstriert das Keimen jeder Pflanze, die Entwicklung jedes Embryos, die spontane Bewegung des Muskels und die Leistung jedes biologischen Organismus täglich die Existenz von *Riesenenergien*, die die Arbeit des Lebendigen steuern. *»Energie« ist die Fähigkeit, Arbeit zu leisten*. Mit der Arbeitsleistung des gesamten Lebensapparates unseres Planeten kann keine bekannte Energie konkurrieren. Die Energien, die diese Arbeit leisten, können nur *aus der nichtlebenden Materie* selbst herstammen. Sie blieben der Wissenschaft seit Tausenden von Jahren verborgen.

Was ist die Sperrung, daß die Lebewesen die Erfassung dieser Energie nicht vollbringen konnten? Mit der Aufdeckung der Funktion der Sexualverdrängung durch *Freud* war die erste Bresche in die Mauer geschlagen, die uns von der Erkenntnis des Lebendigen trennte. Es mußte erst der wichtige Schritt vollzogen sein, die Äußerungen des Unbewußten und verdrängten sexuellen Trieblebens zu erfassen. Der zweite notwendige Schritt bestand in einer Korrektur der Freudschen Theorie des Unbewußten: Das verdrängte menschliche Triebleben ist nicht natürlich; es ist vielmehr ein krankhaftes Ergebnis der Unterdrückung der natürlichen Triebe, vor allem der genitalen Sexualität. Ein Organismus, der das meiste seiner Energie darauf verwendet, das natürlich Lebendige in sich selbst zu verbergen, kann die Fähigkeit nicht haben, das Lebendige außer sich zu fassen. *Das Lebendige äußert sich zentral in der genitalen Sexualitäts-Funktion.* Dem verdankt das Leben seine Existenz und Fortpflanzung. Eine Gesellschaft von Lebewesen, die die wesentlichste Äußerung dieser Funktion geächtet und unbewußt gemacht hat, ist außerstande, die Lebensfunktionen rational zu lenken; denn sie kommen als verzerrte Äußerungen der Pornographie zum Ausdruck. Nur die Mystiker hatten, weit entfernt von wissenschaftlicher Einsicht, von jeher Kontakt mit der Lebensfunktion. Da das Lebendige die Domäne der Mystik geworden war, scheute die ernste Naturwissenschaft davor zurück, sich mit ihm zu befassen. Man findet in der biologischen und physiologischen Literatur keinen Ansatz zum Verständnis der autonomen Bewegung, die sich typisch in der Wurmbewegung ausdrückt. Sie erinnert zu sehr an die verpönten Sexualakte der Tierwelt. So standen Mystik und mechanistische Biologie einander gegenüber. Indessen verriet die Wucht des religiösen Empfindens an sich die Existenz eines mächtigen Etwas, das die Menschen wohl fühlen, aber weder in Worte zu fassen noch zu lenken wissen. Auch die Religion hatte das Lebendige mystifiziert.

Nur dann, wenn eine meßbare und lenkbare Energiefunktion sich kundgäbe, die die Grundfunktion des Lebendigen verständlich machte und in keinen Widerspruch zur Physik geriete, wäre das Problem in den Bereich der Naturwissenschaft versetzt.

Eine solche spezifisch biologisch wirksame Energie müßte, das folgt aus den Funktionen des Lebendigen, folgende Eigenschaften haben:

1. Sie müßte grundverschieden sein von der elektromagnetischen Energie und dennoch Beziehungen zu ihr haben.
2. Sie müßte unabhängig vom lebenden Organismus in der nichtlebenden Natur existieren, wenn wir am Prinzip der Herkunft des Lebenden aus dem Nichtlebenden festhalten.
3. Sie müßte die Beziehung der Lebewesen zur nichtlebenden Natur in befriedigender Weise aufhellen (Atmung, Orgasmus, Nahrungsaufnahme, etc.).
4. Sie müßte – entgegen der galvanischen Elektrizität – in *organischem*, die *Elektrizität isolierendem* Material, wie in tierischen Geweben funktionieren.
5. Ihre Funktion könnte nicht auf einzelne Nervenzellen oder Zell-Gruppen beschränkt sein, sondern sie müßte *das Ganze* des Organismus durchsetzen und beherrschen.
6. Sie müßte die pulsatorische Grundfunktion des Lebendigen, die *Kontraktion* und *Expansion*, die sich in Atmung und Orgasmus ausdrückt, einfach begreifbar machen.
7. Sie müßte sich in Wärmeproduktion verständlich kundgeben, die ein Kennzeichen der meisten Lebewesen ist.
8. Sie müßte die Sexualfunktion endgültig aufhellen können, d. h. sie müßte die sexuelle Attraktion verständlich machen.
9. Ihr Wesen müßte uns enthüllen, weshalb die Lebewesen kein Organ für den Elektromagnetismus entwickelten.
10. Sie müßte dazu beitragen, das lebendige vom toten Eiweiß zu unterscheiden, zu begreifen, was zum chemisch hochkomplizierten Protein hinzutritt, um es *lebendig* zu machen. Sie müßte die Fähigkeit besitzen, lebende Materie *aufzuladen*, also *lebenspositiv* zu wirken.
11. Sie müßte uns schließlich weiter enthüllen, wie es zur Symmetrie der Formenbildung kommt, und welche Funktion die Formbildung überhaupt hat.
12. Sie würde schließlich verständlich machen, warum lebende Materie nur auf der Erdoberfläche existiert.

Diese Fragen stellen nur den notwendigen Rahmen her, der vorhanden sein muß, wenn der Anspruch erhoben wird, biophysikalische Probleme und die Biogenese zu diskutieren.

II. Die Orgon-Energie-Bläschen (»Bione«) und die natürliche Organisation von Protozoen
Experimentelle Grundlage zum Verständnis der Krebs-Biopathie

Das Orgon wurde an einer Bionkultur entdeckt. Wir müssen daher zunächst die orgonotischen Erscheinungen darstellen, die an der Grenze zwischen nichtlebender und lebender Materie sich vorfinden.
Wegen der funktionellen Beziehung zwischen Bionen und atmosphärischer Orgonenergie ist es wichtig, daß eine Erörterung der Orgonfunktionen in bionöser Materie der Darstellung der tatsächlichen Entdeckung des Orgons vorausgeht.
Es ist schwierig, das Datum der Entdeckung des Orgons zu bestimmen. Die orgonotischen Funktionen der Attraktion, Durchdringung, Pulsation und Erstrahlung wurden schon 1936–1939 gesichtet und an verschiedenen Bionpräparaten verfolgt. Ich hatte jedoch keine Ahnung, daß ich es mit spezifischen biologischen Energieerscheinungen zu tun hatte. Die Bionkulturexperimente führten zur Entdeckung des Orgons an den SAPA-Bionen im Januar 1939 und in der Atmosphäre im Juli 1940. Erst als ich die rein physikalischen Funktionen der Orgonenergie erarbeitete (1939–1942), verstand ich die Beobachtungen, die ich seit 1936 an den Bionen und Bionkulturen gemacht hatte. Die Darstellung in meinem Buch »Die Bione« (1938) folgt noch durchaus alten bakteriologischen und biologistischen Auffassungen. Die spätere Kenntnis der Orgonfunktionen korrigierte viel daran. So z. B. sind die Kokken und Stäbchenkulturen aus Bionen nicht, wie ich damals glaubte, eine Weiterentwicklung der Bione zu vollem Leben, sondern im Gegenteil *Degenerationen* von Bionen zu einer biologisch sterilen, der weiteren Entwicklung nicht fähigen Form. Die geradlinige Fortsetzung der Bione erfolgt in ihrer Zusammenfassung zum Protozoon. Staphylokokken, Streptokokken, T-Bazillen und Fäulnisbakterien sind Ergebnisse einer *Degeneration* des orgonotischen lebenden Plasmas.
Die folgende Darstellung der Bionexperimente ist durchaus von der Kenntnis des atmosphärischen Orgons bestimmt und infolgedessen nicht mehr biologistisch, sondern energetisch funk-

tionell zusammengefaßt. Solche Fehler und nachträgliche Korrekturen sind bei Arbeit in unerforschtem Gebiet unvermeidlich.
»Bion« und »Energiebläschen« bezeichnen ein und dasselbe mikroskopisch sichtbare und funktionierende Gebilde. Die Bezeichnung Bion will sagen: Die Bläschen, in die jede gequollene Materie zerfällt, sind Übergangsgebilde vom Nichtleben zum Lebendigen. *Das Bion ist die elementare Funktionseinheit aller lebenden Materie.* Es ist gleichzeitig der Träger eines Quantums von Orgonenergie. Als solcher funktioniert es in spezifisch biologischer Weise. Es ist eine *Energieeinheit*, die sich aus einer Membran, einem flüssigen Inhalt und einem darin eingeschlossenen Orgonquantum zusammensetzt: *»Orgonenergie-Bläschen«*. Ich möchte nun die Beobachtungen und Versuche zusammenstellen, die uns berechtigen, diese weitgehenden und folgenschweren Schlüsse vorzubringen.

1. DER ALLGEMEINE BLÄSCHENZERFALL QUELLENDER MATERIE (PA-BIONE)

Der Kohlenstoff ist der Grundstoff, der in Verbindung mit Sauerstoff, Stickstoff, Wasserstoff und Wasser die unendlich vielen organischen Verbindungen ebenso wie die lebende Substanz begründet. Sehen wir nun von den chemischen Reaktionen, die wohlbekannt sind, ab und beobachten wir einfach ein Stäubchen Kohlenstoff unter einem guten mit Apochromatlinsen ausgestatteten Mikroskop. Sämtliche Untersuchungen wurden mit Reichert-Mikroskopen durchgeführt (»Z-Mikroskop«), die eine Vergrößerung bis 5000 x ermöglichen. Die feinen biophysikalischen Vorgänge wie Streckung, Zuckung, Vibration, Strahlungsbrücke sind nur bei über 2000 x, am besten 4000 x Vergrößerung zu beobachten. Es kommt dabei nicht auf Auflösung von feinen Strukturen, sondern auf *Bewegung* an. Dazu können wir Kohlenstoff verwenden, der aus verkohltem Blut gewonnen wird (in meinen Versuchen von der Firma Merck) oder aus gewöhnlichem Ruß. Da alle organischen Verbindungen zu Kohlenstoff verbrennen, ist es uns gleichgültig, welcher Herkunft die beobachtete Kohle ist.

Wir betrachten das Kohlestäubchen zunächst trocken bei etwa 300 x Vergrößerung. Wir sehen einen schwarzen unregelmäßigen Körper, der unbewegt ist. Im Dunkelfeld sehen wir eine im wesentlichen streifige Struktur, die durchsetzt ist von einzelnen bläschenförmigen Gebilden. An den Grenzen zwischen den Streifen und an den kleinen blasenartigen Kügelchen wird das Licht stark gebrochen.

Kohlestäubchen, trocken

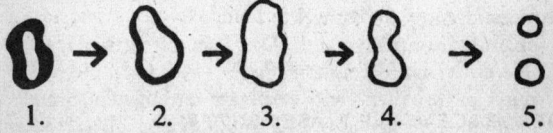

1. Dicke Wand aus Kohlenstoff, unelastisch.
2. Vermehrung des flüssigen Inhalts, Quellung.
3. Membran dünner, elastisch; das Innere blau, vibrierend.
4. Ein Kohlebion in Einschnürung.
5. Teilung in zwei Bione.

Fig. 1. *Entwicklung eines Kohlenstoff-Bions*

Wir stellen eine ca. 2000 x Vergrößerung ein (Objektiv 80 x, Okular 16 x, geneigter Binokulartubus, der die Vergrößerung um 50 % heraufsetzt). Wir sehen die streifige und blasige Struktur deutlicher. Nicht die geringste Bewegung ist wahrnehmbar.

Wir setzen einen Tropfen gewöhnliches Wasser hinzu und beobachten wieder, zuerst mit 300 x, dann mit 2000 x Vergrößerung. Im wesentlichen hat sich nichts geändert. Wir sehen keinerlei Bewegung. Nur hier oder dort mag sich ein kreisrundes oder unregelmäßiges Partikel fortbewegen. Seine Größe überschreitet selten 1 µ Durchmesser. Im großen und ganzen ist das Feld »tot«. Wir sehen keinerlei Kontraktion oder Expansion.

Wir fügen einem Reagenzglas mit Wasser eine kleine Spatelspitze voll feinem Kohlenstoffpulver zu. Ein Teil des Pulvers sinkt zu Boden, ein anderer Teil bleibt an der Oberfläche. Das Wasser selbst bleibt klar, es hat sich keine kolloidale Lösung gebildet. Das Präparat ist *nicht* steril. Wir nehmen täglich einen Tropfen der Flüssigkeit und beobachten ihn mikroskopisch. Wir wollen herausfinden, ob und welche Veränderungen in dem Kohlenstoff statthaben. Erst nach Wochen können wir eine Veränderung feststellen: Die einzelnen sich im Felde schwach bewegenden Kügelchen sind etwas zahlreicher. Die größeren Kohlestäubchen zeigen im Dunkelfeld ein sehr langsames Fortschreiten in der Anzahl der runden Gebilde innerhalb der Kohlenmaterie. Das Gesamtbild bleibt aber unlebendig. Nach Monaten ist das Bild nicht viel anders. Uns fällt auf, daß es keine gewöhnlichen Luftbakterien gibt. (Die Glastuben sind natürlich mit Wattepfropfen verschlossen). Die Flüssigkeit zeigt makroskopisch noch immer keine Veränderung. Sie ist weiter klar.

Dies ist unser Kontrollversuch. Das Experiment der *Herstellung der Kohlenbione* ist folgendermaßen:

Von nun an arbeiten wir steril im strengsten Sinne. Alle Flüssigkeiten sind bei 120 ° C autoklaviert, alle Trockensubstanzen und Werkzeuge bei 180 ° C trocken sterilisiert.

Wir bereiten Glastuben mit 50 % Bouillon und 50 % 0,1 n KCl-Lösung vor, die autoklaviert sind. Dann glühen wir auf einer Spatelspitze in einer Gasflamme ein Häufchen Kohlenstaub bis zur Weißglut. Noch in glühendem Zustande versenken wir den Kohlenstoff in die sterile Flüssigkeit. Sie färbt sich sofort schwarz, und nur die schweren Partikel der Kohle sinken zu Boden. Die leichteren Partikel bleiben schweben. Es hat sich eine *kolloidale Flüssigkeit* gebildet, im Gegensatz zum Kontrollpräparat. Im Verlauf einer halben Stunde weicht das Schwarz einem Grau. Die Lösung bleibt mehrere (3–6) Tage kolloidal, dann wird sie ebenfalls klar. Alle Partikel sind zu Boden gesunken.

Wir entnehmen nach Herstellung des Präparats steril einen Tropfen und beobachten ihn unter dem Mikroskop, wieder zuerst mit 300 x Vergrößerung im Hell- und Dunkelfeld, dann bei 2–3000 x Vergrößerung. Das Bild, das sich uns bietet, ist grundverschieden von dem, was wir beim Kontrollpräparat sahen.

Die blasige Struktur der einzelnen Kohlestäubchen überwiegt.
Bei fortgesetzter Beobachtung können wir sehen, daß sich vom Rande der großen Stäubchen kleine etwa 1 µ große Bläschen loslösen und frei in der Flüssigkeit bewegen. Bei gut gelungenen Präparaten beobachten wir Bewegtheit an den Rändern der Stäub-

chen, Streckung, Kontraktion, Vibration etc. Doch auch die bewegten kleineren Partikel verändern sich sozusagen vor unseren Augen, wenn wir nur lange genug beobachten. Zunächst scheinen sie »hart«, die Membran ist schwarz und dick. Doch allmählich wird die Membran dünner. Im Innern sehen wir zunehmend einen *blauen* und *blaugrünlichen* Schimmer auftreten. Die Bläschen werden praller und im Innern bewegter. An manchen Bläschen ist wellige Vibration zu beobachten. Je dünner die Membran wird, desto intensiver wird das Blau, desto elastischer sind auch die Bewegungen. Bald – am selben und besser noch am folgenden Tage – können wir deutlich *Expansions-* und *Kontraktionsbewegungen* beobachten. Niemand noch, der diese Präparate lange genug studiert hat, zweifelte am lebendigen Charakter dieser Bewegungen. Wir unterscheiden Bewegungen *von der Stelle* weg und *innere* Bewegungen des Bläscheninhalts, Verschiebungen des Blau, der Helligkeit, Vorbuchtungen und Einziehungen: *Das Bläschen pulsiert in unregelmäßigem Rhythmus.*

Wir lassen ca. 0,2–0,5 mA galvanischen Stroms durch das Präparat gehen. Die Bläschen bewegen sich zur Kathode, sind also Träger positiver elektrischer Ladung. Nach mehreren Tagen, wenn die Suspension der Partikel im Kolloid aufgehört hat, sind auch die kataphoretischen Erscheinungen schwach und verschwunden. Die Ladung der Bläschen scheint also eine Voraussetzung der kolloidalen Suspension und der Bewegtheit zu sein, wie schon *Pauli* annahm. Sie ist auch eine Voraussetzung der Fähigkeit zur Kulturbildung (vgl. *Die Bione*, S. 54 ff.).

Wir versuchen es mit einer biologischen Färbungsreaktion, und zwar mit Gram oder Karbolfuchsin. Zur Kontrolle färben wir einfachen Kohlenstaub. Die unpräparierte Kohle nimmt keinen biologischen Farbstoff an. Die Partikelchen bleiben schwarz. Dagegen reagieren die *Kohlenbione* auf die Färbung *positiv*, (bei Gramfärbung blau). Man kann ferner beobachten, daß nur diejenigen Partikelchen, die einen bestimmten Grad bionöser Entwicklung erreichten (dünne Membran, vermehrte Flüssigkeit und Blau im Innern), reagieren, während die unentwickelten Partikel sich neutral verhalten, wie die im Kontrollpräparat.

Wir beobachten das Farbpräparat bei 3000 x Vergrößerung mit Oelimmersion und finden, daß die meisten blauen Bläschen rund geworden sind, während sie vorher alle möglichen Formen hatten. Ein Tatbestand fällt uns sehr auf: Neben den großen, ca. 1 μ

im Durchschnitt großen Bläschen gibt es, was wir vorher bei 300 x nicht sahen, *rotgefärbte Körperchen*. Die kleinsten unter ihnen sind an der Grenze der mikroskopisch noch wahrnehmbaren Größe, etwa 0,2 µ lang. Sie liegen um die größeren runden und blauen Bläschen und um ungefärbte Kristalle gruppiert herum. Sie haben längliche Form, mit einer Spitze an einem Ende, wie kleine Lanzettchen. Wir haben sie im frischen Flüssigkeitspräparat nicht gesehen, werden sie aber in anderen Kohlenbionmischpräparaten auch lebend entdecken (vgl. Fig. 26, Anhang).
Diese gramnegativen Körperchen sind, wie sich's erst nach langem Experimentieren herausstellte, von allergrößter Wichtigkeit. Es sind die sogenannten »T-Bazillen«, die bei der Krebserkrankung eine so hervorragende Rolle spielen. Darüber später mehr.
Die Bione sind, so lautet unser Schluß, biologisch aktive Gebilde, denn sie nehmen im Gegensatz zum Stoff, aus dem sie erzeugt sind, biologische Färbung an.
Es gibt noch eine andere, spezifisch biologische Reaktion der Bione: Die nichtlebenden Stoffe zeigen im Fluoreszenzmikroskop immer nur ihre Eigenfarbe: Kohle schwarz, Natriumchlorid gelb etc. Untersuchen wir nun unsere Kohlebione fluoroskopisch: Sie schimmern nicht schwarz, sondern *blau*, ebenso wie eine Staphylokokkenkultur oder ein beliebiges organisches Zellgewebe. Auch dies ist uns ein Beweis des biologischen Charakters der Kohle-Bione.
Ehe wir uns an Hand weiterer Beobachtungen und Versuche über andere Eigenheiten der Energiebläschen orientieren, müssen wir feststellen, ob die blauen Bläschen sich nur im Kohlenstoff oder auch sonst bilden. Die Grundfrage nach der Natur der biologischen Energie in nichtlebender Materie wäre einfach zu beantworten, wenn sie sich nur im Kohlenstoff fände. Die Angelegenheit wird kompliziert, denn je mehr Stoffe wir untersuchen und zum Quellen bringen, desto sicherer wird der folgende Schluß: *Alle geglühte und gequollene Materie besteht aus blauschimmernden Bläschen oder zerfällt in solche.*

1. *Gekochte Nahrungsstoffe:* Der gekochte Muskel hat seine quergestreifte Struktur überwiegend eingebüßt und besteht aus blauen, bewegten Bläschen. Ebenso Gemüse jeder Art. Die Größe und Form der Bläschen mag verschieden sein, der Inhalt schimmert regelmäßig blau.

2. *Eidotter* besteht aus einzelnen blauen Bläschen, die aber auch

als kugeliger, von einer Membran umfaßter Bläschen-Haufen sich vorfinden. *Milch* enthält außer den Fettkügelchen blaue Bione. Ebenso Käse, besonders ausgeprägt diejenigen Sorten, die durch Bakterienwirkung erzielt werden: Kephir, Yoghurt, Roquefort; und Kasein jeder Art. Die *Vitamine* bestehen, bei 2000 x Vergrößerung beobachtet, aus stark lichtbrechenden blauen unregelmäßigen Bläschen. *Hühnereiweiß* ist im rohen Zustande strukturlos. Wird es gekocht, so bilden sich blaue Bläschenhaufen. Ebenso verhält sich *Blutserum*. Die Blutplättchen, die weißen und roten Blutkörperchen schimmern intensiv blau.

Moos und *Grashalme* zeigen eine dem tierischen Muskel ähnliche streifige Struktur ohne Bläschen. Gekochtes Gras oder Moos zerfällt in blaue Bläschen. Man glaubt Algen vor sich zu haben, wenn man sie beobachtet. Man fragt sich daher, ob die in stehenden Tümpeln gefundenen Algen nicht dasselbe wie unsere Bione sind, nämlich in Energie-Bläschen zerfallene Materie. Stehendes Wasser wimmelt von den blauen Bläschen, die den Protozoen als Nahrung dienen. Die Bionenexperimente geben darauf eine überraschende Antwort, die später in anderem Zusammenhang besprochen werden wird.

Wir versuchen mehr über die Bildung der Bione herauszufinden. Wir mengen bestimmte strukturlose Stoffe in bestimmter Reihenfolge zusammen. Wir machen zuerst folgende Lösungen: a) 100 cm^3 Wasser + 50 cm^3 0.1 n KCl + 2 mg aufgelöste Gelatine + 50 cm^3 Bouillon filtriert; b) einige Tropfen Hühnereiweiß in KCl; ein wenig frisches Lezithin in KCl. Diese Lösungen zeigen keine Struktur. Nur die Lezithinmischung zeigte einen Raum umschließende Membran ohne innere Struktur. Wir mischen nun die drei Stoffgruppen. Binnen wenigen Minuten sehen wir im Mikroskop das Auftreten blauer Bionbläschen. Vorher war keinerlei Bewegtheit zu sehen. Nun wimmelt es von bewegten Gebilden. Die Gelatine faßt mehrere blaue Bläschen zusammen in einem Haufen, der sich zusammenzieht und streckt. Es ist, als ob die einzelnen Bläschen im Innern nach verschiedenen Richtungen strebten und derart die innere Bewegtheit erzeugten. Im ganzen können wir vier Typen mit Bezug auf Bewegtheit unterscheiden (s. Fig. 2).

Setzen wir nun noch fein zerriebenes Blutkohlenpulver hinzu, so können wir das Auftreten stark bewegter Kohlenbione verfolgen. Wir sehen, daß sich der Kohlenstoff mit der eiweißhaltigen

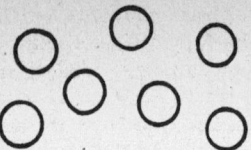

1. Ruhig liegende Bläschen

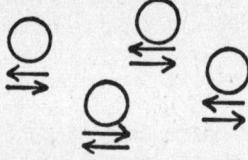

2. Auf der Stelle bewegte Bläschen

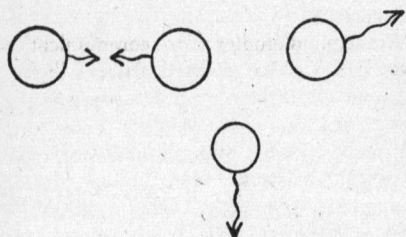

3. Von der Stelle bewegte Bläschen

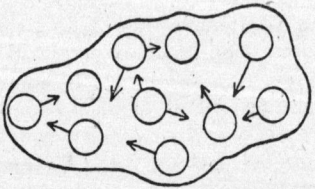

4. Amöboid bewegte Bläschenhaufen,
»Protozoon« (Amöbe)

Fig. 2. *Formen der sichtbaren Bewegung an Bionen*

Flüssigkeit vollsaugt. Die vorher leeren Lezithinschläuche füllen sich mit Bläschen. Das Ganze wimmelt von »Leben«. Wir autoklavieren die Mischung. Die Bewegtheit wird noch weit kräftiger.

Es sind jetzt die T-Bazillen aufgetreten. Die biologische Färbung (Karbolfuchsin, Giemsa oder Gram) fällt positiv aus.
Dies ist der Versuch Nr. 6, den ich im Januar 1937 der Akademie der Wissenschaften in Paris mitgeteilt habe. Im Januar 1938 erhielt ich durch Prof. Lapique den Bescheid, daß das autoklavierte Präparat nach einem Jahr noch immer lebend bewegte und kontraktile Gebilde enthielt. Das war um so überraschender, als das sterile Präparat luftdicht abgeschlossen war. Der Brief von Professor Lapique lautet:

Université de Paris
Faculté des Sciences
LABORATOIRE DE PHYSIOLOGIE GENERALE
1, Rue Victor-Cousin (5e Arr.)
                                   Sorbonne, le 25 Janvier 1938
Monsieur le Docteur,
Chargé par l'Académie d'étudier votre communication du 8 Janvier de l'année dernière, j'ai d'abord attendu le film que vous annonciez. Puis, ne le recevant pas, j'ai examiné au microscope les échantillons que vous aviez joints à votre premier envoi. J'ai constaté en effet, les mouvements d'apparence vitale que vous annonciez. Il y a quelque chose de curieux, en raison du long délai depuis la préparation.
Je suis disposé a proposer a l'Académie de publier brièvement votre constatation en la faisant suivre d'une courte note de moi-même confirmant le fait avec une interprétation physico-chémique n'engageant que moi. Laissant de côté votre théorie électrique qui n'a rien à faire avec l'expérience, voulez-vous accepter que votre communication soit insérée simplement sous forme de l'extrait ci-joint qui en réalité, est un résumé de la partie importante? Il me semble qu'ainsi vous recevriez satisfaction pour votre désir de voir vos recherches prendre place dans nos Comptes-Rendus.
Veuillez agréer, Monsieur, l'assurance de ma considération distinguée.

                          (gezeichnet) *Dr. Louis Lapique*
                          Professeur honoraire à la Sorbonne
                          Membre de l'Académie des Sciences

Übersetzung:

Sorbonne, den 25. Januar 1938

Geehrter Herr Doktor,
Von der Akademie beauftragt, Ihre Mitteilung vom 8. Januar letzten Jahres zu studieren, habe ich zunächst auf den Film gewartet, den Sie angekündigt hatten. Da ich ihn nicht erhielt, habe ich dann die Proben, die Sie Ihrer ersten Sendung beigefügt hatten, mikroskopisch untersucht. Ich habe tatsächlich die von Ihnen geschilderten lebensartigen Bewegungen festgestellt. Das ist eine merkwürdige Tatsache, wenn man die lange Frist seit der Herstellung berücksichtigt.

Ich möchte der Akademie vorschlagen, Ihre Feststellung in Kürze zu veröffentlichen, gefolgt von einer kurzen Notiz von mir mit einer physikalisch-chemischen Interpretation, die nur für mich verbindlich ist. Würden Sie damit einverstanden sein, daß Ihre Mitteilung einfach in Form des beigefügten Auszugs, der in der Tat ein Résumée des wichtigen Teils ist, gebracht wird, unter Weglassung Ihrer elektrischen Theorie, die mit dem Experiment nichts zu tun hat? Mir scheint, daß so Ihrem Wunsche Genüge geschehen würde, daß Ihre Forschungen in unseren Berichten Platz fänden.

Gestatten Sie, mein Herr, die Versicherung meiner vorzüglichen Hochachtung (gezeichnet) *Dr. Louis Lapique*
Professeur honoraire an der Sorbonne
Mitglied der Akademie der Wissenschaften

Ich zog meine Zustimmung zur Publikation im Bulletin der Akademie aus folgenden Gründen zurück:

1. Die chemisch-physikalische Interpretation hätte den *biologischen* Charakter des Experiments ausgelöscht.
2. Im Verlaufe des Jahres 1937 hatten sich Kulturen aus Bionen ergeben, die von Prof. Du Teil in Nizza* experimentell bestätigt waren. Diese entscheidend wichtige Tatsache sollte *nicht* publiziert werden.
3. Das zur Veröffentlichung vorgeschlagene Résumée gab in keiner Weise den ausführlichen Bericht wieder, den ich der Akademie geschickt hatte. Mißverständnisse und mißlingende Kontrollergebnisse wären das Resultat gewesen. –

* Professor Roger Du Teil führte Kontrollexperimente mit Bionen an der Universität Nizza durch. [Hrsg.]

1. Eckige Form, im Dunkelfeld feine
blasige Struktur mit Streifungen

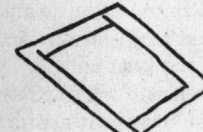 

2. Auftreten markierter Streifung mit
typischen rechtwinkligen und rhomboiden Figuren

3. »Erweichen«, Biegungen streifiger Struktur

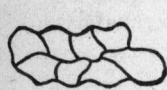 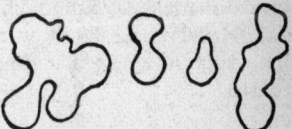

4. Vorgerücktes Entwicklungsstadium zum Bionenhaufen. Der Inhalt zwischen den Strukturen zeigt intensiven blauen Schimmer. Der Haufen zeigt bereits Bewegung.

5. Eisenfeilbione vom PA Typus. Beweglich, kontraktil mit blauem Schimmer, kultivierbar.

Fig. 3. *Veränderungen in der Struktur der Eisenfeile beim Schwellungsprozeß in Bouillon und KCl*

Unter den metallischen Stoffen sind für unser Experiment weiche *Feileisen* am meisten geeignet. Schon wenige Minuten, nachdem wir ein wenig sterilen Eisenfeilstaub in unsere Standard Bouillon – KCl-Lösung gebracht haben, entströmen den Eisenpartikeln feine Bläschen. Das kann man mikroskopisch verfolgen. Man legt ein Eisenstaubkorn auf einen Objektträger und setzt etwas KCl hinzu. Binnen kurzem strömen Bione aus, die sich nach etwa 10 Minuten nicht mehr bewegen. Sie haben sich wie kleine Magnetchen in Form magnetischer Kraftlinien aneinander gelegt und halten einander fest (Fig. 27 und 28, Anhang).

Eine Eisenbionlösung wird im Laufe weniger Tage kolloid. Die Partikel bestehen aus stark blauen, schweren und eckigen Energiebläschen, die fortschreitend »weicher« und elastischer werden. Die blauen Bläschen können Kulturen ergeben; dies wird an anderer Stelle dargelegt werden.

Erdhumus besteht aus stark blauschimmernden Bläschen, die meist bewegt sind. Autoklavierte Erde zerfällt vollständig in Energiebläschen. Den fortschreitenden Zerfall kann man täglich mikroskopisch beobachten (Fig. 29, Anhang).

Diese Versuche sind schwierig, erfordern viel Geduld und Ausdauer. Auf keinen Fall darf man sich wie ein befreundeter Biologe verhalten, der einfach einige Stoffe in Bouillon warf und auf das Entstehen der Bione wartete. Kein Experiment ist ohne die ihm zugrunde liegende Anschauung vom Vorgang durchzuführen.

2. DIE FRAGE DER »BROWNSCHEN BEWEGUNG«

Wir müssen nun einige prinzipielle Fragen klarstellen, ehe wir darangehen können, unsere Schlüsse aus den Beobachtungen zu ziehen.

Gegen die Behauptung, daß es sich bei der Bewegtheit der Bione um spezifisch *bioenergetische* Kräfte handle, wurde der Einwand erhoben, daß »Brown'sche Bewegung« vorliege. Es ist der Physik seit langem bekannt, daß die kleinsten kolloidalen Partikel bewegt sind, d. h. sich im Felde in verschiedenen Richtungen bewegen. Diese Bewegungen wurden sogar berechnet. Sie werden auf Stöße zurückgeführt, die von den Molekülen der Lösung angeblich auf die größeren kolloidalen Partikel ausgeübt werden.

Diese Deutung ist also rein *physikalisch* und *mechanistisch*. Nichts an ihr läßt sich mit den *biologischen* Energieäußerungen der Pulsation vereinbaren. Können wir mit dieser Deutung den beobachteten Erscheinungen an den bionösen Energiebläschen gerecht werden? Eine Deutung ist nur dann gültig, wenn sie neue Erscheinungen begreiflich macht. Sie wird ungültig, wenn sie mit den Beobachtungen in Konflikt gerät. Sie wird unbrauchbar, wenn sie ihnen strikte widerspricht und durch eine andere Deutung ersetzt werden kann, die die Erscheinungen besser erklärlich macht.

Die mechanische »Brown'sche Bewegung« wird von den Physikern wie ein Dogma verteidigt. Diese Verteidigung ist gegenüber mystischen Deutungen von Lebensphänomenen berechtigt. Aber ebenso klar zeigt die Erfahrung, daß die Deutung »molekulare Stoßbewegung« selbst nicht frei ist von irrationalen Motiven. Sonst würde der Physiker, der überall nur Brown'sche Bewegungen rein physikalischer Art sieht, nicht so krampfhaft ablehnen, sich einige Tatsachen anzuhören, die seiner Deutung in bestimmten Fällen widersprechen. Ich glaube nicht, *diese* Physiker je überzeugen zu können, weiß aber, daß die Sackgassen, in die die rein mechanistische Anschauung gerät, die Forschung einmal zwingen werden, auf Tatsachen und Argumente zu hören.

Es gibt zweifellos Bewegungen feinster Partikel, die eine mechanistische Deutung zulassen. Ich glaube z. B. selbst, daß die Bläschengruppe 2 (Seite 44), deren Elemente sich auf der Stelle hin- und herbewegen, nicht biologischer Art ist. Ob es Moleküle sind, die sie hin- und herstoßen, weiß ich nicht, da ich Moleküle nie gesehen habe, ebensowenig wie die Verfechter der rein mechanischen Brown'schen Bewegung.

Machen wir uns zunächst klar, was die mechanisch-physikalische Deutung fordert: Da weder die Partikelchen noch die Moleküle in der Lösung je verschwinden, müßten logischerweise die molekularen Stöße unaufhörlich wirken, die Bewegung der Partikel dürfte nicht aufhören. Ferner müßten *sämtliche* Partikel, die ungefähr der gleichen Größenordnung angehören, bewegt sein. Drittens dürfte es keine andere Bewegung als die von der Stelle geben.

Kontraktionen und Expansionen des Partikelinhalts verweigern sich der mechanistischen Deutung. *Wie sollte ein Stoß seitens der äußeren Moleküle eine innere Vibration oder gar eine Expansion zustande bringen?* Wir werden später eine Reihe anderer Eigenschaften der Bione kennenlernen, die sich der mechanischen Deutung in keiner Weise fügen wollen.

Diese Beobachtungen erfordern eine mindestens 2000 x Vergrößerung. Dies ist das unerläßliche Minimum. In Wirklichkeit ist 3000-4000 x Vergrößerung für korrekte Aussagen gefordert. Ebenso Beobachtung des nicht gefärbten, sondern *lebenden* Präparates. Der Kopenhagener Biologe A. Fischer geriet in Aufregung und wurde sogar ungebührlich ausfallend, als er keine Vergrößerung über 1500 x herstellen konnte und ich eine solche forderte, wenn überhaupt gesehen werden sollte, was ich als Tatsache behauptete. Die Giemsafärbung der Bione, die in seinem Institut 1936 hergestellt wurde, fiel positiv aus. Wenn diese Bedingungen erfüllt sind, dann ergeben sich folgende Erscheinungen, die sich einer mechanistischen Deutung nicht beugen:

1. Die Bewegungen sind das eine Mal vorhanden, ein anderes Mal nicht. Sie treten auf und hören wieder auf. Bionbläschen am Rande von Kohlenkristallen oder im Moos setzen ein und zeigen Bewegung, wenn ein genügender Grad von Spannung und Ladung hergestellt ist. Bestimmte Bionpräparate zeigen keinerlei Bewegung. Wo bleiben in diesen Fällen die molekularen Stöße? Die Moleküle sind doch nicht weggekommen und ebensowenig die Partikel! Und eine dritte Ursache wird vom Mechanismus als Grund der Bewegung nicht angenommen.

Die äußere Bewegtheit der Energiebläschen muß also etwas mit ihrer inneren Ladung zu tun haben.

2. Die *innere* Bewegtheit mancher Bione, Expansion, Kontraktion, Vibrieren und Flimmern, ist eine Tatsache, die nicht durch äußere Stöße, sondern einzig durch *innere* Energieverschiebungen zu erklären ist: Auch *die innere Bewegtheit muß mit der inneren Ladung zusammenhängen.*

3. Die Bionforschung faßt die lebenden roten Blutkörperchen als orgonotische Bläschen auf. Sie sind *blau* und pulsieren, beobachtet über 2000 x. Die toten roten Blutkörperchen sind nicht blau, sondern schwarz. Sie sind unbeweglich und pulsieren nicht.

Die Bewegtheit der roten Blutkörperchen kann nur von ihrer inneren Ladung, sie kann nicht von äußeren Stößen herstam-

men. Mit dem Blau, der orgonotischen Färbung, verschwindet auch die Bewegtheit.
Die Grundfrage aller Biologie ist nach der Herkunft der inneren Impulse des lebenden Organismus. Niemand zweifelt daran, daß sich das Lebendige vom Nichtlebenden durch die innere Herkunft der Bewegungsimpulse unterscheidet. Der innere Bewegungsimpuls kann nur einer *innerhalb* der Grenzen des Organismus wirkenden *Energie* zugeschrieben werden. Die Frage, woher diese Energie selbst stammt, beantwortet sich durch das Bionexperiment:
Die biologisch wirksame Energie im Innern, die die Impulse erzeugt, stammt aus derselben Materie, aus der sich das Bion stofflich zusammensetzt. Die Energie, die wir in beweglicher bionöser Materie bei der Arbeit sehen, nannte ich »Orgon«. Den Ausdruck Orgon leitete ich von den Worten »Organismus« und »orgastisch« her. Der Ausdruck »orgonotisch« umfaßt nunmehr alle energetischen Phänomene und Prozesse, die spezifisch zu der Energie gehören, die lebende Materie regiert. Jeder Organismus, der lebt, ist ein membranöses Gebilde, das in seiner Körperflüssigkeit ein Quantum Orgon umfaßt: Es bildet ein »orgonotisches System«.
Die rein mechanisch physikalische Deutung klärt überdies keine einzige der spezifisch biologischen Reaktionen auf. Wir haben uns von jedem Verdacht freigemacht, daß wir eine überirdische jenseits von Materie und Energie wirkende Lebenskraft annehmen. Damit ist eine Beziehung der Energiebläschen zur *funktionellen* Theorie *Einsteins* über die Materie und Energie gegeben. Wir haben einige grundsätzliche Vorgänge beobachtet, die andeuten, auf welche Weise das Orgon aus der Materie frei wird. Es sind spezifisch die Prozesse des Materiezerfalls und der Quellung der zerfallenden Partikel. *Diese Prozesse bergen die Lösung des Rätsels des lebendigen Funktionierens in sich.* Die wesentlichen objektiven Funktionen der biologischen Energie fallen mit den wesentlichen Funktionen des Lebendigen zusammen. Die Grundfunktionen der hochentwickelten Organismen sind dieselben wie beim kleinsten Klümpchen kontraktilen Plasmas. Jede mechanistische oder chemische Anschauung muß hier komplett versagen. Denn es geht nicht um Stoffe, sondern um biologische Energie*funktionen*. Darin treffen wir uns mit vielen Biologen. So schreibt *Uexküll*:

»Die moderne Tierbiologie verdankt ihr Dasein der Einführung des physiologischen Experiments in das Studium der niederen Tiere. Die Erwartungen, die man von physiologischer Seite an die Erweiterung des Forschungsgebietes knüpfte, wurden nicht erfüllt ... Die Auflösung der Lebenserscheinungen in chemische und physikalische Prozesse kam nicht um einen Schritt weiter ... für alle jene Forscher, die im Lebensprozeß selbst und nicht in seiner Zurückführung auf Chemie, Physik und Mathematik den wesentlichen Inhalt der Biologie sahen.« (*Umwelt und Innenwelt der Tiere*, Berlin 1921, S. 2.)

3. DIE T-BAZILLEN

Ich erwähnte im Zusammenhang mit dem Kohlenbionexperiment den Nachweis kleinster lanzettartiger Körperchen durch die Gramfärbung. Diese Körperchen wurden T-Bazillen genannt, d. h. »Todes«-Bazillen, weil sie zum Sterbensprozeß eine doppelte Beziehung haben:
a) *Man erhält T-Bazillen durch Degeneration und fauligen Zerfall von lebenden und nichtlebenden Eiweißstoffen.*
b) *Die T-Bazillen vermögen, in starken Dosen appliziert, Mäuse binnen 24 Stunden zu töten.*
Läßt man Staphylokokkenkulturen oder Fäulnisbakterien (B. Proteus usw.) lange genug stehen, so bildet sich um die Kultur ein *grünlicher*, im Durchlicht *bläulich* schimmernder *Rand*. Er zeigt die Tendenz, sich auszubreiten. Wir haben uns beim Anlegen der Kultur überzeugt, daß sie ausschließlich Staphylokokken enthält. Entnehmen wir nun nach Wochen oder Monaten dem grünlich-bläulichen Rande eine Probe, so sehen wir nur sehr wenige Kokken. Dagegen wimmelt das Feld von viel kleineren Bazillen, die sich lebhaft in Zigzagbahnen bewegen. Sie sind etwa 0,2-0,5 μ lang und, betrachtet mit mindestens 2000 x Vergrößerung, leicht oval (S. Fig. 4 c, S. 53). In Bouillon überimpft, geben sie eine stark bläulich-grünlich schimmernde Kulturflüssigkeit, die scharf sauer und ammoniakal riecht. Je länger wir die Bouillonkultur stehen lassen, desto dichter wird sie und desto tiefer blau oder grün-blau. Kulturen von Fäulnisbakterien (B.

a) Blaue Bione ca. 2–10 μ

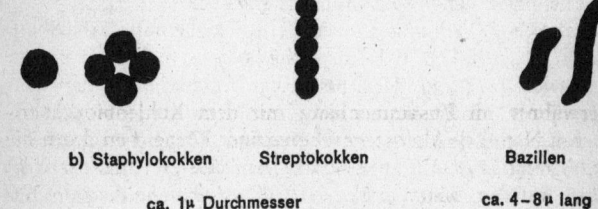

b) Staphylokokken   Streptokokken   Bazillen

ca. 1μ Durchmesser   ca. 4–8 μ lang

c) T-Bazillen ca. 0.2–0.5 μ lang

Fig. 4. *Typische Formen blauer Bione,
schwarzer Kokken, Bazillen und T-Bazillen*

Proteus, Subtili und Staphylokokken; Fig. 4 b) flocken nach wenigen Tagen am Boden der Reagenzröhre oder als Membran auf der Oberfläche aus. T-Bazillenkulturen agglutinieren im Gegensatz dazu erst nach Monaten. Handelt es sich um eine Mischkultur, so werden alle anderen Bazillen rapide agglutinieren, während die T-Bazillen lebend fortbestehen.

T-Bazillen lassen sich durch jede Art von Degeneration von Proteinstoffen erzielen. Bisher wurden T-Kulturen derselben Form und Reaktion aus 15 verschiedenen Quellen gezüchtet. *Die T-Bazillen sind daher Ergebnis degenerativer fauliger Prozesse an Geweben.* Ich nenne hier einige Quellen von T-Bazillen:

Krebskrankenblut: Aus dem Blut fortgeschrittener Krebskranker können durch einfache Impfung in Bouillon T-Bazillen gezüchtet werden. Dies wurde einer der wesentlichsten Tests auf Krebs in unserem Laboratorium.

Krebsgewebe: Jede Art Krebsgewebe, ob frisch oder alt, ergibt T-Bazillen mikroskopisch und Kulturen davon in Bouillon und auf Agar. Gekocht, zerfällt es fast vollständig in T-Körperchen, die die kennzeichnende rote Gramfärbungsreaktion zeigen.

Präkanzeröse Zellen und Gewebe ergeben ebenfalls T-Bazillen, das heißt, sie zerfallen in T-Körperchen oder enthalten sie bereits voll entwickelt. Epithel der Scheide, der Zunge, im Sputum, von der Haut etc. sind normalerweise unstrukturiert. Im präkanzerösen Zustand zeigen sie im Dunkelfeld feinste T-Körperchen.

Degenerierendes Blut (Experiment): Man läßt zwei bis drei cm^3 Blut sich auf dem Boden einer sterilen Petrischale ausbreiten und 24 Stunden im Thermostaten austrocknen. Dann bestreut man das eingetrocknete Blut mit geglühtem Blutkohlestaub. Nach weiteren 24 Stunden setzt man genügend KCl und Bouillon hinzu, so daß die Substanz bedeckt ist. Die mikroskopische Untersuchung und die biologische Färbung weisen sofort die T-Bazillen nach.

Die T-Bazillen jeder Herkunft erzeugen in gesunden Mäusen krebsige, destruktive und infiltrierende Wucherungen. Diesen Teil der Bionversuchsergebnisse möchte ich gesondert und speziell behandeln und mich hier auf die wesentlichen biologisch wichtigen Reaktionen beschränken, die das Problem des Orgons betreffen.

Bei der Herstellung von Bionpräparaten erhält man regelmäßig zweierlei Typen von Bionen: Die früher beschriebenen blauen PA-Bione und die kleinen schwarzen T-Bazillen. Diese beiden Typen sind im biologischen Experiment gegensätzlich: *Die PA-Bione sind imstande, die schwarzen T-Bazillen zu töten oder zu immobilisieren.* Dies geschieht im Tropfen unter dem Mikroskop ebenso wie in der lebenden Maus (Fig. 4).

Wir bringen einen Tropfen Erd-, Eisen- oder Kohlenbione auf

einen gehöhlten Objektträger und setzen einen kleinen Tropfen einer T-Bazillen-Kultur zu. Wir können bei 400 x Vergrößerung im Dunkelfeld oder besser bei 2000 x Vergrößerung im Hellfeld sehen, daß die T-Bazillen in der Nähe der blauen Bione unruhig werden, um sich selbst herumwirbeln, an Ort und Stelle mit zittrigen Bewegungen haften bleiben und schließlich unbewegt werden. Mit der Zeit häufen sich immer mehr T-Bazillen um die blauen Bione an: Sie agglutinieren. Die »toten« Bazillen scheinen auch eine anziehende und tötende Wirkung auf die noch lebenden auszuüben. Die Orgonenergie-Experimente mit Krebs hatten ihren Ursprung in dieser bedeutsamen Tatsache.

Dasselbe geschieht mit den 5 bis 8 mal längeren Subtilis- oder Proteusbazillen. An diesen ist die tötende Wirkung der blauen Bione noch deutlicher zu verfolgen. Schließlich ist das ganze Feld mit toten Bazillen übersät.

Von Januar 1937 bis zum Januar 1939 wurden in 178 gesunden Mäusen Injektionsexperimente mit PA-Bionen und T-Bazillen durchgeführt, entsprechend der folgenden Tabelle:

Injektion	Anzahl der Mäuse	tot in 8 Tagen	tot in 15 Monaten	krank nach 15 Monaten	gesund nach 15 Monaten
T-Bazillen	84	30	30	24	0
PA-Bione dann T-Bazillen	45	0	9	—	36
PA-Bione	39	0	0	—	39
T-Bazillen dann PA-Bione	10	0	8 2 getötet	—	0
	178				

Von den 30 T-Mäusen, die innerhalb von 15 Monaten starben, wurden 25 Mäuse auf Krebswucherungen genauestens untersucht. Sieben Mäuse enthielten amöboide Krebszellen in verschiedenen Geweben. Dreizehn Mäuse ergaben destruktive und infiltrierende, krebsartige Zellwucherungen. Die restlichen fünf hatten chronisch entzündliche Wucherungen. Diejenigen Mäuse zeigten die krebsigen Wucherungen am weitesten fortgeschritten, die die T-Bazillen am längsten überstanden.

Die Beziehung der T-Bazillen zur Krebserkrankung ist von entscheidender Bedeutung und soll später behandelt werden.

Diese Versuchsergebnisse haben für die Beurteilung der Orgonenergie folgende Bedeutung:

1. *Theoretisch:* Am Urgrunde des lebendigen Funktionierens, an der Grenze zwischen dem Nichtleben und dem Lebendigen, treffen wir eine Funktionsweise an, die sich mit unserem allgemein gültigen Schema des biologischen Funktionierens völlig deckt: *Alle lebendige Funktion gehorcht dem Naturgesetz der Aufsplitterung des Einheitlichen und der funktionellen Gegenüberstellung und einheitlichen Zusammenfassung des Aufgesplitterten.*

Aus der nichtlebenden Materie A entwickeln sich orgonhaltige bewegte Bione B. Diese Bione teilen sich in zwei Gruppen auf: in die PA Gruppe und in die T Gruppe. *Sie stehen zueinander im Gegensatz: Die PA-Bione lähmen die T-Bione.* Diese Tatsache läßt im Rahmen dessen, was wir aus den physikalischen Funktionen des Orgons gelernt haben, nur eine plausible Deutung zu: *Die PA-Bione entsprechen vollentwickelten, hochgeladenen Orgoneinheiten. Die T-Bione dagegen stellen Produkte von Degeneration dar, müssen also dann auftreten, wenn Gewebe, Zellen oder Bakterien ihre Orgonladung einzubüßen beginnen.*

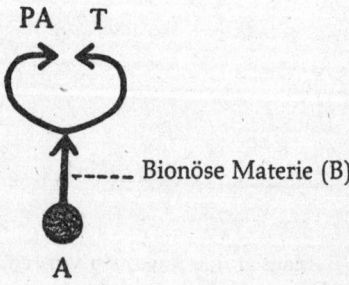

Sie enthalten nur sehr wenig Orgon, stellen also sehr schwache orgonotische Systeme dar. Da stets das stärkere orgonotische System das schwächere anzieht und ihm seine Ladung entzieht, erklärt sich in einfacher Weise die Erscheinung, daß die PA die

T lähmen. Die biophysikalische Funktionsbeziehung der PA und T läßt sich also aus den rein physikalischen Funktionen des Orgons ableiten.

2. *Praktisch:* Die T entstehen entweder durch *Degeneration*, mit anderen Worten durch Orgonverlust in höher entwickelten Gebilden, oder sie ergeben sich *ursprünglich durch eine zu geringe Menge von massefreiem Orgon* innerhalb eines Energiebläschens.

Bisher wurden in meinem Laboratorium T-Bazillen durch Degeneration folgender Gewebe und Bionpräparate erzielt: getrocknetes Blut, getrocknete Faeces, autoklaviertes Krebsgewebe, autoklavierter Eiweißnährboden, der mit Glühkohle bestreut und mit KOH übergossen wurde, Zungenepithel, das durch eine Zahnbrücke geschädigt war, degenerierte vaginale Epithel-Zellen, degenerierte männliche Samenzellen, degenerierte Fäulnisbakterien, Kohlenpräparate aller Art, durch Einwirkung von Zyankali auf Eiweißnährboden etc.

Der mangelhafte Orgongehalt der T-Bazillen äußert sich in einer sehr merkwürdigen Tatsache, die ich mit dem Worte »*Orgonhunger*« beschreiben möchte. Die Beobachtungen sind folgende:

Wir filtrieren Blut, das wir mit normaler KCl-Lösung etwa 19-fach verdünnt haben. Mittels eines Berkefelt-Filters, dessen Porenweite nicht mehr als 0,25 μ beträgt, verhindern wir das Durchsickern von eventuell vorhandenen T-Bazillen im Serum. Die mikroskopische Beobachtung bei 2000-4000facher Vergrößerung ergibt nur Flüssigkeit und nicht die geringsten Strukturen. Wir setzen dem Serum einen winzigen Tropfen *reiner* T-Bazillenkultur hinzu, die also keine PA-Bione enthält. Im Verlaufe von wenigen Minuten erleben wir ein Schauspiel, das außerordentlich erregend ist und wahrscheinlich das Geheimnis der »Immunstoffe« im Serum in sich birgt:

Zunächst sehen wir nur T-Bazillen im Felde herumflitzen. Doch bald erscheinen hier und dort große blaue Bläschen, um die sich mehr und mehr T-Bazillen gruppieren, genauso wie in einer Mischung von PA und T. Die T scheinen die Bildung der blauen PA-Bione angeregt zu haben; ein Kontrollserum ohne T enthält auch weiter keine PA. Die einmal gebildeten PA wirken nun lähmend auf die T, die zu agglutinieren beginnen.

Und nun setzt ein zweiter, noch merkwürdigerer Prozeß ein. Der Haufen agglutinierter T ist schwarz; er zeigt nicht das ge-

ringste Blau. Doch nach Verlauf einer viertel oder halben Stunde beginnt *dieser schwarze tote Haufen sich stark blau zu färben und membranöse Blasen zu formen.* Sie sind wieder nichts anderes als PA-Bione. Die toten T haben dem Serum Orgon entzogen und sich in PA-Bione verwandelt.
Diese beiden Erscheinungen sind noch nicht völlig durchforscht. Sie haben einerseits Beziehungen zur Immunität, andererseits zur blasigen Strukturierung oder zum Bläschenzerfall von Geweben, die mit T-Bazillen in Berührung kommen.
Ritzt man einer gesunden Maus T in die Haut ein, so ist nach wenigen Tagen eine Erhebung vorhanden, ohne Eiter, die sich mikroskopisch als blasig zerfallenes Gewebe erweist. Ebenso zerfallen Epithelien von Krebskranken zunächst in T, dann treten in der Umgebung reichlich blaue PA-Bione auf.
Ich möchte an dieser Stelle die Schilderung der Beobachtungen abbrechen, die uns soviel über das Körperorgon verrieten, und es weiteren Untersuchungen überlassen, zu beurteilen, welche Schlüsse daraus gezogen werden dürfen. Jedenfalls ist sichergestellt, daß *die T-Bazillen zu bionösem Zerfall anregen* und daß *sich aus dem bionös zerfallenen Gewebe die Krebszellen* ebenso *organisieren* wie Amöben und andere Einzeller aus Moosbionen.

Die T-Blutprobe

Die lebendige Funktionskraft einer Zelle ist weder durch ihre Struktur noch durch ihre chemische Zusammensetzung bestimmt. Der Zerfall der Struktur und der Zerfall des chemischen Aufbaus müssen als *Folgen*, sie können nicht als Ursachen des *biologischen Zerfalls* angesehen werden. Ist doch die Struktur ebenso wie das biochemische Gleichgewicht, in dem sich eine Zelle befindet, selbst der Ausdruck ihrer biologischen Funktionstüchtigkeit. Die biologische Funktion selbst war bisher rätselhaft. Die orgonotische Ladung der Zelle gibt uns Möglichkeiten an die Hand, die biologische Funktionstüchtigkeit experimentell zu bestimmen.
Die roten Blutkörperchen zweier Personen mögen strukturell und chemisch gleich sein, können sich aber biologisch-funktionell scharf unterscheiden. Die mikroskopische Beobachtung mag genau

dieselbe Form ergeben. Die Anzahl der roten Blutkörperchen und ihr Hämoglobingehalt mögen normal und bei beiden Personen gleich sein.

Setzen wir nun Proben von Blut dem gleichen zerstörenden Einfluß aus. Wir autoklavieren je einige Tropfen ihres Blutes in Bouillon und KCl-Lösung eine halbe Stunde bei 120 Grad Celsius und 15 lbs. Dampfdruck. Die mikroskopische Beobachtung kann zwei durchaus verschiedene Ergebnisse zeigen. Das autoklavierte Blut des einen ist in große blauschimmernde Bionbläschen zerfallen. Das Blut des anderen zeigt keine blauen Bläschen, sondern ausschließlich T-Bazillen. Die Gramfärbung bestätigt diesen Unterschied: Die eine Blutprobe ergibt blaue, Grampositive Bläschen (Fig. 31, Anhang), die andere rote Gramnegative T-Bazillen (T-Bazillen aus einem Sarkom, vergl. Fig. 32, Anhang). Daraus läßt sich folgender Schluß ziehen:

Die eine Blutprobe weist auf starke orgonotische Ladung der roten Blutkörperchen hin. Die Ladung erscheint nach der Autoklavierung in den blauen Bionen wieder (»*B-Reaktion*«). Die andere Blutprobe weist auf schwache oder minimale Orgonladung der roten Blutkörperchen hin. Der Mangel an orgonotischer Ladung drückt sich im Fehlen der blauen Bione und in der Anwesenheit der T-Bazillen nach Autoklavierung aus, das Ergebnis der Degeneration roter Blutkörperchen (»*T-Reaktion*«).

Die T-Reaktion ist typisch für fortgeschrittene Krebskranke, bei denen der Orgongehalt des Blutes im Kampfe des Organismus gegen die Allgemeinerkrankung (Krebsbiopathie) und die lokale Geschwulst aufgebraucht wurde. Diese T-Reaktion kann *vor* allen Anämiesymptomen vorhanden sein und verrät den Krebsprozeß oft lange, bevor es zur Ausbildung einer tastbaren und sichtbaren Krebsgeschwulst kommt.

Umgekehrt nehmen orgonschwache rote Blutkörperchen gierig Orgon auf, wenn dieses dem Organismus im Orgon-Akkumulator zugeführt wird. Die Autoklavierungsproben ergeben dann eine Verschiebung von der T- zur B-Reaktion, d. h. die Blutkörperchen sind resistenter gegenüber der Autoklavierung; sie enthalten mehr Orgon.

Die roten Blutkörperchen können durch das atmosphärische Orgon aufgeladen werden. (Die Wirkungen der Sonnenstrahlung beruhen auf demselben Prinzip). Dies kann experimentell überprüft werden. Wir bringen biologisch (das ist orgonotisch) schwaches Blut am Objektträger mit Fäulnisbakterien oder T-Bazillen zusammen. Das Blut reagiert schwach, die Bakterien und T-Bazillen werden nicht getötet und nicht agglutiniert. Ist der Organismus orgonotisch aufgeladen worden, was wir mittels der Autoklavierungsprobe beurteilen können, so wirkt das Blut stark lähmend und agglutinierend auf ebendieselben pathogenen Mikro-Organismen. Auch kleinere Protozoen werden von orgonotisch schwachem Blut nicht geschädigt, dagegen von orgonotisch kräftigem Blut gelähmt.

Das rote Blutkörperchen ist ein winziges orgonotisches System, das ein kleines Quantum von Orgon innerhalb seiner Membran enthält. Die roten Blutkörperchen schimmern bei 4000 x Vergrößerung stark blau und vibrieren im Innern kräftig, strecken und ziehen sich zusammen, sind also nicht starr, wie man gewöhnlich glaubt. Sie sind die Träger des atmosphärischen Orgons von den Lungen zu den Geweben. Die fraglos vorhandene Beziehung des atmosphärischen Sauerstoffs zum Orgon läßt sich vorläufig nur vermuten, aber nicht fassen. Es ist ein ungelöstes Problem, ob das Orgon identisch ist mit den chemischen Teilchen der Luft oder davon grundverschieden.

Die orgonotische Aufladung der roten Blutkörperchen zeigt sich auch in Form und Struktur. Schwach geladene Zellen sind mehr oder weniger geschrumpft und haben einen schmalen und schwach schimmernden blauen Rand. Ist der Organismus geladen, so werden die roten Blutkörperchen prall, der blaue Rand wird intensiv und breit und füllt manchmal die ganze Zelle aus. In der Nähe solcher orgonotisch stark geladener Blutkörperchen kann kein pathogener Organismus existieren.

schwach	stark
Orgonrand schmal	Blaue Farbe intensiv
Blaue Farbe schwach	Orgonrand breit
Membran oft geschrumpft	
(»Poikolocytosis«)	

Fig. 5. *Orgonotisch schwach und stark geladene rote Blutkörperchen*
(Nach dem Leben bei etwa 4500 x Vergrößerung)

Es bleibt dunkel, wie die Immunität gegen Infektionserkrankungen, Erkältungen etc. damit zusammenhängt; aber es dürfte nicht schwierig sein, den Zusammenhang herauszufinden. Die orgonotische Ladung der Gewebe und Blutzellen bestimmt wahrscheinlich den Grad der Empfänglichkeit für Infektionen, also die »Krankheitsdisposition«.

Daß es die Orgonladung der Blutkörperchen ist, die das eigentliche Agens der Tötung von Protozoen und Bakterien ist, zeigt sich daran, daß im Prozeß des Tötens der pathogenen Mikroorganismen die Blutkörperchen allmählich ihr Blau verlieren, schwarz werden und gelegentlich in T-Körperchen zerfallen. Die Untersuchung von Gewebsschnitten von behandelten Mäusetumoren zeigt folgendes: Die aufgeladenen Blutkörperchen durchsetzen Krebsgewebe, das in ihrer Nähe sich in unbewegte T-Körperchen auflöst. Aber wir sehen keine Blutkörperchen mehr, sondern nur T-Körper. Der Krebstumor zeigt weite Höhlen, die mikroskopisch (Dunkelfeld 300-400 x) sich als mit T-Körperchen ausgefüllt erweisen. Makroskopisch ist der Inhalt der Höhlen erst rot blutig, wird aber fortschreitend rostbraun, was vom Hämosiderin herrührt. Der Eisenfarbstoff hat sich aus den zerfallenen Blutkörperchen gelöst. Diese haben ihre biologische Energieladung abgegeben. Die typische sekundäre Anämie der Krebskranken ist der Ausdruck dafür, daß die biologische Energie des Blutes im Kampfe gegen die T-Bazillen und die Krebszellen aufgebraucht wurde.

Näheres darüber soll in der folgenden Abhandlung über die Krebsversuche gesagt werden. Hier war nur wichtig zu erfahren, in welcher Weise sich die orgonotische Ladung an den Blutzellen unter verschiedenen Bedingungen verhält. Summarisch kann gesagt werden: *Die orgonstarken roten Blutkörperchen verhalten sich zu Bakterien und kleinen Protozoen genau so wie Erd-, Eisen-, Kohle- und andere Bione.* Da sie im Knochenmark entstehen, muß angenommen werden, daß das Knochenmark die Fähigkeit besitzt, ständig Bione neu zu erzeugen. Der Prozeß der Organisierung von Energiebläschen ist eine Grundeigenschaft des tierischen und pflanzlichen Gewebes. Diese Tatsachen liegen den Orgontherapieversuchen an Krebskranken zugrunde: *Durch die äußere Zufuhr von Orgon wird dem Organismus die Last abgenommen, sein eigenes Orgon im Kampfe gegen die Krankheit aufzubrauchen.* Dies ist ein weiterer Beweis für die Identität vom atmosphärischen und organischen Orgon (= »biologische Energie«).

Das Experiment enthüllt folgende Eigentümlichkeiten:

1. Ein Grasaufgußpräparat entwickelt keine oder nur sehr wenige Protozoen, wenn es von Anbeginn im Orgonakkumulator gehalten wird. Das Orgon lädt offenbar das Grasgewebe auf und verhindert dessen Zerfall in Protozoen.
2. Voll entwickelte Protozoen werden im Orgonakkumulator nicht abgetötet.
3. T-Bazillen werden im Orgonakkumulator nicht abgetötet, dagegen ist das Blut von Krebskranken nach wenigen Tagen von T-Körperchen frei, wenn der Kranke kräftig genug orgonbestrahlt wurde.

4. ERSTRAHLUNG UND ATTRAKTION

Daß das tierische Blut strahlt, ist eine allgemein bekannte, wohl zuerst von *Gurwitsch* enthüllte Tatsache. Da die Blutkörperchen im Lichte der Orgonbiophysik nichts anderes als Orgonenergiebläschen sind, ist es wichtig, die Strahlung mikroskopisch sicherzustellen. Eines ihrer Hauptkennzeichen ist – wie wir in der reinen Orgon-Physik herausfinden – die »orgonotische Attraktion«, die nichts mit dem Eisenmagnetismus zu tun hat. Um die orgonotische Attraktion zu beobachten, sind folgende Versuchsanordnungen notwendig; sie haben alle das gemeinsame, Bione verschiedener Art unter dem Mikroskop in der üblichen Bouillon + KCl-Lösung zusammenzubringen:

Die Tötung und Agglutination von Bakterien durch Bione verschiedener Art ist an sich ja nichts anderes, energetisch gesehen, als eine *Attraktion mit folgendem Entzug von Orgon durch das stärkere orgonotische System des PA-Bions*. Bei der Mischung von Bionen verschiedener Art lernen wir noch andere wichtige Energiewirkungen kennen.

Versuchen wir es zunächst mit einer sterilen *Mischung von roten Blutkörperchen und Erdbionen*. Es genügen je ein Tropfen verdünnten Blutes und Erdbionlösung so, daß die Lösung nicht zu dicht ist und eine bequeme Beobachtung jedes einzelnen Bions gestattet. Unter 2000 x Vergrößerung dürfen wir keine Resultate erwarten. Doch eine gute 80 x Apochromat-Objektiv-Linse zusammen mit einem 16 x Okular in einem Mikroskop mit geneigtem Binokular genügen. Es ist vorteilhaft, eine spezielle Wasserimmersionslinse zu verwenden, die einfach in die Lösung versenkt wird. Die mechanischen Störungen gleichen sich rasch aus. Eine Wirkung des Metalls ist nicht zu befürchten, denn man kann die Erscheinungen auch mit Deckglas sehen. Doch es arbeitet sich bequemer und rascher mit direkter Wasserimmersion. Deckgläser eignen sich bei dieser Vergrößerung und auf den notwendig gehöhlten Objektträgern schlecht, denn sie zerbrechen allzu leicht. Jede gewünschte Kontrolle überzeugt davon, daß das Eintauchen des Objektivs in die Lösung keinerlei Störungen verursacht.

Die Strahlungsbrücke zwischen zwei orgonotischen Systemen

Zunächst bewegen sich die Erdbione und die Blutkörperchen einzeln für sich. Doch allmählich setzt eine Gruppierung ein, gewöhnlich in der Weise, daß sich um ein größeres und schwereres Erdbion mehrere Blutkörperchen ansammeln und immer näher rücken, bis sie einander berühren. Dann tritt an den einander berührenden Stellen ein starkes Leuchten auf. Dort, wo die Körper einander nicht direkt berühren, sondern in etwa $1/2$ bis 1μ Entfernung liegen, entsteht eine *stark leuchtende Brücke zwischen dem Erdbion und dem Blutkörperchen*, die sie zu verbinden scheint. Diese Brücke vibriert kräftig, wird breiter und schmäler. Am Ende scheinen sich die Membranen zwischen den Körpern aufgelockert zu haben. Man kann ohne Schwierigkeiten, wenn man nur lange genug beobachtet, verfolgen, daß die Blutkörperchen das Licht immer stärker brechen, daß ihr Blau intensiver wird, daß sie größer und praller werden und lebhafte Pulsation zeigen. Man kann auf diese Weise *rote Blutkörperchen* ebenso *orgonotisch aufladen* wie im Körper durch orgonotische Bestrahlung des Organismus. Verwendet man, in diesem Experiment, schwache, deformierte Krebsblutkörperchen, so ist ihre Füllung und Erstrahlung noch deutlicher. Orgonotisch schwache Blutkörperchen üben wenig oder keinen Einfluß auf Bazillen und kleine Protozoen aus. Die Wirkungen treten auf, wenn sie mit Orgon geladen sind. *Die Blutkörperchen »trinken« sich mit Orgon aus den Erdbionen voll.*
Injektion von sterilen Erdbionen in Krebsmäusen konnten die-

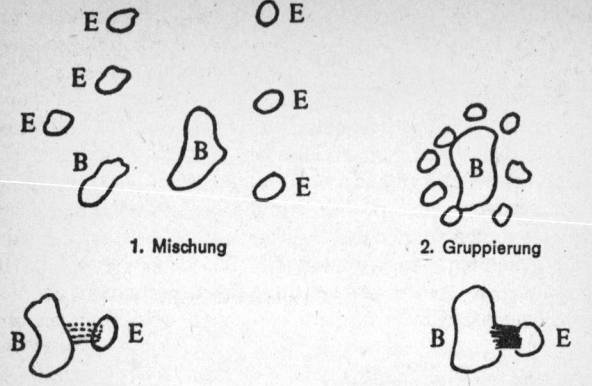

1. Mischung   **2. Gruppierung**

3. Bildung einer Strahlungsbrücke   **4. Auflösung der Membranen und orgonotische Verschmelzung**

Fig. 6. *Phasen in der Bildung einer Strahlungsbrücke und orgonotische Verschmelzung zwischen Erdbionen (B) und roten Blutkörperchen (E)*

selbe Wirkung erzielen wie Orgonbestrahlung im Akkumulator: Hemmung des Tumorwachstums, Ersetzung des Tumor-Zellgewebes durch starkstrahlendes Blut und Tötung der T-Bazillen. Was tatsächlich im Organismus als Resultat der Bioninjektionen geschieht, kann man bei der mikroskopischen Untersuchung der Bion-Mixtur sehen. Diese Art der Orgonapplikation wurde in meinem Laboratorium durchgeführt, ehe das atmosphärische Orgon entdeckt wurde. Nach dieser Entdeckung wurden die Bioninjektionen durch Bestrahlung im Orgonakkumulator ersetzt.

Zwischen Erdbionen und Blutkörperchen gibt es keine Verschmelzung, bloß Bildung der Strahlungsbrücke. Dasselbe läßt sich auch mit Eisenbionen, Kohlebionen etc. durchführen. Dagegen durchdringen einander Kohlebione und Bione aus autoklaviertem Blut oder beliebigem Eiweißstoff. Diese *Fusion* gewinnt große Bedeutung für das Verständnis der experimentellen Erzeugung von Tumoren durch Teer in Mäusen.

5. VERSCHMELZUNG UND DURCHDRINGUNG

Die Sexualität hat mit der Fortpflanzung gemeinsam, daß *zwei Orgonsysteme miteinander orgonotisch verschmelzen*. Beim Einzeller folgt der Verschmelzung in der Kopulation eine *gegenseitige Durchdringung* von Körpersubstanz. Verschmelzung und Durchdringung sind sowohl stoffliche wie energetische Vorgänge. Diese Vorgänge sind aber beim Vielzeller energetisch weit vollständiger als stofflich. Im Kopulationsakt durchdringt das männliche Organ das weibliche. Beide Organe bilden nun eine funktionierende Einheit. Bei vielen zwittrigen Weichtieren (Schnecken und Würmern) ist die Durchdringung eine wechselseitige, bleibt aber lokal auf die Genitalien beschränkt. Die Vereinigung der zwei Gameten zur Zygote dagegen zeigt auch die stoffliche Verschmelzung und Durchdringung vollständig. Während bei den mehrzelligen Tieren die Verschmelzung auf die Genitalorgane und die generativen Zellen beschränkt bleiben, *funktionieren sie orgonotisch total;* d. h. zwei kopulierende Lebewesen (beim Menschen orgastische Potenz vorausgesetzt) verschmelzen vorübergehend zu *einem orgonotischen Energiesystem.*

Der orgonotischen Verschmelzung geht regelmäßig eine Erstrahlung voraus. Orgonotische *Zellerstrahlung*, physiologische *Erregung* und psychische *Sexualemotion* sind funktionell identische Vorgänge. Die psychische Wahrnehmung eines sexuellen Objekts vermag eine physiologische Erregung (Erektion) hervorzurufen; umgekehrt vermag eine physiologische Erregung (Streicheln, Friktion) eine sexuelle Emotion herbeizuführen. Dieser psychosomatische Vorgang führt zur orgonotischen Erstrahlung des Gesamtorganismus. Umgekehrt pflegt ein Organismus in starker orgonotischer Erstrahlung den Drang zur physiologischen Friktion herbeizuführen, der mit psychosexueller Emotion einhergeht. Es gilt daher wieder unser biologisches Funktionsschema:

Psychische Sexualemotion　　　　　　　　Physiologische Körpererregung

Orgonotische Zellerstrahlung

Wir haben die Auffassung ernst zu nehmen, daß die Energieäußerungen des vielzelligen Organismus in *jeder* einzelnen Zelle vorgebildet sind und in ihnen streng genommen ihren Ursprung nehmen: Die Orgonerstrahlung der Einzelzelle ist dasselbe, was die Physiologie und die Biologie die »Zellerregung« und die Tiefenpsychologie die »Organ-Libido« oder »Zell-Libido« nennen. Wir sind im Verständnis dieser Dinge einen beträchtlichen Schritt weitergekommen, denn wir wissen nun, daß eine objektiv nachweisbare, spezifisch biologische Energie in den Zellen wirkt. Die prinzipiellen Energiefunktionen sind: Bildung einer Strahlungsbrücke (»sexueller Kontakt«), Erstrahlung und Verschmelzung und Durchdringung. Wir wollen uns hier nur an den Bionen vergegenwärtigen, wie die Vorgänge der Verschmelzung und Durchdringung energetisch beschaffen sind. Wir dürfen getrost den Triumph auskosten, der sich beim Anblick der Verschmelzung eines Kohlebions und eines Erdbions bietet; die hypothetischen Begriffe »Zellerregung« und »Organlibido« werden zu greifbaren Wirklichkeiten.
Nachdem sich die Kohlebione den schwereren und daher weniger beweglichen Erdbionen attraktiv genähert und die Strahlungsbrücke gebildet haben, setzt sich der Energieprozeß fort, der alle Phasen der Kopulation klar darbietet.
Die »erregten«, d. h. erstrahlenden Bione rücken einander immer näher. Dort, wo die Strahlungsbrücken sich bilden, beginnt allmählich die Kohlesubstanz (in Bionform) ins Innere der Erdbione einzudringen. Es macht den Eindruck, als ob das Erdbion die Kohlebione aufsaugte. Schließlich sind die kleineren Kohlebione völlig in den Körper der Erdbione eingedrungen. Man kann sie klar an ihrer schwärzlichen Membran von den bräunlichen Erdbionmembranen unterscheiden. Der ganze Klumpen, der aus Erdbionen plus Kohlebionen besteht, erscheint bräunlich *und* schwärzlich. Mit der Zeit verschwindet das Schwarz, die Membrane der Kohlebione lösen sich auf. Das Erdbion nimmt eine dunklere Färbung an, seine blauen Bläschen strahlen kräftiger. Am Ende sieht man keine Kohlesubstanz mehr.
Man könnte auch sagen, daß das Erdbion das Kohlebion »aufgefressen« habe. Die Unterscheidung der Verschmelzung im Sinne von »Fressen« oder von »Kopulation« hat wenig Sinn, da auf dieser niedrigsten biologischen Stufe die biologische Energie undifferenziert funktioniert. Es fiele schwer, die Aufnahme von klei-

neren Protozoen durch größere von der Kopulation funktionell zu differenzieren.

Dies ist im übrigen auch beim tierischen Vielzeller der Fall, wenn wir Energievorgänge beschreiben und nicht anthropomorph und finalistisch einen Zweck dem Geschehen unterschieben. Ein brustlutschendes Kind erfüllt, final gesehen, einen durchaus anderen »Zweck« als eine Frau, die ein männliches Glied in die Scheide aufnimmt. Das erste »dient« der »Erhaltung des Individuums«, das zweite der »Erhaltung der Art«. Doch wir sollten mit diesen finalistischen Unterscheidungen ernsthaft Schluß machen, wo es um *biologisches Funktionieren* geht. *Energetisch* gesehen – und eine andere Betrachtungsart kommt biophysikalisch nicht in Frage – ist der Vorgang, der sich zwischen dem Mund des Säuglings und der mütterlichen Brustwarze abspielt, genau das gleiche wie der zwischen der Scheide und dem erregten männlichen Organ. Die funktionelle Identität reicht bis ins kleinste physiologische Detail. Wir wollen doch in diesen ernsten Dingen nicht das moralistische Heuchlertum mitreden lassen, das den »heiligen« Saugeakt als »unsexuell« hinstellt, um ihn nicht durch Gleichsetzung mit dem »teuflisch-schmutzigen Geschlechtsakt« zu »entheiligen«. Es geht nicht um heilig oder nichtheilig, sondern um biologisches Funktionieren. Erst jetzt begreifen wir biophysikalisch die so grundsätzliche Entdeckung *Freuds*, daß die Säuglingsmundzone ebenso ein *sexuell* erregtes Organ darstellt wie die erregte mütterliche Brustwarze. Diese eine Erkenntnis ist weit wertvoller zur Beurteilung der Unfähigkeit mancher Frauen, ihre Kinder zu stillen, als alle ärztlichen Theorien.

Ob also das Erdbion das Kohlebion »gefressen« hat, »um sich zu stärken« und damit sich »moralisch« oder »vernünftig« verhielt, oder ob es sich mit dem Kohlebion »sexuell« vereinigte, ist uns gleichgültig. Wichtig ist uns das Wesentliche am Vorgang, das Gemeinsame mit allen grundsätzlichen biologischen Funktionen, sei es Fressen, sei es Konjugation, Kopulation, Zygotenbildung oder der Geschlechtsakt des Metazoon.

Es ist zu vermerken, daß es so etwas wie eine *Sättigung* des Orgonhungers der Bione gibt. Bringt man in eine Erdbionlösung nur wenig Kohlebione, so wird man nach einigen Tagen keine Kohlebione mehr finden. Bringt man viel Kohlebione hinein, so verschwinden sie nicht alle.

Die verschiedenen Bionarten zeigen den »Orgonhunger« in verschiedenem Grade. Die Sand-Bion-Kulturen zum Beispiel verhielten sich Kohlebionen gegenüber »gierig«. Auch Eisenbione verschmelzen leicht mit Kohlebionen. Bione aus gekochten organischen Stoffen, etwa Muskel, sind weit weniger gierig im Aufnehmen der Kohlebione. Des erlaubt die Deutung: Je weniger Kohlenstoff ein Bion ursprünglich enthält, desto stärker seine Tendenz, sich mit Kohlenstoff zu füllen. Die aus Sand entstandenen SAPA Bione enthielten originär keinen Kohlenstoff, die Eisenbione enthalten nur Spuren davon, die Muskelbione dagegen sind aus Kohlenstoffverbindungen aufgebaut. Ihr Hunger nach Kohlenstoff ist weit geringer als der der Sandbione. Ich möchte es vermeiden, die weitgehenden Schlüsse auf die ursprüngliche Entstehung des Plasmas auf unserem Planeten zu ziehen; wir wollen uns streng an die Tatsachen halten.

Nicht nur Kohlebione verschmelzen mit anderen. Es verschmelzen auch Erdbione und Eisenbione, Eisenbione und Muskelbione, Kohlebione und Blutbione und andere. Hier liegt ein weites Feld für fruchtbare Forschung brach.

Zusammengefaßt: *Die Orgonenergiebläschen zeigen die Grundfunktion der lebenden Stubstanz voll ausgebildet: Attraktion, Erstrahlung, Strahlungsbrücke, Verschmelzung und Durchdringung.*

Diese Funktionen sind spezifische Eigenschaften der Orgonbläschen, denn Bione, die ihre Orgonladung verloren haben, lassen diese Funktionen vermissen. Diese Funktionen sind also nicht stofflich, sondern energetisch begründet. Sie sind spezifische Orgonfunktionen und haben nichts mit Magnetismus oder Elektrizität zu tun.

Nun können wir besser gerüstet an die Beobachtungen herangehen, die die Organisation von Protozoen und Krebszellen darbieten.

6. DIE NATÜRLICHE ORGANISATION DER PROTOZOEN

Ich möchte diesen Abschnitt mit den ausgezeichneten Sätzen des Biologen *Uexküll* einleiten, die er in seinem Buche *Umwelt und Innenwelt der Tiere* voranschickt:

»Mit dem Wort ›Wissenschaft‹ wird heutzutage ein lächerlicher Fetischismus getrieben. Deshalb ist es wohl angezeigt, darauf hinzuweisen, daß die Wissenschaft nichts anderes ist als die Summe der Meinungen der heute lebenden Forscher ... Nach und nach werden alle Meinungen vergessen, verworfen oder verändert. Daher kann man die Frage: ›Was ist eine wissenschaftliche Wahrheit?‹ ohne Übertreibung beantworten: ›Ein Irrtum von heute‹ ... Wir hoffen wohl von gröberen zu feineren Irrtümern fortzuschreiten; ob wir uns aber wirklich auf dem guten Wege befinden, ist für die *Biologie* in hohem Grade zweifelhaft.«

Im Frühsommer 1938 publizierte ich einige Aufnahmen, die mittels Zeitraffung gemacht wurden, in *Die Bione*. Sie führten die Tatsache einfach und unzweideutig vor Augen, daß die einzelligen Lebewesen nicht aus nie gesehenen Keimen in der Luft, sondern aus bionös zerfallendem Moos und Gras sich entwickeln. Die Welt der Biologie des »Irrtums von heute« schwieg, mit einigen ganz wenigen Ausnahmen, zu den Mikroaufnahmen. Heute möchte ich die Tatsachen für sich sprechen lassen. (Fig. 34, 35, 36, 37, 38, 39, 40, 41 a, b, c, 42, Anhang)

Das Tier bildet keine mechanische Summe von Organen so wenig wie das Organ eine mechanische Summe von Zellen bildet. Das Tier als Ganzes, jedes einzelne Organ und jede einzelne Zelle bilden, jedes für sich, ein orgonotisches System, das durch den Viertakt Spannung → Ladung → Entladung → Entspannung zusammengehalten ist, also eine funktionelle Einheit bildet. Es ist dem lebendigen System eigentümlich, jedes seiner Teile für sich allein *oder* im Zusammenhang des übergeordneten Organismus der Spannung-Ladung-Funktion gehorchen zu lassen.

In der modernen biologischen Literatur etwa seit dem ersten Weltkriege hat sich der funktionelle Gesichtspunkt allmählich seine Rechte neben dem stofflich-mechanischen erobert. Eines der wesentlichen biologischen Grundprobleme ist die Tatsache, daß die Funktionen der Strukturen (Muskulatur, Nerven, Drüsen etc.) maschinell verständlich sind, die Funktionen des Protoplasmas aber wie ein Wunder erscheinen. Das Protoplasma unterscheidet sich grundsätzlich von einer Maschine schon dadurch, daß »flüssige Maschinen undenkbar« sind *(Uexküll)*. Das Protoplasma funktioniert auf Grund von Eigenschaften, die die Maschinen nicht besitzen. Es funktioniert, *ohne strukturiert zu sein*. Es erhält sich durch Gleichgewicht zwischen Assimilation und Dissimi-

lation, also durch *Funktion* und nicht durch stoffliche Struktur. Sobald die Funktion aufhört, zerfällt der stoffliche Zustand. *Die stoffliche Struktur hängt selbst von der Funktion des lebenden Plasmas ab.* »Das Tier ist ein Geschehnis« (Jennings).
Diese Tatsachen sind der mechanistisch-stofflich orientierten Biologie unzugänglich.
Sehen wir zu, welche Antwort die Kenntnis der Orgonfunktionen auf diese Rätsel gibt. Es ist klar: Eine Auffassung, die alles aus »Keimanlagen« ableitet, das Keimplasma selbst aber von aller Ewigkeit einfach dasein läßt, ohne nach *seiner* Entwicklung zu fragen – eine solche Auffassung kann keine Antwort auf das plasmatische Funktionieren in sich bergen. Denn alles ist ja im Keime schon »stofflich« enthalten, wie nach der alten Anschauung der »Präformationstheorie« aller künftigen Generationen in den Keimzellen. Wenn sich nun das *Plasmatischwerden zunächst nichtplasmatischer Materie* mikroskopisch und filmisch verfolgen läßt, dann können sich auch Aufschlüsse über die *Entwicklung* der Plasmafunktion selbst ergeben. *Die Plasmafunktion dürfen wir mit der Spannung-Ladung-Funktion ohne weiteres gleichsetzen.* Denn aus der alternierenden Expansion und Kontraktion in der biologischen Pulsation lassen sich alle komplizierteren Funktionen ableiten. Nichtlebende Substanz pulsiert nicht, lebende Substanz pulsiert. *Genau am Übergang von der Unbewegtheit zur pulsatorischen Bewegtheit ist die Lösung des Rätsels der Biogenese zu suchen.* Diese Übergangsstelle läßt sich tatsächlich mikroskopisch beobachten und filmisch festhalten.
Welchen Schaden die Metaphysik der Keimtheorie in der biologischen Forschung anrichtete, läßt sich an folgenden Tatsachen feststellen:
Es gibt kein mir bekanntes Lehrbuch der Biologie, das eine Beschreibung des *Materials* der Protozoenaufgüsse enthielte. Wir erfahren nichts darüber, *was sich* am Gras oder Moos *abspielt*. Die Protozoen sind nach einigen Tagen einfach »fertig« vorhanden. Das Argument, das immer wieder gegen die natürliche Organisation der Einzeller erhoben wird, daß sich in erhitztem Moos keinerlei Protozoen finden, können wir doch nicht ernst nehmen. Es wurde überdies vor langem von Biologen als unrichtig erwiesen, und die Krampfhaftigkeit, mit der es dennoch festgehalten wird, verrät nur ein Interesse, das *nicht wissenschaftlich, sondern religiös* ist. Wir können nun anfügen: Wenn gekochtes

Moos keine Protozoen enthält, so enthält es doch blaue Bione*. Diese Bione finden sich aber auch in ungekochtem Moos, das langsam quillt.

In jeder offiziellen Biologie findet man – von einem Autor zum anderen blind übernommen – die Behauptung, daß sich die Protozoen aus »encystierten Keimen« entwickeln. Man hat nämlich beobachtet, daß sich Protozoen abkugeln können. Das ist richtig, aber die Beobachtung wurde falsch interpretiert. Man sah zwei verschiedene Vorgänge, die man in *eine* Behauptung verschmolz. Der eine ist die Abkugelung der Protozoen bei Schädigung. Der andere ist die Entwicklung kugeliger Formen in Grasaufgüssen, die gar nichts mit den abgekugelten Protozoen zu tun haben. Diese kugeligen Gebilde sind das Ergebnis einer allmählichen *Entwicklung von Bionen zu einem bionösen Bläschenhaufen.* Der kugelige Bionhaufen bildet eine typische Stufe in der natürlichen Organisation der Einzeller.

Wir lesen in den Lehrbüchern der Biologie, daß die Aufgüsse voll sind von »Algen«, die sich ebenfalls aus »Keimen« entwickelt haben sollen. Es ist richtig, daß sich die Protozoen von diesen »Algen« ernähren. Doch wer hat je den Keim einer solchen »Alge« gesehen? Und woher kommt es, daß wir dieselben Gebilde, die man Algen nennt, bewegt in einem Präparat haufenweis finden, das aus nichts anderem besteht als aus autoklaviertem Blut oder Muskelgewebe? Die »Algen« sind nichts anderes als unsere Bionbläschen, in die jede Art organischen Gewebes bei Quellung zerfällt. Statt also zu behaupten, daß sich die »Keime« der Protozoen in der Luft finden und sich zur Entwicklung »niederlassen«, wo der »geeignete« Nährboden sich »finde«, wollen wir uns die Mühe nehmen, ein Aufgußpräparat von der ersten Minute an täglich eine Stunde lang bei 2000 x Vergrößerung zu beobachten. In der Luft finden sich überhaupt keine Protozoenkeime (Pouchet). Das Vorurteil in der Biologie wird uns dabei nicht weniger ungeheuerlich erscheinen als das, was wir zu sehen bekommen.

Doch vorher wollen wir uns durch ein einfaches Experiment überzeugen, ob sich die »Einzellerkeime« nicht etwa als »Sporen aus dem Weltall« auf den Gras- oder Moosblättern niedergelassen

---

* 1944 gewannen wir Protozoen aus Gras, das bei 50, 60, 70 und sogar 80° Celsius sterilisiert worden war.

haben. Wir streifen also, einige Halme mit einer Pinzette festhaltend, »Keime« in einem Glase unsterilen Wassers ab. Es wird vorausgesetzt, daß die Halme nicht bereits blasig zersetzt sind, sondern ihre gewöhnliche zellige Struktur zeigen. Wie immer wir es anstellen: *Es will uns nicht gelingen, auch nur ein einziges Protozoon oder eine einzige Zyste in dem unsterilen Wasser zu finden, in das wir die Halme getaucht haben. Was geht aber im Aufguß vor sich?*

Die Halme zersetzen sich im Laufe von 2 bis 3 Tagen blasigbionös wie jede andere Substanz, die wir quellen lassen (Fig. 34, 35, Anhang). Von Bakterien, Zysten oder Protozoen ist auch bei 4000 x Vergrößerung nichts zu sehen. Dagegen zerfallen die Halme immer vollständiger. Nach weiteren 2 bis 3 Tagen ist nur selten ein Halm zu sehen, der die ursprüngliche zellige und streifige Struktur vollständig zeigte. Es mögen bereits einzelne Protozoen vorhanden sein, aber wir richten unsere Aufmerksamkeit auf die Bione. Wir sehen nun hier und dort die Bionbläschen sich zu Haufen zusammenballen und mit Membranen umgeben. Alle Stufen dieser Entwicklung sind zu verfolgen. Hier und dort sehen wir im Innern eines Haufens eine feine kreisende oder zittrige Bewegung der einzelnen Bionbläschen einsetzen. Sie nehmen immer prallere Form an und sehen tatsächlich wie Zysten aus. Aber es sind nicht eingetrocknete Protozoen, sondern Gebilde *in Entwicklung aus Bionhaufen*. Diese Bionhaufen mögen verschiedene Größe und Form haben. Je praller sie sind, desto kugeliger werden sie. Sie haben sich mit Flüssigkeit gefüllt, also mechanisch gespannt. Der erste Akt der Spannung-Ladung-Funktion hat sich vollzogen. Scheuen wir nicht die Mühe, viele Stunden lang ein und dasselbe kugelrunde Gebilde bei 2000 x Vergrößerung zu beobachten und stets Flüssigkeit so nachzufüllen, daß es sich nicht verschiebt. Wir können diese eine Stelle mit Zeitraffung füllen. Das erleichtert die Arbeit, aber es entgehen manche interessante Details. Die Entwicklung eines solchen Bionhaufens zum pulsierenden Einzeller nimmt 1 bis 2 Tage in Anspruch. Das protozoale Keimbläschen (Bionhaufen) bleibt stundenlang unbewegt, wird aber, wie die Zeitrafferaufnahme enthüllt, praller und grenzt sich von der Umgebung immer schärfer ab. Allmählich beginnt im Innern des Bionhaufens *Bewegung der Energiebläschen* einzusetzen. Man kann folgende Arten der Bewegtheit unterscheiden:

a) *Rollbewegung:* Die Energiebläschen im Innern des Bionhaufens rollen wie rhythmisch gegeneinander und voneinander weg. Man hat den Eindruck wechselseitiger Anziehung und Abstoßung. Die Ursachen dieses Rollens können nur vermutet werden: Ursprünglich hängen die Bläschen des zerfallenden Grases noch fest aneinander. Ihre Orgonladung ist dieselbe wie die der übrigen, der protozoalen Keimbildung *nicht* unterworfenen Grasbione. Mit dem Aufquellen und Prallerwerden des kugeligen Bläschenhaufens muß mehr Orgon innerhalb der einzelnen Bläschen entwickelt werden, da doch wie beim Kohlebion die Aufquellung die Membran dünner und die Orgonladung intensiver werden läßt. Wenn die Bläschen innerhalb des Bionhaufens ihren mechanischen Zusammenhang verloren haben, kann sich ihre Orgonladung in Bewegtheit auszuwirken beginnen. Wir können als solche erste Wirkungen die *orgonotische Attraktion* zwischen den Bläschen sehen. Durch attraktive Wirkung entfernter Bläschen kommt das gegenseitige Anziehen und Abstoßen zustande.

b) *Kreisen:* Der gesamte Bläscheninhalt beginnt in einer Richtung zu kreisen. Diese Bewegung kann stundenlang anhalten. Sie nimmt an Intensität zu, und am Ende sieht man den gesamten Haufen *mitsamt der Membran* kreisen. In diesem Prozeß löst sie sich von dem umgebenden Grasgewebe los.

c) *Konfluieren der Energiebläschen:* Nicht alle Bionhaufen bewahren die Bläschenstruktur ihres Plasmas. Bei manchen Amöbenarten lösen sich die Grenzen zwischen den einzelnen Energiebläschen auf. Der plasmatische Inhalt bildet dann eine bläulich schimmernde homogene Masse. Bei anderen bleibt die Bläschenstruktur bis zur vollen Entwicklung bestehen. Dies gilt auch für die Krebszellen, die sich in genau der gleichen Weise aus zerfallendem tierischen Gewebe organisieren wie die Protozoen aus Gras oder Moos. *Krebszellen sind nichts anderes als Protozoen, die sich im tierischen Organismus aus Gewebebionen bilden.* Die natürliche Organisation der Protozoen in Gras- oder Moosaufgüssen ist *der* Schlüssel zum Verständnis der Krebszellorganisation im tierischen Gewebe.

d) *Pulsation:* Man kann bei etwa 3000 x Vergrößerung feinste Expansions- und Kontraktionsbewegungen schon im Bionhaufen sehen. Es scheint, als ob diejenigen Gebilde, in denen die Energiebläschen konfluieren, weit leichter zu pulsieren imstande sind als diejenigen, die den Bläschencharakter des Plasmas beibehalten, z. B. die »Orgtierchen« (Glockentierchen); (Fig. 39, 42 Anhang).

Eine Abart des Konfluierens der Bione sieht man beim Keimbläschen mancher Pantoffeltierchen. Die kleinen Bione fließen hier nicht in eine Masse zusammen, sondern sie bilden innerhalb des größeren Körpers gruppenweise mittelgroße Blasen. Diese Blasen geraten dann in Roll- und Kreisbewegungen gegeneinander genauso wie die Bione, aus denen sie hervorgingen. *Je mehr Bione konfluieren, je flüssiger also das Plasma, desto beweglicher ist der Gesamtorganismus.*

Man sieht vorwiegend am Rande des zerfallenden Mooses Entwicklungen und Formen jeden Grades neben »fertigen« Tieren. Die Kerne bilden sich wie bei der amoeba limax und proteus aus einer besonderen *Verdichtung* von Energiebläschen, die sich in stärkerer Erstrahlung kundgibt.

Der Übergang einer Stufe der Entwicklung in die andere ist schwer zu verfolgen, weil man mit der Zeit ermüdet. Der Zeitraffungsapparat leistet dabei die prächtigsten Dienste. Man legt zum Zwecke tagelanger Filmung das Deckglas so auf den Objektträger, daß ein Teil seiner Höhlung unbedeckt bleibt. Man zieht ferner die Flüssigkeit bis über den Rand der Höhlung aus und bildet außerhalb ein Reservoir von Flüssigkeit, das man beliebig nachfüllen kann, ohne die Einstellung des gefilmten Gebildes zu stören. Filmung mit Deckglas, das die Höhlung vollständig bedeckt, ist unmöglich, erstens wegen der Luftblasenbildung, zweitens weil die Keime ersticken. Bisher gelang Filmung der bionösen Struktur und Bewegung des Plasmas bei 2300 x Vergrößerung an Org-Tierchen. Man kann im Raffungsfilm den Vorgang innerhalb weniger Minuten verfolgen, der in Wirklichkeit zwei bis drei Tage in Anspruch nimmt.

Bis zur Bildung der bionösen Keimblase ist die Entwicklung bei allen Formen von Protozoen dieselbe. Doch von da an differenzieren sich die Protozoen nach einer Regel, die noch uneinsichtig ist. Ich kann nach jahrelangen Beobachtungen nicht annehmen, daß die ersten Keimblasen spezifisch einzelnen Formen zugehören. Ich muß vielmehr annehmen, daß die Differenzierung der Formen erst von einem bestimmten Punkte gemeinsamer Entwicklung ab einsetzt (Fig. 7). Hier wird weitere Beobachtung viel ergänzen und auch korrigieren müssen. Eines der größten Geheimnisse ist, warum bestimmte Formen, wenn sie sich einmal entwickelt haben, sich danach in derselben Form fortpflanzen. Auf diesem Felde wird der funktionelle Standpunkt manches

Gefecht mit der metaphysischen Erblehre auszufechten haben, die fertige »Gene« an die Stelle von Begreifen setzt.

Die Keimblasen, die in Kreisbewegung geraten und großblasig strukturiert sind, entwickeln sich meist zu Pantoffeltierchen (Paramaecium). Die ruhenden Keimblasen, in denen der Bioninhalt zerfließt, entwickeln sich zu fließenden Amöben (Amoeba limax); (Fig. 36, 37 Anhang). Das bestimmt auch die Art der Loslösung vom Mutterboden: Die Pantoffeltierchen rollen sich los, während die Amöben einfach aus der Bionmasse wegfließen (Fig. 38, Anhang).

Die Glockentierchen (vorticellae), die ich wegen ihrer orgasmusartigen Kontraktion und Expansion »Orgtierchen« nannte, können am Halm bis zur vollen Entwicklung bleiben (Fig. 39 Anhang). Andere lösen sich los und schwimmen frei herum, manchmal mit einem Stückchen bionösen Grases am hinteren Ende des Stiels.

Die vollausgebildeten Protozoen nehmen Bione aus der Flüssigkeit durch Attraktion auf. Die attraktive Wirkung der Paramaecia und Colpedia auf Energiebläschen ist riesenhaft und nicht auf die mechanische Wirkung der Flimmerhärchen zurückzuführen. Denn die Bläschen der Flüssigkeit bewegen sich nicht, wie es der Wirkung der Flimmerhärchen entspräche, einfach mit der Strömung am Körper vorbei, sondern sie werden, von bestimmter Entfernung ab, zum Paramecium mit großer Kraft gezogen. Der Eindruck ist nicht zu mißdeuten. Die Orgtierchen strecken sich, nachdem sie sich zusammengezogen haben, öffnen das Mundende weit, und die Bione der Flüssigkeit strömen mit großer Gewalt ins Innere. Der Mund schließt sich dann, das Tier zieht sich wieder in die Kugelform zusammen, und im Innern setzt eine rhythmische Mahlbewegung der Energiebläschen ein.

Zur Entstehung der *inneren* Bewegungsimpulse vermag die Beobachtung bei 2-3000 x Vergrößerung interessante Ergebnisse zu bringen. Immer dort, wo sich ein Pseudopodium bilden wird, entsteht zunächst eine kräftige Reibungsbewegung der Bläschen. Sie erstrahlen stark blau, und nun setzt die peripherwärts gerichtete Plasmaströmung, d. h. die Expansion ein. Manche der blauen Bläschen werden dabei mitgerissen, verlieren aber ihr Blau und werden schwarz. Dies ließe folgende Deutung zu: *Dem Aussenden des Pseudopodiums geht eine rasche und kräftige Konzentration von Orgon voraus, die die Quelle des Im-*

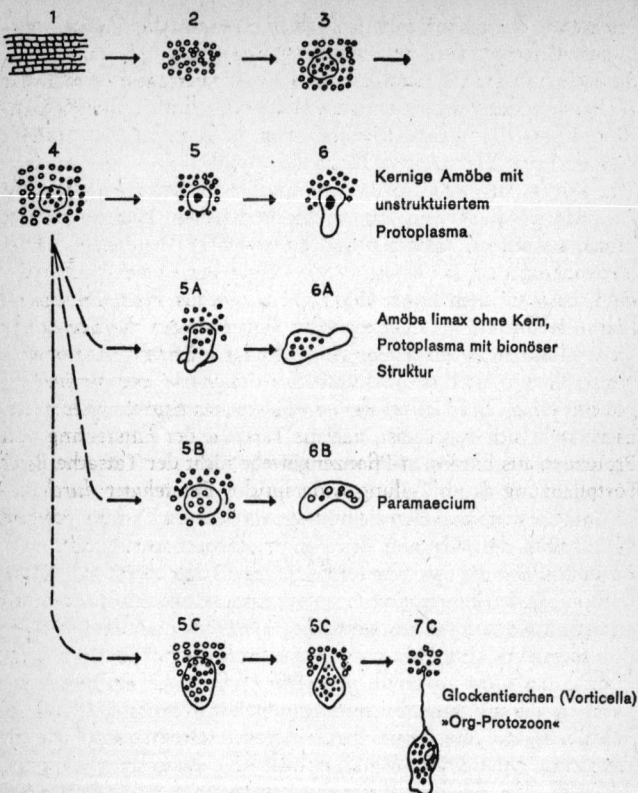

Fig. 7. *Entwicklung verschiedener Protozoen von denselben membranösen Haufen (1–4 = gemeinsame Entwicklungsstadien; 5–7 = Differenzierung*

pulses der Expansion bildet. Löst sich der Impuls in der Bewegung auf, so wird offenbar Orgonenergie verbraucht; anders läßt sich das Schwarzwerden der Bläschen nicht erklären. Diesen Zusammenhang möchte ich nicht verallgemeinern, weil sich das beschriebene Phänomen nicht bei allen Protozoen findet. Es ist aber nicht daran zu zweifeln, daß *die Orgonladung der Bione im*

Protozoon die Energie der Bewegung in Form von Expansionsimpulsen *liefert*. Die mechanistische Deutung durch *Brown'sche* Bewegung versagt hier vollkommen. Ebenso versagt die chemische Auffassung des Plasmas als eines bloß hochkomplizierten Kohlenstoffkörpers. *Das lebende Protoplasma ist kompliziertes Protein, gesteuert vom masse-freien Orgon.*

Der Körper der Protozoen weist auch ein *Orgon-Energie-Feld* auf, das in die Umgebung wirkt. Wir sehen Wirkungen auf Bione, auf kleine Bakterien und andere kleine Protozoen, meist anziehender und lähmender Art. Aufgeladene rote Blutkörperchen scheinen orgonotisch kräftiger zu sein als Pantoffeltierchen (Paramaecium) und Amöben, denn sie vermögen die Bewegung dieser Tiere einzuschränken. Das Protozoon besteht also orgonphysikalisch aus *Kern, plasmatischer Peripherie und einem Orgonenergiefeld und bildet derart ein »orgonotisches System«.*

Es versteht sich von selbst, daß die Tatsache der Entstehung von Protozoen aus bionösem Pflanzengewebe nicht der Tatsache ihrer Fortpflanzung durch Teilung widerspricht. *Entstehung durch natürliche Organisation und Fortpflanzung durch Teilung wirken gleichzeitig,* wie sich leicht mikroskopisch beobachten läßt.

Es gibt kaum ein geeigneteres Feld, die Funktionen der Spannung → Ladung → Entladung → Entspannung zu studieren, als an den Protozoen. Ihre Bewegungen, plasmatischen Strömungen, ihre Expansion und Kontraktion sprechen eine völlig eindeutige Sprache im Sinne unserer Funktionsformel des Lebendigen. Man kann diese Funktionen durch feine elektrische Ströme verändern, beschleunigen, gewiß zerstören. Aber die Energie geht, wie die Entwicklung der Protozoen zeigt, aus den Bionen hervor, die das protozoale Keimbläschen zusammensetzen. Die lokomotorischen Funktionen der Amöbe sind bei Fehlen jeder strukturellen Gliederung einzig auf Orgonfunktion zurückzuführen. Die Pseudopodien entstehen und vergehen, sobald die Expansions- und Kontraktionsfunktionen dies bedingen. Die Amöbe bildet das Pseudopodium nicht, »um« zu einem Gegenstand zu gelangen, also nicht auf Grund eines »Zweckes« (finalistisch), sondern funktionell, da ein geeignetes Objekt durch Attraktion einen Streckungsimpuls des orgonotischen Plasmas hervorruft.

Wir müssen, schon aus Gründen weiterer Forschung, streng daran festhalten, daß lebende Materie bloß funktioniert, aber keinen »Sinn« oder »Zweck« verrät. Mit Zwecken läßt sich leicht alles erklären. Die Natur unbekannter Funktionen herauszufinden, ist weit schwieriger. Das »zweckmäßige Handeln« der Amöbe läßt sich auf die Funktion des Orgons zurückführen: Etwa ein Bionbläschen wird einverleibt, weil die stärkere Orgonladung des Protozoons die schwächere Ladung des freien Bions an sich zieht. Daß sich dabei auch der »Zweck« der Ernährung erfüllt, ist richtig, aber dies ist *Folge und nicht Ursache* der Handlung des Fressens. Das Protoplasma funktioniert demnach weder nach mechanischen noch nach metaphysisch finalen Grundsätzen, sondern auf Grund *orgonotischer Energiefunktionen.*

Sämtliche biologischen Funktionen lassen sich prinzipiell auf die Pulsation, also die alternierende Expansion und Kontraktion zurückführen. Die Pulsation selbst folgt naturnotwendig aus zwei Gegensatzfunktionen der Orgonenergie, der Dissoziation und Attraktion orgongeladener organischer Materie. Wir sind auf Grund der Vorgänge im Plasma der Amöbe genötigt, folgende Wirkung des jeweiligen Zustandes der Materie auf die Funktion des Orgons anzunehmen:

Die einzelnen orgonhaltigen Bläschen können sich wie beim Moos reihenartig anordnen und eine streifige Struktur des Gewebes bilden. Dies ist der organisierenden Attraktionsfunktion zuzuschreiben. Bei anderen Einzellern konfluieren die Energiebläschen und bilden eine einheitliche Masse. *Jede Zusammendrängung orgongeladener Materie infolge Attraktion löst automatisch den Impuls zur Dissoziation aus, bewirkt also das Auseinanderstreben der Teilchen.* Hat sich die Amöbe zusammengekugelt, so sehen wir dort, wo sich die Energiebläschen am dichtesten zusammengeballt haben, eine lebhafte Rollbewegung auftreten, die in eine Expansion, also ein Auseinanderstreben der Bläschen ausläuft. Umgekehrt löst der Zustand der Entfernung der Bläschen voneinander den Impuls zum Aneinanderrücken durch Attraktion aus. Dadurch kommt die Kontraktion zustande. Solange das Plasma genügend Orgon-geladen ist, löst jede Kontraktion eine Expansion und jede Expansion eine Kontraktion aus. Dieser innere Vorgang erscheint äußerlich als biologische Pulsation, mag ihr Rhythmus wie immer beschaffen sein. Da die Expansion mit Quellung, die Kontraktion mit Entquellung einhergeht, treffen sich die mechanische und die orgonotische Funktion im Viertakt: Quellung (Spannung) → Expansion (Ladung) → Kontraktion (Entladung) → Entquellung (Entspannung). Doch die Pulsation selbst ist wesentlich an die Koppelung der *Dissoziation mit der Attraktion* und der *Attraktion mit der Dissoziation* der Teilchen gebunden.

Der Vorgang ist bei den Expansionen und Kontraktionen der Glockentierchen (Orgtierchen) außerordentlich deutlich: Nach jedem Zusammenzucken setzt eine mahlende oder reibende Bewegung der Bläschen im Körper ein, die in eine Streckung ausgeht. Mit der Streckung ist die Öffnung des Mundes verbunden, die Attraktion von Energiebläschen aus der Flüssigkeit (»Fressen«), also eine Aufladung bewirkt, die wieder in einer Zuckung zur Kugelform, also einer Annäherung der inneren Bläschen endet. Dies wiederholt sich unausgesetzt.

Wir werden Gelegenheit haben, dieses biophysikalische Funktionieren immer wieder anzutreffen. *Die biologische Pulsation (Kontraktion und Expansion) als Kernphänomen der lebenden Substanz wäre somit durch zwei gegensätzliche physikalische Grundfunktionen der biologischen Energie, die Attraktion und Dissoziation,* hinreichend erklärt.

Zusammenfassung

1. Wird Materie hohen Temperaturen ausgesetzt und zum Quellen gebracht, so macht sie einen Prozeß bläschenartigen Zerfalls durch.
2. Obwohl hohe Temperaturen, wie Erhitzen bis zur Weißglut (über 1500° C) oder Autoklavieren bei 120° C, das Leben vernichten, bringen sie Energiebläschen hervor, die sich zu lebenden Organismen entwickeln können.
3. Die Energiefunktion in den Bionen stammt aus dem bläschenartigen Zerfall von Materie und nicht aus einer äußerlichen Quelle.
4. Energiebläschen sind sehr kleine Materiemengen, die ein Energiequantum enthalten, das von dieser Materie herstammt.
5. Bione sind Träger biologischer Energie. Sie stellen einen Übergang vom Nicht-Lebenden zum Lebenden dar.
6. Die blaue Farbe der Bione ist eine Erscheinungsform dieser Energie. Mit dem Verschwinden dieser Farbe verlieren die Bione auch ihren grundsätzlich biologischen Charakter.
7. Die Bionexperimente »schaffen« nicht künstliches Leben. Sie

enthüllen lediglich einen natürlichen Prozeß, durch den einzelge Organismen und Krebszellen spontan aus dem bläschenartigen Zerfall von Materie hervorgehen.

EXPERIMENT XX*

Über die Organisation plasmatischer Materie aus massefreier Orgon-Energie

Ich möchte im folgenden über ein experimentelles Ergebnis berichten, das seine Entdeckung einem »Zufall« verdankt. Es war einer jener Zufälle, die sich im Verlaufe systematischer experimenteller Untersuchungen oft einzustellen pflegen. Sie erweisen sich bei näherer Betrachtung als völlig logische Konsequenz des experimentellen Denk- und Arbeitsprozesses, in diesem speziellen Falle in Form eines einfachen Experiments (Nr. XX, 1944-45).
Ich hatte mehrere Jahre lang Erdbion-Präparate beobachtet, die ich unausgesetzt mit Wasseraustausch lebend erhielt. Es fiel mir auf, daß in diesen Präparaten nach einigen Monaten, in manchen erst nach Jahren, kleine rasch bewegte bohnenförmige oder auch Spermatozoonkopf-ähnliche Lebewesen auftraten. Ich konnte die Entwicklung dieser Formen aus starkstrahlenden und langsam pulsierenden Bionen mit absoluter Sicherheit verfolgen. Wie wir bereits wissen, stammen solche lebenden Formen nicht aus der Luft. Erstens finden sie sich nicht in Luftstäubchen; sie sind zweitens aus Luftinfektionen nicht zu züchten, und drittens, ihr Auftreten in den *nichtsteril* gehaltenen Erdbionpräparaten erst nach Monaten und Jahren bestätigen ihre Organisation aus den Präparaten selbst. Überdies ergaben autoklavierte und steril gehaltene Präparate dieselben lebenden Formen.
Im Dezember 1944 schafften wir einen Apparat zur quantitativen Bestimmung der Floureszenz von Flüssigkeiten an, der auch für Colorometrie eingerichtet ist. Dieser Apparat wurde eingesetzt auf Grund der folgenden Überlegung:

* Das Protokoll begann am 2. Januar 1945. Notarielle Beglaubigung des Protokolls am 8. März 1945. Abschluß des Protokolls am 26. Mai 1945.

Durch frühere Experimente war erwiesen, daß Orgonenergie die Eigenschaft besitzt, zu »erstrahlen«. Es war anzunehmen, daß Flüssigkeiten, die eine höhere orgonotische Potenz haben, also mehr Orgonenergie enthalten, entsprechend stärker erstrahlen würden als Flüssigkeiten schwächerer orgonotischer Potenz. Dementsprechend durfte die Intensität der Fluoreszenz in Flüssigkeiten als Ausdruck von Erstrahlung betrachtet werden. Der Grad an Fluoreszenz wurde arbeitshypothetisch zum Maßstab ihrer orgonotischen Potenz gemacht. Diese Annahmen bestätigten sich in der Folge vollauf und führten zu praktischen und lenkbaren experimentellen Ergebnissen.

Eine Überprüfung der fluorophotometrischen Intensität, mit anderen Worten der orgonotischen Potenz der Flüssigkeiten, in denen die Erdbione sich monate- und jahrelang befunden hatten, ergab sofort und unmißverständlich einen weit höheren fluorophotometrischen Wert als den gewöhnlichen Wassers.

Wir wollten nun überprüfen, wie sich die im fluorophotometrischen Wert ausgedrückte orgonotische Potenz verändert. Wir brachten Erdbion-Wasser, das wir vorher fluorophotometrisch gemessen hatten, in mehreren Ampullen an verschiedene Stellen des Laboratoriums. Wir ließen geschlossene Ampullen mehrere Wochen lang im Laboratoriumsraum selbst stehen, ferner in einem kleinen dreifachen Akkumulator, im Röntgenraum, im Freien und vergraben in Erde. Wir hatten keine andere Absicht als die, die fluorophotometrischen Werte nach einer gewissen Zeit wieder zu messen. *Nach drei Wochen fiel uns auf, daß die Ampullen, die sich im Freien befunden hatten und entsprechend der großen Kälte eingefroren waren, nach Auflösung dichte Flocken enthielten.* Der Zufall bestand nun darin, daß wir gerade dabei waren, diese Ampullen als »verunreinigt« wegzuwerfen, als mir einfiel, die Flocken mikroskopisch zu untersuchen. Zu meinem größten Erstaunen stellte sich heraus, daß die Flokken, die in einer kristallklaren, partikelfreien, streng filtrierten Flüssigkeit aufgetreten waren, sich mikroskopisch als außerordentlich stark strahlende, bionöse Materiepartikel erwiesen. Bei starker Vergrößerung (3000 x) zeigten sich kontraktile und expansive Bione, die uns wohlvertraut waren. Wir wiederholten nun den Versuch der Einfrierung. Wir filtrierten und froren kristallklares Bionwasser so lange ein, bis kein Zweifel mehr bestand: *Wir hatten einen Prozeß vor uns, durch den Orgon-*

energie, die sich frei in Wasser, d. h. nicht an bionöse Materie gebunden, befindet, sich zu plasmatischer, lebender Substanz mit allen Kriterien des Lebens zu organisieren vermag.

Ich werde mich im folgenden auf die Darstellung der Technik dieses *Experiments XX* und der gesicherten Tatsachen beschränken. Ich werde es vorläufig unterlassen, diese experimentellen Tatsachen in einen größeren theoretischen Zusammenhang zu bringen. Die Konsequenzen dieser Tatsachen sind außerordentlich weitreichend. Sie werden nur dann verständlich, wenn man sie in den Gesamtzusammenhang der orgonphysikalischen Funktion bringt. Dies soll an anderer Stelle versucht werden. Hier genüge der Hinweis auf den Fortschritt, den dieses Experiment in der Herstellung von Bionen, also lebensfähigen Orgonenergie-Bläschen darstellt. Ich fasse zusammen:

1. In den Jahren 1936 bis 1945 wurden Bione ausschließlich aus bereits organisierter Materie hergestellt (Erdhumus, Gras, Eisen, Sand, Kohle, etc.). Der Fortschritt des Experiments XX besteht darin, daß nun Orgonenergie-Bläschen, mit allen Eigenschaften des Lebendigen, nicht aus bereits organisierter Materie, sondern aus massefreier Orgonenergie gewonnen werden können. Wir dürfen daher die Herstellung von Bionen aus bereits organisierter Materie als »sekundäre Bionbildung« von der Organisation von Orgonenergiebläschen aus unorganisierter Energie als »primäre Bionbildung« unterscheiden. Die Bedeutung dieser Unterscheidung für die Auffassung der Biogenese und biochemischer Probleme wird sich an anderer Stelle erweisen.

2. Ein weiterer Fortschritt des Experiments XX gegenüber bisherigen Bionexperimenten besteht darin, daß nun ein neuer unerschütterlicher Beweis für die lebensspezifische Natur der Orgonenergie gegeben ist.

Der fluorophotometrische Nachweis des Orgons in Erdbion-Wasser

1. Gewöhnliche Gartenerde wird mittels eines groben Siebs von größeren Partikelchen wie Steinchen und Lehmklumpen etc. befreit. Die so gesiebte Erde zeigt mikroskopisch bei Zusatz von Wasser keinerlei Bewegung.

2. Man untersucht destilliertes Wasser und Quellwasser fluoro-

photometrisch. Wir setzen den fluorophotopemtrischen Wert destillierten Wassers gleich 1. Verglichen damit hat Wasser, das Salze enthält, also Quell- und Leitungswasser, einen Wert von 3-4, gemessen in Forest Hills, New York. Wir setzen ferner den fluorophotometrischen Wert der Flüssigkeit als Ausdruck orgonotischer Erstrahlung dem Wert der »orgonotischen Potenz« der betreffenden Flüssigkeit gleich. Das an dem Fluorophotometer angeschlossene Galvanometer hat eine Skala, die in gleiche Teile von 1-100 eingeteilt ist. *Die orgonotische Potenz der gemessenen Flüssigkeit ergibt sich als vielfaches der orgonotischen Potenz von destilliertem Wasser*. Die folgende Tabelle zeigt die Werte der orgonotischen Potenz in einer Reihe von Flüssigkeiten.

Flüssigkeit	OP
Destilliertes Wasser	1
Regenwasser	3
Leitungswasser	4
Seewasser	8
Sand in H_2O, abgefiltert	1
Eisenspäne in H_2O, abgefiltert	5
Holzkohlen-Staub in H_2O, abgefiltert	7
Erde in H_2O, abgefiltert	8
Erd-Bione in H_2O, abgefiltert	ca. 50
Gras in H_2O, abgefiltert (nach Entwicklung von Bionen und Protozoen)	13
Urin	43
NaCl (physiologische Lösung)	4
KCl (0,1 normal)	2
$CaCl_2$ (0,1 normal)	2,5
HCl (0,1 normal)	1
NaOH (0,1 normal)	2
Ringer-Lösung	1,5
$HgCl_2$ (Desinfektionsmittel)	3,5
Alkohol (95 %)	3
Kultur-Bouillon	45
50 % Bouillon, 50 % KCl	60
Weißer Zucker (gesättigte Lösung)	9
Brauner Zucker (gesättigte Lösung)	13
Ahornsirup (gesättigte Lösung)	27
Dextro-Maltose (gesättigte Lösung)	41
Honig	73
Orangensaft	7

Milch (pasteurisiert)	55
Milch (nicht pasteurisiert)	über 100
Eiweiß	25
Tee	2
Whisky	11

3. Die gesiebte Gartenerde wird nun in destilliertem oder in gewöhnlichem Leitungswasser eine Stunde lang gekocht oder eine halbe Stunde lang autoklaviert (120° C., 15 lbs.).

4. Das Wasser wird aus der gekochten Erde kristallklar abfiltriert. Diese Flüssigkeit nennen wir »Bionwasser«. Sie ist stets, im Gegensatz zum farblosen ursprünglichen Wasser, gelb in verschiedener Intensität. Die fluorophotometrische Messung der orgonotischen Potenz des filtrierten Bionwassers wird sofort nach dem Kochen und Filtrieren durchgeführt. Sie ergibt Werte, von nun an »OP« genannt, die gewöhnlich zwischen etwa 30 und 60 schwanken und im Durchschnitt etwa 45 betragen. Mit anderen Worten, die orgonotische Erstrahlung des Bionwassers ist im Durchschnitt 45 mal stärker als vor dem Kochen. Da der Galvanometer die elektrische Reaktion der Photozelle angibt, die vom Fluoreszenz-Licht getroffen wird, drückt sich in der Steigerung des fluorophotometrischen Wertes des Wassers nach dem Kochen der Erde ein höherer Energiegehalt der Flüssigkeit aus, der in Mikroampère angegeben werden kann. Doch ist, begreiflicherweise, der Wert in Mikroampère, den wir am Galvanometer ablesen, nicht der wirkliche Maßstab der orgonotischen Erstrahlung; er ist nur der Maßstab der Erregung der Photozelle, die in elektrische Energie umgesetzt ist. Wie ich an anderer Stelle ausgeführt habe, *geben die elektrischen Meßeinheiten nur einen winzigen Bruchteil der realen Energiewerte des Orgons wieder.*

5. Es ist nur auf den ersten, unorientierten Blick hin erstaunlich und unbegreiflich, daß gekochtes Bionwasser Energiewerte erreicht, die im Niveau der Energiewerte von organischen Flüssigkeiten wie Bouillon, Milch oder Vitaminen liegen. Überdenkt man die Sache genauer, so ist das Resultat logisch und selbstverständlich:

Durch das Kochen hat sich die Materie der Erde in bewegte *bionöse* Materie verwandelt. Aus der Materie wurde Energie befreit. Das ist mikroskopisch an der inneren Bewegtheit, am langsamen Pulsieren und an der Kontraktilität der Orgonenergie-

Bläschen (im Gegensatz zur Unbewegtheit derselben Partikel derselben Erde *vor* dem Kochen) eindeutig festzustellen. Es haben sich im Prozesse des Kochens nicht nur die Erdpartikel in Bione verwandelt, es ist nicht nur Energie in den Partikeln frei geworden, so daß sie innerlich bewegt wurden, sondern mehr: *Diese Energie gelangt auch ins Wasser, denn Wasser zieht Orgon an sich wie auch umgekehrt.* So erhöht sich die orgonotische Potenz des Wassers von ihrem Eigenwert auf den biochemischer Flüssigkeiten von hohem orgonotischen Wert.

6. Die Erfahrung hat uns gelehrt, daß das gekochte Bionwasser Fäulnisbakterien entwickelt, auch wenn es sofort luftdicht verschlossen wird. Aus diesem Grunde wird das hochwertige, kristallklare Bionwasser neuerdings 30 Minuten lang bei 15 lbs. und 120° C autoklaviert. Durch diesen Prozeß pflegt sich die OP um etwa 5 bis 8 Punkte zu senken, um dann im Verlaufe der folgenden 24 bis 48 Stunden wieder auf den ursprünglichen Wert anzusteigen. Das autoklavierte Bionwasser wird in sorgfältig sterilisierten Kolben, die mit steriler Watte luftdicht verschlossen sind, oder in zugeschmolzenen Ampullen im Eiskasten aufbewahrt.

Die Organisation bionöser und plasmatischer Materie aus der Orgonenergie in Bionwasser

Bionwasser mit hoher orgonotischer Potenz, das völlig frei von Partikeln und steril ist, wird zwei Tage nach dem Autoklavieren oder Kochen in mehrere Phiolen und Testtuben verteilt. Die Phiolen werden verschmolzen, die Testtuben mit sterilen Wattepfropfen luftdicht verschlossen. Wir teilen die Tuben in drei Gruppen ein. *Gruppe A* wird in einen dreifachen Orgonakkumulator von 1 cubic foot getan; *Gruppe B* wird im Laboratoriumsraum stehen gelassen; *Gruppe C* kommt in die Gefrierabteilung des Eiskastens. Als Kontrolle dienen drei Gruppen sterilen, einfachen Wassers, die in der gleichen Weise untergebracht werden.

Wir entfrieren zunächst Gruppe C im Zeitraume von zwei bis acht Tagen nach dem Einfrieren. *Vor* dem Auftauen fällt uns auf, daß *das Gelb der Bionwasserflüssigkeit sich im Zentrum des Eises in einem dichten braungelben Fleck konzentriert hat.* Das

EXPERIMENT XX

Datum	Präparat-Nr.	Verfahren	Op vor der Behandlung	Organisationsform Bion	Organisationsform Plasma	Andere vorhandene Formen Einzelne Zellen	Andere vorhandene Formen Bohnen-Formen	Protozoen	Vermehrung	T-Degeneration
2. Jan. 45	XX 1 Org	20 Tage im Orgon-Akkumulator	46	+				+	+	
3. Jan.	XX 1 f	21 Tage eingefroren	38	++	+		++	++	++	++
6. Jan.	XX 1 c	Autoklaviert, im Zimmer aufbewahrt	41	++			++	++	++	++
8. Jan.	XX 1 x	4 Tage unbehandelt, im Zimmer aufbewahrt	40	+		+	+	+	+	
25. Jan.	XX 2 f	4 Tage eingefroren	52		++	++	++		++	++
26. Jan.	XX 3 cf	Autoklaviert, 4 Tage eingefroren			↓++	++	++	++	++	++
30. Jan.	XX 1 g	Zu Kristallen eingetrocknet, in destilliertes Wasser gegeben		+	+	+	+	+	+	+
30. Jan.	XX 4 cf	Autoklaviert, 3 Tage eingefroren	60	+	(+)	+	+		++	+
31. Jan.	XX 5 cf	Autoklaviert, 4 Tage eingefroren	51	+	(+)	++	+		+	+
31. Jan.	XX 5 cg	Autoklaviert, getrocknet, in destilliertes Wasser gegeben	51	+	+		+		+	+
5. Febr.	XX 6 cf	Autoklaviert, 6 Tage abwechselnd eingefroren und aufgetaut	57	+	↓++	++	++		+	++
6. Febr.	XX 6 cg	Autoklaviert, getrocknet, in Bion-Wasser gegeben	57	+	+				+	+
9. Febr.	XX 8 cf	Autoklaviert, 1 Tag eingefroren		+	+	+	+		++	++
9. Febr.	XX 9 cf	Autoklaviert, 1 Tag eingefroren	37	+	↓++	++	+		+	+
9. Febr.	XX 9 cg	Autoklaviert, getrocknet, in Bion-Wasser gegeben	37	+					+	+

Datum	Probe	Beschreibung	Nr.							
12. Febr.	XX 1 gg	1 g erneut eingetrocknet, in Leitungswasser gegeben		+						+
13. Febr.	XX 10 f	14 Tage eingefroren	52	++	++		+		++	++
13. Febr.	XX 10 cf	Autoklaviert, 14 Tage eingefroren	52	↓↓	++				++	++
13. Febr.	XX 10 g	Getrocknet, in Bion-Wasser gegeben	52	+					+	+
13. Febr.	XX 10 cg	Autoklaviert, getrocknet, in Bion-Wasser gegeben	52	+			+		+	+
20. Febr.	XX 11 f	8 Tage eingefroren	42	++	++		+		++	++
21. Febr.	XX 12 f	7 Tage eingefroren, degeneriert, erneut 2 Tage eingefroren	40	↓↓			+		++	++
1. März	XX 13 f	Wolkig, voll von Fäulnisbakterien, 4 Tage eingefroren	44	+	+			+	+	+
1. März	XX 14 cf	Autoklaviert, 14 Tage eingefroren	48	+					+	+
2. März	XX 15 f	15 Tage eingefroren	61	++	++				++	++
5. März	XX 15 g	Getrocknet, in Bion-Wasser gegeben	61	++					++	+
7. März	XX 16 c verd. f	Verdünnung: 1 Teil Bion-Wasser auf 4 Teile Wasser, autoklaviert, 5 Tage eingefroren	55	+	+			+		+
7. März	XX 17 f	Enthielt einige Fäulnisbakterien u. Protozoen, 5 Tage eingefroren	67	(+)	+	+		+	+	+
8. März	XX 18 cf	Autoklaviert, 4 Tage eingefroren	60	↓	+				+	+
14. März	XX 19 f	Autoklaviert, eingefroren, einige Fäulnisbakterien, wolkig, 13 Tage eingefroren			+				+	+
6. April	XX 20 cf	Autoklaviert, 3 Tage eingefroren	38	+		+		+		+

umgebende Eis ist ganz hell und klar. Sofort nach der Auflösung des Eises sieht man weißliche und bräunliche Flocken in der Flüssigkeit, die vorher kristallklar war. Diese Flocken haben eine makroskopische Größe von ungefähr 1-5 mm Länge und etwa 1 mm Breite. Die Flüssigkeit ist gleichmäßig gelb.

Die Gruppe A und B entwickeln dieselben Flocken, nur viel langsamer, in einem Zeitraum von drei bis acht Wochen. Gruppe B der Kontrolle, die sich im Laboratorium befindet, zeigt keinerlei Flocken. Auch Gruppe C der Kontrolle, das eingefrorene, gewöhnliche Wasser zeigt nach Einfrierung keinerlei Flocken. Dagegen zeigt die Kontrollgruppe A, also das gewöhnliche Wasser, das sich im Orgonakkumulator befindet, im Verlaufe mehrerer *Monate* ebenfalls Flocken, aber in viel geringerer Dichte und viel schlechter ausgebildet, als die Versuchsgruppen A, B und C.

Die mikroskopische Untersuchung der Flocken zeigt überall, wo sie auftreten, dieselben zwei Grundformen: *glatte, plasmatische*, aber *wohlgeformte Gebilde*, in denen sich zerstreut, mehr oder weniger dicht, dunkle Körnchen und gelegentlich blaue PA-Bione finden; oder *stark bionöse, blauschimmernde* und stark umrandete Haufen von Orgonenergie-Bläschen (Fig. 43-47, Anhang).

Die weiter steril aufbewahrten Präparate zeigen schon nach mehreren Tagen, besonders ausgeprägt nach zwei bis drei Wochen, eine *Vermehrung der Flocken*. Mikroskopisch läßt sich beobachten, daß die Flocken sowohl individuell durch Substanzansatz wachsen, als sich auch durch Teilung vermehren. Die fadenartigen, gewundenen und geschlängelten, hellen Flocken verwandeln sich im Laufe der Wochen in größerem oder geringerem Ausmaße, ebenfalls in stark strahlende, bionöse Haufen.

Kulturversuch:
Um sich vom Wachstum und der Vermehrung noch klarer zu überzeugen, überträgt man Flocken unter Beachtung strenger Sterilität in klares, steriles Bionwasser. Die Kulturbildung läßt sich nach ein bis zwei Wochen in den Kulturproben eindeutig feststellen. *Die Flocken werden dichter.* Nach bisherigen Erfahrungen bleibt die OP der Kulturflüssigkeit ungefähr auf dem ursprünglichen Niveau, oder sie vergrößert sich sogar.

Hat man genügend Präparate angefertigt und beobachtet man sie mikroskopisch in regelmäßigen Zeitabständen, etwa jede Woche einmal, mehrere Monate hindurch, so sieht man ganz allmählich biophysikalische Veränderungen an den Flocken Platz greifen. In manchen treten 2 bis 3 μ im Durchmesser betragende, geränderte und stark blauschimmernde kreisförmige Bione auf, die sich allmählich strecken und schließlich die folgende Bohnenform annehmen:

∽ ∽

Diese »Bohnenformen« entwickeln sich unter günstigen Bedingungen, d. h. wenn in den Präparaten keine verfrühte T-Degeneration einsetzt, in kontraktile und ferner in rasch, ruckend und zuckend fortbewegte *Protozoen*. Diese Protozoen haben meist eine körnige und streifige Struktur im Plasma, andere sind plasmatisch glatt, d. h. ohne Struktur. Die Protozoen können rein weitergezüchtet werden, wenn man, ohne die Flocken, die am Boden liegen, aufzuschütteln, aus der Flüssigkeit *darüber* umimpft. Sie vermehren sich in der neuen Kultur und in der Folge ohne Schwierigkeit von Kultur zu Kultur.

Beobachtungen und Tests zur biologischen Natur der Orgonflocken

1. *Das enteiste, flockige Bionwasser Präparat XX stellt ein irresolubles Kolloid dar:* Trocknet man kristallklares, gelbes Bionwasser hoher orgonotischer Potenz ein, so bleibt nach Verdunstung der Flüssigkeit ein Rückstand zurück, der am Boden des Gefäßes einen goldgelben, glatten opaken Belag bildet. Dieser Belag wird abgeschabt und ergibt ein Pulver, das aus kleinen, gelben bis bräunlichen Blättchen besteht. Diese Kristalle, die wir »Orgontin« nennen wollen, lassen sich weder in einfachem noch in stark orgonhaltigem Wasser wieder auflösen. Sie quellen nur auf und benehmen sich genauso wie die Flocken, die man nicht durch Eintrocknung der Flüssigkeit, sondern durch Schmelzen des eingefrorenen Bionwassers erhält. Auch sie zeigen die Erscheinungen des Wachstums, der Vermehrung und der Protozoenbildung.

2. *Die mikroskopische Beobachtung von Organisation.* Die Flocken wachsen der Länge und Breite nach; Bionhaufen setzen weitere Bione aus der Flüssigkeit durch Organisation an. Kleinere Flocken werden größer, und von größeren Flocken sprossen kleinere ab. Die Bione reihen sich oft in Gruppen an. Je größer die Flocken werden, desto dunkler werden sie; sie nehmen eine bräunliche bis schwärzliche Färbung an.

3. *Orgonotische Attraktion und sterilisierende Wirkung.*
Die Orgonflocken benehmen sich wie jede andere, bisher untersuchte, stark bionöse Materie. Bringt man sie mit Fäulnisbakterien zusammen, so wirken sie auf die letzten tötend oder zumindest lähmend *auf Entfernung hin.*

4. *T-Degeneration und Fäulnis.*
Die Orgon-Flocken degenerieren wie jede andere organische oder lebende Substanz in Form von Fäulnis und zerfallen in die uns wohlbekannten T-Körperchen. In stark degenerierten Präparaten treten Protozoen schlechter und schwerer auf als in sterilen. Degenerierte Präparate können durch wiederholtes Einfrieren immer wieder frei von T-Bazillen und Fäulnisbakterien gemacht werden. Dabei scheint die Fähigkeit zur Organisation bewegter Protozoen anzusteigen.

5. Ausgefällte und ausgetrocknete Flocken *verbrennen* in der Flamme zu einer schwarzen, *kohligen* Substanz, benehmen sich also wie lebendes Protoplasma und nichtlebende organische Kohlenstoff-Verbindungen. Auch wenn man sie nur austrocknen läßt, ohne zu verbrennen, entwickelt sich, wahrscheinlich durch Oxydation, dieselbe schwärzliche Kohlesubstanz, die sich in der Flamme als brennbar erweist.

6. *Zuckerhaltigkeit.* Orgonotisch hochgradiges Bionwasser schmeckt süßlich. Bei Verbrennung der Flocken riecht es nach Karamel. (Eine genaue biochemische Untersuchung konnte noch nicht durchgeführt werden, ist aber beabsichtigt.)

7. Alle Gefäße, die mit Bionwasser oder mit Bionerde längere Zeit in Berührung waren, fühlen sich *fettig* an.

8. Auf schwächende Einflüsse, wie etwa Autoklavierung, reagiert das Bionwasser, wie auch ein lebender Organismus reagieren würde, nämlich mit *Schwächung der OP,* die sich nur allmählich wieder erholt.

9. *Kontraktilität des masse-freien Orgons im Bionwasser.* Das Auftreten eines konzentrierten, gelblichen Flecks in der Mitte kri-

stallklaren Eises, läßt nur *eine* plausible Deutung zu: *Die massefreie Orgonenergie benimmt sich im vereisenden Wasser genauso, wie sich Orgonenergie in einem erfrierenden Organismus verhält. Sie kontrahiert und zieht sich von der Stelle der Vereisung zurück.* Freie Orgonenergie hat also die Fähigkeit der Kontraktion; im Prozeß der Kontraktion entsteht, durch Verdichtung offenbar, Materie. Dieser Prozeß fordert eingehendes Studium.

10. Die Orgonflocken entwickeln sich rascher zu Protozoen, wenn man dem Präparat T-Bazillen zusetzt. Man kann dann Auftreten plasmatischer Spindelformen grober Struktur beobachten, Gebilde, die den Ca III Formationen ähnlich sind. (Vgl. Kapitel VI)

Entwicklungsstufen in der Entwicklung von Protozoen im sterilen, partikelfreien Bionwasser

1. Nach dem Schmelzen der Orgonwasserlösung treten granulierte, typisch organisch geformte, plasmatische Flocken auf.
2. Viele der einzelnen Körnchen (granulae) werden umfangreicher und entwickeln sich zu kreisrunden, stark blau schimmernden Orgonenergiebläschen. Die meisten dieser Gruppen von Bionen assoziieren oder konfluieren zu größeren Gebilden.
3. Die kreisrunden Bione strecken sich im Laufe von Tagen oder Wochen zu bohnenförmigen, aber noch unbewegten Gebilden.
4. Diese bohnenförmigen Gebilde werden nun mobil in zweierlei Weise: Der Inhalt des Energiebläschens zeigt bei 3000-5000 x Vergrößerung feine Expansions- und Kontraktionsbewegungen; die Gebilde strecken sich mehr und mehr, die Membranen werden weicher und sie beginnen sich von der Stelle fortzubewegen. Diejenigen Gebilde, die sich besonders lang gestreckt haben, entwickeln schlängelnde und korkzieherartige Bewegungen. Die folgenden Skizzen sind nach dem Leben bei etwa 240 x Vergrößerung in scheinbarer Größe gezeichnet.

5. Überpflanzt man protozoenhaltige Bionwasserflüssigkeit in steriles Bionwasser, so vermehren sich die Protozoen in gleicher Art

und können immer weiter umgeimpft werden. Diesen Protozoen habe ich den Namen *Orgonomia* gegeben.

Einige Kontrollversuche

1. Einfrieren gewöhnlichen, *unsterilen* Quellwassers oder destillierten Wassers ergibt weder Flocken noch Protozoen. Die Organisation plasmatischer Materie ist also ausschließlich dem hohen Orgongehalt zuzuschreiben, den wir durch das Fluorophotometer bestimmen.

2. *Destilliert* man Bionwasser von etwa 40-50 OP, so kann man *sofort nach Abkühlung* wenige, und nach Einfrieren zahlreiche Flocken feststellen. Dies beweist die Behauptung in Punkt 1 von einer anderen Seite.

3. Da Meerwasser außerordentlich orgonreich ist, so ist es verständlich, daß es nach Filtration und Autoklavierung ebenfalls Flocken und protozoalen Wuchs gibt. Es muß aber erwähnt werden, daß es hier ein Rätsel zu lösen gibt. Denn Meerwasser von der Jones Beach am Atlantischen Ozean, auf Long Island, New York, ergibt etwa eine Stunde nach der Entnahme nur ca. 8 bis 10 OP. Während nun Erdbionwasser von so niedrigem OP-Gehalt keinen oder nur schlechten Bionwuchs gibt, ist es nicht leicht zu erklären, weshalb das niedrige OP beim Meerwasser nichts ausmacht. Doch wir dürfen nicht unbedingt alles sofort begreifen wollen. Das Phänomen ist wichtig.

4. Auch Wasser von autoklaviertem Gras ergibt Flocken nach Vereisung, die sich vermehren und wachsen.

Allgemeine Schlüsse

1. Erdhumus enthält Orgonenergie. Durch Verwandlung des Erdhumus in Erdbione steigert sich die orgonotische Potenz des Wassers von 4 auf 30-70 (vgl. mit der OP von destilliertem Wasser = 1).

2. Orgonenergie in hoher Konzentration färbt Flüssigkeiten gelblich.

3. Die bei Zimmertemperatur in der Flüssigkeit gleichmäßig verteilte Orgonenergie kontrahiert unter Kälteeinfluß zu einem gelben Kern im Eis.

4. Protoplasmatische Flocken oder Materie entsteht aus konzentriertem masse-freien Orgon.
5. Hohe orgonotische Potenz von Flüssigkeit führt zur Entwicklung von Protozoen über die Bildung von Orgonenergiebläschen.
6. Die Bildung von plasmatischer Materie aus konzentrierter Orgonenergie deutet einen allgemeinen Prozeß an, durch den Materie aus Energie entstand, wenn man in der Orgonenergie die primordiale kosmische Energie erblickt.
7. Nach unseren Ergebnissen in Experiment XX ging auf unserem Planeten die Entwicklung des lebenden Plasmas der Organisation von Kohlesubstanz und Kohlehydraten voraus. Kohle ist ein Produkt des Zerfalls lebender Materie. Biochemische Moleküle existierten nicht vor der Entwicklung plasmatischer Substanz, sondern traten als einer der mechanischen Bestandteile im Prozeß der plasmatischen Organisation auf.

III. Die tatsächliche Entdeckung der Orgonenergie

1. ABSURDITÄTEN DER LUFTKEIMTHEORIE

Bisher hatten wir uns gegen einen Einwand oder besser gesagt gegen ein Schlagwort zu verteidigen. Dieses lautet, es handle sich bei den Bionen um »ganz gewöhnliche Infektion aus der Luft«. Dagegen brachte ich drei Argumente:
1. *Die Biongebilde sind sofort nach Herstellung der Präparate in Bildung zu sehen. Luftinfektion braucht zur Entwicklung viele Stunden im Thermostaten.*
2. *Es gelangen die Bionkulturversuche im luftdicht abgeschlossenen System.*
3. *Unter den Bionkulturen finden sich solche, deren Identifizierung bisher nicht möglich war, z. B. die SAPA-Bione.*

Um die vielfältigen Fragen, die sich aus der Bionkultivierung ergeben, zu diskutieren, müssen wir uns des Einwandes der Luftinfektion entledigen; darüber hinaus – das erfordert die Sache – muß die Absurdität, die in der heutigen Anwendung dieses Argumentes liegt, sowohl experimentell wie durch Überlegung enthüllt werden. Bei wissenschaftlichen Vorstößen hat man regelmäßig weniger mit Tatsachen als mit festgefahrenen Begriffen zu kämpfen.

1. *Die Gebilde, die ich als Bione (PA und T) und Bionkulturen bezeichne, finden sich bei Kultivierung von Luftkeimen nicht.* Das kann experimentell leicht nachgewiesen werden. Dazu ist folgende Versuchsreihe durchzuführen:

a) Schmutz von der Handfläche wird mit einem sterilen Spatel abgeschabt und in Bouillon gegeben. Nach 24 Stunden Aufenthalt im Thermostaten entsteht eine *flockige Trübung*, die im Laufe einiger Tage oder Wochen wieder verschwindet. Sie macht einem Häutchen an der Oberfläche und einem dichten Bodensatz Platz. Mikroskopisch sehen wir runde bis eiförmige, kleine, schwärzlich schimmernde Kokken, wurstartig, sich schlängelnd bewegende Stäbchen, aber keine kontraktilen Amöboide vom PA-Typus, keine kernhaltigen Zellgebilde und (im frischen Aufwuchs) keine T-Bazillen.

b) Wir lassen einige Tropfen aus der Wasserleitung in Bouillon fließen. Es dauert oft mehrere Tage, bis eine Trübung auftritt. Oft bleibt Kulturaufwuchs aus. Mikroskopisch zeigt sich derselbe Typus von runden unkontraktilen Kokken kleiner Art und schlängelnde, rasch bewegte wurstartige Stäbe.

c) Wir lassen ein Schälchen mit Wasser eine halbe Stunde im Freien am Rande einer staubigen Landstraße stehen. Impfen wir daraus eine Bouillon. Der Aufwuchs kann ausbleiben. Wenn er auftritt, weicht die Trübung nach einigen Tagen oder Wochen einem Häutchen an der Oberfläche und einer dicken flockigen Masse am Boden. Es kann 48 bis 72 Stunden dauern, ehe ein Aufwuchs überhaupt auftritt. Mikroskopisch sind es kleine Kokken und schleppend oder schlängelnd-bewegte, wurstförmige Stäbe. *Wir finden keine Gebilde vom Typus unserer Kulturen (Paketamöben und T-Bazillen).*

d) Wir lassen ein Bouillonglas in senkrechter Stellung eine halbe Stunde offen in unserem Laboratorium stehen. Nach 24 Stunden ist eine Trübung vorhanden, die ebenfalls mit der Zeit verschwindet und einem Häutchen an der Oberfläche sowie einer flockigen Masse am Boden Platz macht. Mikroskopisch finden wir wieder die bekannten kleinen Kokken, aneinander gereihte Streptokokkenformen und gelegentlich keulenförmige Gebilde. Desgleichen die vorgenannten schleppenden, schlängelnden, wurstförmigen Stäbe. *Von unseren Biontypen ist nichts zu sehen.*

e) Wir lassen einen sterilen Agarnährboden in einer Petrischale eine halbe Stunde in unserem Laboratorium offen stehen. Nach 24stündigem Aufenthalt im Thermostaten ist ein Aufwuchs vorhanden, der aus typischen kleinen, unkontraktilen Bläschenhaufen besteht. Desgleichen können sich gelegentlich Stäbe finden. Von unseren Biontypen ist nichts zu sehen. Lassen wir die Agarplatte nur so lange Zeit offen, als die Umimpfung einer Kultur in Anspruch nimmt, so werden wir uns überzeugen, daß es außerordentlich schwierig ist, eine Luftinfektion herbeizuführen.

f) Variieren wir dieses Kontrollexperiment, indem wir Staub auf einem Spatel von der Oberfläche eines Schrankes oder von einem offenen Ofen nehmen und in Bouillon plus 0,1n KCl tun, also denselben Bedingungen aussetzen, denen die Bionkultur unterworfen ist. Wieder treffen wir nur auf die bekannten Tatsachen. Aufwuchs nach 24 Stunden, aber auch erst nach 48 oder

72 Stunden. Keine Bione, lange Fadenbakterien, Spirillen und spirochetenähnliche Formen, sowie kleine, unkontraktile flitzende Kokken. Auf Agarplatte überimpft, gibt die Kultur meist nur wieder schlängelnde Stäbchenformen. Die Kultur scheidet wie alle anderen unsterilen Kulturen ein Häutchen aus und flockt nach einiger Zeit aus. Auf Eiboden gibt es massive Staubinfektion, gewöhnlich Schimmelpilze.

Diese Kontrollversuche zur Luftinfektionsfrage, die beliebig oft ausgeführt bzw. variiert werden können, ergeben zwei Tatsachen:

1. *In der Luft gibt es nur bestimmte Formen von großen Stäben und einfachen Kokken.*
2. *Aus der Luft sind in Bouillon, auf Agar und Eiboden keine Bione direkt züchtbar.*

Die Kontrollversuche zeigen uns noch eine dritte Tatsache: *Die Luftinfektionsgefahr ist nicht so groß, wie man es in der Abwehr des Gedankens an eine bionöse Organisation lebloser Materie gern haben möchte.*

Nachdem wir uns so die Gewißheit geholt haben, und zwar von zwei Seiten her, daß unsere Bionkulturen nichts mit irgendwelchen »Luftkeimen« zu tun haben, wollen wir nun den Begriff der »Luftkeime« einer kritischen Betrachtung unterziehen. Stellen wir zusammen, was alles aus der Behauptung folgt, daß protozoale Lebewesen nicht anderswoher, denn aus Keimen stammen könnten, die in der Luft vorhanden sind. Daraus folgt:

1. *Für jede Art von einzelligen und bakteriellen Lebewesen wäre je eine bestimmte Art von Keim erforderlich.* Mit anderen Worten, es gäbe *ebensoviele Arten von Keimen, wie es Mikroorganismen gibt, also Millionen Keimtypen.* Dieser Behauptung widerspricht die Tatsache, daß man bei Züchtung von Luftkeimen nur einen minimalen Bruchteil der Formen bekommt, die man tatsächlich in der Pathologie kennt. Hierzu müßten eindeutig und ohne theoretische Umschweife einige Fragen von den Vertretern der Luftkeimtheorie beantwortet werden.

Sind jemals direkt aus der Luft Choleravibrionen, Pestbazillen, Syphillisspirocheten etc. gezüchtet worden? Tatsache ist, daß man diese Formen bisher nur aus Geweben tierischer Körper gezüchtet hat und sich hierzu eine Theorie über die Herkunft bildete. Solange es also Mikrobenformen und nunmehr auch Bionformen gibt, die aus der Luft nicht gezüchtet wurden, gilt die hypothetische Aussage über die Luftinfektion *nicht.*

2. Versuch zur Widerlegung der metaphysischen Luftkeim-Theorie: Der Bion-Versuch, der gefilmt wurde, stellte fest, daß sich einzellige Lebewesen, wie Protozoen, aus blasig zerfallendem Moos durch natürliche Organisation entwickeln. Dem gegenüber behauptet die metaphysische Sporentheorie, daß die Protozoen ihr Dasein Keimen verdanken, die sich überall in der Luft vorfinden und an Stellen, die zum Wachstum der Protozoen günstig sind, entwickeln. Kein Vertreter dieser Keimtheorie hat noch je ihre Existenz nachweisen können. Ihre prinzipielle Unrichtigkeit läßt sich experimentell wie folgt beweisen:

Wenn die Protozoen von Keimen stammen, die *an* Moos und Heu haften, um nach einigen Tagen in Aufgüssen zu erscheinen, dann müßte die folgende Anordnung dies bestätigen. Man nehme unsteriles Heu oder Moos und spüle es in einfachem Wasser ab. Um auch das winzigste Teilchen Heu zu eliminieren, läßt man entweder Wasser durch einen Filter laufen, auf dem das Moos liegt, oder zieht einige Halme mit einer Pinzette einige Male durch das Wasser. Das so verunreinigte Wasser zeigt keinen Wuchs von Protozoen und auch nicht Spuren davon. Dagegen zeigt ein Wasseraufguß von Heu oder Moos die fortschreitende Aufquellung des Gewebes und alle Stadien der Entwicklung von Protozoen vom ersten blasigen Zerfall über die Randbildung und aus dem Moos hervorwachsende Formen bis zum losgelösten, fertigen Protozoon.

Will die Luftkeimtheorie recht behalten und weiterhin die Erforschung der natürlichen Organisation der Protisten verdunkeln, so muß sie sich die Mühe nehmen, durch das Experiment nachzuweisen, daß die Sporen, aus denen sich die Protisten angeblich entwickeln sollen, durch Abstreifung von der Materie, an der sie haften, zu isolieren sind und sich zu Protozoen entwickeln lassen.

Nehmen wir nun aber einen Augenblick an, daß es gelänge, sämtliche bekannten Mikrobenformen und die neuen Bionformen in der Luft zu finden: Wäre in diesem Falle der Ausdruck »Luftkeime« eine wissenschaftliche *Erklärung* für die Herkunft der betreffenden Gebilde? Darauf könnten wir mit gutem Recht sagen: Wohl, diese Formen sind in der Luft vorhanden, doch: *Woher und wie kamen sie in die Luft?*

Überlegen wir uns diese Frage genau, so müssen wir den wissenschaftlichen Unwert der Luftkeimtheorie zugeben. Gilt unsere

Behauptung, daß sich aus anorganischen und zerfallenden organischen Stoffen Mikroorganismen bilden, dann haben wir eine gültige Erklärung dafür, *woher die Keime der Luft stammen.* In der Luft kann sich auch nichts anderes finden als anorganische und abgestorbene organische Stoffe. Sehen wir dabei von der Tatsache ab, daß außer den Sporen einiger primitiver Organismen noch niemand den Keim oder die Spore einer Amöbe oder eines Pantoffeltierchens *gesehen* hat. Die Sätze, die man an die Stelle des Gesehenhabens setzt, und zwar als absolute theologische These »Omne vivum ex vivo« und »Omnis cellula ex cellula« werden wir im Lichte dieser Überlegungen nicht als ernstzunehmende wissenschaftliche Aussagen, sondern als affektive Sicherungen gegen sehr harte Tatsachen betrachten.

Nachdem wir nun die Absurdität des Luftkeimgedankens, wie er heute das medizinische Denken beherrscht, an einigen Beispielen klargelegt haben, müssen wir noch zu zeigen versuchen, wie schädlich die Luftinfektionstheorie für das Verständnis vieler unendlich wichtiger Phänomene in der Medizin ist. Wie sie, indem sie die natürliche Organisation wegdiskutiert, sich jeder Möglichkeit beraubt, einfache und einleuchtende Tatbestände zu sehen, im Detail zu erforschen und in der praktischen Heilmedizin anzuwenden.

1. Die Medizin weiß, daß im tierischen Organismus sich unausgesetzt selbständige biologisch funktionierende Lebewesen bilden. So die roten und die weißen Blutkörperchen im Knochenmark und Lymphsystem und Ei und Samenzelle in den Epithelien der Keimdrüsen. Die Nichtübereinstimmung dieser *anerkannten* Tatsache mit der Keimtheorie störte bisher das wissenschaftliche Gewissen sonderbarerweise nicht. Es bilden sich Erythroblasten und aus ihnen die Erythrozyten. Die weibliche Eizelle bildet sich im Follikel, die Spermazelle entsteht aus den Spermatogonien. Die Übergangsformen bilden sich aus den Epithelien der betreffenden Organe. *Eine Zellform verwandelt sich in eine grundsätzlich andere.* Hier liegt eine Zentralfrage des gesamten Krebsproblems, bei dem sich ja auch selbständige biologische Zellen aus andern bilden. Die Bildung biologisch selbständiger Individuen aus *andersartigen* biologischen Organismen geht im Körper unausgesetzt vor sich. Doch gerade dies ist ohne die Anerkennung einer Verwandlung organischen Gewebes in selbständige *protozoale* Gebilde absolut unverständlich.

2. An den menschlichen Schleimhäuten und in den Körperöffnungen gibt es verschiedene Formen von Mikroorganismen. Die Darmbakterien z. B. müssen durch eine Infektion von außen her sich im Darm vorfinden. Warum denn das bakterium coli sich gerade im Darm und nicht ebenso gut in der Rachenschleimhaut findet, bleibt dadurch Geheimnis.

Weshalb Pneumokokken sich von der Luft her in die Lungen, jedoch nicht in den Darm verirren, ist desgleichen rätselhaft. Noch mehr: *Wie es möglich ist, daß das menschliche Geschlecht nicht längst ausgestorben ist, wenn sich in der Luft und infolgedessen auf den Schleimhäuten tausende Arten tödlicher Bakterien haufenweise vorfinden sollen, ist unergründlich.* Man rettet sich in dieser Frage in die berühmte Zauberformel »Disposition«. Doch gerade der Begriff der »Disposition« enthüllt genau das, was die Luftinfektionstheorie verhüllt. Es ist z. B. unergründlich, wie sich in einem Krebsgewebe, das frisch aus dem Innern eines Knochens operiert wurde, Hunderttausende von züchtbaren, ja für Mäuse tödlichen Mikroorganismen finden. Wie sind sie in den Knochen gekommen? Die Auskunft »durch Einnistung aus der Luft in Schleimhäute« und »von da auf dem Blutwege in den Knochen« werden wir wohl kaum ernst nehmen können; denn dann steht die große unvermeidliche Frage vor uns, wieso sich diese so kompliziert wandernde Luftbakterie gerade an dem krebsigen Knochen festsetzte und weshalb nicht an *allen* Passageorten allerhand Infektionskrankheiten eingesetzt haben. Daß sich im Rachen pathogene Organismen finden und gerade nur zu bestimmten Zeiten und an bestimmten Personen die Schädlichkeit in Erscheinung treten lassen, bleibt ein Wunder, zu dessen Enthüllung das Wort »Disposition« und »latente Virulenz« wohl kaum hinreicht, weil es immer nur Worte sind. Kommt es doch gerade darauf an, festzustellen, was *im Organismus* vor sich geht, so daß der Mikroorganismus das eine Mal sich auswirken kann, das andere Mal nicht.

3. Liest man die Literatur über die Mikroorganismen, so stößt man immer wieder auf die Erklärung, daß bestimmte Organismen nur auf bestimmten Nährböden gedeihen. Es ist schon mehr als Mystik, anzunehmen, daß sich die Keime der Amöben, die ja logischerweise gleichmäßig in der Luft verteilt sein müssen, ausgerechnet die schlammigen Wassertümpel und die Unterseite der Pflanzenblätter aussuchen. Noch merkwürdiger ist, daß diese

Amöbenkeime sich im Frühling im frischen Moos nicht entwickeln können, dagegen im Herbst massenweise am Moosaufwuchs auftreten. Man merkt, wie unlogisch, unkonsequent und tatsachenverhüllend ein derartiges Denken ist.

4. Im Zusammenhang dieser Überlegung dürfen wir uns gar an eine Frage heranwagen, deren Problematik vermutlich allerhand Affekte auslösen wird. Der Luftkeimtheorie zufolge schwirrt der Cholera- und Pestbazillus in der Luft und tritt unter normalen Verhältnissen hygienischer Art nicht in Erscheinung. Er führt, von der Luft herkommend, zu Epidemien, denen Hunderttausende Menschenleben zum Opfer fallen, gerade in sehr dicht bevölkerten, hygienisch schlecht betreuten Gegenden oder in Kriegszeiten. *Sollte bei diesen Epidemien wirklich der biologische Zustand der Menschen, die der chronischen Unhygiene oder den Schrecken eines langen Krieges ausgesetzt sind, denn gar keine Rolle spielen? Sollte wirklich möglich sein, daß ein Bazillus allein die Verantwortung hat, und nicht auch der lebende Organismus, in dem er seine Verwüstungen anrichtet? Aus welchem Grunde wird dem Bakterium so viel, und dem Organismus des Menschen so wenig Bedeutung beigemessen?* Ich fürchte, daß die Bekämpfung der »Luftbakterie« weniger fordert als die Bekämpfung der Biopathien! Ohne die aufgeworfenen Fragen auch schon beantworten zu wollen, muß doch hervorgehoben werden, daß der biopathische Zustand der Opfer der Pest und Cholera weit größere Aufmerksamkeit verdient als das Bakterium, über dessen Herkunft man sich im übrigen heute völlig im unklaren ist.

Fassen wir zusammen: *Die Luftkeimtheorie ist nicht nur experimentell unrichtig; sie ist nicht nur nicht in der Lage, zentrale Erscheinungen der Biologie und Pathologie zu erklären, sondern sie ist darüber hinaus sogar geeignet, eine wahrheitsgetreue Erfassung der Krankheitsmechanismen zu verschleiern. Sie ist heute ein Dogma, das, wie alle Dogmen, das Denken und Suchen erspart.* Wir konnten sehen, was die Biontheorie und die Tatsachen, auf denen sie beruht, zur Erklärung derjenigen Fragen beitragen kann, die mit der Luftkeimtheorie nicht erfaßbar sind.

Wenden wir uns nun einer bestimmten Bion-Kultur zu, an der die Entdeckung der Orgonenergie gemacht wurde.

2. DIE STRAHLENDEN SAND-BION-KULTUREN

Um die Theorie der Luftinfektion völlig auszuschalten, ging ich schon 1936 zu halbstündigem Autoklavieren der Bionpräparate bei 120° C über. Der Zerfall in Bläschen vollzog sich vollständiger als bei einfacher Quellung. Die blauen Bione traten rascher auf; die biologische Farbreaktion (Gram, Karbolfuchsin) war kräftiger. Im Mai 1937 begann ich Kohle und Erd-Kristalle in der Benzinflamme zu glühen, ehe ich sie in die quellungsfördernde Nährlösung brachte. Der Glühprozeß beschleunigte die Bionbildung noch mehr. Der bionöse Zerfall der Materie war nun bei völlig gesicherter Sterilität in wenigen Minuten durchzuführen. Ich hatte nicht mehr Tage und Wochen zu warten, bis die Quellung bei gewöhnlicher Zimmertemperatur Bione ergab. Zur Aufquellung der Substanzen benutzte ich Kalilauge und Kaliumchlorid. Zwei Jahre lang (1937-1939) bestätigte Versuch um Versuch den blasigen Zerfall quellender Materie und die Organisation von Zellen und Bakterien aus den Bionen.*

Im Januar 1939 demonstrierte eine Assistentin einem Besucher des Laboratoriums in Oslo den Glüh-Versuch. Sie vergriff sich im Schälchen, das im Sterilisator stand, und glühte statt Erde *Meeressand*. Nach zwei Tagen ging in der Bouillon-Kaliumchloridlösung eine Kultur auf, die, auf Einährboden und Agar übertragen, einen gelben Aufwuchs ergab. Die neuartige Kultur bestand mikroskopisch aus großen, wenig beweglichen, stark blauschimmernden Paketen von Energiebläschen. Die Kultur war »rein«, d. h. sie bestand nur aus *einer* Art von Gebilden. Sie sahen bei 400 x Vergrößerung *sarcinae* ähnlich, wie man sie gelegentlich im Wasser findet. Die Untersuchung bei 2000 x und 4000 x Vergrößerung zeigte stark lichtbrechende Gebilde, die aus Paketen von 6 bis 10 Bläschen bestanden und etwa 10 bis 15 μ groß waren. Wir wiederholten den Versuch im Laufe einiger Monate achtmal und bekamen fünfmal dieselben Gebilde (Fig. 48 a, b, Anhang).

Diese Bione erhielten den Namen SAPA (*Sand-Paket*). Sie boten sehr interessante Eigenschaften dar.

Die Wirkung der SAPA auf Fäulnisbakterien, Protozoen und T-

---

* Vergl. »Die Bione«, 1938.

Bazillen war weit kräftiger als die anderer Bione. Mit Krebszellen zusammengebracht, zeigten sie tötende oder lähmende *Fernwirkung* schon in der Entfernung von etwa 10 μ. Amöboide Krebszellen blieben in dieser Entfernung wie gelähmt an Ort und Stelle haften; sie drehten sich hilflos im Kreise, um schließlich unbewegt zu werden. Dieses Ergebnis wurde filmisch festgehalten.

Ich untersuchte die SAPA-Bione vier Wochen lang täglich mehrere Stunden. Nach einigen Tagen begannen meine Augen zu schmerzen, wenn ich zu lange ins Mikroskop schaute. Zur Kontrolle dieser Augenschmerzen benutzte ich einen monocularen Tubus: Es schmerzte regelmäßig nur dasjenige Auge, mit dem ich mikroskopierte. Schließlich stellte sich eine starke Bindehautentzündung ein; meine Augen wurden sehr lichtempfindlich, und ich mußte einen Augenarzt aufsuchen. Dem schien die Geschichte »phantastisch«; er behandelte meine Augen, verschrieb dunkle Brillen und verbot das Mikroskopieren für einige Wochen. Die Augen besserten sich, doch nun wußte ich, daß ich es mit Strahlungen zu tun hatte. Mehrere Monate vor diesem Ereignis hatte der holländische Physiker *Dr. Bon* in einem Briefe angefragt, ob je bei meinen Bionen Strahlung wahrgenommen hätte. Ich hatte ihm geantwortet, daß ich keine Strahlungen wahrgenommen hätte. *Dr. Bon* hatte jahrelang mit seinen Kollegen wegen der Behauptung in Streit gelegen, daß das Leben eine Strahlungserscheinung wäre. Nun stand ich dieser Tatsache unmittelbar gegenüber. Ich wußte nicht, wie ich an sie herankommen sollte. Ich war zwar in den theoretischen Grundfragen der Physik geschult, hatte aber nie mit Strahlung praktisch gearbeitet. Das bildete eine Riesenschwierigkeit, hatte aber auch seine Vorteile. Die gefundene Strahlung stellte sich als neu und eigenartig heraus. Übliche Methoden der Strahlungsuntersuchung gaben negative Resultate. Die Orgonstrahlung forderte die Erarbeitung spezieller, bisher unbekannter Methoden und Anordnungen, die nur schrittweise durch langdauernde Beobachtungen errungen werden konnten. Routine und schematische Methoden versagten.

Ich versuchte zunächst in sehr primitiver Weise, die Kulturtuben auf Strahlung zu prüfen, indem ich sie an meine linke Handfläche anlegte. Ich glaubte jedesmal ein feines Prickeln zu verspüren, war aber der Empfindung nicht sicher.

Ich legte ein Objektglas (aus Quarz) auf die Haut, tat ein wenig

SAPA-Kultur in KCl-Lösung darauf und ließ etwa zehn Minuten einwirken. An der Stelle, wo die Kultur (getrennt von der Haut durch das Glas) auflag, entwickelte sich ein anämischer Fleck mit einem hyperämischen Rand darum herum. Diesen Versuch wiederholte ich mit allen meinen Schülern, die ich von der vegetotherapeutischen Schulung gut kannte. Die vegetativ stark Mobilen unter ihnen gaben regelmäßig positives Resultat. Die wenig Emotionellen reagierten schwach oder gar nicht. Das war zwar etwas, aber noch recht unverständlich.

Ich suchte Hilfe beim Radiumphysiker des Krebskrankenhauses in Oslo, *Dr. Moxnes.* Er legte eine Kulturtube an das Radiumelektroskop an. *Es gab keine Reaktion.* Der Physiker erklärte, daß »keine Strahlung« vorläge. Da sein Elektroskop nur auf Radium eingerichtet war, wandte ich ein, man könnte nur behaupten, daß keine *Radiumaktivität* vorläge, nicht aber, daß überhaupt keine Strahlung vorhanden wäre. Denn die Hautreaktion war sichergestellt. Ich war mir im Unklaren, mit welcher Art von Strahlung ich es zu tun hatte. Die Raschheit der Hautreaktion deutete auf Riesenenergien hin. Die Hautrötung erfolgte auf Röntgen- und Radium-Bestrahlung erst nach vielen Tagen. Die SAPA-Kulturen brachten eine Hautrötung binnen weniger Minuten hervor. Wie sich später zeigen wird, klärte sich das Fehlen einer Reaktion am Elektroskop in völlig logischer Weise auf.

Die folgenden Ereignisse beantworteten die Rätsel Stück um Stück von selbst.

Nach weiteren zwei Wochen war meine linke Handfläche stark entzündet und schmerzte sehr. *Daß* also die Kulturen eine biologische Wirkung ausübten, konnte nicht mehr bezweifelt werden.

Mir fiel ferner im Laufe der Zeit auf, daß die Luft des Raumes, in dem sich diese Kulturen befanden, sehr »schwer« wurde und Kopfschmerzen erzeugte, wenn die Fenster auch nur *eine* Stunde geschlossen waren.

Eines Tages bemerkte ich bei einem experimentellen Verfahren, daß alle metallischen Gegenstände, Scheren, Pinzetten, Zupfnadeln außerordentlich stark magnetisch waren. Ich verstand diese Tatsache, die heute so gut begreiflich ist, natürlich gar nicht. Ich hatte sie nie vorher beobachtet und war auf sie nicht vorbereitet. Da aber das Elektroskop beim Osloer Physiker nicht reagiert hatte, war ich darauf vorbereitet, Überraschungen zu erleben.

Ich versuchte es mit photographischen Platten in verschiedener Weise: Ich legte Kultur-Präparate über enthüllte Platten im Dunkeln, über Platten in Kassetten, über Platten, die mit Blei teilweise oder ganz verhüllt waren, und ich stellte Kontrollplatten ohne direkte Beeinflussung im selben Raum auf. Zu meiner Überraschung waren *sämtliche* Platten, die sich im *selben* Raume wie die Kulturen befanden, verschleiert. Auf einigen Platten war eine Schwärzung entsprechend den Leimritzen in der Holzkassette deutlich wahrnehmbar, bei anderen sah ich starke Schwärzung an Stellen, wo die Kultur nicht unmittelbar auf die Platte eingewirkt hatte, wo aber etwa eine Bleiumhüllung undicht war. *Aber auch die Kontrollplatten, die im selben Raume lagen, waren verschleiert.* Ich verstand es nicht. Es schien, als ob die Energie um die Ecken der Kassettenschieber und durch Leimfugen wirkte. *Die Strahlung schien »überall vorhanden« zu sein.* Es konnte aber auch ein unkontrollierbarer Fehler vorliegen.

Ich hatte es im Verlaufe von zwei Jahrzehnten klinischer und experimenteller Arbeit gelernt, solche scheinbar nebensächlichen Einfälle wie »Energie überall vorhanden« zu beachten. Ich schätze diese Einfälle des forschenden Organismus, die zum Ziele führen, wenn man sie mit strenger, objektiver Kontrolle verbindet. Meine Ahnung behielt recht: *Die Orgon-Strahlung ist tatsächlich »überall vorhanden«!* Doch damals sagte dieser Satz nichts Konkretes aus.

Mit den Versuchen an photographischen Platten blieb ich stekken. Wenn die Wirkung »überall« war, konnte man die Erscheinungen nicht abgrenzen und kontrollieren; man hatte kein Vergleichsmoment zur Verfügung.*

Ich versuchte es mit Beobachtungen in dunklen Kellerräumen, wohin ich die Kulturen brachte. Um die Wirkung zu verstärken, legte ich Dutzende von Kulturen an. Die Beobachtungen im Dunkeln waren irgendwie »*unheimlich*«. Der Raum wurde nach Gewöhnung der Augen statt absolut schwarz *grau-bläulich*. Ich sah neblige Schwaden, bläuliche Lichtstriche und fliegende Punkte. Tief violette Lichteindrücke schienen wie aus den Wänden und von Gegenständen herzukommen. *Diese Lichteindrücke*, durch-

---

* Im Herbst 1940 gelangen endlich einige photographische Aufnahmen der SAPA-Strahlung.

wegs blau oder blaugrau, *wurden stärker, die einzelnen Striche und Pünktchen wurden größer*, wenn ich eine Lupe vor meine Augen hielt. Schwarze Brillen schwächten die Eindrücke ab. Wenn ich die Augenlider schloß, bestanden aber die blauen Lichteindrücke fort. Das verwirrte. Ich wußte noch nicht, daß die Orgonstrahlung die Sehnerven in spezifischer Weise irritiert und Nachbilder erzeugt.

Nach ein oder zwei Stunden Aufenthalt im Kellerraum schmerzten meine Augen und wurden gerötet. Eines Abends verbrachte ich fünf Stunden im Kellerraum in einem Zuge. Nach etwa zwei Stunden konnte ich deutlich meine Handfläche leuchten sehen, ebenso meine Hemdärmel und (im Spiegel) auch mein Kopfhaar. Der blaue Schimmer lag wie ein unscharfer, langsam bewegter, graublau leuchtender Dunst um meine Gestalt und um Gegenstände im Raum. Ich gestehe, daß ich erschrak. Ich rief *Dr. Bon* in Holland nachts telefonisch an und erzählte ihm von dem Erlebnis. Er mahnte, mich zu schützen. Doch ich wußte nicht, wie ich mich schützen sollte, da doch die Strahlung »überall vorhanden« zu sein und alles zu durchdringen schien.

Ich zog unseren Freund *Dr. H.* zu den Beobachtungen im Dunkeln heran. Er bestätigte, *völlig uninformiert*, die meisten meiner eigenen Beobachtungen, wie ich sie soeben schilderte. Mehrere Monat lang unterzog ich eine Versuchsperson nach der anderen dem Hauttest und der Beobachtung im Dunkeln. Es konnte kein Zweifel an der Existenz der Strahlung bestehen, so übereinstimmend waren die Beschreibungen. Die schwierigste Aufgabe war, *die objektiven Erscheinungen im Raum von den subjektiven Empfindungen im Auge abzugrenzen*. Im Laufe der Arbeit ergaben sich aber zahlreiche kleine Techniken, die Unterscheidung zu treffen. So z. B. ließ ich im Dunkeln nach leuchtenden Gegenständen greifen oder bestimmen, wo ein Arm sich gerade befand; ich ließ die Augen vom Lichteindruck wegwenden, bis er verschwand, um ihn dann wieder aufzusuchen. Die Strahlung irritierte die Sehnerven sehr. Ein Kaufmann, der mir einen Apparat besorgt hatte und einmal teilnahm, sagte: »*Es ist mir, als ob ich lange in die Sonne geschaut hätte.*«

Dieser Ausspruch des Laien gab zu denken. Er beschäftigte mich sehr im Zusammenhang mit der Bindehautentzündung, die manche Versuchspersonen entwickelten. Eines Tages kam mir der Einfall »*Sonnenenergie*«, und im Anschluß daran eine *einfache Lö-*

sung; sie klang nur im ersten Augenblick absurd: *Die SAPA-Bione waren aus Meeressand entstanden. Meeressand ist aber nichts anderes als erstarrte Sonnenenergie. Das Glühen und die Aufquellung des Sandes hatten diese Energie wieder aus dem materiellen Zustand freigemacht.*

Ich wies Versuche meines Gefühls, diesen Konsequenzen auszuweichen, zurück. Wenn die fragliche Strahlung unmittelbar mit Sonnenenergie zu tun hatte, dann erklärten sich manche Erscheinungen in einfacher Weise: Die Irritation der Augen und der Bindehäute, die rasche Rötung der Haut und ihre Bräunung. Ich hatte die Untersuchungen im Winter und Vorfrühling 1939 unternommen, hatte keine Sonne einwirken lassen, und war trotzdem am Körper stark gebräunt. Ich fühlte mich auch außerordentlich kräftig, »bärenstark« und vegetativ lebendig in jeder Hinsicht. Allmählich verlor sich die Angst vor bösen Folgen der Strahlung, und ich arbeitete fortab ohne jeden Schutz:

Daß eine Energie von außerordentlich hoher biologischer Wirksamkeit vorlag, stand also außer Zweifel. Zu erfahren war nun, welcher Art sie war und welche Meßverfahren man anwenden konnte. Einer meiner Mitarbeiter erzählte der Assistentin des *Bohr'schen Instituts in Kopenhagen* von den SAPA-Bionen. Sie hielt die Erzeugung von Bionen aus Sand für derart »phantastisch«, daß ich es vorzog, die gefundene Strahlung nicht der Gefahr einer von prinzipiellem Unglauben gelenkten Untersuchung auszusetzen.

Überdies konnte ich kaum mehr als biologische Wirkungen und subjektive Empfindungen als Anhaltspunkte für die qualitative und quantitative Bestimmung der Strahlung angeben. Auch die negative Reaktion der Kulturen am Elektroskop des Osloer Physikers mahnte zur Vorsicht. Die Pressekampagne der Osloer Pathologen und Psychiater gegen die Orgasmus- und Bionforschung hatte gerade vor kurzem jede Grundlage für eine freundschaftliche Kooperation zerstört.

So schien es zunächst keinen Zugang zur quantitativen Untersuchung zu geben. Ich mußte alles der spontanen Entwicklung der Tatsachen und dem Zufall überlassen. Dieser »Zufall« stellte sich sehr bald ein.

Ich vertrieb die Zeit müßigen Abwartens mit der Reproduktion wohlbekannter elektroskopischer Erscheinungen an geriebenen Stoffen. Eines Tages wollte ich eine neue Versuchsanordnung am

Elektroskop mit einer starken Voltspannung einrichten. Um meine Hände zu isolieren, zog ich ein Paar Gummihandschuhe über, die in einem Glaskästchen in meinem Labor zu liegen pflegten. Als ich meine Hände dem Elektroskop näherte, gab es einen riesenhaften Ausschlag des Blättchens; es spreizte sich, *bog dann seitlich zur Glasscheibe ab und blieb an ihr fest haften*. Daß Isolatoren »geladen« sein können, wußte ich. Doch die *seitliche Ablenkung des Blättchens und sein kräftiges Haften an der Glasscheibe* waren erstaunlich: *Nicht-magnetisches Aluminium haftete an dem nicht-geriebenen Isolator Glas!* Ich hatte die Gummihandschuhe nicht gerieben. Woher stammte die Wirkung? Es zeigte sich, daß die Gummihandschuhe in der Nähe eines Haufens von SAPA-Kulturen gelegen hatten. Um dies zu kontrollieren, legte ich *einen* Gummihandschuh in schattige, frisch bewegte Luft, experimentierte mit dem anderen und tauschte die Handschuhe nach einer Weile aus. Es zeigte sich, daß der Handschuh, bzw. Gummistab, der etwa 15 Minuten im Freien war, das Elektroskop *nicht* beeinflußte; dagegen ergab der vorher neutrale Stab sofort eine starke Reaktion, wenn ich ihn für etwa eine halbe Stunde in eine gemeinsame metallische Umhüllung mit den Kulturen brachte. Das Ergebnis war mehrere Abende hindurch dasselbe.

Hartgummistäbe, Gummihandschuhe, Papier, Watte, Cellulose etc. nahmen, wie es sich zeigte, von den Kulturen eine Energie auf, die das Blättchen des Elektroskops ohne jede Reibung zum Spreizen brachte. Feuchtigkeit, stark bewegte schattige Luft und minutenlanges Anfassen der Stoffe mit den Händen brachten die Wirkung zum Verschwinden.

Ein erster Anhaltspunkt für das qualitative Verständnis der Strahlung war gewonnen. Daß die Kulturen den Gummi und andere organische Stoffe aufluden, konnte nicht bezweifelt werden: denn ich konnte ihn beliebig aufladen und entladen, je nachdem, ob ich ihn mit den Kulturen zusammenbrachte oder durch frische Luft oder Wasser entlud.

Die Situation verwirrte sich, als ich *neue* Gummihandschuhe besorgte und sah, daß diese von den Kulturen unbeeinflußten Handschuhe ebenfalls ohne vorherige Reibung eine Reaktion am Elektroskop ergaben. Die Energie war also nicht nur in den Kulturen, sondern »auch sonst« vorhanden! Das störte die Eindeutigkeit der Kulturreaktion, schien aber wichtig. Wieder bekam ich das Empfinden: »Die Strahlung ist überall vorhanden!« genau wie bei den vieldeutigen Ergebnissen an den photographischen Platten.

Da kam der Ausspruch der Versuchsperson: »Es ist mir, als ob ich in die Sonne geschaut hätte«, zu Hilfe. *Die Strahlung muß mit Sonnenenergie zusammenhängen. Wenn sie überall vorhanden ist, kann sie nur von der Sonne herstammen.* Es lag nun nahe, entladene Gummihandschuhe in die grelle Sonne zu legen. Der 5 bis 15 Minuten sonnenbestrahlte ungeriebene Gummihandschuh oder Gummistab gab regelmäßig einen starken Ausschlag des Aluminium-Blättchens am statischen Elektroskop. Ich hatte nun den doppelten Beweis für die solare Herkunft der Energie: erstens durch die Überlegung, daß der Glühversuch Sonnenenergie aus Sand freigemacht hatte; zweitens durch die unmittelbare Aufladung der Isolatoren mittels Sonnenstrahlung. Langdauernde Bestrahlung von Isolatoren mit Höhensonne gab denselben Effekt.

Wenn aber Bione und Sonne die fragliche Energie ausstrahlen, muß, so lautet eine weitere Überlegung, sie auch im lebenden Organismus enthalten sein. Ich legte einer vegetativ stark erregbaren Patientin entladene Gummihandschuhe und Stäbe auf die Bauchhaut; dabei vermied ich streng jede reibende Bewegung. Das Ergebnis war *positiv*: Nach 5 bis 15 Minuten Kontakt mit der Bauchhaut gab der Gummi eine starke Reaktion am statischen Elektroskop. Ich wiederholte diesen Versuch mit mehreren Schülern und Patienten. Das Ergebnis war jedesmal positiv. Bei Menschen mit vegetativer Steifheit und schlechter Exspiration war sie schwächer. Forcierte Atmung besserte das Ergebnis.*

Ich begriff nun mehrere bis dahin unverständliche Tatsachen: Ich hatte es offenbar mit einer unbekannten, spezifisch biologisch wirksamen Energie zu tun. Sie entstammte geglühter und gequollener Materie; sie entstand vermutlich durch Auflockerung und Auflösung von Materie (wie bei den strahlenden Bionen). Sie wird ferner von der Sonne in die Atmosphäre gestrahlt, ist daher überall vorhanden! So klärte sich der scheinbare Widerspruch auf, daß der Gummi zwar von den SAPA-Bionen unzweideutig aufgeladen wurde, daß aber auch Handschuhe elektro-

---

* Vergleiche »Drei Versuche am statischen Elektroskop«, in *Experimenteller und klinischer Bericht* Nr. 7, 1939.

skopisch aufladend wirkten, die den Kulturen nicht ausgesetzt waren.
Die neuentdeckte Energie ist auch im lebenden Organismus enthalten. *Der lebende Organismus nimmt die Energie aus der Atmosphäre und direkt von der Sonne auf.*
Es war dieselbe Energie, mit der meine blauen Bione jeder Herkunft Stabbakterien und Krebszellen töteten; nur war sie da innerhalb der kleinen blauen Energiebläschen festgehalten.
Die Energie erhielt den Namen »Orgon«. Diese Bezeichnung deckte sowohl historisch ihre Entdeckung durch die Untersuchung des Orgasmus als auch ihre biologische Wirkung, Substanzen organischen Ursprungs aufzuladen.
Nun verstand ich auch die bläulich-grauen Schwaden, die ich im Dunkeln um Kopf, Hände und weißen Mantel gesehen hatte: *Organischer Stoff saugt die Orgonenergie auf und hält sie fest.*
Das Elektroskop des Osloer Physikers hatte auf die Annäherung der Kulturen nicht reagiert, weil es durch das Orgon nur *indirekt über Isolatoren* erregt werden kann.

3. DIE SICHTUNG DES ATMOSPHÄRISCHEN ORGONS

Es war notwendig, die Strahlung der SAPA-Bione ohne große Mühe zu studieren. Zu diesem Zwecke mußte ein abgeschlossener Hohlraum gebaut werden, der die von den Bionen ausgehende Strahlung *abgrenzen* und vor rascher Diffusion in die Umgebung schützen sollte. Dazu durfte kein organischer Stoff verwendet werden, denn dieser saugt ja die Strahlung auf. Metall dagegen, dachte ich auf Grund einiger Beobachtungen, würde die Strahlung reflektieren und innerhalb des Hohlraumes festhalten. Aber dann könnte die Strahlung auch das Metall durchdringen und sich nach außen zerstreuen. Um dies zu verhindern, mußte *der Apparat innen Metallwände und außen Wände aus organischem Stoff haben.* Die von den Kulturen innen entwickelte Strahlung würde an den inneren Metallwänden reflektiert werden; die äußere Umhüllung aus organischem Stoff (Watte und Holz) würde die Abstrahlung vom Metall nach außen verhindern oder zumindest herabsetzen. Die Vorderwand des Ap-

parates sollte mit einer runden Öffnung und einem Okular versehen werden, um die Strahlung von außen her zu beobachten.
Der Apparat wurde konstruiert. Etwa ein Dutzend Kulturplatten wurden hineingetan. Als Lupe diente eine Einrichtung, wie man sie zum Beobachten von Filmen benützt. Die Strahlen sollten auf die matte *Cellulosescheibe* vorne aufschlagen und derart sichtbar werden. Der Versuch gelang. Ich konnte deutlich bläuliche bewegte Schwaden und helle, gelb-weiße Strich- und Punktstrahlen beobachten. Mehrere Versuchspersonen bestätigten die Erscheinungen. Nun schien die Anordnung komplett genug, um veröffentlicht zu werden. Da kam eine völlig unbegreifliche Tatsache dazwischen: Der Kastenapparat durfte nach guter Durchlüftung und *ohne Kulturen* keinerlei Lichterscheinungen zeigen. Dies war gefordert, wenn ich aussagen sollte, daß die sichtbaren Strahlen *von den Kulturen* herstammten. Ich zweifelte keinen Augenblick daran, daß die Kontrolle das Experiment bestätigen würde.
Zu meinem nicht geringen Erstaunen sah ich dieselben Strahlen, die bläulichen Schwaden ebenso wie die hellen Strichstrahlen, auch im leeren Kasten. Ich zerlegte ihn völlig, tauchte die Metallplatten in Wasser, tauschte die Watte aus, lüftete mehrere Tage und versuchte wieder. Ich nahm an, daß die umhüllende Materie Strahlung von den Kulturen absorbiert hatte, die nun beim Kontrollversuch nachwirkte. Meine Bemühungen waren vergebens. *Es gelang mir nicht, die Strahlungserscheinungen aus dem leeren Kasten zu entfernen.* Das konnte ich nicht begreifen. Woher stammten die Strahlen in dem Kasten, der keine Kulturen enthielt? Zwar waren die Lichterscheinungen nicht so intensiv wie zur Zeit, da die Kulturen darin waren, aber sie waren da.
Ich ließ einen zweiten Kasten bauen, mit Glaswand vorne, ohne organische Umhüllung. Diesen Kasten hielt ich sorgfältig von Räumen fern, in denen sich SAPA-Kulturen befanden. Da er keine Umhüllung aus organischem Material hatte, konnte von Resten absorbierter Energie keine Rede mehr sein.
Es half nichts, die Strahlen waren wieder da. Nach einigen Tagen und Nächten begreiflicher Unruhe kam mir endlich die Erinnerung zu Hilfe, daß sich Ähnliches ja auch mit den Gummihandschuhen am Elektroskop abgespielt hatte. Von den Kulturen beeinflußter Gummi hatte das Elektroskop erregt. Wasser und windige, schattige Luft hatten das Phänomen beseitigt. Neuerliche Be-

strahlung des Gummi mit Kulturen hatte es prompt und jedesmal wieder hervorgerufen. Aber auch Gummihandschuhe, die nie in der Nähe der Kulturen gewesen waren, hatten *ungerieben* die Erscheinung produziert. Damals mußte ich schließen, daß die Kulturen eine Energie emittieren, die offenbar überall vorhanden war. Denselben Schluß zog ich nun aus der Tatsache, daß der Kasten, auch ohne Kulturen zu enthalten, eindeutig und klar eine Strahlung enthielt. *Wo kam sie her?*
Heute, da mit der meßbaren Orgon-Energie an Krebskranken praktisch operiert wird, erscheint mein Staunen von damals unintelligent. Hatte ich doch von Anbeginn das Empfinden gehabt, daß die Strahlung überall vorhanden ist. Auch das Ereignis mit den geladenen Handschuhen, die niemals Kulturen ausgesetzt waren, sollte mich genügend vorbereitet haben, Strahlungserscheinungen im Kasten ohne Kulturen anzutreffen.
Nachträglich klug sein, ist sehr leicht. In den ersten zwei Jahren zweifelte ich doch an jeder meiner Beobachtungen. Solche Empfindungen wie die »Strahlung ist überall vorhanden« oder Ereignisse wie »spontan geladene Handschuhe« hatten wenig Überzeugungskraft und waren eher geeignet, mich von der Strahlung wegzuführen. Auch die ständigen Zweifel, Einwände und mißlingenden Ergebnisse der Physiker und Bakteriologen bildeten starke Hemmungen, meine Beobachtungen so ernst zu nehmen, wie sie es verdienten. Mein Selbstgefühl war infolge der diffamierenden Hetzkampagne in der norwegischen Presse, die gerade abklang, als ich die Strahlung entdeckte, nicht groß. Es reichte nicht aus, um den Ansturm an Einsichten, der über mich hereingebrochen war, auszuhalten. Begann doch vieles zu wanken, das in der Biologie und Bakteriologie unerschütterbare Überzeugung war: Die Luftkeimtheorie, die »Körperelektrizität«, die Auffassung, daß das Protoplasma bloß chemisch hochkompliziertes Eiweiß wäre, die mechanistische ebenso wie die vitalistische Anschauung vom Leben etc. etc. Einzig und allein die selbsttätige Entwicklung und Logik meiner Experimente hielt mich bei der Stange.
Es ist interessant und nützlich, auf solche Unsicherheiten zurückzublicken, wenn einem die sonderbarsten Erscheinungen zu gewohntem Alltagswerk geworden sind. Das gibt den nötigen Mut, an solchen störenden und scheinbar verneinenden Kontrollergebnissen nicht hängen zu bleiben; neue Tatsachen nicht mit ober-

flächlicher Kontrolle zu erschlagen; *negative Kontrollergebnisse selbst zu kontrollieren* und schließlich nicht dem Bequemlichkeitsdrang nachzugeben, der einen so leicht sagen läßt: »Ach, es war nur eine Täuschung.« Die Strahlung war sichergestellt. Ich konnte nicht erwarten, alle Erscheinungen mit einem Schlage aufklären zu können. Noch weniger durfte ich es mir gestatten, den Zweifeln und emotionellen Erschütterungen auszuweichen, die solche Verwirrung von Tatsachen hervorruft.

Die Auskunft, die Strahlen ohne Kulturen entsprächen der Elektroskop-Reaktion auf Gummi, der nie in der Nähe von Kulturen gewesen war, befriedigte natürlich nicht. Sie bildete nur eine Notbrücke über eine Leere, die ich nicht ausfüllen konnte.

Mehrere Wochen lang verfolgte ich die Strahlung im leeren Kasten. Sie blieb, wie ich sie zuerst gesichtet hatte. Sie blieb, ob es Sonne gab oder regnete, bei Nebel ebenso wie bei klarem Wetter, bei hohem Feuchtigkeitsgehalt der Luft ebenso wie bei niedrigem, bei Nacht ebenso wie am Tage. Sie konnte also nicht durch unmittelbare Sonnenstrahlung hervorgerufen sein wie die Ladung des sonnenbestrahlten Gummis. Sie kam »von überall« her, aber es war nicht zu bestimmen, was das »überall« war.

Ich nahm im Sommer 1940 einen Urlaub und fuhr nach Maine, in New England. Eines Nachts, noch ganz unter dem Druck des ungelösten Rätsels, beobachtete ich den Himmel über dem See. Der Mond stand tief westlich am Horizont; am gegenüberliegenden, östlichen Teil des Himmels gab es stark flimmernde Sterne. Mir fiel auf, daß die Sterne im Zenith weit weniger flimmerten als nahe dem östlichen Horizont. Stimmt die Theorie, daß das Sterneflimmern von diffus verstreutem Licht herstamme, dann müßte das Flimmern überall gleich, ja in der Nähe des Mondlichtes stärker sein. Gerade das Umgekehrte war der Fall.

Ich nahm ein Holzrohr und blickte zu einzelnen Sternen hindurch. Unwillkürlich richtete ich das Rohr gegen einen tiefblauen, dunklen Fleck des Himmels zwischen den Sternen. Zu meinem Erstaunen erblickte ich ein lebhaftes Flimmern, dann deutlich ein Blitzen feiner Lichtstrahlen im kreisrunden Felde des Rohres. Die Erscheinung verschwand graduell, je näher ich das Rohr gegen den Mond bewegte. Sie war am stärksten ausgesprochen an den dunkelsten Stellen des Himmels, *zwischen* den Sternen. Es war dasselbe feine Flimmern und Blitzen, von Punkt und Strichstrahlen, das ich von meinem Kasten her so gut kannte. Eine Lupe im

Rohr, als Okular verwendet, vergrößerte die Strahlen. Mein Kasten verlor mit einem Schlage seinen Zauber. Die Erscheinung wurde in einfacher Weise verständlich:
Die Strahlung in meinem kulturfreien Kasten stammte einfach aus der Atmosphäre. Die Atmosphäre enthält eine Energie, von der ich bisher nichts gehört hatte.
Sie konnte nicht dasselbe sein wie die »kosmischen Strahlen«. Noch niemand hatte die kosmischen Strahlen mit freiem Auge gesehen. Die Physiker behaupten auch, daß die »kosmischen Strahlen« aus fernen Weltenräumen zur Erde kommen, also nicht auf unserem Planeten selbst ihren Ursprung haben. In letzter Zeit wurden allerdings Stimmen laut, die diese Behauptung einschränken. Sollten aber die von den Physikern angenommenen kosmischen Strahlen *planetaren* Ursprungs sein, dann wären sie dasselbe wie die Orgonstrahlen. Die angenommene große »Durchdringungsfähigkeit« der »kosmischen Strahlen« würde sich dann einfach daraus erklären, daß das *Orgon überall vorhanden ist.**
Ich richtete das Rohr gegen Erde und Felsen. Dasselbe Phänomen, hier stärker, dort schwächer. An Wolken dasselbe, nur intensiver. Ich verstand nun: *Ich hatte bei der Kontrolle meiner SAPA-Strahlung die atmosphärische Orgon-Energie entdeckt.*
Nun will ich die Orgon-Energie systematisch so zu schildern versuchen, daß jeder sie neuentdecken kann, der dieser Logik folgt,

---

* Rudolf W. Ladenburg erklärt in *Die Natur der kosmischen Strahlen und die Beschaffenheit der Materie* (Scientific Monthly, Mai 1942): »Der Ursprung der kosmischen Strahlen ist noch ein großes Rätsel. *Wir kennen nicht die Prozesse, die für die Produktion solcher ungeheuren Energiepartikel verantwortlich sind.* Einige von Ihnen haben eine Million mal mehr Energie in sich als die meisten Energie-Partikel, die wir künstlich produzieren können. Und was die Frage der Beschaffenheit der Materie betrifft, ist unsere Antwort noch ziemlich unvollständig. Wir wissen, daß alle Materie aus Atomen besteht, daß die Atome aus winzigen Kernen bestehen, die von Elektronen umgeben sind und daß die Kerne aus Protonen und Neutronen bestehen. *Es müssen starke Kräfte zwischen den Protonen und Neutronen wirksam sein, die die Kerne zusammenhalten. Aber wir kennen sie nicht. Sie sind nicht elektrischer Natur,* wie wir gesehen haben, und man hat viele Theorien aufgestellt, um diese Kräfte zu verstehen. Die Entdeckung des Mesons in den kosmischen Strahlen hat die Hoffnung geweckt, das Ziel zu erreichen. Aber dies fundamentale Problem ist von einer Lösung weit entfernt.« (Kursivdruck von mir. W. R.)

ohne den komplizierten Weg gehen zu müssen, den meine Bionexperimente mich selbst geführt hatten. Bei dieser Neuentdeckung des Orgons werden wir viele Eigenschaften kennenlernen, die wir von keiner anderen Energieform her kennen. Erst nach dieser Darstellung kann uns die Logik verständlich werden, die das »*blaue* Bion« und seine Energiefunktion mit der atmosphärischen Energie verknüpft. Das atmosphärische Orgon hätte fraglos auch ohne SAPA-Bione entdeckt werden können. Doch wir verdanken dem komplizierten Umweg über die Bionstrahlung eine Einsicht von tiefen Konsequenzen: *Die Energie, die das Lebendige steuert, ist notwendigerweise identisch mit der atmosphärischen Energie;* sonst hätte sie nicht zur Entdeckung des atmosphärischen Orgons geführt.

IV. Der Objektive Nachweis der Orgon-Strahlung

1. GIBT ES SUBJEKTIVE LICHTEINDRÜCKE?

Als wir Kinder waren, pflegten uns die Lichterscheinungen bei geschlossenen Augen zu faszinieren: Kleine bläulich-violette Pünktchen schwebten vor unseren geschlossenen Augen langsam hin und her. Sie stiegen von irgendwo auf, und wir folgten ihrer Bahn mit einer langsamen Drehung der Augäpfel; sie schwebten ganz langsam in sanften Kurven und führten periodisch kreiselnde Bewegungen aus, etwa so:

Es machte uns Freude, die Gestalt und Flugbahn des Lichtpünktchens zu verändern, indem wir etwa die Augäpfel durch die Augenlider mit den Fingern rieben. Auf diese Weise konnten wir auch die Farbe der Lichtpunkte beeinflussen; das Blau wich einem intensiven Rot, Grün oder Gelb. Rasch die Augen zu öffnen, ins grelle Licht einer Lampe zu blicken, die Augen wieder zu schließen und die Nachbilder zu beobachten, gehörte mit zum Spiel. Wir pflegten die Formen phantasievoll auszugestalten: Bald waren es Lichtbogen, bald Ballons, dann wieder Tierköpfe oder menschliche Gestalten, die uns entgegentraten.
Als wir heranwuchsen, Physik, Mathematik und Biologie lernten, verloren solche »Spielereien« an Interesse. Wir hatten zur Kenntnis zu nehmen, daß die subjektiven Seheindrücke »unreal« sind und von den objektiv meßbaren physikalischen Erscheinungen des Lichtes und seinen sieben Farben zu trennen sind. Das, was wir messen und wägen können, verschlang im Laufe der Zeit die starken Eindrücke unserer Organempfindungen. Wir nahmen sie nicht mehr ernst. Der praktische Alltag forderte volle Konzentration auf konkrete Aufgaben, bei denen uns die Phantasie nur störte. Aber die subjektiven Lichteindrücke blieben und

manchem mag die Frage immer wieder gekommen sein, ob denn so klare Erscheinungen wie die Lichtempfindungen bei geschlossenen Augenlidern nicht doch eine Wirklichkeit wiedergeben. Das Illusionäre dieser Augenempfindungen ist nicht so selbstverständlich, wie es scheint.

Wir lernten, daß die Lichtempfindungen bei geschlossenen Augen »nur subjektiv«, also »nicht real« wären. Die wissenschaftliche Forschung hat sich nicht weiter darum gekümmert. Die subjektiven Lichtempfindungen wurden ins Gebiet der »menschlichen Phantasie« abgeschoben. Das menschliche Phantasieleben ist zu wenig im Einklang mit Wirklichkeiten und überdies schwankend und wunschbeseelt; daher mußte die wissenschaftliche Forschung sich eine objektive, realistische Grundlage durch das Experiment geben. Das ideale Experiment macht unser Urteil unabhängig von unseren subjektiven Phantasien, Illusionen und Wünschen. Der Mensch hat, kurz gesagt, kein Vertrauen zu seiner Wahrnehmungsfunktion. Er verläßt sich mit gutem Recht lieber auf die photographische Platte, das Mikroskop und das Elektroskop, wenn er Erscheinungen untersucht.

Doch mit der Abwendung vom subjektiven Empfinden zum objektiven Forschen ging trotz aller großen Errungenschaften eine wesentliche Eigenschaft der Forschung verloren. Das objektiv Erfaßte ist zwar real vorhanden, aber unbelebt, tot. Wir haben im Interesse der wissenschaftlichen Objektivität das Lebendige zu töten gelernt, ehe wir darüber aussagen. Wir konstruieren daher notgedrungen ein mechanisches, maschinelles Bild vom Lebendigen, dem seine wesentlichste Eigenschaft, eben das spezifische Lebendigsein, fehlt. Das Lebendigsein aber mahnt zu sehr an die starken Organempfindungen unserer Kindheit. An diesen subjektiven Organempfindungen setzt jede Art von Mystizismus an, sei es nun die Yogaversenkung, sei es das faschistische »Blutwallen«, sei es das Reagieren eines spiritistischen Mediums oder das ekstatische Gotterlebnis eines Derwischs. Der Mystizismus behauptet die Existenz von Kräften und Vorgängen, die die Naturwissenschaft leugnet oder verachtet. Eine kurze scharfe Überlegung sagt uns: *Der Mensch kann nichts, gar nichts phantasieren oder fühlen, das nicht in irgendeiner Form real und objektiv gegeben wäre. Denn die menschlichen Sinnesempfindungen sind nur Funktionen objektiven Naturgeschehens innerhalb des Organismus.* Könnte unseren »subjektiven« Lichteindrücken nicht

doch eine Wirklichkeit zugrunde liegen? Sollte es möglich sein, daß wir in unseren subjektiven Augenempfindungen die biologische Energie unseres eigenen Organismus wahrnehmen? Dieser Gedanke klingt fremd, gewagt! Sehen wir zu!
Es ist unrichtig, den subjektiven Lichteindruck bei geschlossenen Augenlidern einfach als »Phantasie« abzutun. Diese »Phantasie« geht in einem von bestimmten Naturgesetzen gesteuerten Organismus vor sich, muß also *real* sein. Es ist noch nicht lange her, daß die Medizin sämtliche funktionellen und nervösen Beschwerden als unreal und phantasiert abtat, weil sie sie nicht verstand. Aber Kopfschmerz ist Kopfschmerz, und Lichteindruck ist Lichteindruck, ob wir ihn nun verstehen oder nicht.
Wir werden mit gutem Recht die mystischen Behauptungen, die sich auf *mißdeutete* Organempfindungen stützen, ablehnen. Aber wir dürfen deshalb die Existenz der Organempfindungen nicht verleugnen. Wir müssen daher auch die mechanisch trennende Naturwissenschaft ablehnen, weil sie die Organempfindungen von den realen Organprozessen trennt; *die Selbstwahrnehmung ist ein wesentlicher Bestandteil des realen Lebensprozesses*. Es gibt nicht Nerven hier, Muskeln dort und Organempfindungen als drittes, sondern die Aktionen der Gewebe bilden mit der Empfindung davon eine untrennbare *funktionelle Einheit*. Dies würde ja eine der wesentlichen experimentell begründeten theoretischen Leitlinien unserer therapeutischen Arbeit sein. Freude und Angst geben einen bestimmten Funktionszustand des Gesamtorganismus wieder. Unterscheiden wir also scharf die funktionelle von der mechanistisch-trennenden Denkart, die das Lebendige nie treffen kann. Halten wir vier wichtige Prinzipien der *funktionellen* Naturanschauung fest:

1. *Jeder lebende Organismus bildet eine geschlossene funktionelle Einheit*, und nicht bloß eine mechanische Summe von Organen. *Die biologische Grundfunktion beherrscht jedes einzelne Organ ebenso wie den ganzen Organismus.*
2. *Jeder lebende Organismus ist ein Teil der ihn umgebenden Natur und mit ihr funktionell identisch.*
3. *Jede Wahrnehmung beruht auf Zusammenklingen einer Funktion innerhalb des Organismus mit einer Funktion in der Außenwelt, also auf orgonotischem Gleichklang.*
4. *Jede Selbstwahrnehmung ist unmittelbarer Ausdruck objektiver Vorgänge im Organismus (psycho-physische Identität).*

Von den philosophischen Spekulationen über die Realität unserer Empfindungen ist wenig zu erwarten, solange sich das Prinzip nicht durchgesetzt hat, daß das beobachtende und wahrnehmende Ich *(Subjekt)* und das beobachtete und wahrgenommene *Objekt* eine *funktionelle Einheit* bilden; die mechanistische Forschung trennt diese Einheit zur *Zweiheit.* Der mechanistische Empirismus unserer heutigen Wissenschaft ist hoffnungslos, denn er schaltet die Empfindung vollständig aus. *Jede wichtige Entdeckung beginnt mit der subjektiven Empfindung oder Erfühlung eines objektiven Tatbestandes,* also mit einem orgonotischen Gleichklang. Es kommt nur darauf an, die subjektive Empfindung zu objektivieren, sie vom Reiz zu trennen und die Quelle des Reizes zu erfassen. Das tun wir als Orgontherapeuten in unserer Arbeit am Kranken täglich und stündlich viele Male, wenn wir den Körperausdruck begreifen. Wir identifizieren uns im Prozeß des Erfassens mit dem Kranken und seinen Funktionen. Nachdem wir emotional begriffen haben, lassen wir unseren Intellekt arbeiten und objektivieren wir die Erscheinung.

Kehren wir nun, klar über das Wesen des orgonotischen Gleichklangs, zu unseren kindlichen Phantasien und Lichteindrücken zurück. Wie können wir *objektiv* entscheiden, ob unsere Lichteindrücke bei geschlossenen Augen realen Vorgängen entsprechen?

2. DAS FLIMMERN AM HIMMEL – OBJEKTIVIERT (DAS ORGONOSKOP)

Versuchen wir zunächst einmal festzustellen, ob wir ähnliche Phänomene auch mit *offenen* Augen und bei hellem Tageslicht wahrnehmen. Wenn wir uns genügend Zeit lassen und sorgfältig beobachten, finden wir, daß es solche »subjektiven« Augenempfindungen auch am Tage und bei offenen Augen gibt. Wir blicken gegen eine Wand, eine Mauer oder eine weiße Tür. *Wir beobachten ein Flimmern.* Es ist, als ob sich Schatten oder neblige Schwaden mehr oder minder rasch und rhythmisch an der Fläche wegbewegten. Wir überwinden jeden Versuch, diese Beobachtung mit der Ausrede »subjektiver Augeneindruck« zu übergehen und nehmen uns fest vor, nicht nachzugeben, bis wir *objektiv* entschieden haben, ob dieses Flimmern nur unseren Augen zuzuschreiben ist, oder ob es außerhalb unseres Organ-Systems vor sich geht.

Es ist zunächst nicht leicht, eine Methode der Entscheidung zu ersinnen. Wir schließen die Augen, das Flimmern verschwindet, macht aber den Bewegungen von Kügelchen, Formen und Farben Platz. Wir wiederholen das Öffnen und Schließen der Augen solange, bis wir überzeugt sind, daß die Erscheinungen bei geschlossenen Augen *andere* sind als bei offenen Augen an den Wänden uns gegenüber.

Wir schauen »wie in die Ferne« in den blauen Himmel. Zunächst »sehen wir *nichts*«. Doch einmal entschlossen, die Beobachtungen zu verfolgen, entdecken wir zu unserer Überraschung, daß das rhythmische wellige Flimmern am blauen Himmel ganz deutlich wahrnehmbar ist. *Ist das Flimmern nur in unseren Augen oder am Himmel?* Wir verfolgen die Erscheinungen mehrere Tage lang bei verschiedenem Wetter und zu verschiedenen Tageszeiten. Uns fällt auf, daß Art und Intensität des Flimmerns am Himmel sehr verschieden sind. Uns stört vor allem das diffuse Licht, das von allen Seiten auf unser Auge einströmt. Wir versuchen daher nachts: Das Flimmern ist *deutlicher* zu sehen. Es ist, als ob Wellenzüge über den Himmel hinwegbuschten. Manchmal glauben wir hier und dort am Himmel einen strichförmigen oder punktartigen Blitz zu erhaschen. Wir sehen das Flimmern und feine Blitzen auch an dunklen Wolken, diesmal stärker. Bei wochenlanger Beobachtung des Himmels fällt uns auf, daß das Flimmern der Sterne verschieden stark sein kann. In manchen Nächten scheinen die Sterne klar und ruhig, an anderen ist ihr Flimmern schwach, wieder an anderen sehr stark. Die Astronomen schreiben das Flimmern der Sterne »verstreutem Licht« zu. Wir haben diese Erklärung einmal gedankenlos hingenommen wie so vieles andere. Nun aber, da uns die Frage nach dem Vorhanden- oder Nichtvorhandensein eines Flimmerns am Himmel gefangen hält, fragen wir uns, ob das Flimmern der Sterne etwas mit dem Flimmern am Himmel *zwischen* den Sternen zu tun haben könnte. Sollte dies richtig sein, dann hätten wir den ersten Anhaltspunkt für die objektive Existenz der Bewegung eines unbekannten Etwas in der Atmosphäre gewonnen. Das Flimmern der Sterne ist gewiß keine subjektive Augenerscheinung. Die Astronomen pflegen ihre Sternwarten auf hohen Bergen zu bauen, um das Flimmern der Sterne auszuschalten. Wäre »verstreutes Licht« dafür verantwortlich, so müßte das Sterneflimmern stets gleich sein. Wir können die Verschiedenheiten in der Intensität des Sterneflimmerns nicht mit »diffusem Licht« erklären. Das unbekannte Etwas, das die Sterne flimmern macht, muß sich also nahe an der Erdoberfläche bewegen. Es kann nicht verstreutes Licht sein. Solche »Erklärungen« verhüllen nur Tatsachen. Schieben wir die Antwort auf.

Je länger und genauer wir das Flimmern am Himmel und an Gegenständen beobachten, desto unabweisbarer wird die Forderung, ein kleines Feld abzugrenzen. Wir verfertigen ein etwa 2-3 Fuß langes, 1 Zoll weites, innen matt schwarzes Metallrohr und blikken durch dieses Rohr gegen die Wände und nachts gegen den Himmel. Das Rohr hat eine kreisrunde Scheibe isoliert, die *heller* erscheint als die Umgebung. Halten wir beide Augen offen und blicken wir mit einem Auge durch das Rohr, dann sehen wir einen dunkelblauen Nachthimmel und mitten drin eine hellere blaue Scheibe. Innerhalb der Kreisscheibe sehen wir zunächst eine Flimmerbewegung, dann unverkennbar feine Lichtpünktchen und Lichtstriche nach allen Richtungen auftreten und verschwinden. Die Erscheinung wird undeutlicher in der Nähe des Mondes; sie wird um so deutlicher, je dunkler der allgemeine atmosphärische Hintergrund ist.

Sind wir etwa wieder das Opfer einer Illusion? Das läßt sich nur dadurch entscheiden, daß wir ein etwa fünfmal vergrößerndes plan-konvexes Okular in das uns zugewendete Ende des Rohrs einschieben und hindurchblicken.

Das helle Kreisfeld ist weiter, die Lichtpunkte und Striche erscheinen nun deutlicher, größer. *Da wir subjektive Lichteindrücke nicht vergrößern können, muß die Erscheinung objektiv sein.* Wir haben ein begrenztes Gebiet abgeschieden und können die Erscheinung nun (unter Ausschluß des Einwandes vom zerstreuten Licht der Atmosphäre) gut beobachten. Überdies erscheint der helle Lichtkreis innerhalb eines schwarzen Feldes, das durch die matten Innenwände unseres Rohres gebildet wird. An den dunklen Rohrwänden ist kein Flimmern wahrnehmbar; es ist scharf auf den hellen Ausschnitt begrenzt, also keine »subjektive« Empfindung. Wir haben uns unwillkürlich ein primitives »*Orgonoskop*« gebaut. Wir können es in folgender Weise verbessern:

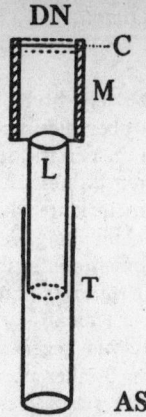

C: Cellulosescheibe, äußere Oberfläche matt
DN: Drahtnetz, auf beiden Seiten der Scheibe
M: Metall-Zylinder, etwa 4" lang, 2" weit
L: Bikonvexe Linse, etwa 5 mal, auf die Scheibe eingestellt
T: Teleskopische Röhre, 1 bis 2 Fuß lang, etwa 2" weit
AS: Augenstück, 5 – 10 mal, für zusätzliche Vergrößerung

Fig. 8. *Das Orgonoskop*

Wir richten ein Rohr gegen den dunklen Nachthimmel vor dem Reflexspiegel eines guten Mikroskops, das mit sphärefreien Apochromat-Linsen ausgestattet ist. Wir verwenden ein 10 x Objektiv und ein 5 x Okular. Unsere Augen müssen etwa 25 Minuten lang gut an das Dunkel gewöhnt sein. Das Mikroskop zeigt uns die Lichterscheinungen am Himmel völlig klar. Jeder einzelne Lichtblitz ist deutlich wahrnehmbar. Nehmen wir das Okular aus der Tube. Nun sehen wir das Flimmern in kleinerem Maßstabe, aber kräftiger; wir können keine einzelnen Lichtblitze mehr unterscheiden.

Sind die Erscheinungen etwa dem Dunst der Atmosphäre zuzuschreiben? Versuchen wir die Erscheinung in nebligen oder dunstigen Nächten zu beobachten. Wir überzeugen uns rasch, daß die Erscheinungen sehr schwach oder völlig verschwunden sind. *Nebel oder Dunst erzeugt kein Flimmern im Kreisfeld. Die Bewegung der Lichtpartikel im Felde des Mikroskops haben nichts mit bewegtem Nebel zu tun.*

Wir stellen in sorgfältiger Beobachtung fest, daß die Licht- und Wellenerscheinungen sich über den ganzen Bereich der Atmosphäre erstrecken und nur in der Richtung der Sterne oder des Mondes wegen des stärkeren Lichtes schwächer werden. Sie sind am stärksten ausgesprochen in klaren Nächten und bei geringerem Feuchtigkeitsgehalt der Luft. Steigt der Feuchtigkeitsgehalt der Luft über 50 % an, so nehmen die Strahlungserscheinungen ab: *Feuchtigkeit absorbiert die Strahlung in der Atmosphäre,* genauso wie die SAPA-Strahlung.

Wir richten unser Rohr nachts gegen verschiedene Stellen des Erdbodens, betrachten das Straßenpflaster, lockere Erde, eine Grasfläche, Mauern etc. Wir sehen dieselben Bewegungen von leuchtenden Partikelchen. Sie sind ausgeprägter am Erdboden als am Asphalt. Wir richten das Rohr in etwa 10 cm Entfernung auf dichtbelaubte Sträucher und bewegen es langsam vom Laub weg und wieder darauf zu: Die Erscheinungen sind ohne Zweifel am Laub weit intensiver als in der Umgebung. Sie scheinen von den Blättern selbst auszugehen. Wir betrachten verschiedene Blumenblüten. Die Strahlungserscheinungen sind intensiver an der Blüte als am Stengel.

Erdboden, Wände, Büsche, Gras und Tiere, Atmosphäre etc. zeigen dieselbe Erscheinung, nur verschieden in Helligkeit und Dichte. Der Schluß aus diesen Tatsachen ist zwingend:

Die Strahlungserscheinungen sind überall vorhanden. Es gibt verschiedene Dichten und Intensitäten der Energie. Wir hätten vielleicht gewünscht, sie wären hier vorhanden und dort nicht. Dann wäre die Sache eine kleine und ungefährliche Entdeckung. Doch wir müssen den Tatsachen folgen, so unheimlich sie nun zu werden beginnen.

3. ABGRENZUNG EINES STRAHLUNGSRAUMES UND OBJEKTIVE SICHTBARMACHUNG

Die Orgon-Strahlung findet sich also überall. Damit können wir experimentell nichts anfangen. Um eine Erscheinung exakt zu beschreiben, müssen wir sie isolieren und durch *Vergleich* mit Andersartigem erfassen. Wir müssen uns einen abgegrenzten Raum schaffen, in dem wir die Energie absondern können.

Wir wollen feststellen, ob wir Neues in einem komplett dunklen Raum lernen können. Wir verdunkeln die Fenster und gewöhnen unsere Augen eine halbe Stunde ans Dunkel. Im Verlaufe dieses Zeitraumes verlieren sich alle subjektiven Lichtbilder, wir sehen *schwarz*, d. h. nichts. Wir nehmen unser Rohr zu Hilfe und schauen hindurch ins Dunkel: Wir sehen *nichts!* Wir bestätigen so nur die Erfahrung, daß in einem absoluten Dunkelraum absolutes Schwarz herrscht. Die Strahlung ist verschwunden, und wir sind bereit aufzugeben, um uns nicht mit einem »dummen Problem« zu belasten. Viele mögen an dieser Stelle stecken bleiben. Forschen heißt das aber nicht. Denn wir können nicht ohne weiteres in Vergessenheit bringen, daß wir ja im Freien eine sonderbare Erscheinung *unzweifelhaft* gesichtet hatten. Sie kann nicht einfach verschwunden sein. Doch Überzeugtsein und *Beweisen* sind zweierlei.

Da wir die Eigenschaften unserer atmosphärischen Strahlung nicht kennen, müssen wir mit Apparaten arbeiten, die in bekannten Energiegebieten verwendet zu werden pflegen. Wir können einen »Faradayschen Käfig« verwenden, d. i. ein Raum, dessen Wände etwa von einem dichten Eisendraht- oder Kupfernetz gebildet werden. So ein Käfig hat normalerweise die Funktion, einen abgeschlossenen Raum zu bilden, in den keine elektromagnetischen Wellen von außen eindringen können. Der Käfig ist frei von elektromagnetischen Kraftfeldern, denn alle elektromagnetischen Wellen, die ihn von außen treffen, werden vom Kupfernetz aufgefangen und durch einen Draht zur Erde abgeleitet. Wenn wir mit unserem Auto eine dicht metallgedeckte Brücke überqueren, dann hört das Radio zu arbeiten auf. Es ist dasselbe Wirkungsprinzip wie im geerdeten Faradayschen Käfig. Wir können in ihm feinste Experimente mit dem Oszillographen ohne Störung durchführen.

Wir bauen nun einen solchen Metallkäfig in die Ecke etwa eines Kellerraumes. Die Kupferdrahtwände kleiden wir innen mit Eisenblech aus, um die Verbindung der Innen- und der Außenluft auf ein Minimum zu beschränken. Wir lassen durch ein paar Ritzen oder Löcher genügend Luft zuströmen, um im Käfig atmen zu können. Wir setzen uns in den komplett dunklen Käfig und lassen unsere Augen sich ans Dunkel gewöhnen.

Im Verlaufe von etwa einer halben Stunde weicht das Schwarz einem unbestimmten Schimmer. Unsere Augen werden durch merkwürdige Lichterscheinungen irritiert. Es ist, als ob sich neblige Schwaden von graublauer Farbe langsam durch den Raum bewegten. Wenn wir auf einen bestimmten Punkt an der Wand starren, sehen wir bewegte Lichterscheinungen. Je länger wir im Raume verweilen, desto deutlicher werden die Lichterscheinungen. Innerhalb der graublauen Schwaden erblicken wir tief blau-violette Lichtpünktchen. Sie erinnern lebhaft an die altgewohnten subjektiven Augenerscheinungen vor dem Einschlafen. Wir sind wieder im Zweifel, ob die Erscheinungen inner- oder außerhalb unserer Augen sind. Wenn wir die Augen schließen, verschwinden die tief violetten Pünktchen nicht. Sind unsere Sehnerven irritiert, oder sind die Lichterscheinungen nicht real? Die Erscheinungen müßten bei Liderschluß verschwinden und beim Öffnen der Augen wieder auftauchen. Aber es gibt subjektive Nachbilder. Wir können die Sache nicht einfach abtun. Denn woher kommt es, daß unsere Sehnerven im kompletten Dunkel irritiert werden und daß wir die Erscheinungen nicht »aus den Augen entfernen« können? Je länger die Beobachtung dauert, um so auffallender werden die Phänomene. An trockenen, sonnigen Tagen können z. B. blitzartige Strahlen in dem Metallkäfig gesehen werden. Um jeden Zweifel an der Existenz der atmosphärischen Orgonenergie auszuräumen, halte ich meine Studenten an, sich gründlich mit diesen Phänomenen bekanntzumachen.

Manche Versuchspersonen entwickeln einen leichten Bindehautkatarrh, wenn sie eine Stunde oder länger im Faradayschen Käfig weilen. Da die Augen in komplettem Dunkel normalerweise auszuruhen pflegen, muß sich im Käfig etwas befinden, das die Augen irritiert, *die Sehnerven erregt* und die Bindehaut hyperämisch macht.

Wir wiederholen die Beobachtungen im dunklen Käfig solange, bis wir Mittel und Wege finden, die wichtigen Probleme zu entscheiden:

Lassen sich die blaugrauen und tief-violetten Lichterscheinungen durch eine Lupe vergrößern? Wir sehen in der Tat, daß eine gute Lupe vor unseren Augen die Lichtpünktchen deutlicher macht. Wir sehen sie in prinzipiell zwei Formen: *Sie fliegen auf uns zu oder an uns vorbei.* Im ersten Falle haben wir hintereinander die folgenden Lichteindrücke:

Jedes Lichtpünktchen scheint sich abwechselnd zu verbreitern und zu verengen, als ob es pulsierte. Fliegt das Lichtpünktchen an uns vorbei, so haben wir eine Flugbahn, seitlich gesehen, vor uns, etwa so:

Nennen wir diese Flugbahn nach ihrer Form – noch ganz unverbindlich – eine *Kreiselwelle.* Ihre Bedeutung wird erst viel später zu würdigen sein.

Die bläulich-violetten Lichtpünktchen scheinen in *rhythmischen* Zeitabständen aus den Metallwänden zu kommen.

Sind wir sehr lange, 2-3 Stunden im Käfig gesessen, so fällt uns ein bläulich-grauer Schein um den weißen Mantel auf. Man kann die Umrisse einer Nebenperson unscharf, aber klar sehen. Lassen wir uns durch den »mystisch-geisterhaften« Eindruck dieser Erscheinung nicht beirren. Es ist nichts Mystisches daran. Die Strahlung scheint an Stoff und Haar zu haften. Wir bestreuen ein Stück weißer Watte mit einem guten Fluoreszenzmittel, etwa mit gelbem Zinksulfidstaub (ZnS), und befestigen es an einer Wand uns gegenüber. Wir haben uns nicht getäuscht. Die Gegend des Wattebausches erscheint heller als die Umgebung. Die Lupe zeigt uns die Strahlung deutlich vergrößert. Wir sehen Flimmern und können die uns bereits bekannten feinen Lichtstrahlen beobachten.

Wir hatten eine papierene Zinksulfidscheibe tagelang im Käfig aufbewahrt; wir biegen sie nun langsam; sie leuchtet stark auf. Zur Kontrolle legen wir eine zweite ZnS-Scheibe in frische Luft, oder wir setzen das Hin- und Herbiegen lange fort. In beiden Fällen verschwinden die Lichterscheinungen. Wir lassen eine der zwei ZnS-Scheiben wieder einige Tage im Orgonraum liegen. Die Lichterscheinungen beim Biegen sind wieder da: *Die mit Zinksulfid bestreute Papier-Scheibe hat sich mit Orgon vollgesaugt.*

Versuchen wir das Orgon innerhalb des Apparats *von außen her* sichtbar zu machen. Wir schneiden in die vordere Wand des Apparates ein quadratisches Fenster von etwa 5 Zoll Seitenlänge. An der inneren Metallwand füllen wir die Lücke mit einer fluoreszierenden Glasscheibe aus, wie sie etwa der Sichtbarmachung der Röntgenstrahlen dient.* In der äußeren Holzwand befestigen wir eine Metallröhre; dem Auge zugewendet ist eine bikonvexe Linse eingefaßt, die 5 bis 10 mal vergrößert.

Die Metallröhre ist samt der Linse entfernbar, so daß die Fluoreszenzscheibe mit oder ohne Vergrößerung betrachtet werden kann.

Im Inneren des Käfigs bringen wir seitlich eine mattgrüne Birne an, wie sie bei der Entwicklung sehr empfindlicher photographischer Platten verwendet wird. Die Birne, rheostatisch kontrolliert, gibt ein dumpfes stetes Licht als Hintergrund für die Strahlung. Wir folgen dabei dem Vorbild der Natur: Die Orgonstrahlung ist nachts auf dem Hintergrund des schwach erleuchteten Nachthimmels sehr gut sichtbar. Um auch das Flimmern der Sterne zu reproduzieren, bohren wir in die Wand des Apparats einige Löcher (ca. 1/8 Zoll Durchmesser). Beobachten wir nun den Apparat in komplettem Dunkel von außen.

Durch die Löcher sehen wir *stark flimmerndes, bläuliches* Licht. An der Fluoreszenz-Scheibe ist starke Bewegtheit wahrnehmbar. Es flimmert über sie hinweg in Form rasch bewegter Lichtstrahlen. Einzelne helle, teils strich-, teils punktförmige Blitze sind

---

* Unter Fluoreszenz versteht man, im Gegensatz zu Lumineszenz, das Selbstleuchten von Substanzen, die von unsichtbaren Energiepartikeln getroffen wurden. Bei der Lumineszenz hält die Leuchtwirkung auch nach der Entfernung aus dem Bereiche der anregenden Strahlen kürzere oder längere Zeit an. Zinksulfid ist eine fluoreszierende, Calciumsulfid eine lumineszierende Substanz.

deutlich unterscheidbar. Mit der Zeit sehen wir tief violette Schwaden, die den Öffnungen zu entströmen scheinen. Der sichtbare Strahlungsbereich ist gegen das Schwarz des Raumes scharf viereckig abgegrenzt. Das Flimmern und Leuchten ist nur innerhalb des Vierecks zu sehen. Schalten wir die Lupe ein, so sehen wir die Lichterscheinungen sehr verdeutlicht. Wir können jeden Strahl einzeln unterscheiden. Bei trockenem, klarem Wetter sind die Erscheinungen deutlicher und intensiver als an feuchten und regnerischen Tagen. Mit dem Orgonoskop wurde im Faradayschen Käfig die Strahlungsbeobachtung erheblich verbessert.

Wie gelangt die Energie in den Käfig? Das Drahtgitternetz sollte doch alle elektromagnetische Energie zur Erde *ableiten*! Das Innere des Käfigs sollte frei von elektrischen Ladungen sein; sonst könnte man im Käfig keine feinen Elektrizitätsversuche ungestört ausführen. Wir befinden uns gegenüber einem weiteren Problem:

Kann die Energie im Käfig Elektrizität sein? Wir haben nun zwei Aufgaben vor uns:

1. Die Eigenschaften der nun sichtbar gemachten Strahlungsenergie »Orgon« zu erfassen.
2. Die Beziehung des Orgons zur Elektrizität zu erforschen.

4. DER ORGON-AKKUMULATOR

Ich muß an dieser Stelle den Bericht über die Entwicklung der Orgontherapie-Versuche unterbrechen, um eine Frage zu beantworten, die sich dem aufmerksamen Leser sicher unausgesetzt aufdrängte: Es ist immer die Rede vom »Orgon-Akkumulator«. Aber es wird nicht erklärt, wie die Akkumulation des atmosphärischen Orgons zustandekommt und wie sie gemessen wird.

Diese Frage kann hier nicht so ausführlich beantwortet werden, wie sie sollte. Das Orgon ist eine von Elektrizität und Magnetismus grundverschiedene und vor allem neuartige Energieform. Ihre Erforschung und Bestimmung ist Aufgabe der Orgonphysik im Bereiche der leblosen Natur. Diese Aufgabe ist bisher nur in einigen Grundzügen geleistet worden. Der geschulte Leser kennt die Begriffe der Elektrizitätslehre, die aber auf das Orgon nicht anwendbar sind. Die neuen physikalischen Begriffe, die sich im Verlaufe des Orgonexperiments bilden, bedürfen einer sehr ausführlichen Darstellung an Hand einer Reihe entscheidender, rein physikalischer Versuche. Diese Darstellung würde den Rahmen des Berichts über die experimentelle Orgontherapie sprengen, muß daher aufgeschoben werden. Was den Leser in diesem Zusammenhange unmittelbar interessiert, ist der Mechanismus der Akkumulation und die Meßmethode. Unter dem Risiko, von Elektrophysikern mißverstanden und mißdeutet zu werden, will ich die drei Grundtatsachen nennen, die die Akkumulation des Orgons im Orgonakkumulator erweisen und die Messungen möglich machen.

Der Mechanismus der Konzentration des atmosphärischen Orgons

Der Orgonakkumulator besteht aus einem Gehäuse aus organischem Material, Holz, besser Celotex, etc. Die Wand dieses Gehäuses ist innen mit dünnem Eisenblech ausgekleidet.* Diese Anordnung genügt, um eine Konzentration des atmosphärischen Orgons, die viel größer ist als die atmosphärische Konzentration, zu erzielen. Der Mechanismus dieser Konzentration beruht auf zwei Tatsachen.
1. *Organische Stoffe jeder Art ziehen Orgon an sich und halten es fest. Umgekehrt zieht orgonhaltiges Material kleine organische Partikel an sich und hält sie fest.*
2. *Metallische Stoffe, im besonderen Eisen, ziehen Orgon an sich, stoßen es aber rasch wieder ab. Umgekehrt stößt orgongeladenes Metall metallische Partikel ab.*
Diese zwei orgonphysikalischen Grundtatsachen lassen sich in folgender Anordnung experimentell nachweisen und beliebig reproduzieren:

---

* Die Zahl der Schichten, von denen jede außen aus organischem Material und innen aus Metall besteht, kann vermehrt werden. Eine beliebige Anzahl von Schichten ist möglich. Es sind schon zwanzig Schichten benutzt worden. [Herausgeber]

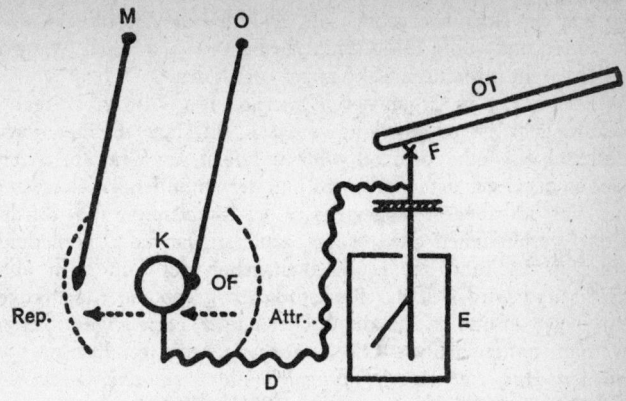

O: organischer Stoff
M: metallischer Stoff
OF: Orgonenergiefeld
K: Eisenkugel
Attr.: Attraktion
Rep.: Repulsion
E: Elektroskop (Orgonometer)
 geerdet oder nicht geerdet
D: Drahtverbindung
OT: Orgonträger (Polystyrenstab)
F: Ladungsfunke zur Spitze des Elektroskops
← – : Richtung der Ablenkung

Fig. 9. *Der Nachweis der orgonotischen Attraktion von organischen und der Repulsion von metallischen Stoffen im Orgonenergiefeld einer Metallkugel*

Wir stellen unter einer Glashaube, die vor Luftströmungen schützen soll, eine Metallkugel auf einer Kork- oder Gummiplatte auf. An der einen Seitenmitte, am *Äquator* der Eisenkugel, hängen wir in ca. 2-3 mm Entfernung frei beweglich ein kleines *Korkstückchen* auf. An der anderen Seite befestigen wir, wieder frei hängend, ein kleines *Zinnfolienblättchen*, in gleicher Entfernung,

so daß der Kork ebenso wie die Zinnfolie die Eisenkugel nicht berühren und völlig ruhig senkrecht hängen. Die Kugel ist durch einen Draht mit einem Elektroskop verbunden.
Wir nehmen nun Orgonenergie mittels eines Polystyrene-Stabes (Gummistab ist zu schwach) von unserem Haar ab, indem wir den Stab ein- oder zweimal, *ohne zu reiben*, am Haar abstreifen. Der so orgongeladene Stab wird nun der umhüllenden Glaswand des Versuchsapparates oder besser der Metallspitze des mit der Kugel verbundenen Elektroskops genähert. Ist die Orgonladung stark genug (und der Feuchtigkeitsgehalt der Luft nicht über 50 %), so wird sich das Korkstückchen gegen die Metallkugel hin bewegen und an ihr kürzer oder länger, ohne abgestoßen zu werden, haften bleiben. Dieser Vorgang bedeutet: *Energie von meinem Haar hat die Metallkugel befähigt, ein Energiefeld um sich herum zu bilden, in dem organischer Stoff angezogen und festgehalten wird.* Im Zusammenhange mit anderen Experimenten läßt sich dies umkehren; man kann auch sagen: *Organischer Stoff zieht Orgonenergie an sich und hält sie fest.*
Ein ungeladener Polystyrene-Stab wird ein kleines Zinnfolieblättchen nicht beeinflussen. *Ein orgongeladener Stab dagegen wird das Zinnfolieblättchen anziehen und festhalten.*
Schluß: Orgonenergie und organische Stoffe wirken aufeinander attraktiv; ebenso orgongeladene organische und orgongeladene metallische Stoffe.
Auf der anderen Seite, wo die Zinnfolie in der Nähe der Eisenkugel frei herabhängt, ist die Wirkung anders: *Das Zinnfolieblättchen wird zuerst an die Metallkugel angezogen und dann sofort abgestoßen und ferngehalten. Zwei metallische Stoffe wirken also im Orgonenergiefeld aufeinander abstoßend oder repulsiv.* Man kann daraus auch folgern: *Metall, besonders Eisen, zieht Orgon an sich, hält es aber nicht fest, sondern jagt es weg.* (Diese Versuche sind nur bei trockener Luft durchführbar.)
Diese Tatsachen sind grundsätzlich neu. Sie haben Beziehungen zur konfusen »Reibungselektrizität« und zur ebenso konfusen Theorie der »statischen Elektrizität«. All dies wird an anderer Stelle ausführlichst dargelegt werden. Dieser einfache Versuch demonstriert zwei Grundfunktionen der Orgonenergie: Die *Attraktion* von organischen und die *Repulsion* von metallischen Stoffen im *Orgonenergiefeld*.
Die Anwendung und Bedeutung dieser Ergebnisse für den Or-

gon-Akkumulator wird deutlich in den folgenden experimentellen Untersuchungen.

Thermische Messung der atmosphärischen Orgonenergie (thermische Orgonometrie)

Die Metallwände unseres Orgon-Akkumulators sind »kalt«. Halten wir eine Handfläche oder die Zunge in etwa 10 cm Entfernung lange genug vor die Metallwände, so spüren wir *Wärme* und ein feines *Prickeln*. An der Zunge verspüren wir salzigen Geschmack. Halten wir ein Thermometer an dieselbe Stelle oder besser oberhalb der oberen Fläche und ein zweites außerhalb des Orgon-Akkumulators, so ergibt sich zu unserer Überraschung eine Temperaturdifferenz von 0,2°-0,5° Celsius gegenüber der Raumtemperatur.

Da die Temperatur an der Metallwand niedriger ist als bis zu 10 cm davon entfernt, so kann die Wärme, die wir an unserer Handfläche spüren oder mit dem Thermometer messen, nicht Wärme sein, die als solche von der Wand abgestrahlt wird. Es gibt ja auch keine Wärmequellen an oder hinter der Wand, unter dem Raume oder in ihm. Wir müssen also eine Annahme wagen und zusehen, wo sie hinführt.

Wir wissen, daß Strahlung im allgemeinen aus *bewegten Energiepartikelchen* besteht. Nehmen wir also vorläufig an, daß die kalten Metallwände des Akkumulators die Energie aus- oder zurückstrahlen.

Wir müssen folgendes annehmen: Wenn wir unsere Handfläche oder ein Thermometer in etwa 6-10 cm Entfernung von der Wand halten, so *bremsen* wir den Flug der Energiepartikel. *Die kinetische Energie des Partikels kommt bei der Bremsung als Wärme-Empfindung oder als objektive mit dem Thermometer gemessene Temperaturerhöhung zum Vorschein.* Diese Annahme ist durchaus im Einklang mit der Physik jeder Strahlung. Die Bremsung der Elektronen, die von der Kathode einer Röntgenröhre gegen die Antikathode fliegen, entwickelt Wärme und Lichterscheinungen.

Wir konstruieren einen kleinen Orgon-Akkumulator. Sechs quadratische Eisenplatten von je einem Fuß Seitenlänge werden zu einem *Hohlwürfel* zusammengebaut. An der oberen Metallplatte

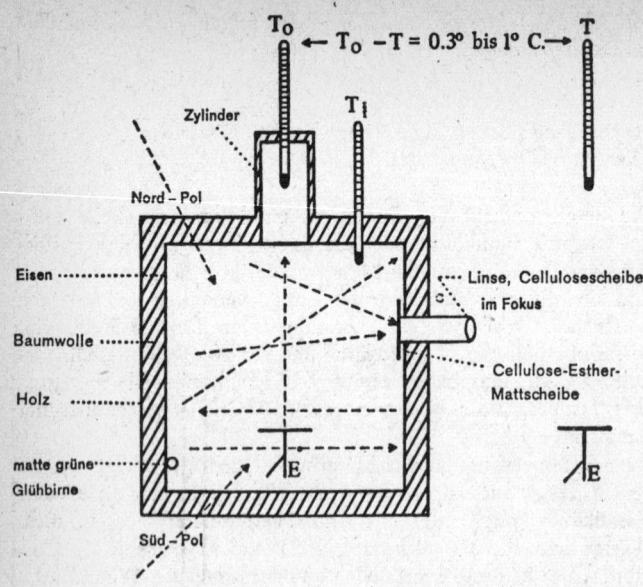

T$_o$: Temperatur über Zylinder   T$_i$: Temperatur im Apparat
T: Kontrolle (Raumtemperatur Luft)
E: Elektroskop →: Strahlengang Rauminhalt: 1 Kubicfuß

Fig. 10. *Grundschema des Orgon-Akkumulators (Längsschnitt)**

außen befestigen wir senkrecht nach oben einen zylindrischen Behälter von etwa 15 cm Höhe, in den wir ein Thermometer einführen können. Ein Loch im Deckel ermöglicht es, die Temperatur *innerhalb* des Kastens zu messen. Um die Temperatur innerhalb des Zylinders von der Raumluft abzugrenzen, umhüllen wir das Metallgehäuse mit Watte, Holz oder einem anderen schlechten Wärmeleiter. Wir schirmen außerdem das Thermometergehäuse von außen mittels eines Lampenschirmes aus Glas ab. Zwischen Thermometer und oberer Metallwand darf sich kein organisches Material befinden.

* In den Akkumulatoren für therapeutische Zwecke wird das Holz gewöhnlich durch Celotex ersetzt, die Baumwolle durch Glaswolle und die Metallplatten durch Stahlwolle, abgesehen von der festen Metallplatte der innersten Schicht. [Herausgeber]

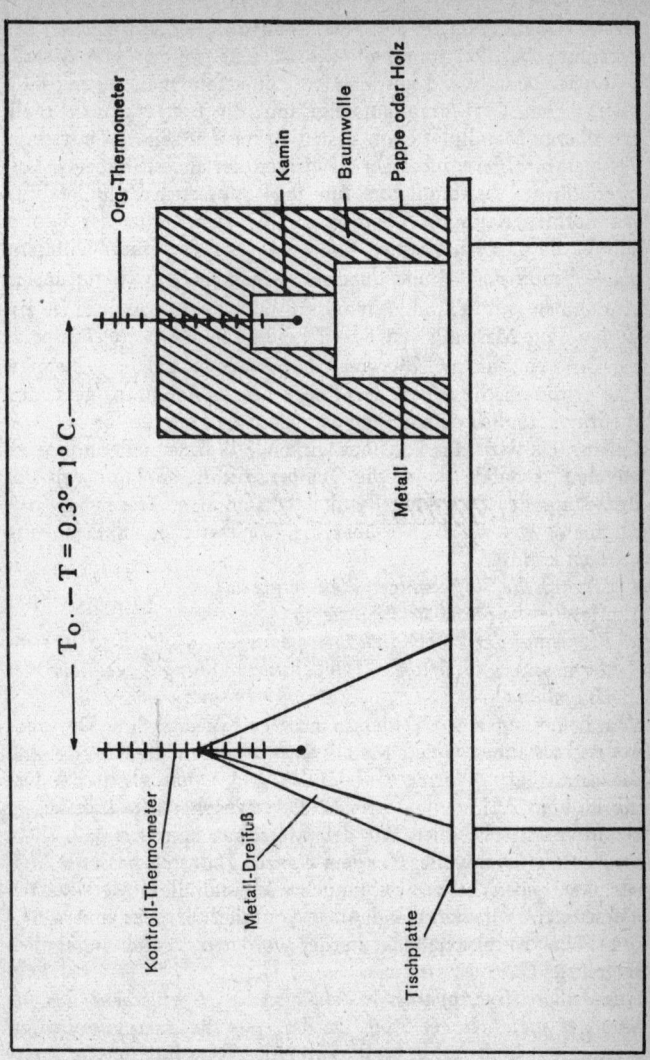

Fig. 11. Messung der Temperaturdifferenz $T_o - T$ (im Raum)

Unsere Überlegung bei der Gesamtkonstruktion ist folgende: Die Strahlungspartikel *innerhalb* des Kastens werden von Metallwand zu Metallwand geschleudert. Sie erfahren Bremsung nach allen Seiten. Da Wärme aufsteigt, muß die Temperatur oberhalb der oberen Metallplatte am besten zu messen sein. Es muß eine *Temperaturdifferenz* bestehen zwischen der abgeschlossenen Luft *oberhalb* des Akkumulators (im abgeschlossenen Zylinder) und der übrigen Raumluft. Nennen wir die Temperatur der Raumluft T, die im zylindrischen Raum T_0. Die Temperatur-Differenz $T_0 - T$ muß *positiv* und dauernd vorhanden sein, wenn unsere Annahmen richtig sind. Wir wissen noch nicht, wie groß sie ist. Einige Tage Messung von $T_0 - T$ ergibt eine konstante Temperatur-Differenz, die zwischen $0,2°$ und etwa $1,8°$ Celsius schwankt. Das arithmetische Mittel der Temperatur-Differenzen, gemessen mehrmals täglich einige Tage oder Wochen lang, ergibt ca. $0,5°$ Celsius. Da wir keine konstant wirkende Wärmequelle im Kasten angebracht haben, kann die Temperaturdifferenz nur von der Bremsung der Strahlungspartikel herstammen. Fassen wir zusammen, was wir bisher über die Orgonenergie in Erfahrung bringen konnten:

1. *Organische Stoffe saugen die Energie auf.*
2. *Metallische Stoffe strahlen sie ab.*
3. *Bremsung der kinetischen Energie an jedem metallischen Hindernisse ergibt örtliche Temperaturerhöhung gegenüber der Umgebung.*

Wir bemerken einen Fehler in unserer Konstruktion. Die nach außen und innen freien Metallwände strahlen die Energie und die produzierte Wärme nach *außen* und *innen* gleich ab. Um die Luft im Akkumulator gegen die atmosphärische Luft besser abzugrenzen, umhüllen wir den Metallkasten mit organischem Stoff, etwa Baumwolle. Um dem Ganzen Halt und besseres Aussehen zu geben, bauen wir um den watteumhüllten Metallkasten einen zweiten Kasten aus dünnem Fournierholz. Das Innere machen wir durch eine Tür in der vorderen Wand zugänglich (Fig. 10).

Das Äußere des Apparats besteht also aus organischem, das Innere aus metallischem Stoff. Da der erste die Energie aufsaugt, der zweite sie abstrahlt, ergibt sich eine *Akkumulation der Energie*. Die organische Hülle nimmt die Energie aus der Atmosphäre auf und gibt sie nach innen ans Metall weiter. Das Metall strahlt die Energie nach außen in die Watte und nach innen in den freien Raum des Akkumulatorinnern ab. Die Bewegung der Energie ist nach innen frei, nach außen gehindert. Daher kann sie innen frei oszillieren, außen nicht. Ein Teil der vom Metall nach außen abgegebenen Energie wird überdies von der Baumwolle aufgesaugt und ans Metall zurückgegeben. Wie die Energie das Metall durchdringt, wissen wir nicht. Wir wissen nur, *daß* sie es tut, denn die subjektiven und objektiven Erscheinungen sind innerhalb des Apparats bedeutend intensiver als außerhalb.

Die Temperaturdifferenz $T_0 - T$ ist nach Umhüllung des Metalls *konstanter* und durchschnittlich auch *höher*. *Wir haben einen Akkumulator geschaffen, der das Orgon abgrenzt und konzentriert.*

Zur Kontrolle dieser Ergebnisse messen wir innerhalb, außerhalb und oberhalb eines Kastens gleicher Größe, nur aus Holz oder Papier hergestellt. Wir überzeugen uns, daß sich die Lufttemperatur in einem solchen Kasten völlig ausgleicht: Die Temperaturen sind überall gleich. Die *Temperaturdifferenzen* ergeben sich nur, wenn wir die Box innen metallisch auskleiden.

Orgon-Messung im Freien

Ich hatte in den Sommermonaten 1940 einen kleinen Orgonkasten in die Erde in meinem Garten versenkt gehabt und eine konstante Temperaturdifferenz beobachtet. Doch erst im Februar 1941 fand ich heraus, um wieviel höher sie ist als die in geschlossenen Räumen gemessene.

Am sonnigen und stark kalt windigen 15. Februar 1941 vergrub ich einen Akkumulator zu zwei Dritteln so in die Erde, daß sich das Kastenthermometer (I) noch *oberhalb* des Erdniveaus befand. Der Kasten steckte, mitsamt dem oberen Thermometergehäuse, in einem zweiten Kasten aus Pappe; den Zwischenraum seitlich und oberhalb des Kastens füllte ich mit Baumwolle und Holzwolle aus und bedeckte das Ganze mit einer Baumwolldecke. (Der Meßraum muß natürlich, um die produzierte Wärme zu halten, gegen die niedrigere Außentemperatur gut geschützt sein.) Ein Kontrollthermometer (II) steckte ich durch ein Loch in ein Glasgefäß und versenkte dieses Glasgefäß 4 Zoll tief in den Erdboden, so daß die Spitze des Thermometers *unterhalb* der Erdoberfläche war. Ein zweites Kontrollthermometer (III) steckte ich mit der Spitze ohne Umhüllung 1 Zoll tief in den Erdboden. Dieses

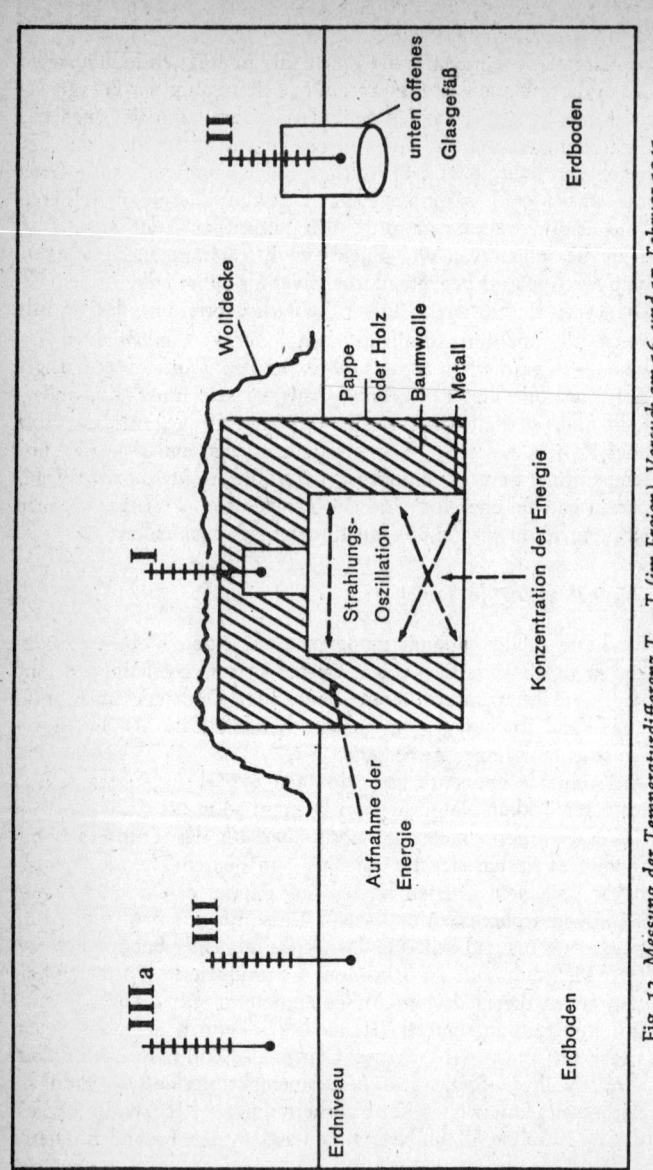

Fig. 12. Messung der Temperaturdifferenz T_0-T (im Freien). Versuch am 16. und 17. Februar 1941

To-T-Messungen im Freien bei halb in die Erde versenktem Akkumulator in Celsius-Graden
(Org-Thermometer über Erdboden) 16. und 17. Februar 1941

Messungen Nr.	Wetter	Zeit	Luft frei	Luft geschützt	Erdboden	Luft im Glas im Erdboden	T-Org gemessen über Erdboden	To-T gegenüber Luft	Anmerkung
1	Sonne, kalter Wind, klar	16. Februar 1941, 12.30 p.m.	3.6°	5°	0.5°	1.5	11.6°	+8.0°	Apparat samt Thermometer in Pappülle, vorne frei, zu $\tfrac{2}{3}$ in Erde, ab 12 p.m.
2	Sonne, kalter Wind, klar	1.00 p.m.	3.4°	4.6°	0.3°	1.5	11.4°	+8.0°	
3	Sonne, kalter Wind, klar	1.45 p.m.	2.1°	3.5°	0.4°	1.3	9.5°	+7.4°	
4	Apparatur im Schatten	2.30 p.m.	0.3°	0.6°	0.4°	1.3	6.5°	+6.2°	Wolldecke um Apparat
5	Apparatur im Schatten	3.30 p.m.	0.2°	0.3°	0.3°	1.3	2.9°	+2.7°	Wolldecke um Apparat; Wegfall der Sonnenstrahlung
6	Apparatur im Schatten, Frost	4.00 p.m.	−0.6°	0.6°	0.2°	0.4	+0.6°	+1.2°	Wolldecke um Apparat; Frostwirkung
7	Apparatur im Schatten, Frost	5.00 p.m.	−0.9°			0.2	0°	+0.9°	Wolldecke um Apparat; Frostwirkung
8	Nachts Frost	12.00 p.m.	−2.1°	−1°	0°	−0.4	+1.7°	+3.8°	Unterbrechung der Messung. Wolldecke weg.
9	Früh; wolkig	17. Februar 1941, 9.30 a.m.	−1°	−1°	0°	0.7	+1.8°	+2.8°	Apparat bleibt im Freien nachtsüber stehen, früh Decke drüber
10	Starkes Schneien	11.30 a.m.	−1°	−1°	0°	0.9	+2.3°	+3.3°	Thermometer-Austausch bei jeder Messung
11	Starkes Schneien	12.15 p.m.	−0.9°	−0.9°	0°	0.7	+1.3°	+2.2°	
12	Starkes Schneien	1.00 p.m.	−0.7°	−0.7°	0°	0.7	+1.3°	+2.0°	
13	Starkes Schneien	2.00 p.m.	−1°		0.3°	0.7	+1.2°	+2.2°	
14	Starkes Schneien	3.00 p.m.	−1.1°		0.3°	0.7	+1.1°	+2.3°	
15	Starkes Schneien	4.00 p.m.	−1.2°		0.2°	0.6	+1°	+2.2°	
16	Starkes Schneien	5.30 p.m.	−2°		0.1°	0.1	+0.5°	+2.5°	

zweite Kontrollthermometer (IIIa) benutzte ich auch zur Messung der Lufttemperatur über dem Erdboden, in etwa Kastenthermometerhöhe, mit und ohne gegen Wind schützende Hülle. Die drei Thermometer wurden immer wieder ausgetauscht. Die Schemata zu diesem Versuch illustrieren sowohl die Anordnung wie das Ergebnis.

T_0-T ist bei dieser Anordnung sehr viel größer im Wert als im geschlossenen Raum, wahrscheinlich wegen des Wegfalls des Effektes der sekundären orgonotischen Strahlung von Wänden, Tischplatten etc., die die Differenz im geschlossenen Raum erniedrigen. *T_0-T schwankt im Freien ohne Sonne um ca. + 2° Celsius.*

Um dieser Resultate völlig sicher zu sein, setzte ich das Experiment über Nacht und am folgenden Tag, vom 16. zum 17. Februar 1941, in folgender Weise fort: Ich ließ den Apparat im Freien so wie er war, nahm die Baumwolldecke fort, d. h. ich ließ ihn durch den Nachtfrost »komplett auskühlen«. Am 17. Februar um 9 Uhr 30 betrug die Lufttemperatur – 1° C, die Erde zeigte eine Temperatur von 0° C. Ich legte die Baumwolldecke wieder um den Apparat und führte das Thermometer, das gerade – 1° C Lufttemperatur gezeigt hatte, von oben durch das Loch in den Kasten. Die Quecksilbersäule stieg und zeigte nach einer Weile + 2,3° C, die Lufttemperatur betrug noch immer – 1° C, die Erde 0° C. Die Luft innerhalb des in die Erde versenkten Glases zeigte + 0,9° Celsius.

Dieser Versuch wurde durchgeführt, um einen bestimmten Einwand eines ausgezeichneten Physikers zu widerlegen: Im Januar 1941, wenige Monate nach der Entdeckung der auffallenden Temperaturdifferenz, übernahm Albert Einstein einen kleinen Orgon-Akkumulator in seine Wohnung in Princeton (New Jersey). Einstein bestätigte in einem Brief die Existenz der Temperaturdifferenz am Akkumulator, entdeckte aber auch eine Temperaturdifferenz zwischen oberhalb und unterhalb der Tischplatte, auf der sich der Akkumulator befand. Das trübte natürlich den Befund am Orgon-Akkumulator. Ein Assistent Einsteins, Leopold Infeld, versuchte nun, die Temperaturdifferenz am Akkumulator dadurch zu erklären, daß in Kellerräumen, wo die Beobachtungen gemacht wurden, Wärme »durch Konvektion von der Decke nach unten zur Tischplatte« geleitet werde. Einsteins Assistent unterließ es, seine Interpretation der einmal festgestell-

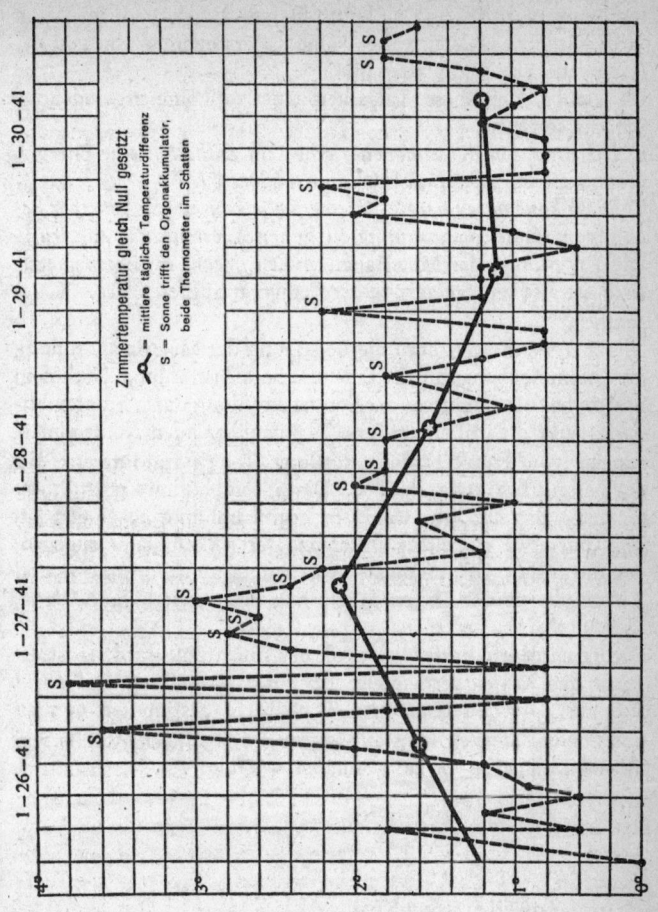

Fig. 13. *Messungen der Temperaturdifferenz im Zimmer bei offenem Fenster*

ten Temperaturdifferenz zu kontrollieren, d. h. einfach im Freien in der Erde zu messen, wo es keine »Wärmekonvektion von der Raumdecke zur Tischplatte« gibt.

Ich glaube, daß diese Tatsachen eine vollkommen eindeutige Sprache sprechen:

a) *Die Erde und die atmosphärische Luft enthalten eine Energie, die in unserem Apparat als Wärme meßbar ist.*

b) *Diese konstante Energie-Wärmequelle kommt nur bei einer bestimmten Materialanordnung in hohen Werten zum Ausdruck.* Die Anordnung der Materialien, *außen organisch, innen metallisch*, ist also zur *Steigerung* der Temperaturdifferenz $T_0 - T$ wesentlich.

Dieser Versuch zeigt auch die Bedeutung der Materialanordnung im Zusammenhang mit der Erd- und Sonnenstrahlung. Nach dem Schwinden des Einflusses der Sonnenstrahlung durch Schattenbildung sinkt die Differenz $T_0 - T$ gegenüber allen Kontrollmessungen von etwa + 5° C mittlerer Temperaturdifferenz auf durchschnittlich etwa + 2° C. Das glasumhüllte Kontrollthermometer, das nur sehr wenig Erdorgonstrahlung ausgesetzt ist, zeigt nur etwa 1° Celsius Differenz. Der Akkumulator dagegen, der die bisher vollständigste Ausrüstung zum Auffangen und Akkumulieren der Orgonenergie hat, zeigt weit höhere Werte, über + 2° C!

Die *Temperaturerniedrigung* in der freien Luft durch Frost erreicht das Kastenthermometer trotz der Umhüllung und *wirkt sich aus*. Die Differenz $T_0 - T$ bleibt in bestimmten unteren und oberen Grenzen konstant wegen des *parallelen* Abfalls von T_0 und T im Laufe von ca. 3 Stunden, wie folgt:

$$\left.\begin{array}{rl} T_0 = & 11.4° \\ T\text{-(Luft)} = & 4.6° \end{array}\right\} \quad T_0 - T = 6.8°$$

$$\left.\begin{array}{rl} T_0 = & 9.5° \\ T\text{-(Luft)} = & 3.5° \end{array}\right\} \quad T_0 - T = 6°$$

$$\left.\begin{array}{rl} T_0 = & 6.5° \\ T\text{-(Luft)} = & 0.6° \end{array}\right\} \quad T_0 - T = 5.9°$$

Experimentelles Gesamtergebnis:

1. *Die beschriebene Apparatanordnung ergibt unter allen Umständen eine Temperaturdifferenz zwischen Apparatthermometer und Kontrollthermometer ohne konstant wirkende Wärmequelle bekannter Art.*

2. Die Messung im Freien erweist eine Erdstrahlung, die je nach Materialanordnung in verschieden hohen Differenzen zum Vorschein kommt.

Die Temperaturdifferenz im Freien schwankt mit zu- und abnehmender Sonnenstrahlungen, also auch mit den Tagesstunden. Differenzen bis zu 20° Celsius sind an stark sonnigen Sommertagen keine Seltenheit. Das Org-Thermometer ist dabei natürlich nie der Sonnenstrahlung ausgesetzt.

Die thermische Messung der Erdorgonstrahlung kann auch in anderen Anordnungen erfolgen. Es muß nur immer bestimmt werden, wogegen gemessen wird. Man mißt T_0 gegen T-Luft oder T-Erde. Das T_0 der Luft ist vom T_0-Erde zu unterscheiden. Ebenso ist zu unterscheiden, ob wir innerhalb eines vertikalen Metallzylinders oder oberhalb einer Metallplatte in diesem Zylinder messen. Die folgenden Schemata veranschaulichen einige prinzipielle Org-Temperaturmeßarten.

Die Ergebnisse sind zusammengefaßt die folgenden:

Die Temperatursteigerung ist in einem metallenen Rohr größer über einer metallischen Querplatte als ohne solche Platte.

Bei Regenwetter sind die Temperaturdifferenzen minimal oder sie verschwinden ganz.

Bei starker Sonnenstrahlung kehren sie wieder und erreichen hohe Werte.

Um die Wirkung der *Orgonstrahlung* zu erzielen, lassen wir die Rohre offen. Um die *Temperaturdifferenz* zu erzielen, schließen wir die Rohre mit Metallplatten ab und messen *oberhalb* der Platten.

Der erfahrene theoretische Physiker wird schnell die konstante orgonotische Temperaturdifferenz $T_0 - T$ als ein Ergebnis erkennen, das den *zweiten Hauptsatz der Wärmelehre* ungültig machen würde. Es ist wahr, daß es in der Natur einen Prozeß in Richtung der Entropie gibt, was bedeutet, daß dem Universum der »Wärmetod« droht. Es gibt jedoch noch einen anderen Prozeß, einen *orgonotischen* Prozeß, der in umgekehrter Richtung auf eine Wiederherstellung der Energielage hin funktioniert, die im Prozeß, der auf eine zunehmende Entropie gerichtet ist, verloren geht. Dieses Problem wird in einem separaten Zusammenhang herausgearbeitet werden müssen.

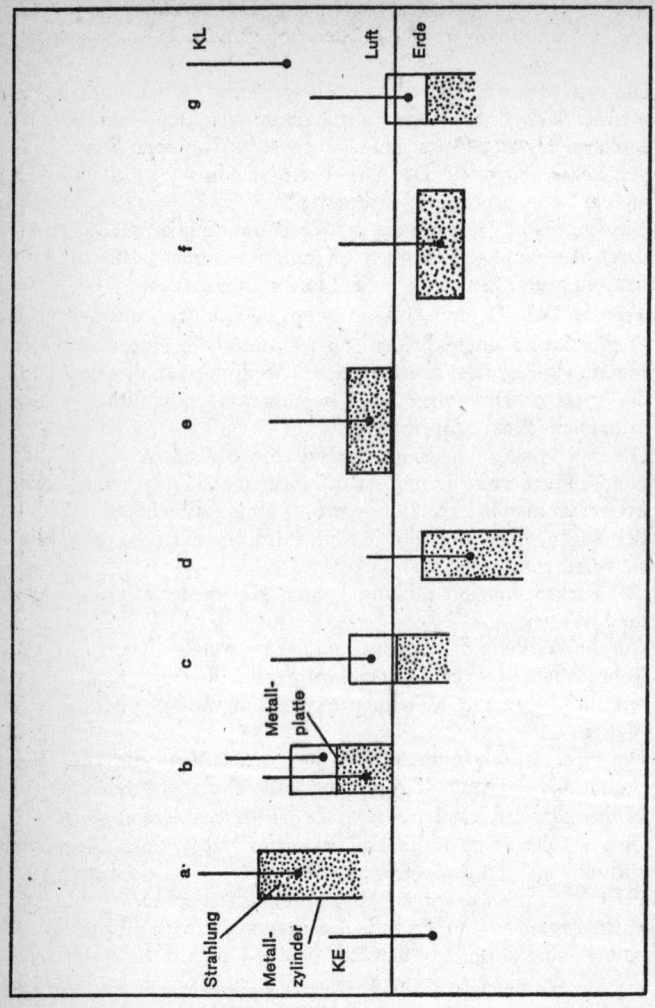

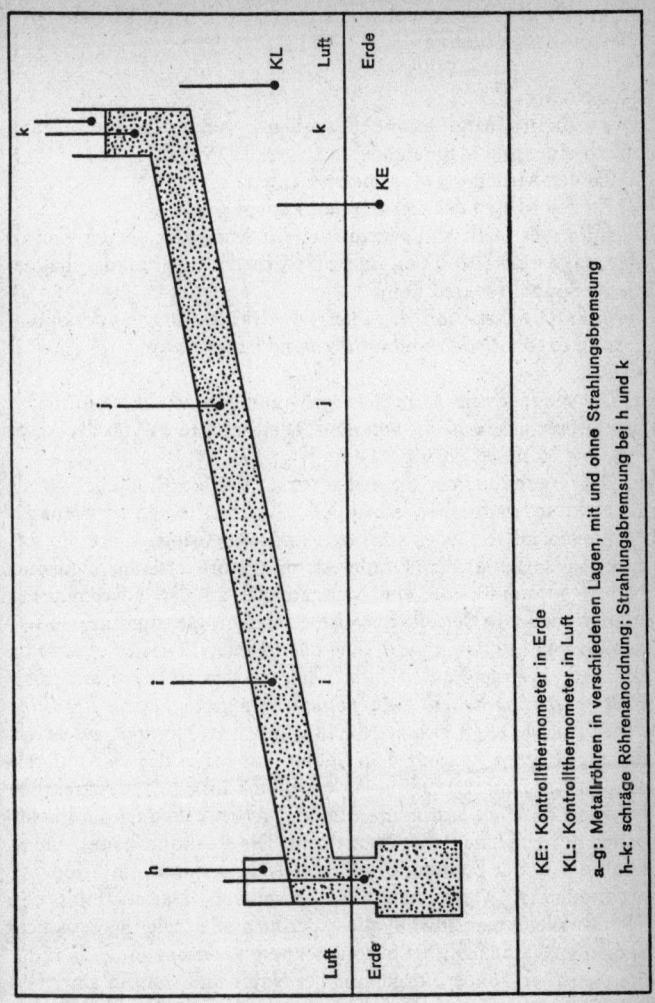

Fig. 14. Verschiedene Meßarten für $T_0 - T$ an der Erde und in der Luft

Nachweis der orgonotischen Attraktion im Energiefelde des Orgon-Akkumulators

Anordnung:
Wir nähern einem Orgon-Akkumulator von 1 Kubikfuß Rauminhalt eine gute Magnetnadel in folgender Weise:
a) Zu den Mitten der vier oberen Kanten
b) Zu den Mitten der vier unteren Kanten
Resultat: Es stellt sich regelmäßig zur Mitte der oberen Kanten der magnetische Nordpol, und zur Mitte der unteren, der magnetische Südpol senkrecht ein.
Schluß: Die Reaktion des Energiefeldes des Orgon-Akkumulators ist orgonotischer und nicht magnetischer Natur.
Beweis:
1. Die magnetische Attraktion geht nur von bestimmten Stellen des Eisens, gesetzmäßig von den Enden, und nicht von der Mitte aus. Die Mitte ist unmagnetisch.
2. Das Vorzeichen der magnetischen Attraktion (Süd oder Nord) ist nicht auswechselbar, es sei denn, daß man einen schwächeren Magneten mittels eines stärkeren ummagnetisiert. Wäre die Attraktionswirkung des Orgon-Akkumulators eisenmagnetischer Natur, so müßte sich die Magnetnadel zu den Kantenmitten immer wieder in derselben Weise einstellen, gleichgültig wie wir den Orgon-Akkumulator drehen oder wenden. Dies ist aber nicht der Fall. *Welche Kanten immer wir zu den unteren, seitlichen oder oberen machen, die Magnetnadel reagiert stets wie beschrieben*, d. h. sie stellt sich regelmäßig mit dem Nordpol zur Mitte der vier oberen und mit dem Südpol zur Mitte der vier unteren Kanten ein. Die vom Orgon-Akkumulator ausgehende Attraktion ist *somit nicht an bestimmte Materialstellen gebunden* und kann daher nicht magnetischer Natur sein. Die Reaktion hängt offenkundig von der Stellung des Orgon-Akkumulators im Felde der orgonotischen Atmosphäre des Erdballs ab. Daraus folgt der Schluß: Wenn man sowohl alle experimentellen wie theoretischen Tatsachen heranzieht, ist auch das Energiefeld des Erdballs nicht magnetischer, sondern orgonotischer Natur und steht in einer bestimmten Beziehung zum magnetischen Nord- und Südpol der Erde.
Es ist wahrscheinlich, daß der Magnetismus überhaupt sich als eine besonders geartete Funktion der kosmischen Orgonenergie

erweisen wird. Viele Forscher zweifeln auch an der magnetischen Natur des sogenannten »Erdmagnetismus«.

Nachweis und Messung am statischen Elektroskop

Die Messungen der Temperaturdifferenz $T_0 - T$ zeigen, daß im Inneren des Akkumulators eine Strahlungsenergie wirkt. Sie sagt nichts über ihr *Wesen* aus. Aus den subjektiven Lichterscheinungen ist ebensowenig auf die Qualität der Strahlung zu schließen. Diese Lichterscheinungen sind dennoch sehr wichtig, denn sie sind sehr eindrucksvoll und überzeugend.

Wir messen die Entladung des Elektroskops innerhalb des Akkumulators, im Raum und im Freien systematisch mehrmals täglich monatelang. Wir gehen mit folgender Überlegung an die elektroskopischen Messungen heran:

Geladene Blättchen-Elektroskope entladen in stark ionisierter Luft *rascher* als in schwach oder gar nicht ionisierter Luft. Unter »ionisierter Luft« versteht man Luft, die negative elektrische Einheiten, »Elektronen«, enthält. Man kann die Luft eines Raumes durch Röntgenstrahlen oder Höhensonne »ionisieren«. Höhenluft ist weit stärker ionisiert als die Luft der Tiefebene. Geladene Elektroskope entladen sich in stark ionisierter Luft *rasch*, weil sie eine leitende Verbindung zwischen allen Teilen des Elektroskops herstellt, so daß sich die Ladung der Metallwände mit der des Blättchens leichter ausgleichen kann als in der schlechtleitenden, nichtionisierten Luft. Auf diesem Prinzip beruhen die elektroskopischen Messungen in der Erforschung der kosmischen Strahlen.

Wenn wir nun die elektroskopischen Entladungen *außerhalb* und *innerhalb* des Orgon-Akkumulators messen, haben wir folgende möglichen Resultate zu erwarten:

1. *Das Elektroskop entlädt innerhalb und außerhalb gleich rasch.* Dies würde besagen, daß es *keinen Unterschied* in der Ladung der Luft im Apparat gegenüber der freien Luft und daher auch keine größere Konzentration der Orgonenergie im Apparat gibt. Wir stünden in diesem Falle dem Temperaturdifferenz-Phänomen verständnislos gegenüber.

2. *Das Elektroskop entlädt innerhalb des Orgonkastens rascher als außerhalb.* Das würde besagen, daß die Luft im Apparat stär-

ker *ionisiert* ist als außerhalb; d. h. sie enthielte mehr negativ geladene elektrische Partikel (Elektronen). *Unsere Orgonenergie wäre identisch mit negativer Elektrizität.* Auch in diesem Falle stünden wir der Tatsache, daß unsere Energie von organischen Stoffen aufgesaugt wird, verständnislos gegenüber.

3. *Das Elektroskop entlädt innen langsamer als draußen.* Dies würde besagen, daß Orgonenergie *etwas anderes ist als negative Elektrizität*. Wir hätten die Tatsache der langsameren Entladung zu *erklären*, um daraus zu schließen, daß das Elektroskop eine *Konzentration der Orgonenergie* anzeigt. Nur in diesem dritten Falle hätten wir die subjektiven Erscheinungen, die Temperaturdifferenz und die elektroskopische Entladungsgeschwindigkeit verständlich in Einklang gebracht. Unsere Orgon-Theorie wäre um ein beträchtliches Stück vorwärts gebracht, da nun mehrere Äußerungen der Energie sich aus *einem* Prinzip ableiten würden.

Die systematischen Messungen innen und außen zeigen in der Tat, daß die Entladungsgeschwindigkeit *innen langsamer ist als außen*. Wir schieben vorläufig die Frage nach dem Warum und Wie unserer Beobachtung beiseite und halten nur diese eine Tatsache fest. Daraus schließen wir:

1. *Die Energiespannung ist innerhalb des Apparats anders als außerhalb. Die Differenz der Spannung zeigt ein Gefälle des Potentials zwischen außen und innen an.* Wir kennen noch nicht das Vorzeichen des Gefälles. Ist es von innen nach außen oder von außen nach innen gerichtet?

2. *Die Energie innerhalb des Apparats kann nicht von stärkerer Ionisation der Innenluft herstammen*, sonst müßte das Elektroskop *innen rascher*, nicht *langsamer* entladen. Wenn die zweifellos vorhandene Energie innen nicht auf Elektronen beruht, worauf sonst? *Es könnte eine andere Art Energie sein; sie ist jedenfalls nicht negative Elektrizität.*

Es ist nicht leicht, die langsamere Entladung im Inneren des Orgonstrahlers zu erklären. Gleich rasche oder raschere Entladung zu erklären, wäre im Rahmen der bekannten Theorien sehr einfach. *Auf langsamere Entladung waren wir nicht gefaßt.*

Da kommt uns die Tatsache zu Hilfe, daß wir das Elektroskop durch Abstreifen von Energie aus Watte oder Zellulose aufladen. Wir können das Elektroskop leicht auch dadurch aufladen, daß wir Energie von unserem *(trockenen)* Haar mit einem Polystyrene-

Stab oder einer Cellulosescheibe abstreifen. Die Watte, der Polystyrene-Stab oder die Cellulose haben diese Energie von unserem Haar aufgenommen. Die Energie ist in der Luft innerhalb und außerhalb des Apparats enthalten, nur *verschieden konzentriert*, wie die Differenz der Entladungs*geschwindigkeit* zeigt. Das Elektroskop kommuniziert durch die Platte und die Löcher mit der Luft, und seine Umhüllung ist geerdet. Die ihm aus der Sonnenstrahlung oder aus unserem Körper vermittelte Energie wird an die umgebende Luft im Prozeß der Entladung wieder abgegeben. Wir sind nun zu folgender Annahme berechtigt:

Das Elektroskop wird die Energie, mit der es geladen wurde, um so rascher an die umgebende Luft wieder abgeben, je niedriger die Energiespannung in der Luft im Verhältnis zur Ladung des Elektroskops ist. Das Elektroskop wird um so langsamer entladen, je höher die Energiespannung der umgebenden Luft, das heißt, je kleiner die Differenz zwischen der Energiespannung des Elektroskops und der der umgebenden Luft ist.

Unsere Annahme ist in Einklang mit den Energiegesetzen im allgemeinen: Wasser fließt aus einem höhergelegenen Bassin in ein zweites, tiefergelegenes um so rascher, je tiefer das zweite Bassin, und um so langsamer, je höher das zweite Bassin liegt. Die Geschwindigkeit des Ausgleichs hängt von der Steilheit des Gefälles ab oder, anders ausgedrückt, von der Größe der Differenz der Energie der Lage. *Die metallische Platte unseres Elektroskops kann in eine niedrig gespannte Luft rascher entladen als in eine hochgespannte.*

Ich versuche hier absichtlich, die Differenz der Entladungsgeschwindigkeit mit der üblichen Theorie des Energiegefälles verständlich zu machen. Es wird sich in anderem Zusammenhange zeigen, daß eine andere, rein biophysikalische Interpretation den Tatsachen weit besser gerecht wird.

Diese Eigenschaft unserer Energie ist neu. Sie wird von der Ionisations-Theorie nicht erfaßt. Das Elektroskop würde in elektrisch hoch geladener Luft rascher entladen. *Diese Energie kann nicht Elektrizität sein.* Wir sind besorgt wegen dieses notwendigen Schlusses, denn eine elektroskopisch wirkende Energie, die nicht elektromagnetische Energie ist, klingt unwahrscheinlich.

Wir müssen noch einen anderen möglichen Einwand überprüfen: Er lautet: Die spontane Entladung des Elektroskops erfolgt im Apparat langsamer als außen, weil die Luft innen weniger rasch zirkuliert als im Freien. Infolgedessen erfolgt der Wechsel der Luftionen innen langsamer als außen, die Entladung geht *langsamer* vor sich. Das Phänomen ließe sich demnach im Rahmen der Ionen-Theorie, also der Elektrizitätslehre, erklären.

Dieser Einwand ist leicht zu überprüfen. Wir messen die Entladungsgeschwindigkeit unseres Elektroskops im Freien genau. Wir laden ein zweites Mal zur selben Höhe auf und lassen durch einen Ventilator mehr Luft am Elektroskop zirkulieren. Ergebnis: *Der Ventilator beeinflußt die Geschwindigkeit der Entladung nicht. Die Differenz in der Entladungsgeschwindigkeit ist nicht der zirkulierenden Luft zuzuschreiben. Unsere Energie verhält sich anders als Elektrizität. Die Geschwindigkeit der elektroskopischen Entladung hängt nur von der atmosphärischen Energiespannung ab.* Diese Spannung ist bedingt durch die Dichte oder Konzentration der Orgonpartikel in der Raumeinheit der Luft.

Entsprechend unseren Beobachtungen ist die Energie im Apparat konzentrierter als im Freien. Die Bezeichnung *Akkumulator der atmosphärischen Energie* besteht zurecht.

Theoretisch dürften abgeschlossene Elektroskope ihre Ladung nicht verlieren. Tatsache ist, daß auch geschlossene Elektroskope sich spontan entladen. Dies nennt man in der Schulphysik auf Englisch »natural leak«. Man schreibt die Erscheinung der Feuchtigkeit der Luft zu. *Wir messen also in Wirklichkeit die Erscheinung, die man als »natural leak« des Elektroskops bezeichnet.* Wir sperren die Luft im Inneren des Elektroskops nicht hermetisch von der Außenluft ab, sondern lassen sie *absichtlich* mit der Außenluft kommunizieren. Wir bestimmen also gerade dasjenige Phänomen, das der Physiker, der die Wirkung einer beliebigen elektrischen Strahlungsquelle mißt, möglichst auszuschalten versucht und, soweit er es nicht auszuschalten vermag, von den Ergebnissen der Ionenwirkung abzieht. Der »natural leak« wurde bisher nicht verstanden. *Die spontane Entladung der Elektroskope »ohne ersichtlichen Grund« ist nichts anderes als die normale Wirkung des atmosphärischen Orgons.*

Ein weiterer Einwand wäre möglich; er lautet: Die inneren Metallwände halten die Wirkung radioaktiver Substanzen vom Inneren des Strahlers ab. Daher entlädt das Elektroskop innen langsamer als außen. Der Einwand ist wie folgt widerlegt:

1. Die Erscheinung der langsameren Entladung im Innern des Apparats ist überall vorhanden, ebenso wie die Temperaturdifferenz, wo immer wir den Akkumulator aufstellen. Es ist unwahrscheinlich, daß wir *überall* »radioaktive Substanzen« haben.
2. Wäre die Wirkung auf radioaktive Substanzen außerhalb des Apparats zurückzuführen, dann müßte die Entladung in einem einfachen Holzkasten rascher sein, als wenn der Holzkasten *außen* mit Metallplatten gegen die Radioaktivität geschützt ist. In Wirklichkeit ist die Entladung des Elektroskops rascher und nicht langsamer im Holzkasten, wenn er mit Metallplatten *von außen* belegt ist. Das widerspricht dem Einwand und bestätigt wieder unseren Fund.

Quantitative Bestimmung des Orgons

Das Orgon gibt sich in Temperaturdifferenzen und in Verschiedenheiten der elektroskopischen Entladungsgeschwindigkeit am Orgon-Akkumulator kund. Diese Tatsachen können wir zur Grundlage *quantitativer* Orgonmessungen machen. Wir bestimmen zunächst willkürlich als Einheit der Orgonenergie 1 *Org; das ist die Orgonenergiemenge in einem Kubikfuß Rauminhalt, die der Aufrechterhaltung eines Temperaturunterschiedes $T_o - T$ von 1^0 Celsius eine Stunde lang entspricht, gemäß der Formel:*

$$Org = (T_o - T) \cdot t \cdot f^3$$

Dabei ist $T_o - T$ die Temperaturdifferenz in Grad Celsius, t die Zeit in Stunden und f^3 das Volumen in Kubikfuß.

Von der Orgonenergiemenge, mit anderen Worten von der Anzahl der Orgonenergiepartikel innerhalb der Raumeinheit (Org), wollen wir die *Orgonspannung*, »*Op*«, unterscheiden. Als 1 Op können wir diejenige atmosphärische Orgonladung bestimmen, die *in der Zeiteinheit von einer Stunde (t , 60 t' und 3600 t'') die Ladung eines statischen Elektroskops um die Einheit 1 ($E_o - E_r = 1$) erniedrigt.*

Wenn 1 *Op (Atm)* die Einheit der atmosphärischen Orgonspannung, E_o die Ladung des Elektroskops, E_r den Rest der Elektroskopladung nach Ablesung, *(E_o-E_r)* den Entladungsbetrag und t die Zeit in Stunden angibt, dann gilt die Formel

$$Op = \frac{t}{E_o - E_r}$$

für die Orgonspannung der Atmosphäre im Freien. Die Op *innerhalb* des Akkumulators unterscheiden wir von der Op der Atmosphäre durch Anhängung der Bezeichnung »Akku«. Wir können die Op auch direkt in *Stunden-, Minuten-* und *Sekunden-Org* durch Umrechnung ausdrücken, je nachdem ob eine Ladungseinheit des Elektroskops sich in einer Stunde, einer Minute oder einer Sekunde, in vielfachen oder in Bruchteilen dieser Zeiteinheiten entlädt, nach folgendem Schlüssel:

1 Stunden Op = 60 Minuten Org (60'0)
0,75   Op = 45 Minuten Org (45'0)
0,5   Op = 30 Minuten Org (30'0)
0,25   Op = 15 Minuten Org (15'0)
0,16   Op = 10 Minuten Org (10'0)
0,1   Op = 6 Minuten Org (6'0)
0,05   Op = 3 Minuten Org (3'0)
0,015   Op = 1 Minuten Org (1'0)
0,00025   Op = 1 Sekunden Org (1"0)

Z. B. eine Einheit der Elektroskopladung entlade sich in 30 Minuten. Die Op beträgt dann

$$Op = \frac{0,5\ (t)}{1\ (E_o - E_r)} = 0,5$$

oder

$$Op = 30'\ Org$$

Die ganze Ladung des Elektroskops $E_o = 5$ Org (Aequivalent 630 Volt), entlade sich in 20 Minuten; dann wäre

$$Op = \frac{0,33\ (t)}{5 - 0\ (E_o - E_r)} = 0,066$$

oder

$$Op = 4'\ org\ (4\ Minuten\ org)$$

Es ist nur eine Frage der Bequemlichkeit, ob man die eine oder andere Rechnungsart vorzieht.

Wir können die Orgon-Ladung, die wir einem statischen Blättchenelektroskop erteilen, auch in elektrostatischen Maßeinheiten ausdrücken. Eine »elektrostatische Maßeinheit« ist international gleich ca. 300 Volt. Wir laden ein Elektroskop mittels einmaliger Abstreifung von Energie vom Kopfhaar bis zu 45 oder 90 Grad Ablenkung des Blättchens von der Vertikalen auf. Wir erzielen dasselbe, wenn wir an das Elektroskop eine starke Voltspannung anlegen. *Eine Einheit der Org-Ladung entspricht dann derjenigen Voltspannung, die erforderlich ist, um dasselbe Maß der Spreizung des Blättchens zu erzielen.* Wir finden auf diese Weise, daß wir von unserem Haar mit *einem* sanften Abstrich Energiebeträge von Hunderten Volt abstreifen.

Das Instrument, das bei den Messungen benutzt wurde, ist ein statisches Aluminiumblättchen-Elektroskop. Die Eichung dieses Elektroskops im Laboratorium der Radio Corporation of America mit Voltspannung ergab folgende Maßwerte:

	Teilstriche		Volt	
	1		135	
	2		180	Annähernd 45 Volt
	3		225	pro Teilstrich
	4		270	
	5		330	
	6		390	Annähernd 60 Volt
	7		450	pro Teilstrich
	8		510	
Standard: 1 Org {	9	120 Volt	570	}
	10		630	Annähernd 100 Volt
	11		730	pro Teilstrich
	11 ½		780	

Wir luden dieses Elektroskop mittels Abstrich von einer Celluloscheibe an Kopfhaar *stets* bis zum *zehnten* Teilstrich, also mit einem Energiebetrage äquivalent etwa 630 Volt auf und ließen es zwei Teilstriche, d. h. das Orgon-Äquivalent von 120 Volt an die umgebende Luft entladen. *Zwei Teilstriche (8-10) entsprechen also 1 Org-Ladungs-Einheit, d. h. 120 Volt.* Entlädt das bis zum 10. Teilstrich mit dem Orgonenergie-Äquivalent von 630 Volt aufgeladene Elektroskop innerhalb 1 Stunde (60 Minuten) 1 Org (= 120 Volt), dann betrug die Org-Spannung (Op) der umgebenden Luft 1 *Stunden-Op* oder *60 Minuten-Op*. Mit anderen Worten, das Elektroskop gab an die umgebende Luft pro Minute 2 Volt ab.

Die Einheit 1 Org wurde bestimmt durch die konstante Temperaturdifferenz T_0-T in einer Stunde in einem Akkumulator von 1 Kubik Fuß. Elektroskopisch ist 1 Org definiert als das Äquivalent von 120 Volt. Ob diese beiden Bestimmungen der Einheit 1 Org äquivalent sind, ist noch unbekannt.

Die Tatsache, daß die Kurven, die T_0-T und die atmosphärische Orgonspannung (Op Atm) darstellen, parallel sind, scheint darauf hinzudeuten. Es müssen jedoch weitere Untersuchungen angestellt werden, um eine definitive Antwort zu bekommen.

Ich möchte nun die Ergebnisse einiger Messungen bringen, die uns recht interessante Zustände der Orgonspannung in der Atmosphäre und der Beziehung dieser Spannung zur Spannung im Akkumulator verraten. Es sind zwar nur grobe Umrisse, die ausführlicher und langdauernder Bearbeitung bedürfen, um alle Details zu erfassen. Doch die Grundzüge treten klar hervor.

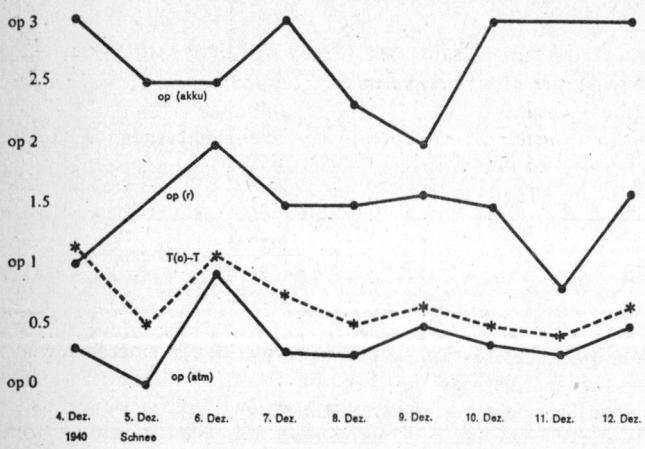

Fig. 15. *Messungen des atmosphärischen Orgons im Freien, im Orgon-Akkumulator und im Orgonraum. Die gestrichelte Kurve stellt T_0-T dar. Op 1 korrespondiert mit $T_0-T = 1^\circ C$*

Figur 15 verzeichnet drei Orgonspannungskurven übereinander. »*Op (Atm)*« stellt die Kurve der täglichen Schwankungen der atmosphärischen Orgonspannung, gemessen regelmäßig um 12 Uhr mittags, dar. »*Op (R)*« beschreibt die täglichen Schwankungen der

Orgonspannung im Raume, in dem sich der Orgon-Akkumulator zur Zeit der Messungen befand. Die dritte, höchstliegende Kurve »*Op (Akku)*« stellt die Schwankungen der Orgonspannung innerhalb des Akkumulators, zwischen 12 und 1 Uhr mittags gemessen, dar. Eine weitere gestrichelte Kurve T_0–T stellt die Kurve der Temperaturdifferenz am Orgon-Akkumulator dar, gemessen täglich zwischen 12 und 1 Uhr mittags, vom 29. 11. 1940 bis zum 22. 12. 1940, an einem Kubikfuß Orgon-Akkumulator und vom 24. 12. 1940 ab am Orgon-Akkumulator, der für Menschen bestimmt war, mit 25 Kubikfuß Rauminhalt (2 x 2,5 x 5 Fuß) (siehe Fig. 16).

Bei Betrachtung der Kurven im allgemeinen fällt uns auf:

1. Die Spannungskurve des Raumes (Op R) ist (in Minuten-Org) höher als die der Atmosphäre; die des Akkumulators Op Akk ist höher als die des Raumes und als die der Atmosphäre (Op Atm); d. h., die *Konzentration der Energie ist im Akkumulator am größten.*

2. *Die Temperaturdifferenz-Kurve T_0–T läuft mit ihrem Auf und Ab der atmosphärischen Orgonspannungskurve mehr oder minder parallel.*

3. *Das Ansteigen der Raum- und Akkumulatorspannung folgt überwiegend dem Ansteigen der atmosphärischen Spannung um etwa einen Tag.*

4. *Die atmosphärische Spannungskurve ist an Regen- und Schneetagen niedrig, an sonnigen Tagen hoch. Die atmosphärische Spannung schwankt zwischen nahe 0 und etwa 1. Ein bis zwei Tage vor Schneefall oder Regen fällt die atmosphärische Spannungskurve mehr oder minder steil ab; auch die Temperaturdifferenz-Kurve sinkt vor Regentagen oder zur Zeit des Niederschlages ab.*

Es besteht also ein Zusammenhang zwischen dem Konzentrationszustand des atmosphärischen Orgons und der Wetterbildung. Unser Orgon-Akkumulator interessiert uns in seiner Beziehung zur Wetterbildung deshalb, weil wir ja mit ihm therapeutisch operieren und die Schwankungen seiner Intensität kennen müssen.

Wir müssen uns nun eines wichtigen Einwands entledigen, der bei der Betrachtung der Kurven von Figur 15 erhoben werden könnte. Er lautet: Um das Absinken der Kurve, d. h. die raschere Entladung des Elektroskops vor Eintritt eines Niederschlages zu

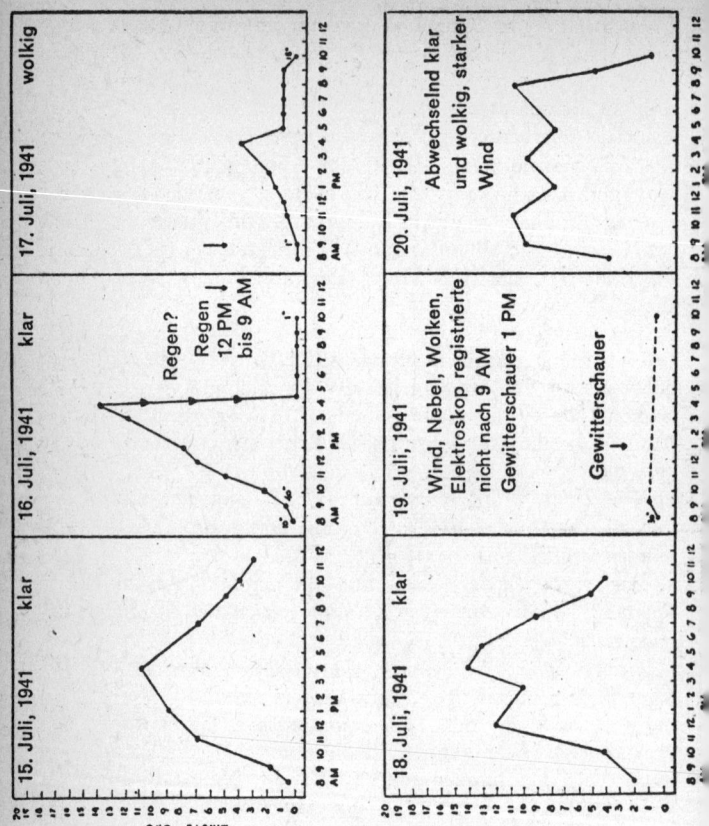

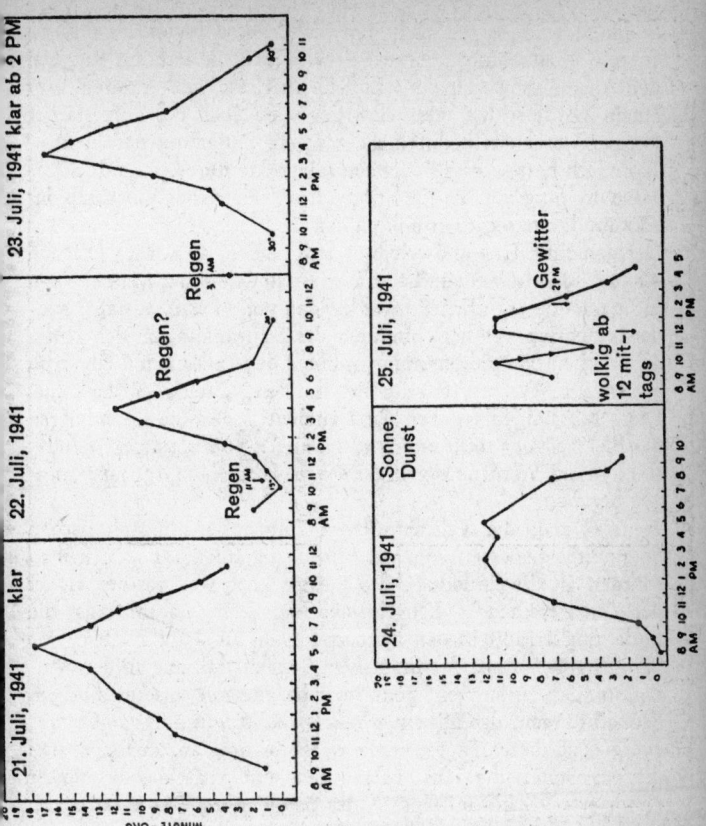

Fig. 16. Tägliche Schwankungen der atmosphärischen Orgonspannung zwischen dem 15. Juli und 25. Juli 1941

erklären, wäre es gar nicht notwendig, eine besondere Orgonenergie anzunehmen. Diese Erscheinung ließe sich im Rahmen der Anschauung von der »Luft-Elektrizität« gut erklären. Vor einem Niederschlag oder Gewitter wäre eben die Luft stärker ionisiert, und das bedinge die raschere Entladung des Elektroskops. Ich hatte dieses Bedenken selbst, konnte aber um die Tatsache der *langsameren* Entladung des Elektroskops innerhalb des Akkumulators nicht herumkommen.

Der genannte Einwand erledigte sich restlos, als ich im Juli und August 1941 in meinem Laboratorium in Oquossoc, Maine, USA, nicht nur die täglichen Schwankungen um 12 Uhr mittags, sondern mehrere Wochen hindurch die Schwankungen der atmosphärischen Energiespannung während des Tages von 8 Uhr früh bis etwa 12 Uhr nachts stündlich in allen Wetterlagen verfolgte. Diese Messungen ergaben ganz eindeutig, daß die *Entladungen des Elektroskops nicht auf Schwankungen von »Luftelektrizität«, sondern auf Schwankungen der atmosphärischen Orgonspannungen beruhen.*

Figur 16 zeigt die täglichen Schwankungen der atmosphärischen Spannung, gemessen vom 15. Juli bis 25. Juli 1941. Am frühen Morgen ist die Entladung des Elektroskops weit rascher als in der Zeit zwischen 12 Uhr mittags und 4 Uhr nachmittags; die Entladung erfolgt in den Mittagsstunden am langsamsten. Das hängt natürlich mit der intensiven Sonnenstrahlung in den Mittagsstunden zusammen, ganz im Einklang mit unseren übrigen Beobachtungen, also mit einer *höheren Konzentration von Orgonenergie* zu dieser Tageszeit. Es wäre unsinnig anzunehmen, daß die atmosphärische Luft frühmorgens und spät abends stärker »ionisiert« sei als mittags in der Sonnenglut. Das Elektroskop entlädt frühmorgens und spät abends *rascher* als mittags und nicht langsamer, wie es der Auffassung von der Luftelektrizität entspräche. Der Höhepunkt der Konzentration liegt etwa um 4 Uhr nachmittags. An Tagen, die von früh bis Sonnenuntergang keine Wolkenbildung zeigen, ist die Kurve mehr oder minder regelmäßig aufsteigend und abfallend. Dagegen zeigen die Kurven an Tagen mit wechselndem Wetter eine Unregelmäßigkeit, wie etwa am 20. Juli, wo es zwischen 9 Uhr vormittags und 8 Uhr abends ein wiederholtes Auf und Ab der Konzentration gab, die wir an gleichmäßig sonnigen Tagen nicht antreffen. Uns fällt ferner auf, daß *regelmäßig vor Regen oder Gewitter*, um *etwa 3 bis 10 Stunden voraneilend, ein rascher Wechsel von hoher zu niedriger Konzentration der atmosphärischen Energie erfolgt:*

Das Elektroskop entlädt im Freien und im Orgon-Akkumulator sehr rasch (im letzteren immer weniger rasch als im Freien): die Temperaturdifferenz T_0-T wird sehr klein oder verschwindet vollkommen. Die Kurve der elektroskopischen Entladung läuft, über lange Zeiträume regelmäßig gemessen, mit der Kurve der Temperaturdifferenz ungefähr parallel.

Am 25. Juli gab es um 2 Uhr nachmittags Gewitter mit Regen; vormittags sank die Spannung zwischen 10 und 11 Uhr von 12' Org auf 5' Org ab. Dasselbe ist der Fall am 16. Juli, wo die Spannung zwischen *4 und 4.30 Uhr* nachmittags, also innerhalb von 30 Minuten, plötzlich von 14 Minuten-Org auf 10 Sekunden-Org (!) absank. In der folgenden Mitternacht gab es einen starken Regenguß.

Das gleiche war der Fall am 22. Juli, wo die Spannung zwischen 4 und 7 Uhr nachmittags von 12' auf 2' Org absank und um 10 Uhr abends nurmehr 30" Org betrug. Um 3 Uhr morgens am 23. Juli gab es einen starken, anhaltenden Regen.

Am 19. Juli war es windig, stark wolkig, die Spannung stieg nicht über 1 Minuten-Org. Um 10 Uhr vormittags war das Elektroskop nicht ladbar, und um 1 Uhr mittags brach ein starkes Gewitter los, das bis 3 Uhr nachmittags dauerte. Im Gegensatz dazu folgt Tagen mit regelmäßiger Spannungskurve und relativ hoher Orgkonzentration in den Abendstunden (1 Minute – 3 Minuten Org) regelmäßig ein sonniger Tag. Die Tagesschwankungen haben für die therapeutische Anwendung des Orgons große Bedeutung. Wenn wir das Orgon Kranken applizieren und ihnen bestimmte Dosen in Form von Stunden-Op oder Minuten-Org verabreichen, dann wird die Zeitspanne der Bestrahlung eine andere frühmorgens und wieder eine andere mittags oder spät abends sein müssen.

Dies ist notwendig, solange wir die Spannung des Orgons nicht unabhängig vom Wetter willkürlich regulieren können. Messungen, die seit dem Sommer 1941 immer wieder zur Kontrolle vorgenommen wurden, bestätigten nur die wichtigsten Tatsachen: Das Schwanken mit der Tageszeit, das Absinken oder Fehlen der Orgonspannung vor und während Regens oder Schneiens und die der Ionisation der Luft genau entgegengesetzten Reaktionen des Elektroskops.

Dem physikalisch kundigen Leser wird sich eine Frage gemeldet haben: »Welche Beziehung hat das Orgon zur sog. ›statischen Elektrizität‹?« Diese Frage soll an anderer Stelle besprochen werden.*

5. NACHWEIS DER ORGONOTISCHEN PULSATION IM NICHTLEBENDEN BEREICH

Die folgenden Beobachtungen und experimentellen Anordnungen wurden durchgeführt, um die spezifisch biologische Orgonenergie auch im *rein physikalischen* Bereich nachzuweisen. Dieses Unternehmen gelang, und dadurch ist jeder Möglichkeit einer mystischen jenseitsphilosophischen Auffassung der spezifisch biologischen Energie der Boden entzogen. Die betreffenden Beobachtungen und Anordnungen sind sehr einfach und leicht durchzuführen.

A. Die Schwingungen eines Pendels im pulsierenden Orgonenergie-Felde einer Metallkugel

Anordnung: Eine metallene Kugel aus Eisen oder Stahl, von etwa 4-6 cm Durchmesser, wird auf einer unerschütterbaren** Grundlage (fester Tisch, mit oder ohne Zementboden) aufgestellt. In ca. 0,5 cm Entfernung vom Äquator der Metallkugel wird eine weit kleinere, nur etwa 1 cm im Durchmesser große Kugel frei als Pendel aufgehängt. Die Länge des Pendelfadens soll aus bestimmten Gründen 16 cm betragen. Die besten Resultate erzielt man, soweit meine Erfahrungen reichen, wenn man die pendelnde Kugel aus einem Gemisch von Erde und Eisenfeilstaub (organisches plus metallisches Material) anfertigt, indem man das Gemisch in Wasser formt und in ein entsprechendes Kugelgefäß

* Vgl. »Orgonotic Pulsation«, in: *International Journal of Sexeconomy and Orgone Research* 3, 1944, S. 97–150.
** Diese Anordnung ist vorteilhaft, aber *nicht* unerläßlich: Die Bewegungen eines Pendels auf Grund von Erschütterungen sind leicht von den im folgenden darzustellenden Pendelungen zu unterscheiden.

aus äußerst dünnem Glas tut. Zentralkugel und Pendelkugel werden nun mitsamt der Aufhängevorrichtung mit einer Cellulose-Hülle, die fest sein muß und allseitig gegen Luftströme schützt, umgeben.

Beobachtung: Bei trockenem, sonnigen Wetter pendelt die Pendelkugel in der Richtung auf das Zentrum der großen Metallkugel hin, ohne daß Pendelimpulse erteilt werden. Übersteigt die relative Luftfeuchtigkeit etwa 70 %/o oder setzt Regenwetter ein, so verringern sich die Pendelausschläge bis zu völligem Stillstand.

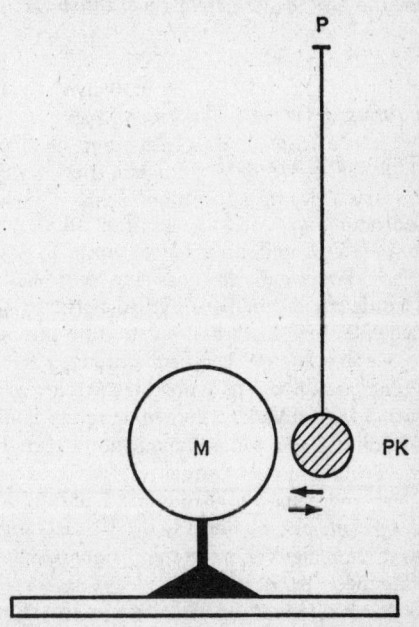

M: Metallkugel
P: Pendel
PK: Pendelkörper (metallische und organische Substanz)
⇌ : Schwingungsrichtung

Fig. 17. *Nachweis der orgonotischen Pulsation in der Atmosphäre*

Sie kehren mit Schönwetter spontan wieder. Die Pendelausschläge werden größer, wenn der Beobachter über ein sehr starkes und weitreichendes Orgonenergiefeld seines Organismus verfügt. Die Pendelungen gehen unausgesetzt vor sich, gleichgültig, wo man den Apparat aufstellt. Es variiert nur gemäß den Pendelgesetzen, die Schwingungszahl der Zeiteinheit mit der Länge des Pendels und mit der Höhe über dem Meeresspiegel.

Schluß: Dieses Experiment demonstriert die *Existenz eines pulsierenden Orgonenergiefeldes* um eine gewöhnliche Eisenkugel, das einen frei aufgehängten Pendelkörper in Schwingungen versetzt. *Das natürliche Orgonenergiefeld im nichtlebenden Bereiche pulsiert.*

B. Die Pulsation des atmosphärischen Orgons

Beobachtung und Anordnung

Meine Anordnung war die folgende: Ein Teleskop mit einer Apertur von 3 ½ Zoll und einer Länge von 4 Fuß, von der Firma E. Vion, Paris, Frankreich, das über eine Vergrößerung von 185 x verfügt, wurde an einem See-Ufer so aufgestellt, daß das gegenüberliegende, vier bis acht Meilen entfernte See-Ufer genau beobachtet werden konnte. Die Beobachtungen erfolgten nach allen vier Himmelsrichtungen. Beobachtet wurde zwei Monate lang im Sommer 1944 und vier Wochen lang im Sommer 1945 an meiner Waldhütte am Mooselookmeguntic See bei Oquossoc, Maine. Die Beobachtungen wurden in diesen zwei Perioden täglich von früh morgens bis abends etwa halbstündlich durchgeführt. Es wurden, aus begreiflichen Gründen, nur der tägliche Durchschnitt und die Veränderungen notiert. Die Beobachtung ist nun folgende: Ist das Okular des Teleskops gegen Süden gerichtet, so beobachtet man gegen den Hintergrund des See-Ufers, schon mit einer 60 x Vergrößerung, eine wellig pulsierende Bewegung, die, mit bestimmten Ausnahmen, immer *von Westen nach Osten abläuft.* Die West-Ost-Bewegung ist *konstant*, gleichgültig, ob Windstille herrscht, ob der See wellig oder glatt ist, gleichgültig ob der Wind von Westen nach Osten oder von Süden nach Norden bläst, gleichgültig ob der Wind stark oder schwach ist. Je weiter man die

Teleskopmündung gegen Westen oder Osten dreht, desto schlechter ist die Bewegung zu sehen, um gänzlich unsichtbar zu werden, wenn man genau nach Westen oder nach Osten blickt. Die Geschwindigkeit der welligen Bewegung ist zu verschiedenen Zeiten verschieden groß. Sie ist unabhängig davon, ob die Temperatur der Luft hoch oder niedrig ist. Das »*Etwas*« in der Atmosphäre bewegt sich logischerweise rascher als der Erdball, sonst wäre ja die Bewegung an sich nicht sichtbar. Man kann feststellen, daß jedesmal vor starker Gewitterbildung *im Westen* die Richtung der welligen Bewegung sich umkehrt oder daß die Bewegung zumindest stillsteht. Ich habe sie nie von Süden nach Norden oder von Norden nach Süden sich bewegen sehen.

Diese teleskopische Beobachtung wird gestützt von einer Beobachtung, die man mit freiem Auge dann machen kann, wenn komplette Windstille herrscht und die Seeoberfläche völlig glatt ist: Am Wasserspiegel sieht man ein *Pulsieren* von unendlich vielen einzelnen Abschnitten, während sich deutlich das »*Ganze*« über dem Seespiegel langsam oder rascher *pulsatorisch* von West nach Ost bewegt.

Diese Beobachtungen, die man mit einiger Übung und Geduld sehr leicht machen kann, stimmen sowohl mit der Feststellung des *pulsierenden Orgonenergiefeldes* um eine Metallkugel wie mit der orgon-biophysikalischen Grundanschauung von der *pulsatorischen Grundfunktion der Orgonenergie* überein. Mehr, die Rotation und Pulsation des atmosphärischen Orgons von West nach Ost ist in klarer, unanzweifelbarer Übereinstimmung mit bestimmten astronomischen Beobachtungen, die seit langem gemacht wurden. Auf die astronomische Bedeutung der beschriebenen Beobachtung soll in anderem Zusammenhang ausführlich eingegangen werden. Der vorläufige Schluß lautet: *Der Erdball ist nicht nur von einer Luft-Atmosphäre bestimmter chemischer Zusammensetzung, sondern er ist auch von einer Hülle umgeben, die aus Orgonenergie besteht.* Diese Orgonhülle rotiert von West nach Ost, und zwar rascher als der Erdball. Es besteht eine noch genauer zu studierende Beziehung der Umkehrung dieser Bewegungsrichtung zu lokaler Wetterbildung. Die rotierende Orgonhülle hat nichts mit Dunstwellen oder Luftbewegung zu tun, denn sie ist von diesen Vorgängen unabhängig.

Das Gesagte hat den Charakter eines vorläufigen Befunds und

soll, wenn die sozialen und geldlichen Verhältnisse es gestatten, durch weitere ausgedehnte Untersuchungen an verschiedenen Stellen bestätigt, erweitert oder eingeschränkt werden. Hier ist nur noch die Mitteilung am Platze, daß es bereits gelungen ist, eine Pulsation in der Atmosphäre mittels Oszillograph festzustellen. Ich möchte mir die weitere Erarbeitung und Darstellung dieses Phänomens vorbehalten.

6. NACHWEIS DER ORGONOTISCHEN ERSTRAHLUNG AM ORGONENERGIEFELD-MESSAPPARAT

Anordnung:

Vom differenten Pol der Sekundärspule eines elektrischen Induktionsapparates (ein alter Diathermie-Apparat genügt) führt ein elektrischer Draht, wie man ihn für elektrische Beleuchtung benützt, zu einer eisernen Metallplatte von zwei Fuß Länge und einem Fuß Breite. Die Eisenplatte ist an der Unterseite mit Holz isoliert. Über der unteren Metallplatte wird, verschiebbar, in der Entfernung von $1/2$ bis zu 1 Fuß eine zweite Metallplatte gleicher Größe parallel befestigt. Man isoliert die obere Seite der oberen Metallplatte mittels einer Platte gleicher Größe aus Plastik oder ähnlichem Material von etwa $1/2$ Zoll Dicke. Auch eine entsprechend dicke Platte aus Celotex leistet den Dienst. Eisenplatte 1 und 2 sind mittels eines Drahtes verbunden, der in der Mitte eine einfache zylindrische Fadenbirne von etwa 40 Watt eingeschaltet hat. Der Primärstrom des Induktionsapparates wird nun so stark gehalten, daß der Glühfaden der Glühbirne gerade noch sichtbar ins Glühen gerät. Es wird natürlich von der Natur des Induktionsapparates abhängen, in welcher Weise man am besten dieses Glühen erzielt.

Beobachtung:

A. Nähert man eine Argongas-Röhre (fluorescent tube), die man in der Hand hält, der oberen Platte, so erstrahlt sie je nach Stärke des Primärstroms verschieden weit entfernt. Legen wir die Gasröhre auf die obere Platte und entfernen wir unsere Hand, so

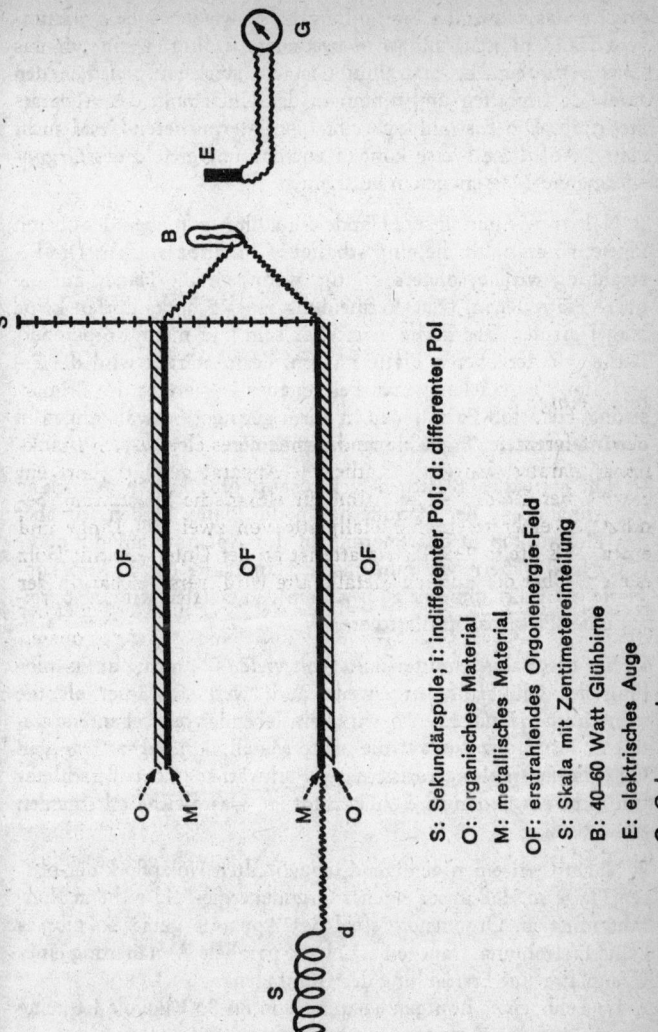

Fig. 18. *Schema des Orgonenergiefeld-Meßapparats*

erlischt das Licht. Die Erstrahlung kehrt wieder, sobald wir unsere Hand nähern, und wird besonders kräftig, wenn wir das Glas berühren. Die Erstrahlung ist am stärksten *zwischen* den zwei Metallplatten und nimmt in der Umgebung des Apparats stetig ab. Die Erstrahlung selbst ist intermittierend und nicht stetig. Auf diese Weise können wir das Energiefeld des Orgonenergiefeld-Messers genau bestimmen.

B. Nähern wir nun unsere Hände allmählich von oben der oberen Platte, so erstrahlt die eingeschaltete Glühbirne stärker. Die Erstrahlung wird besonders kräftig, wenn wir die Hände auf die obere Platte legen. (Zur Vermeidung eines Schocks dürfen keine Nägel an der Oberfläche erreichbar sein.) Je mehr Körperoberfläche wir der oberen Platte nähern, desto stärker wird die Erstrahlung. Ferner kann man bei genauer Dosierung des Primärstroms Herzstoß-Pulsationen in Form geringer Schwankungen in der Intensität der Erstrahlung wahrnehmen.

C. Ein statisches Blättchen-Elektroskop gibt keinen Ausschlag bei Annäherung der Handfläche an die Platte. Stellen wir aber das Elektroskop in das Energiefeld des Apparats auf die obere Platte und nähern wir nun unsere Handfläche der Elektroskop-Platte (natürlich ohne sie zu berühren), so erzielen wir eine Spreizung der Elektroskop-Blättchen.

D. Ein frisch abgeschnittener Ast mit vielen Blättern gibt Erstrahlung des Glühbirnfadens, wenn auch weit schwächer als die menschliche Hand. Ebenso wirkt ein lebender oder eben erst getöteter Fisch, den wir auf die obere Metallplatte legen. Dagegen wird die Erstrahlung fortschreitend schwächer und trifft schließlich nicht ein, je länger der Fisch tot ist. Das gleiche gilt für den Ast.

E. Nähern wir einen genügend langen, alten Holzpflock der oberen Platte so, daß unser eigenes Orgonenergie-Feld nicht in Kontakt mit dem Orgonenergiefeld des Apparats gerät, so gibt es keine Erstrahlung. Dagegen erzielt die parallele Annäherung einer Eisenplatte eine Erstrahlung des Glühfadens.

F. Im Felde einer Röntgenmaschine von 60-80 Kilovolt ist keine Erstrahlung von Argongas zu erzielen.

Schlüsse:

A. Die Sekundär-Spule eines Induktionsapparats entwickelt im Gegensatz zu einer einfachen elektrischen Hochspannung ein Orgonenergie-Feld, das durch Erstrahlung eines Edelgases (Helium, Argon, Neon) nachgewiesen werden kann, ohne daß direkter Kontakt durch einen Draht nötig wäre.

B. *Die orgonotische Erstrahlung ist Ergebnis des Kontaktes zweier Orgonenergie-Felder.*

C. Der Erstrahlungs-Effekt wird nur durch den Kontakt eines Orgonenergie-Feldes mit dem Felde eines *lebenden* Organismus, nicht aber durch Kontakt mit nichtlebendem, organischem Material erzielt. Dies bedeutet, daß sich der lebende Organismus vom nichtlebenden durch das Vorhandensein eines Orgonenergie-Feldes unterscheidet.

D. Durch Einbau einer empfindlichen Selenzelle gegenüber dem Glühfaden setzt sich die Erstrahlungsenergie in elektrische Energie um und kann mittels eines Galvanometers in elektrischen Größen gemessen werden. Derart kann der Orgonfeld-Meßapparat zur Bestimmung der Intensität und Reichweite des Orgonenergie-Feldes eines lebenden Organismus angewendet werden.

7. EINE MOTORISCHE KRAFT DER ORGONENERGIE

Im Sommer 1947 wurden gewisse Beobachtungen gemacht und eine höchst bedeutsame Schlußfolgerung aus ihnen gezogen.
1. Benutzt man mehrere Akkumulatoren oder einen besonders konstruierten Orgon-Raum, kann man eine hohe Konzentration atmosphärischer Orgonenergie erhalten. Dies läßt sich mit dem Geiger-Müller-Zähler demonstrieren, der 40-80 Impulse pro Minute registriert, bei einer Schwellen-Spannung von 700-800 Volt.
2. Geiger-Zählrohre, die mehrere Wochen lang in einer hochkonzentrierten Orgonatmosphäre lagerten und dabei Orgonenergie absorbiert haben, können 25-100 Impulse pro Sekunde in dem Impulszähler hervorrufen, bei einer »Rotations-Schwelle« von

900-1000 Volt. Diese Impulsrate reicht für eine gleichmäßige Rotation des Zeigers im Impulszähler aus. Mit anderen Worten:
3. *Orgonenergie kann eine motorische Kraft entwickeln.* Sobald Kontrollexperimente vollständig vorliegen, werden die relevanten Einzelheiten veröffentlicht werden. Es ist aber jetzt schon klar, daß eine motorische Kraft in der Orgonenergie existiert, die eine Erklärung für die Fortbewegung lebender Organismen bietet.

V. Die karzinomatöse Schrumpfungs-Biopathie

1. DIE DEFINITION DER BIOPATHIEN

Die Krebsgeschwulst ist nur ein Symptom der Krebserkrankung. Daher trifft die lokale Behandlung der Krebsgeschwulst, sei es nun durch Operation, sei es durch Radium- oder Röntgenbestrahlung, nicht die Krebserkrankung als solche, sondern nur eines ihrer sichtbaren Symptome. Auch der Krebstod ist nicht dem Vorhandensein eines oder mehrerer Geschwülste zuzuschreiben. Der Krebstod ist vielmehr der letzte sichtbare Ausdruck der biologischen Allgemeinerkrankung »Krebs«, die auf Zerfall des Gesamtorganismus beruht. Über die Natur dieser biologischen Allgemeinerkrankung gibt die medizinische Literatur keine Auskunft. Die sogenannte »Krebsdisposition« deutet nur an, daß sich im Hintergrund der Krebsgeschwulst bisher unerforschte Prozesse tödlichen Charakters abspielen. Die typische Krebs-Kachexie dürfen wir nur als letzte, sichtbare Phase des unbekannten Allgemeinprozesses »Krebs« betrachten.

Das Wort Krebs-»Disposition« ist irreführend und nichtssagend. Wir wollen es daher durch den Ausdruck *Karzinom-Biopathie* ersetzen. Es ist Aufgabe dieser Abhandlungsreihe, den Prozeß nachzuweisen, der die Karzinom-Biopathie begründet.

Unter *Biopathien* wollen wir alle Krankheitsprozesse zusammenfassen, die sich am *autonomen Lebensapparat* abspielen. Es gibt eine typische Grunderkrankung des autonomen Lebensapparates, die – einmal in Gang gesetzt – sich in verschiedenen symptomatischen Krankheitsbildern zu äußern vermag. Die Biopathie kann in einem Karzinom resultieren (»Karzinom-Biopathie«), aber ebenso in einer Angina pectoris, einem Asthma, einer kardiovaskulären Hypertonie, einer Epilepsie, Katatonie, paranoiden Schizophrenie, Angstneurose, in multipler Sklerose, Chorea, chronischem Alkoholismus etc. Wir wissen noch gar nichts darüber, welche Umstände die Entwicklung einer Biopathie in der einen oder anderen Richtung bestimmen. Wichtig ist uns zunächst das *Gemeinsame* aller dieser Erkrankungen: *Es ist eine Störung der natürlichen Pulsationsfunktion des lebenden Gesamtorga-*

nismus. Eine Fraktur, ein lokaler Abszeß, eine Pneumonie, gelbes Fieber, rheumatische Perikarditis, akute Alkoholvergiftung, infektiöse Peritonitis, Syphilis etc. sind demnach *keine* Biopathien. Sie beruhen nicht auf Störungen der autonomen Pulsation des gesamten Lebensapparates, sind begrenzt und können eine Störung der biologischen Pulsation sekundär herbeiführen. Nur dort, wo der Krankheitsprozeß mit einer Pulsationsstörung *beginnt*, wollen wir von »Biopathie« sprechen, gleichgültig, in welches sekundäre Krankheitsbild sie ausläuft. Wir können demnach eine »schizophrene Biopathie« von der »kardiovaskulären Biopathie«, diese wieder von der »epileptischen« oder »karzinomatösen Biopathie« etc. unterscheiden.

Dieser Eingriff in die medizinische Terminologie rechtfertigt sich dadurch, daß wir keiner der vielen spezifischen Erkrankungen des autonomen Lebensapparates beikommen, wenn wir nicht dreierlei tun:

1. diese Erkrankungen von den typischen Infektions-Krankheiten und chirurgischen Unfalls-Krankheiten abgrenzen;
2. ihren gemeinsamen Mechanismus, die Störung der biologischen Pulsation, aufsuchen und aufdecken;
3. ihre Aufsplitterung in die verschiedenartigen Krankheits*bilder* begreifen lernen.

Die Krebserkrankung eignet sich besonders gut zur Erfassung der Grundmechanismen der Biopathie. In ihr fließen viele Störungen, die die medizinische Praxis angehen, in Eines. Sie äußert sich in pathologischem Zellwachstum; eines ihrer wesentlichen Kennzeichen ist bakterielle Intoxikation und Putrifikation; sie beruht auf chemischen ebensowohl wie bioelektrischen Störungen des Organismus; sie hängt mit emotionellen und sexuellen Störungen zusammen; sie erzeugt eine Reihe von sekundären Prozessen, wie z. B. die Anämie, die sonst Krankheiten für sich bilden; sie ist eine Erkrankung, in der das zivilisatorische Kulturleben eine entscheidende Rolle spielt; sie geht den Diätetiker ebenso an wie den Hormonforscher und den Virusforscher.

Das lärmende Vielerlei der Erscheinungen der Krebserkrankung verbirgt nur eine gemeinsame *Grundstörung*. Ähnliches gilt ja auch für das Gebiet der Neurosen und Psychosen, die in ihrer Vielgestaltigkeit doch nur einen einzigen gemeinsamen Nenner haben: *die Sexualstauung*. Dies führt uns unmittelbar zum Thema:

In der *Sexualstauung* treffen wir eine grundsätzliche Störung der lebendigen Pulsation an. Ist doch die Sexualerregung eine Urfunktion des lebenden Plasmasystems. *Die Sexualitätsfunktion erweist sich als die produktive Lebensfunktion schlechthin.** Eine *chronische* Störung der Sexualfunktion muß daher notwendigerweise mit *Biopathie* zusammenfallen.

Die Stauung der biosexuellen Erregung kann sich prinzipiell in zwei Weisen *äußern*: Sie kann als emotionelle Störung des seelischen Apparats, als Neurose oder Psychose in Erscheinung treten. Sie kann sich aber auch *unmittelbar* im Funktionieren der Organe auswirken und als Organerkrankung zum Vorschein kommen. Sie kann, nach bisherigem Wissen, keine echten Infektionskrankheiten erzeugen.

Der zentrale Mechanismus der Biopathie ist eine Störung in der Abfuhr biosexueller Erregung. Dieser Satz wird die ausführlichste Begründung fordern. Wir werden nicht überrascht sein zu finden, daß in der Biopathie physikalisch-chemische Vorgänge ebenso im Spiele sind wie emotionelle. In der bio-sexuellen Emotion äußert sich die psychosomatische Einheitlichkeit des biologischen Gesamtsystems am klarsten. Es ist nur logisch, daß Störungen des biosexuellen Energieablaufs, wo immer sie ansetzen mögen, Störungen des biologischen Funktionierens, eben die »Biopathie«, begründen.

2. DIE BIOPATHISCHE SCHRUMPFUNG

Das lebendige Funktionieren ist beim Menschen im Prinzip dasselbe wie bei der Amöbe.** Sein Hauptkennzeichen ist die *biologische Pulsation*, alternierende *Kontraktion* und *Expansion*. Beim Einzeller läßt sie sich an den rhythmischen Kontraktionen der Vakuolen oder an den Zuckungen und schlangenartigen Bewegungen des Plasmas leicht beobachten. Beim Vielzeller sehen wir sie vor allem am Gefäß-System. Hier tritt die Pulsation im Puls-

---

* Vgl. mein Buch *The Function of the Orgasm*, Orgone Institute Press N. Y., 1942; dtsch. *Die Funktion des Orgasmus*, Köln, 1969.
** Vgl. *Der Urgegensatz des vegetativen Lebens*, 1934.

schlag klar hervor. Sie läuft an den verschiedenen Organen, entsprechend dem Bau der Organe, verschieden ab. Am Darm erscheint sie als in distaler Richtung verlaufende Kontraktions- und Expansionswelle, als »Peristaltik«. An der Harnblase funktioniert die biologische Pulsation auf den Reiz der mechanischen Expansion durch Harnfüllung. Sie funktioniert in der Muskeltätigkeit, in den quergestreiften Muskeln anders als in den glatten, dort als Zuckung, hier als wellige Peristaltik. In der orgastischen *Zuckung* erfaßt die Pulsation den Gesamtorganismus (»Orgasmusreflex«).

Weder die pulsatorischen Bewegungen der Körperorgane noch ihre Störungen wie Schock, Block, Schrumpfung etc. lassen sich mit der herrschenden Auffassung vereinen, daß die Nerven bloß Impulse leiten, selbst aber starr, unbeweglich seien. *Die autonomen Bewegungen lassen sich nur dann begreifen, wenn das autonome Lebensnervensystem selbst beweglich ist.* Diese entscheidende Frage ist durch unmittelbare Beobachtung zu entscheiden: Wir legen kleine, genügend transparente Würmer (Mehlwürmer u. ä.) auf ein Objektglas so, daß nicht der Ganglienknoten, sondern seine Ganglien*fasern* sich im Focus eines guten Mikroskops befinden. Da sich der Wurm ständig bewegt und auf den Lichtkreis stark reagiert, muß man es lernen, die betreffende autonome Nervenfaser durch ausgleichende Bewegungen der Stellschrauben stets im Focus zu halten. Auf diese Weise überzeugt man sich, *daß der autonome Lebensnervenapparat kontraktil und expansiv, also nicht starr ist.* Die Bewegungen der Nerven sind schlangenartig, langsam-wellig, manchmal zuckend. Sie gehen den entsprechenden Bewegungen des Gesamtorganismus stets um den Bruchteil einer Sekunde voraus: Erst kontrahieren sich der Nerv und seine Äste, dann erst folgt die Kontraktion der Muskulatur. Dasselbe gilt für die Streckung. Stirbt der Wurm, so schrumpft das Nervengeflecht ganz allmählich ein, dabei krümmt sich der Organismus. Das allmähliche Schrumpfen ist von gelegentlichen Zuckungen unterbrochen. Nach kürzerer oder längerer Dauer kompletter Unbeweglichkeit läßt die Kontraktionsstarre (»Leichenstarre«) nach, der Organismus erschlafft mitsamt den Nerven, die Bewegung kehrt nicht wieder.

Die biopathische Schrumpfung beginnt mit chronischem Überwiegen der Kontraktion und mit Hemmung der Expansion des autonomen Lebensnervensystems. Dies tritt am klarsten hervor an der Atmungsstörung der Neurotiker und Geisteskranken. Die Pulsation (alternierende Expansion und Kontraktion) der Lunge und des Brustkorbes ist eingeschränkt; die Inspirationshaltung überwiegt. Die generelle Kontraktion (»Sympathikohypertonie«) bleibt klarer Weise nicht auf einzelne Organe beschränkt. Sie erfaßt ganze Organsysteme, ihre Gewebe, das Blutsystem und den innersekretorischen Apparat ebenso wie die charakterliche Struktur. Sie äußert sich, je nach dem Gebiet, auf dem sie wirkt, in verschiedener Weise: am Gefäß-System als hoher Blutdruck und rascher Puls, am Blutsystem durch Schrumpfung der roten Blutkörperchen (T-Zacken-Bildung, Poikilocytosis, Anämie), im Emotionellen durch Affektsperre und charakterliche Panzerung, am Darm als spastische Konstipation, an der Haut als Blässe, in der Sexualfunktion als orgastische Impotenz etc. etc.

Hier wird der aufmerksame Leser einen Einwand erheben: Kann man, wird er fragen, von »Schrumpfung« sprechen, wenn der Lebensnervenapparat bloß chronisch kontrahiert ist? Besteht dann nicht die Möglichkeit, daß die Kontraktion aufgegeben und die Funktion der vollen Pulsation wiederhergestellt wird? Sollte man nicht zwischen »chronischer Kontraktion« und »Schrumpfung« des Lebensnervensystems unterscheiden? Die Schrumpfung könnte ja eine *Folge* chronischer Kontraktion der Lebensnerven sein, sozusagen ein allmähliches Eingehen des Lebensapparats, ein allmähliches, verfrühtes Absterben.

Der Einwand ist korrekt. *Die biopathische Schrumpfung bei der Krebserkrankung ist tatsächlich eine Folge chronischer, langdauernder Kontraktion des autonomen Lebensapparats.*

3. SEXUALÖKONOMISCHE VORAUSSETZUNGEN

Die Brücke von der Sexualitätsfunktion zur Krebserkrankung bilden folgende vier Tatsachen, die uns aus der sexualökonomischen Klinik wohlvertraut sind:
1. *Die schlechte äußere Atmung, die eine Störung der inneren Gewebsatmung zur Folge hat.*
2. *Die gestörte bioenergetische Ladungstätigkeit der autonomen Organe, besonders der sexuellen.*

3. Die chronischen Spasmen (»Krampfzustände«) der Muskulatur.
4. Die chronische orgastische Impotenz.
Bisher ist die Beziehung der Störungen des sexuellen Energieablaufes zur Krebserkrankung nicht durchforscht worden. Die erfahrenen Frauenärzte wissen, daß eine solche Beziehung besteht. Atemstörungen und Muskelspasmen sind unmittelbare Folgen erworbener Angst vor sexueller Erregung (orgastische Impotenz). Schlecht ladende, verkrampfte oder ungenügend atmende Organe bilden eine biologische Schwächung, derzufolge krebserzeugende Reize, welcher Art immer, leicht ansetzen können. Biologisch ordentlich funktionierende Organe widerstehen solchen Reizen. Dies ist eine einleuchtende und notwendige Annahme.
Die klinisch gesicherten Tatbestände der mangelhaften biologischen Ladung, des muskulären Spasmus und der herabgesetzten äußeren und inneren Atmung erfüllen den Begriff der »Krebsdisposition« mit einem greifbaren Inhalt.
Ich möchte vorerst darzustellen versuchen, wie sich die sexualökonomische Klinik den Weg zur Krebsforschung bahnte.
Die sexualökonomische Beobachtung der Charakterneurosen wies immer wieder auf die *muskulären Spasmen* und die *Erkaltungserscheinungen des Organismus* hin. Muskulärer Spasmus und Mangel an orgonotischer Ladung werden subjektiv als »Totsein« empfunden. Die Muskelhypertonie infolge chronischer Sexualstauung führt regelmäßig eine Herabsetzung der Organempfindungen bis zur völligen Erkaltung herbei. Dies entspricht einer Sperrung der bio-energetischen Tätigkeit im betreffenden Organ. Die Sperrung der biosexuellen Erregung in den Genitalien etwa geht mit einer muskulären Spannung der Beckenmuskulatur einher. Dies ist regelmäßig der Fall bei den Gebärmuttermuskelspasmen frigider und neurotischer Frauen. Menstruationsstörungen, menstruelle Schmerzen, polypöse Wucherungen und Myome sind häufig Folgezustände solcher Spasmen. Der muskuläre Gebärmutterkrampf hat keine andere Funktion als die, die biosexuelle Energie nicht zur Empfindung an der Vaginalschleimhaut durchzulassen. Mit besonderer Vorliebe stellen sich Muskelspannungen als Bremsungen plasmatischer Strömungen überall dort her, wo *Ringmuskeln* funktionieren; so am Rachen, am Mageneingang und -ausgang, am Darmende etc. Es sind Stellen des Organismus, an denen die Krebserkrankung mit besonderer Häufigkeit anzusetzen pflegt. Die biologische Ladungsstörung an

einer Drüsen-, Schleimhaut- oder Hautpartie wird durch eine muskuläre Sperre *in der Nähe* der affizierten Stelle ermöglicht, die die plasmatische Strömung unterbindet. Bei einer Frau, die ich orgontherapeutisch behandelte, war eine beginnende karzinomatöse Läsion des vierten rechten Rippenknorpels röntgenologisch sichergestellt. Dieser Zustand war bedingt durch eine jahrzehntelange Kontraktur des rechten M.pectoralis im Zusammenhange mit starker Zurückhaltung in den Schulterblättern. Dem lagen verdrängte Schlage-Impulse zugrunde. Die Frau litt an zwanghaftem Flirten und hatte nie einen Orgasmus erlebt.
In der orgontherapeutischen Behandlung bekommen wir nicht nur charakterneurotische Störungen, sondern natürlich auch schizophrene, epileptische, parkinsonartige, rheumatische und krebsige Erscheinungen zu Gesicht. Die organische Erkrankung tritt während der Behandlung hervor oder sie bricht später aus, so daß man sich der Zeichen entsinnt, die sie vorher angekündigt hatten. Am häufigsten sind *muskuläre Spasmen im Becken* bei den Frauen, die zunächst nur gutartige Tumoren in den Geschlechtsorganen entwickeln.
In unserer klinischen Praxis stellt sich uns die wichtige Frage, welches Schicksal die *körperliche* Sexualerregung erfährt, wenn sie nicht ordentlich abgeführt wird. Wir wissen nur, daß die biosexuellen Erregungen durch muskuläre Dauerspannung herabgesetzt und gebunden werden können. Bei weiblichen Patienten zeigen sich diese Spannungen in knotenartigen Verdickungen am Uterus als ein Knollen oberhalb des Schambeins. Der muskuläre Spasmus der Gebärmutter setzt sich gewöhnlich in eine Spannung der Ringmuskulatur des Afters und der Scheide und darüber hinaus in die Adduktoren fort. Das Becken ist regelmäßig zurückgezogen, die Steißwirbelsäule oft versteift und ankylotisch. Die Lumbago ist eines der typischen Kennzeichen dieses Zustandes, ebenso die Lordose. Im Becken fehlt subjektiv jedes Organempfinden. Bei der Ausatmung bremst sich die vegetative Welle schon an der hochgehaltenen Brust oder im angespannten Mittelbauch. Die Erregung der großen Bauchganglien dringt nicht zu den Genitalorganen vor und muß infolgedessen eine biologische Funktionsstörung zur Folge haben. Die Genitalien sind der biologischen Erregung nicht mehr zugänglich.
Manche Frauen, die an Genitalspannungen und vaginaler Anästhesie leiden, klagen über das Gefühl, daß »unten etwas nicht in

Ordnung« sei. Sie berichten, daß sie in der Pubertät die bekannten Zeichen der bio-sexuellen Erregung, Jucken und Prickeln, gespürt hatten; sie lernten es, die Erregungen durch Atemanhalten zu bekämpfen, mit dem Erfolg, daß sie dann nichts mehr fühlten. Später, so lauten die Berichte typischerweise, hätte ein »totes« oder »taubes« Empfinden in den Genitalien Platz gegriffen, das sie beängstigte. Da sich im Organempfinden die reale Organerregung spiegelt, müssen wir solchen Aussagen für die Beurteilung körperlicher Prozesse größte Bedeutung beimessen.*

Die allgemein vorkommende Sexualsperre der Frauen begründet die überwiegende Häufigkeit des weiblichen Brust- und Genitalkrebses. In einer unabsehbaren Anzahl von Fällen mag die Sexualsperre erst im Laufe von Jahrzehnten als ausgereifter Krebs in Erscheinung treten.

Der folgende Fall beleuchtet den unmittelbaren Zusammenhang von charakterlicher Panzerung, muskulärem Spasmus und Auftreten der Krebsgeschwulst in besonders einfacher Weise:

Ein 45jähriger Mann suchte mein Laboratorium wegen kompletten Verschlusses der Speiseröhre durch eine Karzinomgeschwulst auf. Er konnte keine festen Speisen mehr zu sich nehmen, und flüssige Nahrung erbrach er rasch wieder. Das Röntgenbild zeigte eine kleinfaustgroße Verschattung und eine komplette Einschnürung in der Mitte der Speiseröhre. Es hatten bereits rasche Abmagerung und Kräfteschwund eingesetzt; ebenso hochgradige Anämie und T-Bazillen-Intoxikation. Ich erfuhr zur Vorgeschichte folgendes: Mehrere Monate vor Auftreten der Krebsbeschwerden war sein Sohn zum Heeresdienst eingezogen worden. Der Kranke liebte diesen Sohn besonders und geriet aus Sorge in tiefe Depression. Charakterlich war er von jeher depressiv gewesen. Im Verlaufe weniger Tage entwickelte er einen Spasmus der Speiseröhre. Er hatte Schluckbeschwerden, die aber vergingen, wenn er Wasser trank. Diese Beschwerden gingen mit einem Druckempfinden in der Brust einher, vergingen und kamen wieder, bis sie eines Tages nicht wieder beseitigt werden konnten. Die Schwierigkeiten zu schlucken wurden rasch größer. Er suchte einen Arzt auf, der die Einschnürung und eine kleine Wucherung feststellte. Röntgenbehandlung half nicht, und im Verlaufe we-

---

* Die Frauen sind gewöhnlich nicht geübt, ihre Organempfindungen zu begreifen. Dazu bedarf es charakteranalytischer Exploration.

niger Monate stand der Mann am Rande des Grabes infolge Verhungerns. Ich möchte hervorheben, daß er von Kindheit auf an schwerem Rigor der Kinnmuskulatur litt und daß sein Gesicht einen starren, wie verbissenen Ausdruck hatte. Passive Bewegung des Kinns war fast völlig eingeschränkt. Desgleichen war sein Sprechausdruck gestört: Er sprach infolge Kiefermuskel-Spannung mit aufeinandergebissenen Zähnen.

Welche verheerenden Wirkungen die Behinderung des natürlichen Lebensrhythmus, der sich in Atmung und in sexueller Spannung und Befriedigung ausdrückt, körperlich anrichtet, läßt sich noch gar nicht übersehen. Infolge der schlechten Atmung muß, so lautet eine unabweisliche Annahme, die »*innere Atmung der Organe*«, d. h. die Sauerstoffzufuhr und die Kohlensäureabfuhr in den Geweben schwer gestört sein. Als ich vor mehreren Jahren die Bedeutung der Atemstörung für die emotionellen Erkrankungen erkannte, erinnerte ich, daß krebsig erkranktes Gewebe *Erstickungsstoffwechsel* zeigt:

Der Wiener Forscher *Otto Warburg** fand, daß die verschiedenen »Krebsreize« das Gemeinsame an sich haben, einen lokalen Sauerstoffmangel hervorzurufen, durch den in den davon betroffenen Zellen eine *Atmungsstörung* entsteht. Die Krebszelle ist danach eine schlecht atmende Zelle, von der nur geringe oxydative Eigenschaften ausgehen. *Warburg* sieht im O-Mangel, der zur Atmungsstörung der Zellen führt, insofern eine Ursache der Krebsentwicklung, als nunmehr an einer bestimmten Stelle nur solche Zellen überleben und sich weiterentwickeln können, welche die unter dem Einfluß des O-Mangels aufgetretene Atmungsstörung überwinden und auf diese Weise den Stoffwechsel von Krebszellen annehmen. Es handelt sich um eine Störung des Energiestoffwechsels. Die Atmungsstörung ist eine Eigenschaft aller bisher bekannten malignen Blastome, eingeschlossen die Rous-Sarkome. *Krebsstoffwechsel ist somit als Erstickungsstoffwechsel normalwachsender Zellen anzusehen.* Wir können jedoch nicht aus Warburgs korrekten Befunden schließen, daß die Krebszelle einfach eine normale Zelle ist, die aus O-Mangel ein verändertes Wachstum annimmt. Biologisch ist die Krebszelle grundsätzlich verschieden von der normalen Zelle; sie ist nichts anderes als ein protozoales Gebilde.

---

* Otto Warburg in *Biochemische Zeitschrift*, Bd. 317 u. a.

Diese Tatsachen bilden also die Brücke von den autonomen Lebensfunktionen zur Krebserkrankung.

4. AUS DER GESCHICHTE EINER KREBSKRANKEN: VERSUCH EINER ORGONTHERAPIE

Ich lasse nun die Krankengeschichte einer Krebskranken folgen, die geeignet ist, das Wesen der Schrumpfungsbiopathie zu enthüllen.
Der Bruder berichtete, daß die Krankheit vor drei Jahren mit einem heftigen Schmerz am rechten Hüftbein einsetzte. Der Schmerz war andauernd und »zerrend«. Die Patientin wog zu dieser Zeit 125 lbs. Der behandelnde Arzt diagnostizierte einen sakroiliakalen Spasmus. Es war ihr unmöglich, sich vom Untersuchungstisch zu erheben. Der Arzt gab ihr Morphin und Atropin-Injektionen, ohne Erfolg. Der Schmerz war andauernd scharf, und die Patientin konnte das Bett nicht verlassen. Den Berichten der Verwandten zufolge lag sie flach und unbewegt im Bett. Drei Monate später begann die Patientin zu erbrechen. Der Schmerz wanderte mittlerweile von der iliosakralen Gegend hinauf in die Gegend des fünften Halswirbels. Die Röntgenaufnahmen zeigten einen verschmälerten Wirbel. Ein orthopädischer Arzt legte die Patientin in ein Gipsbett. Dieser Arzt konstatierte als erster die Schrumpfung des zehnten Rumpfwirbels, die sich auf einen Krebstumor in der linken Brust zurückführen ließ. Es wurde eine Probe-Exzision gemacht, die die Diagnose »Krebs« bestätigte. Die Patientin wurde einer Röntgen-Therapie am Becken und an der Wirbelsäule unterzogen. Die Patientin war dauernd im Bett. Ein anderer Arzt übernahm die Röntgentherapie, um die Patientin zu sterilisieren. Als sie die Klinik nach der Röntgentherapie verließ, betrug ihr Gewicht 90 lbs.
Die Krankenblätter der Klinik geben uns folgende Auskunft: 4 Monate vor der Aufnahme traten Schmerzen in der rechten Hüfte auf, die sich beim Gehen verstärkten. Die Patientin hatte Schwierigkeiten beim Hinsetzen. Nun fällt uns folgendes auf: *Die Schmerzen, die die Patientin über zwei Jahre ans Bett fesselten, traten ursprünglich nicht an der Stelle auf, wo die Krebs-*

geschwulst diagnostiziert war. Die Schmerzen saßen in der rechten Hüfte, der Primärtumor dagegen war in der linken Brust, und in der Wirbelsäule, wo auch die Röntgentherapie vorgenommen wurde, fanden sich mehrere Metastasen.
Die Patientin litt auch an Erbrechen. Der Bericht der Klinik vermerkt, daß die Patientin flach im Bett lag und nur unter Schmerzen sich bewegen konnte. Sie hatte keine Vergrößerungen der Lymphknoten. Der Brusttumor betrug ca. 3 x 2 x 6 cm. Ihre Beine waren schon damals schlecht beweglich, und das Kreuzbein war rigid und steif. Der überwiegende Teil des Rückgrats war schmerzempfindlich. Die Diagnose der Klinik lautete: *Karzinom der linken Brust mit Knochenmetastasen.* Vier Monate nach dem ersten Auftreten der Schmerzen stellte der Klinikarzt fest, daß der Fall hoffnungslos war.
Die Patientin kam 26 Monate nach der Entdeckung des Brusttumors, von zwei Verwandten unterstützt, sich mehr schleppend als gehend, in unser Krebsversuchslaboratorium. Die Haut war, besonders im Gesicht, aschfahl-grau und um die Nase eingefallen. Die Schmerzen im Rücken an der Stelle des 12. Wirbels waren scharf lokalisiert und außerordentlich heftig. In der linken Brust fand sich ein Tumor von Kleinapfelgröße, der schlecht beweglich war. Eine am selben Tage vorgenommene Blutuntersuchung ergab folgendes: Hgb-Gehalt 35 %, T-Bazillen-Kultur in Bouillon (nach 24 Stunden) stark positiv. Die Blutuntersuchung ergab lange schlängelnde Fäulnisbakterien, die Blutkörperchen überwiegend bionös zerfallen und mit T-Zacken versehen, kleine kernige Rundzellen und haufenweise T-Bazillen. Die Autoklavierungsprobe ergab überwiegend blaue Bione, doch die Bläschen waren klein und wenig strahlend. Die Überimpfung der Bouillonkultur auf Agar gab einen klaren T-Bazillen-Rand.* Dieser Blutbefund deutete auf außerordentliche biologische Schwäche des Blutsystems hin. Eine Röntgenaufnahme gab folgenden Befund:
X-Ray Examination of Entire Spine.
The fifth cervical vertebra is collapsed. No significant findings at the other cervical vertebrae.
The dorsal spine shows collapse of the tenth and twelfth vertebra and a narrowing of the joint space between the 3rd

---

* Vgl. »Bion Experiments on the Cancer Problem«, *Klinische und experimentelle Berichte,* 1939.

and 4th vertebra. There is also strong suggestion of a metastatic lesion at the medial third of the right ninth rib. No lesions are present at the lumbar spine, but there are three round areas of lesser density at the right ilium near the sacroiliac joint which are very suggestive of metastatic lesions, although they might be gas shadows of the cecum.
Conclusions: *Multiple metastatic bone lesions.**

Der Arzt, zu dem ich die Patientin zur allgemeinen Untersuchung geschickt hatte, erklärte den Fall auf Grund der Röntgenbilder für hoffnungslos. Ich war weniger vom Röntgenbild als von der biologischen Schwäche des Blutes beeindruckt.

Zwei Ärzte, Freunde der Familie, erklärten, daß man auf ein rasches Ende in etwa zwei Wochen gefaßt sein müßte. Ein anderer Arzt erklärte, daß entsprechend den Informationen, die er von den Ärzten an der Klinik hatte, sie höchstens noch zwei Monate leben könnte.

Der muskuläre Panzer

Der biophysikalische Habitus der Patientin bei der Aufnahme war folgender: Das Kinn schien in den Gelenken wie festgeklemmt. Sie sprach durch die Zähne, wie zischend. Die Massetermuskeln reagierten auf Herunterziehen des Kinns mit starkem Rigor. Die oberflächliche und tiefe Halsmuskulatur, im besonderen in der Supraklavikular-Gegend, war außerordentlich rigid. Die Patientin hielt den Kopf etwas eingezogen und nach vorne gestreckt, als ob sie Angst hätte, daß ihr im Nacken Böses zustoßen könnte, wenn sie den Kopf bewegte. Diese Haltung der Kopfnackenpartie

---

* *Röntgen-Untersuchung der gesamten Wirbelsäule.* Der V. Halswirbel ist kollabiert. Keine signifikanten Befunde an den anderen Halswirbeln. / Die thorakale Wirbelsäule zeigt einen kollabierten X. und XII. Wirbel und eine Verengung der Gelenkspalte zwischen III. und IV. Wirbel. Auch besteht dringender Verdacht auf eine metastatische Läsion am mittleren Drittel der rechten IX. Rippe. / An der lumbalen Wirbelsäule sind keine Läsionen vorhanden, am rechten Ilium finden sich aber in der Nähe des sakro-iliatralen Gelenkes drei runde Stellen von geringerer Dichte, die stark auf metastatische Läsionen hinweisen, wenngleich es sich hierbei auch um Gasschalten des Zoekum handeln kann. / Diagnose: *Multiple metastatische Knochenläsionen.*

schien zuerst dadurch genügend erklärt, daß ja der fünfte Halswirbel zusammengebrochen war. Die Patientin hatte lange Zeit hindurch eine Halsprothese getragen; ein Bruch der Halswirbelsäule bei zu rascher oder extremer Bewegung lag im Bereich des Möglichen. Diese Sachlage war von der Neurose der Patientin kräftig ausgenutzt, wie sich später zeigte: *Die Angst vor Bewegung der Nackenmuskulatur bestand lange vor dem Zusammenbruch der Wirbelsäule, ja mehr, diese Nackenhaltung war nur Teil einer biophysikalischen Gesamthaltung, die wir nicht als Folge, sondern als biopathische Ursache ihrer Krebserkrankung auffassen müssen.*

Alle Reflexe am Kopf, an Rumpf und Beinen reagierten korrekt. Die *Atmung* der Patientin war schwer gestört. Die Lippen waren eingezogen, die Nasenflügel etwas gebläht, als ob sie ständig Luft durch die Nase einziehen müßte. Der Brustkorb war unbeweglich. Er ging mit der Atmung nicht mit und befand sich in Einatmungsstellung, wie festgeklemmt. Die Patientin befolgte die Aufforderung, tief *auszuatmen*, nicht, ja sie schien nicht einmal zu verstehen, was sie tun sollte. Beim Versuch, den Brustkorb in die Exspirationsstellung zu bringen, also herunterzudrücken, stieß man auf einen lebhaften, aktiven muskulären Widerstand. Derart bildeten Kopf, Nacken und Hals eine einheitliche starre Masse, als ob die Bewegung in allen entsprechenden Gelenken unmöglich wäre. Die Patientin konnte die Arme nur sehr langsam und mit Mühe heben. Der Händedruck war beiderseits außerordentlich schwach. Die Skapulamuskeln waren stark angespannt und traten an manchen Stellen in Wulstform hervor. An der Skapulaspitze und beiderseits der Wirbelsäule zwischen den Schulterblättern bestand muskuläre Schmerzempfindlichkeit.

Die Bauchdeckenmuskulatur war ebenfalls angespannt und reagierte auf leisesten Druck mit starker Resistenz. Die Beinmuskulatur erschien im Verhältnis zum Gesamtkörper dünn, wie atrophisch. Das Becken war stark zurückgezogen und unbeweglich.

Die oberflächliche psychiatrische Untersuchung erbrachte folgendes: Die Patientin hatte viele Jahre vor der Entdeckung der Krebsgeschwulst an Schlaflosigkeit gelitten. Sie war zwölf Jahre verwitwet. Eine zweijährige Ehe war nach außen ruhig, doch innerlich unglücklich gewesen. Im Gegensatz zu so vielen anderen Fällen von Eheunglück, bei denen kein Bewußtsein von dem

Leiden besteht, war sich die Patientin immer völlig klar darüber gewesen, daß sie in einer Fehlehe gelebt hatte. In den ersten Wochen und Monaten der Ehe war die Patientin außerordentlich erregt und unbefriedigt. Ihr Mann hatte beim Akt versagt. Als schließlich der Beischlaf gelang, blieb sie weiter unbefriedigt, da ihr Mann an verfrühtem Samenerguß litt. In den ersten Monaten der Ehe hatte sie schwer unter der sexuellen Unbefriedigtheit gelitten; sie hatte sich jedoch später »daran gewöhnt«. Sie war sich immer der Notwendigkeit sexueller Befriedigung bewußt gewesen, hatte aber keinen Ausweg finden können. Als ihr Mann starb, widmete sie sich der Erziehung ihres Kindes, wies jede Annäherung von Männern ab und entzog sich gesellschaftlichem Verkehr. Ihre sexuellen Erregungen vergingen mit der Zeit. An ihrer Stelle traten Angstzustände auf, die sie mittels verschiedener phobischer Maßnahmen bekämpfte. Sie hatte keine Angstzustände, als sie zu mir kam; sie schien emotionell ausgeglichen und sich mit ihrem persönlichen Schicksal und der sexuellen Abstinenz irgendwie abgefunden zu haben. Sie bot das dem Charakteranalytiker so wohlbekannte Bild neurotischer Resignation; sie hatte keine Impulse mehr, ihre Lebenssituation zu verändern. Ich vermied es, tiefer in den latenten Konflikt der Patientin einzudringen und konzentrierte die Aufmerksamkeit auf die organischen Veränderungen, die sich sehr bald einstellten.

Die Ergebnisse des Orgontherapie-Experiments

Eine genaue Darstellung der Technik der Orgontherapie folgt an anderer Stelle.* Ich bringe hier nur das Wesentliche.
Unsere Orgontherapie-Versuche an Krebskranken bestehen darin, daß die Patienten in einen Orgon-Akkumulator gesetzt werden; die im Inneren des Apparats »akkumulierte« Orgonenergie durchdringt den nackten Körper und wird überdies eingeatmet. Je nach der atmosphärischen Energiespannung bleiben die Kranken längere oder kürzere Zeit im Strahlungsapparat. Die Intensität der Strahlung wird an der Geschwindigkeit der elektroskopischen Entladung innerhalb des Apparates, verglichen mit der in der Raumluft außerhalb, bestimmt und in Minuten-Org gemes-

* S. Kap. VII. [Herausgeber]

sen. Die Konzentration der Orgonenergie ist innerhalb des Strahlers etwa drei- bis fünfmal höher als in der freien Atmosphäre.*
Ich begann versuchsweise mit einer 30-Minuten-Org-Bestrahlung; d. h., die Patienten blieben eine halbe Stunde innerhalb des Strahlers, wenn eine Einheit sich in 60 Minuten entlud.
Ich will im folgenden nur diejenigen Reaktionen der Patientin nennen, die typischerweise an allen Orgon-behandelten Krebskranken wahrnehmbar sind. Individuelle Reaktionen werde ich als solche hervorheben.
Bei der ersten Bestrahlung trat eine Rötung der Haut zwischen den Schulterblättern auf, an einer Stelle, die zwei Monate später eine hervorragende Rolle in der funktionellen Erkrankung der Patientin spielte. Von der zweiten Bestrahlung ab wurden die Reaktionen deutlicher und intensiver. Der Schmerz in der Gegend des zehnten Wirbels verminderte sich regelmäßig *während* der Bestrahlung. Die Herabsetzung des Schmerzes hielt gewöhnlich bis zur nächsten Bestrahlung an. Schlechtes, feuchtes oder regnerisches Wetter ließ die Schmerzen stark hervortreten. Während der zweiten Bestrahlung verbreitete sich die Rötung der Haut auf den oberen Teil des Rückens und der Brust. Wenn die Patientin die Bestrahlung für fünf Minuten unterbrach, verschwand die Rötung wieder, um zurückzukommen, sobald sie wieder in den Strahler ging. Von der dritten Bestrahlung ab spürte die Patientin die Luft im Akkumulator »closer and heavier«. »I feel like I'm filling up«, »I have buzzing around the ears from the inside«, »something makes me strong«, »something clears up in my body«. In der dritten Bestrahlung brach auch Schweiß aus, besonders unter den Armen. Sie teilte auf ausdrückliche Befragung mit, daß sie in den letzten Jahren nie geschwitzt hatte.
Die bisher genannten Reaktionen des Organismus auf die Orgoneinwirkung sind typisch für alle Krebskranken. Bei dem einen ist die eine Wirkung, bei dem anderen die andere mehr ausgesprochen. Rötung der Haut, Herabsetzung der Pulsfrequenz, Ausbrechen warmen Schweißes und die subjektiven Empfindungen, daß sich im Körper »etwas lockert«, »anfüllt« oder »schwillt« etc.,

* Die Einheit einer Elektroskopladung entlädt sich innerhalb des Apparates zwei-, drei- bis fünfmal langsamer als in der Atmosphäre. Je größer die Minutenzahl, die erforderlich ist, um eine Einheit entladen zu lassen, desto höher die Energiespannung.

lassen nur eine Deutung zu: Der krebsige Habitus ist bestimmt durch allgemeine Sympathikotonie, d. h. vegetative Kontraktion; daher treffen wir bei den meisten Krebskranken raschen Puls, Blässe und Trockenheit der Haut, oft einhergehend mit einer cyanotisch-gelblich verschatteten Färbung, eingefallene Wangen, eingeschränkte Motilität der Organe, Konstipation und Hemmung der Schweißdrüsentätigkeit an. *Die Orgonstrahlung wirkt vagoton*, arbeitet also der generellen sympathikotonen Schrumpfung des Organismus entgegen: Der Puls vermag binnen 20 Minuten im Strahler von 120 auf 90 oder von 150 auf 110 herunterzugehen, wohlgemerkt, ohne Zuhilfenahme anderer Medikation. Dem entspricht auch die Rötung der Haut und der Schweißausbruch: Die peripheren Hautgefäße erweitern sich, und der Blutdruck wird erniedrigt. In der Sprache der biologischen Pulsation ausgedrückt: *Das Plasmasystem gibt die chronische Kontraktion auf und beginnt sich zu strecken, vagoton zu erweitern.* Mit dieser »plasmatischen Streckung« geht eine Herabsetzung des typischen Krebskrankenschmerzes einher.

Die Schmerzen der Krebskranken werden meist auf die lokalen mechanischen Schädigungen der Gewebe durch den Tumor zurückgeführt. Solche Schmerzen bestehen sicher in dem einen oder anderen Falle, wenn ein Nerv gedrückt ist oder wenn ein schmerzempfindliches Organ verletzt ist. Der typische Krebskrankenschmerz aber, von dem ich hier spreche, ist von den lokalen, mechanisch verursachten Schmerzen klar zu unterscheiden. Wir wollen ihn als »*Schrumpfungsschmerz*« besonders kennzeichnen. Um ihn zu begreifen, müssen wir auf einige bisher übersehene Tatsachen zurückgreifen.

Die Sexualökonomie hat die Ansicht, die die heutige Medizin beherrscht, aufgeben müssen, daß die autonomen Nerven der Vielzeller bloß Impulse vermitteln, selber aber starr sind. Die zerrenden und ziehenden Schmerzen bleiben unverständlich, wenn man nicht anerkennt, daß dieses Nervensystem sich streckt und zusammenzieht, also mobil ist. Das bestätigt sich, wie ich im I. Teil ausführte, durch die mikroskopische Beobachtung des autonomen Nervensystems etwa an den durchsichtigen Mehlwürmern. Wir sehen, daß die Nervenfasern der autonomen Ganglien sich strecken und zusammenziehen; sie bewegen sich unabhängig von den Bewegungen des Gesamtorganismus, und diese Bewegungen gehen den Gesamtkörperbewegungen voraus. Die Bewegungsimpulse treten zuerst in den Bewegungen des autonomen Nervensystems auf und übertragen sich sekundär auf die mechanischen Bewegungsorgane des Organismus. Diese Tatsache klingt umstürzend und befremdend, ist aber eigentlich eine banale Konsequenz, die ich zunächst aus den pulsatorischen Funktionen des Organismus ziehen mußte und durch die direkte Beobachtung nachträglich bestätigen konnte. *Im Vielzeller lebt die kontraktile und expansible Amöbe in Form des kontraktilen und expansiblen autonomen Lebensnervensystems fort. Dieses autonome Lebensnervensystem ist nichts anderes als organisiertes kontraktiles Plasma. Die emotionelle, vegetative, autonome Bewegung ist daher unmittelbarer Ausdruck der Plasmaströmung.* Die herrschende Auffassung von der Starrheit der Lebensnerven kann keinem einzigen Phänomen des bio-physikalischen Geschehens gerecht werden. Unter dieser Anschauung bleiben die Lust, die Angst, die Spannung, die Entspannung, die Druck-, Zug- und Schmerzempfindung etc. unverstanden. Dagegen klärt die Tatsache der Kontraktilität des autonomen Lebensnervensystems, das eine funktionelle und histologische Einheit (»Syncytium«) bildet, in einfacher Weise unsere subjektiven plasmatischen Empfindungen auf. Was wir als *Lust* empfinden, ist eine Weitung unseres Organismus. In der Lust strecken sich, entsprechend der vagotonischen Expansion, tatsächlich die autonomen Lebensnerven der Welt entgegen. In der Angst dagegen fühlen wir ein In-sich-kriechen, eine Schrumpfung, ein Sich-verstecken und eine »Enge« (»angustiae«, »Angst«). Wir empfinden dabei den realen Vorgang der Kontraktion des Lebensnervensystems.

Den Orgasmus empfinden wir als eine unwillkürliche Zuckung; das gibt den objektiven Vorgang der Expansion und Kontraktion des Gesamtplasmasystems wieder. Der Schmerz der Krebskranken spiegelt den Tatbestand wieder, daß sich die Lebensnerven von der erkrankten Stelle zurückziehen und an den Geweben »zerren«. Der Ausdruck »zerrender Schmerz« oder »ziehender Schmerz« entspricht durchaus dem objektiven Vorgang. Nur eine mechanistisch-starre, unlebendige, unbiologische und unpsychologische Einstellung wird den eindeutigen und einfachen Tatbestand der Identität unserer Organempfindungen und der realen Vorgänge am Lebensnervenapparat leugnen. Eine solche Anschauung versetzt unsere Organempfindungen in den bodenlosen Bereich der Metaphysik und wird daher auch keiner einzigen Tatsache des Krebssymptombildes gerecht.

Wir verstehen nun das merkwürdig scheinende Phänomen, daß sich die Krebsschmerzen im Orgonstrahler typischerweise vermindern oder verlieren. Wenn die Krebsschmerzen nicht Ausdruck einer lokalen mechanischen Läsion, sondern einer allgemeinen Kontraktion der Lebensnerven, einem »Zerren an den Geweben« entsprechen, dann wird verständlich, daß mit der vagotonen Streckung der Nerven das Zerren und damit der Schmerz nachläßt.

Diese Tatsache verrät uns eine wesentliche Wirkung der Orgonenergie: *Sie lädt lebende Gewebe auf und bedingt Expansion des plasmatischen Systems (»Vagotonie«).*

Die allgemeine Belebung der Organismusfunktionen durch die Orgonstrahlung äußert sich bei den Krebskranken auch im Blutbild.

Die Patientin war mit 35 % Hgb zu uns gekommen. Zwei Tage später betrug das Hgb 40 %; nach vier Tagen 51 %; nach sieben Tagen 55 %; nach neun Tagen 63 %; nach 14 Tagen 75 %, und nach Ablauf von drei Wochen war der Hgb-Gehalt normal 85 %. Die Patientin verließ das Bett, nahm ihr Kind wieder zu sich und fing nach Jahren der Untätigkeit und Bettlägerigkeit wieder zu arbeiten an. Aber sie tat des Guten zuviel; sie ging einkaufen und verbrachte Stunden in verschiedenen Warenhäusern; sie hatte keine Schmerzen, schlief gut und fühlte sich völlig gesund. Sie besorgte die Hauswirtschaft ohne Hilfe. Ich mußte die Patientin warnen, daß sie gerade eine sehr schwere Krankheit zu überstehen hätte und sich noch sehr schonen müßte. Meine Warnung war richtig, denn nach etwa sechs Wochen spürte die Patientin Müdigkeit; der Hgb-Gehalt sank auf 63 %. Die Schmerzen im Rücken kehrten nicht wieder, doch sie klagte zum ersten Male über Atembeklemmungen und über einen »wandernden Schmerz« in den Rippen, in der Gegend des Zwerchfellansatzes. Ich verordnete Bettruhe, und das Blutbild besserte sich wieder. Der Hgb-Gehalt betrug bald wieder 70 % und war nach weiteren acht Tagen wieder normal 85 %. Das Gewicht blieb konstant um etwa 124 lbs. Nach weiteren vier Wochen betrug der Hgb-Gehalt noch immer 85 %.

Die Patientin wurde nicht mehr im Auto zu mir gebracht; sie kam täglich allein mit der Untergrundbahn zur Behandlung. Die Verwandten und die behandelnden Ärzte staunten. Dabei begegnete ich dem so sonderbaren und vom rationalen Standpunkt unverständlichen Benehmen von Ärzten, die sich abwenden, wenn einmal eine Situation mit einem Krebskranken *nicht* hoffnungslos ist: Sie fragten nicht, wie die Besserung bewerkstelligt wurde. Ich hatte die Patientin am Anfang zu einem Arzt geschickt, der ihren Tod innerhalb weniger Tage voraussagte. Nun ging die Patientin herum, und das Röntgenbild zeigte vollkommene Ossifikation in der vorher krebsigen Wirbelsäule; auch die Schatten im Beckenknochen verschwanden schon zwei Wochen nach Beginn der Behandlung. Ich sah und hörte von diesen Ärzten nichts mehr. Die Röntgenbilder zeigten den Heilungsprozeß in eindeutiger Weise. Sie bestätigten, was ich in den Mäusekrebstherapie-Versuchen so oft gesehen hatte: Die Orgonenergie hält das Wachstum des Tumors auf, ersetzt ihn durch ein Hämatom, das unter günstigen Verhältnissen resorbiert und entweder durch Bindegewebe oder, wenn in Knochen, durch Knochensubstanz beseitigt wird.

Orgon-biophysikalische Blutproben

Ich will kurz resümieren, was an anderer Stelle ausführlich dargelegt werden wird: *Die Orgonenergie lädt die roten Blutkörperchen biologisch auf.*
Jedes einzelne rote Blutkörperchen ist ein selbstständiges, in sich abgeschlossenes orgonotisches Energie-Bläschen. Es unterliegt derselben biologischen Sp-L-Funktion und Pulsation wie der Gesamtorganismus und jedes seiner autonomen Organe. Expansion und Kontraktion sind an roten Blutkörperchen bei etwa 3000 x Vergrößerung leicht zu beobachten. Die roten Blutkörperchen schrumpfen bei Adrenalin-Zusatz, sie quellen auf bei Kaliumchlorid – Zusatz, unterliegen also dem Gegensatz der Lust- und Angst – Funktion.
Unsere Blutproben an Krebskranken werden wie folgt durchgeführt:
1. *Kulturprobe.* Eine Blutprobe wird in Bouillon oder 50 % Bouillon + 50 % 0,1 n KCL auf Bakterienkultur geprüft. *Fortgeschrittene Krebskranke geben regelmäßig starken T-Bazillen-Aufwuchs* (Vgl. *Bion Experiments on the Cancer Problem,* 1939).
2. *Biologische Resistenz:* Einige Tropfen Blut werden in Bouillon + KCL eine halbe Stunde bei 15 lbs Dampfdruck autoklaviert.

Gesundes Blut hält der Autoklavierungsprobe besser stand als das biologisch geschwächte Blut der Krebskranken. Biologisch kräftige Blutkörperchen zerfallen in große blaue Bionbläschen. Krebsig geschwächtes Blut zerfällt in T-Körperchen. Je nach dem Grade der Schwächung nimmt der Gehalt an T zu und der an blauen Bionen ab.

Die Orgonbehandlung lädt die roten Blutkörperchen auf. Das zeigt sich daran, daß die T-Reaktion sich in B-Reaktion verwandelt: Das Blut wird resistenter gegen Zerstörung durch hohe Temperatur.

3. *Zerfall in physiologischer Kochsalzlösung:* Man bringt einen kleinen Tropfen Blut auf einen gehöhlten Objektträger in 0,9 % Kochsalzlösung. Die Blutkörperchen zerfallen langsam oder rasch, je nach ihrer biologischen Resistenz. Je rascher sie zerfallen, an der Membran schrumpfen, im Inneren der Zellen Bionbläschen bilden, desto kleiner ist die biologische Resistenz anzunehmen. Biologisch kräftige rote Blutkörperchen vermögen ihre Form 20 Minuten und länger zu bewahren. Zerfall in ein bis drei Minuten zeigt bereits hochgradige biologische Schwäche an. Bei hochgradiger Anämie zeigen die roten Blutkörperchen die charakteristischen T-Zacken, d. h. geschrumpfte Membran.

4. *Blauer Orgonrand:* Biologisch kräftige rote Blutkörperchen zeigen, mit Apochromat-Objektiven betrachtet, bei 2-3000 mal Vergrößerung einen intensiv blauen oder blaugrünen Rand, der breit ist. Geschwächte, zu raschem Zerfall neigende rote Blutkörperchen zeigen einen sehr schmalen Rand von geringer Blaufärbung.

Die Blutproben der Patientin zeigten allgemeine biologische Kräftigung des Blutes an:

Die Blutkulturen der Kranken waren, als sie zu uns kam, sehr stark positiv, d. h. sie ergaben starke T-Bazillen-Aufwüchse. Drei Wochen später waren die Blutkulturen negativ und blieben so. Die roten Blutkörperchen zeigten keine Schrumpfung mehr, sie waren prall gefüllt, mit breitem und tief blauem Orgonrand versehen. Die Autoklavierungsprobe ergab hundertprozentigen Bionzerfall und keine T-Reaktion mehr wie im Anfang. Der Bionzerfall in Kochsalzlösung erfolgte sehr langsam und ohne T-Zacken-Formation.

Die Patientin hatte keine Schmerzen mehr, war fröhlich, reagierte aber auf Regenwetter noch immer mit Unwohlsein. Sie kam regelmäßig täglich zur Orgonbestrahlung. Der Blutdruck betrug konstant etwa 130/80. Die Pulsfrequenz überschritt nie das Normale, ca. 80. Nur *ein* Symptom wollte nicht weichen und verstärkte sich sogar. Sie hatte Schwierigkeiten mit der Atmung, die nicht definierbar waren.

Das Hervortreten der Karzinom-Biopathie

Ich gehe nun zur Schilderung der *Karzinom-Biopathie* über, die erst nach Beseitigung der Tumoren und nach Wiederherstellung des normalen Blutbildes zum Vorschein kam. Ich hatte von dem, was ich im folgenden schildern werde, nicht die geringste Ahnung, erlebte es zuerst mit Staunen und Verständnislosigkeit. Es machte Mühe, die Zusammenhänge zu erfassen: Nach dem Verschwinden der lokalen Krebstumoren trat ein allgemeines biopathisches Krankheitsbild hervor, das vorher verdeckt war und den eigentlichen Hintergrund der Krebserkrankung bildete: die biopathische Schrumpfung.

Die Patientin schien ihre volle körperliche Gesundheit wiedererlangt zu haben. Dieser Zustand hielt etwa sechs Wochen an und bestätigte sich objektiv durch die Ergebnisse der Blutuntersuchungen und der Röntgenbilder: Die Tumoren waren verschwunden. Das Blut blieb kräftig, die Anämie kehrte nicht wieder. Der Tumor in der rechten Brust war schon nach der achten Orgonbestrahlung nicht mehr tastbar. Eine rein mechanistische Anschauung der Pathologie hätte darüber triumphiert und die »Heilung« des Krebsfalles verkündet. Doch zur selben Zeit traten immer deutlicher emotionelle Symptome hervor, die davon abhielten, voreilig zu sein.

Die Patientin war mit voller Libidolosigkeit zu mir gekommen. Etwa vier Wochen nach Beginn der Orgontherapie beobachtete ich an der Kranken Zeichen hoher Sexualstauung. Sie war fröhlich und aufgeräumt gewesen und voller Hoffnungen für die Zukunft; nun setzte allmählich eine Depression ein; sie entwickelte Zeichen von Stauungsangst. Sie zog sich von den Menschen wieder zurück. Wie eine Aussprache ergab, waren Versuche, ihre sexuelle Situation ins reine zu bringen, fehlgeschlagen.

Es gelang mir, die Scheu der Patientin zu durchbrechen. Ich erfuhr, daß sie seit kurzem an schweren sexuellen Erregungen litt, die, wie sie sagte, unvergleichlich kräftiger waren als die Erregungen, die sie im Beginne ihrer Ehe, vor 14 Jahren, erlebt und bekämpft hatte. Nach ihren Beschreibungen zu urteilen, waren es normale vaginale Erregungen. In den ersten zwei Wochen ihrer Genesung hatte die Patientin einige Male versucht, sich Männern sexuell zu nähern; sie hatte keinen Erfolg damit und versank in Verzweiflung und körperliche Ermüdungszustände. Ihre angestrengten Versuche waren gesund und voll dem Leben zugewandt. Sie hatte ihre Versuche, zu sexueller Befriedigung zu gelangen, mehrere Wochen angestrengt fortgesetzt. Eines Tages fragte sie mich, ob es ihr schaden könnte, wenn sie »einmal im Monat« mit einem Manne geschlechtlichen Verkehr hätte. Die Frage klang ängstlich, widersprach ihrem sexuellen Wissen. Die Frage deutete auf eine irrationale Angst im Hintergrunde hin: *Die Patientin begann die Angst zu entwickeln, es könnte ihr beim Geschlechtsverkehr ein Unheil widerfahren,* »da doch ihre Wirbelsäule an zwei Stellen demoliert« war. Sie fürchtete die Wirkungen heftiger Bewegung in der sexuellen Erregung. Wohlgemerkt: Diese Idee tauchte erst nach dem Fehlschlagen ihrer Anstrengungen, einen Partner zu finden, auf. Sie hatte einen Mann getroffen, der sich als impotent erwies. Sie geriet in Wut, kämpfte aber den Haß und die Enttäuschung nieder. Als ein neuerlicher Wutanfall sich einstellen wollte, »schluckte sie die Wut herunter«. Die Patientin zeigte nun das Bild einer kompletten Stauungsneurose. Die Depression war verstärkt, sie litt an krampfartigen Weinanfällen, die sie nicht beherrschen konnte; sie klagte über Herzbeklemmungen und über einen »Druck in der Herzgegend«. »There is a dreadful pressure in my chest«, klagte sie, »it goes through and through«. Es lag nahe, den »Druck in der Brust« auf den demolierten XII. Wirbel zurückzuführen. Doch eine klare Überlegung widersprach dem. Die Patientin war sechs Wochen lang schmerzfrei gewesen, hatte keinerlei Beschwerden in der Brust verspürt, hatte angestrengt gearbeitet; es war undenkbar, daß ein mechanischer Druck des demolierten Wirbels auf einen Nerv nun plötzlich wirksam geworden sein sollte, nachdem er vorher wochenlang nicht dagewesen war. Die folgenden Ereignisse bestätigten die Annahme, daß die Patientin eine Angsthysterie entwickelte: Diese Angsthysterie bediente sich der Läsion an der Wirbelsäule als einer Rationalisierung. Jeder psychiatrisch ungeschulte Arzt würde alle Krankheitserscheinungen auf den demolierten Wirbel zurückführen, ohne zu beachten, daß dieser selbe Wirbel nicht weniger demoliert war, als die Patientin Wochen lang schmerzfrei ging.

Die Patientin hatte nach etwa zehn Orgonbestrahlungen sexuelle Erregungen empfunden. Sie war durch die Orgonenergie biophysikalisch aufgeladen worden, aber sie konnte die Sexualerregungen nicht bewältigen. Ihre Angstneurose, die nun auftrat, war nur eine Wiederbelebung alter Konflikte; in der Pubertät hatte sie an ähnlichen Zuständen gelitten. Die Patientin fand sich nun in der tragischen Situation, zu neuem Leben zu erwachen, nur um sich vor ein Nichts gestellt zu finden. Solange sie krank war, hatte die Krebsgeschwulst und das daraus resultierende Leiden alle Interessen absorbiert. Ja, der Organismus brauchte im Kampfe gegen die Wucherungen erhebliche Beträge an biologischer Energie auf. Diese Energien waren nun frei und durch die orgonotische Auflading verstärkt. In einer Phase besonders tiefer Niedergeschlagenheit gestand mir die Patientin, daß sie sich als Frau ruiniert, häßlich fühlte und nicht wüßte, wie sie das Leben weiter ertragen könnte. Sie fragte mich, ob die Orgonenergie auch ihre Angstneurose heilen könnte. Ich mußte dies verneinen, und sie verstand weshalb.

Fassen wir nun die Aufeinanderfolge der Ereignisse zusammen:

1. Im Beginne ihrer Ehe eine schwere Stauungsneurose infolge der Impotenz ihres Gatten.

2. Verdrängung der sexuellen Erregung, Resignation, Depression und ein Jahrzehnt Abstinenz.

3. Die sexuellen Erregungen verschwinden, während sich die Krebserkrankung entwickelt. Wir werden später sehen, daß *die Lokalisation der Krebsmetastasen genau den Organen entspricht, deren sich die gegen die Sexualerregungen gerichtete muskuläre Panzerung bediente.*

4. Zerstörung der Tumoren durch die Orgonenergie, körperliche Gesundung der Patientin und Wiederauftreten der sexuellen Erregbarkeit.

5. Die hohe Sexualerregung endet in Enttäuschung, die alte Stauungsneurose tritt wieder auf.

Diese Gesamtkonstitution lief nun in eine generelle Schrumpfung ihres Organismus aus.

Eines Tages passiert ein Malheur: Die Patientin verläßt den Orgonstrahler und beginnt sich anzukleiden. Sie bückt sich rasch nach einem Strumpf, der auf den Boden gefallen ist. Wir hören einen Schrei und eilen zur Patientin. Sie ist leichenblaß, hat flatternden Puls und scheint in Ohnmacht zu fallen. Wir erschrecken, weil wir nicht wissen, was geschehen ist. Auch wir empfanden den zusammengebrochenen Wirbel wie ein Damoklesschwert. Niemand konnte wissen, wann sich die Patientin einen Bruch der Wirbelsäule zuziehen würde. Gerade weil dieses Argument so kräftig war, verstand ich, daß sich die Neurose der Patientin seiner so fruchtbar bediente. Als ich die Patientin beruhigt hatte, zeigte es sich, daß sie nur einen starken Schrecken erlebt hatte. Sie hatte einen Augenblick geglaubt, daß sie durch die rasche Bewegung des Oberkörpers den Wirbel tatsächlich gebrochen hatte. In Wirklichkeit hatte sie sich nur eine leichte Muskelzerrung am Schulterblatt zugezogen. Sie hatte einen hypertonischen Muskel zu rasch in Bewegung gesetzt. In den folgenden Tagen fühlte sich die Patientin wohl, doch nach vier Tagen klagte sie über starken »Druck in der Brust« und über Schwäche in den Beinen. Die Untersuchung der Reflexe zeigte an diesem selben und an den folgenden Tagen, daß in den Leitungsbahnen nichts gestört war. Weitere drei Tage später fühlte sie die Beine wieder kräftiger, aber der Druck in der Brust hielt an. An einem der folgenden Tage, während eines Gesprächs im Untersuchungsraum, schreit die Patientin plötzlich auf und sinkt mit dem Oberkörper vornüber, so daß alle, die anwesend sind, den Eindruck eines Wirbelbruchs haben. Eine sofort unternommene Untersuchung ergibt volle Funktion aller Reflexe der unteren Extremitäten und des Rumpfes. Dagegen tritt nun ein Symptom hinzu, das die Patientin viele Monate ans Bett fesselt und eine Reihe von Ärzten täuscht.

Als die Patientin vornüber fiel, setzte die Atmung aus, sie konnte nicht mehr ordentlich ausatmen und schnappte unausgesetzt nach Luft. Ich hatte den Eindruck einer spastischen Kontraktur des Zwerchfells, eines Zwerchfellblocks.

Der Schmerz in den untersten Rippen, über den sie klagte, konnte nun ebensowohl auf diesen Spasmus wie auf einen mechanischen Druck des demolierten Wirbels auf einen sensiblen Nerv zurückgeführt werden. *Der zusammengebrochene XII. Brustwirbel entspricht dem costalen Ansatz des Zwerchfells.* Was sich in den folgenden Monaten abspielte, war im wesentlichen ein Kampf der Meinungen um diese zwei Möglichkeiten. Ich riet den Verwandten, die Patientin auf jeden Fall zu einem Orthopäden, der der Kranken früher einmal eine Halsstütze verschrieben hatte, zu bringen. Der Orthopäde erklärte, daß die Wirbelsäule und das Becken frei von Verschattungen und Metastasen waren, und daß der Zustand der Patientin auf eine mechanische Läsion am XII. Brustwirbel zurückzuführen wäre. Er fragte nicht, aus welchem Grunde die Metastasen verschwunden waren. Er verschrieb Bettruhe in einem Gipsbett. Der Bruder weigerte sich, diesem Rat zu folgen, denn er hatte den Krankheitsverlauf seiner Schwester mit Verständnis verfolgt und war überzeugt, daß ich im Recht war. In diesen Tagen wurde mir zum ersten Male der Zusammenhang zwischen der Läsion am XII. Wirbel und der biopathischen Kontraktion des Zwerchfells bewußt. Es mußte einen Sinn haben, daß der Zwerchfellspasmus, der uns Orgonomisten so gut bekannt ist, gerade in dem bestimmten Zeitpunkt aufgetreten war. Es mußte auch einen Sinn haben, daß eine der wichtigsten Krebsmetastasen gerade an der Stelle aufgetreten war, an der das Zwerchfell ansetzt. Durch dieses *Zusammenfallen von Zwerchfellspasmus und Wirbelläsion* war zwar die klinische Diagnose des Zustandes außerordentlich erschwert, doch es eröffnete das Verständnis des außerordentlich wichtigen *Zusammenhanges zwischen emotionell verursachtem Muskelspasmus und dem Orte, an dem Metastasen auftreten können.* Es wird eine der Aufgaben dieses Buchs sein, nachzuweisen, daß *die Lokalisation einer Krebsgeschwulst bestimmt ist durch die biologische Inaktivität der Gewebe in ihrer allernächsten Umgebung.*

Die Orgonbehandlung der Patientin mußte unterbrochen werden, denn sie war wieder bettlägerig. Die neuerlichen Untersuchungen ihres Zustandes an einer Krebsklinik und durch Privatärzte ergab Fehlen jeder Art von krebsigen Wucherungen und Kalzifikation der Defekte in der Wirbelsäule. Der ursprüngliche Krebstumor in der Brust kehrte nicht mehr wieder. Doch niemand konnte voraussagen, ob oder wann Krebswucherungen wieder auftreten würden. Ich sah die Patientin mehrere Male in ihrer Wohnung. Sie klagte über heftige Schmerzen in den untersten Rippen. Der Schmerz war weder konstant noch an bestimmte Stellen gebunden, sondern er trat bald hier, bald dort am Rande der unteren Thoraxapertur auf und war durch Korrektur der Atmung regelmäßig zu beseitigen. Das Ganze bot das Bild einer Neuralgie mit starkem hysterischen Einschlag. Die Patientin lag flach im Bett und machte den Eindruck, als ob sie sich vor Schmerzen überhaupt nicht rühren könnte. Sie schien die Beine und Arme nicht bewegen zu können. Versuchte man sie passiv zu bewegen, so schrie sie auf, wurde blaß und feucht von kaltem Schweiß. Es gelang mir einige Male, sie dadurch aus dem Bett in einen Lehnstuhl zu bringen, daß ich sie zur vollen Exspiration etwa zehn Minuten lang anhielt. Die Verwandten staunten, daß ich die Schmerzen so leicht zu beseitigen vermochte. Sie hatten die Beseitigung der Tumoren miterlebt und von fernestehenden Ärzten bestätigt bekommen. Da ich ohne Chemikalien und Spritzen arbeitete, wirkte meine Orgontherapie wie ein Mysterium. Um diesem Eindruck entgegenzuarbeiten, versuchte ich die Verwandten in den Mechanismus der Erkrankung einzuweihen. Sie verstanden sehr bald, daß der Schmerz nicht von der Wirbelläsion herrühren konnte, weil er sonst scharf lokalisiert und nicht durch Korrektur der Atmung zu beseitigen gewesen wäre. Ich ahnte damals noch nicht, daß die Patientin in Wirklichkeit keine Schmerzen, sondern panische Angst vor Hereinbruch von Schmerzen hatte.

Wir versuchten es mit einer intercostalen Injektion eines Anästhetikums genau an der Stelle, wo die heftigsten Beschwerden vorlagen. Die Anästhesie hatte keine Wirkung, und kurze Zeit nach der Injektion traten die Schmerzen an einer anderen Rippe auf. Der behandelnde Arzt, der ursprünglich überzeugt gewesen war, daß es sich um eine Wirkung der Wirbelläsion handelte, mußte schließlich zugeben, daß die Sache wesentlich »funktionell« war. Aber keiner von uns wußte auszusagen, welchen »Sinn« das »funktionelle« Symptom hatte. »Funktionell« bedeutet überdies vielen Ärzten »nicht organisch-anatomisch«, also »nicht wirklich, sondern fingiert«.

Eines Tages fand ich die Patientin wieder in heftigsten »Schmerzen«. Sie schnappte nach Luft und brachte merkwürdige ächzende Schmerzlaute hervor. Der Zustand schien bedenklich, wich aber prompt nach Korrektur der Atmung und Lösung der Kiefermuskelspannung. Ich übergab die Arbeit an der Atmung einem Kollegen, da ich für zwei Monate verreisen mußte. Er bestätigte mir später, daß er imstande war, durch Herstellung der vollen Exspiration die schmerzhaften Zustände zu beseitigen.

Die Patientin kam noch einmal in die Klinik. Der behandelnde Arzt stellte wieder Freiheit der Knochen von Metastasen fest. Er glaubte nicht, daß Röntgentherapie die Schmerzen beseitigen könnte. Er zweifelte auch daran, daß ein chirurgischer Eingriff am Nerv des XII. Wirbelsegments abhelfen würde. Dies war fünf Monate nach Beginn der Orgontherapie und 3½ Monate nach deren Unterbrechung. Als ihm der Bruder von den Erfolgen der Orgontherapie erzählte, verhielt er sich sehr reserviert; er könnte nichts sagen, »solange nicht die medizinische Welt die Sache akzeptiert« hätte. Der Kollege übersah, daß *er* einen Teil dieser »medizinischen Welt« darstellte, auf die er die Verantwortung für die Anerkennung des Krebserfolges durch die Orgontherapie schob.

Die Patientin kam bald wieder nach Hause und lag nach wie vor flach und unbeweglich im Bett. Die Inaktivitätsatrophie der Muskulatur schritt fort, und die Gefahr von Rezidiven der Tumoren war sehr groß. Einen Monat später sah ich die Patientin wieder. Es gelang mir wieder, durch Korrektur der Atmung die Schmerzen zu beseitigen. Die Patientin konnte aus dem Bett steigen, fühlte sich aber sehr schwach. Bei einem solchen Versuch sah ich schwere Angst auftreten; die Patientin flehte, ins Bett zurückgehen zu dürfen. Sie hatte im Moment keine Schmerzen. Ich setzte durch, daß sie noch länger aufrecht stand. Mit einem Male begann sie heftig zu zittern, bekam einen Ausbruch von Angstschweiß und erbleichte. Es handelte sich um eine heftige, schockartige Reaktion des autonomen Lebensapparates auf das Aufrechtstehen. Ich ließ die Patientin nicht ins Bett zurück, denn ich merkte, daß irgendeine Angstvorstellung sie ins Bett zurücktrieb. Einige Augenblicke später traten sichtbare Konvulsionen im Oberbauch auf, sie schnappte nach Luft, und ich konnte sehen, daß sich der Zwerchfellspasmus in klonische Zuckungen der Bauchmuskulatur auflöste. Danach fühlte sie sich erleichtert und konnte sich frei bewegen. Nun verstand ich zum ersten Male ein Kernelement der Biopathie:

Sie hatte auf die biologische Aufladung durch das Orgon und die darauffolgenden sexuellen Erregungen mit einer Zwerchfellkontraktion reagiert*. Diese Zwerchfellkontraktion verursachte offenbar den »Druck in der Brust« und das schmerzähnliche Empfinden, das sie auf die Wirbelläsion zurückführte. Der schmerz-

---

* Die Unterdrückung von Sexualerregung mit Hilfe chronischer Inspirationshaltung ist dem Orgontherapeuten wohlvertraut.

ähnliche Druck in der Brust verschwand, wenn es mir gelang, den Inspirationskrampf zu überwinden und das Zwerchfell durch Exspiration zur Pulsation zu bringen. Doch offenbar erregten gerade die Kontraktionen und Expansionen des Zwerchfells eine mächtige Angst, der sie durch Zurückgehen in den inspiratorischen Spasmus entgegenwirkte. Wie sich nun zeigte, war die »Gefahr« eines klonischen Auflösens der Kontraktion für die Patientin im Stehen oder Gehen zu groß. Die Gefahr bestand in den mächtigen Konvulsionen, die den Spasmus des Zwerchfells zu lösen drohte. Sie wagte sich aus dem Bett nicht heraus, weil sie diese Konvulsionen außerordentlich fürchtete. Diese Angst also fesselte sie ans Bett, war aber nicht das einzige Motiv ihrer Bettlägerigkeit.

Der Zwerchfellkrampf erzeugte fraglos neuralgische Schmerzen in den Rippen und am Zwerchfellansatz. Doch dieser Spasmus bildete nur einen Teil ihrer maßlosen Angst, sich zu bewegen; wenn sie sich bewegte, könnte sie »umsinken oder im Rücken zerbrechen«. Die unwillkürlichen Zuckungen des Zwerchfells, die hereinzubrechen drohten, wenn sie aufstand, schienen ihr diese Gefahr nur zu bestätigen. Sie litt also gar nicht an akuten Schmerzen, sondern an *Todesangst vor dem Hereinbruch riesenhafter Schmerzen*. Hatte sie doch einige Monate zuvor erlebt, daß »etwas in ihr knackte, wenn sie sich zu rasch bewegte«. Sie litt also an einer Mißdeutung normaler orgonotischer Empfindungen, die die Zwerchfellbewegungen begleiten. Die Bettlägerigkeit war ein riesenhafter Abwehrmechanismus, der die Funktion hatte, ihr die Angst vor dem »körperlichen Zerbrechen« zu ersparen. Die Gefahr des »körperlichen Zerbrechens« kündigte sich an, sobald sich der Zwerchfellspasmus klonisch lösen wollte. Dieser Gefahr begegnete sie mit Verstärkung der spastischen Zwerchfellkontraktion. Dieser emotionelle Zustand hatte natürlich böse körperliche Folgen, denn er bediente sich einer allgemeinen Muskelrigidität, um *jede* Bewegung zu verhindern, und er erzeugte durch die langdauernde Unbeweglichkeit eine Atrophie der festgeklemmten Muskulatur. So konnte sie z. B. die Arme kaum heben. Sollte sie den linken Arm heben, so hob sie ihn mit Hilfe des rechten Armes hoch. Sie konnte die Beine nicht heben und die Knie kaum beugen. Die Kopfhaltung war starr, durch Anspannung der tiefen Halsmuskulatur wie festgeklemmt. Auf passive Bewegung des Kopfes reagierte sie mit Resistenz von der Art

eines Rigor. Sie fürchtete dabei, daß ihr »Nacken brechen könnte«. Alle Ärzte hatten ihr eingeschärft, daß sie sich vor raschen Bewegungen hüten müßte. Der V. Halswirbel war kollabiert.
An einem der folgenden Tage traf ich die Patientin in sehr schlechtem Zustand an. Sie hatte trotz starken Stuhldranges das Klosett mehrere Tage nicht aufgesucht, um das Bett nicht verlassen zu müssen. Es zeigte sich wieder: Als sie ausatmete, hatte sie keine »Schmerzen« und konnte aufstehen. Sie entlud Massen von Faeces ohne Schwierigkeit.
Ich erklärte ihrem Bruder, daß ich einen 14 tägigen Versuch psychiatrischer Orgontherapie unternehmen wollte, daß ich aber aufhören müßte, wenn sich kein Resultat einstellen würde. Sie übersiedelte in meine Nähe und ich arbeitete in den folgenden Wochen täglich ungefähr zwei Stunden mit ihr (diese Arbeit war nicht entlohnt). Nun enthüllte sich der phobische Hintergrund ihres biopathischen Zustandes.

Der charakterliche Ausdruck der Schrumpfungs-Biopathie

Sechs Monate nach dem Zusammenbruch in meinem Laboratorium trat eine schlaffe Lähmung des Enddarmes und der Harnblase auf. Es ging nun um die ernste Entscheidung, ob den Lähmungserscheinungen eine lokale mechanische Läsion oder, wie ich vermutete, eine *funktionelle Schrumpfung des autonomen Lebenssystems* zugrunde lag. Im ersten Falle würden emotionelle Motive fehlen; die Störung wäre scharf lokalisiert und würde auf eine spezifische Fokalläsion hinweisen. Im zweiten Falle war zu erwarten, daß die emotionellen und charakterlichen Störungen im Vordergrunde stehen und daß die körperlichen Lähmungserscheinungen inkonstant sein würden.
Als ich der Patientin die Angst vor dem *hereinbrechenden* oder *drohenden* Schmerz immer wieder klarmachte, konnte sie sich im Bett völlig schmerzfrei und selbständig umdrehen. Diese Bewegungen konnte sie nur durchführen, wenn sie vorher ihre Atmung in Ordnung gebracht und die Kiefermuskelspannungen gelöst hatte. Sie mußte immer vorher, wie sie sich ausdrückte, die »Angst vor der Bewegung verlieren«. Eine mechanische Läsion des XII. Dorsal-Segments hätte dies nicht zugelassen.

Gelang es ihr, sich im Bett auf die Seite und auf den Bauch zu legen, so schien sie heftig ermattet. Wir suchten beide nach der Ursache der Ermattung und fanden schließlich eine außerordentlich kräftige Anspannung der tiefen und oberflächlichen Halsmuskulatur. Die Patientin machte den Eindruck, *als ob ihr Kopf in den Brustkorb heruntergezogen würde*. Es war derselbe Ausdruck, der reflektorisch auftritt, wenn man sich vor einem Schlag auf den Kopf schützen will. Diese Haltung war völlig automatisch, die Patientin konnte sie weder beherrschen noch bewußt lösen. Geriet sie in den Kontraktionszustand der Halsmuskulatur, dann setzte die Atmung aus, und sie röchelte wie aus zusammengepreßter Kehle. Diese röchelnden Laute ähnelten der Atmung bei Erstickung oder in schwerem Schreck. Ich ließ sie nun, um den Halsmuskelspasmus zu lockern, zwei Finger tief in den Rachen stecken. Sie reagierte darauf prompt mit heftigen Würg- und Erbrechreflexen. Die Reaktionen waren so kräftig, daß die Patientin blau im Gesicht wurde. Nach einer Weile fühlte sie sich »im Hals erleichtert«.

Sie erzählte mir spontan im Zusammenhange mit den Halsreflexen, daß sie an schweren Angstträumen litt. Sie träumte nächtlich unter Angstausbruch, daß sie in Abgründe fiele, daß sie zu Boden sänke, ersticken müßte, daß etwas auf sie fiele und sie vernichtete. Die Fallträume dieser Art sind dem Orgontherapeuten wohlvertraut. Sie treten, wie bekannt, typischerweise am Ende der charakteranalytischen Behandlung auf, und zwar dann, wenn sich prä-orgastische Körpersensationen im Bauch und in der Genitalgegend melden und unterdrückt werden, ehe sie bewußt werden. Diese Sensation wird als Fallen erlebt, wenn sie mit Angst besetzt ist. Dem entspricht folgender Mechanismus:

Die prä-orgastische Erregung ist der Ansatz zu einer unwillkürlichen Zuckung des Plasmasystems. Ist eine solche Zuckung aus Angst abgewehrt, dann entwickelt der Organismus mitten in der Expansion, die in der Zuckung enden sollte, eine *entgegenwirkende Kontraktion*, anders ausgedrückt, eine *Bremsung der Expansion*. Dadurch kommt das Empfinden zustande, das man erlebt, wenn man in einem Fahrstuhl rasch abwärts fährt oder in einem Flugzeug rasch landet. *Die Fallsensation ist also die Empfindung einer Kontraktion des autonomen Lebensapparates, die gerade eine Expansion bremst*. Die typischen Fallträume gehen oft mit einer jähen Gesamtkörperkontraktion einher.

Auf unsere Patientin übertragen bedeutet das: Sie reagierte auf vagische Expansionserregungen ihres Organismus regelmäßig mit spastischen Kontraktionen; ihr Organismus klemmte sich in Muskelspasmen am Hals und am Zwerchfell sozusagen fest, wie »um den Halt nicht zu verlieren«. Die Angst vor den Zuckungen verminderte sich beträchtlich, wenn es mir gelang, die Spasmen durch Auslösung des Würgereflexes zu beseitigen. Die Bewegungen, die sie im Bett ausführte, endeten dann nicht mehr in Spasmen, sondern in Wohlgefühl: Die Patientin empfand Freude an der Bewegung.

Jede Plasmaströmung beginnt mit einer zentral anspannenden Kontraktion, die sich in eine vagische Expansion auflöst*; die vagische Expansion ist mit Organ-Lust verbunden; sie endet im Falle orgastischer Lustangst in einem Muskelspasmus; daher ist nun klar: Die Patientin litt an einer spastischen Reaktion auf vagische Expansion infolge Orgasmusangst. *Die biopathische Schrumpfung beginnt also mit einer krampfartigen Einschränkung der plasmatischen Pulsation.* Sie unterscheidet sich von der einfachen sympathikotonen Stauungsneurose dadurch, daß bei ihr die Impulse zur Streckung, Expansion, allmählich aufhören, bei der Stauungsneurose dagegen ihre Intensität beibehalten. Eine scharfe Grenze läßt sich nicht ziehen.

Der soeben beschriebene Mechanismus der spastischen Reaktion der Muskulatur auf vagotone Expansionsimpulse funktionierte an jedem Muskelsystem in seiner besonderen Weise. Versuchte ich z. B. die Arme der Patientin passiv zu bewegen, so reagierte sie regelmäßig mit einer Kontraktion der Schulter- und der Armbeugemuskulatur. Diese Reaktion war ähnlich dem katatonen muskulären Negativismus und Rigor. Die Patientin machte den Eindruck, als habe sie eine schlaffe Lähmung der Arme. Als ich sie aufforderte, mich auf den Arm zu schlagen, schien es ihr zunächst unmöglich; doch als ich ihr suggestiv beibrachte, sich vorzustellen, daß sie nun ihre Wut auslebte, konnte sie im Laufe von 5 Minuten die Lähmung lösen und schlug lustig drauflos. Am Ende machte ihr die Bewegung und die Aktion Freude. Die Lähmung schien beträchtlich herabgesetzt. Sie konnte also die Angst vor der Expansion und der plasmatischen Pulsation vor-

---

* Dies ist bei amoeba limax unter Anwendung einer 2000 x Vergrößerung unmittelbar mikroskopisch zu beobachten.

übergehend überwinden. Dies erleichterte regelmäßig ihren Gesamtzustand.

Denselben Vorgang konnte ich beobachten, wenn ich sie passiv im Bett aufrichtete. Sie erschrak regelmäßig sehr schwer, verlor den Atem, wurde blaß und wiederholte in schwerer Angst mehrere Male: »Das hätten Sie nicht tun sollen.« Doch wenn ich die Prozedur einige Male wiederholte, so daß die Patientin schließlich die Überzeugung gewann, daß ihr nichts passierte, dann vermochte sie sogar sich von selbst aufzurichten. Sie war außerordentlich erstaunt darüber und sagte: »Es ist ein Wunder, daß das möglich ist.«

Ich ließ die Patientin fortab den Würgreflex immer wieder auslösen, ins Kissen beißen, mich auf den Arm schlagen, in der Absicht, klonische Zuckungen in der Schulter und Halsmuskulatur auszulösen. Ich wußte aus meiner Erfahrung, daß die biologische Energie sich aus tonisch kontrahierten Muskeln nur in Form von Klonismen lösen kann. Dies bestätigte sich auch bei dieser Patientin. Nach etwa einer halben Stunde aktiver Auslösung verschiedener Reflexe setzten unwillkürliche Kontraktionen in den Arm- und Schultermuskeln ein. Auch die Beine begannen unwillkürlich zu zittern. Dieses Zittern konnte ich durch sanfte Beugung und Streckung regelmäßig verstärken.

Als die klonischen Kontraktionen zum ersten Male auftraten, erschrak die Patientin heftig. Sie wußte nicht, was mit ihr geschah. Es war dieselbe Angst vor den unwillkürlichen Klonismen ihrer Muskulatur, die sie durch die tonischen Kontraktionen vermied. Doch im Verlauf einiger Minuten machten ihr die klonischen Bewegungen Freude. Allmählich wurde die tiefe Halsmuskulatur in den Klonus einbezogen. Die Patientin fürchtete, *erbrechen* zu müssen. Einmal schien sie ohnmächtig zu werden. Ich hielt sie dazu an, den unwillkürlichen Kontraktionen freien Lauf zu lassen. Sie ließen nach einer Weile an Intensität nach: Die gestaute biologische Energie hatte sich entladen. Sie sank ermattet zurück, ihr Gesicht war gerötet und sie atmete ruhig, tief und voll. Der Würgreflex war nicht mehr auszulösen, und sie sagte: »Mein Hals ist merkwürdig frei, als ob ein Druck weggenommen worden wäre.« Auch der Druck im Brustkorb war verschwunden.

Am folgenden Tage war die Atmung normal, und ich versuchte, die Lähmung der Beine durch Herbeiführung eines Klonus der Beinmuskulatur zu lösen. Es gelang bis zu einem gewissen

Grade dadurch, daß ich die aufgestützten Beine langsam auseinander und zueinander passiv bewegte. Ich hatte die Patientin natürlich nicht auf die präorgastischen Empfindungen im Genitale vorbereitet, die bei der Lösung von Beinmuskelkontraktionen aufzutreten pflegen. Die Patientin bremste mit einem Male ihre Atmung, klemmte das Kinn fest, wurde blaß und entwickelte einen Ausdruck im Gesicht, den ich nur mit dem Worte »*Sterben*« beschreiben kann. Die Reaktion war so kräftig, daß ich erschrak. Aber ich hatte die Beine nur ganz langsam passiv bewegt, es konnte keine mechanische Schädigung stattgefunden haben. Die Patientin stieß Laute hervor wie die, die man bei schwersten Schmerzen in der Brust äußert. Die Laute waren ein Gemisch aus Röcheln und Ächzen. Ich wußte durch Vergleich mit klinischen Erfahrungen, daß dies die Reaktion der Patientin auf plasmatische Strömungen im Genitale war. Es ist uns aus der Vegetotherapie bekannt, daß sich *orgastische Empfindungen unter dem Druck der Orgasmusangst als Sterbensangst äußern:* »Sterben« im Sinne von Zergehen, Zerfließen, Bewußtseinverlieren, Sich-Auflösen, »Nichtsein«!

Die Kranke röchelte schwer, war blaß und blau, verdrehte ihre Augen und schien sehr ermattet. Ich hatte die neurotische Sterbensreaktion niemals derartig wirklichkeitsgetreu angetroffen. Ich hatte in zwanzig Jahren Arbeit an den Orgasmusstörungen die Tiefe der Funktionsstörungen der biologischen Pulsation unterschätzt. Ich hatte zwar immer behauptet, daß der Orgasmus eine *am Grunde des Lebendigen tätige Funktion* ist, daß »die Orgasmusformel identisch ist mit der Lebensformel« schlechthin. Aber ich hatte niemals vorher einen Organismus infolge von Orgasmusangst derart wirklichkeitsgetreu »sterben« sehen. Ich sagte ihren Verwandten, es wäre nicht ausgeschlossen, daß die Patientin nur wenige Tage überleben würde. Es war mir klar, daß die Schrumpfung ihres Lebensapparates in echtes Sterben auslaufen konnte. Ich hätte in einer solchen Situation alle Bemühungen aufgegeben, wenn die Patientin nicht sieben Monate vorher bereits sterbend zu mir gekommen wäre. Nun war ja nichts zu verlieren und viel Einsicht in die Schrumpfungsbiopathie zu gewinnen.

Am folgenden Tage wurde ich von den Verwandten angerufen: Die Patientin läge tatsächlich im Sterben, sie atmete schlecht, röchelte schwer und hätte keinen Stuhlgang. Ich eilte zur Kranken.

Sie schien auf den ersten Blick tatsächlich im Sterben zu liegen. Sie war blau und eingefallen im Gesicht, röchelte und flüsterte mir mit gebrochenen Augen zu: »This is the beginning of the end.« Ich stellte fest, daß ihr Puls zwar rasch, aber kräftig war.
Im Verlaufe von etwa einer Viertelstunde gelang es mir, mit der Patientin guten Kontakt zu bekommen. Ich fragte sie, ob sie sich erinnerte, jemals vor der Erkrankung an den Tumoren das Gefühl, sterben zu müssen, gehabt zu haben. Ohne jeden Widerstand teilte sie mir mit, daß sie als Kind häufig ihre Augen verdreht und »sterben gespielt« hätte. Die seufzenden und röchelnden Laute waren ihr ebenfalls von ihrer Kindheit her gut bekannt. Solche Laute pflegten aufzutreten, wenn sie eine Beklemmung im Hals spürte, oder, nach ihren eigenen Worten, »wenn sich ihr im Hals etwas zusammenzog«. *Das Auftreten einer der Krebsmetastasen am V. Cervicalwirbel konnte ich nun auf den jahrzehnte alten Spasmus der tiefen Halsmuskulatur verständlich zurückführen.* Die Sensation des Halskrampfes ging, wie sie weiter berichtete, Hand in Hand mit einem Einziehen der Schultern und einem Festklemmen »zwischen den Schulterblättern«, also genau an der Stelle, an der später die krebsartigen Schmerzen einsetzten.
Ich ließ die Patientin, die nun völlig aufgeweckt und lebendig mit mir sprach, »sterben spielen«. Binnen weniger Sekunden vermochte sie dasselbe Zustandsbild bewußt zu reproduzieren, durch das sie vorher unwillkürlich überwältigt war. Sie verdrehte die Augäpfel nach oben, schloß die Augenlider bis auf einen schmalen Spalt, so daß das Weiße der Augäpfel noch gerade zu sehen war, klemmte ihren Brustkorb in Inspiration fest und stieß ächzende und röchelnde Laute hervor. Es war nicht leicht, sie aus der gespielten Sterbenspose wieder herauszuholen; doch je öfter sie sich in die Sterbenspose bewußt begab, desto leichter wurde es ihr auch, sie aufzugeben. Dies entspricht völlig den orgontherapeutischen Erfahrungen: *Eine autonome Funktion kann durch Übung objektiviert und schließlich der bewußten Kontrolle unterworfen werden.*
Ich fragte die Patientin, ob sie glaube, daß sie unbewußt Selbstmord beging. Die Patientin brach in Weinen aus und erklärte, sie hätte kein Ziel im Leben mehr. Die Krankheit hätte ihre sexuellen Reize zerstört. Sie könnte nie mehr glücklich werden. Und ohne Lebensglück könnte sie sich kein Leben mehr vorstellen.

Ich ließ die Patientin wieder den Würgreflex auslösen. Das klonische Zittern der oberen Extremitäten und der Halsmuskulatur stellte sich prompt wieder ein, doch nicht so stark wie am Tage vorher. Es gelang ihr sogar, sich ganz allein im Bett aufzusetzen, aber ihre Beine versagten dabei. Ich hatte den Eindruck, daß der obere Teil ihres Körpers funktionierte, der untere dagegen, von den Hüften ab, nicht mitmachte.

Die Patientin war einige Tage lang bei gutem Appetit, fühlte sich wohl und war aufgeräumt. Eines Tages fiel sie plötzlich in die Sterbenshaltung zurück. Ich sah klar, daß sie es nicht spielte, sondern daß sie von ihrer biopathischen Reaktion überwältigt wurde. Sie atmete gepreßt und flach, wurde schwach und blaß, die Nase wurde spitz, die Wangen fielen ein und sie röchelte schwer. Ich begriff nicht, warum dies gerade in diesem Augenblick geschah. Sie klagte über heftige Schmerzen und konnte sich überhaupt nicht bewegen. Es gelang mir wieder, sie zu normaler Atemfunktion zu bringen, und sie kämpfte tapfer durch. Wieder traten heftige Klonismen am Rumpf und am Hals auf, doch die unteren Extremitäten blieben tot. Ich ließ die Kranke wieder den Finger in den Rachen stecken. Sie reagierte mit Verstärkung der Spasmen.

Ich bemerkte, daß das Becken zum Zucken ansetzte, aber sie hielt deutlich zurück. Die Zuckungen dauerten etwa 10 Minuten und ließen dann nach. Hatte man vorher den Eindruck einer Erstickung, so merkte man jetzt deutlich vagotone Reaktionen: Das Gesicht der Patientin rötete sich, die Blässe der Körperhaut schwand. Die Schmerzen infolge des Zwerchfellspasmus ließen nach. Nach einer Weile begann die Patientin zu sprechen. Sie fürchtete, daß ihr »unten« etwas »passieren« könnte. Sie erzählte, daß sie bis zur Zeit, als sie zu mir in Behandlung kam, sich von Zeit zu Zeit selbst befriedigt hatte. Dies war also eine sehr verspätete Korrektur ihrer ursprünglichen Behauptung, daß sie mehr als ein Jahrzehnt völlig abstinent gelebt hatte. Schon in der ersten Woche der Orgonbehandlung hatte sie jeden Impuls zur Selbstbefriedigung unterdrückt, als Phantasien auftraten, daß sie mit mir Geschlechtsverkehr haben könnte. Seither hatte sie es nicht gewagt, ihr Genitale zu berühren. Die Hemmung der Masturbation hatte in Gemeinschaft mit der Phantasie eine Erregungsstauung zur Folge, die durch die biologische Auflading im Orgonstrahler noch verstärkt wurde. Die Steigerung der sexuellen

Bedürftigkeit mußte die Angst verstärken. So entwickelte sich die Phobie, daß die Wirbelsäule brechen könnte. Die Zerrung des Schultermuskels beim raschen Abwärtsbeugen schien die Befürchtung zu bestätigen, als ob sie sich gesagt hätte: »Siehst du, ich habe es ja vorausgeahnt.«

Am Tage nach der Mitteilung über ihre Onaniephantasien traf ich sie in bester Stimmung, frei von Klagen und voll von Hoffnung an. Die Mitteilungen, die sie mir am vergangenen Tag gemacht hatte, hatten dazu geführt, daß sie am Abend seit Monaten zum ersten Male wieder masturbiert hatte. Sie behauptete, recht große Befriedigung erlebt zu haben. Sie konnte an diesem Tage den Zwerchfellkrampf gut beherrschen. Sie war obstipiert, spürte aber Stuhldrang; die Angst vor Bewegung hielt sie davon ab, sich aufs Klosett zu begeben. Sie konnte sich im Bett weit leichter und vollständiger herumwenden. Zum ersten Male gelang es ihr, sich von selbst im Bett aufzurichten. Sie war sehr erstaunt und erfreut darüber. Zum ersten Male wurde ihr die Kette der Ursachen bewußt: Angst vor Wirbelsäulenbruch → Schreckensangst vor Schmerz → Atembremsung durch Zwerchfellblock → realer Schmerz in der Brust → Angst, daß die Wirbelsäule bricht. Doch diesmal war die Bremsung der Bewegung durch die Schmerzangst sozusagen weiter hinausgerückt. Die Angst trat erst dann auf, wenn die Bewegung von ihr zuviel Anstrengung forderte. Wir begreifen nun den Zusammenhang ihrer Angst vor Wirbelsäulenbruch mit der Angst vor »Bewegung«.

Am folgenden Tage traf ich die Patientin wieder mit schlechter Atmung, voll von Klagen, ächzend und in der Sterbenshaltung an. Sie wußte nicht anzugeben, was vor sich gegangen war. Ihre Verwandten erzählten mir, daß sie sich am vergangenen Tage bis zum späten Abend sehr wohl gefühlt hatte. Der Zustand hatte sich rasch verschlimmert, als folgendes passiert war: Ihr Junge war im Badezimmer, das sich neben ihrem Raum befand. Die Patientin hörte ein Geräusch und erschrak zutiefst. Sie hatte plötzlich die Vorstellung, daß ihr Kind in einem engen Raum eingeschlossen wäre, nicht atmen könnte und ersticken müßte. In der Nacht war die Patientin zum großen Teile schlaflos und hatte, sofern sie schlief, schwere Angst – und Fallträume. Ich konnte an diesem Tage nichts ausrichten, korrigierte nur wieder die Atmung, und die Klagen über den »Schmerz« ließen nach.

In den folgenden Tagen fühlte sich die Patientin beträchtlich erleichtert. Sie war imstande, sich im Bett ohne Schmerzen hin und her zu bewegen, die Beine zu heben; die Schwäche in den Armen hatte nachgelassen, sie aß mit gutem Appetit und war voller Hoffnung. Während einer Behandlung geriet sie bei einer Bewegung im Bett nahe an den Bettrand, wurde blaß, der Atem stockte und sie schrie auf. Sie hatte Angst, aus dem Bett zu fallen. Die Reaktion war zweifellos weit übertrieben und entsprach nicht der realen Situation. Sie erzählte mir nun spontan, daß sie im Sommer, als sie im Hospital war, gebeten hatte, auf jeder Seite ihres Bettes noch je ein Bett aufzustellen, weil sie Angst hatte, aus dem Bett zu fallen. Ich hob sie gegen den Rand, und obwohl ich sie festhielt, schrie sie vor Angst auf. Die Angst vor dem Fallen, die am Grunde ihrer Bewegungsstörung lag, trat ganz deutlich hervor.

Am nächsten Tage richtete ich sie im Bett auf. Sie hatte keinerlei Schmerzen, bekam aber Todesangst mit Schweißausbruch und einen hysterischen Schreianfall. Nun müßte sie sterben, sagte sie. Solange hätte sie gegen den Tod gekämpft, aber nun werde sie bestimmt sterben. Sie weinte um ihr Kind. Sie forderte, daß ich ihr eine Todesinjektion gäbe und sie nicht länger leiden ließe. »Ich will nicht aus dem Bett, ich will liegen bleiben.« Sie beruhigte sich nach einer Weile und merkte zu ihrem Erstaunen, daß sie ohne Anstrengung aufrecht zu sitzen vermochte. Doch allmählich setzten im ganzen Körper, besonders stark an den Schultern, heftige klonische Spasmen ein. Sie äußerte Todesangst vor diesen Spasmen; aus eben diesem Grunde lag sie im Bett. Sie fühlte die Klonismen einsetzen, so oft sie gezwungen wurde, sich aufzusetzen. Sie hatte keine Fallangst mehr, aber der Zusammenhang war klar. Die enormen klonischen Zuckungen ihrer Muskulatur bildeten die physiologische Grundlage ihrer neurotischen Fallangst. In der Nacht hatte die Patientin Alpträume. Sie fiel in Tiefen, Schweres stürzte auf sie, Männer überfielen sie und wollten sie erwürgen. Sie erinnerte nun, an genau derselben Art Angst in der Pubertät lange Zeit gelitten zu haben. Sie erinnerte auch eine Phobie. Wenn sie auf der Straße ging und Schritte hinter sich hörte, pflegte sie zu laufen, vor Angst, daß »jemand hinter ihr her« wäre. Die Angst war meist so stark, daß ihr »die Beine versagten«, und sie hatte immerzu das Empfinden, daß sie umsinken müßte. Sie erkannte darin nun dasselbe Körperempfinden, das sie überkam, wenn sie sich im Bett aufrichten sollte. Die

Beine versagten und sie fürchtete umzusinken. Dabei fühlte sie ein Krampfen in der Zwerchfellgegend »vor Todesangst«.
Wir sehen also eindeutig, daß die motorische Schwäche der Beine bedingt war durch eine Phobie, die lange vor der Erkrankung am Krebs, schon in der Pubertät, ihr Wesen beherrscht hatte. Ihre Beinlähmung, die sie nun entwickelte, war nichts anderes als die Verschärfung der alten Motilitätsschwäche in den Beinen. Diese Fallangst vermochte sie nun mit der Idee des Wirbelbruchs zu verknüpfen und dadurch kräftig zu rationalisieren. Wir müssen also ihre alte Fallphobie als den eigentlichen Vorläufer ihrer späteren Parese der Beine auffassen.
Am Tage vorher mußte sie immerfort das Klosett aufsuchen. Die Bewegungen von Darm und Blase waren »außerordentlich stark«. Nachts vorher war sie ruhelos gewesen. Doch am späten Vormittag konnte sie nicht urinieren. Ihre Beine fühlten sich empfindungslos an. Ich untersuchte sie und fand eine herabgesetzte Empfindlichkeit gegen Nadelstiche bis zum etwa X. Dorsal-Segment. Die Patellar-Reflexe waren beiderseitig normal, ebenso der Achillessehnen-Reflex und die Bauchdeckenreflexe. Man hatte mir telefonisch mitgeteilt, daß sie ihre Beine nicht bewegen konnte. Es stellte sich aber heraus, daß sie die Beine, wenn auch eingeschränkt, zu bewegen vermochte. Die Tiefenempfindung der Zehengelenke war herabgesetzt. Das Bild war das einer funktionellen Parese. Es war weder eine ausgesprochen spastische noch eine schlaffe Lähmung den Symptomen nach festzustellen. Es gab nur einen Anhaltspunkt für die Vermutung, daß die Läsion am XII. Wirbel hineinspielte: Die Empfindungsstörung am Oberbauch war nach oben hin ziemlich scharf abgegrenzt.
Am nächsten Tage konnte die Patientin wieder urinieren, doch drei Tage später erschlaffte der Afterschließmuskel, und sie konnte den Stuhlgang nicht mehr kontrollieren. Die Reflexe waren sämtlich auszulösen, aber sie hatte außerordentlich starke Angst vor dem Aufrichten.
Die Patientin wurde zur Untersuchung ihres Gesamtzustandes auf eine Klinik gebracht. Das Röntgenbild zeigte die Wirbelsäule, Becken und Oberschenkel frei von Metastasen, dagegen waren neue Metastasen am Schädelknochen und im rechten Armknochen aufgetreten. Die neuen Tumoren waren also weit entfernt von denjenigen Körperstellen aufgetreten, die die Lähmungserscheinungen zeigten. *Funktionelle Biopathie und karzinomatöse Wu-*

cherung waren lokal scharf voneinander gesondert, hatten nichts miteinander zu tun.

Sie blieb 14 Tage in der Klinik. Eine neurologische Untersuchung der Patientin wurde in der Klinik nicht vorgenommen. Die Beinlähmung erschien wohl als selbstverständliche Konsequenz der mechanischen Wirbelläsion. Der funktionelle Charakter der Lähmung entging den Ärzten. Den Verwandten teilten sie mit, daß die Patientin höchstens noch zwei Wochen zu leben hätte.

Die Patientin wurde von den Verwandten wieder nach Hause genommen, da sie in der Klinik nur mehr Morphium-Injektionen bekam. Ich sah die Patientin am selben Tage wieder. Sie betonte, in ausgesprochen ängstlicher Weise, daß sie außerordentlich vorsichtig mit Bewegungen sein müßte, denn die Ärzte in der Klinik hätten ihr eingeschärft, daß »die Wirbelsäule auf den Nerv drückte und brechen könnte«. Die Versicherung der Ärzte in der Klinik verstärkte natürlich und bestätigte die Phobie der Patientin. Die Verwandten wünschten, daß ich einen neuen Versuch mit der Orgonstrahlung unternähme, um die Tumoren der Schädeldecke zu beseitigen. Ich konnte an diesem Tage keine Erhebungen an der Schädeldecke spüren.

Ich sah die Patientin in ihrem Hause noch vier Wochen lang. *Die Reflexe an den Beinen waren sämtlich auslösbar. Stuhl- und Harnfunktion waren wieder in Ordnung.* Aber die Atrophie der Muskulatur und der Knochen nahm rasch zu. (Am Gesäß hatte sich ein Liegegeschwür entwickelt, das faulig roch.) Die Beweglichkeit der Beine auf Schmerzreize war vorhanden, doch spontan gab es wenig Impulse. Die Alpträume hielten an: Männer stürzen in einen Abgrund und brechen sich das Genick. Ein Elefant rennt auf sie zu, sie ist »wie gelähmt«, kann sich nicht bewegen. Sie verspürt auch tagsüber Angst in den Augen und in der Brust. Die Schmerzen sind völlig verschwunden, aber die Angst vor Bewegung und vor Bruch der Wirbelsäule ist nach wie vor kräftig.

Wir ließen einen speziellen Orgon-Akkumulator für ihr Bett bauen. Die Wirkung des Orgons äußerte sich in Rötung der Haut und in Herabsetzung der Pulsfrequenz von 130 auf zwischen 90 bis 84. Sie fühlte sich im Orgonstrahler wohl, bekam oft gerötete Wangen und hatte keine Angst.

Das Blutbild, das im Verlaufe der letzten Monate wieder schlecht geworden war (50 % Hgb, T-Zacken, T-Kultur +, Autoklavierung ca. 50 %/o T), besserte sich zusehends. Auch die Impulse in den Beinen nahmen an Häufigkeit und Intensität zu. Da trat eine neue, unvorhergesehene Katastrophe ein, die das Schicksal der Patientin endgültig besiegelte: Eines Abends brach bei einer Körperwendung im Bett der linke Oberschenkel. Die Kranke mußte auf eine chirurgische Klinik gebracht werden. Die Ärzte staunten über die Dünne des Oberschenkelknochens. Krebsmassen konnten an der Bruchstelle nicht festgestellt werden. Die Ärzte konnten nicht begreifen, daß der Brusttumor verschwunden war. Die Patientin bekam Morphium, verfiel im Verlaufe der folgenden vier Wochen und starb schließlich.

Die Orgontherapie hatte ihr Leben um etwa zehn Monate verlängert, hatte sie für Monate frei von Krebsmassen und Krebsschmerzen gehalten und ihre Blutfunktion wieder auf die Höhe gebracht. Die Unterbrechung der Orgonbehandlung durch die biopathische Lähmung verbietet jeden Schluß über einen möglicherweise guten Ausgang des Falles. Sicher ist, daß in diesem Falle die biopathische Schrumpfung die eigentliche Todesursache war, und nicht die lokalen Tumoren.

Wir haben aus diesem Falle wichtige Einsichten in den vegetativ-emotionellen Hintergrund der Krebserkrankung geschöpft. Nun stehen wir vor der wichtigen Frage, *was sich infolge der biopathischen Schrumpfung in den Geweben und im Blut abspielt;* anders ausgedrückt, *in welcher Weise die generelle Schrumpfung des Lebensapparats die lokale Wucherung erzeugt.* Ich darf vorwegnehmen: *Die allgemeine Folge der biopathischen Schrumpfung ist Gewebs- und Blutfäulnis. Die Krebsgeschwulstwucherung ist nur eines ihrer Symptome.* Diese Tatsache bedarf ausführlicher klinischer und experimenteller Darlegung an anderer Stelle.

5. DAS WESEN DES FUNKTIONALEN ZUSAMMENBRUCHS: ZUSAMMENFASSUNG

Machen wir halt, um einen Überblick zu gewinnen. Das »Sterben« der Patientin im biopathischen Anfall machte nicht den geringsten Eindruck von Hysterie oder Simulation. Der autonome

Nervenapparat reagierte in einer Weise, daß der Tod nicht ausgeschlossen war: Das Einfallen der Wangen, das Spitzwerden der Nase, das Röcheln, die cyanotische Verfärbung der Haut, der rasche, kleine Puls, der Spasmus der Schlundmuskulatur, das Versagen der Motilität und die allgemeine körperliche Schwäche waren gefährliche Wirklichkeiten.

Ich möchte die Behauptung wagen, daß jeder derartige Anfall der Beginn eines wirklichen Stillstandes der Lebensfunktionen war. Der Sterbensakt, eingeleitet durch extreme Steigerung der Schrumpfung des Lebensapparats, konnte durch Lösung der Spasmen und Korrektur der Atem-Zwerchfellsperre immer wieder gestört werden. Die vagotone Expansion wirkt dem Tode immer wieder entgegen. Es handelt sich dabei nicht um eine suggestive Einwirkung. Eine Suggestion im üblichen Sinne könnte nicht in solche Tiefen des biologischen Apparats wirken. Wohl aber vermochte die Auslösung biologischer Expansionsimpulse in verschiedenen Körpersystemen den Schrumpfungsprozeß monatelang immer wieder aufzuhalten. Dazu war natürlich auch ein guter emotionaler Kontakt mit der Kranken als Teil des orgontherapeutischen Prozesses unerläßlich. Nur in diesem Teile der Einwirkung wirkte suggestiver Einfluß.

Machen wir uns an dem uns so wohlbekannten psychosomatischen Funktionsschema klar, an welcher Stelle des Lebensapparats die *Biopathie* (im Gegensatz: *Angstneurose* und *mechanische Läsion*) sowie der orgontherapeutische Versuch ansetzte:

PSYCHE
Neurose
Psychotherapie

SOMA
Mechanische Läsion
Chemisch-physische Therapie

a
BIOSYSTEM
Biopathie
Orgontherapie

Jede dauernde Energiestauung im biologischen Plasmasystem (Lebensnervenapparat a) muß sich im *psychischen* ebenso wie im *körperlichen* Symptom (b_1 und b_2) äußern. Die Psychotherapie setzt an den psychischen, die chemisch-physikalische Therapie setzt an den somatischen Symptomen an. Die *Orgontherapie* geht von der Tatsache aus, daß Soma und Psyche im pulsierenden Plasmasystem (Blut- und Lebensnervensystem a) einheitlich bioenergetisch verwurzelt sind. Sie beeinflußt also die gemeinsame Wurzel der psycho-physischen Funktion, nicht diese selbst, indem sie die Atemsperre, die Sperre des Orgasmusreflexes und andere biologische Funktionshemmungen zu lösen versucht. *Die Orgontherapie ist demzufolge weder psychische noch physiologisch-chemische, sondern biologische Therapie an Störungen der Pulsation des Lebensapparates.* Da diese Störungen sich in jeder oberflächlichen Schichte des psychosomatischen Apparats auswirken, z. B. als hoher Blutdruck und Herzneurose im Körperlichen, als Phobie im psychischen Bereiche, muß die Orgontherapie die Symptome aus der höheren biologischen Schicht ebenfalls treffen. Wir dürfen daher die Orgontherapie als die derzeit am weitesten fortgeschrittene Methode zur Beeinflussung biopathischer Störungen bezeichnen. Sie bleibt zunächst auf die Biopathie beschränkt. Bei der Karzinom-Biopathie tritt zur orgontherapeutischen Beeinflussung der Atmungs- und Orgasmusstörung die Orgontherapie gegen die Anämie, die T-Bazillen im Blut und die lokalen Tumoren hinzu. Über die Kompliziertheit und den noch überwiegend experimentellen Charakter dieser neuen Krebstherapie besteht in unserem Institutslaboratorium volle Bewußtheit. Das wird durch die folgenden Abhandlungen eindeutig klar werden.

Die übliche Auffassung kennt nur den Gegensatz von mechanisch-chemischen Läsionen der körperlichen und funktionellen Störungen des seelischen Apparats. *Die orgonbiophysikalische Untersuchung der karzinomatösen Schrumpfungsbiopathie enthüllt eine dritte, tiefere, am gemeinsamen biologischen Grunde von Soma und Psyche wirkende Störung der Plasmapulsation.* Grundsätzlich neu ist hier die Erfahrung, daß eine *Hemmung der autonomen Sexualfunktionen eine biopathische Schrumpfung des Lebensnervensystems herbeizuführen vermag.* Es bleibt Problem, ob diese Ätiologie für alle Formen von Krebs gültig ist.

Man pflegt im Vorurteil befangen zu sein, daß der Organismus in zwei voneinander unabhängige Teile gespalten ist: Der eine Teil

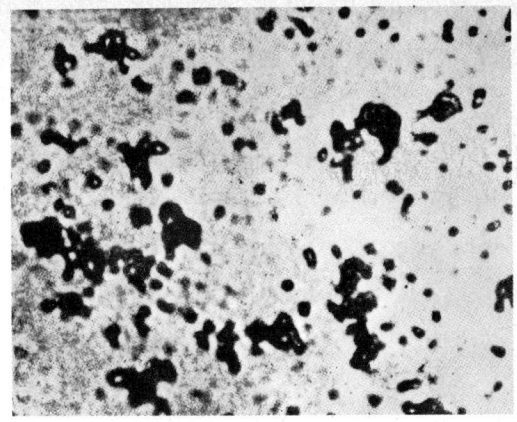

Fig. 25. Kohlenbione, aus Kohlenstaub geglüht, dann in Bouillon und KCl-Lösung gequollen

Fig. 26. Drei T-Bazillen (Pfeil). Gramfärbung (rot). *Unmittelbar* nach Herstellung eines Blutkohlenpräparates. Vergrößerung etwa 5000x, tatsächliche Größe weniger als 0,25 µ. Die großen schwarzen Flecke sind feiner Kohlenstaub

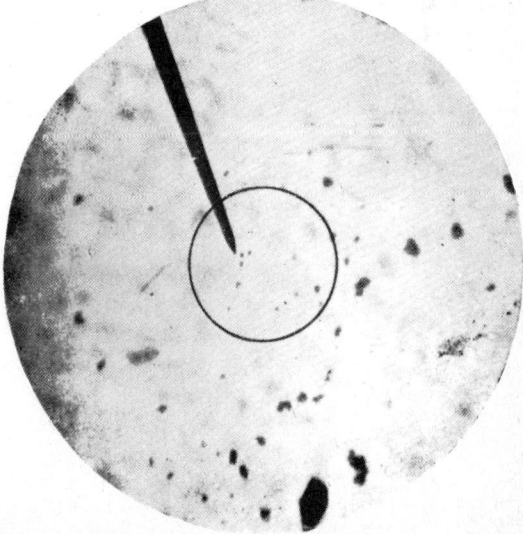

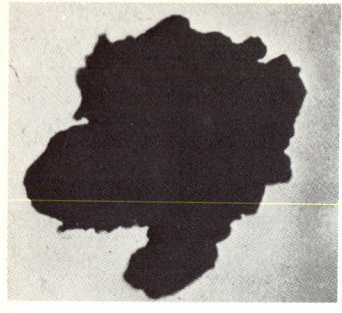

Fig. 27. Eisenfeilspan, trocken. Ca. 300x

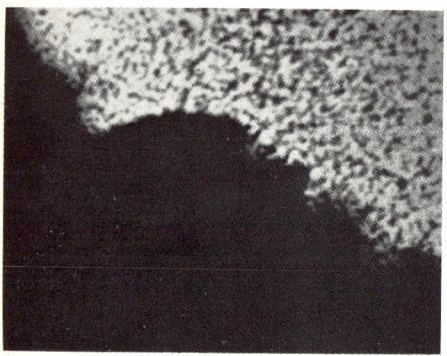

Fig. 28. Eisenfeilspan, nach 15 Minuten in Bouillon und KCl. Die zuerst unbeweglichen Bläschen lösen sich los und ordnen sich in Linien, entsprechend einem magnetischen Kraftfeld. Ca. 5000x

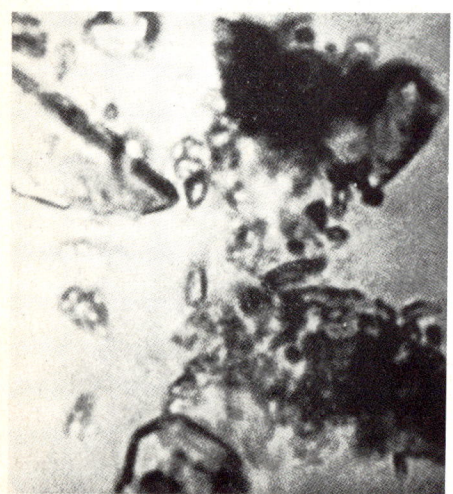

Fig. 29. Energiebläschen in Erdkristallen und Humus

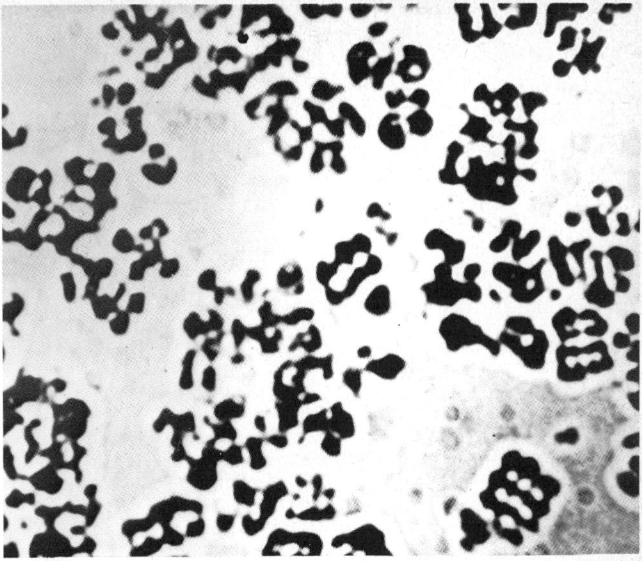

Fig. 30. PA-Bion-Kultur. Ca. 3000x

Fig. 31. Lebendes Präparat blauer Pa-Bione aus autoklaviertem menschlichem Blut (»B-Reaktion«). Ca. 2000x

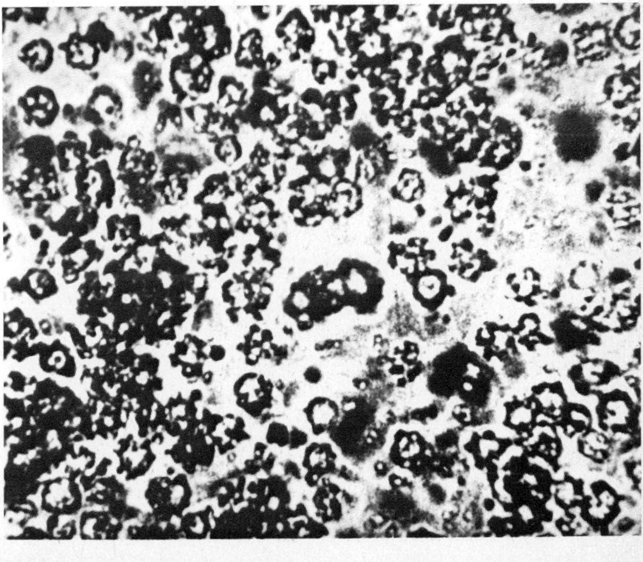

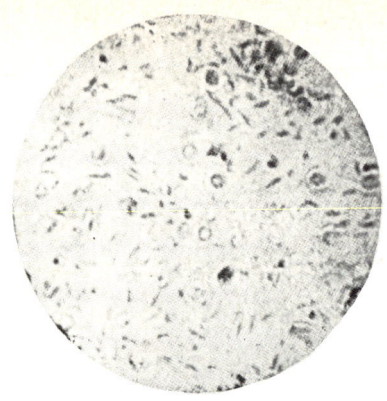

Fig. 32. T-Bazillen aus Sarkomgewebe. Ca. 5400x.
Dieselben Bazillen werden aus dem Blut von Krebskranken gewonnen.

Fig. 33. Zum Vergleich mit Fig. 32: Durch Luftinfektion gewonnene Bazillen. Ca. 1000x

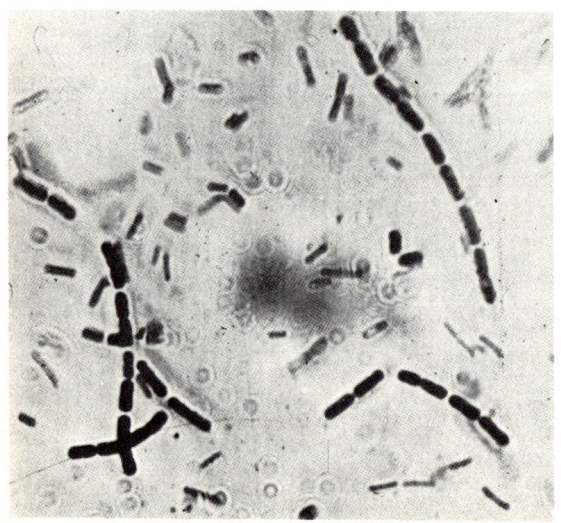

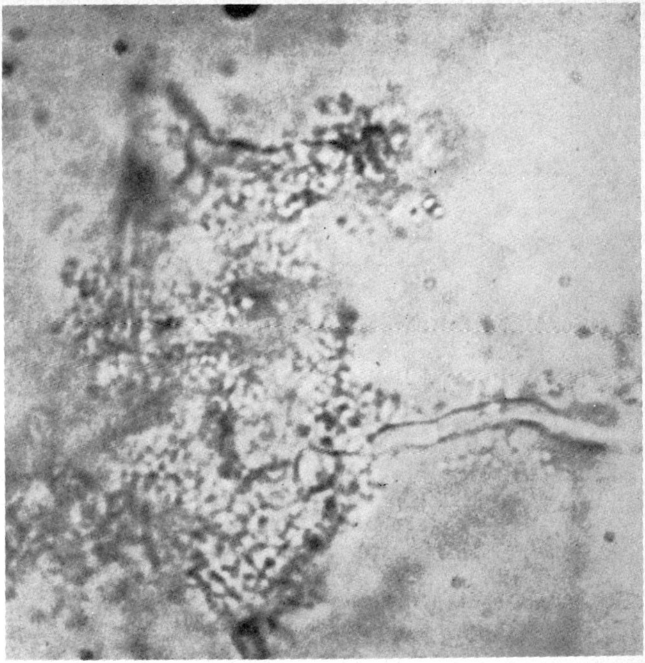

Fig. 34. Bläschenförmiger (bionöser) Zerfall in einem Grasaufguß. Ca. 700x

Fig. 35. Bionbläschen innerhalb eines Grasblattes, die einen stark blauen Schimmer zeigen. Ca. 1500x

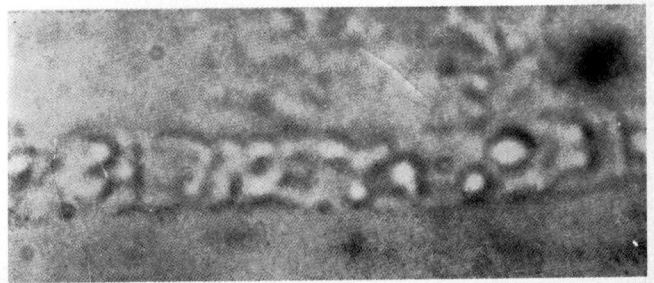

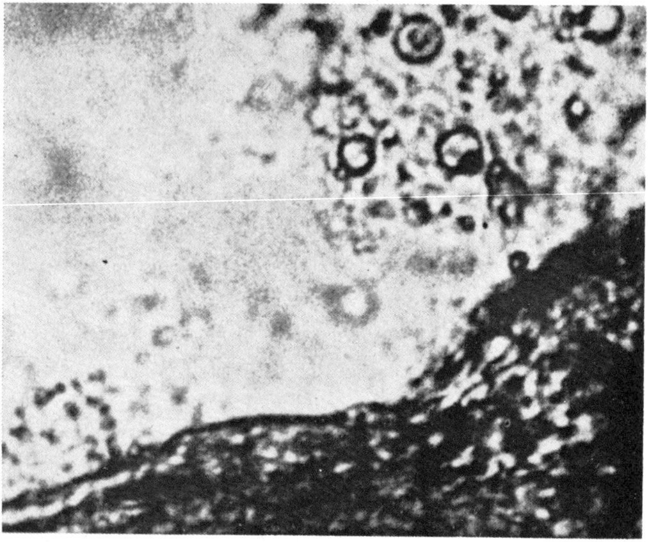

Fig. 36. Eine frühe Phase in der Entwicklung der Ameba limax. Die Kugelformen oben rechts stammen aus gequollenem Gras. Sie entwickeln sich zu Amöben. Unten links entsteht ein Protozoon. Ca. 1000x. Bei der Beobachtung dieses Vorganges wurde ein Zeitraffer benutzt.

Fig. 37. Ein weiter vorgerücktes Stadium in demselben Präparat wie in Fig. 36. Die großen Kugelformen links befinden sich im Umwandlungsprozeß zu fließenden Amöben. Ca. 1000x

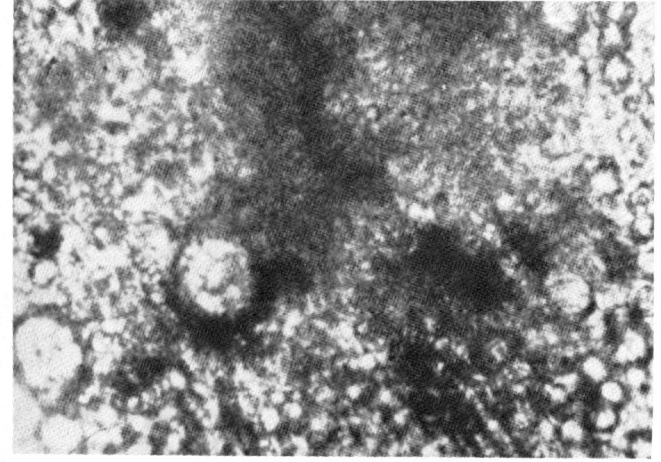

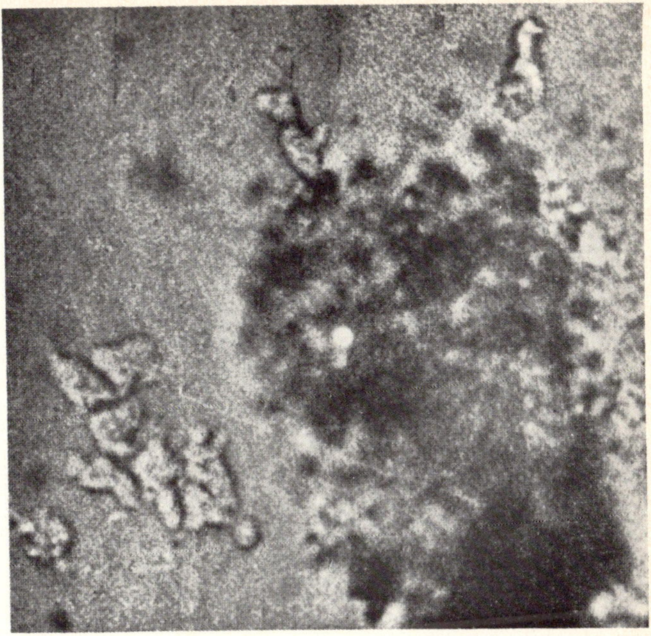

Fig. 38. Protozoale Keime in der Auflösung (am rechten Rand des zerfallenen Grases); auf der linken Seite und oben lösen sich Amöben ab.

Fig. 39. Ein Haufen Bionbläschen in fortgeschrittenem Organisationsstadium

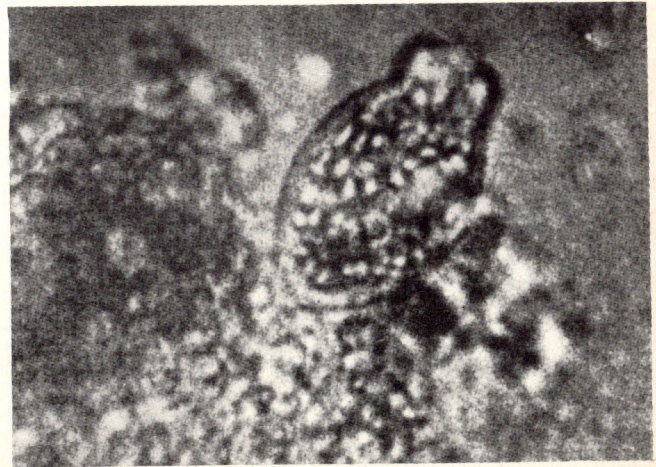

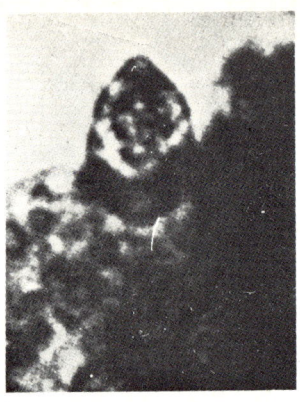

Fig. 40. Ein Protozoon, das sich aus Moos entwickelt.
Ca. 3500x

Fig. 41 b. Ein organisierter Haufen von Bionbläschen.
Ca. 1500x

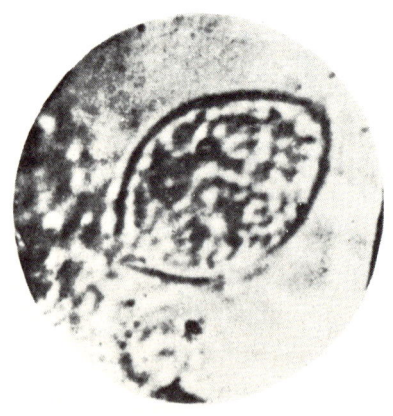

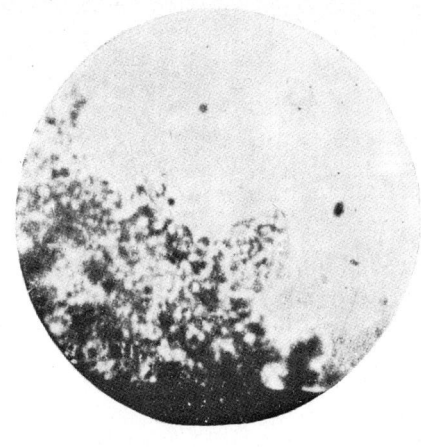

Fig. 41 a. Organisation eines Protozoons am Rande bläschenförmig zerfallenden Grases. Ca. 700x

Fig. 41 c. Ein protozoaler Keim (Bionbläschen), der sich am rechten Rande des zerfallenen Grases entwickelt

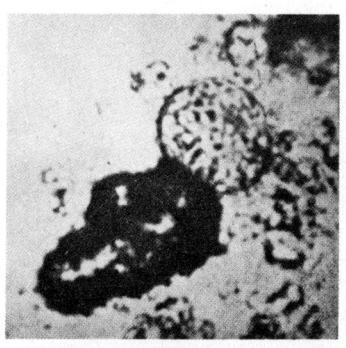

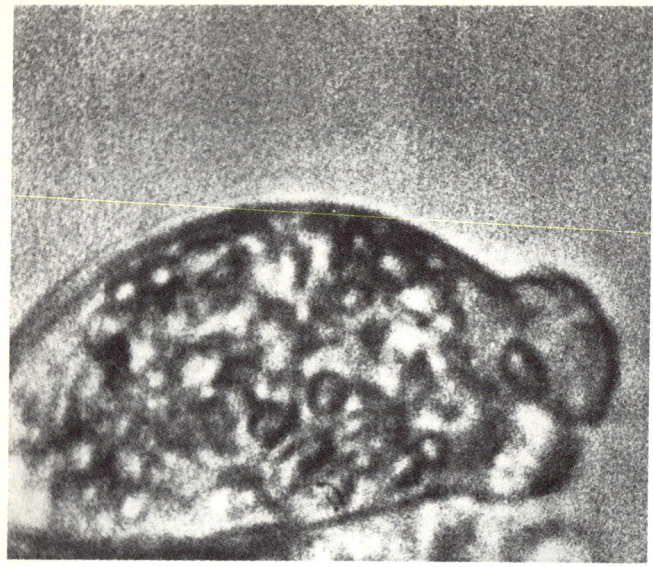

Fig. 42. »Org-Protozoon«. Ein vollständig organisiertes Protozoon im Zustand der Expansion, das sich aber noch nicht vom Grasblatt abgelöst hat. Beachte die bläschenförmige Struktur des Protoplasmas. Ca. 3000x

Fig. 43—47. Plasmatische Flocken aus dem Experiment XX. Ca. 300x

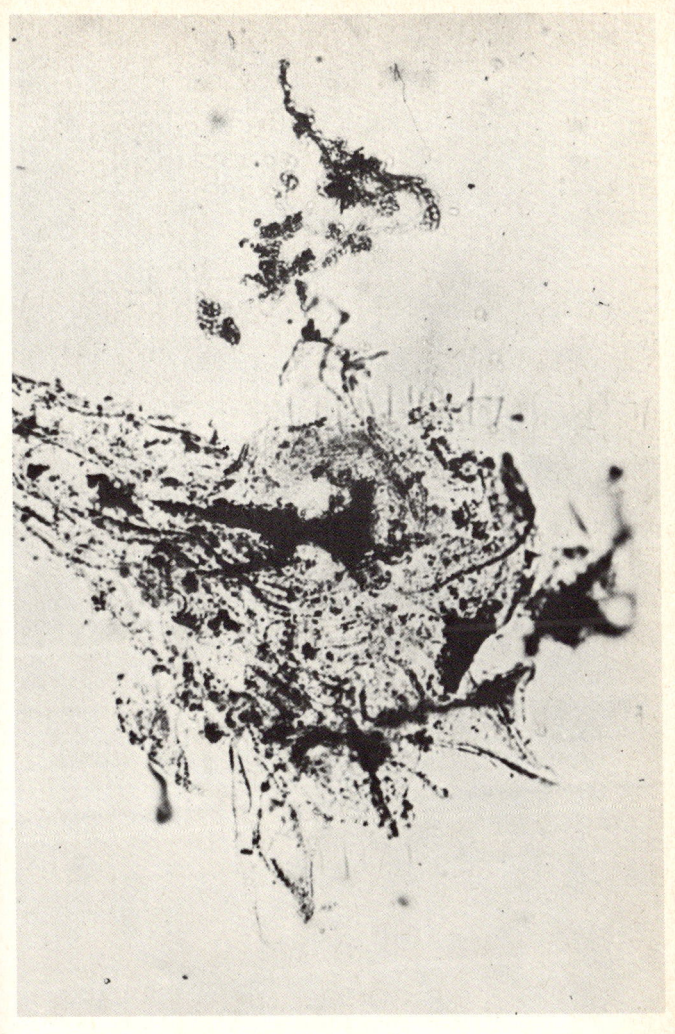

Fig. 43

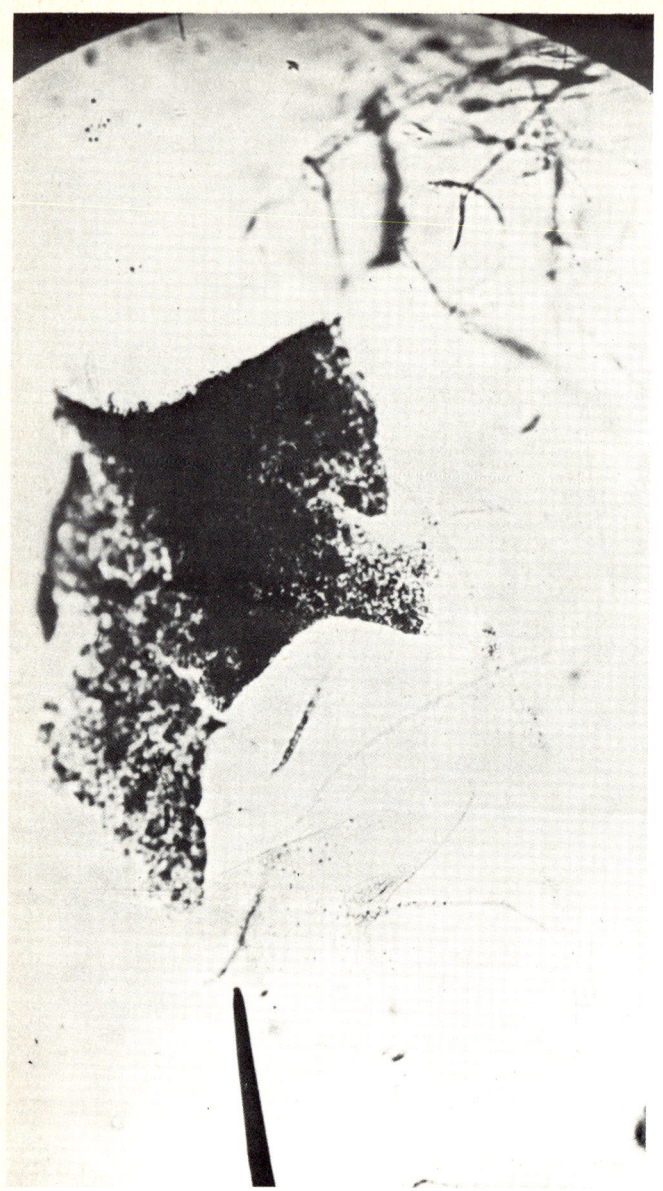

Fig. 44

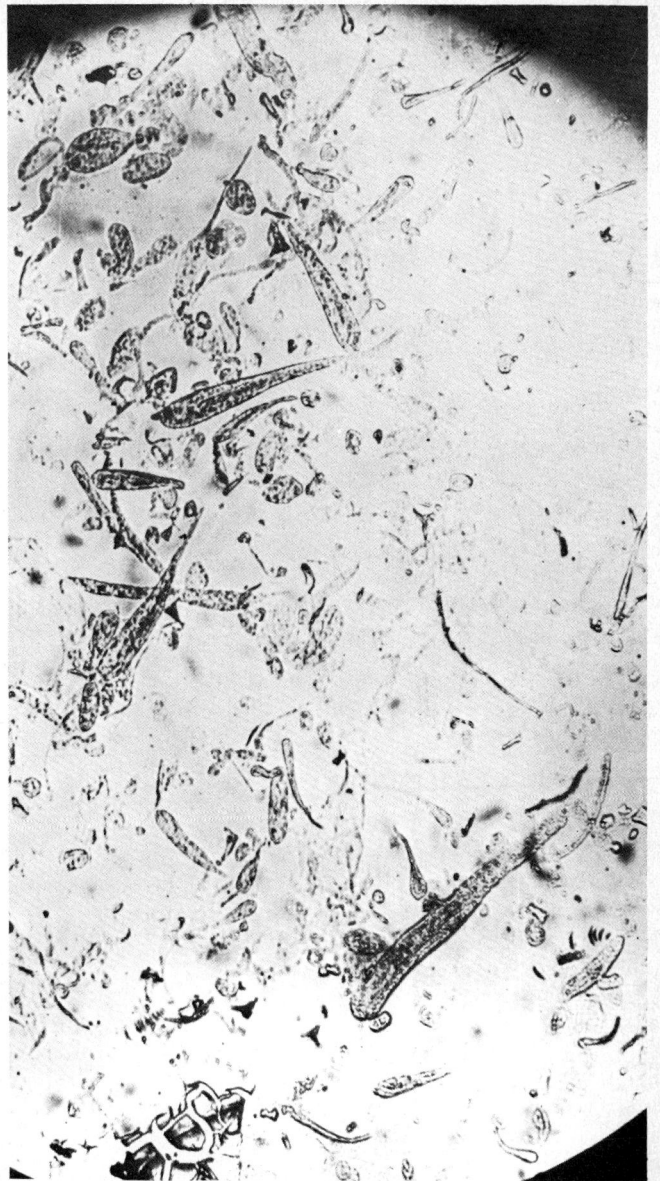

Fig. 45

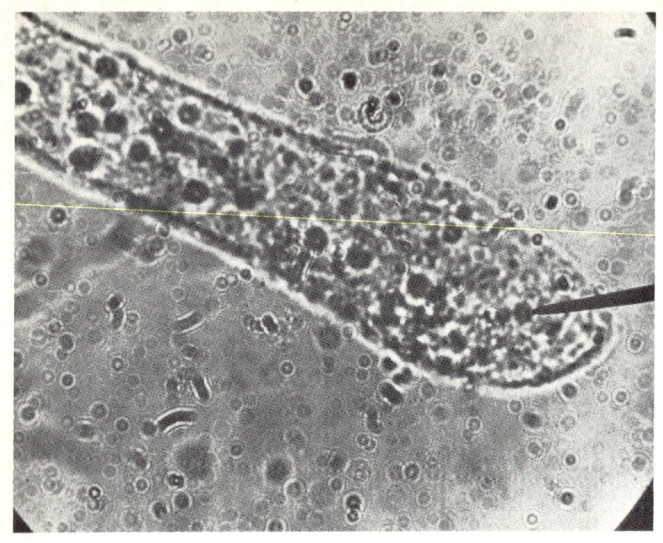

Fig. 46

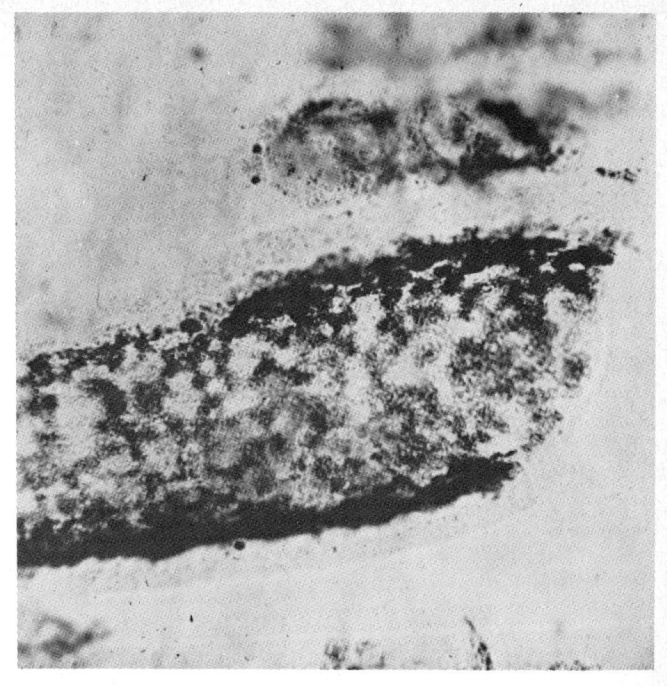

Fig. 47

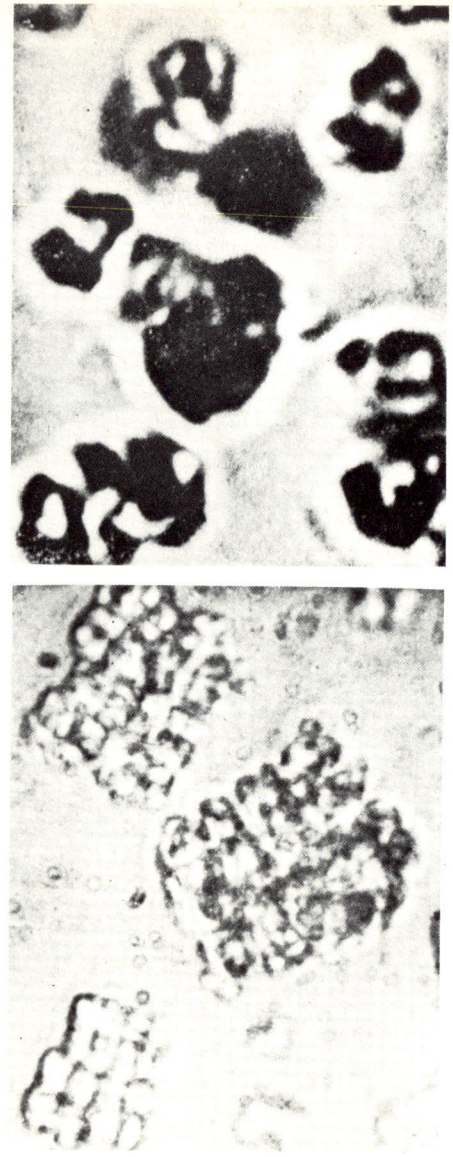

Fig. 48 a, b. Die Bionkultur (SAPA), an der 1939 die Existenz der biologischen Orgonenergie entdeckt wurde

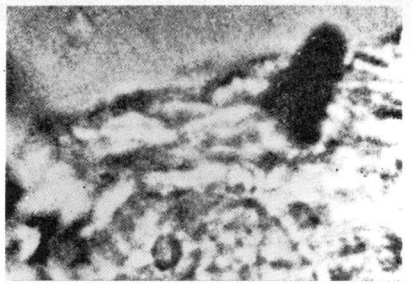

Fig. 49. Präparat eines Knochen-Krebstumors (Fibula). Das Gewebe zeigt eine bläschenförmige Struktur mit einem Haufen Krebszellen in fortgeschrittenem Organisationsstadium. Ca. 1000x

Fig. 50 a. Präcanzeröse Spindelzell-Bildung (Pfeil) und SAPA-Bione (oben rechts) aus Vaginalsekret

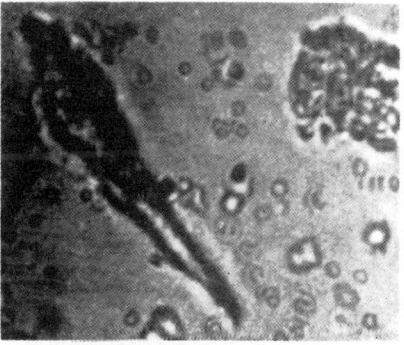

Fig. 50 b. Kontraktion zur Kugelform und Immobilisierung zweier amöboider, länglicher, beweglicher Krebszellen; verursacht durch die Einwirkung eines SAPA-Bions

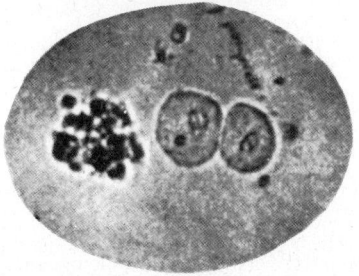

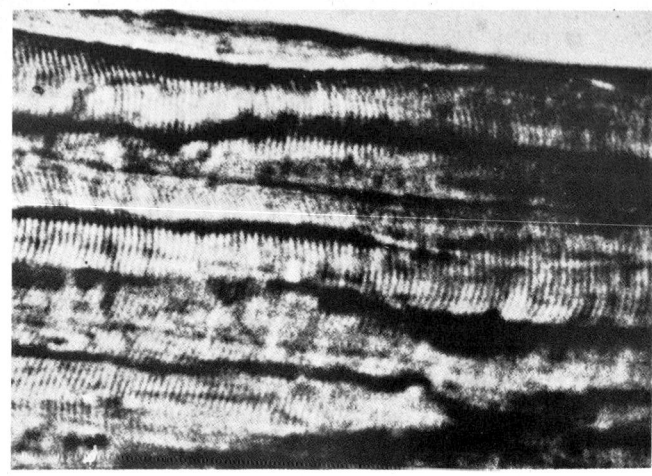

Fig. 51. Normales (menschliches) Muskelgewebe mit gestreifter, nicht bläschenförmiger Struktur. Lebend beobachtet in physiologischer Kochsalz-Lösung. Ca. 1000x

Fig. 52. Canzeröses Muskelgewebe aus einem menschlichen Uterus; es zeigt eine bionöse Struktur. Am rechten Rande hat eine protozoale Entwicklung eingesetzt. Beobachtet in physiologischer Kochsalz-Lösung. Ca. 1000x

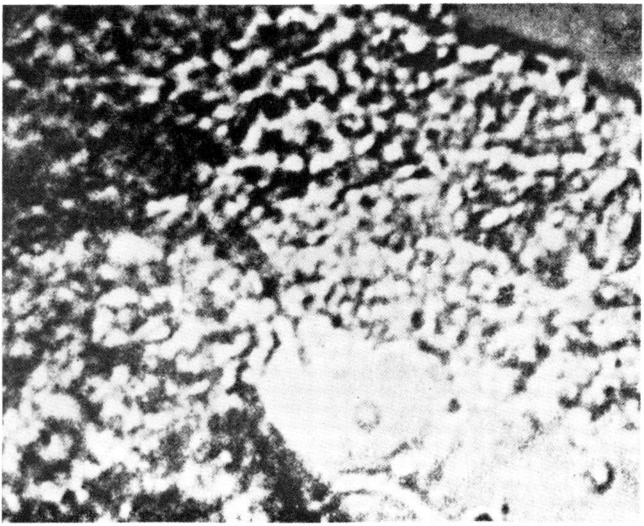

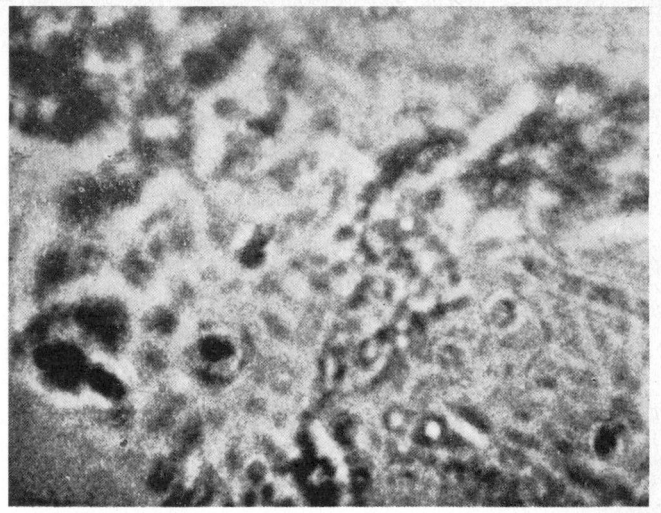

Fig. 53. Epithelzellen aus einem Brust-Krebstumor, ungefärbt, in physiologischer Kochsalz-Lösung, lebend beobachtet eine Stunde nach Entfernung des Tumors. Rechts oben und unten gesunde Epithelzellen, die keine Struktur zeigen. Zur Bildmitte hin sieht man bionös zerfallenes Epithelgewebe, das sich bis zum unteren Bildrand ausdehnt. Links liegen Haufen von Krebszellen, die sich noch in der Entwicklung befinden. Ca. 1000x

Fig. 54. Drei typische keulenförmige Krebszellen aus einem menschlichen Tumor. Ca. 2300x, vergrößert

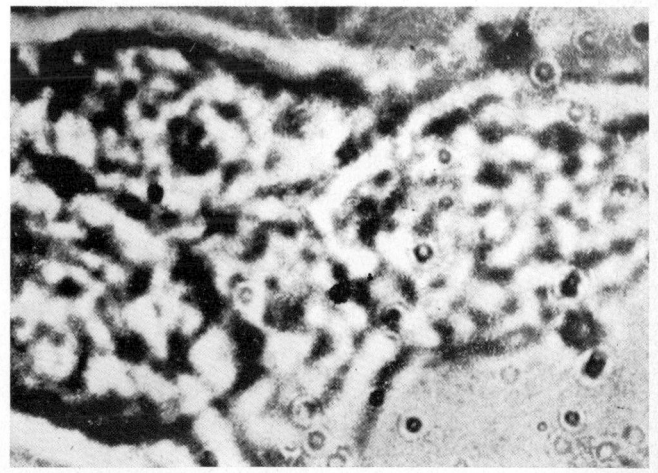

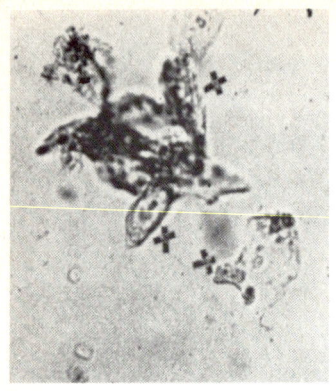 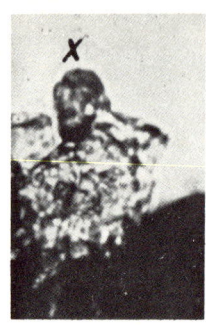

Fig. 55 a. Epithelzellen in KC1-Lösung, die präcanzeröse Veränderungen zeigen (X); aus einer Warze an der Wange

Fig. 55 b. Proliferation (X) von Epithelzellen derselben Warze

Fig. 56 a. Präcanzeröse Epithelzellen vom Hals; es sind T-Körperchen und stark strahlende Bläschen zu sehen

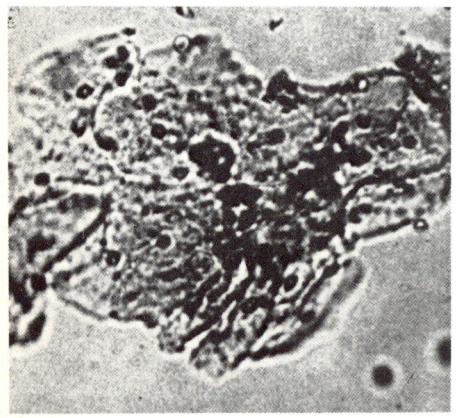

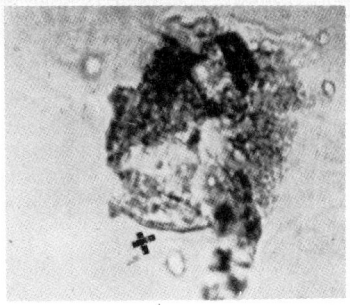

Fig. 56 b. Canceröses Halsepithel mit Spindelbildung (X)

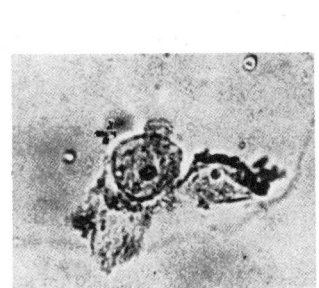
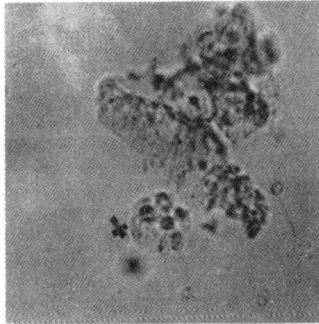

Fig. 56 c, d. Canceröses Halsepithel mit sich entwickelnden Krebszellen (X)

Fig. 56 e. Einzelne spindelförmige Krebszellen aus Vaginalsekret (Ca III)

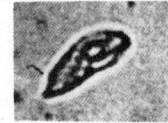

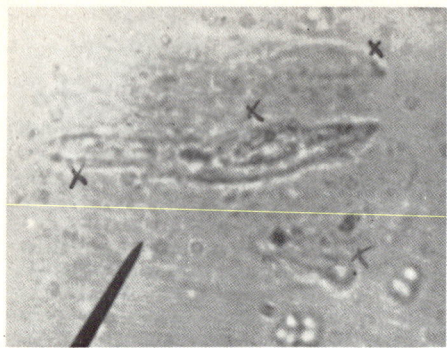

Fig. 57. Entstehung stark chromatischer Spindelformen (X) im Inneren einer Epithelzelle (Pfeil); aus dem Vaginalsekret einer krebsverdächtigen Frau (Ca III)

Fig. 58 a. Gesundes Epithel; Magendrüsen einer Maus

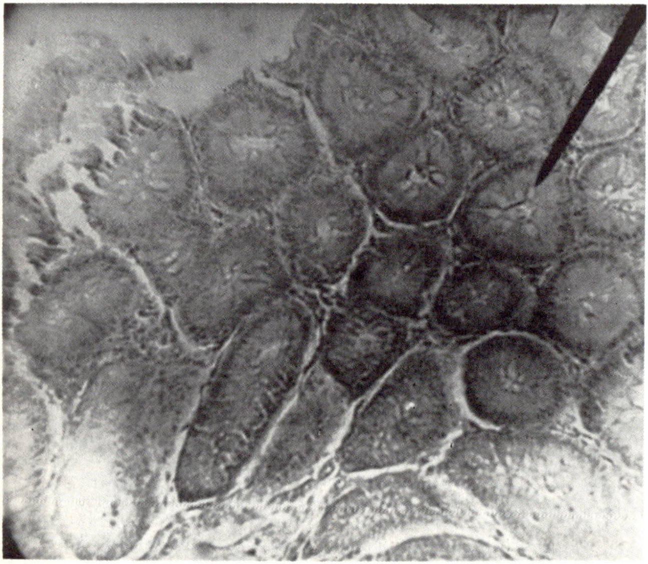

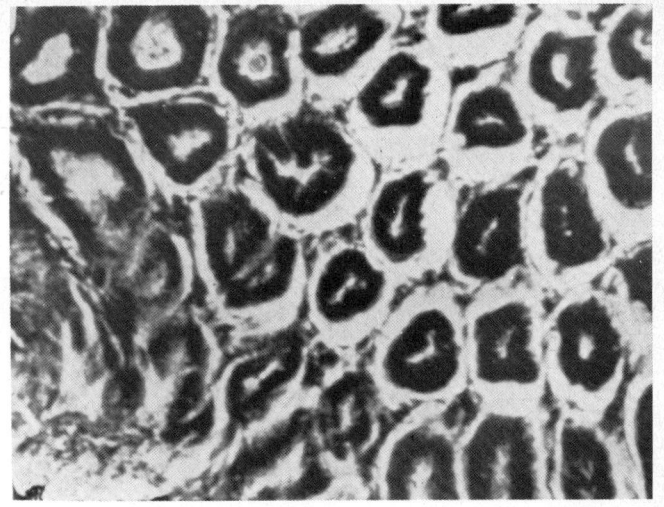

Figur 58 b. Einsetzende carzinomatöse Degeneration im Magenepithel einer T-Maus; Ca II und III (Querschnitt)

Fig. 58 c. Carzinomatöse Veränderungen in den Drüsenzellen des Darmes bei einer T-Maus (dunkel angefärbt mit Hämatoxilin-Eosin), im lebenden Präparat entsprechen sie den keulenförmigen Gebilden; Phasen Ca II und III (Längsschnitt)

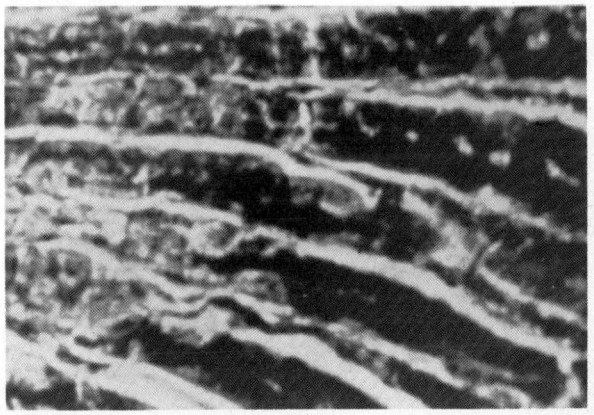

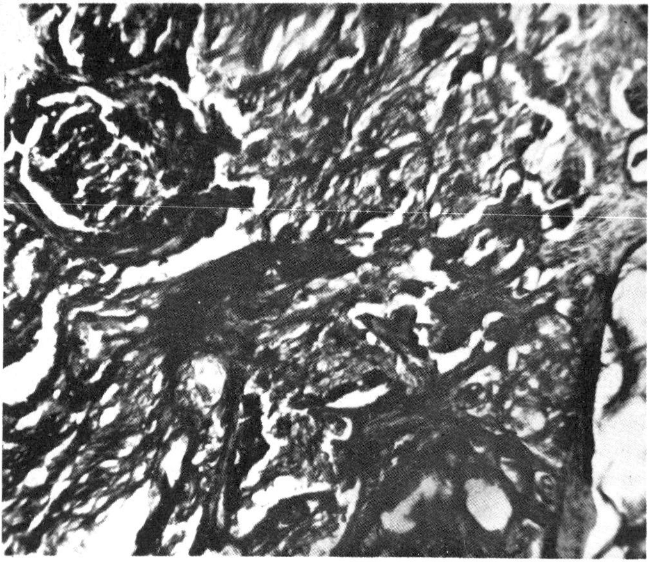

Fig. 58 d. Fauliger Zerfall carzinomatöser Magenschleimhaut bei einer T-Maus (Ca V)

Fig. 59. Metastasen im Unterhautgewebe des Halses einer T-Maus (Ca III)

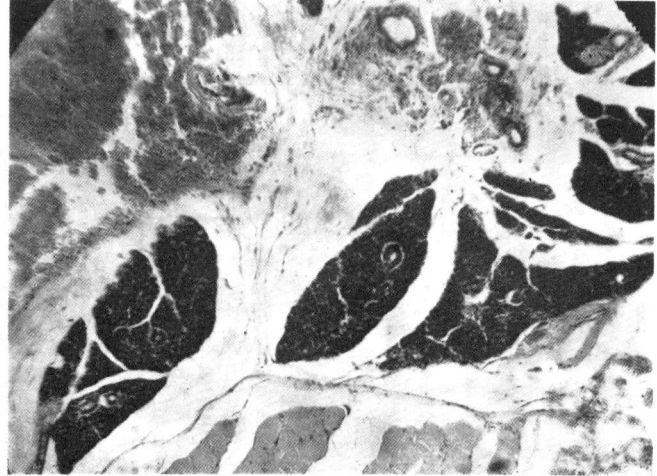

Fig. 60 a. Mit Hämatoxilin-Eosin angefärbter Schnitt von der Lunge einer T-Maus auf dem Krebszell-Metastasen zu sehen sind; Ca. 300x

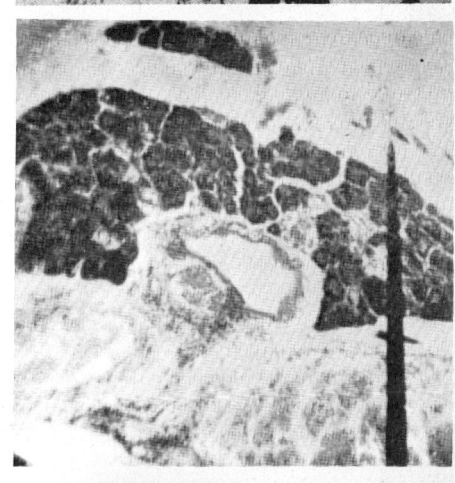

Fig. 60 b. Unterhautgewebe einer T-Maus mit Krebszell-Metastasen; Hämatoxilin-Eosin-Färbung. Der Pfeil weist auf einzelne Spindelzellen. Ca. 300x

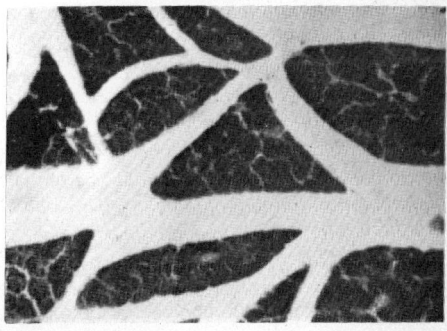

Fig. 60 c. Die gleichen metastatischen Zellen aus der Bauchhöhle einer T-Maus. Hämatoxilin-Eosin-Färbung. Ca. 300x

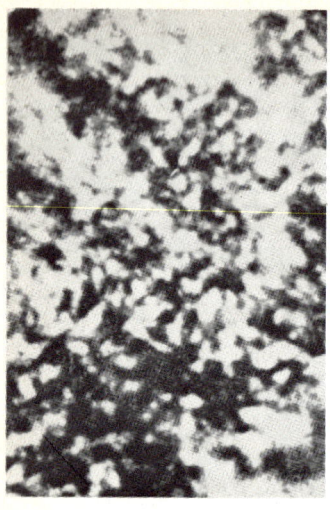

Fig. 61 a. Krebszell-Modell des Experiments Nr. 14. Es sind Kohlebione zu sehen, die die Substanz des Ei-Mediums durchdringen. Ca. 300x

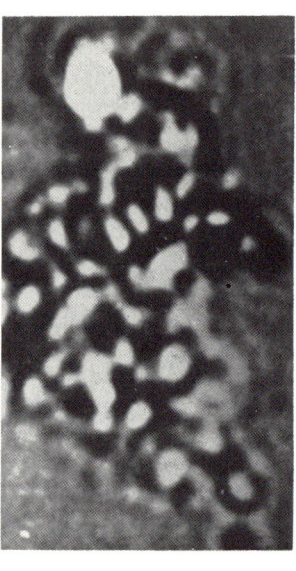

Fig. 61 b. Dasselbe Präparat wie 61 a bei ca. 2000x

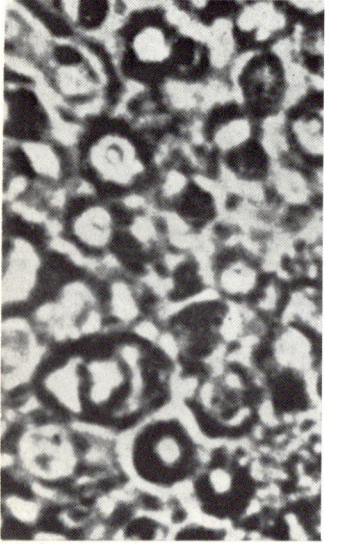

Fig. 61 c. Bion-Zellen im lebenden Zustand

Fig. 61 d. Dasselbe Präparat; Gramfärbung

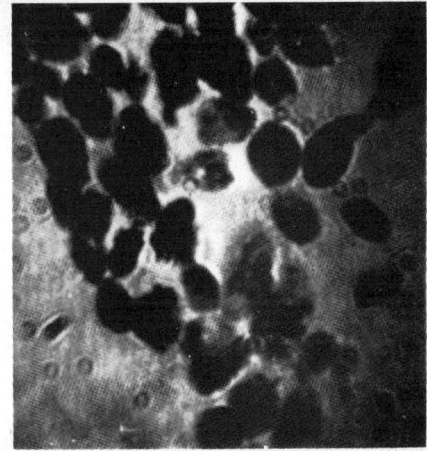

Fig. 61 e. Der Tumor wurde durch eine Injektion von T-Bazillen in eine gesunde Maus hervorgerufen

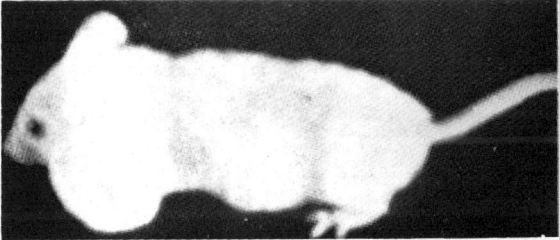

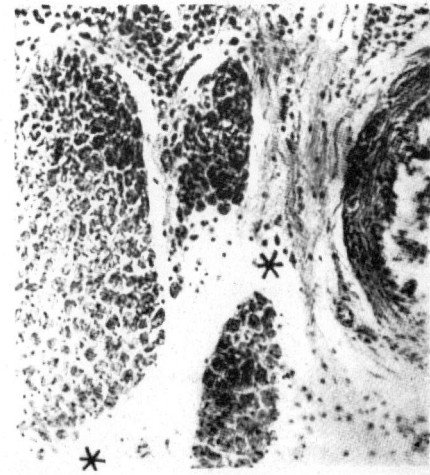

Fig. 61 f. T-Bazillen im Bauchfell derselben Maus. Gefärbt

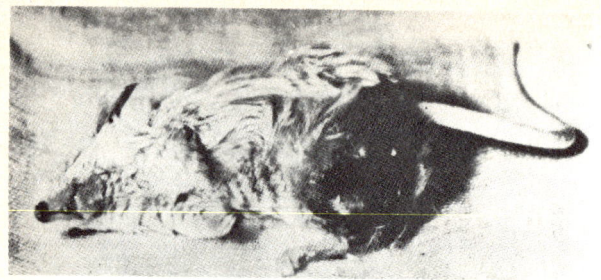

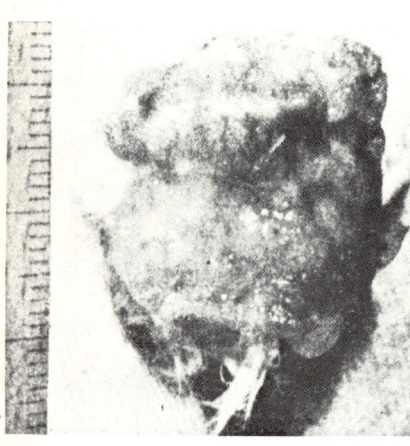

Fig. 62 a. Krebstumor in der Glutealregion einer Maus nach einer Injektion von T-Bazillen; diese wurden aus gesundem menschlichen Blut gewonnen, das einem Zerfallsprozeß unterworfen wurde (10 Ge T)

Fig. 62 b. Derselbe Tumor aus dem Glutealmuskel herausgeschnitten

Fig. 62 c. Gefärbter Schnitt durch denselben Tumor an der Grenze zwischen gesundem und chronisch entzündetem Gewebe. Die Pfeile zeigen auf einzelne, große, stark angefärbte Krebszellen

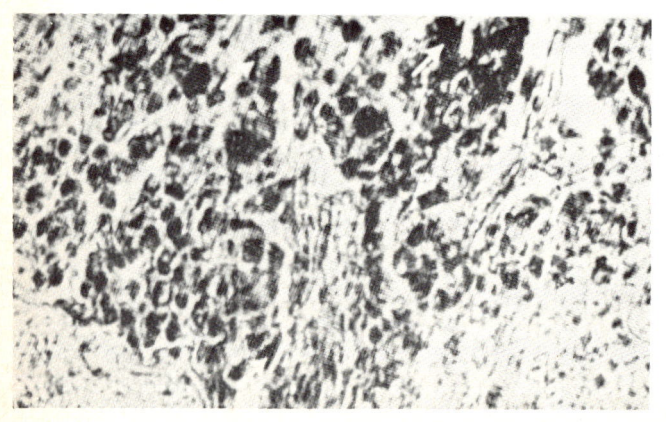

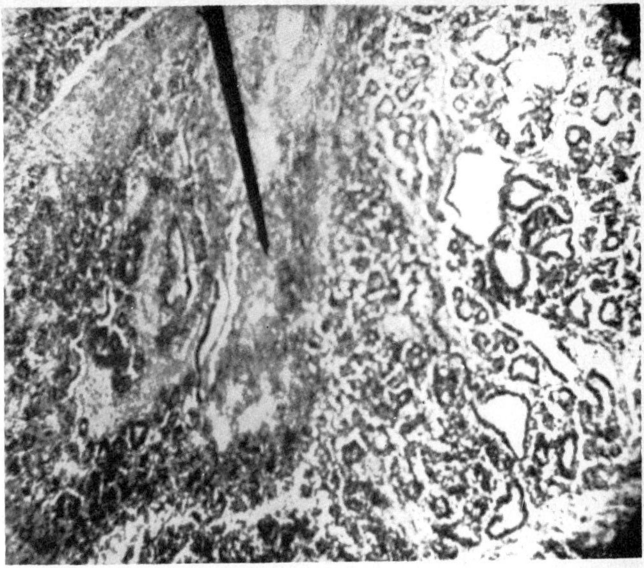

Fig. 62 d. Zystenbildung auf einem Schnitt durch denselben Tumor. Der Pfeil weist auf die Zone chronischer Entzündung zwischen gesunder Muskulatur und dem Adenocarzinom

Fig. 62 e. Ein weiterer Schnitt, auf dem die vollständige adeno-carzinomatöse Umwandlung im Muskel zu sehen ist.

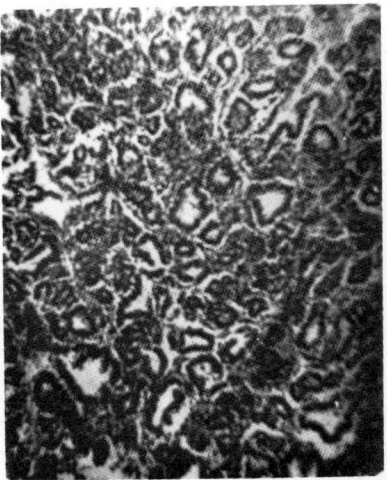

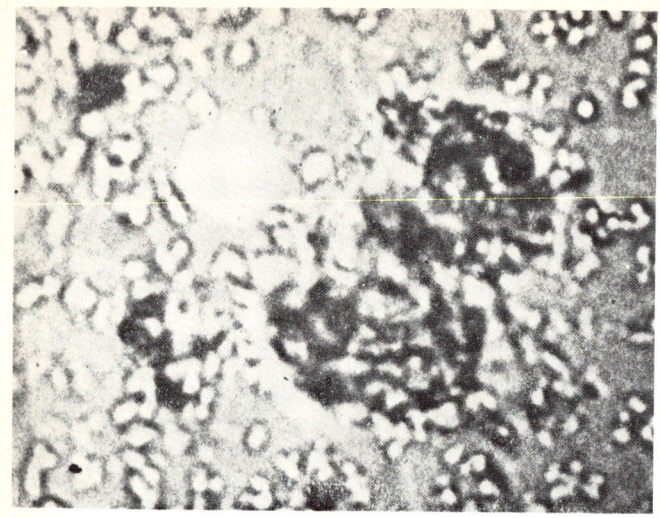

Fig. 63. Blaue PA-Bione, die in Krebszellen eindringen und sie massenhaft zerstören. Einzelbild aus einer Filmaufnahme

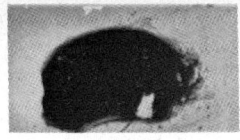 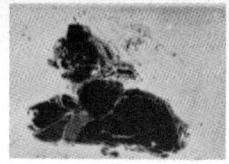

Fig. 64 a, b. Ein kompakter, harter Brust-Krebstumor aus zwei unbehandelten Mäusen

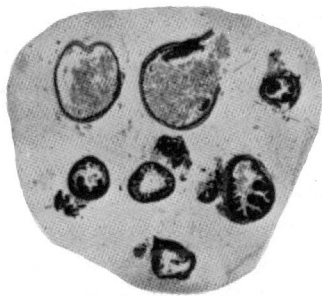

Fig. 64 c. Schnitte aus Magen und Duodenum, in denen künstlich Krebs hervorgerufen worden war (T-Maus). Atrophische Magenschleimhaut; polypöses carzinomatöses Wachstum; massenhaft Krebszellen im Bauchfell

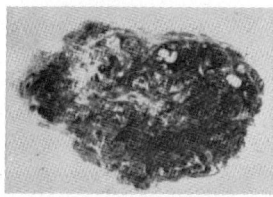

Fig. 64 d. Tumor von einer Maus, der fauligen Zerfall aufweist

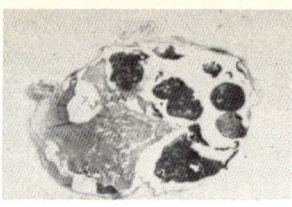

Fig. 64 e. Tumor einer mit Orgonenergie behandelten Maus. Große Höhlen, die vorher mit Blut gefüllt waren. Links Detritus, der tote T-Bazillen enthält; im Zentrum bindegewebiger Ersatz. In der Mitte und rechts übriggebliebene Krebsmassen

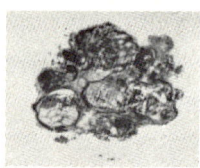

Fig. 64 f. Tumor einer mit Orgonenergie behandelten Maus. Große, vorher mit Blut gefüllte Höhlen, die nun Krebsgewebe und aus T-Bazillen bestehenden Detritus enthalten

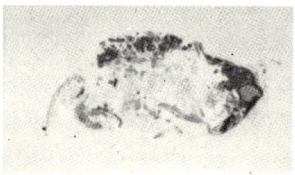

Fig. 64 g. Tumor einer mit Orgonenergie behandelten Maus. Geringe Mengen zerfallenen Krebsgewebes sind vorhanden. Im Zentrum steriler Detritus. Im unteren Teil bindegewebiger Ersatz.

ist, dieser Anschauung zufolge, das somatische, physikalisch-chemische System, das durch die Krebsgeschwülste und die Kachexie zerstört wird; der andere Teil ist die Psyche des Kranken, die hysterische Phänomene, die sogenannten Konversionssymptome, produziert und dies oder jenes »will« oder »fürchtet« und nichts mit dem Krebs zu tun haben soll. Diese künstliche Aufspaltung des Organismus ist irreführend. Es ist nicht richtig, daß ein psychischer Apparat »sich körperlicher Phänomene bedient«, und es ist nicht richtig, daß der körperliche Apparat nur chemischen und physikalischen Reaktionen gehorcht, aber weder »will« noch »fürchtet«. *In Wirklichkeit stellen die Expansions- und Kontraktions-Funktionen des autonomen Plasmasystems des Lebendigen den einheitlichen Apparat dar, der die Psyche wünschen oder fürchten und den körperlichen Apparat leben oder sterben läßt.* Unsere Patientin zeigte deutlich die *funktionelle Einheitlichkeit von seelischer Resignation und biopathischer Schrumpfung.* Das Leben funktionierte in der Patientin nur mehr sehr schlecht; die Expansionsfunktion versagte. Psychologisch ausgedrückt: Bewegung, Aktion, Entschluß, Kampf sind ohne Impulse. Der Lebensapparat ist wie festgeklemmt in der Angstreaktion, psychisch dargestellt durch die Vorstellung, daß bei der Bewegung etwas im Körper zerbrechen könnte. Bewegung, Aktion, Lust, Expansion erscheinen nun »lebensgefährlich«. Die charakterliche Resignation geht der Schrumpfung des Lebensapparats *voraus*.
Die Motilität des biologischen Plasmasystems selbst ist durch die biopathische Schrumpfung geschädigt. Die Angst vor Bewegung hat ihren realen Grund eben in dieser vegetativen Schrumpfung. Das Plasmasystem geht ein, der Organismus verliert die autonome Sicherheit und die Selbststeuerung in der Lokomotion. Am Ende setzt das Schwinden der Körpersubstanz ein.
Die Bremsung der Plasmamotilität durch die Schrumpfung erklärt zur Genüge alle Seiten des Krankheitsbildes; es macht die neurotische Angst ebenso wie die funktionelle Lähmung, die Angst zu fallen ebenso wie die Atrophie der Muskeln, die Spasmen ebenso wie die biologische Störung, die als »Krebserkrankung« durchbricht und in allgemeiner Kachexie endet, verständlich. Denn es gelingt mir immer wieder, die Patientin durch therapeutische Korrektur des Zwerchfellspasmus zur Entwicklung neuer Lebensimpulse zu bringen. Der Zwerchfellspasmus bildet das Zentrum der biopathischen Bewegungsstörung und der Sexual-

abwehr, mithin der Abwehr der expansiven Lebensfunktion schlechthin. Die Patientin atmet wirklich schlecht; sie ventiliert die Gewebe wirklich unvollständig; die plasmatischen Bewegungsimpulse in den Gliedern sind tatsächlich unzureichend, um eine korrekte Koordination der Bewegung zu gewährleisten; die Angst zu fallen und sich zu schädigen hat einen *realen* Grund und ist nicht nur neurotisch »phantasiert«; ja, *die phantasierte Fallkatastrophe selbst ist durch die Einschränkung der biologischen Motilität voll begründet*. Der hysterisch-funktionelle Charakter der Lähmung gewinnt derart einen realen biopathologischen Hintergrund. Zwischen hysterischer Motilitätslähmung und der Lähmung infolge biopathischer Schrumpfung bestehen nur graduelle Unterschiede.

Man pflegt die funktionellen Lähmungen in medizinischen Kreisen mit gewisser Ironie zu betrachten; man hat sich in der Medizin noch immer nicht von der Anschauung freigemacht, daß eine funktionelle Lähmung mehr oder minder »simuliert« sei. Ich möchte behaupten, daß die funktionellen Bewegungsstörungen, zurückgeführt auf biopathische Störungen der Plasmapulsation, weit ernster und umfassender sind als eine Lähmung infolge Segmentläsion. Bei der mechanischen Läsion ist das biologische Funktionieren des Organismus als Ganzem nicht einbezogen. *Eine funktionelle Lähmung dagegen ist Ausdruck einer totalen biologischen Störung: Die Funktion der plasmatischen Impulsbildung im biologischen Kern des Organismus ist selbst gestört* und vermag einen umfassenden Substanzverlust in den Geweben herbeizuführen (muskuläre Atrophie, allgemeine Kachexie, Anämie, etc.). Es hat dabei nichts zu sagen, daß die mechanische Störung suggestiv unbeeinflußbar, die funktionelle dagegen suggestiv zugänglich ist, denn die »Suggestion«, die eine Besserung der funktionellen Lähmung herbeizuführen vermag, ist ja in Wirklichkeit nichts anderes als ein Lustreiz für das biologische Plasmasystem, der es veranlaßt, sich einer neuen Lebensmöglichkeit entgegenzustrecken und dermaßen biologisch wieder zu funktionieren.

Die Grundstörung im Funktionieren des Körperplasmas, die durch chronische Sexualstauung, charakterliche Erkaltung und Resignation und chronische Sympathikotonie dargestellt und verursacht ist, ist weit ernster zu nehmen als die lokalen mechanischen Läsionen. Es gilt, den mechanistischen und rein stofflichen

Standpunkt in der Medizin von heute durch den *funktionellen* teils zu ergänzen, teils aber zu überwinden. Es gelang, mit Hilfe dieses Standpunktes eine Bresche in die Mauer zu schlagen, die das Krebsproblem unzugänglich machte. In den folgenden Abhandlungen wird es sich zeigen, wie weit dies tatsächlich heute schon allgemein durchführbar ist. Unsere Aufmerksamkeit wendet sich nun den Veränderungen im Blut und den Geweben zu, die durch die biopathische Schrumpfung verursacht werden.

6. ÜBER DEN SEXUALHUNGER DES ORGANISMUS BEI CHRONISCHER ABSTINENZ AN HAND EINES FALLES KARZINOMATÖSER SCHRUMPFUNG OHNE TUMOREN

Im vorhergehenden Kapitel wurde zu zeigen versucht, daß der lokale Tumor selbst nicht die Krebskrankheit ist. Hinter dem Tumor spielt sich in Wirklichkeit eine *Schrumpfung des Lebensapparates* ab. Die dort beschriebene Krebskranke war durch Orgontherapie von den lokalen Tumoren befreit worden, ging aber dann trotzdem auf Grund einer tiefen Sexualstörung an Schrumpfung des Lebensapparates zugrunde. Der Zufall spielte mir nun einen zweiten Fall in die Hand, der diesen ersten Fall bestätigt und ergänzt. Er enthüllt, ebenso wie der erste Fall, den sozialen und sexuellen Hintergrund der Krebsschrumpfungsbiopathie in klarer Weise. Er zeigt gleichzeitig, welche Möglichkeiten sich mit der Orgontherapie der Krebsbiopathie dem Arzt und Erzieher eröffnen. Die Verantwortung, die dem Sexualökonomen und Psychiater in der Bekämpfung der Sexualbiopathien zukommt, ist groß. Es ist unvermeidlich, daß wir uns die Einsichten in das Wesen der Biopathien nur Stück um Stück an verschiedenen Fällen zusammenholen können. Der eine Fall läßt Fragen offen, die der nächste zum Teil beantwortet, nicht ohne neue Fragen aufzuwerfen. Diese Fragen öffnen sich nur dem sexualökonomisch orientierten Psychiater. Dem mechanistischen Pathologen bleiben sie verschlossen.

Ein Sexualökonom, hervorragender Mitarbeiter des Instituts, hatte bei einer schwer charakterkranken Frau in wenigen Monaten einen Riesenumschwung im Befinden herbeigeführt. Das fiel

einer ihrer Bekannten auf. Sie wußte von einer dreißigjährigen Frau, die seit zwei Jahren einem Leiden zu erliegen schien, das kein Arzt zu erklären vermochte. So kam die Kranke in mein Laboratorium.
Der erste und oberflächliche Eindruck war folgender: Die Kranke hatte einen Ausdruck im Gesicht, der nur mit dem Worte »*Todesmaske*« beschrieben werden konnte. Die Gesichtshaut war blaß und etwas bläulich verfärbt. Die Wangen waren eingefallen, so daß die Kieferknochen scharf hervorstanden. Die Augen blickten müde und verschleiert, wie hoffnungslos. Die Mundwinkel waren herabgezogen und drückten tiefe Resignation und Depression aus. Der Körper war dünn. Rippen- und Wirbelknochen standen hervor. Die Muskulatur war am gesamten Körper so dünn, daß an einem atrophischen Prozeß nicht gezweifelt werden konnte. Die Bewegungen waren müde, langsam, etwas schleppend. Die Kranke sprach langsam wie unter großer Anstrengung, ohne mimische Mitbewegung. Es schien, als ob jede Aktivität festgehalten wäre, die Impulse ohne genügende Energie abliefen. Auch die Beckenknochen stachen hervor. Füße und Hände waren feucht, kalt und blaß. Die Stimme war monoton, ohne Kraft. Es schien, als ob die Kranke Kontakt mit mir aufnehmen wollte, aber nicht recht konnte.
Ihr Gewicht betrug 90 lbs. Sie hatte in den letzten 4 Wochen 10 lbs. verloren. Vor zwei Jahren hatte sie 120 lbs. gewogen. Bis zu ihrem fünften Lebensjahr soll sie dick gewesen sein. Sie begann bald rasch zu wachsen und wurde mager. Sie hatte seither immer weniger gewogen, als ihrem Alter entsprochen hätte. Als Kind hatte sie Masern und Keuchhusten durchgemacht. Sie litt an häufigen »Erkältungen« bis in die Gegenwart und war einmal operiert worden (Mandeloperation). Die Menstruation setzte im 14. Lebensjahr ein und war vierwöchig regelmäßig, dauerte aber immer acht Tage oder länger und war sehr schmerzhaft.
Vor fünf Jahren hatte sie einen Psychiater aufgesucht, um mit ihren sexuellen Schwierigkeiten fertig zu werden. Sie war seit der Pubertät überzeugt gewesen, daß sie »sexuell nicht in Ordnung« wäre. Sie mußte den Schulbesuch oft unterbrechen, um, wie sie sich ausdrückte, »ihre Gesundheit aufzubauen«. Die nähere Befragung ergab, daß sie sich oft schwach fühlte, leicht ermüdete und im Schulgang nicht mitkam. Die einfachsten Aufgaben bedeuteten ihr ein Riesenunternehmen. Sie litt unter

schweren Depressionen, fühlte sich nicht lebensfähig. Die Resignation ging allmählich in totale Inaktivität über.
Ihre Mutter war an Krebs der Gebärmutter operiert worden (Totalextirpation), starb aber später an Krebsmetastasen in den Knochen. Die Kranke schilderte ihre Mutter als eine sehr stille, den Kindern hingegebene Person. Sie war ebenso klaglos gestorben, wie sie gelebt hatte.
Die Erziehung unserer Kranken in sexueller Hinsicht war sehr streng und asketisch gewesen. Sie hatte nie Geschlechtsverkehr gehabt. Sie durfte nur selten tanzen gehen. In der Pubertät hatte sich eine Zeitlang bei ihr der Wunsch nach Kameradschaft mit Männern geregt, aber ihre Versuche scheiterten. Die streng religiöse Familie duldete keine Situation, die hätte »gefährlich« werden können. In ihren Versuchen, diese äußere Hemmung zu durchbrechen, scheiterte sie schwer: Sie erkannte, daß sie trotz besseren Wissens *innerlich* unfähig geworden war, sich einem Manne zu nähern. Dieser Zustand hatte in der Spätpubertät eingesetzt und hielt bis zum gegenwärtigen Zeitpunkt an. Er trug viel zu ihren Depressionen und zu ihrer zurückgezogenen Lebensweise bei. Obwohl sie hübsch war, schienen die Männer vor ihr zurückzuweichen. Es war einige Male vorgekommen, daß sich eine Freundschaft zu entwickeln begann. Sie scheiterte aber regelmäßig an einem *Krampf in den Genitalorganen*, der unweigerlich einsetzte, wenn sich auch nur der Gedanke an eine körperliche Intimität meldete. Schließlich entwickelte sie Angst vor diesen schmerzhaften Krampfzuständen, und sie vermied jede Gelegenheit, die zu sexueller Tätigkeit führen konnte. Sie wußte, daß dies krank war, aber sie wußte nicht, wie dem abzuhelfen wäre. Sie wagte es nicht, Ärzte um Rat zu fragen oder zu anderen Personen darüber zu sprechen. Kurz, sie gab auf. Sie hatte sich nie selbst befriedigt, obwohl sie unter den sexuellen Erregungen litt. Aber sie pflegte ihre Hände nachts immer an den Genitalien zu halten. Im Gegensatz zu ähnlichen Fällen sexueller Abstinenz hatte sie gute Einsicht in ihre Störung. Sie war wenig geneigt, diese Störung mit asketischen Idealen zu verhüllen. Umso schwerer war ihr Leiden. Sie klagte darüber in den ersten Aussprachen fast frei von Hemmungen.
Ich möchte hier die Schilderung ihrer Abstinenz unterbrechen und später darauf zurückkommen.
Der schlimme Zustand der Patientin forderte eine komplette kör-

perliche Untersuchung. Das Ergebnis war überraschend: Der betreffende Arzt verschrieb eine Diät, fand aber keine körperlichen Störungen. Sein Befund lautete: »This is to certify that I have given Miss ... a complete physical examination, including blood and urine examination, and find her to be in good health.«*
Dieser Befund widersprach so scharf dem Eindruck, den die Patientin auf mich machte, daß ich ihn zunächst nicht verstand: Die Patientin hatte in den letzten vier Wochen 10 lbs. an Gewicht verloren. Seit zwei Jahren war sie arbeitsunfähig, lag im Hause herum, fühlte sich schwach und zu keinem sozialen Kontakt fähig. Der Arzt hatte die Abstinenzbiopathie wie üblich übersehen, aber der Gewichtsverlust hätte doch auffallen müssen. Auch an dem Gesamteindruck der Kranken konnte man nicht einfach vorübergehen. Meine Überlegung sagte mir: Die Ärzteschaft ist nur auf mechanische und chemische Untersuchungen eingeschult. Es kommt sehr oft vor, daß ein schwer biopathischer Habitus übersehen wird, einfach weil die Ärzte es nicht lernten, den *Körperausdruck* und die *sexuelle Lebensweise* zu beachten.
Die Kranke hatte eine kleine, etwa bohnengroße Geschwulst am äußeren Rand ihrer rechten Brust. Ich fragte, ob der Arzt die Geschwulst gesehen hätte. Das war der Fall gewesen. Da aber diese kleine Geschwulst abwechselnd größer und kleiner wurde, hatte er auf eine harmlose Drüsenschwellung geschlossen, offenbar unter der Annahme, daß eine maligne Geschwulst nicht spontan kleiner werden könnte und stetig wachsen müßte. Die kleine Geschwulst bestand nun schon etwa ein Jahr, ohne größer zu werden. Ich wollte keine Probeexzision (Biopsie) durchführen lassen, um die Kranke nicht zu erschrecken. Da die Patientin sich der experimentellen Orgontherapie unterziehen wollte, konnte ich abwarten, ob die Geschwulst nach einigen Bestrahlungen vergehen würde. Würde sie rasch vergehen, dann hätte eine maligne Wucherung vorgelegen. Würde sie viele Wochen oder Monate zum Verschwinden brauchen oder würde sie gar nicht vergehen und auch nicht wachsen, dann läge eine harmlose Drüsenschwellung vor. Überdies hatten wir unsere Krebstests, um Klarheit zu schaffen.

* [»Hiermit bestätige ich, daß ich Miss ... einer vollständigen körperlichen Untersuchung unterzogen habe, die eine Blut- und Urinuntersuchung einschloß und die ergab, daß sie bei guter Gesundheit ist.«]

Diese Tests waren sämtlich *positiv*. Die Diagnose »Krebs« war gesichert. Die Untersuchung der Geschwindigkeit des Zerfalls der roten Blutkörperchen in physiologischer Kochsalzlösung ergab bionösen Zerfall mit T-Zackenbildung in ungefähr einer Minute. Die Orgonränder der RBK waren schmal und sehr wenig blau gefärbt. Der Hämoglobingehalt war normal, 80 %.
Die Kulturprobe ergab nach 24 Stunden eine Trübung der Bouillon. Die Umimpfung auf Agar und die Gramfärbung erwiesen den typischen T-Bazillenwuchs.
Die Autoklavierung des Blutes in Bouillon + KCL Lösung gab starke T-Reaktion der Blutkörperchen, ca. 60 %.
Diese Ergebnisse unserer Krebstests zusammen mit dem biophysikalischen Zustand der Patientin sicherten die Diagnose einer *fortgeschrittenen* Krebsschrumpfungsbiopathie. Es war unwichtig, ob die kleine Geschwulst in der rechten Brust karzinös war oder nicht. Ich hatte den Eindruck, daß die Kranke ein weiteres Jahr nicht überleben würde.
Ich verständigte einen nahen Verwandten und ließ mir schriftlich bestätigen, daß ich Krebs diagnostizieren mußte und keine Heilung versprechen könnte. Ich warnte auch, daß man mit Tod in kurzer Zeit rechnen müßte, wenn das Experiment der Orgonbestrahlung nicht helfen sollte. Ich wußte, daß kein Arzt aus dem vorliegenden Bilde auf Krebs schließen konnte. Es gab auch keine Behandlung in diesem Falle außer der Orgontherapie, selbst wenn irgendein Arzt wegen des Gesamtzustandes Verdacht auf Krebs geäußert hätte. Es gab keine lokalen Tumoren, die man als krebsartig hätte ansehen können.
Die Patientin begann mit täglichen Orgonbestrahlungen in meinem Laboratorium. Später bestellte sie einen Orgon-Akkumulator und nahm täglich zwei Bestrahlungen zu Hause, eine frühmorgens nach dem Bad und eine am Abend vor dem Schlafengehen, je eine halbe Stunde. Das Ergebnis dieser Behandlung war im Verlaufe der ersten zwölf Wochen wie folgt:
Gewicht: Nach acht Tagen keine Veränderung, noch immer 90 lbs., aber auch kein weiterer Gewichtsverlust. Nach 14 Tagen wog die Patientin 91 lbs. Nach drei Wochen wog sie 91.75 lbs., nach vier Wochen 92,25, nach sechs Wochen 95,75 lbs., nach zwölf Wochen 100 lbs. Der Prozeß der Schrumpfung war also nicht nur gestoppt worden, sondern die Gewichtszunahme schritt sogar beschleunigt fort.

T-Bazillenwuchs in Blutkultur: Bouillon- sowohl wie Agarkultur war nach fünf Wochen *negativ* und blieb so in den folgenden Wochen.

Die *Autoklavierungsprobe* in der dritten Woche zeigte keine Besserung. Es gab noch immer ca. 60 % T-Zerfall. Die Blutbionlösung hatte nicht den Charakter eines reinen Kolloids, sondern war wie in vielen fortgeschrittenen Krebsfällen blaugrün verfärbt.

Nach zehn Tagen Orgonbehandlung war die kleine Geschwulst in der rechten Brust nicht mehr zu tasten. Zwei bis drei Wochen ist aber der Zeitraum, in dem die Orgontherapie nicht allzu große Tumoren in der Brust zum Verschwinden bringt.

Diese Erfahrungen waren von größter Bedeutung für das Orgontherapie-Experiment. Sie zeigten, daß Symptome des krebsigen Endzustandes ohne lärmende lokale Erscheinungen vorhanden sein können. Das gab meiner früher erworbenen Anschauung recht, daß die Krebserkrankung wesentlich in einer allgemeinen Schrumpfung des vegetativen Lebensapparates besteht, daß also der lokale Tumor nur eines der Symptome, aber nicht die Krankheit selbst darstellt. Diese Erfahrungen lehrten ferner, daß die übliche medizinische Schulung den praktischen Arzt nicht befähigt, »Krebs« zu diagnostizieren, ehe es zu lärmenden lokalen Phänomenen kommt. Sie erwiesen schließlich die Brauchbarkeit der biologischen Blutbion-Tests unseres Laboratoriums in Fällen, wo man nach üblichen Methoden keinen Anhaltspunkt für die Krebsdiagnose hat. Selbst wenn ein Chirurg der kleinen Geschwulst in der Brust Krebsverdacht zugesprochen und operiert hätte, wäre die allgemeine Schrumpfungsbiopathie verblieben und die Kranke wäre zugrunde gegangen. Es ist unwahrscheinlich, daß diese kleine Geschwulst ohne Metastasen in den Drüsen der Achselhöhle die *Ursache* des bösen Allgemeinzustandes war. Die Geschwulst war jünger als der allgemeine Schrumpfungszustand. Wir können also mit gutem Grund von »Krebsschrumpfungsbiopathie ohne Tumoren« sprechen. Es wird festgestellt werden müssen, wie häufig solche Fälle vorkommen. Jedenfalls nimmt die Möglichkeit der Orgontherapie der Krankheit viel von ihrem Schrecken, auch wenn wir noch in vielen Fragen unklar sind. Das Orgontherapieexperiment war in diesem Falle erfolgreich; es hat daher Anspruch, auf breiter Grundlage erprobt und entfaltet zu werden. Diese Seite der Frage werde ich später gesondert behandeln.

Ehe ich zum Hauptthema dieser Abhandlung, zum Prinzip der Orgontherapieversuche, zum Problem der Krebszellentwicklung und den Vorgängen in den Geweben übergehe, muß ich aber noch bei diesem Fall verharren. Als die erste Nummer des *International Journal of Sex Economy and Orgone Research* erschien, sagte ein freundlich eingestellter Arzt, die Sexualökonomie wäre sehr wichtig und richtig; aber »was hätte sie mit dem Krebs zu tun?« Die Krebs- und Orgonforschung würde, so meinte er, nur die Zustimmung zur Sexualökonomie erschweren. Von vielen anderen Seiten hörte ich erstaunten Unglauben, wenn ich den Krebs als eine Sexual-Biopathie oder *Sexualhungerseuche* bezeichnete. Diese Reaktionen zeigen, daß der Kardinalpunkt unserer Arbeit nicht begriffen wurde: *Die Sexualstauungskrankheiten sind schwere biopathische Erkrankungen des Organismus. Die Krebsbiopathie ist eine der Erkrankungsformen, in denen die chronischen Störungen der Sexualökonomie der Menschen zum Ausdruck kommen. Der Krebs ist eine Sexualbiopathie (Sexualhungerkrankheit). Sexualökonomie und Krebsforschung lassen sich also nicht trennen.* »Charakteranlayse«, »Vegetotherapie« und »Orgontherapie« bilden zwar verschiedene Behandlungsmethoden, aber sie sind im Grunde *ein und dieselbe Biotherapie* an einem *einheitlichen* Organismus. Sie hängen miteinander zusammen, haben also eine gemeinsame Wurzel im Biosystem. Ihre Aufzweigung entspricht der künstlichen Aufteilung des Gesamtorganismus in biophysikalische, charakterliche und physiologische Funktionen.

Ich ließ die Patientin gynäkologisch untersuchen. Diese Untersuchung ergab eine volle Bestätigung meiner Diagnose plasmatischer Schrumpfung: Das corpus uteri war im Verhältnis zur Cervix sehr klein; und die Ovarien konnten rektal nicht getastet werden, mußten also nach Meinung des Gynäkologen außerordentlich unentwickelt sein. Das Brustdrüsengewebe schien vollkommen unentwickelt. Ob es sich hier um eine Atrophie oder um eine *primäre Hemmung* der Entwicklung der Sexualorgane handelt, läßt sich natürlich schwer entscheiden. Der Gynäkologe war der Ansicht, daß es sich um eine primäre Unterfunktion der Ovarien handelte. Unsere theoretische Anschauung läßt eine solche Auffassung einer isolierten und primären Ovarial-Störung nicht zu. Denn die Ovarien sind doch nicht für sich alleinstehende und unabhängige Organe, sondern sie sind in den gesamten autonomen Lebensapparat eingeschaltet und von ihm abhängig. Ich neige also in diesem

Falle, aufgrund der sexuellen Vorgeschichte, zur Ansicht, daß die Unentwickeltheit der Brust und Genitalorgane bei dieser Kranken als *sexuelle Inaktivitätsatrophie* aufzufassen ist. Die Frage, inwieweit innersekretorischen Organen eine *primäre* Rolle zuzuschreiben ist oder inwieweit sie bloß als Ausführungsorgane der allgemeinen Plasmafunktion zu betrachten wären, läßt sich derzeit nicht endgültig entscheiden.

Ich entschloß mich, die Kranke gleichzeitig mit dem physikalischen Orgon und der Technik der psychiatrischen Orgontherapie zu behandeln. Sehr bald stellte sich ein lebhaftes Fragen ein: »Tut es beim Geschlechtsakt weh?« »Wann werden Sie mich vergewaltigen?« (Diese Kranke hatte wie so viele an chronischem Sexualhunger Leidende unter schweren Vergewaltigungsphantasien zu leiden. Sie glaubte fest, daß eine Frau nicht allein in einem Raum mit einem Manne verweilen könne, ohne vergewaltigt zu werden.) »Bewegt der Mann sein Glied in der Scheide? Das tut doch weh!« »Was tut man, wenn man zuviel Kinder bekommt?« (Sie wußte nichts von Empfängnisverhütung.) »Muß eine Frau dem Mann nachgeben, wenn er von ihr Befriedigung fordert? Ich habe Angst davor.« Die Kranke wußte keinen Bescheid über die primitivsten Fragen des Geschlechtslebens. Als Kind hatte sie ihre Mutter mit Fragen darüber bedrängt, aber sie war zurückgewiesen worden. Von da ab fragte sie niemand mehr und glaubte nun, daß man »solche Dinge« nicht wissen dürfte. Sie hatte eine starke Bindung an den Vater entwickelt. Er war autoritärer Erzieher und strenger Moralist gewesen, der die ersten Pubertätsregungen des Mädchens sofort unterdrückt hatte. Bald darauf entwickelte sie perverse Phantasien, unter denen sie litt. Die brutale Vergewaltigung stand stets im Vordergrund. Daraus entwickelte sich panische Angst, sobald ihr ein Junge nahekam. Mit der Angst gingen schon in der Pubertät Spasmen des Genitals einher. Diese Spasmen blieben als chronische Beschwerden bestehen. Sie schloß sich immer mehr von Kontakt mit Männern ab und vereinsamte.

Sie hatte die üblichen Irrlehren aufgenommen und charakterlich verankert: Das Sexuelle ist böse, teuflisch, eine schreckliche Sünde wider Gottes Gebot. Man hat Geschlechtsverkehr nur in der Ehe, und auch da nur, um Kinder zu zeugen. (Dem widersprach natürlich alles, was sie um sich herum erlebte.) Der Mann ist ein böses Geschlechtstier, das Mädchen vergewaltigt, um seine »Lust zu stillen«. Frauen haben keine Sexualität, sondern gebären nur Kinder. Sie haben Geschlechtsverkehr mit dem Mann nur, weil er »das braucht«. Wenn man sich selbst befriedigt, verkrüppelt man, wird Idiot, verliert Lebenssaft aus dem Rückenmark etc. (Demzufolge hatte sie sich nie richtig selbst befriedigt, aber seit der Kindheit nachts ihre Hände krampfhaft unbewegt am Genitale gehabt). Menschen unterscheiden sich vom Tier dadurch, daß sie nicht sexuell sind. Das Tierische ist niedrig und hat bekämpft zu werden. Alles Sexuelle ist tierisch. Man hat die »idealen Werte« zu pflegen, und man darf keine »bösen Gedanken« haben. Sie hatte natürlich »böse Gedanken«, fühlte sich infolgedessen schuldig, krampfte noch mehr ein und bekam nur noch bösere Gedanken. Schon als Kind entwickelte sie brutale und sadistische Phantasien, die sie unter Ängsten scharf abwehrte. Sie hatte Impulse den Männern um sie herum die Genitalien abzureißen oder abzubeißen. Wenn sie mit einem Jungen (in der Pubertät) tanzen sollte, brach der Impuls, ihn zu erwürgen, durch. Dies ging mit schwerer sexueller Erregung einher. Sie kroch noch mehr in sich zurück. Ihr Vater warnte sie vor den Geschlechtskrankheiten. Er gab ihr den Eindruck, daß man durch Geschlechtsverkehr unter allen Umständen geschlechtskrank würde. Aber er sagte ihr nicht, wie man sich gegen Infektion schützt. So blieb sie hilflos sich selbst überlassen, zerrissen von Sehnsucht nach und Angst vor Liebe. Das trieb zu real gefährlichen Situationen. Die Neugierde trieb sie dazu, völlig fremden Männern nahezukommen und verschiedene Praktiken auszuüben, nur um dann entsetzt zu fliehen und für Monate sich völlig abzusperren. Es ist begreiflich, daß es gerade diese Angst war, die sie in gefährliche Situationen brachte. Sie hatte den Drang herauszufinden, ob es wahr wäre, was ihr eingebleut worden war. Diese Angst war Ausdruck ihres lebendigen Drängens nach Befriedigung. Dies bestätigt, was die Sexualökonomie seit jeher behauptet: *Die Zwangsmoral und Askese erzeugt das gerade Gegenteil des Beabsichtigten, sexuelle Kriminalität und Perversionen.*

Sie wußte nicht, wie ihr Genitale gebaut war. Der Gedanke, daß sie es eigentlich wissen müßte (gab ihr doch ihr Genitale soviel zu schaffen), ließ daher nie locker. Er meldete sich bei harmlosen Gesprächen mit männlichen und weiblichen Bekannten. Und sie mußte wieder flüchten und sich zurückziehen. Nur einmal, mit 20 Jahren, verliebte sie sich ernst in einen Jungen und versuchte durchzubrechen. Doch sie sank hilflos zurück. Sie »ging in Stükke« (»went to pieces«). Das heißt, die sexuelle Erregung wurde so kräftig und der genitale Krampf verstärkte sich momentan derart, daß sie Selbstmord begehen wollte. Der Geschlechtsakt war ihr nicht anders als in Form einer brutalen Vergewaltigung vorstellbar.

Schon in der Pubertät litt sie infolge der Riesenstauung an Arbeitsstörungen. Sexuelle Zwangsgedanken drängten sich immer vor, wenn ihr Arbeitsinteresse rege wurde. Offenbar provozierte die emotionelle Anregung durch Arbeit gleichzeitig die Sexualerregung, die so gefürchtet war. *Die Sexualstauung ist die wichtigste Ursache der Arbeitsstörungen im Pubertätsalter.* Mit den Jahren versagte daher ihre Arbeitsfähigkeit mehr und mehr; sie stumpfte ab, bis sie den Zustand kompletter emotioneller Öde der letzten zwei Jahre erreichte. Die charakterliche und emotionelle Öde ging nun seit etwa zwei Jahren in körperliche Schrumpfung über.

Ich ging bei diesen ersten Versuchen an einer Schrumpfungsbiopathie von folgender Voraussetzung aus: Sexualstauung, die die »Stauungsneurose« erzeugt, liegt ebenso der Krebsschrumpfung wie der kardiovaskulären Biopathie zugrunde. Es muß aber einen wesentlichen Unterschied zwischen Krebs und kardiovaskulären Biopathie geben. Die Krebsindividuen zeigen überwiegend emotionelle Milde und charakterliche Resignation. Die Menschen dagegen, die an Hypertonie des Gefäßsystems, also an chronischer vaskulärer Kontraktion leiden, sind im Gegensatz zum Krebsindividuum überwiegend leicht erregbare »emotionell labile«, sozusagen explosible Organismen. Das drückt sich in den akuten Angstanfällen deutlich aus. Dagegen habe ich bisher nie Krebskranke mit lärmenden Emotionen, Wutausbrüchen etc. gesehen. Wir sind daher berechtigt, trotz der gemeinsamen Grundlage der Sexualstauung auf spezifische Unterschiede zwischen den zwei Formen von Biopathie zu schließen. Es kommt wesentlich darauf an, *wie der Organismus auf die gestaute Sexualerregung reagiert*, nachdem sie einmal zustandekam.

Wir sind bei der Erforschung neuer Zusammenhänge immer wieder gezwungen, Annahmen zu machen, die sich aus den Krankheitsbildern aufdrängen, ohne mit Sicherheit behaupten zu können, daß diese Annahmen richtig sind. Wir müssen es weiteren Erfahrungen überlassen, unsere Annahme zu bestätigen oder zu widerlegen. Man kann ja nie schmiegsam, aufmerksam und selbstkritisch genug in solchen Dingen sein. Kurz, der klinische Vergleich der Krebsbiopathie mit der Gefäßhypertonie zwang dazu, eine grundsätzlich verschiedene Verarbeitung der aufgestauten Sexualerregung im Biosystem anzunehmen: Bei der vaskulären Biopathie (Angstneurosen infolge Abstinenz) bleibt die Sexualerregung biologisch, physiologisch und emotionell dauernd lebendig. Mit anderen Worten, der biologische Kern des Organismus, der autonome Lebensapparat, produziert weiter Energie in vollem Ausmaße. Der Organismus reagiert dagegen im Kontraktionszustand mit Angst – oder Wutausbrüchen und mit körperlichen Symptomen, wie mit Basedow oder Diarrhoe, etc. *Beim Krebs dagegen gibt der biologische Kern in der Energieproduktion nach. Mit dieser Verminderung der Energieproduktion werden Emotionen und Erregungen mit der Zeit schwächer und schwächer.* Dadurch ist die Funktion des Energieumsatzes im Organismus weit intensiver gestört als bei Störungen mit auffälligeren Symptomen wie der Hysterie. Ein Angstausbruch ist, funktionell gesehen, noch immer eine Energie*entladung* wenn auch pathologischer Art. *Chronische emotionelle Stille dagegen muß mit bioenergetischer Stille im Zell- und Plasmasystem einhergehen.*

Ich zögere noch, kann aber nicht umhin, hier von einer »Erstickung des Zellenergiesystems« zu sprechen. Man kann vorläufig nur ahnen, daß es bei den resignativen Charakteren so etwas wie ein allmähliches Stillstehen der Energiefunktionen des Lebensapparates gibt. Eine Analogie soll dies verdeutlichen:

In einem fließenden Bach wechselt das Wasser unausgesetzt; das ermöglicht die sogenannte Selbstreinigung des Wassers. Schmutz wird sehr bald aufgelöst – ein noch völlig unverstandener Vorgang. In einem stehenden Tümpel dagegen, wo kein Wechsel des Wassers erfolgt, werden Fäulnisvorgänge nicht nur nicht beseitigt, sondern vielmehr gefördert. Amöben und andere Protozoen wachsen schlecht oder gar nicht in fließendem, reichlich dagegen in stehendem Wasser. Wir wissen noch nicht, worin diese »Erstickung« im stehenden Wasser, beziehungsweise im stillen Energiesystem des Organismus besteht, aber wir haben allen Grund, einen solchen Vorgang und Zustand anzunehmen. Es ist kein Zufall, und kann keiner sein, daß sich Krebszellen in einem energetisch lebhaften Organismus so selten, dagegen in bioenergetisch stillen Organismen so leicht entwickeln. Die Schrumpfungsbiopathie beginnt offenbar, im Gegensatz zu anderen Biopathieformen, mit dieser Stille im sexuellen und emotionellen Leben. Man trifft in der Vorgeschichte von Krebskranken zwar sehr häufig zahlreiche Symptome der Stauungsangst an, aber sehr selten im reifen akuten Krebsstadium. Man hat den Eindruck einer scharfen Herabsetzung des *biologischen Energiewechsels*, der bei Gesunden sich in der Orgasmusfunktion so lebhaft abspielt. Ich bitte, diese Annahmen gründlich zu überprüfen. Ich glaube, daß sie große Bedeutung haben.

Es ist nun nicht anzunehmen, daß die Zellen des Organismus das Erlöschen des Energiesystems hinnehmen, ohne sich zu wehren. Wenn die bioenergetische (orgonotische) Erregung des Gesamtsystems zu funktionieren nachläßt, dann könnte sehr wohl die orgonotische Erregung in einzelnen Zellen oder Zellsystemen noch immer exaltiert andauern, ähnlich, wie sich ein erstickender Organismus mittels Klonismen gegen die Erschlaffung wehrt. Es könnten also noch immer Einzelzellen in orgonotische Übererregung geraten, wenn der Gesamtorganismus bereits die Fähigkeit zur Erregung und zum Energiewechsel verloren hat. Doch solche isolierten, außer Zusammenhang mit dem Gesamtkörper ablaufenden Erregungen des orgonotischen Biosystems können nicht mehr physiologisch normal sein. Sie müssen schädliche Wirkungen auf die Zellstruktur haben.

Hier möchte ich abbrechen. Die Orgonphysik verspricht jedenfalls wichtige Aufklärungen über die Emotionsfunktion der Körperzellen und ihre Beziehung zum Orgonenergiewechsel. Es gibt das Phänomen der *orgonotischen Erstrahlung* an Bionen, das wichtige Beziehungen zur Zellerstrahlung und Zellerregung des Organismus verrät. Nun aber wollen wir zu der Patientin zurückkehren.

Das emotionelle und bioenergetische Verhalten unserer Kranken entsprach durchaus den eben beschriebenen Annahmen. Sie fragte unausgesetzt nach sexuellen Vorgängen. Aber den Fragen fehlten Drängen und Erregung. Eine Patientin mit Angsthysterie hätte dieselben Fragen nur unter schwerster Erregung vorgebracht oder aber unterdrückt und heftige Angst entwickelt. Die emotionelle Bedeutung der Fragen wäre unmittelbar hervorgetreten. Anders bei unserer Kranken. Alles, was sie sagte und fragte, war flach, wie ohne Interesse vorgebracht, obwohl ihr Leben voll davon war. Ihre Phantasien hatten grausamen Inhalt, aber sie schien unberührt, oberflächlich. Sehr bald klagte sie selbst über diese Oberflächlichkeit und »Leichenhaftigkeit« ihres Erlebens. Sie hatte darunter seit der Pubertät gelitten. Es gab ihr das Empfinden, mit nichts und niemand in echten Kontakt kommen zu können. Diese emotionelle Stille des Krebsindividuums unterscheidet sich scharf von der Kälte und Kontaktlosigkeit der affektgesperrten Zwangscharaktere; dort fehlt es an Energie, hier sind mächtige Energieimpulse in der Affektsperre gebunden.

Die genaue Beobachtung ihres Verhaltens widersprach der Annahme, daß es in der biologischen Tiefe verdrängte Affekte gab. Es gab auch in der Tiefe keine Affekte! Wir konnten überraschend leicht zum Orgasmusreflex vordringen, aber auch hier stießen wir auf *Affektschwäche*. *Affekte sind Ausdruck bioenergetischer Zellerregung*. Durchbricht man bei einem Stauungs-Neurotiker mit Herzangst die Atembremsung, so kommen unweigerlich und unmittelbar starke Erregungen durch. Nichts dergleichen war bei unserer Kranken zu sehen. Die Korrektur ihrer Atmung im Laufe von zwei Monaten brachte zwar spontane vegetative Bewegungen, aber keine lebhaften Affekte. Da der Orgasmusreflex schwach war, hatte sie keine Angst davor, im Gegensatz zu einer Person mit Stauungsneurose, die in Verbindung damit schwere Angst erlebt. Diese Affektarmut reichte also tief ins biologische System. Ich stand vor der Frage, ob sich die Spasmen der Genitalapparatur ohne starke Erregungen lösen würden. Es war klar: Sie würde nur dann gesunden, wenn ihre Sexualität kräftig zu funktionieren anfinge. Sie entwickelte schon nach zwei Wochen schwache vegetative Strömungen im Genitale. Der genitale Krampfzustand milderte sich daraufhin. Mit ihm vergingen die Schmerzen. Aber da die Erregungen derart schwach waren, und es nicht gelang, sie zu intensivieren, entwickelte die Kranke nicht die übliche Angst. Dies ist außergewöhnlich und bekräftigt die Annahme, daß in der Schrumpfungsbiopathie die Erregungsquellen des autonomen Lebenssystems langsam verlöschen. Es bleibt weiteren Beobachtungen und Anstrengungen überlassen festzustellen, ob erlöschende Energiefunktionen durch Orgontherapie wieder voll belebt werden können. Darüber mehr aber an anderer Stelle und später.

Resignation ohne offenen oder geheimen Protest gegen die Versagung der Lebensfreude muß also als eine der wesentlichsten Grundlagen der Schrumpfungsbiopathie angesehen werden. Die

biopathische *Schrumpfung* wäre demnach eine *Fortsetzung chronischer charakterlicher Resignation im Bereiche der Zellplasmafunktion.*
Stellen wir uns nun die biologischen, physiologischen und seelischen Funktionen plastisch-räumlich vor; wir haben einen weiten Kreis mit einem Zentrum (»Kern«) vor uns. Das Einschrumpfen der Kreisperipherie entspräche dem Einsetzen der charakterlichen und emotionellen Resignation. Der Kern, das Zentrum des Kreises, ist noch unberührt. Dieser Prozeß schreitet gegen das Zentrum zu fort, das den »biologischen Kern« darstellt. Der biologische Kern ist nichts anderes als die Summe aller plasmatischen Zellfunktionen. Hat der Schrumpfungsprozeß diesen Kern erreicht, dann beginnt das Plasma selbst einzugehen. Dies fällt mit dem Prozeß des Gewichtsverlusts zusammen. Lange bevor es zu unmittelbaren Schädigungen der Plasmafunktion selbst kommt, sind aber die peripheren, physiologischen und charakterlichen Funktionen gestört: Kontaktfähigkeit im sozialen Verkehr, Lebensgenuß, Lustfähigkeit, Arbeitsfähigkeit, dann Pulsation und vegetative Erregung.
Es gibt Schichten des Lebensapparates verschiedener Tiefe um den biologischen Kern herum. Es gibt höhere und tiefer gelegene Schichten im Biosystem. * Es gibt demzufolge oberflächliche und tiefergreifende Störungen der Körperfunktion. Eine akute Atemstörung wird dem Kern des Biosystems nichts anhaben. Eine *chronische* Atemstörung durch Inspirationshaltung wird chronische Angst erzeugen, aber die biologische Zellplasmafunktion nicht berühren, solange die bioenergetischen Funktionen in den Zellen selbst weitergehen, solange der Organismus weiter kräftige Impulse produziert. Ist aber die Impulsproduktion in den Zellen selbst getroffen, hat die periphere charakterliche Resignation das Zellplasmasystem erfaßt, dann haben wir es mit dem Prozeß der biopathischen Schrumpfung zu tun. Wir werden diesen Prozeß auch bei den chronischen Schizophrenien (besonders der Hebephrenie) noch zu verfolgen haben. Für den Krebs scheint nun diese Störung als spezifisch gesichert. Denn der eigentliche Krebsprozeß gleicht in den wesentlichen Zügen dem protozoalen Leben in einem Tümpel, in dem es keine Bewegung von Was-

* Eine vergleichbare Schichtung wurde anfangs im Charakter gefunden. Vgl. *Charakteranalyse*, Köln 1970.

ser mehr, dagegen zahlreiche Protozoen gibt. Wir können leider diese Vorgänge im Hintergrunde der Schrumpfungsbiopathie nur erschließen, aber nicht unmittelbar mikroskopisch beobachten. Es klafft also eine Lücke *unmittelbarer* Erfahrung zwischen *charakterlich–biologischer Affektstille* und dem Vorgang im Zellplasma, dem wir im Krebsprozeß mikroskopisch in Form des blasigen, binösen Zerfalls sichtbar begegnen. Wir wollen uns nun diesen Zell- und Gewebsstörungen zuwenden. Nun ist aber klar, daß aus einer einfachen Narbe, einer Warze, einer Verletzung oder chronischen Irritation etc. kein Krebs hervorgehen kann, wenn nicht im Kern des biologischen Systems grundsätzliche Störungen der Lebensfunktion bereits vorliegen, die sich dieser lokalen Schädigung schließlich bemächtigen. *In welcher Weise geschieht das?*

VI. Die Krebszelle

1. DAS RÄTSEL DER ENTSTEHUNG DER KREBSZELLE

Unter den vielen ungelösten Fragen der Krebsseuche hat wohl keine die Ärzte sowohl wie das Publikum so interessiert wie die, in welcher Weise die Krebszelle entsteht. Gesundes Gewebe ist »ruhig«, d. h. die vielen Einzelzellen des Organismus leben in innigem Zusammenhange miteinander, erfüllen gemeinsam die Funktionen der betreffenden Organe, wie Nahrungsaufnahme, Ausscheidung, Atmung, Sexualerregung und -befriedigung etc., kurz, sie sind den Organfunktionen untergeordnet. Sie funktionieren im Sinne der Sicherung der Lebensfunktion des Gesamtorganismus. Das Krebsgewebe geht aus vorher scheinbar gesunden Geweben hervor. Seine wesentlichen Kennzeichen leiten sich – nach üblicher Anschauung – aus einer einzigen Tatsache ab: Eine oder mehrere vorher ruhige Zellen beginnen »unruhig« zu werden, sie teilen sich rasch, wuchern kräftig, wachsen zu großen Haufen und bilden so die »Krebsgeschwulst«. Die Krebszellen sind im Gegensatz zu gesunden Zellen bewegt. Sie wachsen durch rasche Teilung in die umgebenden Gewebe hinein. Sie machen vor nichts halt, durchdringen alles. Dabei zerstören sie die Gewebe, die sie durchdringen. Ihr Wachstum wird daher mit Recht als *durchsetzend* (»infiltrierend«) und als *zersetzend* (»destruierend«) bezeichnet. Schieben wir nun alle weiteren Fragen auf und konzentrieren wir uns auf die *eine, wesentlichste* Frage: *Wie ist es möglich, daß sich eine unbewegte, im Zellverband geordnet lebende und funktionierende Zelle in eine bewegte, aus dem Zellverband heraustretende, sozusagen wilde Zelle verwandelt, die alles zerstört, was ihr im Wege steht?* Diese Tatsache ist um so sonderbarer, als die Krebszelle ein lebensschwaches Gebilde ist, d. h. sehr leicht selbst zerfällt.

Der Sprung von der gesunden zur krebsigen Zelle ist bisher unverstanden geblieben. Man kennt genau die Eigenschaften der gesunden Zelle. Man kennt ziemlich genau die Form und viele Eigenschaften der Krebszellen. Aber man weiß nichts darüber, was dazwischen vorgeht, wie sich die eine Form in die andere verwandelt.

Es gelang nun der Bionforschung, auf einem recht merkwürdigen Umwege dieses Rätsel befriedigend zu lösen. Mit der Lösung dieses einen wichtigen Rätsels öffneten sich breit viele Tore sowohl zum Verständnis des Krebses wie auch zu seiner Bekämpfung. Ich nehme das wesentlichste Ergebnis vorweg: Es war ein Irrtum zu glauben, daß sich die Krebszelle unmittelbar aus gesunden Zellen entwickelt. *Es ist nicht so, daß eine unbewegte und gesunde Zelle sich plötzlich in eine unruhige, bewegte und wuchernde Zelle verwandelt.* Lange bevor es zur Entwicklung der ersten krebsigen Zelle im Organismus kommt, gibt es eine Reihe krankhafter Vorgänge im betroffenen Organgewebe und in seiner unmittelbaren Umgebung. Diese lokalen Vorgänge werden ihrerseits wieder durch eine allgemeine Erkrankung des Lebensapparates eingeleitet. Die Entstehung der Krebszelle an einem bestimmten Ort ist in Wirklichkeit bloß *eine* Phase in der Entwicklung der Allgemeinerkrankung, die man »Krebs« nennt. Wir nennen diese Allgemeinerkrankung *Krebs-Schrumpfungs-Biopathie*. Die Krebsgeschwulst ist nicht einmal das wichtigste Stück der Krebserkrankung. Sie fällt nur am stärksten ins Auge und war bisher der einzige sichtbare und angreifbare Tatbestand der Krebsbiopathie. Die Aufdeckung der Schrumpfungsbiopathie als der eigentlichen Erkrankung war daher von riesenhafter Bedeutung, denn sie lenkte unsere Aufmerksamkeit auf das Wesentliche. Wenn die Allgemeinerkrankung, und nicht die lokale Geschwulst, das Wesentliche ist, dann muß logischerweise auch die Heilung des Krebses eine *allgemeine* sein, sie kann sich nicht mehr wie bisher auf die kleine Stelle am Körper beschränken, an der die Geschwulst tastbar oder sichtbar hervortritt. Daß man bisher die lokale Geschwulst für die eigentliche Erkrankung hielt und die *Allgemeinerkrankung* »Krebs« nicht kannte, ist dafür verantwortlich, daß die Krebsbekämpfung nicht vorwärtskam.

Kehren wir nun zu der Frage zurück, was sich im Gewebe *vor* der Entstehung der ersten vollentwickelten Krebszelle abspielt. Um diese Frage zu beantworten, müssen wir uns vorerst einiger Prozeduren entledigen, die die Krebsforschung *behindern*:

a) Wir gewöhnen uns daran, die gesunden und krebsverdächtigen Gewebe nicht, wie üblich, in totem, fixiertem und gefärbtem, sondern in *lebendem* Zustande zu untersuchen. Das fixierte Farbpräparat kann weiter als Kontrolle dienen. Aber das Lebendpräparat enthüllt Tatbestände, die im toten Präparat fürs Auge verloren gehen.

b) Wir müssen ferner lernen, unsere Beobachtungen am Mikroskop mit einer Mindestvergrößerung von etwa 2000 x durchzuführen. Dies ist unerläßlich, denn unter 2000 x sehen wir nicht, was unbedingt gesehen werden muß, wenn man die Entstehung der Krebszelle verfolgen will.

c) Wir lernen es, die unter a) und b) gemachten Beobachtungen an Exkreten (Sputum, Kot, Urin), am lebenden Blut, an Hautzellen, Schleimhautzellen wie allen erreichbaren Zellen des Organismus oft zu wiederholen und einzuüben.

Ungewöhnliche Gebilde in Krebsgeweben und Krebskrankenblut

In gesunden lebenden Geweben und in gesundem Blut sehen wir bei 2000 x Vergrößerung ausschließlich solche Zellen und Gebilde, wie sie in jeder guten Biologie oder Physiologie als Bausteine des Organismus beschrieben sind. Beobachten wir nun Blut, Ausscheidungen und Gewebe von Krebskranken, z. B. eines Lungenkrebskranken. Wir entdecken geformte Zellen und ungeformte Gebilde, die wir in gesunden Mäusen und in gesunden menschlichen Geweben und Auswürfen nie zu Gesicht bekommen. Da gibt es vor allem *stark blau leuchtende, streifige* und *blasige* Formen, die weder wie eine Zelle noch wie ein Bakterium aussehen. Manche sind regellos geformt, wie ungeformt, andere zeigen eine längliche, *keulenförmige* und *geschwänzte* Form. Wir staunen, wenn wir im Lungensputum geschwänzte, rasch bewegte und pulsierende Amöben finden. *Wie gelangen amöbenartige Gebilde in die Lunge?* Sicher nicht durch »Infektion aus der Luft«, denn in der Luft gibt es keine Amöben. *Sie müssen sich also in der Lunge selbst entwickelt haben.* Woraus? Sicher nicht aus Keimen, die zufällig in die Lunge geraten sind. Wir haben zur Kenntnis nehmen müssen, daß sich Amöben in Moosaufgüssen durch viele Phasen hindurch aus blasig zerfallendem Moos entwickeln und daß es keine »Keime« im Sinne der alten Protozoenkunde gibt. Ist es möglich, daß sich die Amöben und die anderen Gebilde im Lungenauswurf aus *zerfallendem* Lungengewebe entwickelt haben, ganz genauso, wie sich die Amöben in Moosaufgüssen aus zerfallendem Moosgewebe entwickeln? Dieser Einfall gibt uns viel zu denken, denn er erklärt mit einem Schlage die Herkunft der Krebszellen. Man soll aber solche Ein-

fälle nur dann festhalten und zu sicheren Behauptungen umformen, wenn man sich alle notwendigen, objektiven Beweise für ihre Richtigkeit umsichtig zusammengesucht hat.
Wir werden ein wenig mißtrauisch gegen unser Unternehmen: Weshalb ist es bisher noch niemand eingefallen, einfach das Sputum von Krebsverdächtigen und gesichert Krebskranken zu untersuchen, um nach ungewöhnlichen Formationen zu suchen? Man hätte dabei fraglos in einfachster Weise Amöben in der Lunge festgestellt. Wenn es so einfach ist, dann müssen wir doppelt vorsichtig sein und zunächst die Frage nach einer solchen Nachlässigkeit der Krebsforschung für uns selbst beantworten. Befragen wir die vorliegende Krebsliteratur. Wir finden in keinem guten Sammelbuch oder Lehrkursus für Ärzte auch nur eine Andeutung der Form, der Varietät, des Vorkommens etc. *lebender*, bewegter Krebszellen in Ausscheidungen und lebenden Geweben. Wir können doch nicht ohne weiteres annehmen, daß mehrere Generationen von Krebsforschern so geirrt haben. Entweder ist also unser Einfall ein Unsinn und die Amöben im Lungensputum haben nichts mit Krebs zu tun, oder aber ... Generationen von Krebsforschern haben tatsächlich einen unerhörten Fehler begangen. Wir wollen darüber nicht triumphieren, sondern uns ernstvolle Rechenschaft über alle Seiten der Frage geben. Vor allem: Kommen und kamen solche Irrtümer und Auslassungen in der Wissenschaft vor? Gewiß, solche Irrtümer und Auslassungen standen immer an der Wiege neuer wichtiger Erkenntnisse. Unzählige Frauen starben an Kindbettfieber, als man vor *Pasteur* und *Lister* nichts von Infektionen und von Sterilisation wußte. Es wäre doch sehr einfach gewesen, die alte Entdeckung *Leeuwenhooks* auszubauen und in Mikroskope zu schauen. Es war ein chronisches, fest eingewurzeltes Vorurteil, das die Ärzte zur Zeit *Pasteurs* gefangen hielt, sie abhielt, Mikroskope zu benützen, und das unzählige Todesopfer kostete. Bevor Sigmund *Freud* die kindlichen Sexualbetätigungen entdeckte, die heute jeder moderne Pädagoge und Arzt kennt, existierten sie nicht für das Auge der Wissenschaft. Wie einfach ist es doch heute zu sehen, daß das vornehmste Interesse der Kleinkinder sexuell gerichtet ist.
Wir bekommen also mehr Mut anzunehmen, daß ein ähnlicher katastrophaler Irrtum auch den Krebsforschern unterlaufen ist. Aber wir müssen ihn ausfindig machen, sein Wesen begreifen, und wir müssen positiv beweisen, daß unsere Anschauung kor-

rekt ist. Nachdem wir einmal auf die Möglichkeit eines Riesenirrtums gestoßen sind, können wir nicht mehr zurück. Wir können nur mehr vorwärts! Entweder ist unsere Anschauung falsch, dann müssen wir es zugeben. Oder die traditionelle Krebsforschung verlief auf falschen Bahnen und ging von falschen Voraussetzungen aus, dann müssen wir es beweisen. Ich nehme vorweg: *Die traditionelle Krebsforschung verläuft tatsächlich auf Fehlbahnen und sie geht tatsächlich von unrichtigen Voraussetzungen aus.* Deshalb unterlief ihr die Nachlässigkeit, sich das Sputum von Lungenkrebskranken nicht mikroskopisch anzuschauen.

Wir begreifen sofort, was die konsequente Beobachtung der Ausscheidung und des Blutes der Krebskranken bedeuten würde: Mit der Zeit würde man zu Mitteln sicherer Frühdiagnose des Krebses kommen. Man wäre nicht mehr gezwungen zu warten, bis die Krebsgeschwulst so groß geworden ist, daß sie mittels Röntgenstrahlen oder durch Probeexzision überhaupt diagnostiziert werden kann. Man würde schließlich feste Anhaltspunkte für die Entstehung des Krebses und sogar für Heilung gewinnen.

Der Nachweis des Grundirrtums der traditionellen Krebsforschung und der Beweis für die Richtigkeit unserer Anschauung über die Herkunft der Krebszellen gehen Hand in Hand. Wenn wir verstehen können, wie sich die Krebszelle aus gesundem Gewebe entwickelt, dann können wir auch verstehen, wo die traditionelle Forschung versagte.

Beobachten wir den Lungenauswurf unseres Krebskranken noch genauer und steigern wir die Vergrößerung von 2000 x auf 3000 x, ja 4000 x. Wir entdecken eine Fülle kleinster, *lanzettartiger Körperchen*, die wir unter 2000 x Vergrößerung übersahen. Sie haben dieselbe Form und dieselbe Bewegungsart wie die *T-Bazillen*, die wir aus degenerierendem Gewebe, aus zerfallendem Blut und aus faulenden Eiweißkörperchen züchten können. Es sind dieselben Körperchen, die wir bei der Herstellung von Glühkohlebionpräparaten sichten und auch aus jeder Art von Krebsgeweben durch einfache Kulturanlegung erhalten.

Da die T-Bazillen Ergebnis von Gewebsdegeneration und fauligem Zerfall sind, ist der Schluß unausweichlich, daß sich im Lungengewebe ein Zersetzungs- und Fäulnisprozeß abspielt. Wir wissen noch nicht, müssen aber entscheiden, ob diese T-Bazillen eine *Folge* oder eine der *Ursachen* des Zerfalls der Gewebe sind. Eines ist schon jetzt sicher: Diese T-Bazillen kamen in die Lunge nicht durch eine Infektion aus der Luft. Dies ist leicht zu beweisen. Wie immer wir es anstellen: *Aus der Luft lassen sich auf keinem bekannten Nährstoff direkt T-Bazillen auffangen und züchten.* Nur dann, wenn die kultivierten Luftbakterien (Fäulnisstäbe, B.subtilis, Staphylokokken etc.) selbst degenerieren, ergeben sich T-Bazillen. Man erkennt den T-Bazillenwuchs in der Kultur an einem feinen grünlichblauen, durchschimmernden Rand, der sich um die degenerierende Kultur jeder Art bildet. Er riecht scharf sauer und ammoniakal. Von diesem Rand her können die T-Bazillen rein gezüchtet werden. Die Frage, ob die T-Bazillen der Krebsbildung vorangehen, ob sie ihr Resultat oder vielleicht beides zusammen sind, läßt sich experimentell beantworten. Darüber später mehr.

Wir finden in unserem Krebslungensputum auch blaue, kontraktile, verschieden geformte Gebilde, die in gesundem Lungengewebe nicht zu finden sind. Es sind die uns bereits wohlbekannten *PA-Bion-Formationen*. Wir haben sie nicht in die Lunge gebracht, sie müssen also ebenfalls in der Lunge entstanden sein. Wir können sie ebensowenig wie die T-Bazillen direkt aus der Luft züchten. Daß es PA-Bione sind, erkennen wir daran, daß sie die vorhandenen T-Bazillen ebenso lähmend beeinflussen wie die experimentell hergestellten blauen PA-Bione aus Erde oder Kohle. Nun entsteht die neue Frage: *Welche Beziehung haben die großen blauen Bione zur Krebserkrankung?* Die Sache wird um so komplizierter, je länger und je mehr wir beobachten. Aber die Lösung wird einfach sein.

Selbstinfektion des Organismus durch Gewebszerfall

Die im Lungenauswurf gesichteten Gebilde finden sich in der Luft nicht. Sie stammen daher aus dem Körperinnern, und wir müssen feststellen, wie sie sich ergeben. Sie sind jedenfalls Produkte eines Gewebszerfalls und wirken wie eine *Selbstinfektion* des Organismus. Um sicher zu gehen, untersuchen wir Exkrete und Sekrete anderer Organe bei krebskranken Menschen, Vaginal- und Gebärmutterausscheidung, Harn, Kot. Bei Hautkrebs schaben wir ein wenig Oberflächenepithel ab und untersuchen es in

physiologischer Kochsalzlösung. Ebenso verfahren wir mit Gewebe von spontan wuchernden Krebsgeschwülsten. Je mehr Krebsgewebe verschiedener Herkunft wir zu Gesicht bekommen, desto sicherer werden unsere Schlüsse:
a) Die vollentwickelte Krebszelle ist nur das letzte Entwicklungsprodukt einer langen Reihe von krankhaften Vorgängen in den betreffenden Geweben, die bisher unerforscht waren.
b) Es gibt eine Anzahl typischer Phasen des Gewebszerfalls und der Bildung von Formationen, die sich in gesundem Gewebe nicht vorfinden.
c) Die allererste Phase der krebsigen Entartung eines Gewebes ist Verlust der normalen Struktur durch Bläschenbildung.
d) Das blasig zerfallende Gewebe ergibt die zwei Grundtypen von Bionen, die blauen PA-Bione und die kleinen schwarzen Lanzettchen, die wir T-Bazillen nennen.
e) *Aus diesen bionösen Energiebläschen organisieren sich durch viele Stufen hindurch die Krebszellen bis zum amöbenartig bewegten Einzeller.*
Wo immer wir Krebsgewebe untersuchen, finden wir immer wieder dieselben Ausgangs- und Durchgangsformen.
Gesundes Muskelgewebe zeigt eine regelmäßige streifige Struktur ohne Blasen (Fig. 51, Anhang). Krebsiges Gebärmuttermuskelgewebe ist aber blasig zerfallen (Fig. 52, Anhang). Gesunde lebende Zellen zeigen ein bläuliches, fein gestreiftes oder unstrukturiertes Protoplasma. In Krebsgeweben zeigen dieselben Zellen im Innern tiefblaue bionöse Blasen oder kleinste schwarze Körperchen. Gesunde Zellen (Muskel, Hautepithel, Zungenepithel etc.) zerfallen beim Kochen in Kaliumchlorid in große blaue Bione. Krebskranke Zellen zerfallen, wenn sie gekocht werden, in T-Körperchen. Die entwickelte Krebszelle unterscheidet sich von normalen Gewebszellen dadurch, daß sie beim Kochen nicht in blaue PA-Bione, sondern in T-Bazillen zerfällt.
Es ist gleichgültig, welche Art von Krebsgewebe vorliegt (Sarkom, Adenokarzinom, Epitheliom etc.) und von welcher Körperstelle es herstammt; Krebs zeichnet sich durch *blasige Struktur der umgebenden Gewebe* und durch die verschiedenen Organisationsformen aus, die sich zur vollen Krebszelle hin entwickeln oder aber aus ihrem Zerfall hervorgehen. Der erste Schritt in der Entwicklung einer Krebsgeschwulst ist immer und überall blasiger Gewebszerfall. Man darf daher annehmen, daß die Wuche-

rung von Krebszellen in die Umgebung nicht nur dem Vordringen des bereits gebildeten Krebsgewebes, sondern in erster Linie dem Zerfallen des aufgeweichten Gewebes in der Umgebung zuzuschreiben ist. Das umgebende gesunde Gewebe muß selbst blasig zerfallen, ehe es die Wucherung der Geschwulst in die Umgebung zulassen kann. Es handelt sich um eine Wechselwirkung von formiertem Krebsgewebe und umgebendem gesunden Gewebe. Die erste blasig zerfallende Zellgruppe organisiert sich zum Krebszellgewebe. Dieses bereits formierte Krebszellgewebe schädigt das umgebende noch gesunde Gewebe und bedingt dessen blasigen Zerfall. Das nun weiter blasig zerfallende Gewebe in der Umgebung bietet der Wucherung keinen Widerstand, weicht vor ihr, selbst zerfallend, immer weiter zurück und organisiert sich selbst fortschreitend zu Krebszellen. So dürfen wir das typische destruierende und infiltrierende Wachstum der Krebsgeschwulst erklären. Die Mikrophotos (Fig. 53, Anhang), von lebendem ungefärbtem krebsigen Gewebe aufgenommen, zeigen, daß sich Teile der Gewebe langsam in dunkel gefärbte Krebsformationen verwandeln.

Die Form der fertigen Krebszellen ist typisch für alle Arten von Krebs, ob man sie nun im Knochen, in der Drüse oder im Muskel findet. (Vgl. Fig. 49 und 54, Anhang) Man erkennt sie leicht, wenn man sie einmal zu sehen gelernt hat, an ihrer keulenförmigen geschwänzten Form. Diese Form bildet sich lange vor der Bewegtheit heraus. Findet man daher im Scheidensekret und an den Epithelien längliche, stark blau schimmernde, blasige (bionöse) und keulenförmige geformte Gebilde, dann ist die Diagnose Krebsentwicklung gesichert. Man kann nicht wissen, ob dieses Stadium sich weiterentwickeln wird. Das hängt von vielen anderen Umständen ab, die wir bald besprechen werden.

Die Keulenformen sind mit keiner gesunden Körperzelle zu verwechseln. Nur im Magenschleim findet man zylindrische Zellen von der Magenschleimhaut, die man bei ungenauer Beobachtung für Krebsformen halten kann. Bei einiger Erfahrung wird man sie aber nicht verwechseln.

Neben den so typischen Keulenformen gibt es Haufen großer runder Zellen mit Plasma, das glatt ist oder aber sich aus stark dunkelblauen Bionen zusammensetzt. (Die Frage, ob diese Struktur etwas mit der typischen starken Färbbarkeit [Chromophilie] und Kernreichtum zu tun hat, die dem Krebsspezialisten vom to-

ten Gewebsschnitt so gut bekannt sind, interessieren nur den Fachmann und sollen daher im speziellen Teil behandelt werden.)
Die typischen Stufen der Krebszellenentwicklung in Krebsmäusen sowohl wie in Menschen sind daher folgende:

a) Aufquellung und blasiger Zerfall der Gewebe. Dieser Zerfall hat seine Ursache in lokalem Spasmus und allgemeiner chronischer Energiestauung.
b) Organisierung der bionösen Bläschen zu Haufen von Energiebläschen oder Bionen. (»Bionhaufen«)
c) Bildung einer Membran um den Bionhaufen.
d) Zerfließen der Bione zu glattem oder streifigem blauen Plasma. Die Bione können aber auch in ihrer ursprünglichen Form bestehen bleiben.
e) Bildung der Keulenformen.
f) Bewegtwerden entwickelter Keulenformen. Die Bewegungen sind nicht unter 3000-4000 x Vergrößerung zu sehen. Sie sind langsam und ruckartig, von der Stelle weg.
g) Flüssigwerden des Plasmas und damit Entwicklung fließender amöbenartiger Protozoen. Nur in wenigen Fällen von menschlichem Krebs kommt es so weit, da der Organismus schon viel früher dem Gewebszerfall und dem Fäulnisprozeß zum Opfer fällt. (Über den Fäulnisvorgang später.) In Mäusen, besonders solchen, die nach T-Bazillen-Injektionen künstlichen Krebs entwickelten, findet man die Amöbenformen weit häufiger. Die Krebszellen bewegen sich fort, indem sie rhythmisch zucken; oder sie fließen von Ort zu Ort. Manche Krebszellen haben einen Schwanz und bewegen sich wie Fische im Wasser (dies ist filmisch festgehalten). Es gibt unendlich viele Formen der entwickelten Krebszellen. Sie können groß- oder kleinzellig sein. Die kleinzelligen sind aus noch unverstandenem Grunde weit gefährlicher als die großzelligen, d. h. sie führen rascher zum Tode. Die gefährlichste Form ist das kleinzellige Sarkom im Jugendalter.

Die Entwicklung einer Krebszellgeschwulst entspricht somit einfach einer *protozoalen Selbstzersetzung und Selbstinfektion des Organismus.* Anders ausgedrückt: *Einzelne Gewebe des Vielzeller-Organismus verwandeln sich in Einzeller-Organismen* verschiedener Größe und Form. Würde dieser Prozeß ohne frühen Tod weitergehen können, dann würde sich der betreffende

Mensch oder die Krebsmaus vollständig in Protozoen verwandeln. Mit dieser Verwandlung der Organe in Protozoen geht als gefährlichste Begleiterscheinung der typisch krebsige Fäulnisprozeß einher. Diese Fäulnis der Organe und des Blutes bedarf besonderer Beschreibung. Für die Bionforschung ist es unwichtig, ob sich Krebszellen aus Epithelgewebe, Drüsengewebe, Bindegewebe oder Knochen entwickeln. Der Grundprozeß ist immer derselbe. Die traditionelle Unterscheidung der verschiedenen Krebsformen (Epitheliom, Adenokarzinom, Gliom etc.) verliert an Bedeutung. Für den Kranken ist die Lokalisation und nicht der histologische Typus bedeutsam.

Die Funktion des Orgasmus im Orgonenergiewechsel der Zelle: Kernerstickung in präkanzerösen Zellen

Der biopathische Schrumpfungsprozeß muß notwendigerweise eine Wirkung auf die lokale Geschwulstbildung haben. Aus den Beobachtungen der Orgontherapie folgte, daß lokale *Spasmen* und *Ladungsstörungen* der Gewebe die unmittelbarste Grundlage der Geschwulstbildung abgeben. Dagegen bildet die *Atmungshemmung* die Grundlage für die Allgemeinschrumpfung. Diese Vorgänge machen nun zwar die Störungen im Organismus und im Einzelorgan, aber nicht die Störung der *Zellfunktionen* in den betroffenen Organen verständlich. Auf einem recht sonderbaren Umwege führte dieses Problem zur uralten Frage zurück: *Welche Funktion hat der sexuelle Orgasmus im Energiewechsel der Zelle? Weshalb hat sich eine solche kardinale Funktion entwickelt, und welche biophysikalischen Vorgänge liegen ihr in den Zellen zugrunde?* In der Wissenschaft pflegt man oft Fragen zu stellen, die dem Laien überflüssig oder naiv vorkommen. Sie sind dennoch von ausnehmender Bedeutung.

Weder die vorsexualökonomische noch die sexualökonomische Forschung wußten bisher etwas zu dieser Frage zu sagen. Es geht nicht an, sich auf den bequemen Standpunkt zurückzuziehen, den die Mystik einnimmt, daß der Mensch im Gegensatz zum Tiere »ohne Orgasmusfunktion existieren könne«. Die Schäden, die die orgastische Impotenz in der Menschheit anrichtet, sind zu vernichtend, zu allgemein und zu ernst, um noch länger abgeleugnet zu werden. Die Bedeutung des Orgasmus für das bioenergetische Gleichgewicht des Organismus war also der Sexualökonomie als *Tatsache* bekannt, aber nicht begriffen. Wir wußten nur, *daß* der Orgasmus den biologischen Energiehaushalt regelt, und daß sein Fehlen die Biopathien bedingt. Aber wir wußten nicht, *wie* der Orgasmus seine Funktion erfüllt, *was zur (orgonotischen) orgastischen Entladung IN DEN ZELLEN hindrängt.* Die sexualökonomische Krebsforschung führte nun unerwartet zur Lösung dieser wichtigen Frage, in folgender Weise:

Die lokale Krebsgeschwulst entwickelt sich in spastischen und schlecht ladenden, d. h. in erstickenden Organen. Davon müssen die Einzelzellen schwer betroffen sein. Wir müssen annehmen, daß die Entwicklung einer Krebszelle aus einer normalen ruhenden Zelle einer Veränderung der »bioenergetischen«, d. h. orgonphysikalischen Zellfunktion entspricht. Die chemischen Untersuchungen haben hier viele wichtige Aufklärungen gebracht, wie etwa die Produktion von Milchsäure im Krebsgewebe, den Kohlensäureüberschuß, der auf Erstickungsstoffwechsel in den Zellen hindeutet, etc. etc. Die Bionforschung fügt nun diesem chemischen den orgonphysikalischen, also energetischen Gesichtspunkt an. Sie behauptet, daß eine Energiestauung zu einem bionösen Zerfall der Zellsubstanz führt und daß sich die Krebszelle erst aus diesen Bionen entwickelt. Aber wir wollen und müssen mehr darüber erfahren: *In welcher Weise führt die Energiestauung in einem Gewebe zu bionösem Zerfall DER ZELLEN?*

Jede Körperzelle bildet mit ihrem Kern, ihrem Zellplasma und ihrem Orgonenergiefeld ein winziges, aber komplettes »orgonotisches Funktions-System«. Da jede Zelle Orgonenergie enthält, muß ihre Struktur eine Beziehung zu ihrer Orgonladung haben. Es ist nicht schwer zu erraten, wie diese Beziehung beschaffen ist: Der *Kern* ist der wichtigste und der energiereichste Bestandteil der Zelle. Zellplasma ohne Kern ist nicht lebensfähig. Dagegen können Zellen sehr wohl leben, die nur minimales Zellplasma besitzen, wie etwa die männlichen Samenzellen. Der Zellkern muß somit als das »vegetative Zentrum« der Einzelzelle angesehen werden, nicht anders als das autonome Nervensystem den »biologischen Kern« oder das »vegetative Zentrum« des Gesamtorganismus bildet. Der Zellkern ist ebenso wie das autonome Nervensystem der energiereichste Apparat des betreffenden orgonotischen Systems: Zelle bzw. Organismus.

Der Kern ist energetisch *kräftiger* als das Zellplasma. Alle wesentlichen biologischen Prozesse und Funktionen beginnen zuerst im Kern und greifen erst sekundär auf das Plasma über. So beginnt die Zellteilung mit der Kernteilung, der dann die Plasmateilung folgt. In Teilung befindliche Amöben leben oft stundenlang mit geteiltem Kern, also zwei Kernen, ehe es zur Teilung des Leibes in zwei Amöben kommt.

Es ist das große Verdienst des deutschen Biologen *Richard Hertwig*, die Beziehung des Kerns zum Plasma in seiner berühmten »*Kern-Plasma-Relation*« als erster formuliert und erforscht zu haben.* Alte Beobachtungen hatten gelehrt, daß die meisten Zellen eine bestimmte Teilungsgröße besitzen, die nur innerhalb geringer Grenzen schwankt. Nach einer Teilung wächst die kleine Tochterzelle bis zur Größe heran, die die Elternzelle knapp vor der Teilung hatte. Als normale Kern-Plasma-Relation wird nun in der klassischen Biologie dasjenige Verhältnis des Kerns zum Plasma bezeichnet, das die Zelle unmittelbar nach einer Teilung hat. Eine junge, eben aus der Teilung hervorgegangene Zelle wächst (nach *Popoff*) unter konstanten Bedingungen gleichmäßig bis zur nächsten Teilung. Das Kernvolumen dieser Zelle bleibt nun bis knapp vor der nächsten Teilung hinter dem Wachstum des Plasmas zurück. Dann erst steigt das Kernwachstum rasch und plötzlich an (»Teilungswachstum«), so daß es knapp vor der Teilung ebenso wie das Plasma etwa die doppelte Größe hat. Nach der Teilung einer Zelle wird also durch das Zurückbleiben des Kernwachstums die Kern-Plasma-Relation zugunsten des Plasmas verschoben: Es gibt mehr Plasma als Kernmasse. Dies erzeugt eine Spannung in der Zelle, die den Kern nachholen läßt, was durch das Plasmawachstum *relativ* eingebüßt wurde: Der Kern wächst nun ebenfalls und stellt somit die normale Kern-Plasma-Relation wieder her. *Hertwig* nahm nun an, daß es diese Spannung in der Zelle ist, die nicht nur das Anwachsen des Kerns einleitet, sondern darüber hinaus die Teilung anregt. Wir dürfen auf Grund unserer Orgasmusformel anfügen: *Die Zelle ist knapp vor der Teilung mechanisch gespannter und energetisch geladener als knapp nach der Teilung, wo sie kleiner ist.*** Die Kern-Plasma-Relation ist vor der Teilung zugunsten des energiereiche-

---

* Nach *Hartmann*, Allgemeine Biologie, II. Auflage, 1933, Gustav Fischer, Jena, S. 364 f.
** Vgl. *Die Entdeckung des Orgons*, Band I, *Die Funktion des Orgasmus*.

ren Kerns verschoben, weil der Kern orgonotisch stärker ist als das Plasma. Bei gleichbleibendem Verhältnis der *Masse* des Kerns zur Masse des Plasmas muß das *orgonotische* Verhältnis von Kern und Plasma beträchtlich zugunsten des Kerns ansteigen. Die relativ hohe Spannung und Ladung im großgewordenen Kern veranlaßt nun die Teilung. Die Teilung selbst folgt, wie wir wissen, der Spannungs-Ladungs-Formel und führt zur *Entladung* im Prozeß der Teilung und zur *Entspanntheit* in Form der Tochterzellen. Was hat dies mit der Krebszellfrage zu tun? Sehr viel!
Man erkennt üblicherweise Krebszellen im toten Farbschnitt an folgenden Tatsachen: Die Zellkerne sind nicht regelmäßig, sondern unregelmäßig angeordnet; es finden sich zahlreiche Kernteilungsfiguren (»Mitosen«); die Kerne sind außerordentlich chromatinreich, groß und liegen dicht beisammen, als ob die Kernmasse die Plasmamasse überwucherte. Man spricht von »*Kernreichtum*« der betroffenen Gewebe. Fügen wir nun diese Tatsache in unsere orgonphysikalische Beschreibung der Vorgänge bei der Krebszellbildung ein:
Die nächste Frage lautet: *Läßt sich die Hertwigsche Kern-Plasma-Relation in den Begriffen der Orgonbiophysik ausdrücken?* Das ist möglich. Der Kern bildet das stärkste, d. h. orgonreichste System der Zelle. Das Zellplasma ist das orgonotisch schwächere System. Es besteht also eine Differenz zwischen der Orgonladung im Kern und der im Plasma. Das können wir mikroskopisch bestätigen. Der Kern zeigt alle orgonotischen Kennzeichen intensiver als das Plasma. Er leuchtet stärker, strahlt also stärker als das Plasma, und er hat eine intensivere blaue Färbung. Um den Zellleib herum gibt es auch das *Orgonenergiefeld*, das wir als den orgonschwächsten Teil im »orgonotischen Gesamtsystem« der Zelle auffassen dürfen. Es ist nun ein Grundgesetz der Orgonphysik (im Gegensatz zur Elektrophysik und Mechanik), daß *das stärkere Orgonsystem dem schwächeren Energie entzieht und es an sich zieht*. Diese Tatsache hat große Bedeutung. Sie erhellt mit einem Schlage wichtige, bisher ungelöste Fragen:
a) *Was hält die Zelle überhaupt zusammen?*
b) *Wie ist es möglich, daß die Kern-Plasma-Relation ungefähr die gleiche bleibt* (mit Ausnahme der Teilungsperiode), *daß also der Kern stets orgonotisch stärker ist als das Plasma?* Jeder Organismus strahlt ja unausgesetzt Orgon ab, müßte also mit der Zeit seine Orgonladung völlig verlieren!

Die Antwort lautet: Der Kern ist funktionell das Energiezentrum und die Energiequelle der Zelle, sozusagen ihr »autonomes Nervensystem«. Das Zellplasma ist der Speicherer der Nahrungsstoffe und das Ausführungsorgan der Kernimpulse, wie die Verdauungs- und Bewegungsorgane beim Vielzeller die Ausführungsorgane des autonomen Lebensapparates. *Der Kern entzieht nun dem Zellplasma unausgesetzt Orgon, das vom Plasma durch Nahrung und Atmung dem Zellorganismus zugeführt wird.* So erhält der Kern sein Orgon*übergewicht* gegenüber dem Plasma. Die Kern-Plasma-Relation ist nicht nur mechanisch-stofflich nach der Masse, sondern vor allem auch energetisch nach der Differenz der Orgonladung zu beurteilen und zu formulieren. Wächst nun das Zellplasma in der Periode zwischen zwei Zellteilungen, so sammelt sich im Plasma Orgonenergie an; der Kern wächst in einem bestimmten Zeitpunkt rasch nach, d. h. er korrigiert das Verhältnis an Orgonladung. Daraus folgt für die Phase *zwischen zwei Teilungen* (= zwei orgonotischen Konvulsionen):

Die Aufnahme von Orgon in den Zellorganismus überwiegt dauernd weit die Abgabe von Orgon an die Umgebung. Daraus (und nicht aus stofflich-chemischen Vorgängen) erklärt sich das Wachstum der Gesamtzelle bis zur nächsten Teilung. Dieses Überwiegen der Richtung *Außen → Zellkern* führt notwendigerweise zu einem *Orgonenergieüberschuß* und damit zur Umkehrung der Richtung in die *Kern → Außen*. *Die Abgabe des Überschusses an biologischer Energie aber erfolgt im gesamten Lebensbereich*, bei Pflanzen ebenso wie bei Tieren, in der Einzelzelle ebenso wie beim Vielzeller *durch die Zuckung des Gesamtplasmas*, mit anderen Worten durch den *Orgasmus*.

Es sind also *bioenergetische* Zusammenhänge, und nicht Spekulationen, wenn wir sagen, daß der Orgasmus, ob wir uns nun auf eine Zelle oder Zellmasse (»Organismus«) beziehen, eine *grundsätzliche* »Zellfunktion« ist, der *»Regulator des Energiehaushaltes des Organismus«*. Der Viertakt: Spannung → Ladung → Entladung → Entspannung kennzeichnet den sexuellen Orgasmus des Vielzellers ebenso wie die einzelne Zellteilung. Die »Orgasmusformel« muß daher mit der »Lebensformel« gleichgesetzt werden: Die Zellteilung ist ein orgastischer Vorgang im strengen Sinne des *Ausgleichs von Überschüssen biologischer Energie*. Der Orgasmus ist also keineswegs eine unnötige Beigabe des Lebens, keine Kaprice der Natur, keine beschwerdereiche Funktion im Sinne unbefriedigter und biologisch versteifter (orgastisch impotenter) Menschen, sondern der *Regulator des Haushalts der biologischen Energie*. Der Orgasmus entlädt die Orgonenenergieüberschüsse, die sich in den Zellkernen periodisch anhäufen.

Unsere Orgasmustheorie wird also durch Eindringen in die Geheimnisse der Zellfunktion mächtig gestützt. Sie ist imstande, bisher unverstandene Zellfunktionen zu erklären: Der Orgasmus (Orgonabgabe durch Zuckungen) ist das Gegenstück zur Anhäufung von Orgon in jedem Wachstumsprozeß. Hört der Wachstumsprozeß auf, mit anderen Worten, nimmt die Produktion von Orgonenergie*überschüssen* im biologischen Kern allmählich ab, so verliert auch die Orgasmusfunktion allmählich an Bedeutung. Sie sinkt ab, tritt seltener auf, dann steht sie ganz still. Dies ist aber das wesentlichste Kennzeichen des normalen Alterns, d. h. des Eingehens des Organismus. Aus diesem Grunde ist das *aufsteigende* Leben sexual*stark*, das *absinkende* Leben fortschreitend sexual*schwach*. Das gilt für Individuen genauso wie für Artstämme. Es gibt Blüteperioden und Sterbeperioden von Zellgenerationen, z. B. »Generationstod« von Protozoen. Hier liegt noch vieles im Dunkel. Wir wollen daher abbrechen und uns wieder der Energetik der Krebszellenbildung zuwenden.

Ich möchte nun die präkanzeröse Zellerstickung mit einem Beispiel illustrieren. Man stelle sich eine unter günstigen Verhältnissen geordnet kooperierende Menschenmasse vor. Zwischen den Individuen besteht genügend Bewegungsraum. Sie unterstützen einander, haben keine Angst, funktionieren voll in jeder Hinsicht. Man denke sich nun diese Masse eingeengt in einen kleinen Raum. Es bräche zudem ein Feuer aus. Es entsteht Panik. Sie ist nichts anderes als ein Aufbäumen der Lebensimpulse gegen die Gefahr, die das Leben bedroht. Ruhe und Ordnung vergehen. Wilde, ungeordnete Reaktionen nehmen überhand. Menschen werden zertreten, die Angstpanik hat nicht nur dem geordneten Funktionieren ein Ende gemacht, sondern sie hat überdies eine eigene Funktionsart entwickelt, die Panik, die tödlich ist. So ähnlich müssen wir uns das Entstehen der wilden Krebszellen in einem erstickenden Gewebe vorstellen.

Die chronische Kontraktion des Organismus verhindert das Zellplasma an geordneter Atmung, an Orgonaufnahme und -abgabe. Es kontrahiert zunächst, dann beginnt es zu schrumpfen. Die chemischen Stoffwechselvorgänge sind gestört. Der Überschuß an

Kohlendioxyd bedingt einen Zustand wie in der Erstickung eines Tieres. In der Erstickung wehrt sich der autonome Lebensapparat gegen die Vernichtung durch heftige Konvulsionen, also ungeordnete Überaktivität.

Wir dürfen nun den logischen Schluß ziehen, daß die Kerne der Zellen in solche Übererregung und wilde Aktivität geraten, wenn die Plasmafunktion eingeschränkt ist und die Plasmamasse einzugehen beginnt. Bestimmte Grundgesetze beherrschen, das betonen wir immer wieder, den Gesamtorganismus ebenso wie die Einzelzelle. Hier bestätigt sich das Prinzip der funktionellen Einheitlichkeit und Gegensätzlichkeit. In der Normalfunktion bildet der Kern mit dem Plasma eine funktionelle Einheit. In der Erstickung des Zellplasmas gerät der Kern in scharfen Gegensatz zum Krankheitsprozeß im Plasma. Als das stärkere orgonotische System kann sich der Kern noch »wehren«, wo das orgonschwächere Plasma bereits nachzugeben beginnt. Dadurch verschiebt sich die Hertwigsche Kern-Plasma-Relation in energetischer Hinsicht rasch und drohend zugunsten des Kerns. Der Energieüberschuß im Kern wird im Verhältnis zum erstickenden Plasma allzugroß. Der Kern kennt im Zustande der Überladung nur *eine* Funktion: *Die Erstrahlung und Teilung.* Während im Prozeß der Schrumpfung des Plasma- und Blutsystems die biologische Orgonstrahlung nachläßt, steigert sich die *mitogenetische Strahlung der von Erstickung bedrohten Zellkerne* ungeheuer. Das wurde z. B. von Klenitzky für das Gebärmutterkarzinom festgestellt. Gurwitsch stellte ein erhöhtes Strahlungs- und größeres Induktionsvermögen bei Tumorbrei fest. *Die betreffenden Zellkerne versuchen gutzumachen, worin der Gesamtorganismus versagte:* Sie übernehmen nun die Funktion der Orgonenergie*abgabe*, die der Gesamtorganismus infolge der orgastischen Impotenz und Kontraktion des Plasmasystems nicht mehr durchzuführen vermag. *An die Stelle der natürlichen orgastischen Konvulsionen des gesamten Plasmasystems tritt die Energieabgabe auf tiefster biologischer Stufe in Form der Kernerstrahlung und Teilung.*

So wird der Reichtum an Kernteilungsfiguren (»Mitosen«) im Krebsgewebe einfach verständlich. Da diese Teilungen nicht mehr physiologisch korrekt ablaufen können, müssen Größenunterschiede in den Kernen entstehen. Da das Plasma tief gestört ist, muß schließlich auch die Formation des Kerns leiden: Er zerfällt in einzelne stark strahlende Bione. Dieser bionöse Kernzerfall erfaßt den ganzen Zelleib, ja er überschreitet die Zellgrenzen, erfaßt anliegende Zellen und führt zu einer Einschmelzung der Zellen in eine formlose, bionöse Bläschenmasse, die im toten Farbschnitt als »Kernreichtum«, »Kerndichte« und »Chromophilie« erscheint. Aus dieser Bionmasse organisieren sich nun mit Hilfe ihrer nicht mehr im Körperzusammenhange funktionierenden Orgonenergie die Protozoen, »Krebszellen« genannt. Der Vielzeller hört zu funktionieren auf und der Einzeller gedeiht, wie in einem stehenden Wassertümpel, wo es keinen Energie- noch Stoffwechsel mehr gibt. *Das Lebendige sinkt zurück und funktioniert auf der niedrigsten biologischen Stufe.* Denn wo ein Vielzellorganismus nicht mehr leben kann, kann noch immer ein Einzeller und sicher ein Bion funktionieren.

Die Krebsgeschwulst ist also letzter Ausdruck einer schweren Störung des orgonotischen Gleichgewichts und der Einheitsfunktion des Organismus auf Grund orgastischer Impotenz. Sie ist Folge einer Rebellion der betroffenen Zellkerne gegen die im Plasma ablaufenden Erstickungs- und Schrumpfungsvorgänge. Daher stammt das »wilde Zellwachstum«. Es entspricht, auf die Zellkerne beschränkt, dem Aufruhr im autonomen Lebensapparat beim akuten Angstanfall, wie zum Beispiel in der Angstneurose. Wir dürfen getrost von einem *Angstanfall in den Zellkernen in erstickendem Gewebe* sprechen. Bei der Angstneurose erfaßt der Angstanfall den biologischen Kern *und* die biologische Peripherie. Beim Krebs handelt es sich um einen Angstanfall in den Kernen allein bei emotioneller Stille in der Peripherie des orgonotischen Systems des Organismus und seiner Zellen. Bei der Angstneurose erfaßt die Angst den Gesamtorganismus. Bei der lokalen Tumorbildung ist der Angstanfall auf ein Gewebe und auch da nur auf die Zellkerne beschränkt. Bei der Angstneurose ist der ganze Organismus in voller Lebenstätigkeit. Bei der lokalen Geschwulstbildung ist der Gesamtorganismus im Absterben begriffen, und nur noch die Kerne sind lebensstark und »angstfähig«. Wir sehen: Der Mechanismus der Sexualstauungsbiopathien ist letzten Endes ein pathologischer Zellmechanismus.

Der lokale Prozeß ist eine Folge und Begleiterscheinung der allgemeinen Schrumpfungsbiopathie des Organismus. Der Schrumpfungsprozeß selbst verläuft in typischen drei Phasen:

1. *Kontraktionsphase:* Sie beginnt mit chronischer Unfähigkeit zur (vagotonen) Expansion und drückt sich charakterlich in Re-

signation aus. Muskulärer Spasmus, Blässe der Haut, Armut an biologischer Ladung der Gewebe, orgastische Impotenz und Anämie des Blutes sind ihre physiologischen Kennzeichen. Diese erste Phase hat die Krebsbiopathie mit allen anderen Biopathien gemeinsam.
2. *Schrumpfungsphase:* Sie ist gekennzeichnet durch Verlust an Körpersubstanz, Schrumpfung der roten Blutkörperchen, Körperschwäche, Eingehen der biologischen Widerstandskraft des Gesamtorganismus, Gewichtsverlust und schließlich allgemeine Kachexie.
3. *Fäulnisphase:* Orgonverlust in den Gewebszellen, Verwandlung der Krebsmassen in faulige Materie, rasche Bildung von Fäulnisbakterien (putrider Zerfall), Zerfall der Fäulnisbakterien in T-Bazillen, allgemeine T-Bazillen-Intoxikation, faulige Liegegeschwüre, fauliger Körpergeruch, Tod.
Die Erscheinungen der Schrumpfungsbiopathie decken sich mit den Rückbildungserscheinungen im hohen Alter, also mit dem allmählichen natürlichen Absterben des Organismus (»Involution«). Man schrumpft im Alter langsam ein und man verfault nach dem Tode. *In der Krebsbiopathie spielt sich dieser allgemeine Sterbensprozeß verfrüht und beschleunigt ab.* Der Krebstod ist *vorzeitiger,* aber *regulärer* Sterbensprozeß. Das Krankhafte daran besteht in der *Verfrühung* und Beschleunigung; ferner darin, daß die Körperfäulnis bei lebendigem Leibe einsetzt. In einem Organ, das durch Jahrzehnte kontrahiert war, schlecht atmete und bioenergetisch orgonotisch schlecht funktionierte, setzen Sterbensvorgänge ein: Orgonverlust der Gewebe und ihrer Zellen, blasiger Zerfall, Bildung von Fäulnisbakterien und T-Bazillen. Diese Störung erfaßt vor allem das Blutsystem und mit dem Blutsystem den Gesamtorganismus. Der autonome Lebensapparat schrumpft allmählich ein. Dieser Prozeß ist Folge gestörter Sexualökonomie des Organismus. Er läuft im Organismus ab, lange bevor er sich in *faßbaren Symptomen äußert,* die der mechanistischen Pathologie faßbar wären. Daher muß die Diagnose der lokalen Geschwulst immer *zu spät* kommen. Aus dem gleichen Grunde trifft die übliche *lokale* Therapie des Tumors mittels Chirurgie, Röntgenstrahlen oder Radium nicht die Krankheit »Krebs«. Daher mag eine Brustkrebsgeschwulst noch so gründlich wegoperiert sein, der Fäulnisprozeß wurde nicht angetastet. Diese Tatsachen sind von eminenter Bedeutung für die Inangriff-

nahme der Krebsprophylaxe mittels des Orgon: Nur dann, wenn wir in der Lage sind, den allgemeinen Schrumpfungs- und Fäulnisprozeß zu bekämpfen, dürfen wir von »Krebstherapie« sprechen. Dieser Grundsatz folgt aus den Bionexperimenten an Krebsmäusen. Er lenkte die Orgontherapie-Versuche am Krebs in unserem Institut.

Es ist bekannt, daß die Krebszellen biologisch außerordentlich schwache Gebilde sind und leicht zerfallen. Die Krebsgeschwulst selbst ist an sich harmlos, wenn sie sich nicht gerade in lebenswichtigen Organen (Gehirn, Leber etc.) bildet. Daher können Krebskranke jahrelang mit kleinen soliden Geschwülsten umhergehen und arbeiten, ohne sich krank zu fühlen. Viele alternde Menschen haben Krebsgeschwülste, die keine Beschwerden machen und erst bei einer Sektion der Leiche entdeckt werden. Die typischen Krebsschmerzen und die allgemeine Schwäche setzen erst ein, wenn der *Gesamtorganismus* weitgehend affiziert ist. Dann geht es rasch abwärts.

Zerfallendes Krebsgewebe ist immer faulig und riecht nach Fäulnis. Das Endprodukt dieses Zerfalls sind Unmengen von T-Bazillen. Die biologische Schwäche der Tumorkrebszellen bildet daher die allergrößte Gefahr für den Erkrankten, denn je mehr Krebszellen zerfallen, desto allgemeiner ist die T-Intoxikation. Im Falle der Orgontherapie bildet diese Tatsache daher einen großen Vorteil: *Der Tumor läßt sich leicht zerstören.* Die Schwierigkeiten der Orgontherapie liegen heute nicht an der Zerstörung des Tumors, *sondern an der Ausscheidung der Zerfallsprodukte aus dem Körper.* Um aber diese Schwierigkeit zu bewältigen, ist es notwendig, sich über das Wesen der Zerfallsprodukte der Krebszellen im klaren zu sein. Dazu gibt es ein Experiment: Wir kochen Krebszellen aus einem operierten Tumor und untersuchen das Produkt. Es gibt keine formierten Krebszellen mehr. Aber wir finden Riesenmengen der uns so gut bekannten T-Bazillen. *Gesundes Zellgewebe zerfällt beim Kochen in blaue Bione. Krebsgewebe zerfällt in T-Bazillen.* Blaue Bione sind dem Körper nützlich, T-Bazillen sind schädlich. *Das Problem der Krebsheilung verschiebt sich somit für die Orgontherapie von der Zerstörung des Tumors auf die Unschädlichmachung und Ausscheidung der Zerfallsprodukte.*

Die Fäulnis des Organismus läßt sich natürlich nicht an den Organen, sondern einzig am Blut und an den Exkreten feststellen

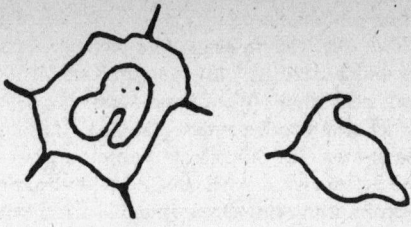

Fig. 19. *Deformierte rote Blutkörperchen, wie man sie im Blut eines an fortgeschrittenem Krebs erkrankten Patienten findet. Bionbildung im Zentrum, T-Zackenbildung an der Membran (»Sympathikotonie« der roten Blutkörperchen)*

und beurteilen. Da jeder Fäulnis Schrumpfung und bionöser Zerfall vorangehen, müssen wir die Form und Funktion der roten Blutkörperchen genau beobachten. Gesunde rote Blutkörperchen sind prall gespannt, bei 2000 x pulsierend. Blutkörperchen im Prozeß der Schrumpfung sind kleiner, oft nicht oval, sondern rund, ihre Pulsation ist eingeschränkt oder sie fehlt vollkommen. Gesunde Blutkörperchen haben einen breiten und kräftig leuchtenden blauen Orgonrand. Schrumpfende Blutkörperchen zeigen einen schmalen und blassen Orgonrand. Sie sind nicht prall, sondern zeigen oft eine geschrumpfte Membran. Ist der Schrumpfungsprozeß nicht so weit fortgeschritten, daß sofort geschrumpfte Membranen zu sehen sind (T-Zackenbildung: »Poikilozytose«), dann beobachtet man, *wie die roten Blutkörperchen rasch in physiologischer Kochsalzlösung eingehen, d. h. schrumpfen*. Gesunde Blutkörperchen behalten ihre normale Form bis zu einer halben Stunde und länger. Schrumpfende oder zur Schrumpfung neigende Blutkörperchen sind oft schon nach Sekunden oder wenigen Minuten eingegangen, zeigen zackige Membran und bilden die sogenannten »T-Zacken« (vgl. Fig. 19). Die T-Zacken weisen auf fortgeschrittene krebsige Entartung hin. »Krebsig« heißt hier nichts anderes als Schrumpfung (»Sympathikotonie« der roten Blutkörperchen). Gesunde Blutkörperchen zerfallen in Kochsalzlösung langsam oder beim Autoklavieren rasch in *blaue Bione*. Krebsige Blutkörperchen zerfallen mehr oder minder vollständig in T-Körperchen. (Krebsige *»T-Reaktion«*, im Gegensatz zur normalen *»B-Reaktion«*.)

Gesundes Blut gibt keine Kulturen von Bakterien in Bouillon.
Krebsiges Blut gibt Fäulnisbakterien und T-Bazillen-Wuchs.
Fäulnisstäbe und T-Bazillen kann man im Krebskrankenblut auch mikroskopisch beobachten (nicht unter 2000 x).
Das Blut eignet sich also besonders gut dazu, krebsige Vorgänge frühzeitig zu sichten. Ich möchte die Vermutung wagen, daß das Blut das erste System ist, das bei genereller Kontraktion mit nachfolgender Schrumpfung des Organismus affiziert wird. Bildet es doch den »Lebenssaft«, der alle Organe zu *einem Ganzen* verbindet und sie ernährt. Das Blut spielt auch die Hauptrolle bei der Orgontherapie des Krebses. Daher muß die orgonotische Funktion des Blutes besonders gründlich verstanden sein.
Hier möchte ich die Theorie erwähnen, die die Verpflanzung von Krebsgeschwülsten zu erklären versucht. Dieser Theorie zufolge gelangen Krebszellen aus der ersten Geschwulst in die Blutbahn, werden in ferne Organe gespült, siedeln sich dort an und wuchern zu neuen Geschwülsten, den sogenannten »Metastasen«. Nun hat man ja diesen Prozeß noch nie direkt beobachtet; ist diese Hypothese richtig? Unsere Auffassung bietet eine andere und plausiblere Erklärung: Es ist nicht notwendig anzunehmen, daß Krebszellen im Blut weitergespült werden. Denn da der Schrumpfungs- und Fäulnisprozeß *allgemein* ist, können sich lokale Geschwülste hier früher, dort später bilden. Der von mir geschilderte Fall enthüllte jedenfalls die Tatsache, daß die Wahl des Ortes für Metastasenbildung von lokalen Spasmen und biologischen Funktionsstörungen bestimmt ist. Es mag also zuerst eine Krebsgeschwulst in der Brust infolge eines chronischen Spasmus des großen Brustmuskels (M. pectoralis) auftreten, und einige Zeit später mag eine zweite Geschwulst in den Rippen oder in der Wirbelsäule infolge lokaler Muskelspasmen am Zwerchfell etc. folgen. Muskelkontraktionen sind Beweis für eine biopathische Dysfunktion, und sie stellen die allgemeine Tendenz des Organismus zur Kontraktion und Schrumpfung dar. Die Metastasenbildung an entfernten Stellen ist natürlich von der Wucherung der Tumoren in das umgebende Gewebe zu unterscheiden, z. B. wenn ein Afterkrebs die Blasenwand durchwuchert.
An dieser Stelle ist es am Platze, eine Vermutung über die Natur des Krebses des Blutsystems, der sogenannten *Leukämie*, vorzubringen. Sie muß sich durch weitere Beobachtungen bestätigen oder widerlegen lassen. Wenn die Schrumpfung und der Zerfall

der roten Blutkörperchen der allgemeinste und früheste Vorgang der Krebserkrankung ist, dann könnte die riesenhafte Wucherung der weißen Blutkörperchen leicht erklärbar werden: Die weißen Blutkörperchen haben nicht wie die roten Blutkörperchen die Funktion, die Gewebsatmung und die Orgonzufuhr zu besorgen, sondern sie dienen der Abwehr bakterieller oder anderer »Fremdkörper«. Weiße Blutkörperchen, die Leukozyten, Lymphozyten und Phagozyten, treten immer dort gehäuft auf, wo Fremdkörper (Bakterien, Schmutz etc.) in die Körpersubstanz kommen. Die Abszeßbildung entspricht einer solchen Anhäufung weißer Blutkörperchen, ebenso das eitrige Wundsekret. Wenn nun die roten Blutkörperchen zu zerfallen beginnen, dann verwandeln sie sich aus körpereigenen in *körperfremde* Stoffe. Daher müssen sich die Abwehrkräfte der weißen Blutkörperchen riesenhaft vermehren, um mit den zerfallenden roten Körperchen »fertig zu werden«. Die Leukämie, das hervorstechendste Symptom des Blutkrebses, wäre somit nichts als eine Reaktion des Organismus auf die Schrumpfung und den T-Zerfall der roten Blutkörperchen. Demzufolge sieht man bei anderen Krankheiten mit einer Schrumpfung des Blutsystems gehäuft weiße Blutkörperchen auftreten. Wenn nun die weißen Blutkörperchen das Übergewicht über die roten bekommen, der Organismus ferner zu schwach geworden ist, um vollentwickelte rote Körperchen nachzuliefern, dann folgt der rasche Tod unausweichlich.

Das Problem der Orgontherapie des Krebses ist daher dies: *Kann der Zerfallsprozeß der roten Blutkörperchen aufgehalten oder gar verhindert werden?* Sollte sich diese Frage praktisch beantworten lassen, dann hätten wir die Tore zur Krebsverhütung geöffnet.

Wir werden an anderer Stelle auf die Tatsache stoßen, daß die Krebszellen einer Krebsgeschwulst selbst ursprünglich (nicht als Krankheitssymptom, sondern) zur *Abwehr* des Krankheitsprozesses entstehen. Das mag sehr umstürzend klingen, ist aber im Grunde eine Banalität.

Ehe ich zur Heilfunktion des Blutes übergehe, muß ich zwei Fragen beantworten, die sich beim Leser scharf vorgedrängt haben:
1. *Woher kann man wissen, daß sich die Krebszelle so entwickelt, wie ich es hier geschildert habe?* Man kann doch den menschlichen Organismus nicht immer wieder aufschneiden, um die Entwicklung der Krebszellen aus blasig zerfallendem Gewebe zu verfolgen! Diese Frage ist berechtigt und wichtig. Sie kann beantwortet werden. (Vgl. die spezielle Darstellung dieser Frage S. 268 ff.).

2. *Worin besteht der Grundirrtum der traditionellen Krebsforschung? Wie ist es möglich, daß diese Vorgänge so gründlich übersehen wurden? Das Drängen nach Antwort auf diese Frage ist ebenfalls berechtigt.*
Beide Fragen beantworten sich mit ein und derselben Tatsache: *Dieselbe Unterlassung, die den Grundirrtum der traditionellen Krebsforschung bildet, ist dafür verantwortlich, daß man die Entwicklungsstufen der Krebszelle übersah:* Dem wollen wir uns nun zuwenden.

Die Entwicklung der Protozoen in Grasaufgüssen, der Schlüssel zum Verständnis der Krebserkrankung

Die mechanistische Naturwissenschaft inklusive der mechanistischen Biologie ist im Mystizismus befangen. Der Mystizismus soll, wie ich oft betonte, die Lücken füllen, die der Mechanismus im Verständnis des Lebendigen offen läßt. Konkret: Die mechanistische Naturwissenschaft ist in der Fehlauffassung befangen, daß die »Zelle nur aus der Zelle« und das »Ei nur aus dem Ei« kommen könnte. Daher scheidet die *berechtigte* Frage, wo die *erste* Zelle und wo das *erste* Ei herkam, von vornherein aus. Mit der Ausscheidung dieser Grundfrage der Biologie aber sind bestimmte Tatsachen für den Mechanisten gesperrt. Es ist angenommen, daß für jeden der Milliarden Formen von einzelligen Lebewesen *je ein »fertiger« Keim »in der Luft«* schwebt. Solche Keime hat noch nie jemand gesehen. Aber mit den fertigen Keimen konnte man scheinbar alles erklären: die Tuberkulose, die Syphilis, die Pneumonie etc. Da stieß man auf Krankheiten, bei denen es mit der »Erklärung« der »Luftkeime« nicht so einfach war. Es sind die Erkrankungen, die man unsichtbaren kleinsten Partikelchen an der Grenze zwischen Lebendigem und Unbelebtem zuschreiben muß. Die spastische Kinderlähmung (Poliomyletis), die Maul- und Klauenseuche etc. blieben bis zum heutigen Tage unverständlich. Denn aus der Luft lassen sich Viren nicht züchten. Die *Entstehung* von Bakterien und Protozoen durch bionöse Umwandlung von lebendem und totem Material war unbekannt. Man nahm das Vorhandensein von Lebewesen in Moosaufgüssen für ebenso gegeben hin wie das Vorhandensein von Krebszellen im Organismus. Man fragte zwar nach der

Herkunft der Krebszellen. Da sie sich aber erstens in der Luft nicht finden, zweitens ihr Entstehen im Körper nicht bezweifelt werden kann, drittens die Organisation von Zellen aus zerfallenden Geweben anzunehmen strikte verboten ist, unterließ man:
a) *die Exkrete der Menschen in ihrem natürlichen Zustand genau zu untersuchen;*
b) *die Verwandlungen des Grasgewebes in Aufgüssen genau zu verfolgen.*

Jeder mechanistischen Pathologie klingt die Behauptung, daß es eine *autogene Infektion* oder gar eine Organisation von Protisten im Körper gibt, *absurd*. Auf so etwas hört man gar nicht hin. *Die Vorgänge bei der Entwicklung der Bakterien und Protozoen aus zerfallendem Moos und Gras bilden aber d e n Schlüssel zum Verständnis der Entwicklung der Krebszellen und Fäulnisstäbe aus zerfallenden tierischen Geweben.*

Die Frage, wie es möglich wäre, die Entwicklung der Krebszellen im Organismus zu beschreiben, beantwortet sich nun wie folgt: Man verfolgt in Wirklichkeit die vielen Stufen der Entwicklung von Protozoen und Bakterien in zerfallendem Grasgewebe. Ist die Annahme richtig, daß die Amöben im Grasaufguß nichts anderes als die »Krebszellen« des Grases sind, dann kann man auf die entsprechenden Vorgänge im tierischen Gewebe zurückschließen. Dies allein würde aber nicht genügen, den Schluß absolut gültig zu ziehen. Daher sind die vielen anderen, verstreuten und vorerst unzusammenhängenden Beobachtungen an den Exkreten von anscheinend Gesunden und gesichert Krebskranken von enormer Bedeutung. Entdeckt man nun im Krebsgewebe und in seiner Umgebung Formen und Vorgänge, die mit solchen in zerfallendem Gras oder Moos identisch sind, dann erhärten sich die *kombinierten* Beobachtungen und Experimente. Sie werden zur Gewißheit, wenn man in gesunden Versuchsmäusen künstlichen Krebs erzeugt und Serienbeobachtungen in verschiedenen Entwicklungsphasen der Erkrankung macht. Aus den Beobachtungen der Vorgänge in zerfallendem Grasgewebe, in den Exkreten der Krebskranken und in den Geweben von Mäusen mit artifiziellem Krebs setzt sich nun ein einfaches und schlüssiges Bild zusammen:

1. Die Krebszellen sind die Protozoen in tierischen Geweben, die bionös zerfallen.
2. Die Amöben und andere Protozoen in Grasaufgüssen sind die Krebszellen zerfallenden Grases.

3. Die Entstehung der Krebszellen ist identisch mit dem Problem der Biogenese.

Diese drei Schlüsse sind riesenhaft genug, um vor ihnen zurückscheuen zu lassen. Sie scheinen zu einfach. Aber große Tatsachen sind immer *ganz einfach*. Sind einmal diese Schlüsse gezogen, so sind wir von da ab in der Lage, fast jede Lücke, die durch Unmöglichkeit unmittelbarer Beobachtung am Krebs gegeben ist, durch Beobachtungen der Protozoenbildung in zerfallendem Gras auszufüllen.

Als ich in den Jahren 1936 bis 1942 zu verschiedenen Jahreszeiten Aufgüsse anfertigte, also einfach getrocknetes Gras oder Moos in Wasser legte, fiel mir auf, daß es unmöglich oder sehr schwierig ist, Protozoen aus Aufgüssen von *frischem, jungen* Frühlingsgras zu erzielen. *Dagegen ergibt Gras und Moos im Herbst leicht und reichlich jede Art von Protozoen*. Eine solche Tatsache würde demjenigen, der an die Hypothese der Luftkeime glaubt, nicht auffallen. Für uns gewinnt sie riesenhafte Bedeutung. Sie bestätigt die Identität von Protozoon im Grasaufguß und Krebszelle im Organismus. *Denn die Krebszelle entwickelt sich nie in frischem, blühendem, jungem Gewebe, sondern immer nur in biologisch geschädigtem, alterndem »herbstlichem« tierischen Gewebe.*

Ich möchte betonen, daß ich nie daran gedacht hatte, mich je mit der Krebsfrage zu beschäftigen. Ich wurde darauf sozusagen gestoßen, als ich bei den Bionexperimenten die Entwicklung von Protozoen aus Bionen in Moosaufgüssen entdeckte und photographisch sicherte. Neben dem normalen Grasgewebe und den vollentwickelten Protozoen gibt es unendlich viele, vom Standpunkt der mechanistischen Biologie undefinierbare Gebilde: Einzelne blaue Bläschen, die keine Luftbakterien sind, unregelmäßige Haufen solcher Bläschen, Haufen, die nur an einer Stelle eine Membran zeigen, andere Haufen, die bereits eine pralle Form, aber nur teilweise sich mit einer Membran umgeben haben. Es gibt eine Unmenge von geformten Gebilden an den Rändern des zerfallenden Gewebes, bei denen man nicht bestimmen könnte, ob sie »Moos« oder »Protozoon« sind (Vgl. Fig 39, 40, 41 a, b, c, Anhang).

Hier möchte ich eine kleine, aber interessante Begebenheit berichten. Mein Laboratorium stand 1936 in Verbindung mit dem Pflanzenlaboratorium der Universität in Oslo. Ich wollte eine

Amöbenkultur haben. Der Assistent suchte in einem Aufgußpräparat herum und zeigte mir die Amöben. Da entfuhr mir die dumme Frage: »Können Sie mir sagen, wie diese Protozoen in den Aufguß kommen?« Ich hatte vergessen, daß es eine »Keimtheorie« gibt. Der Assistent sah mich erstaunt an und sagte schließlich mit einer Spur von Verachtung für meine biologische Ungebildetheit: »Aus den Keimen der Luft natürlich. Die siedeln sich im Moos an.« Von da ab legte ich Hunderte von Luftkeimkulturen auf verschiedenen Nährböden an, ohne je einen Keim einer Amöbe oder eine wirkliche Amöbe zu erblicken. Mit der Zeit verlor sich meine Scham wegen meiner biologischen Ungebildetheit.

Ein anderes Vorkommnis mag den Leser überzeugen, daß der menschliche Organismus auch dort korrekt Bescheid weiß, wo er offiziell einer Fehlauffassung im Denken anhängt. Ich bereitete die erste Publikation über die Bione, den bläschenförmigen Zerfall der Materie und die Entwicklung der Protozoen im Herbst 1937 vor, etwa eineinhalb Jahre nach den ersten schlüssigen Beobachtungen. Ich hatte damals noch keine Ahnung von den zwei Grundtypen der Energiebläschen, den blauen PA und den schwarzen T-Bazillen, und ich wußte nichts davon, daß die blauen orgonhaltigen Energiebläschen die T-Bazillen töten. Ich wußte mit einem Worte noch nichts davon, daß ich je in die Lage kommen sollte, »Orgontherapieversuche am Krebs« zu unternehmen. Da brach im Herbst 1937 die Hetzkampagne der norwegischen Mechanisten und Mystiker gegen meine Bionforschung los. In den Zeitungen erschienen, entgegen meinem ausdrücklichen Ersuchen um Ruhe, lange Artikel, die »endlich den Schleier von meinem Laboratorium« zu lüften vorgaben. Eines Tages wurde mir öffentlich vorgeworfen, daß ich den Anspruch erhöbe, »den Krebs heilen zu können«. Ich war perplex, als ich dies hörte. Hatte ich selbst doch nicht die geringste Vermutung darüber. Ich hatte auch nie einen solchen Anspruch erhoben. Woher kam es, daß ein solcher »Vorwurf« erhoben wurde, wenn man überhaupt von einem Vorwurf sprechen konnte. Erst viel später, nach der Entdeckung der tötenden Wirkung der blauen PA-Bione, begriff ich den Vorwurf. Die feindseligen »Kritiker« hatten offenbar besser als ich geahnt, daß die Enthüllung der Biogenese der Protozoen die Tore zum Verständnis des Krebses weit öffnen würde. Die Krebsforschung steckte aber nach Jahrzehnten riesenhafter Anstrengungen in einer hoffnungslosen Sackgasse gerade wegen des Tabus, das das Verständnis der Protozoen*entwicklung* sperrte. Protozoen durften sich nicht aus bionösem Moos, sie mußten sich kraft göttlichen Willens aus »Keimen« entwickeln, die niemand je gesehen hatte und die von aller Ewigkeit in alle Ewigkeit hinein »fertig« da waren. Als ich dies verstand, ging ich tastend wieder an die Beobachtung der Krebsgewebe, die mir das Krebshospital viele Monate vorher zugeschickt hatte. Ich pflegte seit langem alle Präparate einfach stehen zu lassen, um zu beobachten, was mit der Zeit aus ihnen würde. Auf meinem Kulturständer gab es einige alte Bouillon-Kulturen, in die ich sterile Krebsgewebe hineingetan hatte. *Zu meinem Erstaunen waren alle grünlich-bläulich verfärbt.* Sie rochen stark sauer wie amoniakal und faulig. Ich impfte eine solche Kultur auf Agar und bekam einen starken grünlich-blauen glatten Wuchs. Ich impfte *vom Rande her* eine neue Agarplatte, und ich sah zum ersten Male die T-Bazillen, die die Mauer um das Krebsproblem durchbrachen.

Ich ersuche sehr darum zu begreifen, wie groß meine Angst war, an die eröffneten Forschungsgebiete heranzugehen. Ich wartete jahrelang mit der Veröffentlichung der gefundenen Tatbestände. Es ging nicht einfach um die Entdeckung eines bisher unbekannten Bazillus. Es ging mit einem Schlage um Riesenfragen, an die man sich nicht ohne weiteres heranwagt.

Die T-Bazillen entstehen durch Gewebszerfall. Das bedeutet: Wir stehen vor der Frage der *Biogenese*. Der Gewebszerfall im lebenden Organismus ist Folge chronischer sozialer Schädigungen der Lebenstätigkeit. Wir stehen also vor der Frage der sozialen Ordnung der biologischen Energie. Die Bione hatten die Existenz einer spezifisch biologischen Energie enthüllt. Wir stehen also vor der Frage der Stellung des Lebendigen im Universum. Die Entdeckung der T-Bazillen schien dazu angetan, alle Mächte des Widerspruchs zu provozieren, mit der göttlichen Zeugung ebenso wie mit der göttlichen Bestimmung der Menschen in Hader zu geraten. Ich hatte böse Erfahrungen mit Ärzten, Forschern, Menschen überhaupt hinter mir (und noch vor mir: Osloer Hetzkampagne). Ich war kein Bürger des Landes, in dem ich die Entdeckungen machte. Ich war Gast im fremden Land, ein »Fremder«, ein »Eindringling«. Böse Charaktere waren mehr an meiner Staatenlosigkeit als an meinen Entdeckungen interessiert. Da half mir an einem wunderbaren Frühlingsmorgen ein einfacher Gedanke

über alles hinweg, das mich verängstigen wollte: *Ich bin Bürger dieses Planeten.* Als solcher war ich nun stolz, mit einem der größten Probleme der Naturwissenschaft der Jahrhunderte, ja Jahrtausende, in Berührung gekommen zu sein. Die Tatsache, daß die Bionforschung so spontan mehrere bisher gesonderte Fragen auf *einen* Nenner brachte, gab Mut. Es war doch keine Schande, sondern umgekehrt Grund zum Triumph, daß diese Probleme sich mir trotz sechsfachen Landeswechsels, allergrößten Schwierigkeiten und Schikanen seitens Kollegen und Behörden zu lösen begannen. Als endlich im Januar 1939 die SAPA-Bione die biologische Energie in die Atmosphäre meines Laboratoriums strahlten und ich sie innerhalb der Orgon-Akkumulatoren 1940 aufzufangen begann, schrumpften die Ängste zusammen, verloren die erlebten Unanständigkeiten an Bedeutung. Von nun ab bestand die Verpflichtung, die zugefallene Verantwortung so gut wie möglich zu erfüllen. Die Krebsfrage schien jedenfalls die Frage nach dem Wesen von Leben und Tod zu treffen. Sie ist nicht gelöst, aber weit geöffnet.
Dies bedarf weiteren Berichts.
Das Wesen der T-Bazillen ist bereits ausführlich geschildert. Ich kann mich hier daher auf die Entwicklung der Arbeit am Krebs beschränken. Die Darstellung dieser Entwicklung ist wesentlich. Denn der einfache Satz: »Der Krebs ist im *Grunde eine Fäulnis des Gewebs- und Blutsystems, sozusagen ein langsames Absterben bei lebendem Leibe*«, bekommt seinen Sinn erst durch Zusammenhänge, die sich im Verlauf der Experimente und Beobachtungen spontan ergaben. Es wird dann verständlich werden, weshalb die einfache Natur der Krebserkrankung bisher übersehen wurde. Ein Stück Gold in den Bergen von Colorado ist ein sehr einfacher und nützlicher Tatbestand. Aber den Weg dazu zu finden, ist kompliziert und sogar gefährlich.
Die Entdeckung der T-Bazillen in altem Sarkomgewebe stellte mich sofort vor mehrere Fragen, deren Beantwortung viele Jahre angestrengter Arbeit erforderte:

1. Können die T-Bazillen in gesunden Mäusen Krebs erzeugen, wenn sie injiziert werden?
2. Welche Beziehung hat der T-Bazillus zur Krebszelle? Ist er ihre Ursache oder ihr Zerfallsprodukt?
3. Wenn die T-Bazillen Ursache der Krebswucherung sind, wie kommen sie ursprünglich in den gesunden Organismus?

Zur Zeit der Entdeckung der T-Bazillen hatte ich natürlich keine Ahnung davon, daß die entdeckten Körperchen »T«-Bazillen heißen werden und daß sie ganz allgemein Ergebnisse des fauligen Zerfalls lebender Gewebe sind. Der Weg aber, auf den ich durch das Experimentieren mit den T-Bazillen geführt wurde, enthüllte mit jedem Schritt neue Geheimnisse der Krebsseuche. Die Schilderung dieses Weges fällt daher mit der Schilderung des Wesens der Krebserkrankung zusammen, soweit es bisher enthüllt werden konnte.

Ehe ich zu dieser Schilderung übergehe, möchte ich noch die Antwort nach dem Irrtum der traditionellen Krebsforschung geben, die ich bisher schuldig blieb. Sie ist zusammengefaßt wie folgt:

1. Weder die blauen Energiebläschen, aus denen sich die Krebszellen organisieren, noch die weit kleineren T-Bazillen, in die sie zerfallen, sind in gefärbten Gewebsschnitten zu sehen. Man kann sie nur im Lebendpräparat sehen. Die traditionelle Krebsforschung arbeitet aber fast ausschließlich mit totem Gewebe.

2. Aus demselben Grunde konnten die Zwischenstufen in der Krebsentwicklung nicht entdeckt werden.

3. Unter 2000 x Vergrößerung lassen sich keine korrekten Beobachtungen machen. Die traditionelle Krebsforschung geht selten über 1000 x hinaus.

4. Die grundsätzliche Leugnung und Ablehnung der natürlichen Organisation von Protozoen aus nichtlebender wie lebender Materie sperrte das Verständnis der Krebszellen restlos.

5. Das Vorurteil der »Luftkeime« lenkte die Aufmerksamkeit in falsche Richtung.

6. Die Krebserkrankung ist eine allgemeine Funktionsstörung des Biosystems und kann daher nur *funktionell* begriffen werden. Medizin und Biologie sind aber mechanistisch, rein physikalisch-chemisch orientiert. Sie suchen die Ursachen in *einzelnen* Zellen, *einzelnen, toten* Organen, an *einzelnen* chemischen Stoffen. Die *Gesamtfunktion*, die jede Detailfunktion bestimmt, bleibt unbeachtet. Die Sexualfunktion ist weiter Stiefkind. Aber das Funktionieren eines Radioapparates kann niemals durch die Beschreibung der chemischen Zusammensetzung des Glases oder Metalls der Radioröhren begriffen werden und ebensowenig durch Beschreibung der mechanischen Lage der Teile zueinander. Ebensowenig kann die Beschreibung der Form und Färbereaktion der Krebszellen oder ihrer Lage zu den Zellen des gesunden Gewebes

die biopathische Funktion der Krebserkrankung begreiflich machen. Auch die chemische Zusammensetzung des lebenden Eiweißes, mag es noch so raffiniert kompliziert sein, kann keinen Deut der *lebendigen Pulsation* je enthüllen.
Verfolgen wir nun den Weg, den uns die T-Bazillen führen.

2. DAS STERBEN BEI LEBENDIGEM LEIBE

Ich muß weit ausholen und weit auseinanderliegende Tatsachen zusammenfassen. Die T-Bazillen enthüllen einen *tödlichen* Vorgang im *lebenden* Organismus, eben das »*Sterben bei lebendigem Leibe*«. Der Buchstabe »T« ist der erste Buchstabe des deutschen Wortes »*Tod*«. Die Bezeichnung »T-Bazillen« trägt zwei Tatsachen Rechnung: Die T-Bazillen sind *Ergebnis* des Absterbens lebender Gewebe. Sie sind ferner *Ursache* des Todes von Mäusen, wenn sie in starker Dosis injiziert werden. Als ich die erste T-Bazillenkultur hatte, injizierte ich sie gesunden Mäusen. Viele dieser Mäuse erlagen der Injektion binnen acht Tagen, andere erholten sich wieder ein wenig, um einige Monate später zu sterben. Im Verlaufe von etwa zwei Jahren (1937–1939) wurden mehrere Hundert weißer gesunder Mäuse im T-Bazillen-Versuch injiziert, und zwar in Gruppen von je sechs Mäusen. Zwei Mäuse jeder Gruppe wurden zur Kontrolle nur mit PA-Bionen injiziert. Zwei andere Mäuse derselben Gruppe wurden mit einer bestimmten (bei verschiedenen Gruppen verschieden starken) Dosis von T-Bazillen injiziert. Das dritte und letzte Mäusepaar wurde mit T-Bazillen *und* blauen PA-Bionen injiziert. Dieser Mäuseversuch ist summarisch im Abschnitt über »die natürliche Organisation der Protozoen aus Orgon-Energiebläschen« dargestellt.
Die kombinierte Injektion von blauen PA-Bionen und T-Bazillen folgte logisch aus der mikroskopischen Beobachtung, daß die PA-Bione die T-Bazillen lähmten und zur Agglutination (Anhäufung) brachten. Das Endergebnis nach zwei Jahren war, wie schon berichtet, daß alle mit PA-Bionen allein injizierten gesunden Mäuse gesund blieben; daß alle mit T-Bazillen allein injizierten gesunden Mäuse entweder rasch starben oder im Verlauf von ca. 15 Monaten verschiedene Stufen von zersetzender und durchsetzen-

der Zellenwucherung, eben Krebs, entwickelten; daß schließlich die kombiniert mit T und PA injizierten Mäuse zu einem großen Teile gesund blieben. *Diese Wirkung der blauen PA-Bione war der Ausgangspunkt der Orgontherapie-Versuche am Krebs.*

Ich könnte mich nun auf die rein empirischen Ergebnisse beschränken und mich mit den erzielten praktischen Erfolgen begnügen. Das würde dem Leser viel Nachdenken über komplizierte Vorgänge ersparen. Ich kann dies aber nicht ersparen. Das kommt daher, daß gegenwärtig bloß eine weite Bresche in die Krebsfrage geschlagen ist, daß es aber noch sehr intensiver und ausgedehnter Arbeit bedarf, wenn man den Krebs wirklich aus der Welt schaffen will.

Das allgemeine Ergebnis der Orgontherapieversuche am Krebs ist: *Es wird weit leichter sein, Krebs zu verhüten, als vollentwickelten Krebs zu heilen.* Eben dieses Ergebnis fordert, daß ich weit aushole. Denn: *Das Krebsproblem ist identisch mit dem so unendlich schwierigen Problem der Beziehung von Leben und Tod. Der Krebs ist nichts anderes als verfrühtes und beschleunigtes, aber »normales« Absterben des Organismus.* Die Vorgänge im Organismus, die zum frühzeitigen Tode durch Krebs führen, sind genau dieselben, die den natürlichen Tod begründen.

Ich will versichern, daß ich mir der vollen Tragweite dieser Behauptungen bewußt bin und sie nicht leichtfertig aufstelle. Ich habe dieses Problem nicht frivol aufgesucht. Es hat sich mir im Verlaufe der Bionexperimente breit in den Weg gestellt. Ich hatte die Wahl, entweder die gesamte Bionforschung aufzugeben oder aber mich an das Riesenproblem heranzuwagen. Daß ich die ersten gut gelungenen Bionexperimente am Krebs nicht sofort publizierte und sie keiner verantwortlichen Stelle mitteilte, lag eben daran, daß schon in einem sehr frühen Stadium klar geworden war: *Das Krebsproblem ist identisch mit dem Leben-und-Tod-Problem.* Dies ist bei näherer Betrachtung nicht so verwunderlich, wie es auf den ersten Blick erscheinen mag. Schon die allerersten Bionexperimente und die Beobachtungen der natürlichen Organisation der Protozoen hatten ja die Frage der *Biogenese* hart getroffen. Auch dies war nicht gesucht. Die Bionexperimente führten nun über die PA und T direkt zum Krebs. Da Leben und Tod unabwendbar ineinander geflochten sind, versteht sich nun von selbst, daß durch die Berührung mit der Frage nach der Entstehung der Protozoen auch die Frage nach dem Krebs*tode* und damit nach dem *Tode überhaupt* aufkam.

Ich muß auf das Gesamtgebiet irgendwie unbewußt vorbereitet gewesen sein. Schon 1926 stieß ich mit dem Todesproblem zusammen, als ich Freuds Hypothese der Todes*triebe* klinisch zu widerlegen begann. Ich leugnete mit guter Begründung, daß es einen *Willen* zu sterben gibt. Aber es gibt einen *objektiv ablaufenden Sterbensprozeß*, der lange vor dem akuten Herzstillstand einsetzt. Nachdem es mir gelungen war, den Todes*trieb* zu widerlegen (Vgl. *Die Funktion des Orgasmus*) blieb doch das Interesse am objektiven Sterbensprozeß bestehen, der vom Lebewesen ja nicht gewünscht, sondern gefürchtet ist; es erliegt ihm objektiv, früher oder später, so oder so. *Die T-Bazillen sind ein faßbarer Tatbestand des Todesprozesses.* Das will ich nun begründen.

Die Orgonbiophysik führt alle Lebensäußerungen auf die biophysikalische Grundfunktion der *Pulsation* zurück. Der Lebensprozeß besteht grundsätzlich in fortdauerndem Pendeln des Gesamtorganismus und jedes seiner Organe zwischen *Expansion* und *Kontraktion*. Die »Gesundheit« ist durch sexualökonomische Regulierung der Energie und durch *Vollständigkeit* dieser Pulsationen aller Organe ausgezeichnet. Überwiegt die Expansion über die Kontraktion, so sprechen wir von chronischer *Vagohypertonie*. Überwiegt die Kontraktion dauernd über die Expansion, so sprechen wir von chronischer *Sympathikohypertonie*. Die dauernd fixierte *Kontraktion* führt, wie wir gesehen haben, zu muskulären Spasmen und chronischem Überwiegen der Inspirationshaltung. Infolgedessen entwickelt sich Kohlensäureüberschuß in den Geweben (Warburg), der Prozeß der Schrumpfung und Körpersubstanzverlust, der in der Kachexie endet.

Der Lebensprozeß funktioniert also dauernd pulsierend, in jedem Organ nach seinem eigenen Rhythmus und im Gesamtorganismus nach einem charakteristischen Lust-Angst-Rhythmus. Im sexuellen Orgasmus gleichen sich Energieüberschüsse periodisch durch extreme Pulsationen (Konvulsionen) aus. Die Expansion und die Kontraktion beherrschen aber auch die *gesamte Lebenszeit* in einer sehr *langgestreckten* und *einmaligen* Pulsation. Die Expansion des Biosystems setzt mit der Eibefruchtung ein und setzt sich (unter Überwiegen der Expansion über die Kontraktion) bis zum mittleren Lebensalter fort. Bis in die 40er Jahre herrschen normalerweise Wachstum, Sexualität, Lebensfreude, expansive Tätigkeit, geistige Entwicklung etc. vor. Von da ab, also mit dem Beginn des »Alterns«, der sogenannten »Involution«, nimmt die Kontraktion des Lebenssystems allmählich überhand. Das Wachstum hört auf und macht einem sehr langsamen Einschrumpfen sämtlicher Lebensfunktionen bis zur Gewebsinvolution im hohen Alter Platz. Die natürliche Altersinvolution geht mit dem Eingehen der Sexualitätsfunktion Hand in Hand. Der Drang nach Sexuallust, Tätigkeit und Entwicklung nimmt entsprechend ab. Der Charakter wird »konservativ«, das Bedürfnis nach Ruhe nimmt überhand.

Diese natürliche Kontraktion des Lebenssystems im hohen Alter kann in »physiologischen Krebstod« auslaufen. Der Krebs ist im hohen Alter weit weniger gefährlich als im jugendlichen. Es gibt viele Fälle von Alterstod, wo der Krebs bei einer Autopsie zufällig entdeckt wird. Er hatte sich vorher nicht in Beschwerden geäußert. Das Sterben des Organismus selbst ist von einer scharfen Muskelkontraktur, der sogenannten Totenstarre begleitet, die uns die Kontraktion des Lebenssystems klar vor Augen führt. Schließlich löst sich der Körper in Fäulnis auf. Totes Gewebe zeigt im Gegensatz zu lebenden keine Steigerungen bioelektrischer Hautpotentiale. Sterbendes Gewebe zeigt nur negative Reaktion. Die biologische Energiequelle erlischt. Toter Fisch z. B. gibt kurz nach dem Sterben zwar noch orgonotische Erstrahlungsreaktionen am Orgonfeld-Messer, aber die Reaktionen sind schwach und verlieren sich bald. Tote Blattzweige geben im Gegensatz zu lebenden keine Orgonfeldaktion. Das bedeutet: Der sterbende Organismus verliert seine biologische Energie; zuerst schrumpft das Orgonenenergiefeld um den Organismus herum ein, dann folgt der Orgonverlust in den Geweben. Wir müssen daher die Volksmeinung ernst nehmen, die sich durch den Satz ausdrückt, daß man im Sterben seine »Seele aufgebe«. Die »Seele« wird nicht, wie der Mystizismus glaubt, nun geformt zusammengehalten, um als »Geist« im Raume zu schweben und Körper neu zu beleben; aber es ist richtig, daß die Orgonladung des Organismus die Lebensempfindungen begründet und daß mit Abnahme der Orgonladung die Lebensempfindungen schwächer werden. Dieser Prozeß des Sterbens spielt sich aber wohlgemerkt nicht in den wenigen Stunden des Sterbens ab sondern er nimmt normalerweise Jahrzehnte in Anspruch. Das *akute* Sterben, gekennzeichnet durch den Herzstillstand ist nur *eine*, allerdings die *entscheidende* Phase. Nach dem Herzstillstand ist nicht alles mit einem Male »tot«;

einzelne Lebensprozesse gehen noch eine Weile fort und erlöschen infolge Sauerstoffmangels nach und nach. (Der plötzliche Tod infolge »Schocks« ist nichts anderes als eine rasche totale Kontraktion des Lebensapparates bis zu einem Grade, daß die Erneuerung der Expansion ausbleibt.)
Die Gewebsfäulnis, die dem Tode folgt, ist Resultat des bionösen Zerfalls der Gewebe. Es ist nicht notwendig anzunehmen daß sich nun »Fäulnisbakterien aus der Luft« im Organismus ansiedeln. Denn wir müssen demgegenüber fragen, woher es kommt, daß sich die in der Luft befindlichen Fäulnisbakterien nicht im gesunden *lebenden* Organismus festsetzen und ihn zur Fäulnis bringen. Diese Frage ist von weit größerer Bedeutung, als es auf den ersten Blick erscheinen mag. Sie trifft nämlich nicht mehr und nicht weniger als die Frage nach der *natürlichen Abwehr, die der gesunde Organismus gegen das »Sterben bei lebendigem Leibe« leistet,* solange er lebt. Hier vermochte die Bionforschung eine schlüssige Antwort zu geben:
Auf den primitivsten Stufen des Lebens sind Expansion, Energiewechsel der lebenden Substanz etc. durch die blauen PA-Bione repräsentiert. Die Kontraktion und die Degeneration der lebenden Substanz, ihr Zerfall, ihre Zersetzung und Fäulnis dagegen sind durch die T-Bazillen dargestellt. *Gilt dies auch für die hochentwickelten Organismen?* PA-Bione sind nichts anderes als Träger von Orgonenergie: »Orgon-Energiebläschen«. T-Bazillen zeichnen sich durch Orgonmangel oder »-schwäche« aus. Die Zellen des Körpers sind durchwegs aus blauen, orgonstarken Energiebläschen aufgebaut. Die Nahrungsaufnahme führt dauernd Orgon in Form der PA-Bione der Nährstoffe zu. Nun töten die PA-Bione die T-Bazillen eben kraft ihrer Orgonstärke. Sie verhindern also die Fäulnis im Organismus. Es ist auch das Orgon der Sonnenstrahlung, das Fäulnisbakterien tötet. Wir müssen also das Funktionieren des Lebensprozesses der ständigen desinfizierenden und ladenden Wirkung des Körperorgons zuschreiben, kurz, der Expansionsfunktion. Sie ist es, die verhindert, daß die Kontraktionsfunktion überhandnimmt und in Fäulnis mit T-Bazillen-Produktion ausläuft.
Nimmt nun die orgonotische Ladungs- und Expansionsfunktion ab, so kann die Kontraktionsfunktion zu Sterbensprozessen führen. Die T-Bazillen sind Ausdruck davon. Die Krebsbiopathie ist nichts anderes als ein solcher Sterbensprozeß. Daher ist die Pflege

der positiven Lebensfunktion wie Lust, Entwicklung, Tätigkeit etc. entscheidend in der Verhütung verfrühter Sterbensvorgänge. Die Verlängerung des durchschnittlichen Lebensalters der Menschen mancher Kulturkreise in den letzten Jahrzehnten ist dem Durchbruch natürlicher Sexualfunktionen zuzuschreiben.

Diese Annahmen sind nicht nur berechtigt, sondern sie drängen sich unabweisbar auf, wenn man die verschiedenen Beobachtungen auf einen gemeinsamen Nenner zurückzuführen versucht. Nichts anderes ist die Aufgabe der Naturwissenschaft. Die Krebs-Schrumpfungsbiopathie (man könnte sie mit guter Berechtigung auch »Lusthungerseuche« (sex-starvation-disease) nennen), läßt sich also nur im Zusammenhange konkreter Lebens- und Sterbensvorgänge erfassen.

Als ich 1937-1938 zum ersten Male durch Injektion von T-Bazillen in gesunden Mäusen krebsige Wucherungen erzielte, glaubte ich, den »spezifischen Krebserreger« gefunden zu haben. Die T-Bazillen waren aus Krebsgewebe gezüchtet worden; sie erzeugten nun Krebs in gesundem Mäusegewebe. Kerbszellen zerfallen in T-Bazillen. Diese Tatsachen sind leicht zu demonstrieren und die traditionelle Krebsforschung hat eine Ahnung von ihnen gehabt. Lange Zeit hat man sich mit dem, was ich als T-Bazillus entdeckte, beschäftigt, aber das Vorurteil der Luftinfektion und der Widerstand gegen die Idee der endogenen Infektion haben als unüberwindbare Hindernisse den Fortschritt in der Krebsforschung aufgehalten.

3. RÄTSEL IN DER TRADITIONELLEN KREBSFORSCHUNG

Das gesuchte »Tumoragens«

Ich möchte nun zusammenfassen, welche Rätsel sich in der traditionellen Krebsforschung finden, die den T-Bazillus vorausahnten. Ich folge dabei der außerordentlich anschaulichen Übersichtsdarstellung von *Blumenthal** und dem Sammelband, heraus-

---

* *Ergebnisse der experimentellen Krebsforschung und Krebstherapie*, Leiden 1934.

gegeben von *Adam* und *Auler*.* Einzelne Spezialarbeiten konnte ich nachlesen; doch es war mir wegen der Kriegswirren leider nicht möglich, die gesamte einschlägige Spezialliteratur im Original zu lesen. Das tut meiner Zusammenfassung keinen Abbruch, da ich eine hervorragende Zusammenfassung referiere.
Die Grundfrage der traditionellen Krebsforschung lautet ebenso wie die der Orgonbiophysik:
Ist die Krebskrankheit wesentlich nur als Tumor mitsamt seinen Metastasen gegeben oder ist sie schon vor dem Auftreten einer Geschwulst im Organismus vorhanden? Und wenn, wie? Im ersten Falle wäre das eigentlich krankhafte die Krebszelle, im zweiten Falle ein »Etwas«, das nicht die Krebszelle selbst ist, doch mit ihr in einem bestimmten Zusammenhang steht. Die Entscheidung dieser Frage ist von großem Gewicht, denn die Beurteilung der Tumoroperationen hängt ebenso davon ab, wie die große Frage nach den Möglichkeiten der frühen Feststellung der Krebserkrankung und ganz besonders der Verhütung des Auftretens oder Vernichtung des »Etwas«.
Versuche, durch Tumorbrei-Überpflanzung von Tier zu Tier Tumoren zu erzeugen, haben die Krebsforscher zur übereinstimmenden Überzeugung gebracht, daß die Übertragung einer erheblichen Menge von Tumorbrei notwendig ist, um positive Resultate zu erzielen. Versuche mit Zentrifugaten und Filtraten waren negativ. *Das gesuchte Tumoragens ist immer an den Rückstand des Zentrifugats gebunden.* Außerordentlich wichtig im Zusammenhange der T-Bazillen ist, daß *R. Krauss* auf Grund von Versuchen von *Swarzoff*, der Tumorzellen aus Körperteilchen und Teilzellen entstehen sah, seine Hypothese aufstellte, »omnis cellula ex *granula*« – und nicht, wie es sonst heißt: »ex cellula«. Daß sich Krebszellen aus »Körnchen« zusammensetzen, paßt vortrefflich zu der orgonologischen Beobachtung, daß sie sich aus Bionen organisieren.
Dadurch verschiebt sich die Frage von der Krebszelle weg auf die *Entstehung der Bione im Organismus. Die Krebszelle wäre dann selbst nicht so sehr Krankheitsursache als Anzeichen und Folge*

---

* *Neuere Ergebnisse auf dem Gebiete der Krebskrankheiten, 47 Vorträge, gehalten mit Unterstützung des Reichsausschusses für Krebsbekämpfung in einem internationalen Fortbildungskurs der Berliner Akademie für ärztliche Fortbildung (1936), Hirsch, Leipzig 1937.*

von etwas Drittem, Allgemeinerem, einem Etwas, das vor ihr vorhanden ist.
Ernst Fränkel fand das Agens des Rous-Hühner-Sarkoms an die *roten Blutkörperchen* und an das Globulin gebunden. Bestimmte Versuche haben ergeben, daß ein krebserzeugendes Prinzip in der *Milz* frei oder in deren Zellen vorhanden ist. Es besteht, wieder auf Grund von Tierexperimenten, eine Beziehung merkwürdiger Art zwischen Milz- und Tumorfunktion. Entfernt man normalen Ratten die Milz, so erkranken sie an schwerer Anämie *(Lauda)*. Exstirpiert man die Milz von Tumorratten, so bleibt die Anämie aus, tritt aber auf, wenn die Tumoren verschwinden. Der Tumor kann also bestimmte Eigenschaften der Milz übernehmen. Dies erscheint außerordentlich sonderbar. *Doch es weist wieder auf das Blut und seine Körperchen hin.* Die Milz ist bekanntlich der Speicher der roten Blutkörperchen. *Es ist völlig dunkel,* heißt es, *was aus untergehenden roten Blutkörperchen wird.* Sie stehen in irgendeiner Beziehung zur Krebserkrankung, man weiß nicht in welcher. *Blumenthals* Laborant *Lindner* hatte mit Blut, das er aus der Tumorvene gezogen hatte, Tumoren bei anderen gleichartigen Tieren erzeugen können und zwar, mit einer Ausnahme, immer solche gleicher Art. Solche Versuche gelangen auch mit Blut aus Herz und Achselvene. Es zeigte sich dabei, daß das *Krebsagens an die festen Bestandteile des Blutes geknüpft ist.* Besonders leicht gelangen die Versuche mit Blutkuchen (coagulum) und gewaschenen roten Blutkörperchen. Der T-Bazillus entsteht in der Tat in degenerierenden RBK. *Das venöse Blut* erwies sich als bedeutend wirksamer als das arterielle: Krebsgewebe steht unter den Zeichen des Erstickungsstoffwechsels, also von CO_2-Überschuß. *Laser* gelang es einmal, bei einem Huhn Krebs in folgender Weise zu erzielen: Er hatte einem anderen Huhn Teerlösung injiziert und dann zu einer Zeit, als noch kein Tumor da war, aus dessen Blut Makrophagen gezüchtet. Diese Makrophagen ergaben, dem zweiten Huhn injiziert, einen Tumor. Dieser Versuch gestattet die Deutung, daß die Makrophagen das im Blut zirkulierende Agens gefressen und dann auf das zweite Huhn übertragen hatten. Von mehreren Forschern wurde die Vermutung ausgesprochen, daß dieses Agens ein Bestandteil der Krebszellen sei, der nur dann in die Zirkulation gerate, *wenn die Krebszellen zerfallen.* Denn es wurden aus dem Blute von Sarkomratten weiße Blutkörperchen gezüchtet, nach deren Einspritzung in Ratten Sar-

kome entstanden. Verwirrend ist zunächst die Tatsache, daß das gewisse Etwas, das Krebs zu erzeugen vermag, sowohl *vor der Existenz von Krebszellen im Blute sich findet, wie daß es auch durch Zerfall der Krebszellen entsteht.*
Dieses Etwas kann, so heißt es weiter, in einem Organ vorhanden sein, ohne daß es zur Tumorbildung kommt. Zahlreiche erfinderisch angelegte Versuche zeigen immer wieder, daß *die Blutzellen in enger Beziehung zu den bösartigen Zellen* stehen. »Die normalen Blutzellen«, schreibt *Blumenthal*, »müssen Stoffe in sich bergen, die für das Erhaltenbleiben der Aktivität des ätiologischen Krebsprinzips bzw. seiner weiteren Bildung unentbehrlich sind. Blutzellen sind besonders reich an gerinnungsfähigem Eiweiß . . . Dieses Fibrinogen tritt anscheinend mit dem ätiologischen Faktor der Krebszelle in Verbindung und überträgt ihn auf die Zellen des Organismus ... verwandelt normale Zellen dieses Organismus in Krebszellen ... *In allen ... Fällen ist bewiesen, daß von den Krebszellen etwas ausgeht, was bis dahin normale Zellen in Krebszellen verwandelt ...*« (von mir gesperrt, W. R.) Das gesuchte Etwas ist also einerseits an die Blutkörperchen und andererseits an die Krebszellen gebunden und erzeugt aus normalen Zellen wieder Krebszellen.
Aus diesen Tatbeständen folgen für die klassische Pathologie viel Fragen. Ich stelle die wichtigsten zusammen:
Ist dieses kanzerogene Etwas ein enzymatischer Körper, also *kein* Lebewesen? Solange nicht bewiesen ist, daß dieser Körper sich selbst vermehren kann, dürfte man ihn nicht mit einem Lebewesen vergleichen.
Ist dieses Etwas eine körpereigene, chemische Substanz, die gesunde Mesenchymzellen des Tieres zur Bildung dieser selben Substanz anregt und sie zu Tumorzellen macht? Ist es ein chemisches Gift, eine lytische Substanz, ein Autokatalysator?
Ist es etwas Zelluläres? Wenn es zellulär ist, so entsteht die prinzipielle Frage: Kann etwas zellulär sein und infektiös und doch nicht »parasitär«, d. h. nicht »körperfremd«? Festzuhalten ist, daß im Falle des Krebsreizes es sich nicht um Haftung von übertragenen Krebszellen handelt, sondern um ein *Neuerkranken bis dahin gesunder Zellen.*
Das zu enträtselnde Fixierbild, das dieses merkwürdige Etwas uns bietet, sieht also etwa so aus:
Es ist *vor* der Krebszelle im Organismus vorhanden, und zwar

an die festen Blutbestandteile gebunden. Doch es geht auch aus der Krebszelle hervor. Es benimmt sich wie ein Parasit und gleichzeitig wie eine giftige chemische Substanz. Es ist »infektiös«, ohne daß die Krebskrankheit infektiös ist. Es erzeugt aus der gesunden Gewebszelle die Krebszelle und geht aus der Krebszelle hervor. Es benimmt sich wie ein Parasit und stammt dennoch nicht von außerhalb des Körpers.

Blumenthal sagt mit Recht: »*Man sieht also, daß das Krebsproblem ein Problem ist, das die Grenze des Belebten und Unbelebten berührt, die Frage, ob tierische Zellen etwas produzieren können, das parasitäre Eigenschaften zeigt*« (*Experimentelle Krebsforschung und Krebstherapie, S. 94*). *Unsere T-Bazillen bilden die Brücke zwischen beidem.*

Das T-Bazillen-Experiment gibt einer Anschauung recht, die sich in der modernen Krebsforschung eingebürgert hat und von *Blumenthal* wie folgt zusammengefaßt wird:

»Es ist also für die Rous-Sarkome bewiesen, daß in und außerhalb der Tumoren etwas vorhanden ist, mit dem man die Tumoren hervorrufen kann, d. h. daß das Tumoragens bzw. Tumorprinzip keine Tumorzelle zu sein braucht. Der wesentliche Unterschied zwischen der Tumorzelle und dem Tumoragens in bezug auf die Krebsbildung ist der, daß wir mit der Tumorzelle immer wieder nur die gleichen Zellen aus der übertragenen Tumorzelle entstehen sehen, das Agens aber vermehrt sich nicht selbst, sondern es beeinflußt bis dahin gesunde Zellen derart, daß sie nunmehr zu Krebszellen werden.«

Diese Charakteristik trifft auf die T-Bazillen zu.

1. Sie sind *vor* dem Tumor in Blut und Geweben vorhanden.
2. Sie führen zur Entwicklung von Krebszellen, und sie sind gleichzeitig Ergebnisse des Krebszellenzerfalls.
3. Sie sind Ergebnisse des Zerfalls der roten Blutkörperchen.
4. Sie sind *echte* Bazillen mit *parasitären* Eigenschaften, und gleichzeitig ist Krebs nicht infektiös.
5. Die T-Bazillen bilden tatsächlich eine Brücke vom Leblosen zum Lebendigen, denn sie entstehen aus Kohlebionen durch frühe Degeneration, und sie pflanzen sich fort.
6. Sie sind in der Tat Produkte tierischer Zellen, die parasitäre Eigenschaften zeigen.

7. Sie sind in der Tat giftig, haben eine noch dunkle Beziehung zum Cyankali und wirken wie eine Erstickung und Atemlähmung.
Wenn der T-Bazillus das gesuchte spezifische Krebsagens ist, dann muß das Tier-Experiment folgende Tatsachen ergeben:
1. Injektion von T-Bazillen in gesunde Mäuse muß destruierende und infiltrierende Zellwucherungen ergeben.
2. Der T-Bazillus muß rückzüchtbar sein.
3. Die experimentell erzeugten Tumoren müssen T-Bazillen enthalten.
Alle drei Bedingungen sind in den T-Mäuse-Versuchen erfüllt.

Der T-Bazillen-Versuch an gesunden Mäusen (1937-1939)

Die T-Mäuseversuche wurden wesentlich im »6-Mäuseversuch« durchgeführt. Jeder Typus der paketamöboiden Bione wurde zur Kontrolle der Pathogenität vier Mäusen eingespritzt. Zwei von diesen vier Mäusen wurden zwei Tage nach der ersten Injektion mit PA-Bionen, manchmal auch nach einer zweiten PA-Bionen-Injektion mit einem der verschiedenen T-Bazillenstämme injiziert. Ein drittes Mäusepaar wurde gleichzeitig nur mit T-Bazillen gespritzt. Die Dosis der Injektion war folgende: Eine volle Öse PA-Bione wurde in 3 cm^3 steriler physiologischer Kochsalzlösung oder Kalium-Chlorid-Lösung aufgelöst. Von dieser Lösung wurde ^{1}/$_2$ cm^3 subkutan am Rücken gespritzt. Im T-Bazillen-Versuch wurde eine Öse auf 5 cm^3 aufgelöst und davon ^{1}/$_2$ bzw. ^{1}/$_4$ cm^3 subkutan am Rücken injiziert. Bis zum Ende des Januar 1939 waren in dieser Weise in Serien im ganzen 178 Mäuse injiziert. Darunter waren 84 Mäuse nur mit T-Bazillen injiziert. Von diesen 84 T-Bazillen-Mäusen starben im Verlaufe der ersten acht Tage nach der Injektion 30. Weitere 30 starben im Verlaufe von 15 Monaten. Der Rest war zur Zeit des Abschlusses dieses Protokolls durchwegs krank. Von den 30 Mäusen, die im Verlaufe von 15 Monaten starben, waren 25 auf karzinomatöse Wucherungen untersucht worden. *7 von den 25 untersuchten Mäusen enthielten in den Epithelien des Darms und Magens, der Halsdrüsen, der Genitalien etc. amöbenartig fortbewegte Krebszellen.* 13 dieser Mäuse zeigten die charakteristischen spindelförmigen und keulenförmigen, geschwänzten Zellformationen und Infiltrationen in verschiedenen Organen, überwiegend in Peritoneum, Halsdrüsen, Genitalien, Magen und Duodenum. Die restlichen fünf Mäuse zeigten keinen eindeutigen Befund.

Von 45 Mäusen, die zuerst mit den Paket-Biontypen und *nachher* mit T-Bazillen injiziert waren, blieben 36 gesund und neun starben im Verlaufe von 15 Monaten. Von den 39 Mäusen, die nur mit Paketamöboid-Bionkulturen gespritzt waren, gab es keine Krankheitszeichen in derselben Periode. Von zehn Mäusen, die zuerst mit T-Bazillen und nachher mit Paketamöboid-Bionen gespritzt waren, starben acht im Laufe von 15 Monaten, zwei wurden wegen Abszessen getötet.

Die T-Bazillen führten regelmäßig zur Bildung von geschwänzten Keulenformzellen in verschiedenen Organen, gleichgültig welcher Herkunft sie waren. Desgleichen war die Wirkung der blauen PA-Bione dieselbe bei allen Typen. In zwei Fällen hatte ein paketamöboider Typus *(SAPA I)*, der nach T-Bazillen-Applikation gespritzt worden war, *trockene* »reine« Geschwüre an Mäusen verursacht, ähnlich den »Röntgengeschwüren«, und zwar an der Stelle, wo die T-Bazillen nach der Injektion das Gewebe infiltriert hatten.

Im T-Bazillen-Versuch wurden verwendet:
T-Bazillen, die aus Sarkom- und Karzinomgeweben direkt gezüchtet waren *(T I)*, aus Krebskrankenblut *(T Ca 10)* aus dem Herzblut verstorbener Teerpinselungsmäuse *(T II 6)*, aus dem Blut von gesunden Menschen durch Degeneration gezüchtet *(T 10)*, T-Bazillen aus dem Blut krebsverdächtiger Personen, bei denen die übliche klinische Untersuchung negativ war *(T 10)*, solche aus degenerierten Bionkulturen *(6 d TT und 10e 41 T)*, aus dem Herzblut von an Bluko-Tumoren gestorbener Mäuse *(Bluko-T)* und schließlich T-Bazillen, rückgezüchtet aus dem Herzblut der betreffenden Mäuse *(10 Ge Tr, 10 Ta Tr, 6 dT Tr* etc.*)*. Sämtliche Arten von T-Bazillen ergaben alle Stufen kanzeröser Wucherungen in weißen gesunden Mäusen.

Zusammenfassung:

1. Die T-Bazillen benehmen sich parasitär und stammen dennoch aus körpereigener Substanz.
2. Sie entstehen durch Degeneration von Geweben und Organismen.

3. Sie entstehen bei der Umwandlung von Kohlenstoff zu Bionen.
4. Sie zeigen eine Verwandtschaft zu Cyankalium.
5. Sie wirken Bion erzeugend.
6. Sie sind stets Anzeichen sympathischer Kontraktion und Schrumpfung des Organismus.

Das Krankheitsbild bei T-Bazillenintoxikation ist typischerweise folgendes: Wenige Stunden nach der T-Injektion verlangsamen sich die Bewegungen der Mäuse, krümmt sich der Körper, die Maus schleppt die Beine nach und verliert an Eßlust. Entzündung der Augenbindehaut und lokale Abszesse kommen gelegentlich vor, sind aber atypisch. Wenn die T-Maus nicht binnen etwa acht Tagen zugrundegeht, dann pflegt sie sich wieder zu scheinbarer Gesundheit zu erholen. *Doch nach zwei bis fünf Monaten setzt regelmäßig ein neuer Kontraktions- und Schrumpfungsprozeß im Organismus ein*; das Bild aus den ersten Tagen nach der T-Injektion kehrt wieder, aber diesmal langsamer, der Prozeß hat chronischen Charakter. *Der Organismus geht allmählich ein, bis der Tod erfolgt.* Diese 1937-1941 durchgeführten Tierexperimente enthüllten, ohne daß es mir bewußt wurde, die »Krebsschrumpfungsbiopathie«, die ich ab 1941 an krebskranken Menschen entdeckte und zu begreifen lernte. Serien von Sektionen solcher T-Mäuse nach Abtötung in verschiedenen Stadien oder nach dem spontanen Absterben ergaben regelmäßig: T-Bazillen in allen Organen und im Blut (züchtbar in Bouillon); atrophische und nekrotische Prozesse an den Schleimhautepithelien, besonders im Magen-Darm-Trakt; krebsiges Blutbild, anämische Blutkörperchen, geschrumpfte Membranen mit T-Zacken; überwiegend Vergrößerung der Leber und Atrophie der Zellen, der Kerne und der Leberläppchen, Anschoppung von T-Bazillen in den Nierenbändchen mit Atrophie der Nieren-Epithelzellen.

Je länger die Maus nach der T-Injektion lebt, desto zahlreicher und ausgebildeter sind die spindeligen und keulenförmigen Zellgebilde in den verschiedenen Organen. Amöboide Zellen in der gl. submaxillaris, in der Harnblase oder Niere sichern die Diagnose: ausgereifter Krebs. Ausbildung polypöser Wucherung der Darmschleimhautzotten geht Hand in Hand mit kompletter Atrophie der Schleimhaut in nächster Nähe. Bei männlichen Mäusen findet man in den Hodenkanälchen häufig Krebsformationen bis zu amöboiden Formen.

Der allgemeine Schluß mit Bezug auf den autonomen Lebensapparat ist der: *Die Überschwemmung des Organismus mit T-Bazillen führt zu allmählicher Kontraktion und Schrumpfung der Gewebe sowohl wie der einzelnen Zellen.* Infolge davon treten auf: Abmagerung, Atrophie und Degeneration der Zellen, die schließlich in putriden Zerfall, einfach in Fäulnis übergehen. Es ist genau derselbe Prozeß, der sich beim krebskranken Menschen abspielt. Bei den T-Versuchs-Mäusen ist dieser Prozeß der Schrumpfung durch die Injektion von vornherein allgemein hervorgerufen. Bei den krebskranken Menschen geht die biophysikalische Schrumpfung infolge charakterologischer Resignation der T-Bazillen-Bildung voran. Die nun immer mehr zur Ausbildung gelangenden T-Bazillen beschleunigen den allgemeinen Schrumpfungsprozeß und regen zu lokalen Abwehrversuchen, d. h. Tumorbildung an. Weitere Beobachtungen werden die Frage entscheiden, ob der lokale Tumor stets eine Abwehrreaktion darstellt und in wievielen Fällen er aus lokaler Gewebsschädigung hervorgeht und sekundär zur allgemeinen Schrumpfung des Lebensapparates führt.

Stufen der Krebs-Zellen-Entwicklung im T-Bazillen-Mäuseversuch (1937-1941)

In der vergleichenden Beobachtung an Geweben von Mäusen, die im Laufe von vier Jahren entweder gestorben oder getötet worden waren, setzte sich das folgende Bild der T-Wirkung auf die Gewebe im Organismus zusammen. Die Beobachtungen betrafen im wesentlichen den *Reifegrad*, den die geschwänzten Keulen- und Spindelformzellen in den Geweben errreicht hatten, Formen, die sich in gesunden Mäusen oder in Mäusen mit anderer Erkrankungsart niemals finden. Die geschwänzte Keulen- und Spindelzellform ist, *beobachtet bei 3-4000facher Vergrößerung*, so eindeutig typisch, daß eine Verwechslung mit einer andern Art von Zellen ausgeschlossen ist. Nur im Magen- und Darmepithel kann es passieren, daß eine Cylinder-Epithelzelle bei geringer Vergrößerung für eine heranreifende Krebszelle gehalten wird. Doch die Unterschiedlichkeit tritt bei einiger Bekanntheit mit den Formen so klar hervor, daß die Gefahr dieser Verwechslung vermieden ist.

Ich möchte nun die Sektionsbefunde in verschiedenen Stadien der

T-Bazillen-Wirkung schildern. Es zeigte sich, daß die Krebserkrankung eine sehr lange Zeit der Ausreifung braucht. Die *amöboiden* Krebszellen stellen den reifsten Zustand dar; doch die Mäuse starben schon vor Erreichung dieses Zustandes häufig dann, wenn die Gewebsinfiltration und die Zerstörung der physiologischen Organfunktion weit genug fortgeschritten war (Septikämie, Nierenentzündung, Leberatrophie etc.).

1. Die Gewebsschädigung durch Quellung und blasigen Zerfall (Ca I)

Sie wird, wie das T-Bazillen-Eiweiß-Experiment zeigt, direkt durch eine Aktion von T-Bazillen auf das Gewebe hervorgerufen; oder sie wird, traumatisch oder chemisch gesetzt, wie etwa durch Teerwirkung oder Schlag, und bildet erst sekundär ein Wirkungsfeld für vorhandene T-Bazillen. Es ist notwendig anzunehmen, daß in dem Falle chemischer und traumatischer Schädigung von Geweben, der Krebsreiz auf dem Wege über die *Bildung von T-Bazillen aus dem zerfallenen Gewebe durch Degeneration* erfolgt. Dies könnte die Krebsbildung nach Verletzungen aus Narben, Verbrennungen etc. erklären.

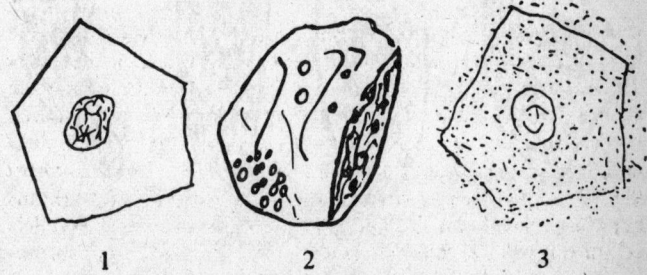

1. Gesunde Epithelzelle (kleine Struktur)
2. In blaue Bione zerfallende Epithelzelle; am rechten Band Spindelbildung mit intensivem blauen Schimmer: **präkanzeröses Stadium (Ca I)**
3. In T-Bazillen zerfallende Ephitelzelle; die T-Bazillen sind auch außerhalb der Zelle zu sehen (Ca I)

Fig. 20. *Gesunde und präkanzeröse Epithelzellen*

Die Neigung zu raschem blasigen Zerfall im Quellungszustande und zur T-Bazillenbildung ist wohl eines der wichtigsten Zeichen beginnender Krebsentwicklung. Wohl vermag die Abwehrtätigkeit des Organismus diese Neigung, solange die Gesamtfunktionen intakt sind, zu vernichten. *Gewebe, die rasche Quellbarkeit in KCl, blasigen Zerfall und T-Bazillenbildung zeigen, müssen als krebsverdächtig betrachtet werden* (Fig. 55a, b, Anhang). Ist diese Behauptung richtig, dann eröffnet sich ein reges Arbeitsfeld für die *frühzeitige* Beurteilung heranrückender Krebsgefahr noch lange, ehe es zur Organisation von Krebszellformen oder gar zu destruierendem Wachstum und Infiltration gekommen ist (Fig. 56a, Anhang).

2. Akut entzündliches Stadium (Ca II).

Der Organismus reagiert auf die Schädigung durch die T-Bazillen mit den bekannten Mitteln: Hyperämie, Leukozytenansammlung und Bildung von Granulationsgewebe. Die entzündliche Wuche-

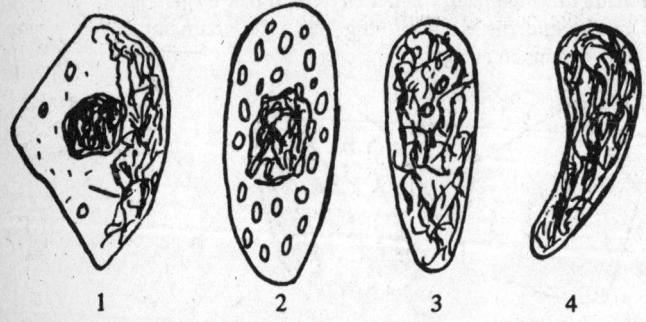

1. Ein Teil der Zelle zeigt eine blau gestreifte Struktur
2. Die Zelle nimmt eine längliche Gestalt an; es entwickeln sich blaue Bione
3. Die blauen Bione fließen zusammen und bilden eine dichte gestreifte Struktur
4. Die Zelle wird keulenförmig

Fig. 21. *Stadien beim Übergang einer Epithelzelle in eine Krebszelle* (Ca II)

rung kann, wie es sich im T-Mäuseversuch oft zeigte, lokal beschränkt bleiben oder sie kann weiter um sich greifen, ohne noch als karzinomatöse Wucherung bezeichnet werden zu müssen. Man sieht dann *bräunliches* oder *bräunlichrotes* Granulationsgewebe längs der Blut- und Lymphgefäße etwa von der Injektionsstelle zu tieferen Geweben hinziehen. Mit besonderer Vorliebe pflegen solche entzündlichen Wucherungen sich gegen Drüsen hin zu erstrecken. Mikroskopisch sehen wir in solchen Geweben, sowohl im Lebend- wie im Schnittpräparat, außer den Elementen jeder Entzündung noch keine Spur von karzinomatösen Zellformen (Fig. 57, 58b und 58c, Anhang).

3. Vereinzelte spindelige, keulenförmige und geschwänzte Zellformen in chronisch gewordenen entzündlichen Wucherungen (Ca III)

Dieses dritte, bereits als karzinomatös zu bezeichnende Stadium, ist durch Vorgänge gekennzeichnet, die sich in rein entzündlichen oder in gesunden Geweben nie finden. Da sind vor allem *spindelige* oder *keulenartige Anordnungen von Bläschen* (Fig. 56 c, d, e, Anhang) und eine *blasige Zersetzung der die Entzündung umgebenden Gewebe* (Fig. 59, Anhang). Makroskopisch kann man sehen, daß das bräunliche Granulationsgewebe unscharf abgegrenzt in *grauweiße harte Stränge* übergeht. Dies sind zum Teil Bindegewebsneubildungen; doch sie zeigen bereits großen Zellreichtum verschiedener Art (Fig. 62 c, d, Anhang). *Die Leukozyten sind weniger zahlreich* und *neuartige* Formationen sind vorhanden. Diese Zellformationen, die verschiedene Grade von Organisation zeigen, zeichnen sich durch außerordentlich *starke biologische Färbbarkeit* (Chromophilie) aus. Gemeinsam ist allen, gleichgültig wie groß sie sein mögen, die Tendenz zur geschwänzten Keulenform. In Lunge, Nieren, Leber, Drüsen, Omentum finden sich dieselben grauweißen Stränge, die im Eosin-Hämatoxilin-Präparat zunächst nichts anderes verraten als das Bild einer chronischen Entzündung. Der tote Farbschnitt verrät uns in diesem Stadium noch nichts über die karzinomatösen Bionformationen, Bläschenhaufen, Spindelformen etc., die wir im Lebendpräparat bei *4000-facher* (!) Vergrößerung unmißverständlich zu sehen bekommen. *Daher kann es vor-*

kommen, daß im Lebendpräparat die Krebsdiagnose notwendig ist, während sie aus dem toten Farbpräparat noch in keiner Weise hervorgeht.

Folgendes Bild im Lebendpräparat eines Nierengewebes etwa ist möglich (Fig. 22 b): Drei Zellen um einen Kanal sind noch vollkommen normal, zeigen homogenes Plasma, einen scharfen Kern in der Mitte, keinerlei Bläschenbildung. Die vierte Zelle dagegen

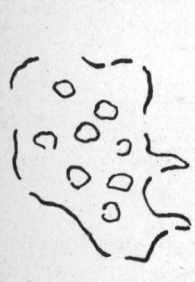

a. Typische Form präkanzeröser Ephitelzellen

b. Vier Epithelzellen, von denen eine kanzerös ist. Aus dem Nierentubulus einer T-Maus. Vom lebenden Präparat abgezeichnet

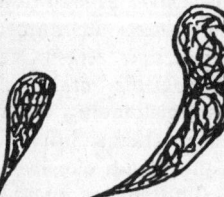

c. Verschiedene Formen von Krebszellen, wie man sie bei Mäusen in Tumoren findet, die spontan oder durch Injektion von T-Bazillen entstanden sind

Fig. 22. *Krebszellen im Ausreifungsstadium (Ca III)*

ist bereits keulenförmig, zeigt blasige Struktur und starke Färbbarkeit über den ganzen Zellkörper. Der Kern ist von der Struktur des Plasmas nicht mehr zu unterscheiden; Kernmaterial füllt den gesamten Zellkörper aus. *Die Umbildung von der normalen Zelle zur Krebszelle erster Stufe (Ca III) erfolgt also auf dem Wege des blasigen Zerfalls der Zelle und ihrer Umformung in ein geschwänztes Keulengebilde* (Fig. 58 c, Anhang).

Man kann in anderen Fällen sehen, daß *zwei* oder *drei* Zellen ihre Grenzen gegeneinander verlieren und sich zu *einer* neuartigen geschwänzten Keulenzelle umbilden. Diese Umbildung läßt sich experimentell reproduzieren. Schicken wir elektrische Spannungspulse von etwa 8-10 Volt durch das in KCl-Lösung gelegte Objektglas-Präparat (Muskel-, Nierengewebe), so sehen wir fortschreitend das Auftreten von Blasen im Plasma, starke Lichtbrechung und Länglichwerden. Die Grenzen zwischen den Zellen lösen sich auf und sie fließen in *ein* Stück zusammen. Auch mit Muskelgewebe läßt sich dasselbe Experiment durchführen. Eine Mythelenblaufärbung zeigt, daß die *blasig* gewordenen Zellen sich schneller und stärker färben als die gesunden. Es sind dieselben Formationen, die im Eosin-Hämatoxilin-Schnitt den Eindruck »chromatinreicher«, ovaler bis spindeliger Formen geben. Wenn man bei gesunden Mäusen in der Lunge oder Niere keine, bei kranken Mäusen im chronisch entzündlichen Stadium (Ca III) dagegen *regelmäßig* solche Gebilde findet, dann ist man berechtigt, in ihnen *Vorstufen* der späteren amöboiden Krebszelle zu diagnostizieren. Diese Annahme ist dadurch erhärtet, daß mit längerer Dauer der Krankheit solche Formationen sich mehr und mehr häufen und ausgeprägter werden. Der Schluß aus diesen Serienbeobachtungen an T-Mäusen lautet: Zwar kann sich *eine* gesunde Zelle in *eine* krebsige Spindelformation verwandeln. In der Regel zerfallen aber *mehrere* gesunde Zellen blasig, fließen in *einen* Blasenhaufen zusammen, aus dem sich dann *eine* oder *mehrere* Krebszellen neu bilden.

Zu diesen *Neubildungen* im erkrankten Gewebe gehören auch merkwürdige Formationen, die sich aus zerstörten blasig gewordenen roten Blutkörperchen zusammen mit lockeren blasigen Bionhaufen bilden. Es ist anzunehmen, daß im Prozeß des blasigen Gewebszerfalls jede neuartige Verbindung zwischen den zerstörten Formen möglich ist. Die *blasige Struktur* ist stets das Wesentliche. Es kostete viel Mühe, die beschriebenen Neubildungen des Lebendpräparates im Farbschnitt desselben Gewebes wiederzufinden. Fig. 60 b (Anhang) zeigt diejenigen chromatinreich veränderten Zellen, die den blasigen spindeligen Neubildungen entsprechen.

Im toten Farbschnitt können wir bei starker Vergrößerung (ca. 1600 x) etwa am Darmepithelium neben gesunden hellen Zellsträngen stark gefärbte längliche Zellen und Zellhaufen beobachten, die sich bei gesunden Mäusen nicht finden. Stößt man nun auf ausgebreitete Wucherungen solcher Zellformationen außerhalb des Darms (Fig. 60 c, Anhang), hat man im Lebendpräparat desselben Gewebes Haufen von Spindelformationen beobachtet, dann ist die Diagnose »*Krebsstufe ersten Grades (Ca III)*« gesichert.

Bei manchen Versuchsmäusen finden sich dieselben dunklen Zellhaufen, die man innerhalb des Darmepithels sieht, an *weit entfernten Stellen*, z. B. unter der Oberhaut am Rücken oder am Hals, sowie im lockeren Bindegewebe um Gefäße herum, in- und außerhalb von Drüsen, in Fettgewebe, etc., wieder (Fig. 59, Anhang).

In manchen Fällen sieht man bei 4000 x Vergrößerung Drüsenzellen, die sich von der Membran losgelöst haben und zu den dunklen, stark gefärbten Keulenformationen umbildeten. Wieder in anderen Fällen ist die gesamte Drüse von massiven Haufen solcher degenerierter Zellen durchsetzt. Meines Wissens sind diese Zellformationen in der klassischen Pathologie nicht bekannt. Ich konnte sie in Spezialbüchern der Pathologie nicht finden; mehrere Pathologen diagnostizierten sie verschieden oder sie gaben zu, sie nicht bestimmen zu können. Von einem Pathologen wurden sie für Pankreaszellen gehalten, weil sie sich außerhalb des Magens fanden. Als ich diesem Pathologen die gleichen Zellen aber im Unterhautzellgewebe des Halses zeigte, gab er ihre Neuartigkeit zu.

Daß echte Krebsgeschwülste durch Umbildung aus chronisch entzündlichen Prozessen (Tuberkulose, Syphilis, Narben und Verbrennungen etc.) hervorgehen können, ist ja längst bekannt. Doch das Interesse war immer auf die Frage nach dem Wesen der krebsigen Zellbildung gerichtet. Unsere Bion-Experimente und im Speziellen die Gewebsneubildungen an T-Mäusen sind geeignet, diese Frage ein ganzes Stück weit zu erhellen. Ich pflege also die Diagnose »Krebsstufe ersten Grades (Ca III)« auf Grund des Lebendpräparats zu stellen, wo der Histologe im Farbschnitt noch »chronische Entzündung« sieht. Die scharfe diagnostische Trennung von echten Tumoren und chronischen Entzündungen nach dem toten Farbschnittbild ist vom pathologisch-histologischen Standpunkt verständlich. Um jedoch eine gemeinsame Grundlage für eine Diskussion der hier geschilderten Tatsachen zu schaffen, ist es unerläßlich, daß die so verschiedenen Resultate der Untersuchung am *Lebend-Präparat* in Betracht gezogen werden. *Die Diagnose »maligner Tumor« ist für die Bionforschung dann gegeben, wenn sich blasiger Zerfall der Zellen und spindelige, neuartige Formen (Ca III) im Lebend-Präparat auch nur vereinzelt zeigen.* Dann bleibt nur mehr der Reifegrad der Tumorzellen zu bestimmen.

Blumenthal schreibt in seiner zusammenfassenden Untersuchung über *Ergebnisse der experimentellen Krebsforschung,* 1934, S. 1:

»Was das autonome Wachstum anlangt, so kann dieses eine Eigenschaft sein, die nur scheinbar besteht, denn wir können es bei einzelnen Geschwülsten erleben, daß wir eines Tages entdecken, daß sie infektiöser Herkunft sind. Und so würde, wie *Lubarsch* sagt, dann das Gebiet der autonomen Geschwülste verengert und das der infektiösen Neubildungen erweitert werden. Dann würden immer weniger eigentliche Krebsgeschwülste übrig bleiben. Aber es würde dann die Erforschung aller dieser Granulome einen großen Teil dessen ausmachen, womit sich bisher die Krebsforschung zu befassen hatte. Schließlich ist das autonome Wachstum nur gedacht als Gegensatz zu dem Wachstum solcher Geschwülste, bei denen der Wachstumsimpuls ein Parasit ist, mit dessen Absterben auch die Geschwulst zu wachsen aufhört. An die Stelle des Parasiten kann dabei auch ein anderer Reiz treten, der, vom Standpunkt der Zelle aus betrachtet, als ein exogener anzusehen ist. Das autonome Wachstum bedeutet nichts anders, als daß der Wachstumsimpuls innerhalb der Zelle angenommen wird. Schließlich kann ja auch das autonome Wachstum trotz der Gegenwart des Erregers *nur der Zelle* zukommen. Beim Krebs ist dieser, wo vorhanden, nur nötig für das präkanzeröse Stadium, d. h. er gibt den Reiz ab für die Umbildung von normalen Zellen in Krebszellen.«

Ich muß Blumenthal auf Grund des Bion-Experiments und des T-Bazillen-Versuches vollkommen beistimmen: Die T-Bazillen bilden in der Tat nur den Reiz für die Umbildung der normalen Zellen in Krebszellen. *Die T-Bazillen sind nur für das präkanzeröse Stadium verantwortlich.* Das Wachstum der einmal entstandenen Krebszellen ist dagegen völlig autonom, d. h. von den T-Bazillen *unabhängig.*

Der pathologische Histologe und Krebsforscher *Borst* ist diesem Problem längst auf die Spur gekommen:

»Die histologische Diagnose eines Karzinoms ist oft nicht leicht. Man sprach von präkanzerösen Veränderungen und weist darauf hin, daß der krebsigen Umbildung atypische Epithelwucherungen vorausgehen, wie sie bei chronischen Entzündungen sich so häufig ausbilden. Es ist sicher, daß epitheliale Neubildungen entzündlicher, regeneratorischer hyperplastischer Art in fließendem Übergang zu Karzinomen führen können. Histologisch kann man aber nicht voraussagen, was aus den verschiedenen atypischen Epithelwucherungen werden wird. Man weiß nur aus Erfahrung, daß manche dieser Wucherungen häufiger, andere selten und viele gar nicht in Karzinom übergehen. Andererseits sind unsere Erfahrungen über die Reversibilität oder Rückbildungsfähigkeit dieser Wucherungen noch mangelhaft. Bei dieser Sachlage erscheint es nicht empfehlenswert, von *präkanzerösen Veränderungen* zu sprechen, weil damit die Vorstellung erweckt wird, daß es sich bei diesen atypischen Epithelwucherungen um *obligatorische* Vorstadien des Krebses handelt. Besser erscheint es, in bestimmten Fällen, bei welchen die Erfahrung eine ausschlaggebende Rolle spielt, von *krebsverdächtigen* Wucherungen zu sprechen und den Arzt aufzufordern, solche Fälle unter sorgsamer Kontrolle zu halten. Das histologische Bild der sog. atypischen Epithelwucherungen kann sehr an das Bild bei beginnendem Karzinom erinnern. Wie kann hier histologisch die Grenze gefunden werden? Das Wesentliche bei den krebsigen Epithelwucherungen ist jedenfalls in dem *eigenmächtigen Vordringen des Epithels in die bindegewebige Unterlage* zu suchen. Das Deckepithel verläßt seinen Platz an den Oberflächen und dringt in die Tiefe ein, das Drüsenepithel durchbricht die membranae propriae. Die histologische Diagnose eines Karzinoms wird sich also in erster Linie auf die Heterotopie der epithelialen Wucherung stützen müssen. Nun ist aber darauf hinzuweisen, daß auch bei chronisch entzündlichen Zuständen der Grenzkampf zwischen Epithel und Bindegewebe wieder auflebt, und daß dabei die Epithelien oft weit in die bindegewebige Unterlage vordringen können, besonders dann, wenn es sich um geschwürige oder fistelbildende Prozesse handelt. Diese »*entzündlichen*« Epithelheterotopien sind nicht leicht vom Karzinom zu scheiden. Man wird die Epithelheterotopie *allein* nicht als genügenden histologischen Beweis für Karzinom ansehen dürfen, sondern wird versuchen müssen, den destruierenden Charakter der krebsigen Epithelwucherung festzustellen. Beim Karzinom sehen wir ein *selbständiges* Eindringen der Epithelzellen, oft ohne begleitendes Bindegewebe, und wir stellen den *verdrängenden* und *gewebsauflösenden* Charakter dieser autonomen Epithelwucherung fest. Kann also das Karzinom histologisch aus der *destruierenden Heterotopie selbständig wuchernder Epithelien* diagnostiziert werden, so liegt in diesem Satz das Bekenntnis, daß wir *Vorstadien* des Karzinoms, *in welchen das wuchernde Epithel sich noch innerhalb seiner physiologischen Grenzen hält*, histologisch nicht zu fassen vermögen. Wenn man daher für die sog. *potentielle Bösartigkeit (Ewing)* in der Tat keine absolut sicheren und spezifischen histologischen Merkmale zur Verfügung hat, so erlauben doch gewisse *Kernveränderungen* an dem noch nicht destruktiv vorgedrungenen Deck- und Drüsenepithel mit einem gewissen Grade von Wahrscheinlichkeit eine beginnende krebsige Umwandlung zu erkennen. Wenn eine Epithelwucherung sehr bedeutende Variabilität in Größe, Gestalt, Chromatingehalt und allgemeiner Struktur ihrer Kerne aufweist, dann ist das immer ein Zeichen unregulierter Zellteilungsvorgänge und jedenfalls auf Karzinom verdächtig.«*

Die früher geschilderten Bion-Versuche am Lebend-Präparat füllen die Lücke aus, die *Blumenthal* und *Borst* so klar formulierten:

1. Zwischen dem Stadium biologisch »geschädigte, aber noch normale Zelle« und dem Stadium »destruierend wachsende Krebszelle« gibt es eine Reihe von Übergangsstufen:
a) blasigen Zerfall der gesunden Zellen,
b) Organisation der bionösen Zellmasse zu Spindel- und Keulenformen,

---

* Max *Borst*, *Pathologische Histologie*, 1938, S. 447/448.

c) Ausreifung dieser Formen in verschiedenem Tempo zu reifen, selbständigen Krebszellen,

d) autonomes Wachstum der Krebszellen zur Geschwulst.

2. Das destruierende »Vordringen« der Krebszellen in die Umgebung ist zum großen Teile dem bionösen Zerfall dieser Umgebung selbst zuzuschreiben. Es ist, als ob das gesunde umgebende Gewebe vor dem Krebszellhaufen zurückwiche, bei diesem Zurückweichen aber sich selbst karzinös veränderte. »Karzinöse« Veränderung bedeutet hier nichts anderes als *bionöser Zerfall infolge innerer Erstickung*. Diese Auffassung trifft sich mit der von *Bierich:**

»Wir haben die Tatsache, daß im Krebsgewebe eine aerobe Glykolyse besteht und das Geschwulstgewebe eine relativ hohe Konzentration von Milchsäure enthält, zunächst dazu benutzt, um uns eine Vorstellung darüber zu bilden, wie die Geschwulst auf ihre unmittelbare Umgebung einwirkt.

Durch *Cori, Warburg* und uns wurde festgestellt, daß aus dem Tumorgewebe Milchsäure abtransportiert wird. Da der Gehalt der Geschwulst an Milchsäure aber hoch bleibt, muß die Milchsäure außerdem auf direktem Wege aus dem Tumor in das angrenzende Gewebe übertreten. Wir haben zunächst untersucht, welche Wirkung Milchsäurekonzentrationen, wie sie im Tumor schätzungsweise vorkommen, bei langsamem Eindiffundieren in normale Gewebe auf die histologische Struktur dieser Gewebe haben. Da die experimentellen Teerkrebse der Haut an Bindegewebe grenzen, haben wir die Wirkung der Milchsäure auf dieses Gewebe zuerst untersucht. Wir fanden, daß die Strukturen des Bindegewebes in dem Versuch zur allmählichen Auflösung gebracht werden und daß hierbei die formal gleichen Veränderungen im Laufe ihrer Einwirkung zustandekommen, die man im Laufe der experimentellen Teerkrebsbildung in dem Bindegewebe findet, das unmittelbar an das Geschwulstgewebe grenzt. Es handelt sich bei dieser Auflösung um einen proteolytischen Abbau, für dessen Zustandekommen im lebenden Gewebe Milchsäure, aktiviertes Kathepsin und ein dritter Faktor vorhanden sein müssen. Sind in dem Bindegewebe, das unmittelbar an die Geschwulst grenzt, die spezifischen Strukturen abgebaut, so ist damit die phy-

---

* R. *Bierich*, »Über den Stoffwechsel der Krebszellen«, in: *Neuere Ergebnisse auf dem Gebiete der Krebskrankheiten*, Leipzig 1937.

siologische Schranke aufgehoben, die normalerweise zwischen Epithel und Bindegewebe besteht, und die Krebszellen rücken nunmehr in das abgebaute Gebiet vor. Da nichts dagegen spricht, daß die Milchsäure ebenso der Schrittmacher für das Vordringen der Krebszellen in epitheliale Gewebe oder Blutgefäße ist, ergibt sich, daß das »ungehemmte Wachstum« der Geschwulst nicht durch eine unmittelbare *Wirkung ihrer Zellen, sondern erst mittelbar nach Zerstörung* der angrenzenden Gewebe erfolgt.«

Die Krebszelle selbst verliert also gegenüber der Gewebsschädigung, die ihrer Bildung vorangeht, an Bedeutung. *Die Krebszelle ist Folge und nicht Ursache der Krankheit »Krebs«.* Sie wird erst durch ihren T-Zerfall unmittelbar lebensgefährlich.

Die Frage nach dem spezifischen Reize, der die Normalzelle in eine Krebszelle verwandelt, beantwortet sich also zusammengefaßt wie folgt:

T-Bazillen, hervorgegangen durch blasigen Zerfall der Gewebe, (Selbstdestruktion), bilden den spezifischen Reiz zu kanzerösen Neubildungen, in dem sie zunächst Bionbildung anregen. Die Wirkung der T-Bazillen beschränkt sich auf diese Wirkung. Die weitere Entwicklung der Bione zur Krebszellformation und die Wucherung der Krebszellformationen zur Krebsgeschwulst ist autonom, d. h. von der Wirkung der T-Bazillen unabhängig. Die krebsige Bionbildung und darauffolgende kanzeröse Zellbildung ist als Abwehr des Organismus auf den T-Bazillen-Reiz zu betrachten. Sie ist jedoch eine pathologische Art der Abwehr, da sie sich der Zerstörung von gesunden Zellgebilden bedient. Sie fordert nun ihrerseits neue Abwehr des Organismus gegen die Zerstörung heraus.

4. Die ausgereifte Krebszelle (Ca IV)

Dieses vierte, reife Stadium ist gekennzeichnet durch lebhaft *amöboide Zellen*. Sie stellen das letzte Reifeprodukt der Spindelzellformation dar. Stirbt der Organismus nicht schon im Vorstadium der chronischen Entzündung bzw. der Krebsvorstufen (Ca II-CA III), dann haben die neuen Zellformationen Zeit genug, sich zu echten Amöben zu entwickeln (Fig. 23). Die mechanistische Krebspathologie hält sie für »Parasiten«.

Im Lehrbuch der Protozoenkunde von F. Döflein (vierte, stark vermehrte Auflage 1916, Seite 743) finden wir folgende Sätze:

»Schon *Lieberkühn* hatte in der Ascitesflüssigkeit, welche bei gewissen malignen Tumoren sich bildet, merkwürdige Zellen beobachtet; er hatte ihre Beweglichkeit konstatiert, über ihre sonstige Natur sprach er sich aber in keiner Weise aus. Seitdem sind diese Zellen wohl von vielen Untersuchern gesehen, nicht aber weiter beobachtet worden.

Erst 1896 wurde durch *Leyden* und *Schaudinn* eine genauere Untersuchung dieser Gebilde vorgenommen, und diese Autoren kamen zu dem überraschenden Resultat, daß es sich um einen neuen, in der Ascitesflüssigkeit des lebenden Menschen parasitierenden Rhizopoden handle. Da dies der erste Fall ist, daß bei einer krebsartigen Erkrankung des Menschen von einem hervorragenden Protozoenkenner die Protozoennatur vorhandener Gebilde konstatiert wurde, wobei zu gleicher Zeit der klinische Befund durch eine der ersten Autoritäten festgelegt ist, so verlohnt es sich, auf die Sache etwas näher einzugehen.

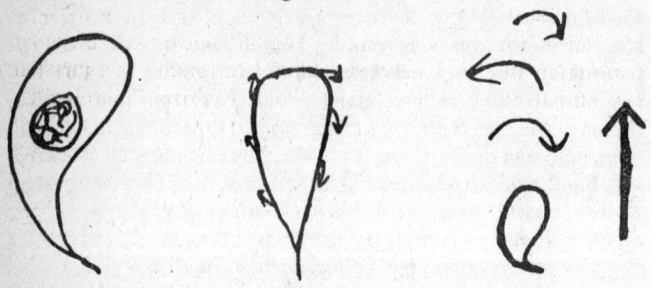

Lebend.   Die Pfeile deuten die ruckartigen Bewegungen des Plasmas an. Der große Pfeil zeigt die Bewegungsrichtung der ganzen Zelle

Tot.   Übergang zur Kugelform und Zerfall

Fig. 23. *Verschiedene Formen reifer, amöboider Krebszellen bei T-Mäusen (Ca IV)*

Nach *Leydens* Darstellung fanden sich die zu besprechenden Gebilde in der Ascitesflüssigkeit eines Mannes, der nach dem späteren Sektionsergebnis an Magenkarzinom litt, und eines Mädchens, welches ebenfalls Tumoren im Bereich der Bauchhöhle aufwies. In der Flüssigkeit, welche durch Punktion gewonnen wurde, fielen neben weißen und roten Blutkörperchen und endothelartigen Zellen »gewisse in großer Anzahl vorhandene rundliche, mit fettartigen Tropfen und gelbem Pigment ausgefüllte Zellen« auf, »welche gewöhnlich in größeren Gruppen zusammenlagen und nur schwer zu trennen waren«. Sie bewegten sich lebhaft mit lappen- oder fadenförmigen Pseudopodien, besonders in den warmen Tagen des Juli. In Flüssigkeit, welche drei bis sieben Tage steril aufbewahrt wurde, starben sie nicht ab, sondern behielten ihre Bewegungsfähigkeit. Einzelne von ihnen enthielten rote Blutkörperchen in ihrem Körperplasma.

Schaudinn, welcher die Gebilde genau untersuchte, entschied sich, sie für amöbenartige Parasiten zu halten.«

Man sieht, wie weit weg von der Wirklichkeit das Vorurteil der parasitären Infektion hervorragende Naturforscher geführt hat. Leyden hat nichts anderes als amöboide Krebszellen beobachtet, die *im Organismus selbst zur Entwicklung kommen*. Die Fehlauffassung der Krebszellen als eingewanderter Parasiten findet sich sogar noch 1942 in dem Buch *Neoplastic Diseases* von James Ewing, 4. Auflg., S. 116:

»*Miscellaneous Protozoa.* – Other observers could not regard all the cancer-cells as alien parasites, but certain of the tumor-cells they identified as parasitic amebae because of their bizarre forms and long pseudopodia which stretched between adjacent cells. These were the »Rhopalocephalus carcinomatosus« of Korotneff, and »Cancriamaeba macroglossia« of Eisen. L. Pfeiffer described and depicted intracellular structures which resembled the microsporidia of muscle tissue.

Podwyssozki and Sawtschenko described as sporozoa a variety of free and encapsulated intracellular structures many of which resembled Soudaketwitch's parasites. Ruffer and Walker improved the technical methods of demonstrating the cancer bodies and endeavored to distinguish between true and spurious parasites. Kahane thought he detected a minute protozoon in the circulating blood of cancer patients. In cancerous ascitic fluid Schaudinn observed a large ameboid cell which he named Leydenia gemmipara. Schuller traced the complete cycle of a minute intranuclear protozoon in cancer-cells which differed from nearly all other cancer parasites.«*

An dieser Stelle meldet sich die Vermutung, daß die Bösartigkeit eines Tumors vom Grade der Ausreifung der Krebszellen *und* von der Raschheit abhängt, mit der die Krebszellen und die zerstörten Gewebspartien in T-Bazillen zerfallen. Metastasen finden sich, wie es sich an Mäusen zeigt, schon in der reifenden Krebsstufe (Ca III). Doch schlecht bewegte Spindel- oder Rundzellen können nicht das gleiche Unheil anrichten wie Amöben mit rascher Bewegung und kräftiger Destruktivität.

5. Das Ende der Krebsgeschwulst bildet der putride Zerfall (Ca V)

Der putride Zerfall mag, wenn die Geschwulst der Luft zugänglich ist, einfacher Infektion zuzuschreiben sein. Doch der Zerfall der Geschwulst mit Fäulnis-Bakterien-Bildung und T-Bazillen-Neubildung ist allen absterbenden Krebszellen zuzuschreiben. Dieser Zerfall der neugebildeten Zellen in Bakterien entspricht der experimentellen Selbstzersetzung des Einährbodens bei T-Bazillen-Zusatz. Das Eosin-Hämatoxilin-Bild ist in beiden Fällen das gleiche (Fig. 58 d. Anhang).

* »*Verschiedenartige Protozoen.* – Andere Beobachter konnten nicht alle Krebszellen als fremde Parasiten betrachten, sondern sie identifizierten gewisse Tumorzellen wegen ihrer bizarren Formen und langen Pseudopodien, die sich zwischen anliegende Zellen erstreckten, als parasitäre Amöben. Bei diesen handelte es sich um den ›Rhopalocephalus carcinomatosus‹ von Korotneff und um die ›Cancriamaeba macroglossia‹ von Eisen. L. Pfeiffer beschrieb und zeichnete intrazelluläre Strukturen, die an die Mikrosporidia von Muskelgewebe erinnerten.

Podwyssozki und Sawtschenko beschrieben eine Abart der freien und eingekapselten intrazellulären Strukturen, von denen viele an Soudakewitschs Parasiten erinnerten, als Sporozoen. Ruffer und Walker verbesserten die Demonstrationstechnik für die Krebs-Körper und bemühten sich, zwischen echten und unechten Parasiten zu unterscheiden. Kahane glaubte, ein winziges Protozoon im Blut Krebskranker entdeckt zu haben. Schaudinn beobachtete in kanzeröser Ascitesflüssigkeit große amöboide Zellen, die er Leydenia gemmipara nannte. Schuller verfolgte den kompletten Zyklus eines winzigen, intranuklearen Protozoons in Krebszellen, das sich von nahezu allen anderen Krebsparasiten unterschied.«

Es ist ein Bild, das der postmortalen Nekrose der Gewebe ähnelt, bei dem das tierische Eiweiß in seine chemischen Bestandteile zerlegt wird. Wir dürfen daher im Stadium Ca V von »praemortaler Nekrose« sprechen. Die Krebserkrankung zeigt am Ende eine Tendenz zu immer rascherer Zerstörung des Gesamtorganismus. Dies ist nun begreiflich, da sich aus den kurzlebigen und sich leicht zu T-Bazillen zersetzenden Krebszellen eine allgemeine Bakteriämie und Toxikämie des Organismus ergibt. Der Krebstod ist, wo nicht ein grobe Störung lebenswichtiger Funktionen durch den Tumor selbst vorliegt, ein allgemeiner toxischer Fäulnistod. Daher pflegt sich am Ende die Erkrankung sehr rasch zu verschlimmern und zum Tode zu führen.

Zum Verständnis des experimentellen Mäuse-Teerkrebses

Die klassische Krebsforschung hat im Tierexperiment eine unendliche Fülle von Tatsachen erbracht, von denen die wenigsten in einen verständlichen Gesamtzusammenhang gebracht werden können. Eine solche unverständlich gebliebene Tatsache ist die experimentelle Erzeugung von Karzinomen an Mäusen und Kaninchen durch Teerpinselung. *Yamagiwa** und *Itschikawa* gelang es zum ersten Male durch fortgesetzte Pinselungen von Teersubstanz am Kaninchenohr, Krebs zu erzeugen. Sie erzielten karzinomatöse Ulcera und in vereinzelten Fällen auch Metastasen in regionären Drüsen. *Tsutsui*, *Deelman*, *Bloch* und *Dreifuß* führten die Teerpinselungen dann an weißen Mäusen mit großem Erfolg durch. Man versuchte natürlich festzustellen, welchen Bestandteilen des Teeres die Karzinomwirkung zuzuschreiben ist. *Deelman* stellte fest, daß nur Teerdestillate von 900°-1000° C. und darüber die wirksamsten sind. *Kenneway* und *Russell* erzielten dieselben Resultate mit Steinkohlenteer, der unerhitzt unwirksam war, nach Erhitzung auf 900° C.

Die krebserzeugende Wirkung des Teeres konnte bisher nicht aufgeklärt werden. Zwei Fragen bedurften der Antwort:
1. Weshalb und wie erzeugt Teersubstanz Krebs?
2. Weshalb wirkt nur hochgradig erhitzte Teersubstanz?

---

* Sämtliche Angaben in diesem Abschnitt sind dem Sammelwerk Blumenthals, *Ergebnisse der experimentellen Krebsforschung*, entnommen.

Blumenthal faßt die Teerpinselungsversuche wie folgt entscheidend zusammen:

1. Der Teerkrebs befreit, wie *Lubarsch* als erster sagte, von allerlei Krebstheorien, wie der des einheitlichen Krebserregers, der Mißbildung und der embryonalen Keimanlage. Das Ohr des Kaninchens ist eine nicht besonders disponierte Stelle und von ererbter Anlage kann daher keine Rede sein.

2. Der Krebsbildung geht ein langes *entzündliches* Stadium voran.

Diese beiden Feststellungen versetzen der Erblichkeitsauffassung des Krebses einen nicht wieder gutzumachenden Schlag. Sie widersprechen auch strikte denjenigen Pathologen, die mit allen Mitteln den entzündlichen Prozeß vom karzinomatösen Prozeß scharf zu trennen versuchen. Die Teermäuse-Versuche passen auch trefflich zu den alten Erfahrungen, daß Teer- und Anilin-Arbeiter sowie Schornsteinfeger, die mit Ruß dauernd in Berührung kommen, häufiger als andere Krebs entwickeln.

Was hat das Bion-Experiment zu diesen Problemen zu sagen?

Es gibt uns zunächst einige grundsätzliche Tatbestände als Voraussetzung des Verständnisses:

1. Protozoen, zu denen ja auch die Krebszellen zu rechnen sind, entwickeln sich aus Bionbläschen (Orgonenergie-Bläschen).
2. Tierische und pflanzliche Gewebe können in Bione zerfallen.
3. Kohlenstoff, der der wesentlichste Bestandteil des tierischen Eiweißes ist, spielt eine zentrale Rolle im Bion-Experiment, das aus geglühtem Kohlenstoff in Verbindung mit Nähr- und Quellungs-Substanz Bione und Bion-Kulturen ergibt.
4. Sämtliche hocherhitzten Teersubstanzen zeigen, beobachtet bei 2-3000 *facher Vergrößerung* und im Dunkelfeld, Bläschenstruktur vom Charakter der Glühkohle-Bione.

Ungeglühter und *geglühter* Kohlenstoff zeigen grundsätzlich verschiedenes Verhalten. Ungeglühte Kohle zeigt nur wenig Blasenstruktur. Geglühte Kohle dagegen zerfällt, in Quellungs- und Nährflüssigkeit gebracht, sofort in Bionbläschen. Ungeglühte und unbehandelte Kohle zeigt im Fluoreszenz-Mikroskop die Eigenfarbe schwarz. Geglühte und zu Bionbläschen fortentwickelte Kohlensubstanz fluoresziert nicht schwarz, sondern *bläulich*.

Stellen wir nun ein Kohlenstoff-Bionpräparat her, so bemerken wir folgende auffallende Tatsachen:

Je höher wir den Kohlenstoff glühen, desto leichter und rascher erfolgt die Bionentwicklung, desto besser tritt in der zunächst schwarzen Kohlenstruktur die blaue Farbe der Kohlenstoff-Bione hervor. Das Kohlebion ist natürlich etwas ganz anderes als der Kohlenstoff, aus dem es entstand. Zunächst hat sich die Struktur verändert. Ein Kohlekristall wurde zu einer Summe von Orgonenergie-Bläschen. Diese Bläschen können quellen, sich teilen, Substanzen durchdringen etc. In Nähr- und Quellflüssigkeit gebracht, nehmen diese Bläschen Eiweißflüssigkeit und verschiedene Salze auf. Wir wissen zwar noch nicht, wie wir das fertige Kohlebion chemisch definieren sollen. Doch wir sind dessen sicher, daß es kein reiner Kohlenstoff mehr ist. Durch sein Verhalten im Kulturversuch erfahren wir, daß es dem lebendigen Eiweiß nahekommt. Das lebende Eiweiß ist nicht etwa nur eine hochkomplizierte Kohle-Wasserstoff-Verbindung. Lebendes Eiweiß ist funktionell von nichtlebendem Eiweiß verschieden: *Die chemischen Substanzen sind bloß die Träger der die lebende Funktion steuernden Orgon-Energie.*

Bringt man reife Kohlestoffbione mit Eiweiß-Stoffen wie etwa mit Einährboden IV oder mit autoklaviertem Blut in Verbindung, so ist mikroskopisch zu beobachten, daß die Kohlebione den Eiweißstoff durchdringen und sich mit ihm zu verschiedenen Formationen organisieren.

Übergießt man aufgerauhten Einährboden IV mit frischer Glühkohle-Bionlösung, so entstehen im Verlaufe einiger Wochen kleine etwa stecknadelkopfgroße »Wucherungen« am Eiboden (Ca-Modellversuch XIV). Die mikroskopische Untersuchung erweist merkwürdige organisierte und strukturierte Gebilde, die sich weder im Einährboden noch im Kohlebion-Präparat vorher fanden (Fig. 61 a, b, c, d Anhang).

Injiziert man frische oder 24 Stunden alte Glühkohle-Bione Mäusen subkutan, so entwickeln sich an der Injektionsstelle ähnliche Strukturen, wie man sie in der Tube bei Zusammenbringung von Kohlebionen mit Eiweiß-Substanz beobachtet. Im Laufe von Monaten entwickeln sich Zellwucherungen mit stark färbbarer Struktur, die die Gewebe durchsetzen, infiltrieren und mit der Zeit zerstören. Die mikroskopische Untersuchung zeigte in einigen solchen Fällen in Organen die typischen Keulen- und Spindelformen, also Zellen des nicht ausgereiften Ca III. Im Glühkohle-Bionversuch wurden im ganzen 34 gesunde Mäuse verwendet. Sämtliche Mäuse erkrankten und die meisten ergaben präkanzeröse und ausgereifte Wucherungen (10 e Ca).

Diese Versuche erklären die Wirkung der Teerpinselung. Hochgradig erhitzte Kohlesubstanz wirkt krebserzeugend, weil sich bei hohen Temperaturen aus der Kohlesubstanz die Kohle-Bione entwickeln, die das Grundelement der Organisierung kanzeröser Formationen bilden.

Bei diesen Kohlebion-Versuchen meldete sich natürlich die Frage, ob es nur die Kohlebione waren, die die Wucherungen erzeugten oder ob eine Beziehung zu den T-Bazillen bestand; d. h. ob auch bei den Teermäusen die Wucherungen der T-Bazillen-Wirkung zufielen. Ich pinselte Mäuse in üblicher Weise mit Teer am Nakken; einige dieser Mäuse starben schon vor Ausbildung einer Wucherung. Im Blut dieser Mäuse fanden sich nun T-Bazillen, die rein gezüchtet werden konnten (T II 4), und bei einigen teergepinselten Mäusen, die das Stadium der chronischen Entzündung überschritten und bereits dasjenige der infiltrierenden Wucherungen erreicht hatten, ergab Impfung von Herzblut ebenfalls T-Bazillen.

Wie kamen die T-Bazillen in das Blut der Teermäuse?

Die Frage blieb lange offen, bis mir einfiel, eine frisch hergestellte Glühkohle-Bionlösung nach Gram zu färben: *Sofort nach Herstellung eines Glühkohle-Bionpräparats lassen sich T-Bazillen nachweisen.* Ungeglühter und unbehandelter Kohlenstoff reagiert dagegen auf Gramfärbung nicht. In einem Falle gelang es mir, die T-Bazillen aus Glühkohlebionen rein zu züchten (10 e T XVI).

Mit der hochgradig erhitzten Kohlewasserstoff-Substanz werden also T-Bazillen in den Organismus gebracht. Die Frage bleibt offen, wie sich die Kohlebione zu den T-Bazillen im Gewebe des Tieres verhalten. Addieren sie sich in ihrer Wirkung oder behindern sie einander? Mikroskopisch läßt sich feststellen, daß die Kohlebione T-Bazillen anziehen, irritieren und lähmen. Die Entscheidung dieser Frage ist sowohl theoretisch wie praktisch wichtig. Doch vorläufig weiß ich experimentell dazu nichts zu sagen.

Eiweiß-Stoff wird also durch Glüh-Kohle-Bione (PA und T) zur Wucherung angeregt. So erklärt sich der Schornsteinfegerkrebs, der Teer- und Anilin-Arbeiter-Krebs und der Lippenkrebs von Pfeifenrauchern.

4. KREBSZELLE: PRODUKT EINER ABWEHRREAKTION DES ORGANISMUS

Krebs pflegt sich auch leicht aus alten Narben, aus chronisch geschädigten Geweben zu entwickeln, wie z. B. wenn eine Zahnbrücke durch viele Jahre das Zungenepithel schädigt.
Schwere Gewebsverletzungen, Schläge etc. können Sarkom ergeben, das den Tod rasch herbeiführt. Dies ist auf Grund des Bionexperiments leicht zu verstehen: *Eine Gewebsverletzung ergibt Produkte, die zu T-Bazillen degenerieren und Krebswucherung anregen.* Eine Narbe oder eine Verletzung richtet in orgonotisch starkem, also gesundem Gewebe kein Unheil an. Das Entscheidende ist also nicht, wie man glaubt, die lokale Gewebsschädigung, sondern die Orgonstärke der Gewebe. Wir wollen sie orgonotische Potenz nennen.
All dies ließ sich nun mit den T-Bazillen besser begreifen, und es bestärkte meine Meinung, der T-Bazillus wäre der spezifische Krebserreger und er käme nur bei Krebskranken vor. Es ist uns immer angenehm, eine Krankheit scharf vom Gesunden abzugrenzen, den »spezifischen« Erreger oder die »spezifische« Ursache zu finden. Wir fühlen uns dann sicherer, denn es gibt demzufolge Organismen, die davon frei sind. Aber diese Auffassung ist falsch, und sie verhindert wichtige Einsichten in das Wesen der *Immunität*, d. h. der natürlichen Abwehrfunktionen des lebenden Organismus, seiner orgonotischen Potenz. Es ist nicht richtig, daß es seelisch Gesunde *hier* und seelisch Kranke *dort* gibt. Und es ist nicht richtig, daß es »Krebskranke« hier und »Krebsfreie« dort gibt. Jeder »Gesunde« hat in der Tiefe seine katatonen Mechanismen und seine T-Bazillen. Die Grenze ist unscharf, und die Frage verschiebt sich von spezifischen »Ursachen« und spezifischen »Erregern« der Krankheiten zur *orgonotischen Abwehrfunktion gegen Krankheiten. Wir müssen erst die Gesundheit begreifen, ehe wir Krankheiten zu heilen versuchen.* Es ist daher sehr zu begrüßen, daß sich in der Medizin immer mehr der Standpunkt zu Worte meldet, daß die spezifischen »Erreger« und »Krankheitsursachen« erst dann wirksam werden, wenn der Organismus es zuläßt. Tuberkel-Bazillen können nur unter bestimmten bioenergetischen Bedingungen im Organismus zur Auswirkung kommen. Ein seelisches Trauma bedarf zur Auswirkung der

emotionellen Bereitschaft des Organismus. Ebenso muß eine Allgemeinschädigung der Biofunktion vorhanden sein, um dem T-Bazillus freie Bahn zu geben. Wir kehren also zum Begriff der Krankheitsdisposition als dem entscheidenden Faktor zurück. Aber anders, als die Hereditätslehre es denkt. »Krankheitsdisposition« ist für uns das *lebendige, orgonotische Funktionieren* des Organismus und nicht tote Stoffe in der Keimanlage oder moralische leere Begriffe wie »psychopathisch degenerative Veranlagung«. Uns erscheint die Krankheitsdisposition wesentlich durch die *Lebensmisere erworben* und nicht starr von den Voreltern übernommen. Sie bedeutet *Art und Grad der emotionellen (orgonotischen) Motilität des Bio-Systems*.

Es wird angenommen, daß die Krebszelle den Krankheitsprozeß »Krebs« *ursprünglich* einleitet, indem »sich normale Zellen in Krebszellen verwandeln«. Diese Auffassung erweist sich bei genauer Verfolgung der *Entwicklung* der Krebszellen als unrichtig. Es ist gerade umgekehrt: *Die Krebszelle ist eine Folge davon, daß sich das Gewebe gegen die Wirkung der T-Bazillen wehrt*. Dies klingt sonderbar, verliert aber jede Spur von Ungewöhnlichkeit, wenn man den Tatsachen folgt. Der erste Schritt in der Entwicklung der Krebsgeschwulst ist nicht die Krebszelle, und auch nicht der Zerfall des Gewebes in blaue Bione, sondern das gehäufte Auftreten von T-Bazillen in diesem Gewebe oder im Blut. T-Bazillen finden sich auch in *gesundem* Gewebe und in *gesundem* Blut. Sie finden sich immer dort, wo es Degeneration von Eiweißkörpern gibt.

Nachdem ich eine Reihe Untersuchungen an Krebskrankenblut gemacht hatte, ging ich dazu über, das Blut von Personen zu untersuchen, bei denen von Krebs im alten Sinne nicht gesprochen werden konnte. Ich konnte T-Bazillen aus dem Blut und den Ausscheidungen völlig gesunder Menschen züchten. Diese Tatsache wirkte zunächst erschreckend und verwirrend. Wenn die T-Bazillen, wie ich Ende 1937 fest glaubte, *spezifisch* mit der Entwicklung von Krebs zusammenhingen, dann bedeutete die Kultivierbarkeit dieser Organismen aus *gesunden* Menschen, daß *alle* Menschen im Grunde krebskrank sind. Da diese Annahme nicht stimmen konnte, blieb nur die Alternative, daß der T-Bazillus nicht *spezifisch* mit dem Krebs zusammenhängt. Dagegen sprach wiederum die unwiderlegbare Tatsache, daß jeder Krebskranke und jedes Krebsgewebe unzählige Mengen von T-Bazillen enthält. Es dauerte mehrere Monate, bis Experiment und Überlegung die korrekte Antwort gaben: *Der Gesunde unterscheidet sich vom Krebskranken nicht durch Fehlen der T-Bazillen, sondern durch die orgonotische Potenz des Organismus*, d. h. die Fähigkeit, *mit vorhandenen T-Bazillen fertig zu werden, und durch den Grad der Neigung der Gewebe und Blutzellen, in T-Bazillen zu zerfallen.* Zwar war ich imstande, auch aus dem Blut und den Auswürfen Gesunder T-Bazillen zu züchten. Aber während Krebskrankenblut und -gewebe die T-Bazillen *leicht* und *rasch* ergaben, muße ich das Blut und die Ausscheidungsprodukte Gesunder einem mehr oder minder langen *Prozeß der Denegeration* unterwerfen, um T-Bazillen zu erzielen. Das Degenerieren und Zerfallen dauerte in dem einen Falle wenige Tage, im anderen Falle mehrere Wochen, ehe sich T-Bazillen ergaben. *Die Disposition zum Krebs ist also bestimmbar durch die biologische Resistenz von Blut und Geweben gegen Fäulnis. Und diese biologische Resistenz ist wiederum bestimmt durch die Orgonhaltigkeit des Blutes und der Gewebe, durch die orgonotische Potenz des Organismus.* Demzufolge muß jeder Prozeß, der den Orgongehalt und das orgonotische Funktionieren des Organismus oder einzelner Organe herabsetzt, im gleichen Maße die Disposition zur Schrumpfung und zum krebsigen Zerfall steigern.

Hierzu gibt es eine Reihe schlüssiger Beobachtungen und Experimente.

Als ich mich vor die schwierige und entscheidende Frage gestellt sah, ob der T-Bazillus nur dort auftritt, wo sich Krebs zu entwickeln vermag, oder ob er universell vorkommt und daher auch der Krebs überall und immer auftreten kann, begann ich Blut, Epithelien und Auswürfe von zahlreichen Gesunden zu untersuchen. Ich konnte in der Tat lokale T-Bazillenbildung hier und dort an Organen und Geweben feststellen, wo von Krebs nicht gesprochen werden konnte. Ich sah z. B. T-Zerfall an den Epithelien der Scheiden- und Gebärmutterhalsschleimhaut bei vielen Frauen. Bei manchen von ihnen verschwand das T-Bild nach einiger Zeit wieder, bei anderen hielt es sich konstant. Bei mir selbst entdeckte ich an der linken Seite der Zunge, wo eine Zahnbrücke dauernd am Zungenepithel rieb und eine kleine Erosion erzeugt hatte, T-Zerfall der Zungenepithelien, und ich konnte sogar eine T-Bazillenkultur erzielen. Das war vor etwa fünf Jahren, und ich habe noch immer keinen Krebs. Die rechte Zungenseite ergab keine

T-Bazillen und hatte gesunde Epithelzellen. Ich züchtete T-Bazillen aus dem Blut eines meiner Assistenten, das ich degenerieren ließ, injizierte die Kultur einer gesunden Maus und erzielte im Gesäßmuskel ein klares Adenokarzinom (Krebs, der drüsenartig angeordnet ist; Fig. 62 a, Anhang). Es war der erste bösartige Tumor, den ich durch T-Bazillen aus gesundem Blut erzielte. Daß es tatsächlich die T-Bazillen waren, die den Tumor verursacht hatten, zeigte sich daran, daß sich von der Injektionsstelle an der rechten Flanke der Maus längs der Lymphgefäße eine Entzündung zum Gesäßmuskel hinzog; daß dort zuerst eine chronische Entzündung im Muskel erschien, die sich in ein Adenokarzinom fortsetzte. Die Diagnose wurde an der Columbia Universität bestätigt. Ich hatte nicht mitgeteilt, daß es Krebs aus Muskelgewebe war (10 Ge T Ca; Fig. 62 a bis e, Anhang).

Auch der gesündeste Organismus enthält also T-Bazillen und besitzt die Neigung zum fauligen Zerfall. *Die Krebsneigung ist somit universell.* Aber solange Gewebe und Blut orgonotisch stark sind, wird jeder entstehende T-Bazillus vernichtet und ausgeschieden, ehe er sich vermehren, anhäufen und Schaden anrichten kann. Worin besteht nun *dieser* allererste Schaden? Die Antwort auf diese Frage ist gleichzeitig der Beweis, daß die Krebszellbildung eine Abwehrreaktion des Organismus gegen T-Bazillen und nicht die Krebskrankheit selbst ist.

Wenn sich irgendwo im Körper T-Bazillen bilden und anzuhäufen beginnen, dann reagiert der Organismus mit einer *milden*, aber *chronischen* Entzündung. Die Anhäufung weißer Blutzellen ist gelegentlich imstande, mit den T-Bazillen fertig zu werden. In anderen Fällen ist aber die T-Bazillen-Selbstinfektion zu stark oder die orgonotische Abwehrwirkung des Organismus zu schwach. Was geschieht nun in solchen Fällen? Wie reagiert hier das betroffene Gewebe?

Eine Antwort gibt zunächst der T-Bazillen-Versuch im Reagenzglas: Ein wenig T-Bazillenkultur wird in einen völlig sterilen Eiweißnährboden bestimmter Zusammensetzung (E IV) eingeritzt. Es wuchern nun auf dem Eiweißnährboden T-Bazillen. *Aber nicht nur T-Bazillen!* Wir hatten den trockenen, sterilen Eiweißnährboden vorher mikroskopisch bei mindestens 2000× genau untersucht und weder T-Bazillen noch blaue PA-Bione gesichtet. Nun aber zeigt der geimpfte Nährboden nicht nur T-Bazillen, wie wir nach der Impfung erwarteten, sondern – zu unserem größten

Erstaunen – auch eine *Fülle von mobilen blauen PA-Bionen an der Impfstelle*. Das heißt: Die eingeimpften T-Bazillen haben nicht nur sich selbst im Eiweißnährboden vermehrt, sondern *sie haben in ihrer Umgebung die Proteinstoffe, das organische Eiweiß, zur Bildung blauer PA-Bione, also zu Quellung und bionösem Zerfall angeregt.*

Genau dasselbe geht im gesunden Gewebe der Maus vor sich, die wir am Nacken oder an beliebig anderer Stelle mit T-Bazillen so impften, daß sie nicht sofort mit Abszeß und Tod, sondern mit milder, aber chronischer Entzündung reagiert: *In der Umgebung der Impfstelle ist das Gewebe bionös zerfallen.* Seziert man nun T-Mäuse in Serien vom ersten Tag bis zur letzten Woche, so kann man die Entwicklung der Krebszellenformationen aus den PA-Bionen verfolgen.

Ich wiederholte diese beiden Versuche viele Male, sah immer dasselbe Resultat, aber ich verstand es zunächst nicht. Und als ich es zu verstehen begann, entging mir lange Zeit die enorme Bedeutung dieser Tatsache. Kurzerhand: *Die T-Bazillen, die Produkte des faulen Zerfalls von organischer oder lebender Materie sind, regen andere organische oder lebende Materie zur Bildung blauer Bione an.* Diese Bionbildung hat nun die Funktion, entsprechend dem Gegensatz von blauen PA zu T, *gegen die T-Bazillen zu reagieren.* Das heißt, *die durch die T angeregten blauen PA-Bione sind eine Abwehr-Reaktion gegen die T-Infektion.*

Bliebe es nun bei dieser lokalen PA-Bildung, d. h. »PB-Reaktion«, so wären die T-Bazillen uninteressant. Man sieht oft im Blut Gesunder die Blutplättchen, die nichts anderes als blaue PA-Bion-Körper sind, umgeben von anhängenden toten T. Man kann gelegentlich auch Leukozyten von T-Körpern erfüllt sehen. Der Prozeß der PA-(B-)Reaktion gegen die T läuft wohl immer und überall auch im gesündesten Organismus ab. Je schwächer nun die Orgonladung der PA-Gebilde ist, desto *mehr* blaue Bione müssen entstehen, um mit den vorhandenen T fertig zu werden. *Aus den blauen PA-Bionen organisieren sich aber höhere biologische Gebilde, die Protozoen, darunter die Krebszellen! Nun begreifen wir, daß die Krebszelle in Wirklichkeit ein Produkt der vielen blauen PA-Bione ist, die zur Abwehr der lokalen T-Selbstinfektion aus Blutzellen oder dem Gewebe entstanden.* Die Angelegenheit wird ganz einfach. Es gibt eine weithergeholt scheinende, aber doch streng dazupassende Tatsache: Humus ist bionös zerfallene organische Materie. Die Düngung des Humus erfolgt durch faulig degenerierte Abbauprodukte organischer Materie, wesentlich niedrige Stickstoffverbindungen. Diese »Düngung« ist nichts anderes als Anregung der Bildung blauer PA im Humus durch fauliges Material, d. h. T-Bazillen. Es ist auffallend, daß Erdhumus so steril ist und sterilisierende Wirkung hat. Diese Wirkung ist den blauen Erd-PA-Bionen zuzuschreiben. Die blauen PA-Bione lassen sich durch Autoklavierung von Erde in KCl leicht experimentell herstellen und beobachten.

Hier und dort öffnen sich im T-Bazillenversuch Ausblicke zu einer künftigen chemischen Auffassung. Diese Fragen liegen noch völlig im Dunkel. Eine solche recht interessante Tatsache soll aber hier erwähnt werden: Im fauligen Abbau von Eiweißkörpern ergeben sich wesentlich *niedrige* Methyl- und Stickstoffverbindungen (Harnstoff, Skotol, Indol), also Bestandteile von Harn- und Fäkalien. Alte T-Bazillen-Kulturen riechen faulig, scharf sauer und amoniakal. Der Körpergeruch fortgeschrittener Krebsfälle ist ähnlich und sehr typisch. Die »Fäulnis bei lebendem Leibe« ist also kein Gleichnis, sondern ein realer Tatbestand.

Es gibt auch eine noch dunkle Beziehung der T-Bazillen zum Cyan (CN). Dieser Giftstoff hat die Eigenschaft, die Atmungsvorgänge in den Zellen zu lähmen, indem die Oxydation durch Verbindung mit dem eisenhaltigen Atmungsferment der Zellen nach O. *Warburg* verhindert wird. Viele unserer T-Mäuse starben an Erstickungserscheinungen, hypervenösem Blut und Atemlähmung. Die Beziehung dieser Eigenschaft der T-Bazillen zum Erstickungsstoffwechsel des Krebsgewebes ist offenkundig.

Hier öffnet sich dem Biochemiker ein reiches Betätigungsfeld.

Wir haben bisher nur *eine* Richtung der T-Bazillenwirkung kennengelernt. Gewebsschädigung → T-Bazillen → bionöser Gewebszerfall → Organisation von Protozoen (Krebszellen) aus den Gewebs-PA-Bionen. Dieser Prozeß verläuft also vom T-Bazillus zu *höheren* biologischen Gebilden. Nun gibt es auch den umgekehrten Prozeß, der im Zerfall der Krebszellen zu T-Bazillen und in folgender *verstärkter* Fäulnis besteht: Krebszelle → T-Bazillen → allgemeine Blut- und Gewebsfäulnis und T-Intoxikation. Die eigentliche Todeswirkung ist nicht der Bildung von Krebszellen, sondern dem *sekundären T-Zerfall* zuzuschreiben. War die Gewebsschädigung vorher lokal begrenzt, waren die T-Bazillen nur in geringer Zahl zur Entwicklung gebracht, so bewirkt der Zerfallsprozeß der Krebsgeschwulst eine riesenhafte Beschleunigung und allgemeine Ausbreitung der Fäulnis im Körper: *Blutfäulnis und T-Bazillen-Intoxikation des körperlichen Säftesystems.* Wir sehen daher, daß Krebskranke sich monate-, ja jahrelang recht und schlecht aufrechthalten können, bis wie mit einem Schlage der allgemeine Verfall, rasche Kachexie und Tod einsetzen. Die *zweite* Phase, der Zerfall der Krebsgeschwülste in faulige, putride Massen dauert im Gegensatz zu der langen Zeit der Geschwulstbildung nur wenige Wochen. T-Bazillen-Bildung und Fäulnis sind also sowohl Ursache wie Folge der Krebsbiopathie.

Diese Unterscheidung ist von großer therapeutischer Wichtigkeit. Sind einmal Geschwülste, Gewebe und Blut in den Prozeß des sekundären fauligen Zerfalls geraten, so werden so riesenhafte Mengen von T-Bazillen gebildet, daß jeder Therapieversuch hoffnungslos ist. Dagegen läßt sich in der ersten, Krebsgewebe *aufbauenden* Phase mit der Orgontherapie viel ausrichten. Darauf komme ich in einem der folgenden Abschnitte zurück.

Die gesamte Therapie- und Verhütungsfrage läßt sich nun auf die einfache Formel zurückführen: *Der T-Reaktion des Organismus, der Orgonschwäche, ist die B-Reaktion, die Orgonstärke, in Blut und Geweben entgegenzustellen.* Das Schicksal des Kranken hängt durchaus von dem Verhältnis der B-Reaktion zur T-Reaktion ab. Zur praktischen Bewältigung dieser Frage müssen wir noch mehr über die Orgonwirkungen erfahren.

5. EINE BEMERKUNG ZUR VERERBUNGSFRAGE

An dieser Stelle wird der Leser, der mit der Krebsfrage ein wenig vertraut ist, eine sehr berechtigte Frage erheben: Wo bleibt in der ganzen Betrachtung die *Erblichkeit des Krebses*? Ist es doch »nachgewiesen«, daß es zur Krebsbildung besonders geneigte Mäusestämme gibt und daß Krebs beim Menschen in bestimmten Familien gehäuft vorkommt. Ich mußte an vielen Stellen meiner Schriften immer wieder betonen, daß wir nicht die *Existenz* der Vererbung leugnen. Was wir aber mit aller Schärfe betonen, ist, daß uns die Erbforschung die Antwort schuldig bleibt, worin konkret sich diese Vererbung kundgibt, an welchen biologischen

Funktionen sie abläuft. Mit den Heinzelmännchen der »Gene« können wir allen Ernstes doch weder theoretisch noch praktisch das Geringste anfangen. Die Sexualökonomie war seit ihren Kinderjahren darauf vorbereitet, einmal auf die *Mechanismen* der Vererbung von Eigenschaften und Zuständen zu stoßen, über die die Erbwissenschaft nichts zu sagen weiß. Es geht hier nicht um »Erbstoffe«, sondern um *Plasma-Funktionen*. In der Krebsfrage stießen wir mit der Vererbungsfrage in einer völlig unerwarteten, aber *einfachen* Weise zusammen; ganz anders als in der Vererbung von Chraktereigenschaften. Die meisten krankhaften Charaktereigenheiten ließen sich eindeutig auf Frühwirkung der Erziehung durch Identifizierung und frühe Sexualstauung zurückführen. Die »Vererbung« von biopathischen Charaktereigenschaften ist also *postnatale* Wirkung. Die Vererbung von Krebs dagegen stellt sich in der Tat als *pränatal* heraus, aber ganz anders, als sich's die Erbwissenschaft träumen läßt.

Wir hatten in unserem Laboratorium Gelegenheit, Hunderte von gesunden wie krebskranken Mäusen zu beobachten. Uns fiel auf, wie selten die bei uns geborenen Kinder von Krebsmäusen selbst Krebs entwickelten. Wir gaben uns zunächst mit der Auskunft zufrieden, daß wir es nicht mit einem spezifischen Krebsstamm zu tun hätten. Es gab einige Fälle von Krebs bei Mäusejungen, aber wir wußten nichts dazu zu sagen. Hier handelt es sich nur um Mäuse, die spontan, und nicht durch experimentellen Eingriff, Krebs entwickelten.

Die Überraschung kam bei den Mäusen, die ursprünglich völlig gesund waren und im Alter von 3 bis 8 Monaten mit T-Bazillen injiziert wurden. Es fiel nun bald auf, daß *die Kinder* dieser *ursprünglich gesunden* Mäuse sehr oft kränklich waren, früh starben und sogar Krebsgeschwülste entwickelt hatten. Es kam nie vor, daß unbehandelte Kontrollmäuse krebsige oder anderswie T-kranke Kinder hatten. Die Sektion und bakterielle Untersuchung der krebsigen Kinder, die nicht selbst mit T-Bazillen injiziert waren, ergab genau dieselben Resultate wie die bei den T-injizierten Müttern: T-Bazillen im Blut, faulige Zersetzung der Gewebe im Magen, in Drüsen, besonders häufig in den Genitalien etc. Mäuse, die Krebs spontan entwickeln, zeigen die übrigen Organe, wo nicht Metastasen vorliegen, gewöhnlich frei von Krebserscheinungen. Dagegen sind die Mäuse, die mit T-Bazillen injiziert wurden, in fast allen Organen krebsig affiziert. Dies ist leicht begreiflich, da doch der spontane Tumor aus einer lokalen Gewebsschädigung hervorgeht, die T-Tumoren der injizierten Mäuse dagegen durch allgemeine Verbreitung der T im Organismus sich auszeichnen. Solche T-Mäuse können an allgemeiner Karzinose und T-Intoxikation sterben, ohne daß es zur Entwicklung großer lokaler Tumoren kommt. Dies scheint sogar die Regel zu sein und erklärt sich durch die Injektion der T-Bazillen, die im Blut überall in großer Zahl hingeschwemmt werden.

Nun begreifen wir, weshalb die Kinder von T-Mäusen so oft selbst pränatal Krebs entwickelten, wenn sie *nach der Injektion der Mutter* geboren wurden: *Die injizierten T-Bazillen gelangen durch das Blut der Mutter in das Blut der Embryonen und wirken sich in den letzten krebserzeugend aus.*

Diese Tatsache erhellt einen großen Sektor der Frage nach der Vererblichkeit des Krebses: *Wenn eine Mutter zur Zeit der Schwangerschaft genügend viel und genügend virulente T-Bazillen im Blute hat, muß das Kind notwendigerweise mit den T infiziert werden.* Es hängt dann von weiteren Umständen ab, ob der Organismus des Kindes mit den aufgenommenen T fertig wird oder nicht. Es hängt vom Verhältnis der B-Reaktion des Kindes zu der so frühen T-Reaktion ab.

Die Entstehung des Brustkrebses bei Mäusen ist noch unverständlich. Es ist aber zu betonen, daß die zur Beobachtung gelangenden weiblichen Mäuse kein natürliches Sexualdasein mehr führen. Entweder sie sind von den Männchen dauernd separiert, oder die Zucht von Kindern ist reguliert. Wir verfügen über einige Beobachtungen bei männlichen T-injizierten Mäusen, die darauf hinweisen, daß Sexualstauung die Wirkung der T-Reaktion fördert und die B-Reaktion des Organismus herabsetzt. Männchen, die abstinent gehalten waren, entwickelten leichter Krebs, speziell im Hoden, als Männchen, die mit den Weibchen beisammen gelassen waren. Ich möchte betonen, daß diese Versuche noch nicht breit und gründlich genug durchgeführt sind.

Bei menschlichen Müttern kommt als »Erbwirkung« zu einer Übertragung von T-Bazillen durch das Blut noch die lokale Wirkung durch *Spasmus* der Gebärmutter und die allgemeine biopathische *Atmungshemmung* hinzu. Wir können noch nichts Endgültiges darüber sagen. Aber es ist wichtig zu beachten, daß eine schwere Atmungsstörung der Mutter nachteilige Folgen für die Gewebsatmung der Embryonen haben muß; ebenso ein chroni-

scher Gebärmutterspasmus. Derartige pränatale Einwirkungen auf den Embryo sind aber nicht hereditäre Wirkungen im Sinne der Gen-Theoretiker. Sie sind vielmehr *soziale* Wirkungen. *Der Organismus der Mutter ist im strengen Sinne nichts anderes als der erste »soziale Faktor« des ungeborenen Embryos.*
Die mechanistische und metaphysische Erbhypothese gibt uns keine Möglichkeit an die Hand, pränatal erworbene Störungen zu begreifen und praktisch zu bewältigen. Die Kenntnis der Existenz und des Wesens der T-Bazillen, der Charakterstruktur und der Pulsationsfunktionen der Eltern im allgemeinen dagegen befähigt uns, Breschen in die Hereditätsfrage zu schlagen, die sowohl theoretisch wie praktisch große Bedeutung erlangen könnten.*
Dieser Exkurs in die Hereditätsfrage war keineswegs gesucht. Er war notwendig geworden durch einige einschlägige Beobachtungen, die mit der Orgontherapie des Krebses aufs engste verknüpft sind. Wir werden uns immer mehr mit dem Gedanken vertraut machen müssen (und *können*), *daß erstens der Krebs seinen Schrecken zu verlieren beginnt, daß zweitens die Vorbeugung des Krebses leichter fallen wird als die Heilung.* Es wird z. B. von nun an möglich sein zu bestimmen, wie groß die Neigung des mütterlichen Blutes zum T-Zerfall ist, ob das mütterliche Blut freie T-Bazillen enthält etc. Die Orgonbehandlung der Mutter würde in solchen Fällen den Embryo vor T-Wirkungen bewahren. Auch die Orgonbehandlung des Kleinkindes ist möglich. Wir wissen noch gar nicht, ob der T-Bazillus nur für Krebs spezifisch ist oder ob er auch andere Erkrankungen erzeugen kann, wenn er in *anderer Form* und bei *besonderer Ansiedlung* wirkt. Hier herrscht komplettes Dunkel, und wir dürfen auf große Überraschungen gefaßt sein. So weit auseinanderliegende Infektionserkrankungen wie die akute Fleischvergiftung und das akute Stadium der Poliomyelitis mögen hierher gehören. Dies ist eine *berechtigte* Vermutung, *aber auch nicht mehr als eine Vermutung!*

---

* Möglicherweise läßt sich die Frage nach der Vererbung von Krebs beantworten, wenn wir Mäuse mit einem bekannt hohen Prozentsatz an Krebserblichkeit Orgonbestrahlung aussetzen. Der orgonbiophysikalische Standpunkt würde bestätigt werden, wenn eine Reduzierung oder Eliminierung des Krebses in den folgenden Generationen der Krebsmäusezucht erreicht werden könnte. (Wir versuchten ohne Erfolg, eine Krebsmäusezucht vom Jackson Memorial Laboratorium in Bar Harbor, Maine, zu bekommen.)

VII. Wesen und Entwicklung des Orgontherapieexperiments

Wir sind nun genügend gerüstet, die bio-physikalische Grundlage der Orgontherapie zu besprechen. Sie läßt sich auf eine einfache biologische Grundformel zurückführen: *Die B-Reaktion des Organismus wird gefördert, die T-Reaktion wird herabgesetzt oder ausgeschaltet.* Gelingt es nicht, bei überwiegender T-Reaktion des Blutes und der Gewebe, die B-Reaktion zu steigern, so bedeutet das, daß die Orgontherapie versagte. Umgekehrt kann die Orgontherapie als gelungen betrachtet werden, wenn die T-Reaktionen den B-Reaktionen Platz machen. Stellen wir nun die B-Reaktionen und die T-Reaktionen einander schematisch übersichtlich gegenüber:

	B-Reaktion	*T-Reaktion*
1. Gesamtorganismus	aufrecht, tonisiert keine Spasmen, keine Klonismen Kraftgefühl, Lustfähigkeit	gekrümmt, schlaff oder hypertonisch, Spasmen, Klonismen Schwächegefühl, Lustunfähigkeit u. Lustangst
2. Haut	warm, blutreich, prall, rosig, oder braun, fähig zu warmen Schweißen.	kühl, klamm, kaltschweißig, bläulich verfärbt, gefältelt, blaß bis zu leichenhaftem Weiß
3. Muskulatur	locker, spannungs- und entspannungsfähig, stark, keine muskuläre Panzerung, Peristaltik gut, keine Obstipation, keine Hämorrhoiden	gespannt oder schlaffdünn, evtl. starke Fettbildung, muskuläre Panzerung überall, Kinn, Stirn, Nacken, Adduktoren, Gesäß, Rücken.
3a. Gesichtsausdruck	lebendig, wechselnd	maskenhaft, starr
4. Blut	*B-Reaktion* bei Autoklavierung, RBK prall, pulsierend, breiter, starker Orgonrand,	*T-Reaktion* bei Autoklavierung, RBK klein oder geschrumpft, keine Pulsation, T-Zacken,

	sehr langsamer Bionzerfall in phys. Kochsalzlösung. Keine T-kulturbildung	schwacher und schmaler Orgonrand, sehr rascher bionöser Zerfall, Spaphylokokken, Streptokokken oder T-Bazillen züchtbar.
5. Blutgefäßsystem	normaler Blutdruck, voll, ruhig und kräftig pulsierend	zu rasch oder zu langsam, unregelmäßig oder schwach pulsierend, rascher und kleiner Puls, hoher *Blutdruck* oder sehr niedriger
6. Gewebe (Epithelzellen, operativ entfernte Gewebe, etc.)	kräftiger Turgor, keine Bionbildung in KCl	schlechter Turgor, geschrumpft, bionöse Struktur, oder rascher bionöser Zerfall in KCl
7. Augen	glänzend (starke Lichtreaktion d. Pupillen) Augapfel weder vorstehend noch eingezogen	matt, »fern«, träge Pupillenreaktion, evt. Mydriasis, Augäpfel vorstehend oder eingesunken.
8. Atmung	*volle Ausatmung, Pause in der Ausatmung,* uneingeschränkte Pulsation des Brustkorbes, Lustempfinden in Genitalien bei jeder Ausatmung	Ausatmung flach, gebremst, Einatmungshaltung chronisch, *Pause in Einatmungshaltung,* chronische Angsthaltung des Brustkorbes. Kein Lustempfinden bei Ausatmung
9. Orgasmus	normal; vollständige Körperzuckung. Keine Sexualstauung	fehlt oder gestört; chronische Sexualstauung
10. Orgonfeld um Organismus	weit, »elastisch«	eng oder fehlt ganz

Die Symptome der T-Reaktion sind mit vielen Symptomen der chronischen sympathischen Kontraktion identisch. Dagegen sind die Symptome der B-Reaktion nicht identisch mit chronischer, vagotoner Expansion, sondern sie entsprechen dem Zustand des Organismus, der durch *ruhige, geordnete* und *volle Pulsation in allen Organen* bedingt ist.

Das Wesen der Orgontherapie (nicht nur beim Krebs, sondern auch bei allen Biopathien, die einer Kontraktion oder Schrumpfung des Lebensapparates entsprechen) besteht nun zunächst in der *Aufhebung der Kontraktion* und der *Erzeugung einer Expansion*. Ist der Organismus befähigt, wieder zu expandieren, die Gefäße zu erweitern, Blut in die Haut und die Gewebe zu treiben, Wasser und Nährstoffe in die Gewebe aufzunehmen, den Darm wellenartig bewegen zu lassen, die gespannten Muskeln zu lokkern, kurz das *gesamte autonome Lebenssystem zu strecken*, dann folgt die normale Pulsation *von selbst*, dann stellt sich der Zustand des lebendigen Funktionierens ein, den wir als *Pendeln zwischen Kontraktion und Expansion*, eben als *biologische Pulsation* bezeichnen. Das Überwiegen der B- über die T-Reaktion ist nichts anderes als das Überwiegen aller lebenspositiven Reaktionen in allen Teilen des Organismus. Da der Organismus eine funktionierende Einheit bildet, ist die geordnete Pulsation des Gesamtorganismus *die* Grundlage des Niederhaltens der T-Reaktion in Geweben und Blut. Da sich nun die T-Bazillen aus chronischer Kontraktion (T-Reaktion) des Organismus entwickeln, ist es klar: *Die natürliche, volle Pulsation des Organismus wird die Grundlage der Krebsverhütung.* Ist doch auch die chronische Kontraktion *die* allgemeine Grundlage der Krebsschrumpfungsbiopathie. Es ist nun klar, daß das Krebsproblem nicht auf einzelne Organe, auf einen einzelnen Tumor, auf ein einzelnes Ferment etc. beschränkt werden kann, sondern eine Frage des gesamten biologischen Funktionierens des Organismus bildet. Man kann demzufolge dem Krebs nicht mit Mitteln wie Hormonen, Enzymen, Einfrierung, Operation oder lokaler Bestrahlung beikommen. Denn der Krebs ist keine lokale Organerkrankung, sondern ein allgemeiner, verfrühter Sterbensprozeß im Organismus, dargestellt durch die klinisch greifbaren T-Reaktionen. Nur diejenige Therapie des Krebses kann Anspruch auf Gültigkeit erheben, die diese Biopathie an ihrer *Wurzel* faßt. Wir dürfen nur dann von Krebstherapie sprechen, wenn wir tatsächlich in der Lage sind, die allgemeinen T-Reaktionen des Organismus aufzuheben und die allgemeine B-Reaktion herzustellen, d. h. das Lebendige wieder funktionieren zu lassen. Gelänge es demzufolge etwa der Orgontherapie, zwar den Tumor an Ort und Stelle zu zerstören und die T-Bazillen im Blute zu töten; würde aber das Orgon nichts sonst leisten, dann hätten wir zwar eine gute *symptomatische* Heilungsmethode des Krebses gewonnen, aber wir dürften nicht von »Krebs*therapie*« sprechen.

In der Psychiatrie haben wir gelernt, eine Neurose nicht als »geheilt« auszugeben, wenn wir einen Kopfschmerz oder ein Zwangssymptom beseitigt haben. Wir sprechen in der charakteranalytischen Vegetotherapie nur dann von »Heilung«, wenn es uns gelingt, die allgemeine charakterliche und biophysiologische Grundlage der lokalen Einzelsymptome, die »Charakterneurose«, durch Herstellung orgastischer Potenz, d. h. voller Pulsationsfähigkeit, zu beseitigen. Diese Forderung ist streng, aber sie ist die einzige, die radikalen medizinischen und sozialhygienischen Anforderungen Rechnung trägt. Unsere Arbeit will nicht mit den leichtgläubigen und illusionären Methoden verwechselt werden, die die Beseitigung eines neurotischen Kopfschmerzes durch Brom oder die Exstirpation eines lokalen Krebstumors für »Heilung« ausgeben. Dieses Prinzip beherrschte unsere klinische Arbeit schon in den ersten Jahren des Wiener psychoanalytischen Therapie-Seminars. Wir wollen es streng bewahren, denn es hat uns viel geschenkt.

Ich möchte vorwegnehmen: *Wir wissen noch nicht, ob die Orgontherapie des Krebses als* die *Methode der Wahl angesprochen werden kann.* Wir sind zwar bereits in der Lage, die allgemeine T-Reaktion des Organismus in allgemeine B-Reaktion zu verwandeln und lokale Tumoren an beliebigen Stellen des Körpers aufzulösen. Aber wir wissen noch nicht, wie lange die allgemeine B-Reaktion sich erhalten kann, ob sie nicht früher oder später wieder einer T-Reaktion Platz machen wird. Wir sind noch nicht Herr über die Schrumpfungsbiopathie. Trotzdem ist diese Publikation gerechtfertigt. Es wird vieler Jahre Erfahrung und umfangreicher Maßnahmen bedürfen, ehe wir die Orgontherapie des Krebses als *die* Methode der Krebsheilung bezeichnen können und die Grenzen ihrer Leistungsfähigkeit finden. Was bisher erzielt wurde, übertrifft aber bei weitem alles, was man noch vor wenigen Jahren erhoffen durfte; es verdient hier ausführlich besprochen zu werden.

Ich will nun erzählen, wie sich die experimentelle Orgontherapie von heute (1943) aus den ersten tastenden Bionversuchen (1936) entwickelte.

Die Orgontherapie des Krebses läßt sich historisch auf die erste Beobachtung der tötenden Wirkung zurückführen, die die blauen PA-Bione auf viele Arten von Fäulnis- und anderen Stabbakterien ausübten. Es war nur logisch, daß ich verschiedene Arten blauer PA-Bione mit verschiedenen Formen von Stabbakterien unter dem Mikroskop zusammenbrachte und zusammen Mäusen injizierte. Im Mikroskop konnte man sehen, daß fortbewegte Stäbe in der Nähe kräftiger blauer Bione aus Eisenfeilstaub, Erdhumus, Kristallen, Kohle etc. unruhig wurden, zu flüchten versuchten oder wie gelähmt bewegungslos wurden, wenn sie zu nahe geraten waren. Dasselbe war der Fall, wenn man die rasch und zackig flitzenden T-Bazillen mit blauen PA-Bionen zusammenbrachte. Die T-Bazillen pflegten den blauen Bionen bewegungslos anzuhaften oder um sie herum unbewegte Haufen zu bilden (»Agglutination«). Die Ergebnisse der Mäuseversuche habe ich in der Abhandlung über die »Natürliche Organisation von Protozoen aus Orgon-Energie-Bläschen« angegeben: Sämtliche mit T injizierten Mäuse starben früher oder später an akuter T-Intoxikation oder an Krebs verschiedener Reifegrade. Sämtliche mit PA allein injizierten Mäuse blieben gesund. Die mit PA und mit T zugleich injizierten Mäuse blieben zum großen Teil gesund.

Diese Ergebnisse erschlossen die Heilwirkung der blauen Bione (der späteren »Orgonenergie-Bläschen«) bei T-Bazillen-Infektion. Es war nichts darüber bekannt, wie die PA-Bione auf Krebsgewebe direkt wirken würden. In diesem Stadium meiner Arbeit gab es noch keine sicheren Überzeugungen und nur wenige brauchbare Anhaltspunkte. Niemand wußte, was von den Versuchen zu erwarten war. Ich brachte PA-Bione mit Krebszellen unter dem Mikroskop zusammen. Die PA umschwärmten die Krebszellhaufen, drangen schließlich in die Masse ein und zerstörten ihr Gefüge (Fig. 63, Anhang).

Ein ärztlicher Mitarbeiter des Instituts erbot sich, einen Chirurgen zu überreden, einer im Sterben liegenden Krebskranken sterile PA-Bione aus Krebskrankenblut zu injizieren. Der Chirurg injizierte dreimal ungefähr 10 cm³ PA in die Armvene. Die Kranke reagierte mit Fieber. Sie starb nach etwa acht Tagen. Der Obduktionsbefund ergab folgendes: In der Leber befand sich ein faustgroßer harter Tumor. *An einigen Stellen war die Oberfläche ca. 1 cm tief erweicht.* Das fiel dem Pathologen als ungewöhnlich auf. Es war nur ein unsicherer Befund, der allerdings mit dem Befund im Experiment übereinstimmte. (Es war mir bekannt, daß mehrere Versuche, dem Krebs mit Injektion von Streptokokken beizukommen, in Europa unternommen worden waren. Meine Bione waren allerdings sterile Gebilde, durch Autoklavierung gewonnen.)

Ich stand nun vor zwei grundsätzlich verschiedenen Tatsachen: Die PA-Bione lähmten die T-Bazillen, die an der Wurzel der Krebserkrankung wirken. Sie zersetzen Krebsgewebe auch direkt. Die erste Tatsache wies in die Richtung der Krebsverhütung, die zweite in die Richtung der lokalen Krebstherapie. Die erste Richtung gewann in den folgenden Jahren immer mehr die Oberhand.

Es hätte nahegelegen, weitere Versuche mit Menschen zu unternehmen. Man konnte z. B. die Wirkung von Injektionen mit PA-Bion-Kulturen feststellen. Doch eine bestimmte Beobachtung an den PA-Bionen hielt davon ab: Die PA-Bione waren nichts anderes als eine besondere Art Lebewesen. Wenn sie mit den T-Bazillen zusammengebracht wurden, verbrauchten sie im Kampf ihre biologische Energie. Dies zeigte sich auch im Mikroskop daran, daß manche PA-Bione ihr Blau verloren, und daß die vielgestaltigen blauen Bläschen zu runden schwarzen Kokken, also einfach zu Staphylokokken, den Eitererregern, degenerierten. Die Injektion von PA-Bionen schied also für den Menschen aus.

Vom Herbst 1937, seit der Entdeckung der T-Bazillen, bis zum Herbst 1939, den ersten Orgontherapieversuchen an Krebsmäusen, gab es eine Reihe unzusammenhängender, aber wegweisender Beobachtungen. Die blauen PA-Bionkulturen töteten die injizierten T in der Blutbahn der Mäuse. Als ich nun die erste SAPA-Bionkultur hatte, an der die Orgonstrahlung entdeckt wurde, stand ich vor der wichtigen Frage: *Ist die Energie, die die strahlenden Sandbion-Kulturen abgaben (Orgon), dasselbe wie die Energie innerhalb der ersten blauen PA-Bione, die ich den Mäusen zum Schutze vor der T-Wirkung injizierte?* Heute ist es uns in unseren Arbeiten Selbstverständlichkeit geworden, daß die Energie in den Erdbionen, die Energie in den Moosbionen, die Energie in den strahlenden SAPA-Bionen, die Energie in den blauschimmernden »roten« Blutkörperchen und schließlich die sichtbare Energie in der Atmosphäre ein- und dieselbe Energieform darstellen. Die Identität der Energien in den verschiedenen Substanzen und Zuständen hat sich seither experimentell bestätigt und sie hat zu wesentlichen theoretischen Annahmen über das Funktionieren des Lebendigen geführt. Darüber wird an anderer Stelle ausführlich zu berichten sein. Aber damals, als ich die ersten Orgonenergiewirkungen am Krebsgewebe sah, ohne noch zu ahnen, daß es sich um Orgonenergie handelt, war alles unsicher. Man schrak vor jeder neuen Annahme zurück, die sich aufdrängte und in Widerspruch zur traditionellen Pathologie geriet. Ich sah zwar eindeutig, daß das Blau in den PA-Bionen irgendwie mit ihrer tötenden Wirkung zusammenhing, aber ich hätte nicht ahnen können, daß dieses Blau die Eigenfarbe der biologischen Energie des Plasmas ist. Erst als die Existenz der Strahlung der SAPA (1939) gesichert war, und mit ihr die solare Herkunft des Orgons, wagte ich dreistere Annahmen.

Um überhaupt weiter zu kommen, mußte ich hypothetisch annehmen, daß das Blau in den PA-Bionen genau dieselbe Energie verriet, wie die von den SAPA ausgeschickte Strahlung, d. h. wie die Energie *außerhalb* des Bionbläschens, ja, außerhalb des Kulturglases, in dem die Kulturen eingeschlossen waren.

Ich hatte an meiner linken Wange eine kleine Warze entwickelt, die T-Bazillen enthielt. Ich brachte das SAPA-Kulturglas einige Male wenige Minuten lang an die Warze. Die mikroskopische Untersuchung zeigte vorher lebend bewegte, nachher tote T. Die Warze selbst heilte aus. *Die Orgonenergie der SAPA wirkte also in die Ferne, durch das Kulturglas hindurch.* Eine Erosion an meiner linken Zungenseite zeigte lebende T. Ich bestrahlte die Stelle, indem ich ein Kulturglas in ihre Nähe brachte. Die Stelle heilte rasch aus, und die T wurden unbewegt. Ich entdeckte bei einer Frau, die an Fluor litt, T-Degeneration im Scheidenepithel und Massen lebender T im Sekret. Daneben gab es geschwänzte Protozoen, die sich amöboid fortbewegten, die sog. trichomonas vaginalis. Unter dem Mikroskop mit ein wenig SAPA-Bionen zusammengebracht, wurden die Protozoen (ohne Berührung mit den SAPA) unbewegt. Ich ließ die Frau ein steriles SAPA-Kulturglas für jeweils eine halbe Minute in die Scheide einführen. Sie klagte bald über ein Brennen und unterbrach. Ich untersuchte sofort das Scheidensekret wieder und war erstaunt, als ich sah, daß es keine

lebenden T im Sekret mehr gab. Mich überzeugte die Promptheit der Reaktion. Die rasche Rötung der Haut bei Auflegen einer SAPA-Kultur war mir schon bekannt.
Im Mai 1939 mußte ich meine Arbeit, infolge der Hetzkampagne in den norwegischen Zeitungen (1938) unterbrechen. Das Laboratorium wurde nach New York verschifft. Ich schickte mit einer Assistentin auch die SAPA-Kulturen mit. Erst Mitte September 1939, nach Wiedereinrichtung des Laboratoriums in Forest Hills, konnte ich die Arbeit wieder aufnehmen. Es war nicht leicht, geduldig zu warten. Wir begannen die eigentlichen Orgontherapieversuche am Krebs damit, daß wir Mäusen mit spontan entwickelten, raschwachsenden Tumoren von der Firma Herrlein in New City, N. Y., eine Auflösung von SAPA-Kultur unter die Haut spritzten. Die erste SAPA-gespritzte Maus war eine Maus aus einem Pariser Stamm mit Diagnose »mamory tumor«, die ich von der Columbia Universität durch einen Arztschüler erhielt (♀, Paris R 3). Ich darf hier der großen Unruhe gedenken, der wir alle im Laboratorium erlagen, als diese erste Krebsmaus die erste Injektion bekam. Ich wußte (und der bei mir studierende Arzt vom Presbyterian Hospital versicherte mir), daß auch nur die Verkleinerung des Krebstumors schon ein Riesenereignis sein würde. Denn noch nie in der Geschichte der Krebsforschung war es gelungen, Mäusetumoren zu reduzieren oder gar zum Verschwinden zu bringen.
Die Geschwulst an der linken Brust war großbohnengroß und hart. Am zweiten Tag fühlten wir, daß sie weicher wurde, und einige Tage später war sie nur mehr kleinerbsengroß. Unser Triumph war groß, aber vergangene Erfahrungen mahnten uns, nicht allzu optimistisch zu sein.
Meine Vorsicht behielt recht. Zwar war die Krebsgeschwulst dieser ersten Maus von Großbohnen- auf Kleinerbsengröße zurückgegangen. Aber nach zwei Wochen *fing sie wieder zu wachsen an* und wurde walnußgroß. Ich wußte nicht, ob ich mit den SAPA-Injektionen aufhören oder fortfahren sollte. Währenddessen starben einige unbehandelte Krebsmäuse rasch an Kachexie. Aber auch *gesunde* Mäuse, die ich zur Kontrolle mit SAPA injiziert hatte, starben an merkwürdigen Erscheinungen: Die Leber war vergrößert und zeigte Degeneration in den Drüsenläppchen. Es beruhigte sehr, daß die SAPA-behandelte Maus viele unbehandelte Krebsmäuse lange überlebte. Mehrere andere mit SAPA in-

jizierte Krebsmäuse lebten ebenfalls um viele Wochen, ja Monate länger als die unbehandelten Krebsmäuse. Aber schließlich starben alle, einige mit verkleinerten, andere mit zuerst verschwundenen oder verkleinerten und dann neu groß gewordenen Tumoren. Es war deprimierend; aber *die Tatsache der Tumorenverkleinerung durch Orgonwirkung war gesichert.*
Ich begann nun viele Dutzende von Krebsmäusen mit SAPA zu injizieren, im ganzen 101. Im Verlaufe vieler Monate begann sich die verworrene Situation zu klären. Es war völlig unklar, weshalb die Tumoren wieder so viel größer wurden, nachdem sie zunächst eingegangen waren. Nur bei einigen wenigen Mäusen war die Geschwulst vergangen, ohne wiederzukommen.
Ich hatte von Anbeginn die injizierten und die unbehandelten Krebsmäuse genau untersucht; war doch unklar, auf welche Weise die SAPA-Bione das Tumorgewebe auflösten. *Strömten die SAPA mit dem Blut in den Tumor und zerstörten sie dort das Gewebe, wie sie auf dem Objektträger die bewegten Krebszellen töteten?* Schon die erste sezierte *(behandelte)* Krebsmaus ergab einen sehr verwirrenden Befund: *Von den injizierten SAPA-Bionen war weder im Blut noch im Tumor eine Spur vorhanden.* Das war auch bei allen anderen behandelten Krebsmäusen der Fall.
Das begriffen wir nicht. Aber es fiel uns auf, daß die Geschwülste der SAPA-behandelten Mäuse außerordentlich blutreich waren. Wir verstanden nach einiger Zeit, weshalb die Geschwülste zuerst kleiner wurden und dann wieder anwuchsen: *Das Größerwerden nach dem Kleinerwerden war dem Blutreichtum der Tumoren zuzuschreiben. Das Blut hatte etwas mit dem Prozeß der Zerstörung der Geschwulst zu tun.*
Die behandelten Mäuse unterschieden sich von den unbehandelten dadurch, daß ihre roten Blutkörperchen prall und biologisch kräftig waren, die unbehandelten Mäuse dagegen das typische Krebs-Blutbild zeigten: geschrumpfte Membranen der RBK, T-Zacken und reichlich T-Bazillen im Blut und in Blutkultur. Die behandelten Mäuse dagegen hatten weniger oder keine aktiven T-Bazillen im Blut. Der auffallende Unterschied in der Form und Aktivität der roten Blutkörperchen führte uns auf den Gedanken, daß es in Wirklichkeit nicht die SAPA, sondern die roten Blutkörperchen waren, die die Geschwulst *unmittelbar* zur Auflösung brachten. *Die SAPA luden die roten Blutkörperchen offenbar or-*

gonotisch auf und gingen dabei selbst zugrunde. *Die aufgeladenen roten Blutkörperchen vollführten die Heilung am Tumor, die wir ursprünglich den SAPA unmittelbar zugeschrieben hatten.* Diese Vermutung war richtig, denn sie führte weiter zu wichtigen Beobachtungen: *Das orgonotisch stark geladene Blut ist als der eigentliche Heilfaktor zu betrachten. Diese Erfahrung wendeten wir von nun ab konsequent an.* Wir verstanden vor allem die Anämie und die Kachexie der unbehandelten Mäuse. Die behandelten Mäuse starben zwar auch, aber sie erreichten nie den Grad an Kachexie und Anämie wie die unbehandelten: In der unbehandelten Krebsmaus braucht der Organismus die verfügbare, an die Blutkörperchen gebundene biologische Energie im Kampfe gegen die Erkrankung auf; dabei geht der Organismus ein: *Kachexie*. Bei den orgonbehandelten Krebsmäusen ersparte sich der Organismus körpereigene biologische Energie durch ihre Zufuhr von außen. Dieselben Resultate erzielten wir statt mit SAPA-Orgonenergiebläschen durch Injektion autoklavierter Erdbione.

Wir sezierten einige Dutzend unbehandelter Krebsmäuse und fanden, daß auch hier der Tumor gelegentlich Bluthöhlen enthielt. Diese Höhlen waren frei von organisiertem und kompaktem Krebsgewebe. Sie enthielten dagegen eine makroskopisch bräunliche, mikroskopisch wesentlich aus Detritus und T-Bazillen bestehende Masse. Im Dunkelfeld bei 3000 × Vergrößerung war deutlich zu sehen, daß die RBK dort, wo sie mit Krebszellen in Berührung kamen, nicht nur das Gewebe in T-Körperchen einschmolzen, sondern auch selbst in T-Körper zerfielen. Bei unbehandelten Krebsmäusen liegt orgon*schwaches* Blut vor. Ich wußte daher nicht, ob der T-Zerfall der RBK dieser Orgonschwäche oder dem Energieverlust beim Kampf gegen die Krebszellen zuzuschreiben war. Später entdeckten wir dieselbe Erscheinung auch bei orgonbehandelten Mäusetumoren. Auch hier zerfielen die RBK in T dort, wo sie mit den Krebszellen in Kontakt kamen. (Diese Tatsache läßt sich auch im Farbschnitt beobachten.) Nun wußten wir, daß der T-Zerfall der RBK Folge ihres Kampfes gegen das Krebsgewebe und nicht Folge von Orgonschwäche ist.

So kamen wir dem *natürlichen Heilungsversuch des Organismus auf die Spur.* Er wurde der Leitfaden aller weiteren Arbeit: *Der natürliche Heilfaktor gegen den Krebs kann nur das eigene Blut sein.*

Der Leser möge sich daran erinnern, daß zu diesem Zeiptunkt (Winter 1939/40) niemand die Existenz des atmosphärischen Orgons ahnte. Daher gab es auch keinen Orgon-Akkumulator. Die Orgontherapie der Krebsmäuse bediente sich der Injektion orgonhaltiger Bione. Wir beobachteten die vielen injizierten Mäuse täglich ausgiebig und hatten das Empfinden, daß die Orgonenergiebläschen, die wir injizierten, zwar den Tumor zerstörten, aber auch irgendwie die Mäuse schädigten. Ich persönlich hatte von jeher eine Abneigung gegen Injektion körperfremder Substanzen, sei es nun Chemikalien, sei es artfremder Seren, in einen lebenden Organismus. Man konnte nicht übersehen, daß so viele schmerzstillende Chemikalien zwar die Schmerzen lindern, aber gleichzeitig den autonomen Lebensapparat schädigen. Ja, die schmerzstillende Wirkung der Alkaloide (Morphium etc.) besteht gerade in einer Herabsetzung der vegetativen Empfindungsfähigkeit des Organismus. Sie bewirken also *biologisch* genau das Gegenteil dessen, was die Orgontherapie erzielen will: *Herabsetzung* und nicht *Steigerung* der Lebensfunktionen. Dieses medizinische Problem ist uralt: *Gibt es Mittel, die die Krankheitserreger töten und Schmerzen stillen, ohne das Lebenssystem zu schädigen?* Die chemische Forschung hat dieses Problem bisher nicht lösen können.

Gesunde Kontrollmäuse erkrankten ebenfalls nach Injektion von SAPA-Bionen; die behandelten Krebsmäuse wurden zwar vom Tumor befreit, aber sie gesundeten nicht recht. Daher versuchte ich schon in diesen Anfangsstadien von der Injektion der Orgonenergiebläschen wegzukommen. Zunächst sahen wir keinen Weg, Orgonenergie ohne Bioninjektion zu applizieren. Doch als festgestellt war, daß die Bione *über das Blut* und nicht unmittelbar wirkten, ergaben sich neue Wege der Orgonapplikation, ohne direkte Injektion von Bionen. Ich will diese Umwege hier nur kurz erwähnen. Sie bildeten nur eine lehrreiche Zwischenphase der Orgontherapieversuche und wurden später völlig aufgegeben. Aber sie enthüllten wichtige Eigenheiten des Blutes in seiner Beziehung zum Orgon und zum malignen Tumor.

Folgende indirekte Methoden der Orgonapplikation wurden angewendet:

1. Die blutreichen Tumoren orgonbehandelter Krebsmäuse wurden punktiert. Das Tumorblut wurde steril aufgefangen, zentrifugiert, von den roten Blutkörperchen befreit, so daß nur das

Blutserum zurückblieb. In dieses Blutserum wurde sterile SAPA-Bionkultur getan. Das Serum wurde einen Tag im Eiskasten gelassen. Da Flüssigkeiten Orgon absorbieren, waren wir sicher, daß das Serum sich mit Orgonenergie aus den SAPA-Bionen aufladen würde. Das Serum wurde dann filtriert, also von den SAPA-Körpern wieder befreit. Dann wurde das orgongeladene Serum Krebsmäusen injiziert. Wir konnten uns dabei überzeugen, daß sich im Blut der Krebsmäuse keine spezifischen Antikörper gegen die Krebszellen bilden. Denn das Serum von Krebsmäusen, die unbehandelt waren, zeigte nicht den geringsten therapeutischen Effekt. Begreiflich, da das Blut krebskranker Organismen orgonotisch schwach ist. Dagegen wirkte das Mäuseserum, das in der Tube mit SAPA vorbehandelt war, zwar nicht ganz so stark wie die direkte SAPA-Injektion, aber doch deutlich.

2. Wir injizierten *gesunden Kaninchen* einige Male SAPA-Kulturen, entnahmen dann Blut, überzeugten uns wieder, daß es keine geformten SAPA im Blut mehr gab, und injizierten das Kaninchenblut in zweierlei Weise den Krebsmäusen. Eine Gruppe von Krebsmäusen bekam Injektionen von Kaninchenblut (0,2-0,5 cm³, das mit Kaliumchlorid verdünnt war, täglich durch mehrere Wochen. Die andere Gruppe bekam Injektionen von *zentrifugiertem* Kaninchenblut, also reines orgonstarkes Kaninchen-Serum. Auch diese Methode der indirekten Orgonapplikation war erfolgreich. Die Injektionen in die Schwanzvene der Mäuse wirkten besser als die subkutanen, aber es gab dabei einige Todesfälle infolge Schockwirkung durch die intravenöse Gabe von KCl.

3. Injektionen von orgonotisch starkem Kaninchen-Serum mit und ohne rote Blutkörperchen *direkt in den Tumor* hatten schlechte Wirkung.

4. Schließlich verwendeten wir *menschliches Blut*. Assistenten wurde Armvenenblut steril entnommen und in der Eprouvette mit SAPA-Bionen zusammengebracht. Man konnte mikroskopisch klar sehen, daß die roten Blutkörperchen sich gierig um die einzelnen SAPA-Bione ansammelten, Orgonbrücken bildeten und Orgon aufnahmen. Diese Beobachtungen waren ebenso lehrreich wie erregend. Die roten Blutkörperchen wurden praller, der blaue Orgonrand verbreiterte sich, die Strahlung wurde (besonders gut mit Blaufilter zu sehen) sehr kräftig. Wieder wurden zwei Gruppen von Krebsmäusen blutkörperchen*freies* (zentrifugiertes) und blutkörperchen*haltiges* Serum von Menschen injiziert. Die Wir-

kungen auf den Mäusetumor waren kräftig. Aber das gesamte Verfahren nahm sehr viel Zeit und Mühe in Anspruch. Man mußte auf strengste Sterilität achten; überdies sind Injektionen in die Schwanzvene einer Maus nicht leicht.

5. Wir versuchten auch ein sogenanntes »T-Bazillen-Serum« herzustellen. Wir injizierten sehr schwache Dosen von T-Bazillen gesunden Kaninchen, entnahmen nach acht Tagen Blut, filtrierten es und injizierten den Krebsmäusen das Serum. Wir konnten keine befriedigenden Wirkungen sehen. Im Mikroskop hatten wir allerdings die Bildung blauer Orgonbläschen in klarem, filtriertem Serum bei Zusatz von T-Bazillen beobachtet. Wir gaben die Herstellung des spezifischen T-Serums bald auf. Ebenso erfolglos waren Versuche, Antikörperbildung in Mäuse- und Kaninchenblut durch Injektion autoklavierter T-Bazillen anzuregen.

Unter den indirekten Methoden der Orgonapplikation wirkte am besten die Injektion von Blutkörperchen, die vorher mit SAPA-Bionen orgonotisch aufgeladen waren: Hier, ebenso wie bei direkter SAPA-Injektion, zerfiel das Tumorgewebe in tote T-Körper, ging die Anämie des Blutes zurück, wurde die T-Reaktion des Blutes bei der Autoklavierungsprobe durch die B-Reaktion ersetzt.

Ich bringe nun eine Tabelle mit dem Gesamtergebnis:

Von 27 speziell untersuchten Kontrollmäusen (in Wirklichkeit hatten wir viel mehr unbehandelte Krebsmäuse beobachtet) starben die allermeisten mit allen typischen Krebssymptomen (Kachexie, Blutfäulnis, T-Reaktion, Tumorwachstum und putridem Zerfall des Krebsgewebes etc.) schon in der ersten Woche (etwa zwei Wochen nach Entdeckung des Tumors in der Zuchtanstalt). Der Züchter versicherte uns, daß er alle Mäuse je einmal jede Woche untersuchte, so daß der sichtbare Tumor bei der Entdeckung höchstens sieben Tage alt sein konnte. In der zweiten Woche starben fünf Krebsmäuse. Dann starben je zwei Mäuse in der 3. bis 7. Woche und je eine Krebsmaus in der 8. bis 11. Woche. Man kann also sagen, daß die Höchstlebensdauer unbehandelter Krebsmäuse etwa zehn bis zwölf Wochen beträgt. Die *Durchschnittslebensdauer* ist weit geringer (3,9 Lebenswochen), da die meisten Krebsmäuse sehr rasch nach Auftreten des Tumors sterben.

Im Gegensatz dazu betrug die durchschnittliche Lebensdauer der 101 mit direkter und indirekter Orgonapplikation durch Injektion behandelten Krebsmäuse 9,1 Lebenswochen. Die durch-

LEBENSDAUER VON BEHANDELTEN UND

	Art der Orgon-Applikation	Anzahl der Mäuse	1	2	3	4	5	6	7	8	9	10	11	12	13	14	15	16	17	18
Gruppe A	Injektion von Orgon-Energie-Bläschen (SAPA-Bion-Kulturen, Erd-Bionen usw.)	gestorben 54	2	2	5	2	3	3	9	3	2	7	1		3	2	1	1	1	1
Gruppe A	Injektion orgongeladenen Blutes (von Kaninchen, Tumor, usw.)	getötet für die Autopsie 47		3	4	5	6	1	4	3	3	4	1	1	5		2	2	1	1
Gruppe A		Zusammen 101	2	5	9	7	9	4	13	6	5	11	2	1	8	2	3	3	2	2
Gruppe B	Orgon-Energie-Akkumulator	36		1	3	1	5	2		3	3	2			1	2	4	3	1	1
Gruppe C	Unbehandelte Kontrollmäuse	27	8	5	2	2	2	2		2	1	1	1	1						
	Insgesamt:	164																		

schnittliche Lebensdauer berechnet man, indem man die Gesamtzahl der Lebenswochen *aller* behandelten Krebsmäuse durch die Gesamtzahl der Mäuse dividiert. Die Lebensdauer ist vom Auftreten des Tumors bis zum Tode gerechnet. Die Zahl muß etwas höher angesetzt werden als 9,1, weil wir 47 von den 101 behandelten Krebsmäusen zur Kontrolle der Orgonwirkungen in den Geweben abtöteten.* Nur 54 von den 101 behandelten Krebsmäusen starben spontan. *Die durchschnittliche Lebens-*

* Vom statistischen Standpunkt aus mag eingewandt werden, daß es unkorrekt ist, die getöteten Mäuse in die Kalkulation einzubeziehen. Es sollte jedoch festgehalten werden, daß sie getötet wurden, wenn der spontane Tod in jedem Fall eingetreten wäre. Ihre Einbeziehung in die Kalkulation modifiziert das Ergebnis nicht wesentlich.

UNBEHANDELTEN KREBSMÄUSEN (1939–1941)

Tumor-Diagnose (in Wochen)

19	20	21	22	23	24	25	26	27	28	29	30	31	32	33	34	35	36	37	38	Durch- schnittliche Lebensdauer	Maximale Lebensdauer
		2		1	1			2													
			1																		
		2		2	1			2												9,1 Wochen	28 Wochen
					1							2							1	11,1 Wochen	38 Wochen
																				3,9 Wochen	11 Wochen

dauer der behandelten Krebsmäuse war also verglichen mit der der unbehandelten Mäuse ca. 2½mal länger. Während die längste Lebensdauer der unbehandelten Mäuse nur elf Wochen betrug, lebten zwei der orgonbehandelten Krebsmäuse *28 Wochen*, also noch *sieben Monate nach Auftreten der Geschwulst.* Dies ist ganz ungewöhnlich und ein sehr gutes Ergebnis dieser ersten Orgontherapieversuche des Mäusekrebses. Da die Gesamtlebensdauer einer *gesunden* Maus nur ca. 2½ Jahre beträgt und die meisten Krebsmäuse zu uns im Alter von etwa 5-8 Monaten kamen, hatten wir die Lebensdauer dieser Mäuse um etwa ein Viertel der Gesamtlebenszeit verlängert. Auf den Menschen übertragen käme dies etwa 15 Jahren gleich. Diese ersten Ergebnisse ermutigten, wenn sie auch weit hinter den Anforderungen einer radikalen

Krebstherapie zurückblieben. Beim Menschen waren demzufolge noch weit bessere Resultate zu erwarten. Zunächst ist ein menschlicher Tumor *im Verhältnis zum Gesamtkörper* weit kleiner als bei einer Maus. Die Maus kann keine Schmerzen oder andere Symptome äußern, die den Tumor ankündigen. Beim Menschen gibt es eine große Reihe von medizinischen Hilfsmitteln, die *Orgontherapie* zu unterstützen (Vegetotherapie, reichliche Wasserzufuhr, Eisenkolloidzufuhr, Diät, vitaminreiche Nahrung etc.). rung etc.).

Dies war der Stand der Orgontherapieversuche an Mäusen im Verlaufe des Jahres 1940. Ich übergehe hier viele Anstrengungen, die wir unternahmen, um die Lücken auszufüllen und bessere Resultate zu erzielen. Nur *eine* große Schwierigkeit soll noch erwähnt werden, die wir bei den späteren Orgontherapieversuchen an Menschen wieder antrafen: Zwar gelang es nun, Tumoren durch orgonotische Aufladung des Blutes zu zerstören. Aber Leben und Tod der behandelten Mäuse hingen wesentlich davon ab, *ob und in welcher Weise das tote Tumormaterial aus dem Körper ausgeschieden wurde*. Viele Mäuse starben im Verlaufe dieser Versuche nicht an der Krebsgeschwulst und nicht an T-Intoxikation, sondern (nach dem berühmten Satze »Operation gelungen, Patient tot«) an verstopften Nierenkanälchen und Lymphdrüsenwegen, an riesenhaft vergrößerter Leber und Milz. Es sind die *Organe, die die Aufgabe haben, den Detritus auszuscheiden.* Besonders typisch war die Verstopfung der Nierenkanälchen. Je größer der Tumor war, der zerstört wurde, desto größer wurde diese Gefahr. Die Mäuse starben nicht an Krebskachexie und nicht an fauligem Gewebs- und Blutzerfall. Sie sahen beim Tode gut aus, hatten glattes Fell, waren nicht abgemagert. Sie starben an den Versuchen, die Produkte des Tumorzerfalls auszuscheiden. Diese Riesenfrage ist auch heute noch nicht gelöst. Zerstört man große Geschwülste zu rasch, so verstopfen sich die Ausscheidungsorgane. Zerstört man langsam, so wachsen Wucherungen leicht nach. Es gibt nur die eine Antwort darauf: *Die Geschwulst darf nicht zu groß geworden sein.* Unsere Blutdiagnose (T-Reaktion, Kulturversuch etc.) des Krebses erweist sich daher in der Frühdiagnose als sehr hilfreich.

Im Juli 1940 entdeckte ich das Orgon in der Atmosphäre. Im Verlaufe weniger Monate verfügten wir über den Orgon-Akkumulator, der das atmosphärische Orgon konzentriert. Nach verschiedenen Untersuchungen stellte es sich heraus, daß das atmosphärische Orgon dieselben Eigenschaften zeigte, wie das Orgon innerhalb der Energiebläschen, die wir den Krebsmäusen injizierten. Wir gingen daher dazu über, Krebsmäuse täglich eine halbe Stunde im Akkumulator zu halten, statt Orgonenergiebläschen zu injizieren. Schon die allerersten Beobachtungen zeigten erstaunlich rasche positive Wirkungen: Die mit atmosphärischem Orgon behandelten Mäuse erholten sich rasch, das Fell wurde glatt und glänzend, die Augen verloren die Trübe, der Organismus wurde kraftvoll, die typische Gebeugtheit und Verkrümmtheit der Krebsmäuse machte einer Streckung Platz, die Tumoren wuchsen nicht weiter oder sie gingen sogar zurück. Es war zunächst sonderbar, daß der Aufenthalt in einer Kammer, die innen mit Metall ausgekleidet war, solche biologischen Wirkungen zeigte. Dieses Staunen erlebten wir später, nachdem uns die Wirkung selbstverständlich geworden war, an vielen Besuchern des Laboratoriums. Sie suchten nach elektrischen Drähten und komplizierten Maschinen, und sie konnten nicht begreifen, daß ein einfacher, innen mit Metall bekleideter Kasten Krebs zu beeinflussen vermag.

Nach mehreren Monaten stellte es sich heraus, daß die statistischen Resultate an den mit atmosphärischem Orgon behandelten Mäusen *besser* waren als die nach Bion-Injektion. Im ganzen wurden 36 Krebsmäuse mit dem Orgon-Akkumulator behandelt. Die durchschnittliche Lebensdauer der mit Orgonbläschen injizierten Mäuse hatte 9,1 Lebenswochen betragen. Die der mit dem Orgon-Akkumulator behandelten Mäuse betrug 11,1. Die Höchstlebensdauer bei Injektion betrug 28 Wochen, also sieben Monate nach Entdeckung der Geschwulst. *Die Höchstlebensdauer bei Behandlung mit atmosphärischem Orgon betrug 38 Wochen, also etwa 9½ Monate.* Das bedeutete einen wichtigen Schritt vorwärts. Wir hatten die Verlängerung der Lebensdauer von etwa ¼ (7 Monate) auf ⅓ (9½ Monate) der Gesamtlebenszeit (ca. 30 Monate) gesteigert. Auf den Menschen übertragen würde dies einer Verlängerung des Lebens, mit ca. 60 Jahren angesetzt, um 20 Jahre gleichkommen. (Allerdings leiden Mäuse wahrscheinlich nicht wie die Menschen unter schweren emotionellen Biopathien, die die Krebserkrankung riesenhaft komplizieren.) Wir waren froh, daß keine körperfremden Stoffe mehr in den Organismus kamen. Die Behandlung erforderte nicht mehr soviel Mühe und vorbereitende Arbeit. Die Mäuse waren im Akkumulator sich selbst überlassen, und wir konnten andere Arbeit leisten. Dies eröffnete weite Ausblicke für eine künftige Krebstherapie an Menschen. Wenn sich der Orgon-Akkumulator als wirksam und als unschädlich für gesunde Gewebe und gesundes Blut erwies, dann bestand die Möglichkeit, gesunde wie kranke Menschen Orgon-Akkumulatoren im eigenen Hause haben zu lassen. Im Dezember 1940 wurde der erste Orgon-Akkumulator für Menschen gebaut. Ich will nun darstellen, welche Maßnahmen wir ergriffen, um uns zu vergewissern, ob das atmosphärische Orgon im Akkumulator für *gesunde* Menschen schädlich ist oder nicht.

Ich selbst hatte nun schon zwei Jahre täglich mehrere Stunden im eisenbeschlagenen Faradayschen Käfig gearbeitet, der so als Orgon-Akkumulator funktionierte, um das Orgon in ihm zu untersuchen. Ich fühlte nicht nur keinerlei Beschwerden, sondern konnte eine sehr lebendige Kräftigkeit an mir wahrnehmen. Einige Arbeiter des Laboratoriums hielten sich täglich mindestens eine halbe Stunde im Akkumulator auf. Wir ließen Kaninchen und Mäuse monatelang täglich viele Stunden im Akkumulator leben. Wir konnten außer Nervosität keine nachteiligen Wirkungen feststellen. Man kann zwar Kopfschwindel (dizziness) und Übelkeit bei zu langem Aufenthalt im konzentrierten Orgon entwickeln, aber diese Erscheinungen verschwinden rasch in frischer Luft.

Ein spezieller Versuch enthüllte einen merkwürdigen Tatbestand, der sich aber in die Gesamtanschauung gut einfügte. In einem Grasaufguß entwickeln sich Protozoen unter normalen Verhältnissen reichlich zwischen dem 2. und 5. Tag. Wir stellten nun Grasaufgüsse in einen kleinen Orgon-Akkumulator und fanden, daß sich *in diesen orgonbehandelten Aufgüssen keine oder nur sehr wenige Protozoen entwickelten*. Waren aber einmal Protozoen und Bakterien voll entwickelt, war die normale Grasstruktur überwiegend zerstört, so wirkte der Akkumulator *nicht* tötend auf die Protozoen. Das verstanden wir zunächst nicht. Die Blutproben an Krebsmäusen zeigten eindeutig, daß die Orgonbehandlung durch den Akkumulator das Blut auflud und es T-frei machte. Stellten wir aber eine T-Bazillenkultur in den Akkumulator, so fehlte jede tötende Wirkung. Das entsprach dem Ergebnis mit den Grasaufgüssen, war aber unbegreiflich. Schließlich sagte die Überlegung: Auch die SAPA-Bione hatten nicht unmittelbar tötend auf die Krebszellen und T-Bazillen gewirkt, sondern *mittelbar* durch die Aufladung der roten Blutkörperchen und der gesunden Gewebe. Das Orgon im Akkumulator lud demzufolge das gesunde Gewebe des frischen Grases im Aufguß auf und verlangsamte so seinen Zerfall in Protozoen. War *kein gesundes* Gewebe zur Aufladung vorhanden, so fehlte auch die Wirkung der Protozoentötung. Dann lud das Orgon eben (bei Fehlen gesunder Gewebe) nur die Protozoen biologisch auf. Wir sehen, mit mechanistisch-starren Vorurteilen lassen sich die Orgonversuche nicht begreifen. *Es müssen gesunde, kräftige Orgonsysteme vorhanden sein, die orgonotisch stärker aufgeladen werden können, um protozoale und bakterielle Fremdkörper zu beseitigen oder nicht zur Entwicklung zuzulassen.* Es ist ein Grundgesetz im Bereiche der Orgonphysik, daß *das stärkere orgonotische System das schwächere an sich zieht und ihm die Ladung entzieht.* (Genau umgekehrt wie bei der elektrischen Ladung, wo die Energie vom stärkeren zum schwächeren System fließt). Die Gewebe oder das Blut eines Menschen oder einer Maus stellen gegenüber den Protozoen, Krebszellen und T-Bazillen das weit stärkere orgonotische System dar. Dem entspricht ihre tötende Wirkung. Diese Wirkung erfolgt normalerweise auch ohne Orgonzufuhr von außen. Aber im Prozeß des Kampfes gegen die Krebszellen und T-Bazillen büßt, wie wir gehört haben, das gesunde Gewebe und das Blut selbst immer mehr Orgon ein; daher die Anämie und die Abmagerung. *Führen wir nun Orgon von außen konzentriert und regelmäßig zu, so ersparen wir dem Organismus den Verbrauch körpereigenen Orgons.* Die Kachexie und die Anämie bleiben aus oder sie heben sich wieder auf.

Der Versuch mit den Grasaufgüssen war eine interessante und wichtige Bestätigung dieser Auffassung der Orgonwirkung auf Gewebe und Blut. Doch eine lange Reihe wichtiger Fragen ist hier noch der experimentellen Lösung vorbehalten.

Wir stießen bei der Applikation des atmosphärischen Orgons auf dieselben Schwierigkeiten wie bei den Bioninjektionen. Viele Mäuse starben an Verstopfung der Ausfuhrwege des Organismus *ohne* Anämie und *ohne* Kachexie. Das Problem wird später an Hand der Orgontherapieversuche an Menschen ausführlicher besprochen werden.

Nun will ich zur Darstellung der Orgontherapie des menschlichen Karzinoms übergehen. Ich schicke nochmals voraus, daß es sich *nicht um endgültige* Ergebnisse handelt, sondern um richtige Erfahrungen, die voll sind von Lücken, Zweifel und Unsicherheiten.

VIII. Die Resultate der experimentellen Orgontherapie an krebskranken Menschen

1. DIE ORGONOTISCHE ZELL-ERSTRAHLUNG: WIRKUNG DES ORGON-AKKUMULATORS UND THERAPEUTISCHER FAKTOR

Der Leser, der mit den Orgonenergieexperimenten nicht vertraut ist, mag den Anspruch des therapeutischen Werts des Orgonenergie-Akkumulators mit Zweifel betrachten. Es scheint nicht einleuchtend, daß man eine heilsame Wirkung erzielen kann, indem man Menschen in einen nicht eindrucksvoll aussehenden Kasten setzt, der einfach konstruiert ist, Außenwände aus organischem Material und Innenwände aus Metall hat mit dem Zweck, Orgonenergie aus der Luft aufzufangen. Es scheint noch unglaubhafter, wenn man bedenkt, daß der Akkumulator keine hochentwickelten Bestandteile, keine Drähte, keine Knöpfe, keinen Motor enthält. Und nicht nur das, die Orgonenergie, die erwiesenermaßen eine so bedeutsame Wirkung auf die Schrumpfungs-Biopathie hat, braucht auch nicht gekauft zu werden. Das Orgon-Institut* hat versucht, jede Profitascherei bei der Anwendung dieser Energie zu verhindern. Durch eine sorgfältige Dokumentation soll der Ungläubigkeit, die als Antwort auf die Einfachheit des Apparats und seinen Gebrauch erwartet werden kann, entgegengewirkt werden.

Wir erkennen an rein physikalischen und an biologischen Wirkungen, daß die atmosphärische Orgonenergie innerhalb des Akkumulators *konzentriert* ist. Dies erklärt aber noch nicht die therapeutische Wirkung, die auf den lebenden Organismus ausgeübt wird. Versuchen wir es, uns ein Bild davon zu machen.

In den ersten Monaten der Orgontherapieversuche mit atmosphärischem Orgon (Anfang 1941) lagen nur wenige Einsichten in das Wesen des Orgons vor. Es war zwar sichtbar gemacht, die Diffe-

---

* Das Orgon-Institut war keine Organisation, sondern einfach der Name, unter dem Reich seine Arbeit leitete. Mit seinem Tod 1957 hörte es auf zu existieren. – Der Herausgeber.

renzen der Elektroskopentladungen und der Temperaturen waren bereits entdeckt, wenn auch noch nicht völlig ausgearbeitet. Die Konzentration war also gesichert, aber der *Mechanismus der Heilwirkung* war unklar. Wir operierten daher vorläufig mit der Hypothese, daß das konzentrierte Orgon im Akkumulator den nackten Körper durchdringt und derart Blut und Gewebe biologisch auflädt. Im Verlaufe der folgenden zwei Jahre häuften sich Beobachtungen, die eine andere und bessere Erklärung zuließen.

Einzelne, isolierte Tatsachen besagen wissenschaftlich nichts. Man pflegt unzusammenhängende Tatsachen wie in der Lehre von der »statischen Elektrizität« mit Worten zu bezeichnen und glaubt dann unrichtigerweise, sie begriffen zu haben. Oder man erfindet für jede einzelne dieser Tatsachen je eine »Interpretation«, völlig ohne Zusammenhang. Anders ist es, wenn aus dem Zusammenhang vieler Tatsachen sich spontan eine einzige Auffassung ergibt, der man nicht ausweichen kann, die als notwendig erscheint und die vielen verschiedenartigen Tatsachen in eine Funktionseinheit zusammenfaßt. Macht diese *eine* Auffasung nicht nur den funktionellen Zusammenhang der Tatsachen verständlich, sondern auch viele verschiedene Deutungen, Erklärungen etc. überflüssig, erschließt sie ferner neue Tatsachen, die sich ihrem Rahmen zwanglos einfügen, dann haben wir es mit einer befriedigenden Theorie zu tun.

Die Theoriebildung wird von vielen sogenannten »Praktikern« als ein »philosophischer Luxus« betrachtet. Theoriebildung ist aber kein Luxus, sondern ein wissenschaftliches Werkzeug ähnlich der Anordnung der vielen Instrumente bei einer Operation. Diese Instrumentenanordnung ist ebenso entscheidend für das Gelingen der Operation wie jedes einzelne Werkzeug für sich. Der beste Chirurg würde fehlgehen, wenn das Werkzeug für jeden neuen Handgriff erst im Raume herumgesucht werden müßte. Wie in der Werkzeuganordnung kommt man auch in der Theoriebildung von schlechteren zu besseren Anordnungen von Tatsachen. Solche Theorien können also nie ein fertiges System bilden, sie sind immer unvollständig und verbesserungsbedürftig. Dies gilt auch für die folgende Darlegung der bioenergetischen Heilwirkung des akkumulierten Orgons.

Die Annahme, daß das Orgon im Akkumulator den Organismus einfach durchdringt, ließ einige Tatsachen ungeklärt. Manche Kranke reagierten auf das Orgon sofort, andere brauchten viele

Bestrahlungen, ehe sich Wirkungen einstellten. Beruhte die Wirkung bloß auf mechanischer Durchdringung des Organismus mit Orgonpartikeln, dann müßte jeder Organismus in gleicher Weise reagieren. Das war nicht der Fall und bedurfte der Erklärung.

Die Annahme, daß der Organismus vom Orgon durchdrungen wird, dabei selbst aber passiv und unbeteiligt bleibt, war der Wirkung der Röntgen- und Radiumbestrahlung entlehnt. In diesen beiden Strahlenbehandlungen geht es um Applikation nichtbiologischer, also körperfremder Energie: Der Organismus sendet weder Röntgen- noch Radiumstrahlen aus. Das atmosphärische Orgon dagegen stellt eine *körpereigene, spezifisch biologische* Energie dar. Es wird dem Organismus durch die Atmung der Haut und der Lungen unausgesetzt aus der Luft und von der Sonne zugeführt. Der Organismus enthält daher in allen seinen Zellen und Flüssigkeiten Orgon, und er strahlt Orgon unausgesetzt ab. Befindet sich nun der Organismus im Orgon-Akkumulator, so treten zwei orgonotische Systeme in funktionelle Beziehung zueinander. Das wissen wir heute, das wußten wir nicht 1941. Um die funktionelle Beziehung zweier orgonotischer Systeme zu begreifen, müssen wir auf die Beobachtungen an den Bionen (Orgonenergiebläschen) zurückkommen.

Ein rotes Blutkörperchen und ein Erdbion bilden, wie wir wissen, je ein orgonotisches System. Ein solches besteht prinzipiell, biophysikalisch gesehen, aus einem *bioenergetischen Kern,* einer *plasmatischen Peripherie* und einem *Orgonenergiefeld* um den Organismus herum, schematisch in dieser Form: (s. Fig. 24).

Geraten nun zwei orgonotische Systeme in entsprechende Nähe zueinander, so bilden die beiden Orgonenergiefelder einen energetischen Kontakt. Die nächste Folge dieses orgonotischen Kontakts ist gegenseitige *Erregung* und *Attraktion.* Sie äußert sich darin, daß die beiden orgonotischen Systeme einander näherrücken. Die roten Blutkörperchen gruppieren sich um das schwerere und daher weniger bewegliche Erdbion. Sind die Blutkörperchen nahe genug gerückt, so bildet sich eine Orgonenergiebrücke mit starker Lichtbrechung aus. Jetzt beginnen die beiden biologischen Kerne der orgonotischen Systeme stärker zu strahlen. Wir nennen die Erscheinung die »orgonotische Erstrahlung«. Sie ist dasselbe, was die Schulbiologie als »mitogenetische Kernstrahlung« in der Zellteilung beschreibt. Sämtliche fundamentalen bioenergeti-

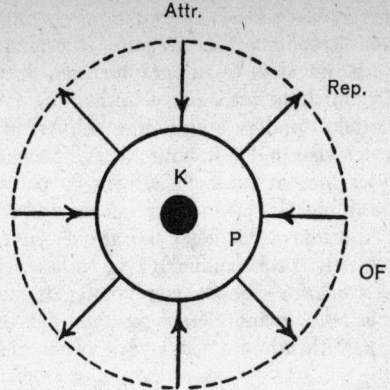

K: biologischer Kern
P: plasmatische Peripherie
OF: Orgonenergie-Feld
Attr: Orgonaufnahme oder Ladung
Rep.: Orgonabgabe oder Entladung

Fig. 24. *Schematische Darstellung des lebenden »orgonotischen Systems«*

schen Vorgänge wie Sexualerregung, Orgasmus, Zellverschmelzung und Zellteilung gehen mit hoher bioenergetischer Erregung, also mit *orgonotischer Erstrahlung* einher. Es handelt sich um starke Energieentbindung in der lebenden Materie. Der »sexuelle Kontakt« zwischen zwei Lebewesen, die zum Geschlechtsakt streben, ist, orgonphysikalisch gesehen, nichts anderes als *Orgonbrückenbildung* und *orgonotische Erstrahlung* in beiden Körpern (»orgonotischen Systemen«). Es ist von vielen Biologen (*Burr* u. a.) nachgewiesen worden, daß lebende Zellen und Vielzellorganismen ein Energiefeld über die materielle Grenze des Organismus hinaus besitzen. Es wird für ein elektromagnetisches Energiefeld gehalten. Die Orgonphysik behauptet dagegen, daß dieses Energiefeld um den Organismus nichts mit Elektromagnetismus zu tun hat und ein *Orgonenergiefeld*, d. h. *ein Feld spezi-*

fisch biologischer Energie ist. Es funktioniert, ohne Berührung der materiellen Körperoberflächen, auf Entfernung hin. Meine eigenen Versuche mit dem Oszillographen und dem jüngst konstruierten »Orgonfeldmesser« zeigen nicht nur, daß ein solches Energiefeld besteht, sondern auch daß es bei verschiedenen Menschen verschieden weit in den Raum reicht, von wenigen Zentimetern bis zu vier Metern (nach bisherigen Beobachtungen). Das Energiefeld hat ferner die Eigenschaft, bei ein und demselben Organismus zu schwanken, das heißt weiter oder enger zu werden, mit anderen Worten zu expandieren und zu kontrahieren. Diese Funktionen des Energiefeldes hängen vom emotionellen Zustand des Organismus ab. Das Energiefeld expandiert jedenfalls um den Organismus beträchtlich im Falle der orgonotischen Zellerstrahlung.

Wir haben es also mit einem und demselben Phänomen bei zwei so weit auseinanderliegenden Beziehungen zu tun, wie der zwischen einem Blutkörperchen und einem Erdbion hier, und der zwischen dem Orgonakkumulator und dem Organismus dort. Während aber im ersten Falle sich eine Orgonerstrahlungsbrücke nur an den Kontaktflächen bildet, *umhüllt im Falle des Akkumulators das Orgonenergiefeld des nichtlebenden orgonotischen Systems das Energiefeld des lebenden orgonotischen Systems vollkommen* in folgender schematisch dargestellter Weise: (s. Fig. S. 321).

Welche Tatsachen begründen nun diese theoretische Annahme? Es gibt eine Reihe solcher gesicherter Tatsachen.

1. Die Wirkungen des Orgon-Akkumulators sind weit schwächer oder fehlen ganz, wenn seine Innenwände von der Oberfläche des Organismus mehr als 4-8 Zoll entfernt sind. Der Unkenntnis dieser Tatsache war eine große Reihe von therapeutischen Mißerfolgen zuzuschreiben. Bei Mäusen waren die Wirkungen des Akku-Orgons schlecht, wenn sie in dem Akkumulator, der für Menschen bestimmt war, behandelt wurden. Sie waren besser, als wir dafür kleine, 8-12 Zoll Akkumulatoren verwendeten. Augenblicklich benutzen wir auch kleinere Akkumulatoren, haben aber die Zahl der Schichten von organischem Material und Metall vergrößert. Ein vierjähriger Junge mit Krebs in den Knochen reagierte weit schlechter als manche Erwachsene mit Knochenkrebs: Er war in einem Erwachsenen-Akkumulator bestrahlt worden. Wir hören oft den Einwand, daß die Elektrophysiker, die in Faradayschen Käfigen arbeiten, eine Wirkung hätten verspüren

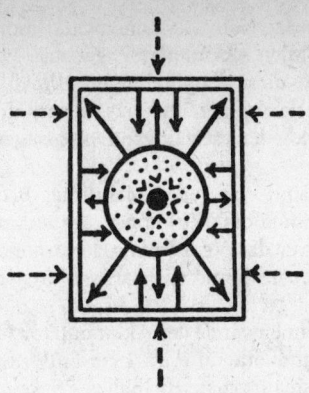

Kontakt der Energiefelder des Organismus und des Orgon-Akkumulators dargestellt durch Pfeile im Innern. Die äußeren gestrichelten Pfeile zeigen die Attraktion des atmosphärischen Orgons an. Wirkung: **Erstrahlung des Organismus**.

müssen: Ein viele Meter weiter Drahtkäfig ist kein biologisch wirksamer Orgon-Akkumulator, lautet unsere Antwort auf diesen Einwand. Ich persönlich halte es unvergleichlich länger in meinem 3 zu 2 Meter weiten Versuchsakkumulator aus als im engen 2 zu 2 1/2 Fuß weiten Behandlungsakkumulator aus.

2. Vegetativ (orgonotisch) rege Versuchspersonen verspüren die Wirkungen des Orgons im engen Akkumulator weit rascher als vegetativ (orgonotisch) träge Versuchspersonen. Die ersten haben ein weiteres Orgonenergiefeld als die letzten. Der Kontakt zwischen ihrem Körperenergiefeld und dem Feld der metallischen Akku-Wand stellt sich weit rascher und leichter her.

3. Orgonotisch träge Menschen beginnen die Orgonwirkungen im Akkumulator oft erst nach mehreren Bestrahlungen zu spüren. Dies läßt nur eine Erklärung zu: Der Organismus muß erst bis zu einem bestimmten Grade passiv aufgeladen werden, die Körperorgonstrahlung mußte stärker werden, um ihnen die subjektive Wahrnehmung der Orgonwirkung zu ermöglichen. Ein befreundeter Arzt vermochte das typische Prickeln und die Wärme an

den Handflächen in der Nähe der Innenwand monatelang nicht zu spüren. Erst als er den Akkumulator regelmäßiger zu benützen begann, stellten sich diese Empfindungen allmählich ein; d. h. sein Organismus hatte sich zunächst passiv verhalten, dann aber sich dem Orgonfeld der Metallwand sozusagen »entgegengestreckt«.

Diese Erfahrungen sind von außerordentlicher Bedeutung, nicht nur für das Verständnis der Wirkungen des akkumulierten Orgons, sondern auch für das Verständnis der orgonotischen Reaktionen des Organismus. Sie sind noch lange nicht genügend durchschaut.

4. Die metallischen Innenwände des Akkumulators sind *kalt*. Hält man dagegen die Handfläche in etwa 4 cm Entfernung davon genügend lange, so verspürt man ein feines *Prickeln* und *Wärme*. (Die objektiven Wärmedifferenzen am Akkumulator sind in Kapitel IV. ausführlich besprochen worden.) Wir müssen annehmen, daß die Wärmeempfindung und das Prickeln das subjektive Resultat des Aufpralls der Orgonpartikel auf die Haut sind. Diese Tatsache hat große Bedeutung für das Verständnis der Wärmeempfindung bei Orgonbestrahlung.

1942 wurde nun ein wichtiges Phänomen entdeckt, das eine entscheidende Beziehung zur Körpererstrahlung im Akkumulator hat: *Die Körpertemperatur geht* im Akkumulator (bei verschiedenen Personen verschieden rasch und verschieden stark) *um mehrere Teilstriche bis zu einem oder sogar zwei Grad Fahrenheit hoch*. War die Körpertemperatur vor der Bestrahlung nahe der Fiebergrenze, so überschreitet sie diese Grenze im Akkumulator. *Das Orgon erzeugt also ein mildes Fieber*.

Die Temperaturerhöhung des Organismus ist als eine grundsätzliche Erregungsreaktion der Zellen und des Blutes bekannt. Sie wurde bisher nicht verstanden. Diese Temperaturerhöhung weist auf eine Erstrahlung des orgonotischen Körpersystems hin. Genauso wie der Kontakt zweier Bione in eine orgonotische Erstrahlung ausläuft, erstrahlt auch das Blut und das Zellsystem im Kontakt mit dem Orgonfeld des Akkumulators. Dieser Kontakt der beiden Orgonsysteme führt zu einer Steigerung des *Orgonenergiewechsels* im Organismus, dem nun die belebende Wirkung der Orgontherapie zugeschrieben werden muß. Energiefeld-Kontakt, Durchdringung, Zellerstrahlung und Steigerung des Energiewechsels sind der Reihe nach die wesentlichen Etappen des Vorgangs. Sie decken sich mit den typischen Phasen wichtiger biologischer Abläufe wie der Kopulation und Konjugation. Wir haben es also im Falle der Orgontherapie mit sexualenergetischen Vorgängen im strengen biophysikalischen Sinne des Wortes zu tun. Nur so wird verständlich, daß so viele Kranke, die an Stillstand der biologischen Energieumsetzungen leiden, sexuelle Erregungen und eine Sexualstauung entwickeln. Darüber soll bei der Besprechung einzelner Fälle noch mehr gesagt werden.

Unser Akkumulator aus organischem Stoff außen und Eisenblech innen ist also gar nicht der harmlose Kasten, als welcher er erscheint. Er ist vielmehr ein biologisch höchst aktives System, das uns an anderer Stelle noch viel zu denken geben wird.

Die wiederholten, durch den Akkumulator hervorgerufenen Erstrahlungen des Organismus äußern sich ja auch darin, daß die roten Blutkörperchen mit der Zeit an biologischer Energie gewinnen und befähigt werden, stärker zu strahlen, praller zu werden, Krebsgewebe zu zersetzen, T-Bazillen zu töten etc., was sie im orgonschwachen Zustand nicht können. Man könnte von einem Standpunkt aus die Orgontherapie auch als eine natürliche »Fiebertherapie« bezeichnen, wenn man das Fieber korrekt als Anzeichen erhöhter bionenergetischer Tätigkeit des Organismus auffaßt. Von hier aus versteht man auch manche Heilungsmethoden in der Medizin, die bisher rein empirisch, ohne begriffen zu sein, angewendet werden. Die Malariatherapie, die mein klinischer Lehrer Wagner-Jauregg in Wien gegen die allgemeine Parese einführte, besteht in nichts anderem als in der künstlichen Anregung starker Zellerstrahlung durch Injektion von Malariaparasiten. Hierher gehört der heiße Tee mit Rum bei Erkältung ebenso wie der »warme Umschlag« gegen Zahnschmerzen. Wir stehen vor der Aufgabe, die Wirkungen mancher chemischen Heilmittel von diesem Standpunkt aus zu begreifen. Dadurch könnten die guten von den schädlichen chemischen Heilmitteln unterschieden werden. Ein Heilmittel, das den Bazillus tötet, aber gleichzeitig die Blutzellen und das Plasmasystem schädigt statt sie zu stärken, sollte nicht zugelassen werden, auch wenn mächtige Profitinteressen solche Maßnahmen verhindern wollten. Es kann auch nichts anderes als die orgonotische Erstrahlung im Organismus sein, die Schmerzen aller Art rasch herabsetzt oder sogar beseitigt.

Ich halte nach bisherigen Beobachtungen die durch den Akkumulator erzielte Zellerstrahlung im Organismus für den eigentlichen und wesentlichen Heilfaktor. Diese Zellerstrahlung wirkt ebenso destruktiv auf die Krebszellen und T-Bazillen im Organismus wie die starke Orgonstrahlung der SAPA-Bione T-Bazillen und bewegte Krebszellen unter dem Mikroskop lähmte. Dieser Vorgang wurde gefilmt. Es ist zu erwarten, daß weitere Versuche mit anderen Materialanordnungen die Erstrahlungswirkung des Orgonakkumulators beträchtlich steigern werden. Es käme vor allem darauf an, die Dauer der einzelnen Bestrahlungen herabzusetzen und höhere Körpertemperatursteigerung zu erzielen.

Die im Folgenden dargelegten Ergebnisse der Orgontherapie an krebskranken Menschen sind unvollständig. Ich hätte mit der Publikation dieser Ergebnisse gerne gewartet, bis mehr Erfahrungen vorgelegen hätten. Aber wir hatten das Empfinden, daß die allgemeine Anstrengung, des Krebses Herr zu werden, einen mächtigen Impuls bekäme, wenn erst einmal dieser Mechanismus der Krebsbiopathie dargelegt, die Grundfrage der Krebszellbildung aufgehellt und die Wirkungen der neu entdeckten Orgonenergie bekannt gemacht würden.

Die ersten Krebskranken, die dem Orgonexperiment unterzogen worden waren, wurden vom Orgon- und Krebsforschungslaboratorium in Forest Hills nur unter der Bedingung akzeptiert, daß der behandelnde Arzt nichts gegen das Experiment einzuwenden hatte und daß die Verwandten eine Bestätigung folgenden Inhalts ausfertigten:

I state herewith that I came to Dr. Wilhelm Reich for possible help in the case of my ... who suffers from cancer. I came because I was told of the experiments which Dr. Reich has made with cancer mice and human beings. Dr. Reich did not promise me any cure, did not charge any money and told me that he has tried the Orgone radiation on human beings who suffer from cancer only during the last few months ... Death or abscesses could occur as a consequence of the disease. I told Dr. Reich that the physicians have given up as hopeless the case of my ... Should death or abscesses occur during the time of the experiment it would not be because of it.*

---

*) [Hiermit erkläre ich, daß ich zu Dr. Wilhelm Reich kam wegen möglicher Hilfe im Falle meines(r) ..., die (der) an Krebs erkrankt ist. Ich kam, weil man mir über die Experimente berichtet hatte, die Dr. Reich

Ich möchte die Enttäuschungen und Mißerfolge schildern. Uns liegt viel daran, dem Eindruck vorzubeugen, als ob wir nun über ein Allheilmittel verfügten, das Krebs unter allen Umständen »heilt«. Es ist unerläßlich, die Mißerfolge zu begreifen, wenn man mit der Zeit die guten Wirkungen des Orgons erweitern und ausbauen will. Folgende Beispiele mögen die Schwierigkeiten und Mißerfolge beleuchten.

Fall M. F., eine 57jährige Witwe kam zu uns mit zahlreichen Tumoren, überwiegend im Schädel- und Armknochen. Sie war in zwanghafter Weise religiös. Sie litt an Hypochondrie und masochistischem Klagen. Vor 17 Jahren war der Uterus wegen Tumoren exstirpiert worden. Vor etwa zwei Jahren traten Schmerzen am Nacken, an der Schädeldecke und im Kreuz auf. Sie schlief schlecht und verlor den Appetit. Die hypochondrischen Klagen waren von den Klagen über akute Krebsschmerzen schlecht zu trennen. Sie konnte nur mit Unterstützung gehen, die Haut war klamm und blaß-bläulich, Füße und Hände kaltschweißig. Der Hämoglobingehalt des Blutes betrug 33 %. Die Bluttests ergaben sämtliche Reaktionen krebspositiv: T-Bazillenwuchs, T-Reaktion bei Autoklavierung und rasche Schrumpfung der RBK in NaCl. Die Tumoren an der Schädeldecke waren tastbar und hart. Die Diagnose Krebs war am Memorial Hospital gesichert.

Die Kranke kam acht Wochen lang täglich zur Orgonbehandlung. Am dritten Tage betrug das Hgb. 41 %, am sechsten Tage 55 %, am achten Tage 85 %. Das hielt sich vier Wochen, sank dann auf 78 % und blieb auf ca. dieser Höhe. Die T-Reaktionen blieben etwa drei Wochen positiv. Nach vier Wochen gab es keine T-Bazillen im Blut, aber der T-Zerfall der RBK betrug nach sieben Wochen noch immer 35 % gegenüber fast 100 % im Beginne.

Die tastbaren Tumoren am Schädel wurden deutlich kleiner und sie erweichten. Es traten Nasenblutungen auf. Das Blut war bräunlich verfärbt und enthielt typisches Tumormaterial. Die Schmer-

an Krebsmäusen und -menschen durchgeführt hat. Dr. Reich versprach mir nicht irgendwelche Heilung, er forderte kein Geld und er sagte mir, daß er erst seit ein paar Monaten die Orgonstrahlung an krebskranken Menschen erprobt ... Tod oder Abszeßbildung könnten als eine Folge der Krankheit eintreten. Ich berichtete Dr. Reich, daß die Ärzte den Fall meines(r) ... als hoffnungslos aufgegeben haben. Sollten während der Dauer des Experiments Tod oder Abszeßbildungen eintreten, würde das nicht durch das Experiment verursacht sein.]

zen ließen nach, Schlaf und Appetit besserten sich. Die Kranke gewann den Akkumulator lieb und wünschte einen im Hause zu haben, um nicht täglich die weite Fahrt unternehmen zu müssen. Ich mußte die Erfüllung dieses Wunsches ablehnen, weil ich noch zu wenig Erfahrungen am Menschen gesammelt hatte.

Nach zwei Monaten traten bei der Kranken Spannungen an den Oberschenkeln in den tiefen Adduktoren auf. Sie schien eine Scheu vor dem Akkumulator zu entwickeln, die ich zuerst nicht verstand. Ungefähr zur selben Zeit reagierte die erste Krebskranke, die ich in einem früheren Kapitel geschildert habe, mit Sexualstauung. Nun glaubte ich annehmen zu dürfen, daß das Orgon auch diese Kranke sexuell aufgeladen hatte; dagegen reagierte sie mit Spasmen der tiefen Adduktoren der Oberschenkel. Ihre Hypochondrie verstärkte sich. Sie hatte keine Krebsschmerzen, aber sie wurde querulatorisch. Ihre Verwandten hielten es nicht mehr aus, und die Kranke kam in ein Altersheim. Die Orgonbehandlung wurde unterbrochen. Neue Röntgenaufnahmen zeigten eindeutig Verkleinerung der Tumoren im Oberarm und an der Schädeldecke und Kalzifikation. Ihre Neurose komplizierte die Krebstherapie. Nach einigen Monaten deutlicher Besserung des Zustandes starb die Patientin. Ihr Leben war um viele Monate verlängert und die Schmerzen waren herabgesetzt worden.

Auch diese Kranke hatte das Bild kompletter emotionaler Resignation geboten. Das war auch von den Verwandten bemerkt worden. Ihr Neffe sagte mir eines Tages: »She has nothing to live for.« Man konnte sich des Eindrucks nicht erwehren, daß die Kranke starb, weil ihr »Lebenstrieb« nie korrekt funktioniert hatte und ihr Lebenssystem aus Mangel an Lebensfreude aufgab.

Fall C. K., 33 Jahre alt. Dieser Fall stand wegen Colostomie in ärztlicher Behandlung. Die Colostomie war wegen Ca des Colons durchgeführt worden. Die Kranke berichtet, immer konstipiert gewesen zu sein, sogar als Kleinkind. Sie war auch immer anämisch. Im Sommer 1939 setzte zur Zeit der Menstruation stets eine »Dysenterie« ein. Im Jahre 1940 traten auch Darmblutungen auf. Die Kranke litt seit vielen Monaten an unerträglichen Schmerzen im After. Sie nahm unaufhörlich rektal Schmerzsuppositorien und oral Kodein, da die Schmerzlinderung nur kurze Zeit währte.

Das Laboratorium übernahm diesen Fall am 7. Mai 1941 in trostlosem Zustande. Die Kachexie war weit fortgeschritten, sie wog trotz ihrer Größe nur 115 lbs. Es war sofort klar zu sehen, daß sie an schwerer Sexualbiopathie litt. Ihr Ausdruck war ängstlich. Sie litt unter Angstträumen. Ihr Gatte war vor acht Jahren gestorben. Seither hatte sie völlig abstinent gelebt. Auch in der Ehe war sie meist abstinent gewesen, denn der Gatte war immer krank und »zu schwach, um solchen Dingen Aufmerksamkeit zu schenken« (»too weak to pay attention to that«). Die Colostomie verschärfte ihren nervösen Zustand. Sie glaubte, ohnmächtig zu werden, wenn Darmgase ohne Kontrolle sich lösten. Sie litt an Schlaflosigkeit. Diese hatte schon lange vor der Erkrankung an Krebs bestanden. In den Angstzuständen traten Spasmen im Hals und im After auf, »daß sie sterben zu müssen« glaubte.

Dieser Fall war von mehreren Ärzten und in der Klinik diagnostiziert worden.

Tests: Hgb 72 %, Autoklavierungstest 99 % T-Reaktion, bestätigt durch Gramfärbung. Rote Blutkörperchen blaß, schmaler Orgonrand, Degeneration langsam, aber mit klarer T-Zackenbildung. Kultur der Darmausscheidung stark T, zahlreiche Fäulnisbakterien, geformte Krebszellen bis zu amöboiden Formen.

Zwei Tage nach Beginn der Orgonbestrahlung stieg der Hgb-Gehalt auf 82 % und blieb so. Nach etwa zwei Wochen war das Blutbild weitgehend gebessert. In der Darmausscheidung fanden sich nur mehr wenige vollgeformte Krebszellen, dagegen Haufen zerstörter Krebszellen und unbewegter T. Nach vier Wochen betrug die T-Reaktion des Blutes bei Autoklavierung nur mehr etwa 5 %, die B-Reaktion 95 %.

Schon nach der fünften Bestrahlung ging der Schmerz beträchtlich zurück. Die Kranke konnte eine ganze Nacht durch mit *einem* Kodein-Präparat auskommen, was vorher nie möglich gewesen war, und sie konnte schlafen. Nach der 12. Orgonbestrahlung hörte sie auf, Aftersuppositorien zu benützen. In den folgenden sechs Wochen nahm sie nur zweimal Suppositorien zu Hilfe. Sie nahm auch kein Kodein mehr. Ihr Appetit besserte sich, aber sie nahm an Gewicht nicht zu.

Am 29. Mai zeigte die Untersuchung der Rektum-Ausscheidung Fehlen geformter Krebszellen und nur mehr Krebsdetritus, unbewegte T etc. Die Ausscheidung war nicht mehr grau, sondern bräunlich, also Zeichen von zerstörtem Blut des Tumors.

Nach der 12. Orgonbestrahlung stellte sich Jucken im After ein. Sie schwitzte nun stark im Akkumulator und ihre Haut verlor die Blässe. Die Kranke war weiter schmerzfrei, schlief gut, ging herum, empfing Freunde etc.

Sie setzte die Behandlung bis zum 28. Juli 1941 mit kleinen Unterbrechungen fort, war andauernd schmerzfrei und fühlte sich wohl. Anfang August hörte sie auf, zur Behandlung zu kommen. Mitte September berichtete sie telefonisch, daß sie noch immer schmerzfrei wäre und sich wohl fühlte. Aber sie könnte nicht länger zur Behandlung kommen. Am 30. September lehnte ich in einem Brief an die Verwandten jede Verantwortung für das weitere Schicksal der Kranken ab. Es stellte sich heraus, daß sie zur Behandlung wegen ihrer Neurose nicht kommen konnte. Sie litt seit der Pubertät an schwerer Klaustrophobie und konnte aus diesem Grunde die Untergrundbahn nicht benützen, um zu uns zu kommen. Das Verhältnis zu ihren nächsten Verwandten war außerordentlich schlecht. Ich hatte oft den Eindruck, daß tiefer unbewußter Haß auf ihren raschen Tod warten ließ. Man hatte keine Zeit für sie, oder man zeigte ihr so deutlich, daß sie eine Bürde war, daß sie selbst in ihrer stillen resignierenden Art den Wunsch, mit dem Wagen gebracht zu werden, nicht mehr äußerte. Ich wußte, daß sie verloren war, konnte aber nichts machen. Die familiäre Situation war nicht zu überwinden, und ich konnte mich nicht entschließen, der Kranken einen Akkumulator ins Haus zu geben, denn ihr Hausarzt war feindselig eingestellt, obgleich er die Besserung des Zustandes am 24. Mai dem Bruder zugegeben hatte. Er hatte im Beginne mit Anzeige gedroht, und er hatte sich geweigert, ihre Krankengeschichte auszuhändigen. Im Sommer 1942 hörte ich, daß die Kranke vor kurzem gestorben war.
Ihr Tod war ein klarer Schrumpfungstod. Der Zustand war ihr durch die Orgonbehandlung für viele Monate sehr erleichtert worden, und ihr Leben hatte um etwa ein Jahr länger gedauert. Wir sehen, die Orgontherapie ist auch von sozialen und familiären Umständen abhängig.

2. OFFENE FRAGEN DER ORGONTHERAPIE DES KREBSES

Die Orgontherapie wird eine Reihe von Krebsaffektionen beseitigen oder ihr Auftreten verhindern können. Aber sie allein wird wohl niemals der Krebsseuche Herr werden können. Die Orgontherapie ist nur ein Teil der sexualökonomischen Maßnahmen in der Bekämpfung der Biopathien. Orgon kann Gewebe aufladen und Expansion des Lebensapparates erzielen. Aber wenn das soziale Milieu den Organismus unausgesetzt zur Kontraktion, Resignation, Schrumpfung etc. drängt, dann kommt die Orgonapplikation der Füllung eines Fasses ohne Boden mit Wasser gleich.

Unterscheiden wir also zur Klärung dieser Fragen die Orgonapplikation von den allgemeineren sozialen Maßnahmen. Für den praktischen Arzt wird zunächst nur die Orgontherapie wichtig sein. Aber er wird die allgemeine soziale Verursachung der Biopathien nie aus dem Auge lassen, wenn er den Organismus des Menschen als ein Produkt biologischer *und* sozialer Einwirkungen behandeln will.

Die Orgontherapie des Krebses bietet gegenüber den Methoden der Radium- und Röntgenbestrahlung und der Operation mehrere Vorteile. Die Röntgenstrahlen sind zwar imstande, das Wachstum eines Tumors vorübergehend zu bremsen. Diese Behandlungsart geht aber mit einer allgemeinen biologischen Schwächung des Organismus einher. Sie setzt den Appetit herab, erzeugt Übelkeiten und Brechneigung. Sie wirkt nur lokal und hat keinen heilsamen Einfluß auf die Schrumpfungsbiopathie. Die Ergebnisse der lokalen Radiumbestrahlung sind besser, aber sie sind auf die Oberfläche des Organismus beschränkt und lassen ebenfalls die Biopathie unberührt. Die operative Entfernung einer Geschwulst wirkt zwar lokal radikal, aber sie verhindert nicht die Metastasenbildung und läßt ebenfalls den Allgemeinprozeß unberührt.

Demgegenüber hat die Orgontherapie den Riesenvorteil, daß sie eine körpereigene Energie appliziert und auf dem Blutwege jede beliebige Stelle des Organismus erreicht. Die orgonotische Aufladung der roten Blutkörperchen besorgt mit einem Schlage zwei wichtige Aufgaben: *die allgemeine Expansion des Organismus* und die *Herstellung der körpereigenen Abwehrkräfte gegen die T-Intoxikation*. Daher pflegt, wenn der Organismus im Zerfall nicht zu weit fortgeschritten ist, der Appetit anzusteigen, der Gewichtsverlust wird gestoppt oder sogar Gewichtszunahme erzielt; Übelkeiten und Schmerzen verringern sich und die Blutreaktionen werden kräftiger. Es kommt nicht sofort zur Zerstörung der Geschwulst. Zunächst wird das Blut gekräftigt. Erst wenn die allgemeine biologische Kräftigung einen bestimmten Grad erreicht hat, setzt die Attacke des Blutes auf die Geschwulst und die T-Bazillen im Blut ein. Wir sehen daher die Ausscheidung von flüssiger Tumormasse in Form einer bräunlichroten Flüssigkeit erst nach einigen Wochen einsetzen. Die T-Kulturen im Blut werden erst nach Wochen negativ.

In manchen Fällen mit biologisch stark geschwächtem Blut und hoher Anämie geht dem Angriff auf die Geschwulst ein Nachschub an jungen roten Blutkörperchen voran. Dies kann man mikroskopisch verfolgen. Tumoren in der Brust verschwinden im Verlaufe von etwa zwei bis drei Wochen.

Unserer bisherigen Erfahrung nach erweichen die Geschwülste in jedem Falle und wo immer sie lokalisiert sind. So erfreulich dies ist, so kompliziert wird die Krebstherapie gerade durch die *Zerstörung* der Geschwülste, wo das Abfallmaterial nicht absorbiert und ausgeschieden werden kann. Wir kennen den Vorgang von den Mäusen her. Orgonotisch starkes Blut strömt in den Tumor; das Krebsgewebe schmilzt ein. Es entstehen große blutreiche Höhlen, die den Tumor sogar vergrößern können. In diesen Höhlen sammelt sich eine braune, nicht putride Flüssigkeit an. Sie besteht, genau wie bei den orgonbehandelten Mäusen, aus Riesenmassen inaktiver T-Körperchen. Das läßt sich an den Ausscheidungen mikroskopisch feststellen. Der Ausgang des Falles hängt nun davon ab, ob diese Riesenmassen an Abfallprodukten des zerstörten Krebsgewebes aus dem Körper entfernt werden können oder nicht. Bei einer Frau mit Hirntumor wurde die Zerstörung schon nach etwa zwei Wochen erzielt. Die Augensymptome und der intracraniale Druck gingen zurück. Aber die Abfallmasse des Tumors füllte und verstopfte die Lymphdrüsen des Halses, und die Patientin starb, laut Bericht des Arztes, an *Erstickung* durch Glottis-Ödem. Eine andere Frau mit einem apfelgroßen Tumor im Magen reagierte auf die Orgontherapie sehr gut. Der Tumor, der tastbar war, erweichte, wurde zusehends kleiner. Aber nach acht Wochen verstopften sich die Nierenkanälchen; die Beine schwollen ödematisch an, das Herz wurde affiziert, und die Patientin starb an Herzlähmung.

Die Abfuhr der Abfallsprodukte war in diesem Falle durch den Darm prinzipiell möglich. Aber die Kranke litt an einer alten chronischen Stuhlverstopfung. Der Darm war daher nicht imstande, die Abfuhr zu bewältigen, und das Abfallmaterial nahm seinen Weg überwiegend über die Blutbahn.

Ebenso starb eine dritte Frau mit Tumoren des Eierstocks an Nierensymptomen, nachdem sie auf die Orgontherapie mit Besserung des Allgemeinzustandes und mit Erweichung und Verkleinerung der Tumoren reagiert hatte.

Bei einem fünfjährigen Jungen mit Nebennierentumor und Metastasen in der Wirbelsäule zeigte das Röntgenbild Kalzifikation der Knochendefekte nach vier Wochen, der Primärtumor an der linken Nebenniere war nach zwei Wochen Behandlung nicht mehr tastbar. Aber die aufgelöste Tumormasse der Wirbelsäule erfüllte den Rückenmarkskanal, und der Junge entwickelte eine schlaffe Lähmung der Beine. Er starb später an Lebervergrößerung und Degeneration der Leberzellen, offensichtlich infolge Versagens der Ausscheidungsprozesse.

Vergrößerung der Leber mit Degeneration der Leberzellen und Verstopfung der Nierenkanälchen sind die zwei typischsten und häufigsten Resultate der Zerstörung der Geschwulst, unter der Bedingung, daß die zerstörte Tumorgewebsmasse den Weg nach außen nicht rasch und leicht findet. Wir wissen noch keine Antwort auf diese Schwierigkeit. Die Auskunft, daß man eben den Tumor nicht erst zu solcher Größe anwachsen lassen dürfe, ist richtig, aber unbefriedigend. Es müssen doch Mittel und Wege gefunden werden, diesen Sekundärerscheinungen beizukommen, wenn ein Fall so spät zur Behandlung kommt. Ich möchte daran erinnern, daß keiner der im Orgon- und Krebsforschungslaboratorium behandelten Krebsfälle sofort nach Entdeckung der Geschwulst zu uns kam. Alle hatten zwei und mehr Jahre mit anderen Methoden vergehen lassen. Alle waren im Sterben. Wir wissen also nicht, ob nicht viele Tumoren ohne solche Sekundärerscheinungen vergehen würden, wenn die Fälle *sofort nach Entdeckung des Tumors* zu uns kämen. Bei weit kleineren Tumoren wäre die Abfallmasse und damit auch die Gefahr der Verstopfung der Abfuhrwege geringer.

Zu betonen ist, daß man die biologische Stärke des Blutes nicht nach dem Prozentsatz an Hämoglobin beurteilen darf. Wir sehen Fälle mit 80 % Hämoglobin, die 100 % T-Reaktion bei Autoklavierung ergeben. Da die T- bzw. B-Reaktion die biologische Resistenz des Blutes anzeigen, muß scharf gegenüber dem Eisengehalt unterschieden werden.

Ich möchte noch kurz auf einige *sexualökonomische* Fragen bei der Orgontherapie des Krebses eingehen, die praktisch sehr wichtig sind. Wir wissen nun, daß im Hintergrunde der Krebsschrumpfungsbiopathie die sexuelle Resignation wirkt. Dementsprechend kommen die Kranken zu uns mit ausgeprägtem *Libidomangel*. Die Orgonbehandlung bewirkt nun eine Herabsetzung der Schmerzen und eine orgonotische Aufladung des Blutsystems. Diese beiden Wirkungen führen in vielen Fällen zu neuem Erwachen der Sexualerregung. Sind die Verdrängungen und Panzerungen übermächtig, dann verspürt der Kranke die Sexualerregung nicht; er äußert sie in einer nur dem Sexualökonomen verständlichen Weise: in Auftreten von akuter Angst, in Genitalspannungen, in Schwere der Oberschenkelmuskulatur oder auch in einfacher Flucht vor der »unheimlichen« Orgonbestrahlung (zwei Fälle). In anderen Fällen, deren Geschlechtsleben nicht völlig ausgelöscht war, die noch ab und zu Geschlechtsverkehr hatten (natürlich ohne orgastische Potenz), ist es leichter, an die Schwierigkeiten heranzukommen. Hier tritt die Störung im Sexualleben meist in Form schädlicher Praktiken und Hemmungen infolge Unwissenheit auf. So stellten sich bei einem Manne, der an Krebs des Afters litt, nach der Besserung des Allgemeinzustandes Schmerzen in den Hoden und Samensträngen ein. Er führte sie auf sein Leiden zurück. Aber ich konnte ihren Stauungscharakter erkennen und abhelfen. Seine Frau verweigerte ihm den Geschlechtsverkehr. Er war zu krank, um sich anderweitig zu befriedigen. Selbstbefriedigung lag ihm gewohnheitsmäßig fern. In einer Aussprache zusammen mit seinem sehr verständigen Bruder sah er ein, daß seine Schmerzen auf Genitalstauung beruhten und daß er keinen anderen Weg als den der Selbstbefriedigung hatte. Nach kurzem war er wieder schmerzfrei.

In einem anderen Falle mit Krebs in der Blasenwand traten sporadisch heftige Schmerzen im Becken auf, die anders waren als diejenigen, die vom Tumor *vor* der Orgonbehandlung verursacht waren. Ich versuchte die Sexualsituation klarzustellen. Der Mann hatte seit 1 1/2 Jahrzehnten keinen Geschlechtsverkehr mit seiner Frau mehr und seit etwa fünf Jahren auch keine anderweitige Befriedigung erlebt. Ob diese Stauung irgendwie unmittelbar mit dem Auftreten des Krebses in der Blase zu tun hatte, kann ich nicht sagen, möchte es aber annehmen. Ich hatte mit ihm ein ernstes Gespräch über die Sache, und er begriff, daß er die Genitalstauung los werden mußte. Das behob seine Schmerzen so rasch, daß an dem Zusammenhang nicht gezweifelt werden konnte. Umso unbegreiflicher ist eine medizinische Haltung wie die, die sich in einer Besprechung des ersten Heftes unserer Zeitschrift ausdrückte: »One may reasonably object to the recommendation to practice masturbation in order to achieve relaxation of the genital apparatus.*« Warum? Ich glaube nicht, daß es ein einziges rationales Argument gegen diese Maßnahme gibt. Ich bin sogar der Ansicht, daß den Schmerzen und Stauungs-Zuständen des Genitalapparats der Krebskranken sehr viel Beachtung geschenkt werden muß, wie die zwei genannten Fälle so klar zeigen.

Die allergrößte Schwierigkeit bietet der allgemeine biopathische Hintergrund des Krebses; die Schrumpfung des gesamten autonomen Lebensapparates (»Schrumpfungsbiopathie«) rührt an die Wurzeln des lebendigen Funktionierens. Wir dürfen daher auf große Schwierigkeiten, ihr beizukommen, gefaßt sein. Der Leser hat sicher die Bedeutung ermessen, die der in »Die karzinomatöse Schrumpfungsbiopathie« geschilderte Krebsfall für die gesamte Krebsfrage gewann: *Der Organismus schrumpfte ein, nachdem die lokalen Tumoren geheilt waren.* Diese Tatsache verschob die gesamte Frage von der lokalen Geschwulst auf die Allgemeinschrumpfung. Aber gerade hier haben wir es nicht allein mit biologischen, sondern auch mit sozialen und sexualökonomischen Fragen zu tun. Es ist noch zu früh anzugeben, ob und wie weit die Orgontherapie der allgemeinen Schrumpfungstendenz entgegenwirken kann. Hier wird es vermutlich darauf ankommen, ob und wie weit man die allgemeine sexualökonomische Lebensweise der Kranken zu bessern vermag. Warten wir weitere Erfahrungen ab, ehe wir uns darüber schlüssig werden.

Ich habe bisher nur die Schwierigkeiten und Hemmnisse der Orgontherapie genannt. Wenden wir uns nun den Errungenschaften zu. Sie sind eindeutig und erfreulich.

Fall S. T. Patientin (42 Jahre alt) kam am 30 April 1941 zur Orgonbehandlung. Sie hatte im Februar 1938 eine Radikaloperation der linken Brust wegen Ca mammae durchgemacht. Zwei Monate nach Verlassen des Hospitals erschienen zwei Geschwülste an beiden Beinen unterhalb der Knie. Sie hatte schwere Schmerzen und konnte nur mit Mühe gehen. Daher lag sie meist im Bett. Schon vor der Radikaloperation der Brust hatte sie an »rheuma-

---

* [»Man darf wirklich mit guten Gründen der Empfehlung, Masturbation zu praktizieren, um eine Entspannung des Genitalapparats zu erzielen, widersprechen.«]

tischen« Schmerzen in den Beinen gelitten. Die großen Zehen hatten sich »taub« angefühlt. Sie hatte auch jahrelang an ziehenden Schmerzen in den Armen, Fingerspitzen und im Nacken gelitten. Kopfschmerzen und Schwindelanfälle (»dizzy spells«) hatten ihr lange vor der Operation viel Leiden bereitet. Sie litt auch an chronischer Obstipation. Sie hatte fünfmal verfrüht geboren und drei Schwangerschaftsunterbrechungen durch spontanen Abort mitgemacht. Die Menstruation hatte nach der Röntgenbehandlung vor sechs Monaten zu funktionieren aufgehört. Die Tumoren an den Knien waren in langsamem, aber stetem Wachstum begriffen. Ihre Schmerzen verstärkten sich immer bei schlechtem Wetter. Ihre Schwäche in den Armen war so groß, daß sie oft einen Arm mit dem anderen stützen mußte, wenn sie Dinge heben wollte. Seit der Operation der Brust war der linke Arm geschwollen und schmerzhaft.

Wir haben die typische Krankengeschichte einer Biopathie vor uns. Dem entsprach das Ergebnis der Untersuchung. Die gesamte Halsmuskulatur war stark hypertonisch. Der Brustkorb war hochgehalten, die Ausatmung fast völlig gebremst, der Nacken in starrer Trotzhaltung. Die Bauchmuskulatur war nicht eindrückbar. Die Tumoren an den beiden Knien waren etwa walnußgroß.

Blutbefund: Hgb 80 %, Autoklavierungstest gab ca. 40 % T-Reaktion, ebenso die Gramfärbung. *T-Kulturen*$^{+++}$, mit zahlreichen Fäulnisbakterien. Die RBK waren blaß, mit schmalem Orgonrand, aber ohne T-Zacken. Zerfall in ca. 5 Minuten.

Vaginalsekret: T-Bazillen^{+++}, mikroskopisch zahlreiche Fäulnisbakterien und T-Bazillen.

Am 4. Mai konnte sie besser gehen. Das Empfinden der Taubheit in Armen und Beinen verschwand. Die Tumoren an den Knien wurden deutlich kleiner. Am 6. Mai stellte ihr Hausarzt die Verkleinerung der Tumoren fest und riet, bei uns fortzusetzen. Sie schrieb an ihren Sohn über die auffallende Besserung ihres Zustandes. Sie lag nicht mehr im Bett, sondern ging herum und machte kleine Besorgungen. Am 7. Mai war die Geschwulst am linken Knie verschwunden und die am rechten Knie war kaum mehr tastbar. Ihre Reaktionen im Akkumulator steigerten sich; sie begann warm zu schwitzen; die Vagotonie war also erzielt. Ihr Gewicht hielt sich konstant auf etwa 173 lbs.

Röntgenbild: Das Knochensystem war, bevor sie zu uns kam, übersät von kleinen Verschattungen, besonders in den Beckenknochen. Am 20. Juni 1941 zeigte die Röntgenaufnahme weitgehende Aufhellung, die besonders im Becken zum Ausdruck kam. *Die Knie waren normal.*

Die Kranke blieb in den folgenden Monaten bis zum Dezember 1941 fast schmerzfrei, nahm keine Morphiumpräparate, verlor nicht an Gewicht, konnte ihre Hausarbeit gut leisten. Seit Dezember 1941 hatte sie keine Orgonbehandlung mehr. Sie lebte noch und war wohlauf im Januar 1943.

Es kann nicht vorausgesagt werden, wann der Prozeß wieder einsetzen wird. Die Patientin hat keinen Akkumulator im Haus.

Fall F. H. kam am 19. April 1941 ins Krebsforschungslaboratorium. Vor einem Jahre war ein ziehender Schmerz in der Brust aufgetreten. Er hatte Würgegefühle (»It choked him«). Er verlor im Laufe eines Jahres 25 lbs. an Gewicht. Er konnte keine feste Speise mehr zu sich nehmen und Flüssigkeiten nur mit großer Schwierigkeit teelöffelweise. Er litt an Zwerchfelltic (»Hiccups«), Schlaflosigkeit, ermüdete bei der Arbeit rasch und stark. Die *emotionelle* Natur dieses Falles ist in meiner Arbeit über die »Karzinomatöse Schrumpfungsbiopathie« geschildert.

Diagnose des behandelnden Arztes: *Inoperables Ca der Speiseröhre.* Fast restlose Verengung des Lumens. Röntgenbild dementsprechend.

Das Epigastrium ist hart. Er leidet unter schwerer Konstipation. Der Brustkorb geht mit der Atmung nicht mit. Gewicht: 144 lbs.

Blutbefund: Hgb 70 %, T-Kultur^{+++}, T-Reaktion 95 % (!!!). Die RBK mit T-Zacken versehen zerfallen augenblicklich bionös, wandeln sich aber in kleine RBK mit homogenem Plasma um.

Reaktion auf Orgonakkumulator sofort kräftig: Warmer Schweiß, Rötung der Haut, Kopf benommen nach 20 Minuten.

Am 28. April beträgt das Hgb 85 % und bleibt auf dieser Höhe in den folgenden Monaten. Das Gewicht steigt in derselben Zeit um etwa 5 lbs. Die Müdigkeit ist verschwunden, der Patient kann weiche Nahrung (faschiertes Fleisch, Nudelsuppe etc.) leicht schlucken. *T-Reaktion am 9. Mai nur mehr 10 %.* Keine Würgegefühle, Schlaf gut, er kann ohne Ermüdung arbeiten. Die Haut nimmt eine dunkle Bräunung an. Der Patient ist sehr froh und dankbar.

Die Orgonbehandlung hatte nur etwa 12 Wochen gedauert. Dieser Patient lebte und arbeitete noch im Januar 1943. Auch in diesem Falle ist Rückfall möglich.

Fassen wir nun zusammen: Im Ganzen wurden 13 von Kliniken diagnostizierte und mit Röntgenstrahlen vorbehandelte Krebsfälle und zwei von mir diagnostizierte Fälle im Zustande der End-Kachexie genau beobachtet und mit Orgon behandelt. Bei allen Fällen wurden die Schmerzen gelindert und der Gebrauch von Morphin-Präparaten beträchtlich herabgesetzt, bei einigen sogar aufgehoben. Bei allen wurde Verkleinerung der Tumoren und Besserung in Blut und Gewicht erzielt. Brusttumoren verschwanden in allen Fällen; ebenso wurde Verkleinerung und Erweichung der Tumoren in allen Fällen erzielt.

In vier Fällen wurde Kalzifikation der Knochendefekte röntgenologisch festgestellt. In den meisten Fällen wurde zerstörtes Tumormaterial ausgeschieden. Bei drei Fällen hatte die Orgonbehandlung keinen Effekt bezüglich der Verlängerung der Lebensdauer. Bei sechs Fällen hatte die Orgonbehandlung den Tod um 5-12 Monate hinausgeschoben und die letzten Lebensmonate leichter erträglich gemacht. In sechs Fällen war der Prozeß der Schrumpfung gestoppt worden. In sechs Fällen wurde die Arbeitsfähigkeit wieder hergestellt. Fünf von 14 inoperablen, dem raschen Tode geweihten Fällen leben heute (zwei Jahre nach Abschluß der Orgonbehandlung) in erträglichem bis gutem Zustande. Die Orgonbehandlung zeigte in einem Falle keinen Einfluß auf Ascites in der Bauchhöhle.

Diese Ergebnisse verpflichten und ermutigen, wenn sie auch noch lange nicht befriedigen. Verglichen mit dem Zustand der Krebskranken vor dem Beginne der Orgontherapie sind sie sogar *überraschend gut.* Das Problem der Ausscheidung des Tumormaterials ist wesentlich ungelöst.

Diese Ergebnisse bestätigen nicht nur die prinzipielle Korrektheit der Bionforschung, sondern sie bilden auch den Knotenpunkt, an dem sich die T-Mäuse-Experimente, die Orgon-Blut-Tests, die Spannungs-Ladungs-Formel ebenso wie bisher erzielte Formulierungen der Orgonbiophysik als richtig und wegweisend erprobten.

3. FÜNF JAHRE ERFAHRUNGEN MIT PHYSIKALISCHER ORGONTHERAPIE

Es ist an der Zeit, einige Resultate zusammenzustellen, die ich im Verlaufe von fünf Jahren durch die Anwendung der physikalischen Orgontherapie erzielt habe. So erstaunlich die Heilerfolge sind, so groß ist auch die mystische Erwartung, die jede Art neuer Heilmethoden in den Menschen zu erwecken pflegt. Man erwartet, von allem Elend befreit, von allen Krankheiten geheilt oder gar das Paradies auf Erden sofort und ohne jede Anstrengung eingerichtet zu bekommen. Die physikalische Orgontherapie, d. h. der spezifische Gebrauch des Orgonenergie-Akkumulators ist von solchen Anschauungen weit entfernt. Sie arbeitet mit einer erst vor wenigen Jahren entdeckten, noch nicht gründlich genug erforschten und erprobten neuartigen Form von Energie, dem kosmischen Orgon. Vorsicht ist daher auf allen Seiten geboten. Die Ärzteschaft ist, soweit sie ehrlich ihre Pflichten erfüllt, derart enttäuscht von dem Getöse der Heilpropaganda der pharmazeutischen Industrien, derart mißtrauisch gegen alle Arten von »Heilwesen«, daß es die echte Heilkunst gar nicht leicht hat, das notwendige Vertrauen zu erringen. Hierzu kommt die Ohnmacht der Medizin gegenüber den Biopathien, den Erkrankungen des autonomen Lebensapparats, denen die chemischen Mittel nichts anzuhaben vermögen. Nun hat die Orgonenergie ihre Wirksamkeit gerade bei diesen Erkrankungen erwiesen. Der Leser wird daher begreifen, daß ich einige Maßnahmen ergreifen mußte, um die Orgontherapie außerhalb des Bereiches des üblichen Heilbetriebs zu halten. Diese Maßnahmen setzen sich wesentlich aus Vermeidungen zusammen:

1. Ich betonte in den Publikationen, die die Krebsbiopathie betrafen, die Fehlschläge und die Tiefe der Krebserkrankung gegenüber einzelnen erstaunlichen Erfolgen. Im üblichen Heilgetriebe werden die Mißerfolge verschwiegen.

2. Der Gebrauch des Orgonakkumulators wurde von jedem Verdacht der Profitmacherei befreit, indem eine Korporation auf der Basis einer humanitären Organisation begründet wurde.

3. Es wurde vermieden, die üblichen Propagandamittel anzuwenden, um die Therapie ins Publikum zu bringen.

4. Den Benützern des Orgons wird keinerlei Heilung versprochen.

Die Entscheidung über die Nützlichkeit wird dem Kranken überlassen.
Die physikalische Orgontherapie zerfällt in folgende Einzelmethoden der Anwendung:

Bestrahlung des Gesamtorganismus im Orgon-Akkumulator

Der Kranke sitzt im Orgonakkumulator täglich ein- oder zweimal mit oder ohne Kleider. Die Bestrahlung dauert je nach der Reaktionsbereitschaft des betreffenden Organismus von etwa 15 bis etwa 45 Minuten. Doch es gibt stark orgonotische Menschen, die die Wirkungen schon nach 5 Minuten verspüren. Und es gibt andere, unter Anorgonie leidende Kranke, die eine Stunde und länger brauchen, ehe sie die Wärme und das Prickeln spüren. Die volle therapeutische Wirkung stellt sich nur bei *regelmäßigem, täglichem* Gebrauch und in anorgonotischen Fällen erst nach zwei bis drei Wochen ein. Menschen mit geschrumpftem Orgonenergiefeld spüren anfangs gar nichts. In dem Maße, in dem ihr Organismus aufgeladen wird, steigern sich auch die Empfindlichkeit und die Wahrnehmung der Sensationen.
Die Anzeichen voller Reaktion des Organismus auf die Orgonbehandlung sind:
Subjektive Wäremempfindungen bis zum Aufwallen von Hitzeempfindungen, Schweißausbruch, Rötung der Haut oft im Gesicht und Nacken, aber auch an anderen Körperstellen. Sensationen von Prickeln, Ameisenlaufen etc. Objektiv meßbare Temperatursteigerung. Verschwinden von Spannungen und Schmerzen.
Die Totalbestrahlung hatte bisher folgende Erfolge aufzuweisen, wenn der Akkumulator regelmäßig und monatelang benützt wurde:
Jede Anämie wurde binnen drei bis sechs Wochen beseitigt. Diese Wirkung gehört zu den best gesicherten Erfahrungen. Mit dem Schwinden der Anämie geht eine dem geübten ärztlichen Auge deutlich wahrnehmbare starke Durchblutung der Haut einher. Die Haut bräunt und fühlt sich nicht länger klamm oder ledern an. Neigungen zu Schnupfen werden fast in allen Fällen herabgesetzt. Die Anfälle des Schnupfens sind seltener, und sie erreichen nicht die frühere Dauer und Schärfe. Dadurch wird auch die Neigung zu den sogenannten »Erkältungen« herabgesetzt, die wenig mit

Viren und sehr viel mit den Verhältnissen des atmosphärischen Orgons zu tun haben.

In einigen Fällen, darunter bei mir selbst, gelang es, zur Zeit von Grippeepidemien durch gehäufte Bestrahlungen (täglich mehrere Male), die Erkrankung im Keime zu ersticken oder sie nur in sehr verringertem Maße zu durchlaufen. Während der Grippeepidemie in New York im Winter 1945/1946 wurde ich selbst nur für etwa 12 Stunden erfaßt, und die Temperatur überstieg nicht 100° F. Ich hatte auch von anderen Versuchspersonen Berichte, denen zufolge der Grippeanfall kurz war und in engen Grenzen gehalten war. Es ist klar, welche Bedeutung diese Tatsache für die Vorbeugung von Pneumonie im Gefolge schwerer Grippe haben könnte.

Eine sehr erfreuliche und zukunftsreiche Wirkung ist die Herabsetzung des Blutdrucks bei vaskulärer Hypertension. Diese Wirkung erklärt sich durch den *vagotonen Einfluß des Orgons*. Sie wurde lediglich in vier Fällen beobachtet und erfordert eine detaillierte Untersuchung.

Die Orgonbestrahlung hat sich bisher gut in solchen Fällen bewährt, wo Schwächezustände undefinierbarer Art, also *anorgonotische* Attacken im Sinne der Orgonbiophysik, das Leben des Betreffenden behindern. In Fällen, deren Anorgonie mit Symptomen einhergeht, die die Neigung zu krebsiger Gewebsfäulnis andeuten, hat die Orgontherapie fast immer durchschlagende Erfolge erzielt. Dies zeigte sich besonders klar in der Verbesserung der biologischen Bluttest-Ergebnisse, in der Wendung von der T-Reaktion zur B-Reaktion.

Ich hatte mir vor mehreren Jahren, im Beginne meiner Versuche die Vorstellung gebildet, daß das Orgon zwar Gewebe gut beeinflusse, doch keinen Einfluß haben könne, wo bereits strukturelle Veränderungen Platz gegriffen hatten. Ich schloß daher die Arthritis mit deutlichen Kontrakturen und Gelenkveränderungen aus. Im Sommer 1944 wurde ich zu einem alten kranken Mann in Rangeley, Maine, gerufen. Er litt an vieljähriger und schwerer Arthritis. Er hatte das Bett einige Jahre lang nicht verlassen. Als ich ihn sah, wollte ich absagen. Seine Beine waren in Beugestellung fixiert. Er konnte nicht gehen, sondern sich nur mit steifen Knien vorwärtsschieben. Er war abgemagert, blaß, stark anämisch und dem Tode nahe. Seine Fingergelenke waren eingesteift und hatten die typischen arthritischen Deformationen. Seine Familie bat mich, den Versuch trotz aller Aussichtslosigkeit zu machen. Ich erklärte eindeutig, daß ich keine Hoffnung sähe, doch wenn sie wollten, sollten sie versuchen. Er bekam einen Orgonakkumulator ins Haus, ohne dafür zu zahlen. Mehrere Monate hörte ich nichts von ihnen. Im Verlaufe des Winters kam der Bescheid, daß der Kranke sich besser fühlte, kräftiger, voll von Appetit, und auch schon gelegentlich das Bett verließe und im Zimmer herumginge. Ich hörte bis zum Sommer 1945 nichts mehr. Als ich wieder nach Rangeley kam und diese Familie besuchte, konnte und wollte ich meinen eigenen Augen und Ohren nicht trauen. Ich hatte das Empfinden, nun unter die mystischen Heilkünstler geraten zu sein: Der alte Mann lag nicht im Bett, sondern ging mit fast uneingeschränkten Bewegungen im Zimmer herum.

Sein Gesicht war rosig und voll durchblutet. Ich erfuhr, daß er vor einigen Wochen angefangen hätte, richtig zu gehen, im Hof herumspazierte, keine Konstipation hatte, gut aß und im allgemeinen guter Laune war. Der Mann brach in Weinen aus, als er mich sah. Ich betone mit Entschiedenheit, daß von Suggestion oder ähnlichem keine Rede sein konnte. Erstens: Suggestion vermag keine fortgeschrittene Arthritis zu beeinflussen. Zweitens: Ich hatte den Kranken nur *ein* Mal kurz gesprochen und ausdrücklich gesagt, daß ich nicht an eine Heilmöglichkeit glaubte. Drittens: Ich hatte den Kranken fast ein Jahr lang nicht gesehen und nicht gesprochen. Die Sache war das Werk des Akkumulators. Einige Wochen später besuchte mich der Kranke im etwa 10 Meilen entfernten Laboratorium, voll von Dankbarkeit und rührender menschlicher Interessiertheit an unserem Unternehmen.

Ich verfüge nur über drei Fälle von Angina pectoris, einem chronischen und schweren Fall und zwei leichteren Fällen. In allen drei Fällen hatte das Orgon Heilwirkungen erzielt. Der schwere Fall bekam seine Anfälle seltener, er setzte für lange Zeiten mit den chemischen Präparaten aus, war aber nicht völlig gesundet. In den beiden leichteren Fällen hatten nach wenigen Monaten Orgonbestrahlung alle Symptome ausgesetzt.

Über Beobachtungen der Wirkungen bei Schizophrenie möchte ich in anderem und ausführlichem Zusammenhange berichten.

Ich lasse nun einen interessanten Fall folgen, der mit Hilfe der Orgontherapie einer gefährlichen Operation entging. Eines Tages wurde ich von einer Frau aufgesucht, die zu einer Bauchoperation bestimmt war. Im absteigenden Ast des Colons hatten die Ärzte eine Verdickung, einen Knoten entdeckt. Es handelte sich nach der Ansicht des Arztes wahrscheinlich um eine Krebsgeschwulst und eine Colonectomie war daher geboten. Sie hatte nun von meinen Krebs-Tests gehört und wollte meinen Rat einholen, ehe sie sich der Operation unterwarf.

Meine Untersuchung mittels Fluoroskop und mittels Palpation ergab in der Tat eine etwa walnußgroße harte Geschwulst in der Mitte des colon descendens. Die Geschwulst war verschieblich. Der sofort durchgeführte orgonphysikalische Bluttest ergab aber keine Spur von krebsiger Degeneration. Ich riet der Kranken, die auch an chronischer Obstipation litt, mit der Operation zu warten, bis wir uns durch Orgonbestrahlung überzeugt hätten, was von der Natur dieser Geschwulst zu halten wäre. Ich wußte aus anderen Erfahrungen, daß es sich um einen *spastischen* lokalen Knoten handeln konnte, und daß solche Spasmen dem Orgon oft nachgaben.

Die Patientin bekam einen Akkumulator ins Haus. Nach acht Tagen sah ich sie wieder. Die Geschwulst war nicht mehr zu tasten. Ich hatte richtig vermutet, daß eine Alternative zwischen Krebsgeschwulst und einfachem Spasmus bestanden hatte. Da jedoch jedes chronisch spastische Gewebe kanzerös entarten kann, riet ich der Kranken, vorsichtig zu sein und den Akkumulator dauernd zu benützen. Sie entging der scheußlichen Operation und war wenige Monate später sehr dankbar. Auch die Obstipation hatte sich verringert. Das gesamte Funktionieren war gesteigert.

Solche Fälle sind erfreulich und ermutigend.

Ich möchte nun anfügen, daß Kinder schon in frühem Alter den Akkumulator mögen und gern benützen. Im Beginne meiner Untersuchungen pflegte ich schwangeren Frauen abzuraten, den Akkumulator zu benutzen, da ich die Wirkungen auf den Embryo und die Gebärmutterfunktion nicht kannte. Den ersten Versuch der Orgonbestrahlung bei schwangeren Frauen machte ich im eigenen Hause. Ich möchte meiner Frau hier sehr dafür danken, daß sie das Risiko auf sich genommen hat. Doch als eine verantwortliche Mitarbeiterin im Laboratorium erklärte sie sich bereit, den Versuch zu wagen, dem Prinzip unseres Instituts treu, daß, was wir anderen empfehlen, erst an uns selbst erprobt sein muß. Der Erfolg der Bestrahlung während der Schwangerschaft war groß. Die Mutter fühlte sich die ganze Zeit über kräftig. Das

Kind war lebhaft, und der behandelnde Gynäkologe erklärte, daß er das Herz des Kindes für besonders kräftig halte. Dieses Kind zeigt deutlich die biologischen Wirkungen des Orgons. Er ist größer, als seinem Alter entspricht, und von außerordentlicher körperlicher Gesundheit.

Über die lokale Anwendung des atmosphärischen Orgons

Wir können das Prinzip des Orgonakkumulators beibehalten und seine Form ändern, indem wir statt eines Kastens einen Schlauch verwenden. Dazu eignet sich am besten ein Kabelrohr (BX cable pipe), wie es zur Einhüllung von elektrischen Leitungsdrähten verwendet wird. Das Rohr wird mit einem beliebigen organischen Stoff, Wolle oder Isolierband, umwickelt. Das eine Ende des Schlauches wird in einen Orgonakkumulator versenkt, der wie folgt gebaut ist: Ein Holzrahmen von $^2/_3$ Fuß Seitenlänge wird mit Celotex belegt. Die Innenwände werden mit dünnen Eisenblechplatten ausgekleidet. Zwischen das innere Eisenblech und die äußere Celotexwand wird ein Gemisch von Glasfiber und Eisenwolle oder Celotexstaub gemischt mit Eisenwolle getan. Diese Zwischenschicht absorbiert atmosphärisches Orgon sehr kräftig und gibt es rasch nach dem geschlossenen Innenraum ab. Von dort wird das Orgon konzentriert durch den Metallschlauch geschickt. Am freien Ende des Metallschlauch befestigt man einen Trichter aus Eisenblech beliebig gewünschter Größe. Der Trichter wird nun an die zu bestrahlende Stelle gehalten, je nach Organ verschieden lang. Die folgenden Angaben über die lokale Bestrahlungsdauer sind empirisch gefunden worden. Doch weitere Erfahrungen werden zweifelos viel daran ändern. Ich pflege mich selbst und Versuchspersonen wie folgt zu bestrahlen:
Herzgegend, täglich einmal 2-5 Minuten,
Nasenwurzel, täglich einmal, ca. 4 Minuten,
Mundhöhle, täglich einmal, etwa 5 Minuten,
Augen mit geschlossenen Lidern ca. $^1/_2$ bis 1 Minute,
Ohren am mastoideus ca. 1-2 Minuten,
Plexus-Solaris-Gegend täglich ca. 3 Minuten.
Der Organismus zieht Orgon aus dem Akkumulator an sich, und man spürt nach einer gewissen (je nach Person verschiedenen) »Anwärmezeit« deutlich Wärme und Prickeln an der bestrahlten Stelle.

Man kann dünne Glasröhrchen von etwa 10 cm Länge mit Eisenwolle füllen und derart das Innere der Nase bestrahlen. Ebenso läßt sich mittels eines Vaginalrohrs, das mit Eisenwolle gefüllt ist, das Innere der Scheide bestrahlen. Die mikroskopische Untersuchung zeigt, daß die Fäulnisbakterien nach etwa einer Minute Bestrahlung immobilisiert werden. Die Bestrahlung der Scheide wird erfahrungsgemäß nicht länger als etwa ½ Minute vertragen, da sich starkes Brennen einstellt.

Verbrennungen und Wunden heilen unter lokaler Orgonapplikation sehr rasch aus. Man kann in günstig gelegenen Fällen den Heilungsvorgang unmittelbar verfolgen. Schöne Erfolge erzielt man auch mit Bestrahlung von Bettliegegeschwüren.

Die kräftige Heilwirkung des mittels Schlauches applizierten Orgons erprobte ich zum ersten Male voll an einem Fall von Ulcera varicosa bei einem 60jährigen Mann. Er hatte verschieden tief gehende Geschwüre und eine entzündliche Reaktion der Haut an beiden Unterschenkeln. Der Zustand hatte bereits mehrere Jahre gedauert. Der Mann war monatelang in Hospitälern ergebnislos behandelt worden. Er konnte nur mit Schmerzen sich fortbewegen. Seine Fähigkeit, sein Brot zu verdienen, (er ist Bauer) war beträchtlich eingeschränkt. Er hatte in seinem Leben 400 Dollar zusammengespart und davon 300 Dollar für Hospitäler und Ärzte ausgegeben. Er bot mir die letzten hundert Dollar für Heilung an. Das lehnte ich natürlich ab. Ich versprach ihm nichts, aber ich überließ ihm einen kleinen »Orgonschießer«. Ich hatte keine Hoffnung auf irgendwelche Wirkung. In den ersten vier Wochen rührte sich trotz täglich mehrfacher Bestrahlung nichts. Dann begannen die Geschwüre abzuflachen. Die Haut wurde glatter und nahm nach weiteren sechs Wochen das normale Aussehen an. Beide Beine heilten aus. Sie neigten zwar zur Rezidive, doch der Kranke vermochte jede beginnende Gewebsstörung durch weitere intensive Bestrahlung zu kupieren. Dieser arme Bauer hat das »Wunder seiner Heilung« in der ganzen Gegend in Maine verkündet. Seine Dankbarkeit und die Wiederherstellung seiner Erwerbsfähigkeit war mir reichlicher Lohn.

Dieser Erfolg hatte sich in Maine so sehr herumgesprochen, daß im Sommer 1945 ein junger Mann aus *Augusta* zu mir kam. Auch er litt an tiefen Geschwüren eines Unterschenkels. Diese Geschwüre waren trocken mit nekrotischen Rändern und anämischer Umgebung. Sie waren etwa 2 cm tief und 3 cm weit. Es schien recht hoffnungslos. Der Kranke bekam einen kleinen Orgonschießer und lernte bald, es selbst zu beurteilen, wie lange er bestrahlen sollte. Schon nach 14 Tagen suchte er mich wieder auf (er wohnte 80 Meilen weg): Die Geschwüre waren gerötet, sezernierten lebhaft Wundsekret, und wir sahen am Grunde und am Rande der Geschwüre Regenerationsgewebe wuchern.

Vier Monate später berichtete er mir schriftlich nach New York, daß das eine Geschwür ausgeheilt war. Das andere Geschwür war völlig ausgeflacht, doch die Bildung einer neuen Hautmembran hatte noch nicht stattgefunden.

Da der ulcus varicosus jeder Art Therapie zu trotzen pflegt, ist dieser Erfolg des Orgonakkumulators umso erstaunlicher. Ebenso erstaunlich ist es, daß die Ärzte, die diese Heilerfolge sahen, nichts unternahmen, um das Orgon allgemein zugänglich zu machen. Der eine wartet darauf, daß der andere »offiziell akzeptiert«. Es ist eine unverständliche, eine schädliche Haltung!

In diesem besonderen Fall erfuhr ich später, daß der Patient den Gebrauch des großen Akkumulators, den ich zusätzlich zu dem lokalen »Schießer« verordnet hatte, verweigerte. Außerdem trug er weiter eine elastische Bandage um das Bein, das noch nicht geheilt war, obgleich ich ihn davor gewarnt hatte. Ich erkannte, daß ohne das allgemeine Aufladen des Organismus durch den Gebrauch des großen Akkumulators die lokale Heilung begrenzt sein würde.

Auch heftige Schmerzen verschwinden auf lokale Orgonbestrahlung. Ein Arbeiter, der am Bau des Orgonon* Laboratoriums beschäftigt war, hatte sich mit der Axt eine Hautwunde am Knöchel beigebracht. Der Schnitt war glatt und ging bis zum Knochen, der freilag. Der Schmerz war so heftig, daß der Mann der Ohnmacht nahe war. Ich bestrahlte sofort die Schnittwunde, und nach etwa zwei Minuten hörte der Schmerz auf. Dann verband ich ihn, und er fuhr zum Arzt in Rangeley, der ihn weiter behandelte.

Auch bei Verbrennungen weicht der Schmerz prompt. Meine Auffassung vom Schmerz ist die, daß sich die vegetativen Nerven von der verletzten Stelle zurückziehen, also an den Geweben buchstäblich »zerren«. Das Schwinden des Schmerzes scheint darauf zurückführbar zu sein, daß die Nerven sich unter dem Einfluß

---

* Der Name, den Reich dem Besitz in Rangeley/Maine gab, wo er seine Laboratorien hatte. [Herausgeber.]

des Orgons wieder strecken, so daß das Zerren aufhört. Ich bin jedoch bereit, jede andere Interpretation zu akzeptieren, wenn sie das Phänomen besser erklärt als meine.

Lokale Orgonbestrahlung mittels Erdbionen

Die alten Heilmethoden mittels Schlammpackungen gingen von einer richtigen Voraussetzung aus: Schlamm ist bionöse Erde und daher sehr orgonreich. Nun ist Schlamm nicht immer zu haben. In seiner Anwendung ist er umständlich und lästig. Ein neuer Weg zur Anwendung der biologischen Energie im Humus ergab sich mit den Resultaten des Experiments XX.
In diesem Präparat erzielen wir drei wichtige Resultate auf einmal. Erstens, das orgonreiche Wasser, das wir zur Förderung von Wachstum anwenden. Zweitens die Flocken nach Einfrierung des Orgonwassers, die theoretisch für das Verständnis der primären Biogenese so entscheidend wichtig wurden, und drittens, die *bionöse Erde* selbst. Wir sammeln die Erdbione, die nach dem Abfiltrieren des Orgonwassers zurückbleiben, und bewahren sie in trockenem Zustande auf. Wir verteilen sie in verschieden große zugenähte Säckchen aus dünner Leinwand. Befeuchtet man nun dieses Bionerde-Päckchen und legt man es schmerzenden oder entzündlichen Stellen des Organismus auf, so läßt der Schmerz nach und, da Orgon von außen zugeführt wird, erspart sich der Organismus ein Stück organischer Anstrengung mit seiner Entzündung an der verletzten Stelle. Nach rohen Erfahrungen bisher genügt eine Bestrahlungszeit von etwa $1/2$ bis 1 Minute. Bei längerer Bestrahlung treten bei manchen Kranken heftige Entzündungserscheinungen auf, die unerwünscht sind. Diese Art der Applikation von Orgon scheint auch lokale Spasmen zu lösen. Weitere Erfahrungen damit sind erforderlich, um zu einem korrekten Urteil zu gelangen.
Die Versuche mit der vierten Art der Orgonapplikation, mit Injektion und oraler Einverleibung von Orgonwasser, sind in keiner Weise abgeschlossen. Es steht außer Frage, daß sie vagotone Wirkungen haben und das Wachstum von Tieren und Pflanzen fördern.
Zusammenfassend darf ich sagen, daß die Entdeckung des Orgons und seine medizinische Anwendung mittels des Orgonakkumula-

tors, des Orgonschießers, der Bionerde und der Orgonwassers eine Fülle neuer und wie es scheint überraschend guter Aussichten eröffnet hat. Ich muß es natürlich anderweitigen Untersuchungen überlassen, festzustellen, wie weit der Bereich dieser medizinischen Anwendungen der biologischen Energie ist.

IX. Die Anorgonie der Krebsschrumpfungsbiopathie
Ein Beitrag zum Problem der Krebsverhütung

Der Begriff *Anorgonie* faßt diejenigen biopathischen Zustände zusammen, die sich auf den gemeinsamen Nenner: »*Block der Plasmamotilität*«, zurückführen lassen. Diese Störung des plasmatischen Funktionierens ist der klassischen Pathologie unbekannt; doch sie ist jedem ärztlichen Praktiker aus der Erfahrung wohlvertraut. Die mechanistische Pathologie konnte diese Störung bisher nicht erfassen, weil sie nicht unmittelbar in Strukturveränderungen der Gewebe oder in Leitungsstörungen der Nervenbahnen, sondern in *Herabsetzung der totalen Energiefunktion* des Organismus besteht. Der Volksmund beschreibt die Anorgonie in verschiedenen Ausdrücken. Bezeichnungen für den emotionellen *Ausdruck* eines Organismus wie »unlebendig«, »tot«, »steif«, »ohne Kontakt«, »reizlos«, etc. (im Gegensatz zu »lebendig«, »sprühend«, »unmittelbarer Kontakt«, etc.) sind treffend für den *Eindruck*, den wir unmittelbar von einem Mitmenschen haben. Der hier neu einzuführende Begriff »Anorgonie« bezeichnet aber mehr als bloße »Kontaktlosigkeit« oder »Unlebendigkeit«. Er betrifft einen wohl zu definierenden, bisher unbekannten Krankheitszustand des Organismus, den ich besonders ausgesprochen bei Krebskranken und zu Krebs neigenden Menschen antraf.

Ich muß, um die Anorgonie der Krebsbiopathie darzustellen, auf einen altbekannten Tatbestand der klinischen Sexualökonomie zurückgreifen. Seine Bedeutung für Gesundheit und Krankheit kann heute in einem noch weit tieferen Sinne erfaßt werden, als es vor der Entdeckung des Orgons möglich war. Ich meine die plasmatische Funktionssicherheit des gesunden Organismus und ihren Widerpart, die *biopathische Fallangst*.

Fassen wir kurz zusammen, was wir bisher über die Fallangst an biopathischen Erkrankungen erfahren konnten.

Wir vermissen die Fallangst in keinem Falle von Charakterneurose oder somatischer Biopathie, wenn wir die Panzerung auflösen und den orgastischen Empfindungen zum Durchbruch verhelfen können. Die »orgonotische Empfindung« ist nichts anderes als die subjektive Wahrnehmung der objektiven »plasmatischen Erregung«, die wir bisher in mechanistischer Weise als »vegetative Strömung« bezeichneten. Das Auftreten von Fallangst ist uns ein sicheres Anzeichen dafür, daß die plasmatischen Erregungen und die orgastischen Empfindungen im totalen Körperbereich anfangen, erfahren zu werden. Die Fallangst meldet sich unter verschiedenen Anzeichen: Schwindelempfindungen; Gefühle des »Sinkens«; Fallträume; Druck, Schmerz in der Magengegend mit Übelkeit und Erbrechen, und ähnliche Symptome gehören zum typischen klinischen Bilde des Panzerdurchbruchs, der von orgonotischen Sensationen, unwillkürlichen Muskelzuckungen, Kältezittern und Hitzewallungen, Prickeln, Jucken etc. begleitet ist. Diese biologischen Symptome sind psychisch als allgemeine Angst oder Unsicherheit repräsentiert. Lockerung der Panzerung, orgonotische Sensationen, Panzerdurchbruch, Klonismus, Fallangst, verstärkte Plasmaerregung bis zu orgastischen Sensationen im Genitalapparat sind also, grob genommen, die wesentlichen Stationen, die der therapeutische Prozeß zu passieren hat.

Gehen wir bei der Auflösung der Panzerungen korrekt vor, so weichen die unlustvollen Organsensationen allmählich lustvollem Körperempfinden. Wir hören unsere Patienten oft nach Erleben klonischer Zuckungen sagen, sie fühlten sich »wohl wie nie zuvor«. Geht man dagegen nicht korrekt schichtweise vor; bleiben rigide Panzerungsblocks ungelöst; läßt man die orgonotischen Strömungen allzu unvermittelt durchbrechen, so daß sie hart auf die ungelösten Panzerschichten stoßen, so reagiert der Kranke leicht mit komplettem Rückzug in die alte Panzerung. Er verstärkt seine biopathische Starre aus Angst vor den plasmatischen Erregungen (»Lustangst«). Der Kranke wird von Desorientierung bis zu heller Angst (infolge größerer Quantitäten beweglicher biologischer Energie!) überrannt; ein Zustand, der sich bis zum Selbstmordimpuls steigern kann.

Soviel von den bekannten klinischen Erscheinungen.

Die Fallangst kann sich mehr im körperlichen oder mehr im psychischen Bereiche äußern. Meist sind beiderlei Erscheinungen kombiniert. Wie immer dem sei, das Auftreten von Fallangstsymptomen ist uns das Zeichen einer *biopsychischen Krise*, der erste Schritt zur Gesundung im Sinne der orgastischen Potenz. Wenn der Orgontherapeut den Fall beherrscht, sollten ihn die lärmenden Symptome der Fallangst nicht beunruhigen.

Doch die Fallangst ist nur bei reinen Charakterneurosen ungefährlich. Ich verfüge über eine Reihe Erfahrungen an krebskranken und krebsinklinierten Fällen, die den Schluß gestatten:

Die Fallangst kann als Symptom eines tödlichen Prozesses auftreten. Sie ist dann Anzeichen eines kompletten Versagens der Plasmafunktion im biologischen Kern des orgonotischen Systems des Organismus.

Es kommt offenbar auf die *Tiefe* der biopathischen Störung an; der Orgontherapeut hat zu entscheiden, ob er es mit einer oberflächlichen Desorientiertheit des Organismus beim Wechsel vom starren zum frei-beweglichen Funktionieren zu tun hat, wie bei der reinen Charakterneurose, oder ob die Gesamtplasmafunktion zwischen *Pulsation* und *Nicht-Pulsation* schwankt, wie bei der Krebsschrumpfungsbiopathie. Diese Gebiete lassen sich nicht ganz scharf trennen, die Übergänge sind wie immer fließend, und der Therapeut muß das Gefühl gerade für diese Übergänge vom leichten zum schweren Fallangstsyndrom entwickeln. Die Krebsschrumpfungsbiopathie ist ja nur eine besonders schwere Form der Charakterneurose, wenn wir konsequenterweise unter »Charakter« die *biophysikalische* Reaktionsweise eines Organismus verstehen. Die Resignation vermag von oberflächlichen zu tiefen Schichten des Biosystems überzugreifen und derart die Zellplasmafunktion selbst zu erfassen.

Wir wollen nun untersuchen, worin der biophysikalische Mechanismus der lärmenden Fallangst der Krebsbiopathie besteht.

Wer den von mir geschilderten Fall karzinomatöser Schrumpfungsbiopathie aufmerksam studierte, dem wird aufgefallen sein, welch große Rolle die biopathische Fallangst dort spielte. Die betreffende Kranke hätte an ihrer zuerst eroberten Gesundung haften können, wenn sich nicht mit der Sexualerregung schwere Fallangst eingestellt hätte. Die Patientin war ja tatsächlich, bald nachdem sie im symptomatischen Sinne krebsfrei geworden war, in meinem Laboratorium zusammengeknickt und umgefallen. Die Beine hatten plötzlich versagt. Von da ab war sie ans Bett gefesselt, entwickelte eine phobische Angst aufzustehen, verhinderte auf diese Weise die weitere Orgonapplikation und schrumpfte schließlich in einigen Monaten bis zum Tode ein. Ihre Fallangst war im Grunde unverstanden geblieben; ich wußte nur, daß die Sexualerregung die Fallangst hervorgerufen hatte. Die Krebsfälle, die ich seither experimentell in Obhut hatte, zeigten nun diese Fallangst mit denselben typischen Äußerungen; ich erkannte sie bei den späteren Fällen leicht wieder, verstand sie besser und näher an der biologischen Basis, allerdings ohne viel mehr dagegen ausrichten zu können. Doch die Erwartung war gerechtfertigt, daß weitere Durchforschung der Fallangst der Schrumpfungsbiopathie wahrscheinlich auch therapeutische Maßnahmen ergeben würde. Diese Erwartung bestätigte sich tatsächlich bei zwei Fällen von Krebsbiopathien, die rechtzeitig zur Behandlung gekommen waren. Im Ganzen habe ich die Fallangst (außer an reinen Charakterneurosen) bei sechs Krebsfällen und bei einem vier Wochen alten Säugling in der Entstehung gründlich beobachten können, so daß diese Publikation gerechtfertigt ist. Von den sechs genannten Krebsfällen sind vier, die spät gekommen waren, gestorben, und zwei, die rechtzeitig kamen, sind gesundet. Ich werde die Krankengeschichten nicht komplett vorlegen, sondern ihnen nur entnehmen, was zur Diagnose und zur Fallangst gehört. Die Fallangst des beobachteten Säuglings wird den Schlüssel zum Problem liefern.

FALLANGST ALS AUSDRUCK PLASMATISCHER IMMOBILITÄT: ANORGONOTISCHE LÄHMUNG

Ich trage zunächst die Tatsachen zusammen, die uns die *biopathische Fallangst als Ausdruck plasmatischer Immobilität* begreifen lassen. Die beobachteten Krebskranken hatten folgende Symptome plasmatischer Immobilität gemeinsam.
1. *Allgemeiner körperlicher Schwächezustand:* Er drückte sich als Abneigung, sich zu bewegen, und als Verlangsamung jeder Bewegung aus; die Neigung zu liegen war groß. Wohlgemerkt, *die plasmatische Motilitätsstörung hatte in jedem dieser Fälle bestanden, lange ehe die geringsten Anzeichen der späteren Krebserkrankung zu merken waren.*
In dreien von den sechs Fällen hatte Verlangsamung der Sprache und der Bewegungen schon seit früher Kindheit bestanden.
Ein besonderer Krebsfall, der zuerst 1942 publiziert wurde, der die Fallangst zum ersten Male klar demonstrierte, berichtete, daß der Patientin einmal, als ihr ein junger Mann zu folgen schien, *die Beine versagten, so daß sie umzufallen drohte*. Im späteren Schrumpfungsendzustand atrophierten die Beine zuerst am stärksten, die Geh-Angst war vorwiegend auf Beinschwäche gegrün-

det. Sämtliche motorischen und sensitiven Reflexe waren intakt. Vorübergehend war eine Blasen-Darm-Lähmung hinzugekommen und wieder vergangen. Es war ein *Oberschenkelknochen*, der brach und das Ende beschleunigte. (Die lokalen Krebswucherungen waren am X. bis XII. Brustwirbel, sowie am V. bis VII. Halswirbel lokalisiert.)

Die Patientin pflegte den Zwang im Bett zu liegen mit der Gefahr des drohenden Wirbelsäulenbruchs zu begründen; ich konnte dagegen (in meiner Publikation dieses Falles) zeigen, daß es sich nicht um einen mechanischen Schmerz im Rückenwirbel, sondern um *Fallangst* handelte. Die Patientin konnte zum Gehen gebracht werden. Sie war in der Zwischenperiode der Gesundung viel herumgegangen, obwohl die Deformation der Wirbelsäule irreversibel war. Sie konnte die Beine nicht bewegen und fürchtete immerzu, daß ein Körperteil bei der Bewegung in Stücke gehen könnte.

2. Die Fallangst ging in allen Fällen mit *unsicherem Gleichgewichtsempfinden* einher. Dieselbe Unsicherheit im Gleichgewichtsempfinden beobachtete ich beim Säugling in der Periode der Fallangst.

Verbinden wir die Fallangst mit der Störung des Gleichgewichtsempfindens: Es liegt sehr nahe, daß eine *Störung in der Balancefähigkeit die Fallangst bestimmt*, und nicht umgekehrt. Die Fallangst ist rationaler Ausdruck einer biopathischen Innervationsstörung, und nicht seine Ursache. Sie wirkte sich in einigen Fällen sekundär lebensgefährlich aus, da sie die Unterbrechung der Therapie verursachte, die Atrophie der Muskeln förderte und durch Liegegeschwüre den Tod beschleunigte.

3. Einer der sechs Krebsfälle mit Prostatakarzinom war eine Zeitlang infolge Orgontherapie frei von lokalen Symptomen (klarer, krebszellen- und T-Bazillen-freier Harn, kein lokaler Schmerz, etc,), aber seine Beine hatten muskuläre Atrophie und *funktionelle Abasie* entwickelt. Auch in diesem Falle waren die motorischen Reflexe ungestört. Ich verfolgte diesen Fall unter Anwendung des Orgonakkumulators und vereinfachter Vegetotherapie in den Sommern 1942 und 1943 vier Monate lang täglich. So lernte ich die Besonderheiten der Lähmung gut kennen. Nach Beseitigung des lokalen Prostatatumors ging der Kranke herum und schien zu gesunden. Er hatte keine Schmerzen, aß mit prächtigem Appetit, hatte in wenigen Wochen sieben Pfund zugenommen, war guter

Hoffnung und arbeitete sogar. Mitten in diesem Fortschritt brach er eines Tages unvermutet in den Knien zusammen und fiel hin. Er hatte mit einem Male die Herrschaft über die Beine verloren, »als ob das Leben die Beine plötzlich verlassen« hätte. Von nun an konnte er die Beine nicht mehr bewegen, er mußte das Bett hüten, und bald setzte eine allmählich fortschreitende Schrumpfung der Muskelsubstanz an beiden Beinen ein. Zwei Monate später kam Verlust der Kontrolle der Kot- und Harnfunktion hinzu. In den Beinen und am Perineum (Damm) bis über der Symphyse setzte Taubheit der Empfindung ein. Er spürte Berührung voll, aber die Schmerzempfindung war herabgesetzt. Der Blasenschließmuskel war spastisch, der Darmschließmuskel dagegen war schlaff gelähmt. Er konnte nicht urinieren und Kot nicht halten. Die Grenze der Empfindungsstörung war unscharf, d. h. sie entsprach nicht scharf einem bestimmten Rückenmark-Segment. Daß es sich nicht um eine zentrale Rückenmarkläsion, sondern um eine *biopathische* Lähmung der Plasmaperipherie handelte, zeigte sich nicht nur durch die Unregelmäßigkeit der Störung, sondern vor allem dadurch, daß es mir gelang, die Lähmung zunächst einzuschränken und dann zu beseitigen. *Erst im Prozeß der Orgon-Behandlung der Immobilität*, also beim Wiederkehren der Fähigkeit aufzusitzen und die Beine zu bewegen, enthüllte sich der biopathische Charakter der Lähmung, kamen Fallangst und Gleichgewichtsstörung zum Vorschein.

Ehe ich darauf eingehe, muß ich einige Einwände beseitigen: Es ist unwahrscheinlich, daß die Störung mechanischer Natur war. Eine Läsion im Rückenmark, etwa ein Tumor an der Stelle, die der Störung entsprach, hätte um sich gegriffen, da der Tumor gewachsen wäre. Rückgang der Störung wäre ausgeschlossen gewesen. Eine periphere Nervenlähmung kommt nicht in Frage; zwar bestanden Schmerzen ähnlich denen einer Neuritis, aber sie waren durch rein orgontherapeutische Maßnahmen zu beseitigen. Überdies wäre die Neuritis selbst als ein Symptom zu erklären. Eine mechanische Läsion, peripher oder zentral, hätte auch die Aufhebung der Darmkontroll-Störung nicht zugelassen. Die Störung schwankte dagegen mit dem biopsychischen Gesamtzustand des Kranken. War er aufgeräumt und hoffnungsvoll, so konnte er die Beine leichter und vollständiger bewegen, als wenn er hoffnungslos war.

Die Lokalisation des Tumors in der Prostata war unmittelbar

durch eine acht Jahre dauernde sexuelle Abstinenz bedingt. Der spätere Spasmus des Blasenringmuskels und die Lähmung der Darmmuskulatur war sympathikotoner Natur und darf, entsprechend unseren Erfahrungen, als *unmittelbare* Grundlage der karzinomatösen Gewebsentartung angesehen werden. Von diesem Zentrum am Perineum ausgehend, griff nun die biopathische Lähmung um sich; sie ergriff die Beine komplett bis zu den Zehen. Der Patient hatte dank des Orgonakkumulators keinerlei Metastasen entwickelt. Der Oberkörper und die Arme blieben mobil und kräftig bis zuletzt. Es hatte, außer in den Beinen, kein Schwund eingesetzt. Die Bevorzugung der Lähmung der Beine mußte also seine besondere Begründung haben.

Ich arbeitete am Kranken im Sommer 1943 täglich, um die Beine wieder mobil zu machen. Zuerst lockerte ich die Spasmen der Fußgelenkmuskulatur durch passive Bewegung, allmählich, aber so, daß täglich ein neues Stück leichter beweglich war. Der Kranke hatte bei der Prozedur große Schmerzen, konnte aber bald die Zehen, die Fußgelenke und das Kniegelenk beugen und strecken. Dann ging ich zur Oberschenkelmuskulatur und zuletzt zur Hüftmuskulatur über. Nach etwa vier Wochen Orgontherapie konnte er Knie und Hüftgelenke bewegen. Sehr bald danach konnte er im Bett aufsitzen. Das gab ihm neuen Mut und stärkte seine Bereitschaft durchzukämpfen.

Ich schlug nun Übersiedlung in den Lehnsessel vor. Seine Reaktion war sonderbar: Er schien hocherfreut, doch er wich aus, als er tatsächlich aufsitzen sollte; er wollte noch warten, etc. Er war zum Sitzen im Lehnsessel zweifellos bereits fähig, da er im Bett ohne Schwierigkeiten sitzen konnte. Er hatte offenkundig Angst vor dem Übergang vom Bett zum Lehnstuhl, obgleich er wußte, daß er von zwei kräftigen Personen gestützt werden sollte und ihm nichts zustoßen konnte. Ich schlug als Übergang Sitzen am Bettrande vor. Darauf ging er zögernd ein. Wir halfen ihm, hielten ihn fest; doch sobald die Beine frei baumelten, überfiel ihn eine mächtige Angst. Er wurde blaß und hatte kalten Schweiß auf der Stirn. Er hatte, wohlgemerkt, keine Schmerzen, sondern *nur Angst*. Nach Ablauf einer halben Minute flehte er uns an, wieder liegen zu dürfen.

Genauso hatte sich meine erste Krebskranke benommen. Ich ließ mir nun seine Empfindungen genau beschreiben, die ihn veranlaßten, so jämmerlich zu flehen, liegen zu dürfen.

Er sagte, daß er sich sehr unsicher fühlte; sein Körper wäre von der Hüfte abwärts *wie taub, als ob »er nicht ihm gehörte«, als ob »er jederzeit brechen könnte«*. Er hätte Todesangst, er könnte fallen oder fallen gelassen werden und sein Körper würde zerbrechen. Er erinnerte einen eigenartigen Krankheitszustand, an dem er zwischen seinem etwa 6. und 18. Lebensjahr gelitten hatte: Er hatte harte Arbeit im Walde zu leisten. Es kam nun häufig vor, daß seine *Knie und Oberschenkel plötzlich versagten und er einknickte oder sich rasch hinsetzen mußte*. Kein Arzt hatte diese Schwäche deuten können; sie verschwand wieder und trat erst nach Monaten wieder auf.

Wir begreifen nun, daß die spätere Anorgonie des Unterkörpers sich auf dieser Anorgonie in der Kindheit aufbaute. Die Anorgonie ging also der Krebserkrankung um etwa 60 Jahre voraus. Das Zustandekommen anorgonotischer Schwächeanfälle ist dunkel. Ich muß anfügen: Die Mutter des Patienten war knapp nach seiner Geburt gestorben; er war bei Pflegeeltern ohne Liebe aufgewachsen und hatte als Kind bereits hart zu arbeiten.

Das Taubheitempfinden des Unterkörpers war dank der Orgontherapie bis auf eine kleinapfelgroße unterempfindliche Stelle an der Peniswurzel zusammengeschmolzen. Alle Reize wurden gespürt. Es bestanden keine Schmerzen bei der Gelenksbewegung; er konnte, wenn er auf dem Rücken lag, alle Gelenke schmerzlos voll bewegen und er führte gelegentlich sogar mit den Beinen eine Art Tanz im Bett auf. Umso rätselhafter war seine Todesangst beim freien Sitzen.

Ich ließ ihn nun täglich zweimal für ein oder zwei Minuten zur Übung am Bettrand aufsitzen. Das half. Nach weiteren acht Tagen war die Angst zu fallen so weit herabgemindert, daß wir ihn schließlich in einen Lehnstuhl setzen und ins Freie fahren konnten. Die Fallangst schien überwunden. Er hatte durch vielmonatiges Liegen im Bett und durch den Substanzverlust in den Beinen das *Körperempfinden und damit das Gleichgewichtsempfinden* verloren, es dann aber durch die Gewöhnung am Aufsitzen zum Teil wiedererlangt, so daß die Fallangst verschwand.

Ich will den Vorgang in die Sprache der Orgonbiophysik übersetzen:

Der biopathische Schrumpfungsprozeß hatte die orgonotische Motilität und mit ihr das Organempfinden fast ausgelöscht. Daraus dürfen wir schließen, daß die *Organempfindung ein unmittelba-*

rer *Ausdruck der Motilität des Organplasmas ist.* Aus dem *Verlust* des Organempfindens folgen logisch die Sensation der Körperfremdheit, sowie die Angst zu fallen und zu »zerbrechen«. Das Taubheitsempfinden bei Vorhandensein der senso-motorischen Reaktionen läßt nur eine Deutung zu: *Organtaubheit ist die subjektive Wahrnehmung objektiver Orgonimmobilität der betreffenden Körperpartien.* Sie ist begleitet von einem Empfinden ähnlich dem eines »eingeschlafenen Organs«, das mit »Ameisenlaufen« einhergeht. Die Anorgonie unseres Patienten unterschied sich vom Zustand einer akuten Organtaubheit nur durch die Dauer und ihren biopathischen Hintergrund. Im übrigen waren die Symptome dieselben.

Es ist zu fragen, wie die Anorgonie zu deuten ist: Besteht sie in einem *Verlust an Orgongehalt* in den Geweben oder in einer *Immobilität quantitativ nicht verminderten Gewebe-Orgons?*

Der Orgonverlust im biopathischen Gewebe kommt ebenso in Frage wie eine Immobilisierung des Körperorgons, d. h. eine Einschränkung der orgonotischen Pulsation. Schieben wir die Entscheidung dieser Frage auf.

Es ging dem Kranken einige weitere Monate gut. Er gewann sogar die Kontrolle über die Defäkation wieder. Da setzten mit schlechtem Wetter große Schmerzen ein; ein eilig herbeigerufener Arzt injizierte ihm *Venom* zur Linderung der Schmerzen, und wenige Tage später war der Kranke tot. Er wäre wahrscheinlich ohnedies gestorben, denn die karzinomatöse Schrumpfung hatte bereits zu tief gegriffen. Doch orgonotisch versagendes Gewebe verträgt Giftmittel schlecht. Es wird uns zur Regel, bei Krebsbiopathien keine chemischen Substanzen zu applizieren, die sympathikoton auf den Lebensapparat wirken oder die Gewebe schädigen, auch wenn sie die Schmerzen lindern. Sie fördern die Anorgonie statt sie zu beheben.

Ich wende mich nun der kurzen Schilderung des dritten Krebskranken zu, der später ebenfalls starb. Der Tumor (ein histologisch diagnostiziertes Sarkom) war am Deltoidmuskel der rechten Schulter aufgetreten; der Tumor wurde mit Röntgen behandelt; er ging zurück, nicht ohne eine Verbrennung dritten Grades von etwa 2-3 dm² zurückzulassen. Das machte die Prognose schlecht. Der biopathische Allgemeinzustand war ebenfalls besorgniserregend. Die Haut war am ganzen Körper fahl und klamm. Die Beine waren kühl und zeigten den uns nun als *Anorgonie* der Haut bekannten Zustand: livide Verfärbung, kalt und klamm, kein verspürbares Orgonfeld. Der Kranke war ein ausgesprochen stiller, resignativer Charakter. Er glaubte sein Leben verpfuscht, nichts erreicht zu haben. Er war besonders um sein Becken besorgt: Es war »taub« und »wie tot«. Er wollte zu mir schon ein Jahr vor dem Auftreten des Tumors kommen, hätte es aber wegen des von einigen Psychoanalytikern ausgestreuten Gerüchts, daß ich verrückt wäre, unterlassen. Als der Tumor am rechten Oberarm ein Jahr später seine alten Befürchtungen bestätigte, entschloß er sich doch, den Versuch der Orgontherapie zu unternehmen. Es läßt sich schwer sagen, ob hier das Geschwätz verantwortungsloser Gesellen ein Menschenleben gekostet hat. Persönlich und unverbindlich möchte ich meinen, daß dies der Fall war: Der Kranke hätte ein Jahr früher vielleicht gerettet werden können.

Der Kranke machte im Verlaufe der folgenden viermonatigen kontinuierlichen physikalischen und psychiatrischen Orgontherapie gute Fortschritte. Er trat allmählich aus sich heraus, konnte es sogar zu Wutausbrüchen bringen, was er nie vorher gekonnt hatte. Die Röntgenverbrennung heilte unter Orgonwirkung rasch aus, aber die Stelle an der rechten Schulter blieb unbeeinflußt. Der Kranke nahm an Gewicht zu, besserte seine neurotisch komplizierte Familienlage und machte so rasche Fortschritte, daß der Orgasmusreflex unmittelbar bevorstand.

Die Wahl der rechten Schulter für die Lokalisation des Tumors war klar. Sein rechter Arm war, solange er zurückdenken konnte, »schwach« gewesen. Es war ihm, als ob die Impulse im rechten Arm nie ordentlich durchgekommen wären. Das rechte Schulterblatt war stärker zurückgezogen als das linke. In der 12. Behandlung brachen heftige Schlageimpulse im rechten Arm durch; aber es dauerte lange, ehe er Fausthieben freien Lauf lassen konnte. So oft nun ein Schlageimpuls durchbrechen wollte, trat ein schwerer Glottiskrampf auf. Der Anfall machte den Eindruck von Erstickung; Stimme und Atem gerieten in Stridor. Im Gesicht trat ein Sterbensausdruck auf. Die Augenbälle drehten sich nach oben. Die Haut wurde blaß-bäulich, die Atmung flach, der Puls dünn.

Dieser Symptomkomplex war bisher unterirdisch gewesen; die Orgontherapie hatte ihn an die Oberfläche gebracht; diese Erscheinungen hatten in milderer Form schon *vor Jahrzehnten* bestanden. Ein Stück seiner Resignation im Leben führte der Kranke selbst darauf zurück, daß es ihm als kleinem Jungen nie gelingen wollte, sich gegen Angriffe durch andere Jungen zu wehren. *Sobald er zum Schlage ausholen und sich in Balgereien wehren wollte, traten im Hals Beklemmung und Atemnot auf.* Das machte ihn ohnmächtig und feige. Darunter litt natürlich sein Stolz, und er resignierte sehr früh. Er wurde feige, nachgiebig, ausweichend, und er verachtete sich deshalb.

Merken wir uns diese biopathische Reaktion unseres Kranken gut. Wir werden ihr an seinem Lebensende wieder begegnen und begreifen, welch riesenhafte Bedeutung der biophysikalischen Struktur für Wohl und Wehe des Lebens zukommt. Es ist hervorzuheben, daß dieser Kranke keinen Sonderfall darstellte, sondern *typisch* war.

Der Glottiskrampf und die Sterbenshaltung unseres Kranken wurden zur typischen Reaktion gegen Fortschritte der Behandlung.

Sein Becken war, wie er selbst sagte, »tot«, als er zu mir kam. Der Orgasmus-Reflex begann allmählich hervorzutreten, aber er war mechanisch, ohne orgonotische Empfindung im Becken. Mit Aufarbeitung der kindlichen Onaniehemmung wurde es besser, aber die Anorgonie des Beckens blieb. Wir beide hatten den Eindruck, als ob dieses Becken nie »gelebt« hätte und als ob es »hoffnungslos tot« wäre. Es hatte ja auch seit vielen Jahren seine größte Sorge gebildet. Als er von der Orgontherapie zum ersten Male hörte, wußte er sofort, daß sie seinen Fall anginge.

Nach mehreren Wochen angestrengter Versuche, die Beckenemotionen zu beleben, trat endlich ganz unvermittelt eine spontane Beckenzuckung *nach vorne* mit starken orgonotischen Sensationen auf. In der Tiefe lebte also noch die orgonotische Motilität. Die Reaktion des Kranken darauf war aber so heftig, daß ich mit einem Schlage die *Tiefe* der Anorgonie verstand.

Er fiel sofort nach der Zuckung des Beckens in die »Sterbenshaltung« zurück; der Glottiskrampf kam so stark wieder, daß er Mühe hatte, Luft zu schöpfen. Wenige Tage später begannen einzelne Stellen an der röntgenverbrannten rechten Schulter anzuschwellen.

Spastische Reaktionen auf frisch durchbrechende Plasmaströmungen sind dem Orgontherapeuten wohlvertraut. Wir erwarten gar nicht, daß sich der Orgasmusreflex spasmenfrei entwickle; im Gegenteil, jeder neue Vorstoß zur plasmatischen Strömung im biologischen Kern provoziert immer tiefere Angstreaktionen, sympathikotone Zustände an der Stelle des Durchbruchs, Wiederkehr

alter, bereits aufgelöster Muskelspasmen etc. Damit rechnen wir in jedem einzelnen Fall.
Bei der Krebsschrumpfungs-Biopathie kompliziert sich dieser Vorgang dadurch, daß bei ihr – im Gegensatz zu anderen Biopathien – die Anorgonie *im Kern* wirkt und bis zum kompletten Block der Pulsation führen kann. Daran lassen die klinischen Erfahrungen keinen Zweifel. Derart ist das Aufhören der Lebensfunktionen immer bedenklich nahegerückt. Das Problem ist nun, ob und wie rasch man die Expansionsfunktion gegen die Anorgonie auszuspielen vermag. Die noch zu schildernden Fälle werden hier einige Aufklärungen bringen.
Um zu unserem Fall zurückzukehren: Wiederholte Bluttests zeigten, daß der Fortschritt, den er biologisch erzielt hatte, anhielt. Als er in Behandlung kam, war sein Blut extrem orgonschwach: 70 % Hgb, 99 % *T-Reaktion*, Desintegration der RBK in *Sekunden*, etc. Nach ca. sechs Wochen Orgonbehandlung war das Blut normal: *fast 100 % B-Reaktion*, 30 Minuten Desintegrationsdauer, breiter Orgonrand der roten Zellen, normales Hgb von 84 %.
Die Vielseitigkeit der Krebsbiopathie zeigte sich gerade darin, daß die operative Beseitigung des Tumors und die Wiederherstellung der vollen Orgonität des Blutes noch immer nicht genügen, die Schrumpfung des autonomen Lebensapparates aufzuhalten. Der später erfolgte Tod unseres Krebskranken wird dies eindeutig genug zeigen. Auch die Verhinderung der Kachexie, des Verlustes an Körpersubstanz, der in diesem Falle orgontherapeutisch gelang, konnte das Sterben nicht aufhalten. *Der Patient starb mit gesundem Blut und kachexiefrei.* Das wurde von einer Autorität auf dem Gebiet der mechanistischen Krebspathologie knapp vor dem Tode mit Staunen festgestellt.
Man begreift nun, weshalb ich in meinen Darstellungen der experimentellen Orgontherapie der Krebsbiopathie immer wieder betone, daß wir zwar auf *dem Wege* zur Beseitigung der Krebsseuche sind, aber daß zu viele und zu tiefe biologische Krankheitsmechanismen vorliegen, die noch zu begreifen und zu bewältigen bleiben. Angesichts dieser Kompliziertheit der Krebsbiopathie mutet es sonderbar an, wenn wir fast jede Woche einmal in der Zeitung lesen, daß dieses oder jenes neue chemische Präparat verspräche, den Krebs zu heilen. Die radikale Krebstherapie wird nicht so leicht zu haben sein.

Umso sonderbarer erscheint uns daher das Verhalten der traditionellen Pathologie, die nicht nur mit falschen Voraussetzungen an die Krebsseuche herangeht, nicht nur am lokalen Symptom klebt, ohne weiter zu kommen, sondern die darüber hinaus so sehr in Hoffnungslosigkeit verstrickt ist, daß sie die fruchtbaren Anstrengungen der Orgonbiophysik nicht wahrzunehmen scheint. Ich sage: *scheint*. Daß ihr Schweigen zur sexualökonomischen Krebsforschung ein stilles Abwarten ist, läßt sich allerdings nicht ausschließen. Wir haben ja auch sonst in unserer Arbeit den Eindruck, als ob wir in einem weiten leeren Saale sprächen, dessen Wände voll von Ohren, aber ohne Sprachorgane sind. Das sollte die Freunde der Orgonbiophysik nicht entmutigen: Eines Tages werden ihre Möglichkeiten erkannt werden.

Überblicken wir die therapeutische Situation unseres Kranken: Seine Anorgonie war kräftig; seine charakterliche Neigung zur Resignation groß; er hatte zur Zeit der Behandlung keine Tumoren, aber seine plasmatische Motilität, die allein ihn retten konnte, war noch im Banne der Anorgonie; sie hatte sich eben erst zum ersten Male schwach gemeldet; darauf hatte er mit schwerer Orgasmusangst reagiert, vor allem mit Glottiskrampf.

Er nahm Stunden in nichtspezifischer vegetotherapeutischer Gymnastik, um seinen Körper noch besser in Schwung zu bringen. Eines Tages zerrte er den linken Glutealmuskel leicht. Drei Wochen später trat an der gezerrten Stelle eine kleine Geschwulst auf, die ganz langsam anwuchs, um nach weiteren drei Wochen kleinkürbisgroß zu werden. Er konnte zwar noch gehen, aber nun trat seine Neigung zu liegen hervor. Er legte sich ins Bett und hat es bis zum letzten Tage nicht wieder verlassen. Während die Geschwulst an der linken Hüfte stillstand, begann die ganz kleine Schwellung an der rechten Schulter zu wachsen und sich auszubreiten.

Eines Tages traten Schwierigkeiten zu urinieren auf, und das Perineum wurde, genau wie beim früher beschriebenen Krebskranken, mitsamt der Peniswurzel »taub«. Eine Röntgenserie des ganzen Körpers zeigte, daß außer an den zwei beschriebenen Stellen, die Tumoren entwickelt hatten, keinerlei Metastasen der inneren Organe bestanden; das war für ein Lymphosarcom erstaunlich. Die Drüsen schwollen etwas an: in der rechten Inguinalgegend, in der linken und rechten Achsel. Dagegen wurde die rechte Schulter immer bedrohlicher. Ein Ödem trat auf, das den ganzen rechten

Arm bis hinauf zur ersten Rippe besetzte. Die Glottisspasmen kamen häufiger wieder. Seine Stimme wurde heiser, und die Gefahr des Todes infolge Erstickung durch Glottisödem wurde immer größer. Chirurgen wußten gegen das Ödem keinen Rat. Ein Punktat der Geschwulst an der Hüfte ergab kleinzellige, maligne Zellen.

Die Taubheit in der Genitalgegend konnte immer wieder rückgängig gemacht werden, so daß kein Katheter eingeführt werden mußte.

Eines Tages setzte ein anhaltender Glottisspasmus ein, der das Ende durch Erstickung herbeiführte.

Wie die früher beschriebenen Krebskranken war auch dieser Patient nicht am lokalen Tumor, nicht an Schwäche und Herzstillstand oder an Marasmus gestorben. *Die unmittelbare Todesursache war der Glottiskrampf, den der Kranke Jahrzehnte vor dem Tumor entwickelt hatte.* Die Wahl des rechten Arms für die Tumorbildung und spätere Ödementwicklung war eindeutig durch eine biopathische chronische Impulshemmung in der rechten Schulter determiniert.

Wir begreifen die *unmittelbare* Todesursache, die Entwicklung und Funktion des Glottiskrampfs im Zusammenhang mit seiner Orgasmusangst. Wir verstehen auch den großen Rückfall als Reaktion gegen die ersten Regungen der plasmatischen Strömungen. *Aber wir begreifen nicht gut genug den biopathischen Mechanismus in den Geweben der rechten Schulter,* der sich im Auftreten des Ödems Ausdruck verschaffte. Röntgenologisch war das tumoröse Gewebe an der rechten Clavicula klein, etwa kleinapfelgroß. Die Schwellung des Armes und der Schulter war also nicht einem soliden Tumorwachstum zuzuschreiben. Die »Verstopfung der Lymphwege« selbst kann ein Stück der Ödembildung, aber sicher nicht das Ganze daran erklären. Man kann annehmen, daß das Ödem der Gewebe den Abfluß der Gewebsflüssigkeit sperrte, wie umgekehrt, daß eine Verstopfung der Lymphwege mit Tumorsubstanz das Ödem verursachte.

Ich möchte hier eine *biophysikalische* anstelle der rein mechanischen Deutung des Ödems Krebskranker versuchen. Ich glaube, sie trägt der Krebsbiopathie besser Rechnung als die simple Mechanik des »Verschlusses von Ablaufswegen«. Es gibt genug Verzweigungen und Nebenwege, um die Flüssigkeit aus den Geweben zu beseitigen. Hier mußt etwas anderes im Spiele sein.

Man kennt das Ödem, das beim Verhungern aufzutreten pflegt. Im Falle des Verhungerns gibt es keine »verstopften Lymphwege«. Trotzdem das Ödem!
Es gibt Ödeme des Zahnfleisches bei heftigem Zahnschmerz. Auch in diesem Falle ist von verstopften Lymphgefäßen keine Rede: trotzdem das Ödem!
Es gibt Beinödeme schwangerer Frauen. Wenn es die Schwangerschaft ist, die rein mechanisch die Abfuhr der Gewebsflüssigkeit aus der unteren Körperpartie behindern soll, dann müßten doch *alle* Schwangeren an Beinödemen leiden, was nicht der Fall ist.
Es gibt Ödeme bei Verbrennungen und schweren Entzündungen, wo keine Abflußstörung in Frage kommt.
Hoff berichtet in L. R. Müller: Lebensnerven und Lebenstriebe, (III. Auflage, S. 753/754):

»In allen Fällen von Paraplegie mit längerer Krankheitsdauer lassen sich Ödeme an den Beinen nachweisen, die wohl in erster Linie durch die gestörte Durchblutung als Folge der Bewegungslosigkeit hervorgerufen sind. Aber in zwei Fällen beobachtete *Böwing* sofort nach der Rückenmarkverletzung so schwere pastöse Schwellungen der Beine, daß zur Erklärung die Annahme einer trophischen Gefäßwandschädigung notwendig erschien. Die gleiche Beobachtung haben *Marburg* und *Rance* an Kranken mit Schußverletzung des Rückenmarks gemacht. Wir sahen bei Hemiplegie ein halbseitiges Gesichtsödem gleichzeitig mit Facialislähmung auftreten. Diese Beobachtungen erleichtern uns auch das Verständnis für die angioneurotischen Ödeme, die vor allem von *Quinke* beschrieben wurden. *Es ist noch im einzelnen unklar, wie in diesen Fällen eine Störung der vegetativen Gefäßinnervation zu Ödemen führt.* (Hervorhebung von W. R.) Nach den Untersuchungen von *Asher* und seiner Schule ist es aber wahrscheinlich, daß die vegetativen Nerven auf die Permeabilität der Membranen und damit der Capillarwände einen Einfluß ausüben können. ... Halbseitige Ödeme auf der dem Gehirnherd gegenüberliegenden gelähmten Seite sind nicht selten, ohne daß die Bewegungsbehinderung allein eine genügende Erklärung dafür bieten würde. *Böwing* beobachtete *Bläschenbildung auf der Haut, Hautverdünnungen mit vermehrtem Glanz, Nagelveränderungen und Verstärkung des Haarwuchses* auf der gelähmten Seite. Bei Geisteskranken mit organischen Veränderungen des Gehirns fand

Reichardt häufig trophische Hautveränderungen, besonders *Geschwüre*, die weder auf Abmagerung noch auf Druckschädigung zurückgeführt werden konnten.«

Kehren wir zum Ödem bei Krebs zurück. Beobachtungen an Krebskranken gestatten im Zusammenhange mit den genannten nichtkarzinomatösen Ödemen die Annahme einer *funktionellen, biophysikalischen* Verursachung des Ödems. Die Flüssigkeitsbewegung im Organismus ist keine rein mechanische Funktion. Es ist sehr unwahrscheinlich, daß die Lymphdrüsen und Lymphgefäße starr sind, daß also die Lymphbewegung rein passiv mechanisch erfolgt. Es ist vielmehr unerläßlich anzunehmen, daß sämtliche Organe mitsamt den Nerven, Gefäßen, Lymphgängen und Gewebszellen kontraktil sind; daß sie also, wenn auch in verschiedenen Rhythmen, *pulsieren*.

Mit der Pulsation der verschiedenen Organe sind ihre Lebensfunktionen verknüpft. Wir müssen unseren funktionellen Standpunkt *konsequent* durchführen. Demzufolge bildet jedes Organ, unabhängig vom Gesamtorganismus, eine *lebendige Einheit*, die mit Empfindung und Reizreaktion ausgestattet ist. Das ist durch die Versuche an exstirpierten Organen, wie Herz, Darm, Harnblase etc. eindeutig bewiesen. Wir müssen also annehmen, daß jedes Organ auf Verletzungen, Funktionsstörungen ebenso reagiert, wie der Gesamtorganismus sich gegenüber störenden Reizen verhält: Die lebendige Reaktion auf Funktionsstörungen besteht im gesamten Lebensbereich entweder in einer *Erhöhung* der spezifischen Funktion zur *Vernichtung der störenden Reizquelle*, oder aber in einem *Rückzug vom erkrankten Organ*. Regenerationsprozesse, Entzündungsvorgänge, Temperaturerhöhung des Blutes etc. gehören der ersten Reaktionsweise an. Hierher gehört auch die Bildung von PA-Bionen und Krebszellen zur Abwehr des krebsigen Gewebszerfalls und die destruktive Wutreaktion des Lebensapparates.

Die *Anorgonie* gehört zum zweiten Typus der Lebensreaktion auf Funktionsstörungen. Bedeutet die erste Art Kampf gegen die Schädigung, so ist die zweite Art einem *Aufgeben* zu vergleichen, oder, anders ausgedrückt, einer Isolierung der erkrankten Stelle seitens der noch gesunden Organe. Die Isolierung erkrankter Körperorgane ist in der Pathologie als Sequestration, z. B. Ausstoßung eines erkrankten Knochenstücks bekannt. Im Tierreich kommt manchmal die Beseitigung eines erkrankten Gliedes, z. B. eines Beines, durch Abbeißen vor. Das Gegenstück zur biophysikalischen Isolierung erkrankter Organe ist die Entzündung mit der dazugehörigen *Regeneration*. Wo Regeneration, also plasmatische Wachstumsreaktion, nicht möglich ist, greift die Isolierung Platz.

Diese Isolierung des erkrankten Organs kann bei Krebskranken sehr gut beobachtet werden. Sie geht vor allem mit Rückzug der Lebensnerven von der erkrankten Stelle und mit Stillstand ihrer Pulsation einher. Daraus ergibt sich in einfach logischer Weise eine Reihe von sekundären Krankheitssymptomen: Die lokale *Anämie*, die *Taubheit* im Empfinden; der CO_2-Überschuß; und schließlich die *Atrophie* der Zellsubstanz. Wir sehen bei einem Karzinom der Magenwand oder bei einem Eierstockkarzinom einen abundanten *Ascites* auftreten, ohne daß von mechanischer Verstopfung der Abfuhrwege gesprochen werden kann. Dies führt allgemeine Funktionsstörungen wie Darmstillstand etc. und damit Beschleunigung des Todes herbei. Ich möchte also dem *anorgonotischen Motilitätsblock* der Lebensnerven den Hauptanteil an der *Hemmung der Flüssigkeitsbewegung* in der Gegend der erkrankten Organe zuschreiben; damit ist das Ödem funktionell begriffen. Es sind spezifisch *orgonotische* Lebensfunktionen und nicht mechanische, chemische oder physikalische, mit denen wir es bei Ödemen und ähnlichen anorgonotischen Zuständen zu tun haben.

Lassen sich experimentelle Beweise für diese orgonphysikalische Auffassung anführen? Zunächst lehren die Erfahrungen der physikalischen und psychiatrischen Orgontherapie, daß anorgonotische Zustände beseitigbar oder zu mildern sind. Da diese beiden therapeutischen Methoden von der Voraussetzung ausgehen, daß der *Lebensnervenapparat kontraktil* ist, beweisen die praktischen Resultate die Korrektheit der Annahme.

Es gibt ferner eine große Anzahl Erscheinungen in der klassischen Physiologie, die ohne die Kenntnis der orgonphysikalischen Funktionen unverständlich bleiben. Hierher gehört vor allem die normale Funktion der *Darmresorption*. Der Ausgang eines Ödems, das durch lokale Anorgonie zustande kam, hängt davon ab, ob die Ödemflüssigkeit *resorbiert* werden kann. Das hängt wieder von der orgonotischen Potenz und Pulsation der betreffenden Gewebe ab. Hier versagen mechanistische Vorstellungen vollkommen. Orientieren wir uns an den bekannten Vorgängen der Darmresorption:

Die Natur der Resorptionskräfte des Organismus bildet ein wichtiges und, nach den Aussagen der Physiologie, völlig ungeklärtes Problem der mechanistischen Physiologie. *Verhält sich die Resorptionsmembran der Darmwand beim Übergang der Nährstoffe wie eine tote Membran oder leisten die Zellen in den Darmzotten dabei aktive Arbeit?* So lautet die Frage der Physiologie. Die Vorgänge im lebenden Gewebe widersprechen oft den rein physikalisch-mechanischen Vorgängen an semipermeablen Membranen. *Die Aufnahme der Speiseflüssigkeit durch die Darmwand ist nicht einer Osmose zuzuschreiben.* Heidenheim* entnahm einem Hunde Blut und brachte ihm nach Öffnung der Bauchhöhle sein *eigenes Blutserum* in eine leere, beiderseits abgebundene Darmschlinge; es zeigte sich, daß der *Hund sein eigenes Serum resorbierte*. Da in diesem Experiment *keine Konzentrationsdifferenz zwischen Darminhalt und Gewebsflüssigkeit* vorliegt, haben die rein mechanischen Vorgänge der Diffusion und Osmose an der Resorption keinen Anteil. Die Physiologen versuchten nun, die Tatsache der Resorption im Darm, die sich weder mit dem Prinzip der Osmose noch mit dem der Diffusion erklären läßt, durch die *Arbeit der Darmmuskeln* zu erklären. Sie nahmen an, daß die Darmmuskeln, die allseitig den Darminhalt umschließen und unter Druck versetzen können, das Serum in dem genannten Experiment ins Blut *mechanisch* hinüberpreßten, also sozusagen durch die Darmschleimhaut hindurch filtrierten. Experimente, die zur Klärung dieser Frage vorgenommen wurden, zeigten, daß auch eine Hindurchfiltration infolge mechanischen Drucks auszuschließen ist. *Reid* verwendete frisch aus einem eben getöteten Kaninchen entnommene Stücke Dünndarm als Diaphragma. Er trennte *zwei mit der gleichen Kochsalzlösung* gefüllte, also *isotone* Räume voneinander. Es zeigte sich, daß dieses ausgeschnittene Darmstück die Lösung eine Zeitlang von der Schleimhautseite zur Serosa-Seite hindurch transportierte. Hier leistete also, nach den Worten *Höbers*, der über diese Versuche in seinem Lehrbuch der Physiologie berichtet, die *Darmwand selber* Arbeit. *Höber* faßt die Darmresorption in die Worte:

---

* Das Folgende ist *Höbers* ausgezeichnetem *Lehrbuch der Physiologie des Menschen*, VII. Aufl., 1934, S. 69 ff. entnommen.

»Sie (die Darmwand) drückt oder saugt die Lösung durch sich hindurch.« Und er fügt hinzu: »Nach einiger Zeit, offenbar, indem sie abstirbt, aber auch wenn man sie chloroformiert, versagt sie; das beweist, *daß es auf die Lebensfähigkeit ihrer Zellen ankommt.* (Kursiv von W. R.) Wie soll man das erklären? Darauf läßt sich mit einer ansprechenden Hypothese antworten: Die Darmzotten enthalten erstens glatte Muskelfasern, durch welche sie verkürzt werden können, zweitens erweitern sich die Lymphräume des unter dem Eithel gelegenen reticulären Bindegewebes zu einem zentralen Chylusgefäß, welches in die tiefer gelegenen, Chylus, d. h. Darmlymphe, führenden größeren Lymphgefäße einmündet. Da nun die Zotten durch periodische Tätigkeit der Muskeln sich abwechselnd erigieren und verkürzen, so kann eine Saug- und Pumpwirkung zustande kommen; denn die Zotten verdicken sich bei der Verkürzung nicht, der Raum des zentralen Chylusgefäßes wird also abwechselnd klein und groß ... Funktioniert dieser Mechanismus der »Zottenpumpe« in Wirklichkeit, dann verstehen wir den so rätselhaften Versuch von *Reid.* Zwar müssen wir dann unbedingt anerkennen, daß an dem Resorptionsakt vitale Leistungen teilhaben, aber das Problem, das dann zu lösen bleibt, ist kein anderes, als es jede beliebige Muskelkontraktion auch vor uns hinstellt.«

Wir sehen, *die mechanistische Deutung der Resorptionsfunktion, also* der Flüssigkeitsbewegung durch die Darmwand, versagt. Auch die mechanischen Funktionen der Osmose und Diffusion versagen bei der Erklärung der lebendigen Phänomene. *Höber* schreibt weiter, nachdem er vergeblich versucht hat, den mechanistischen Standpunkt zu retten:

»Es gibt aber auch Beobachtungen, welche dem, was man nach den Gesetzen der Diffusion und Osmose zu erwarten hat, durchaus konträr laufen. *O. Cohnheim* gibt z. B. an, daß aus einem mit Jodnatriumlösung gefüllten und in Meerwasser aufgehängten Cephalopodendarm alles NaI verschwindet und in die umgebende Lösung hinausgetrieben wird; und auch bei Hunden läßt sich zeigen, daß unter bestimmten Bedingungen der NaCl Gehalt einer Lösung im Darm *unter* den NaCl Gehalt des Blutplasmas während der Resorption heruntersinkt, daß also *Kochsalz entgegen dem Konzentrationsgefälle wandert.* [Das Kochsalz wandert also nicht, wie zu erwarten, von der höheren zur niederen, sondern von der niederen zur höheren Konzentration! (Anm von W. R.)] Hier handelt es sich um eine Arbeitsleistung gerade so, wie wenn ein Gas von einer niederen Konzentration, also von einem niederen Druck auf einen höheren Druck gebracht werden soll. Das ist eine Leistung, wie sie in vergleichbarer Art und Weise auch in anderen Organen vollzogen wird; denn die Verrichtung von Konzentrationsarbeit ist typisch für zahlreiche Drüsen ... Die Leistung ist ein neues Dokument dafür, *daß die lebenden Zellen aktiv bei der Resorption eingreifen.*«

Diese Tröstung trägt zur Lösung des Problems, das die mechanistische Physiologie korrekt formuliert hat, nichts bei. Die mechanistische Physiologie läßt uns im Stich, wenn es darauf ankommt zu begreifen, in welcher Weise infolge welcher Energiegesetze die lebenden Zellen ihre den mechanistischen Gesetzen von Energiepotentialgefälle widersprechende Arbeit leisten. Denn die bekannten mechanischen Gesetze gelten nicht. Vermag die Orgonphysik eine bessere Auskunft zu geben? Die Antwort der Orgonphysik ist folgende:

1. Da nach dem Gesetz der Orgonphysik stets das stärkere orgonotische System das schwächere System an sich zieht, ist klar, daß die Darmwand immer nur den Darminhalt und nie umgekehrt der Darminhalt die Säfte der Darmwand absorbieren kann. Die einseitige Bewegungsrichtung bei der Verdauung ist somit dem *orgonotischen* Funktionsgesetz zuzuschreiben. Die Bione der Nahrung im Darmlumen sind im Verhältnis zur Orgonität der Darmwand äußerst schwache orgonotische Systeme. Dieses orgonotische Funktionsgesetz wurde in direkter Beobachtung gewonnen, und nicht zur Erklärung biologischer Phänomene ersonnen. Es wurde sekundär, nachdem es im Orgon-Akkumulator gefunden war, mit Erfolg auf biologische Vorgänge angewandt. Die Attraktion des schwächeren durch das stärkere orgonotische System gilt im lebenden *und* im nichtlebenden Funktionsbereich.

2. Der Umlauf des Blutes und der Gewebsflüssigkeit hängt von der Lebhaftigkeit der Pulsationsfunktion der Organe ab. Je »lebendiger«, also tätiger ein Organismus ist, je kräftiger seine orgonotische Pulsation, desto rascher und vollständiger ist der Wechsel der Körperflüssigkeiten. Steigerung und Herabsetzung des Metabolismus sind vegetative Lebensfunktionen, die von der allge-

meinen pulsatorischen Aktivität der Organe unmittelbar abhängen. Die »Herabsetzung der *Vitalität*« läßt sich orgonphysikalisch als eine *Herabsetzung der orgonotischen Motilität* bis zur kompletten Anorgonie begreifen. Von diesem Standpunkt gesehen, entsteht das Ödem beim Zahnschmerz, beim Verhungern, bei der Nervenverletzung oder bei Verbrennung, bei der schlecht vertragenen Schwangerschaft und bei lokal begrenzten Krebstumoren aus *einem* wesentlichen Grunde:
Die pulsatorische Tätigkeit des betreffenden Organgebiets ist herabgesetzt; deshalb verlangsamt sich der Fluß der Körperflüssigkeit. An der pulsatorisch schwachen Stelle kommt es zu einer Flüssigkeitsanhäufung; es strömt ins erkrankte Gebiet mehr Flüssigkeit ein als aus ihm ab.
Die pulsatorische Tätigkeit eines Organs hängt nun in erster Linie von der Aktivität der autonomen Lebensnerven ab. Daher muß eine Immobilisierung der Lebensnerven im betreffenden Körpergebiet einen Stillstand der Flüssigkeitsbewegung zur Folge haben. Die rasche Bildung von wässerigen Blasen bei Verbrennung läßt sich derart leicht begreifen, ebenso die Ödeme verschiedener Herkunft.
Kehren wir nun zu unserem Krebskranken zurück: Der Kranke hatte seit der Kindheit an Motilitätshemmung des rechten Arms und des Sprachorgans gelitten. Diese Motilitätshemmung hatte mittels der dazugehörenden Spasmen und lokalen Anorgonie der Gewebe zum lokalen Tumor am rechten Deltoid-Muskel geführt. Im Hintergrunde dieser lokalen Anorgonie wirkte die allgemeine charakterliche Resignation, die speziell im Becken und Genitale zentriert war. Dem entsprach die lokale Anorgonie des Genitalapparats, die vor dem Tode zur Lähmung der Blasenfunktion führte. An diesen zwei anorgonotischen Körperstellen entwickelten sich Ödeme infolge des Motilitätsblocks der Lebensnerven. Das Ende wurde durch Erstickung infolge Glottiskrampfs herbeigeführt.
Gehen wir nun zu einem anderen Fall über, der den anorgonotischen Lähmungszustand besonders klar demonstrierte.
Die Patientin erkrankte als Kind an einer Angina, die diphterieverdächtig und von einer leichten Herzschwäche gefolgt war. Die Menstruation trat mit zwölf Jahren auf, war im Beginne normal, später aber traten am ersten Tage starke krampfartige Schmerzen in der Gegend des linken Eierstocks auf. Weder heiße Umschläge

noch schmerzstillende Mittel halfen. Die linke untere Bauchgegend blieb von nun an eine »schwache Stelle«, an der immer wieder heftige, reißende Schmerzen auftraten. Mit 16 Jahren arbeitete die Kranke in einem Röntgenlaboratorium. Drei Monate nach Beginn der Röntgenarbeit fühlte sie sich elend, litt an Übelkeiten, Herzklopfen und Haarausfall. Ein Arzt verschrieb ihr Arsen, das sie aber schlecht vertrug. Die Herzbeschwerden wurden schlimmer. Mit 17 Jahren wurden hochgradige Anämie, Schwellung der Brüste und Schädigung der Eierstöcke festgestellt. Die Schmerzen in der linken Eierstockgegend wurden immer schlimmer. Verschiedene Ärzte stellten verschiedene Diagnosen, wie »Gebärmutterverengung«, »Entzündung des Eierstocks«, etc. Keine Medikation half. Zwei Jahre später begann das linke Bein zu übermüden; eine Venenentzündung trat hinzu. Die Patientin erkrankte jedes Jahr drei- bis viermal an »Grippe«, wobei die Beinschwäche und die »Venenentzündung« sich regelmäßig verstärkten. Bald danach setzten Schmerzen im Unterleib ein. Nach einer Geburt verstärkte sich die Schwellung im linken Bein; hinzu kam Druckempfindlichkeit am ganzen Körper. Sie entwickelte eine Anämie mit 3,2 Millionen roten Blutkörperchen und 56 % Hämoglobin. Es wurden verschiedene Arten von Therapien versucht, die jedoch nichts halfen. Aus der Krankengeschichte geht hervor, daß die vielen konsultierten Ärzte einander in der Diagnose und der Therapie widersprachen. Die Patientin wurde mit Diathermie, Leberinjektionen, Wärmetherapie, Evipan zu verschiedenen Zeiten ohne Erfolg behandelt.

Blutbefund:

Die orgonphysikalische Untersuchung ihres Blutes ergab ein merkwürdiges Resultat; ich hatte ein derartiges Blutbild vorher noch nicht angetroffen: Der Hämoglobin-Gehalt betrug 95 %! Die Blutkultur dagegen war stark positiv. Der Autoklavierungstest ebenso wie die Gramfärbung des Blutkolloids ergab fast 100 % T-Reaktion. Mikroskopisch fiel folgendes auf:

Obwohl die Autoklavierungsprobe auf extreme Orgonschwäche der roten Blutkörperchen hinwies, zeigten die RBK mikroskopisch *keine Schrumpfung* und *keinen verfrühten bionösen Zerfall* (Zerfall in 20 Minuten), sondern ganz im Gegenteil einen *stark strahlenden, breiten Orgonrand*. Besonders überraschend war, daß einzelne RBK weit größer waren als normal. In jedem Blutbildfeld gab es zahlreiche große Zellen mit glattem Plasma, ähnlich Makrophagen. Die RBK gruppierten sich nun um diese großen Zellen in gewissen Entfernungen ohne Kontakt der Membranen, jedoch mit sehr starker Orgonbrückenbildung. Ich hatte nach einigen Minuten Beobachtung den Eindruck, als ob die RBK ungeheuer *überladen* oder überstrahlt wären. Dieser Überladung, die sich in der Färbung und in der Größe der RBK äußerte, entsprach die Tatsache, daß die RBK in physiologischer Kochsalzlösung *außerordentlich langsam zerfielen;* während normalerweise die ersten Bionbläschen in den Blutkörperchen nach etwa drei bis fünf Minuten auftreten, gab es bei dieser Kranken nach 15 Minuten noch immer keinen bionösen Zerfall. Als er schließlich eintrat, waren die Energiebläschen außerordentlich groß und stark strahlend.

Ich möchte die Eigenartigkeit des Blutbilds dieser Kranken nun so zusammenfassen, daß verständlich wird, weshalb ich die Diagnose einer *schleichenden Leukämie* stellte.

Ich habe vor einigen Jahren in meiner Anhandlung über die experimentelle Orgontherapie der Krebsbiopathie die Vermutung ausgesprochen, daß es sich bei der Leukämie nicht um eine Erkrankung der weißen, sondern um eine Erkrankung des *roten* Blutkörperchen-Systems handelt: Ich vermutete, daß die RBK einem Prozeß der Disintegration oder Fäulnis unterworfen sind, und daß sich die weißen Blutkörperchen vermehren, in genau der gleichen Weise, wie wenn Bakterien oder andere Fremdkörper sich im Blutstrom finden. *Der »Fremdkörper« ist in diesen leukämischen Fällen das absterbende RBK selbst.*

Unsere Kranke zeigte nun in ihrem Blutbild folgenden Widerspruch: *Mikroskopisch* waren die RBK, wie gesagt, überladen, überstrahlt. Die Autoklavierung dagegen zeigte innere Fäulnis, d. h. *fast 100 % T-Zerfall.* Es ist schwer, die orgonotische Überstrahlung mit dem gleichzeitig ablaufenden Fäulnisprozeß im RBK in Einklang zu bringen. Doch wir kennen viele Prozesse im Organismus, die in einer Übersteigerung normaler biologischer Funktionen bestehen, wenn die Abwehr pathologischer Vorgänge im selben Organ es erfordert. Die Patientin litt also meiner Meinung nach an einer chronischen, schleichenden Fäulnistendenz der RBK. *Gegen die Fäulnis der RBK reagierte nun der Organismus mit Vermehrung der weißen Blutkörperchen, mit der Entwicklung großer, makrophagenartiger weißer Zellen* und mit Temperatur-*

* Eine Diagnose aufgrund eines gefärbten Aufstrichpräparates ist in

steigerung, d. h. mit häufiger Erstrahlung des Blutsystems zur Überwindung der orgonotischen Schwäche.

Wie immer, so wurde auch in diesem Falle die Orgontherapie zum Prüfstein der Richtigkeit meiner Hypothese. Wenn sie korrekt war, so mußte notwendigerweise die Zufuhr von Orgonenergie die Fäulnistendenz der RBK und alle Erscheinungen beseitigen, die der Reaktion des Organismus auf die innere Fäulnis entsprachen. Meine Erwartung bestätigte sich. Schon eine Woche nach Beginn der Orgontherapie war die Kultur des Blutes negativ. Die RBK waren kleiner als vorher, und es gab weniger weiße Blutkörperchen im Gesichtsfeld. Der Zerfall der RBK begann nach drei bis fünf Minuten und diesmal traten auch T-Zacken auf.

Bei der dritten Blutuntersuchung zwei Wochen nach Beginn der Orgontherapie gab es keine großzelligen, glatt-plasmatischen Gebilde mehr, und nach weiteren drei Wochen waren weder T-Zacken noch Überstrahlung zu sehen. Nach weiteren drei Wochen ergab eine neuerliche Blutuntersuchung, daß die T-Reaktion nach Autoklavierung, die bei der ersten Untersuchung fast 100 % positiv war, nur mehr 10-20 % betrug. Das Blutbild war bereits fast normal. Im Verlaufe des folgenden Jahres wurden ungefähr jeden Monat einmal Bluttests unternommen. Die Kultur-Reaktion blieb negativ. Überstrahlung der roten Zellen und Vermehrung der weißen Blutkörperchen blieben weg. Aber die T-Reaktion nach Autoklavierung in Form grünlicher Verfärbung des Kolloids und in Form von T-Zerfall im Betrage von 30-40 % hielt an. Im Verlaufe dieses Jahres wurde die Kulturreaktion in Bouillon einmal positiv; das war nach Verordnung von Chemikalien durch einen anderen Arzt.

Die Fieberanfälle, an denen unsere Kranke so lange gelitten hatte, waren also als *Reaktion des Blutsystems auf seine eigene Fäulnistendenz aufzufassen*. Es war, als hätte sich das Blut in diesem Falle seiner eigenen orgonotischen Schwäche wie einer Toxikose gegenüber benommen. Den Beweis dafür darf man darin sehen, daß die Fieberanfälle zusammen mit der Hypogonie und der T-Reaktion des Blutes vergingen. Es bleibe weiteren Untersuchungen

solchen Fällen nicht möglich. Es kommt nicht auf den Namen oder die Struktur der verschiedenen Arten weißer Blutkörperchen an, sondern auf die lebendige Funktion der Gruppierung roter um weiße Zellen, auf die orgonotische Konstitution der lebenden und der zerstörten Blutzelle.

überlassen zu entscheiden, ob das, was wir »funktionelles Fieber« nennen, regelmäßig auf *Erstrahlung* des Blutzellen-Systems, also auf eine Abwehrreaktion gegen Störungen vegetativer Funktionen zurückzuführen ist. Das Blutsystem verhielt sich in diesem Falle genauso wie gegenüber einer Infektion mit Bakterien.
Der Vater dieser Kranken war an Leukämie gestorben. Eine Zeitlang hatte sie unter einer verdächtigen Leukozytose gelitten. Zu Zeiten, wo ihr funktionelles Fieber sie quälte, betrug die Zahl der weißen Blutkörperchen bis zu 14 000. Auch ihr behandelnder Arzt hatte den Verdacht auf eine Art schleichender Leukämie gehegt, obgleich nach den üblichen Methoden nichts Greifbares vorlag. Unser Blutbefund ließ am *kanzerösen* Charakter des Blutbildes keinen Zweifel. Zwar hatte es noch keine umschriebenen malignen Tumoren gegeben, aber ihre Vorläufer waren zahlreich, die Ovarialtumoren, die Gebärmutterfäulnis etc.
Ich persönlich zweifle nicht daran, daß die Kranke an Leukämie geendet hätte, wäre die Orgontherapie nicht erfolgreich gewesen. Es bestand also eine latente Hyporgonie der RBK. Die spätere, experimentelle Orgontherapie verriet, wie tief verwurzelt diese Hyporgonie war, denn sie ließ sich nur langsam beseitigen und die Tendenz zum Rückfall war stets groß. Mit anderen Worten, *die Kohärenz des Plasmas der RBK war schwach, die Tendenz zur Fäulnis daher groß.*
Die Schwächeanfälle hörten mit der Wiederherstellung der *normalen* Blutreaktion *nicht* auf. Sie kamen zwar weit seltener vor, sie dauerten nicht lange, warfen die Kranke nicht für Monate nieder. Die Anorgonie konnte daher nicht ausschließlich der bioenergetischen Schwäche des Blutsystems zugeschrieben werden. Die Anorgonie kann offenbar spezielle Organe und Organgruppen erfassen; sie kann auf diese Weise Störungen der speziellen Organfunktionen und lokale maligne Wucherungen bedingen. Aber die Anorgonie kann auch, wie dieser Fall zeigt, *ohne* Gewebsstörungen, also rein funktionell vorhanden sein.
Unsere Kranke vermochte jeden Schwächeanfall durch Benützung des Orgon-Akkumulators aufzuheben. Doch die Neigung zur Anorgonie bestand mehr als zwei Jahre nach der Gesundung fort.
Wir haben es hier offenbar mit *einer Funktionsstörung des Gesamt-Körperorgons selbst zu tun, unabhängig von den mechanischen oder physiologischen Organstörungen, die mit der Anorgonie verbunden sein mögen.* Es ist notwendig, eine solche selbständige und totale Anorgonie anzunehmen.

Die Anorgonie ist nicht identisch mit dem plasmatischen Kontraktionszustand, den wir bei der vaskulären Hypertonie antreffen; sie kann zwar mit muskulärer und vaskulärer Hypertonie einhergehen oder ihr folgen, aber sie kann auch *ohne* Hypertonie auftreten.

Die Anorgonie ist auch nicht identisch mit dem karzinomatösen Schrumpfungsprozeß; wenn auch die Schrumpfung immer letzten Endes zu Anorgonie und zum Tode führt, so führt Anorgonie nicht unbedingt zur Schrumpfung. Ich habe anorgonotische Zustände bei Fällen beobachtet, wo von Schrumpfung des Lebensapparates keine Rede war.

Man muß sich die Hypertonie des Lebensapparates als eine biophysikalische Kontraktion vorstellen, die gegen kräftige Kernimpulse ankämpft. Die Schrumpfungsbiopathie geht mit Abnahme der Kern-Impulse einher; es liegt ein allmähliches Nachlassen der pulsatorischen Impulsfunktionen vor.

Die Anorgonie dagegen zeichnet sich durch ein jähes Versagen der Motilität aus, wie bei der Schrecklähmung, bei der wir es wohl mit *akuter* Anorgonie reinster Form zu tun haben. Alle bisher geschilderten Fälle zeigten die akute Anorgonie *neben* dem allmählichen Schrumpfungsprozeß: Unsere erste Krebskranke knickte im Laboratorium zusammen, als sie im Gesunden begriffen war und an Gewicht zunahm. Ebenso ging es unserem Kranken mit dem Prostata Ca: Auch er knickte während der Periode der Besserung eines Tages zusammen.

Auch unser dritter Fall wurde von der Anorgonie plötzlich überfallen zu einer Zeit, als sein Zustand sich zusehends besserte.

Die Schrecklähmung und der vegetative Schock lassen uns ahnen, womit wir es zu tun haben: *Es handelt sich um einen jähen Stillstand des plasmatischen Funktionierens des Gesamtorganismus.* Schließt die akute Anorgonie das Herz-Gefäß-System ein, so tritt der Tod ein.

Unsere Kranke verriet ein Stück des Mechanismus, der dem plasmatischen Bewegungsstillstand zugrunde liegt. Sie kam zur Orgontherapie, um den biopathischen Hintergrund ihrer latenten Leukämie zu beseitigen. Sie hatte einige Monate lang große Fortschritte gemacht, so daß die Erinnerung an ihre Krankheit immer ferner rückte. Da brach eines Tages das gesamte alte Krankheitsbild wieder herein, als ob in der Zwischenzeit nichts geschehen wäre. Den Anlaß gab das Auftreten sehr kräftiger, aber strikt abgelehnter starker genitaler Sensationen. In dem Augenblick, da diese vaginalen Strömungssensationen empfunden wurden, trat Orgasmus-Angst und mit ihr ein anorgonotischer Zustand auf, der ca. zehn Tage dauerte und sehr bedrohlich aussah. Diesmal wurde ich nicht hilflos überrascht. Ich war auf Grund vorangegangener Erfahrungen an Krebskranken vorbereitet, und ich konnte eingreifen. In konzentrierten therapeutischen Anstrengungen – die Kranke kam täglich zur Behandlung – kämpfte ich darum, den Orgasmusreflex sich voll entwickeln zu lassen durch Beseitigung der akuten Angstreaktionen, die die Kranke vor dem Vollerleben der Genitalsensationen zurückschrecken ließen. Eine Menge kindlicher Erlebnisse, die hochkamen, zeigten, daß die Mutter der Kranken jede genitalerregende Tätigkeit, z. B. Tanzen, mit schweren Strafen bedrohte und durch das Wort »Hure« abgeriegelt hatte.

Ich betone diesen Zusammenhang. Er bildet den Schlüssel zum Verständnis nicht nur der Biopathien im allgemeinen, sondern zur schockartigen Anorgonie im besonderen. Es geht natürlich nicht um das spezielle Wort »Hure«, sondern um das, was es sozial, psychisch, strukturell und biophysikalisch repräsentiert: Milde, jederzeit beherrschbare und unterdrückbare genitale Impulse sind nicht als »huresk« angesehen, weder vom sozialen Zwangsmoralismus noch von der gepanzerten Struktur. Dagegen wird der kräftige Naturimpuls der *unbeherrschbaren* Aufwallung (Erstrahlung) des Körperplasmas offiziell als unmoralisch, als verbrecherisch-»huresk« und subjektiv als Zeichen eines »Verlustes der Selbstkontrolle« erlebt.

Diese Tatsache hat weitgehende soziale und biopsychiatrische Konsequenzen. Die Worte »Lustangst« und »Orgasmusangst« sind zu schwach und zu eng, um auszudrücken, was sich an bioenergetischen Stürmen im Organismus abspielt, wenn er noch unter dem Drucke seiner Panzerung steht und bereits die volle orgastische Plasma-Erregung erlebt. Die Konsequenzen dieses Widerspruchs von Panzerung und plasmatischer orgastischer Erregung sind sehr ernst; sie entscheiden über Leben und Sterben von Menschen, sind also nicht harmlose »klinische Fragen«. Ich hoffe, daß es mir gelingt, den vollen Ernst dieser Tatsache zu vermitteln.

Es war immer wieder der anorgonotische Lähmungszustand, der mir bereits gesundende Krebskranke tötete; die erstgeschilderten drei Fälle hatten das Gemeinsame, daß sie starben, als die natürliche orgastische Erregung auf die Plasmastauung stieß. Im vierten Falle gelang es mir, die Situation zu retten. Der folgende fünfte Fall wird die Gefahr der Anorgonie noch schärfer herausstellen.

Ich will die wesentlichen Tatsachen aus der Krankengeschichte vorausschicken:

Die ersten Anzeichen der Erkrankung setzten zwischen dem 12. und 14. Lebensjahr, also im Beginne der Pubertät ein. Zuerst trat ein zerrender Schmerz in der linken Hüfte auf, der mit Unterbrechungen einige Jahre dauerte. Etwas später setzten Schmerz-Attacken in der Brust ein, die sehr oft wiederkamen und etwa zehn Jahre dauerten. Die Diagnose lautete »Pleuritis«. Im 22. Lebensjahr ergab ein Röntgenbild der Lungen die Diagnose »geheilte Tuberkulose«. Mit etwa 13 Jahren setzten allgemeine »rheumatische und neuritische Schmerzen« ein, die ebenfalls mit Unterbrechungen, etwa 15 Jahre anhielten. Auch die erste Operation an den Tonsillen fiel ins 12. Lebensjahr. Diagnose »Tonsillar-Infektion«. Im 15. Lebensjahr trat eine Entzündung der Speicheldrüse (parotis) auf. Zur selben Zeit litt sie an starken Schmerzen in den großen Zehen, die sich oft blaugrau verfärbten, also offenbar angiospastischen Anfällen. Von früher Kindheit an hatte die Kranke an schweren Angstzuständen gelitten, die sich zu akuten Anfällen schwerer Palpitation steigerten, als sie etwa 19 Jahre zählte. Im 15. Lebensjahr erkrankte sie an einer »Infektion« des Kiefers und der Zahnwurzeln. Ein großes Stück des Unterkiefers mitsamt neun Zähnen wurde reseziert. Die Diagnose lautete nun »Osteomyelitis«. Zwischen ihrem 16. und 20. Lebensjahr traten verschiedene Darmbeschwerden und Diarrhoe abwechselnd mit Konstipation auf; Fieberzustände und im besonderen eine allgemeine Schwäche und Müdigkeit, die bis zum Zeitpunkt der Orgontherapie anhielt.

Im 19. Lebensjahr steigerten sich die Schmerzen in den beiden Leistengegenden, und sie wurde operiert, diesmal wegen »Appendicitis«. Nach der Operation litt sie acht Monate lang konstant an erhöhten Temperaturen, die mit »Diarrhoen« und Kältezittern einhergingen. Der Zustand endete mit einem »nervösen Zusammenbruch«.

Zwischen dem 21. und 26. Lebensjahr machte sie eine zweite Tonsillenoperation durch, ebenfalls unter der Diagnose »Entzündung und Infektion«; ferner eine diagnostische Operation des Abdomens, »um die Ursache der Schmerzen festzustellen«. Diesmal wurden einige Bänder im unteren Abdomen durchschnitten. Die erhöhte Temperatur dauerte an. Die Diagnosen lauteten immer wieder »Infektion«. Zwischen dem 24. und 27. Lebensjahr wurde »Anämie« und eine »vergrößerte Leber« festgestellt. Eine Zeitlang traten bei jeder Defäkation Blutungen aus dem Darm auf. Zwei Jahre später wurde in einem Hospital eine »Amöben-Dysenterie« diagnostiziert, und sie wurde an »Hämorrhoiden« operiert. Mit 30 Jahren machte sie eine dritte Operation an den Tonsillen wegen »Eiterung« durch. In ihrem 31. Lebensjahr trat vermehrter Harndrang auf. Sie wurde wieder operiert, diesmal am Uterus wegen »multipler benigner Tumoren«; der Uteruskörper und ein Ovar samt Zyste wurden entfernt. Bald nach dieser Operation wurden »Magengeschwüre« festgestellt. Zwei Jahre vor Beginn der Orgontherapie brach eine Eiterfistel in der Mitte des Abdomens nach außen durch.

Der gynäkologische Befund lautete wie folgt:

»Two finger introitus. Urethra, Bartholin's and Skene's glands free. Cervix in axis. Uterine stump freely movable, no stump exsudate. Left adnexa cannot be felt, have apparently been exstirpated at the time of the supracervical hysterectomy. The right tube is normal. The right ovary extremely small. Speculum examination shows severe inflammatory changes due to trichomonas infection in an atrophic vaginal mucosa. Of other physical signs I mention only the cystic mastitis.«*

Die Diagnose des Gynäkologen lautete »Dysfunktion der endokrinen Drüsen« als Ursache der vielen Infektionen.

Sehen wir von der Tragikomik der Leidensgeschichte dieser Kranken ab. Es gibt unendlich viele solcher Fälle, die ihr Leben lang mit akuten organischen Krankheiten von Arzt zu Arzt gehen,

---

* [»Zwei-Finger Introitus. Urethra, Bartholinische und Skenesche Drüsen frei. Cervix in axis. Unterusstumpf frei beweglich, kein Exsudat. Die linken Adnexen konnten nicht palpiert werden, offensichtlich sind sie exstirpiert worden, als die supracervicale Hysterektomie durchgeführt wurde. Die rechte Tube ist normal. Das rechte Ovar äußerst klein. Die Spekulum-Untersuchung zeigt heftige entzündliche Veränderungen, die durch Trichomonasinfektion in einer atrophischen Vaginalschleimhaut hervorgerufen werden. Von den übrigen körperlichen Symptomen erwähne ich nur die zystische Mastitis.«]

ohne hypochondrische Neurastheniker zu sein; Kranke, die nicht nur auf Grund verschiedener Symptome verschieden diagnostiziert werden, sondern die darüber hinaus von verschiedenen Ärzten an ein und demselben Symptom auf Grund verschiedener Diagnosen verschieden behandelt werden. Es ist bezeichnend für das mechanistische Unheil in der inneren Medizin, daß an die Stelle medizinischen Verständnisses diagnostische Schlagworte getreten sind, unter denen zwei hervorragen: »Infektion« und »Störung der Drüsenfunktion«. Ob nun Messer oder Vitamine angewendet werden, der Urgrund der Misere ist immer wieder die mechanistische Wortprägung. Der Bazillus »in der Luft« ist nichts als ein Notbehelf und »hormonale Dysfunktion« ein bloßes Schlagwort. Das Messer im besonderen stellt das mechanistische Unwesen in der Betrachtung eines Organismus im Extrem dar. Man fragt nicht, *weshalb* sich Bänder im Parametrium verkürzen, *weshalb* sich Tumoren im Uterus entwickeln, *weshalb* sich »Luftbakterien« an allen möglichen Organen festsetzen können; man scheut nicht davor zurück, eine Infektion der Scheide mit Protozoen anzunehmen, obwohl solche Protozoen »in der Luft« nicht nachzuweisen sind; kurz, man hat die großen medizinischen Entdeckungen über Infektion, innere Sekretion, etc. zu einem Deus ex machina degradiert, zu einem fertigen Schema, an dem nicht nur jede neue Fragestellung zerschellt, sondern die darüber hinaus unzählige Menschenleben vernichtet. Ist es wahrscheinlich, daß diese Kranke an einem Dutzend Krankheiten litt? Das ist ganz unwahrscheinlich. Sie litt in Wirklichkeit nur an einer einzigen Störung, an einer Störung der plasmatischen Pulsationsfunktion. Die Einzeldiagnosen sind hier unwesentlich. Wenn das Körperplasma als Ganzes nicht ordentlich funktioniert, dann gibt es Organe, die biologisch schlecht geladen sind, so daß sich Bakterien ansetzen können; dann funktionieren die Drüsen der inneren Sekretion schlecht; dann geraten Muskeln in Kontraktionszustand, so daß Bänder gezerrt werden; dann atrophiert die Schleimhaut, etc. etc. Man stelle sich vor, daß ein Baumeister an einem Hause, das auf Sand gebaut ist, im Laufe von 20 Jahren folgende Feststellungen machte: Knickung des Kamins, Sprung im Plafond, Neigung des Fußbodens, Verletzung eines Kindes durch eine herabstürzende Lampe, Bruch eines Wasserrohrs, Durchsickern von Regenwasser durch die Wände. Was würde man dem Gesetze nach mit einem Baumeister tun, der nicht auf die einfache

Idee kommt, daß das Haus auf unsicherem Grunde steht und alle diese strukturellen Defekte darauf beruhen? Die mechanistische Zersplitterung in der Diagnostik körperlicher Erkrankungen geht genauso vor wie dieser Baumeister. Die mechanistischen Wortprägungen wie »Infektion«, »Grippe«, etc. verhüllen die Tatsache, daß die Erreger weder bekannt noch nachweisbar sind. Wer als Orgontherapeut Katarrhe, rheumatische Schmerzen, Rippenfellschmerzen auftreten sieht, sobald die entsprechende Körperregion in Kontraktion gerät, denkt an die Möglichkeit von Infektionen als *Folgen* biopathischer Funktionsstörungen. Auf diesem dunklen Gebiet ist noch alles zu leisten. Wir werden es lernen müssen, der Orgonität des Organismus bei Epidemien wie Cholera, Typhus, Poliomyelitis etc. zumindest ebenso große Bedeutung beizumessen wie dem spezifischen Krankheitserreger. Da nun feststeht, daß spezifische Mikro-Organismen *autogen, durch Degeneration von Körperzellen* entstehen können, reiht sich der »Bazillus« in das allgemeine Krankheitsgeschehen als seine *Folge* ebenso wie als *Ursache* ein.

Die Tumoren des Genitalapparats, die die Totalexstirpation notwendig machten, und die Neigung zur Gewebszerstörung durch Eiterung rücken diesen Fall in die Nähe des Falles 4. Die Fieber- und Schwächezustände deuten auf eine schwere Störung des biologischen Energie-Gleichgewichts hin. Die prä-kanzerösen Symptome waren, mit Ausnahme der genitalen Tumoren, zwar geringfügig, aber deutlich genug ausgesprochen, um die Behauptung zu rechtfertigen, daß die Kranke an Krebs zugrundegegangen wäre. Genauso wie der psychiatrische Orgontherapeut aus akuten Angstanfällen auf die Entwicklung einer Psychoneurose schließt, noch ehe ihre Symptome sichtbar sind, so darf man in der Krebspathologie auf die Entwicklung der Krebsbiopathie schließen, wenn sich ihre Vorläufer zu melden beginnen. Es wird ja eine der Aufgaben der *Krebsverhütung* sein, die Vorläufer der Erkrankung so früh wie möglich zu erkennen und zu beseitigen. Dazu eignen sich nun physikalische und psychiatrische Orgontherapie sehr gut.

Ich gehe nun zu den Reaktionen der Kranken in der Orgontherapie über:

Ihr Brustkorb war in typischer Weise unbewegt, die Atmung flach, die Halsmuskulatur gespannt, die Wirbelsäule lordotisch, das Becken »tot«. Der Gesichtsausdruck zeichnete sich durch eine

verzerrte Grimasse starren Lächelns aus; es war nicht schwer, aus ihm tiefe Depression und Impulse zu weinen herauszulesen.
Die Beseitigung der oberflächlichen Atembremsung rief sofort Körperimpulse hervor, die sich aus heftig ruckenden, stoßenden Bewegungen zusammensetzten. Das Stoßen nahm bald die Form haßerfüllter Abwehr sexueller Angriffe an, verbunden mit einem reaktiv haßverzerrten Gesichtsausdruck: *Der Orgasmusreflex diente paradoxerweise dazu, den Haß gegen sexuelle Bewegungen auszudrücken.* Die Kranke war als Kind zwischen dem 6. und etwa 16. Lebensjahr von älteren Brüdern oft sexuell mißbraucht worden. Sie war erregt und gleichzeitig ablehnend gewesen. Die Erregung zwang sie immer wieder, es zuzulassen; die Ablehnung hatte sich körperlich im »Wegstoßen« verankert. So hatte ihr Orgasmusreflex seine spezielle Form erworben.
Ich will die vielen Details ihrer Kindheitsgeschichte vernachlässigen und mich auf die Anorgonie beschränken. Es ist ja nicht wichtig, welche besonderen Früherlebnisse die Anorgonie bedingen. Es gibt keine spezifischen Erlebnisse, die die Anorgonie bedingen. Sie ist eine rein biologische Reaktion auf chronischen Block der Orgasmusfunktion. Es ist wahrscheinlich, daß das Spezifische an der Anorgonie der Widerspruch zwischen sehr kräftigen natürlichen Genitalimpulsen und ebenso kräftigen Brüchen im Ablauf des Orgasmusreflexes ist. Ich möchte die Vermutung wagen, daß Kinder, die keine besonders kräftige genitale Orgonität entwickelten, auch weniger zu anorgonotischen Anfällen neigen werden. Doch ich betone die Fraglichkeit dieser Vermutung.
Kehren wir zu unserer Kranken zurück.
Solange die Körperzuckungen Haß-Charakter hatten, verlief die Arbeit in gewohnten Bahnen. Das änderte sich aber, als die Körperzuckungen weicher, »nachgiebiger« und daher lustvoll wurden. In demselben Maße, in dem der Haßausdruck schwand und der Lustcharakter in den Vordergrund trat, verkehrte sich die Bewegung des Beckens. Vorher pflegte das Becken im Ablauf der Zuckung *rückwärts* auszuschlagen oder »wegzustoßen«; nun traten im Becken Bewegungen *vorwärts* auf. Es dauerte nicht lange, bis die erwarteten präorgastischen Sensationen im Beckenboden verspürt wurden. Zur selben Zeit ging die Entzündung der Vaginalschleimhaut zurück; die mikroskopische Untersuchung des Vaginalsekrets zeigte eine Verringerung der Trichomonas, überwiegende Immobilität und sogar Zerfall. Von nun an konnte ich

monatelang verfolgen, wie die genitale Erkaltung mit Verstärkung der Protozoenbildung, und umgekehrt, vaginale Erregungen mit Herabsetzung der Protozoenbildung einhergingen. Diese Beobachtung stimmt mit der orgonbiophysikalischen Behauptung überein, daß sich Protozoen im Organismus nur bei orgonotischer Schwäche der betreffenden Organe bilden, und daß sie bei starker Orgonität verschwinden. Da sich die Trichomonas Protozoen aus bionös zerfallendem Vaginal- und Cervixepithel bilden*, ist die Beziehung zur orgonotischen Potenz des Gewebes verständlich.

Solange nun die vaginalen plasmatischen Strömungen gering waren, wich der Heilungsprozeß unserer Kranken in nichts von anderen Fällen ab. Das wurde anders, als die Kranke den ersten starken Stoß der Sexualerregung verspürte. Einmal gab sie weit mehr nach als sonst; eine kräftige Erregungswelle lief im Unterkörper ab, und *sie konnte sich nicht rühren; die Sprache versagte, sie beantwortete Zurufe nicht, konnte sich nicht erheben; die Extremitäten waren schlaff gelähmt.* Das Gesamtbild war besorgniserregend: Die Haut des Halses und des Oberkörpers war bläulich-fleckig verfärbt wie beim vegetativen Schock. Der Körper antwortete auf Reize, wie Kneifen etc. nicht. Doch die Kranke war nicht bewußtlos; als der anorgonotische Anfall verging, gab sie an, es wäre alles um sie herum »schwarz« gewesen, sie hätte ihren Körper plötzlich nicht mehr gespürt und hätte zu »sterben« geglaubt.

Der Anfall entsprach akuter Anorgonie. Die Reflexe, auch Tast- und Schmerzempfindungen waren vorhanden, aber *die Motilität war geschwunden.* Die Anorgonie dauerte etwa 40 Minuten. Ich setzte die Kranke auf, doch sie sank hilflos zurück. Nach einer Stunde konnte sie sich selbst mit Mühe aufrichten; als sie aber aufstand, knickten die Knie zusammen. Nach einer weiteren Stunde Rast konnte sie schließlich allein nach Hause gehen.

In der nächsten Sitzung war die Panzerung wieder sehr stark; als es gelang, sie zu lösen, kam die Anorgonie wieder, dauerte diesmal weniger lange und war weniger komplett. Die Kranke beschrieb den Anfall als »fading out«. Von nun an konnte ich die Anorgonie willkürlich produzieren. Es genügte zum Beispiel, den

---

* Die Organisation der Trichomonas vaginalis aus dem Epithel der Scheidenschleimhaut wurde filmisch nachgewiesen und festgehalten.

Kopf zur Seite oder nach hinten zu bewegen, um die Anorgonie hervorzurufen.

Es ist wichtig zu vermerken, daß die Anfälle ohne Angst auftraten. Allmählich klärte sich die Beziehung der Anorgonie zur orgonotischen Strömung. Die Kranke verfügte über den Mechanismus des oberflächlichen Witzelns zur Abwehr ernster Emotionen. Sie vermochte »totzugehen«, wie sie sich ausdrückte, wenn ihre Emotionen zu stark wurden. Der anorgonotische Anfall trat nun als dritter Mechanismus hinzu.

Die charakterliche Oberfläche und die Affektstille entsprachen oberflächlicher Panzerung. Die Anorgonie war und blieb der eigentliche Tiefenmechanismus. Im Verlaufe mehrerer Monate wurde es völlig klar, daß die Anorgonie unterirdisch immer funktioniert hatte; die Schwächezustände der Patientin ließen sich darauf ebenso zurückführen wie die vielen Eiterungsprozesse. Die Anorgonie blieb aus, wenn sich die Kranke das Erleben sexueller Erregung gestattete, und sie trat unvermittelt wieder auf, wenn die Erregung nicht voll ausschwingen konnte, d. h. mitten im Anwachsen stillstand.

Die Anorgonie ging mit Schwindel und Fallangst einher. Sie konnte sich »flach«, über Tage hingestreckt entwickeln, oder »tief«, d. h. unmittelbar und voll einsetzen. Im Orgon-Akkumulator ließ sich der Schwächezustand, wie bei Fall 4, oft leicht beseitigen. Auch die Auslösung des Orgasmusreflexes wirkte lösend.

Der Mechanismus der Anorgonie in diesem Falle reiht sich den früher beschriebenen Fällen widerspruchslos ein: *Der Organismus reagiert auf ungewohnte und starke Plasmaerregung mit einem Motilitätsblock, der sich als »Schwäche«, »Einknicken«, »fading out«, Gleichgewichtsstörung und Fallangst auswirkt. Es ist, als ob die orgonotische Expansion zwar ansetzte, aber nicht voll ablaufen könnte; als ob der Expansionsimpuls plötzlich auslöschte.*

Die Kranke erinnerte im Verlaufe der Behandlung mehrere Kindheitssituationen, in denen sich solche Schwächezustände eingestellt hatten. Sie war zum Beispiel »wie gelähmt«, wenn sie den Impuls hatte, ihrem Vater eine Liebesbezeugung zu erweisen. Die Durchforschung der Details ließ keinen Zweifel, daß es eine aufkommende, überstarke sexuelle Erregung war, die sie lähmte. Der Vater war ein harter, kalter Mensch. Eine sexuelle Strömungsempfindung in seiner Gegenwart war horrend. *Ihre Lähmung drückte die Hilflosigkeit des Kindes aus, das eine Liebesbezeugung äußern wollte, ohne die körperliche Sensation verhindern zu können, die die Liebesbezeugung begleitet.* Das Resultat war ein Motilitätsblock und ein Schwächeanfall.

Es gelang mir sogar, den Motilitätsblock zu lokalisieren:
Als der Orgasmusreflex stärker wurde und sich vom Thorax auf das Abdomen ausbreitete, entwickelte die Kranke eine merkwürdige Reflexaktion: *Sie knickte buchstäblich unterhalb des Nabels ein; die Beine wurden rasch hochgezogen, der Oberkörper fuhr nach vorne; beide Hände griffen wie im Schmerz nach dem Unterleib.* Allmählich wurde klar, und durch Palpation des Abdomens bestätigt, daß die orgonotische Erregungswelle auf dem Wege zum Genitale durch einen Spasmus (Krampf) der Eingeweide gebremst wurde. *Die Stelle war genau die, an der die Eiterfistel durch die Bauchwand durchgebrochen war.* (Die Eiterfistel war durch Orgonbehandlung mittlerweile ausgeheilt.) Die Sache ist klar: Die Bauchorgane gerieten in Spasmus, sobald orgonotische Erregungswellen zum Genitale strebten. So waren die Bauchschmerzen, die Koliken, Diarrhoen und Konstipationen zustandegekommen. Es ist weniger klar, in welcher histologischen Weise solche Spasmen Uterus- und Darmtumoren erzeugen. Doch an der Entstehung von benignen Genitaltumoren aus spastischen Zuständen der Bauchorgane kann nicht gezweifelt werden.

Im Verlaufe zweier Wochen angestrengter Arbeit an diesem Block im Unterbauch hörte der Zustand auf. Der Orgasmusreflex verlief nicht mehr ruckartig stoßend, sondern weich; bald stellten sich die süßlichen Strömungsempfindungen im Unterbauch ein, und die Kranke erlebte bei einem Akt zum ersten Male im Leben präorgastische Strömungssensationen im Genitale. Mit dem Motilitätsblock vergingen die akuten anorgonotischen Anfälle, aber die flachen, langgestreckten Schwächezustände traten noch immer auf. Einige Monate später schwanden auch die Schwächezustände.

So bestätigte die Therapie die Auffassung der Anorgonie.

Der anorgonotische Lähmungszustand ist nun symptomatisch und dynamisch zufriedenstellend umschrieben. Er umfaßt die Zustände, die bisher als »funktionelle Lähmungen« in der Pathologie ein Aschenbrödeldasein führten. Wir erfassen sie nun als Funktionsstörungen einer konkreten biologischen Energie, also weder als »hysterisch« noch als mechanische Läsion von Nervenbahnen.

Schwieriger ist es, die Anorgonie *als Ergebnis allmählicher plasmatischer Schrumpfung* von der akut einsetzenden Anorgonie zu unterscheiden. *Besteht die Anorgonie in Verlust an organismischem Orgon oder ist sie nur ein Bewegungsblock unverminderten Orgongehalts?* Man kann mit Sicherheit schleichende anorgonotische Schwächezustände und akute Anorgonie-Anfälle unterscheiden. Das Prinzip ist wohl in beiden Fällen dasselbe. Wir müssen annehmen, daß die akute anfallsartige Anorgonie ebenso in einen chronischen Schrumpfungsprozeß übergehen, wie umgekehrt, chronische Anorgonie in akuter funktioneller Lähmung enden kann. Der Organismus kann resignieren und schließlich einschrumpfen, wenn seine Expansions-Impulse nicht funktionieren können; und er kann aufhören zu expandieren, wenn der Körper allmählichem Orgonverlust unterworfen ist. *Das Gemeinsame bleibt die Hemmung der Expansionsfunktion, biophysikalisch* gesprochen, oder die *Hemmung des Lusterlebnisses, psychologisch* gesprochen.

Die nächste Frage lautet: Wie weit zurück in die Entwicklungsgeschichte des Organismus reicht diese Störung? Wir konnten in allen fünf Fällen Spuren von Anorgonie, Ansätze vorübergehender Attacken in der frühen Kindheit feststellen. Das löst aber nicht die Frage. *Der Ursprung der Anorgonie kann nicht früh genug angesetzt werden. Es ist wahrscheinlich, daß die Funktionen des Körperorgons im Verlaufe der Keimentwicklung ihre Eigenart erwerben.* Das bedeutet noch immer nicht »hereditäre Belastung«; es verschiebt bloß das Problem in die Zeit vor und knapp nach der Geburt. Es ist wichtig festzuhalten, daß die Konstitution eines Organismus sich heranbildet und nicht »fertig vorliegt«; ferner, daß die Entwicklung der biophysikalischen Konstitution über die Geburt hinaus vermutlich bis zum Ende des ersten Lebensjahres dauert.

So wie die Krankheitsverhütung nicht früh genug ansetzen kann, so muß die Erforschung der biophysikalischen Konstitution bis zur Keimbildung zurückgehen. Das ist ja dank der Kenntnis mancher Orgonfunktionen nun prinzipiell möglich geworden.

Der Fortschritt der Wissenschaft besteht in Rückführung von Erfahrungen auf primäre Ursachen und in fortschreitender Vereinheitlichung dieser Ursachen. Die *Freud*sche Psychopathologie reduzierte das Heinzelmännchen »Vererbung« durch Aufdeckung der frühen Kindheitsentwicklung der Libido beträchtlich. Ihre Behauptungen ruhen auf klinischen Beobachtungen vom ungefähr zweiten Lebensjahr an.

Die Orgonforschung geht darüber hinaus. Die Orgontherapie Schizophrener läßt keinen Zweifel daran, daß die zentralen Mechanismen der späteren Schizophrenie *in den ersten Lebenswochen* angelegt werden. Es ist lebenswichtig, mehr darüber zu erfahren. Die Sprache der Motorik, die Organsprache und die emotionelle Ausdruckssprache, deren sich die Orgontherapie bedient, ist phylogenetisch und ontogenetisch älter als die Sprache des Wortes und der Vorstellung, die das Instrument der Tiefenpsychologie bildet. Die Sprache der Motorik und des Körperausdrucks beginnt nicht mit einem bestimmten Lebensjahr und sie ist nicht auf das Menschentier beschränkt, wie die Wort- und Gedankensprache. Die Körperausdruckssprache ist eine Funktion der tierischen Welt ganz allgemein, auch wenn wir sie noch nicht begreifen gelernt haben. Das Lebendige wird auf diese Weise der Orgonbiophysik *vor dem ersten Lebensjahr beim Menschen* und *beim Tier ganz allgemein zugänglich*, denn Emotion und Bewegungsausdruck sind an die Plasmapulsation gebunden.

Ich möchte über die Aufschlüsse, die die experimentelle Orgontherapie von Schizophrenen gibt, ein anderes Mal berichten und diese Abhandlung über die Anorgonie mit einem Bericht über die Ausdruckssprache eines neugeborenen Kindes abschließen. Es wird sich zeigen, daß wir den Ansatz zur Anorgonie tatsächlich in der Zeitspanne vor und unmittelbar nach der Geburt suchen und finden können.

FALLANGST BEI EINEM DREI WOCHEN ALTEN SÄUGLING

Ich hatte jüngst Gelegenheit, die Entwicklung von Fallangst bei einem drei Wochen alten Säugling unmittelbar zu beobachten. Diese Beobachtung füllte eine Lücke, die die Durchforschung der Krebsbiopathie bisher offengelassen hatte.

Der betreffende Säugling war in eine Umgebung hineingeboren, in der die Ausdruckssprache des Organismus beruflich verstanden und gehandhabt wird. Es war daher um so verblüffender, daß sich die Eltern der Gebärdensprache des Säuglings gegenüber hilflos fühlten; sie standen in den ersten Wochen unter dem Eindruck, daß *man vom emotionellen Leben des Neugeborenen so gut wie gar nichts weiß.* Die rein mechanische Pflege erfüllt natürlich in keiner Weise die *emotionellen* Bedürfnisse des Säuglings. Er verfügt nur über *eine* Form des Ausdrucks von Bedürfnissen, das *Schreien.* Diese eine Form deckt unzählige große und kleine Nöte, angefangen vom Druck einer Windelfalte bis zur Kolik. Die Ausdruckssprache des Säuglings begegnet nun keiner Antwort aus der Umgebung.

Ich sehe hier von den schädlichen Säuglingspflegearten ab, die die moderne Erziehung bereits aus der Welt geschafft oder noch zu bekämpfen hat: die strenge Einteilung der Nahrungsmenge und der Nahrungszeiten à la Pirquet, gewaltsame Streckung der Beinchen durch festes Wickeln wie vor 30 Jahren, Verweigerung der Brust in den ersten 24 Stunden in manchen Hospitälern, Überhitzung der Säuglingsräume, die Routinebehandlung von Säuglingen in großen Anstalten, das »Ausschreienlassen« etc. Solche Zwangsmaßnahmen sind Ausdruck lebensfeindlicher Einstellungen von Eltern und Ärzten. Sie schädigen die biologische Selbststeuerung des Organismus sofort nach der Geburt und legen die Grundlage zur späteren Biopathie, die dann als hereditäre Belastung verkannt wird. Dies ist heute bereits Allgemeingut des Wissens, wenn auch noch nicht Gemeingut der praktischen Säuglingspflege.

Ich möchte mich hier auf einen bestimmten schädlichen Einfluß in den ersten Lebenswochen beschränken, der bisher vernachlässigt wurde: *Das Fehlen des orgonotischen Kontaktes zwischen Pfleger und Säugling.* Der Mangel an Kontakt kann unmittelbar körperlicher und er kann psychologischer Natur sein. Aber was ich hier betonen möchte, ist, daß das Verständnis der emotionellen Ausdruckssprache des Säuglings natürlich um so besser ist, je voller der orgonotische Kontakt ist.

Die hervorragendste Kontaktstelle des Säuglingskörpers ist der bioenergetisch hochgeladene Mund und Schlund. Dieses Körperorgan steckt sich sofort der Befriedigung entgegen. *Reagiert nun die Brustwarze der Mutter auf die Saugbewegung biophysikalisch korrekt mit Lustempfindungen, so erigiert sie kräftig und die orgonotische Erregung der Brustwarze fließt mit der des Säug-*

lingsmundes in eines, genau wie bei einem orgastisch befriedigenden Geschlechtsakt männliches und weibliches Genitale orgonotisch erstrahlen und verschmelzen. Darin ist nichts »Besonderes« oder »Widriges«. *Jede gesunde Mutter erlebt die Lust des Säugens freudig und hingegeben.*

Nun leiden aber etwa 80 % aller Frauen an vaginaler Anästhesie und Frigidität. Dementsprechend sind die Brustwarzen entweder anorgonotisch, d. h. »tot«, oder aber die Mutter reagiert auf die Lustempfindungen an der Brust, die sich beim Säugen einstellen, mit Angst oder Abscheu. Dies ist der Grund, weshalb so viele Frauen ihren Säugling nicht selbst nähren wollen. Diese Sachlage hat weitere Konsequenzen. Eine anorgonotische Brust funktioniert auch physiologisch schlecht, d. h. *die Milchproduktion ist gestört.* Der erregte Mund des Säuglings stößt also entweder auf eine tote Brustwarze, so daß er keine Befriedigung erfährt, oder die Säugephobie der Mutter verweist den Säugling an den unerregbaren Gummi der Flasche.

Die Störungen des plasmatischen Funktionierens an der Mund-Hals-Schulter-Partie bei den Biopathien läßt keinen Zweifel an der schweren Schädigung der Orgonität, die an Kopf und Hals infolge der genannten Störungen der Mutter entstehen. Sprachstörungen, emotionelle Ausdrucksleere, Halsmuskelspasmen, Eßstörungen, spastisch-hysterisches Erbrechen, Kußangst, Depression, Stottern, Mutismus etc. haften an den orgonotisch schlecht funktionierenden Mund- und Halsorganen.

Soviel über den ersten physiologischen Kontakt des Säuglings mit der Welt.

Gehen wir nun zum emotionellen Kontakt über, der unmittelbar vom orgonotischen Kontakt bestimmt ist. Dem Säugling stehen nur die verschiedenen Bewegungsformen (Grimassen, Arm-Bein- und Rumpfbewegungen, Augenausdruck) und das Schreien zur Verfügung. Der Kontakt des Pflegers mit dem Säugling ist nicht sprachlich, sondern vom Bewegungsausdruck gelenkt: Der Erwachsene nimmt den Bewegungsausdruck des Säuglings zunächst durch orgonotischen Kontakt (psychisch: Identifizierung) wahr: Funktioniert seine eigene Ausdruckssprache gut, so begreift er den Ausdruck des Säuglings. Ist er gepanzert, charakterlich hart, lustscheu oder anderswie gehemmt, so versagt sein Verständnis und die emotionelle Entwicklung des Kindes ist verschiedenen Schädigungen zugänglich. Das Bedürfnis des Säuglings kann nur durch Verständnis des Ausdrucks befriedigt werden. Es ist nicht immer leicht, rasch zu wissen, was der Säugling will.

Jeder Neugeborene hat seine Eigenart, seinen *emotionellen Grundton*, den zu erfassen Voraussetzung des Verständnisses der einzelnen emotionellen Reaktionen ist. Der hier beschriebene Säugling kennzeichnete sich durch »ernstes Schauen«. Der »Schauausdruck« war wenige Minuten nach der Geburt voll entwickelt: Der Neugeborene schaute mit weit offenen Augen und mit dem Ausdruck des Sehens. Er nahm die Brust sofort und kräftig. Er schrie in der ersten Woche wenig. In der zweiten Woche schrie er viel, ohne daß es den Pflegepersonen gelang, die Ursachen des Schreiens zu begreifen. Der Schnuller wirkte nicht immer beruhigend. Ich hatte oft den Eindruck, daß das Kind *etwas Bestimmtes* wollte, *doch was?* Ich verstand erst zwei Wochen später, daß er *Körperkontakt* wollte. Dazu muß ich verständlich hinführen.

In den wenigen Stunden, wo das Kind wach war, verfolgte es mit den Augen die roten, gewundenen Farblinien, die man an die Wand seines Raumes gemalt hatte. Rot hatte deutlich den Vorzug vor blau und grün. Der Blick haftete länger am Rot, auch der Schauausdruck war intensiver.

Zwei Wochen alt, hatte der Säugling seine erste orgastische Erregung der Mundorgane. Es geschah beim Säugen: Die Augenballen verdrehten sich nach oben und seitlich, der Mund begann zu zucken, die Zunge zitterte; die Zuckungen verbreiteten sich über das ganze Gesicht; sie ließen nach etwa 10 Sekunden nach, und die Gesichtsmuskulatur entspannte. Den Eltern erschien diese Erregung natürlich. Doch wir wissen aus der Praxis, daß viele Eltern erschrecken, wenn sich der Mundorgasmus des Säuglings einstellt. Der Gesichtsmuskel-Orgasmus trat in den folgenden vier Wochen mehrere Male auf.

Am Ende der dritten Lebenswoche trat nach dem Bade eine akute Fallangst auf. Das Kind wurde aus dem Bad gehoben und mit dem Rücken auf den Tisch gelegt. Es war nicht sofort klar, ob die Bewegung des Hinlegens zu rasch gewesen war oder ob die Abkühlung der Haut die Fallangst ausgelöst hatte: *Das Kind begann heftig zu schreien, streckte die Ärmchen nach hinten, wie um Halt zu gewinnen, versuchte den Kopf nach vorne zu bringen, hatte helle Angst in den Augen und war lange nicht zu be-*

ruhigen. Es mußte wieder auf den Arm genommen werden. Beim nächsten Versuch es hinzulegen, trat die Fallangst wieder ebenso stark auf. Es kam wieder nur auf dem Arm zur Beruhigung.

In den folgenden Tagen war das rechte Schulterblatt mitsamt dem rechten Arm nach hinten gezogen und weniger bewegt als der linke Arm. Die Kontraktion der rechten Schultermuskulatur war ganz deutlich. Auch der Zusammenhang dieser Kontraktion mit der Fallangst war klar: *Während des Angstanfalles hatte das Kind beide Schultern, wie um sich zu halten, zurückgezogen. Diese muskuläre Haltung blieb nun bestehen; sie löste sich nicht in den angstfreien Zwischenzeiten.*

Ich glaube nun, daß diesem Vorfall große Bedeutung zukommt. Schließen wir zunächst aus:

Es konnte sich nicht um genitale Orgasmusangst handeln, wie bei Kranken nach der Pubertät. Ebensowenig kommt eine rationale Angst in Frage, da dem dreiwöchigen Säugling die Vorstellung von »Fall«, also von »hoch und tief« fehlt. Es konnte sich auch nicht um eine psychoneurotische Fallangst handeln, denn vor der Entwicklung der Wortsprache gibt es keine Vorstellungen, und ohne Vorstellungen kann es keine Phobie geben.

Die psychoanalytische Erklärung der »Triebangst«, die in einem solchen Falle vorgebracht wird, ist unbefriedigend: *Welche Art Trieb wurde abgewehrt?* Ein moralisches Ich liegt in diesem Alter nicht vor, und wo keine moralische Abwehr vorliegt, kann entsprechend der psychoanalytischen Theorie auch keine Triebangst entstehen. Es gibt kein »Ich«, das mit dem Angstanfall einen Triebdurchbruch »signalisieren« könnte.

Die rationalistischen ebensowohl wie die psychologischen Deutungen lassen uns im Stich. *Wie kann also ein akuter Angstanfall bei einem drei Wochen alten Kinde zustande kommen, wenn weder ein Bewußtsein von Fallgefahr noch ein triebabwehrendes Angstsignal vorliegt.* Die Zuflucht zu einer »archaischen«, »angeborenen Triebangst« können wir uns natürlich ersparen. Das ist nur bequem und besagt gar nichts. *Ein Angstanfall ist eine funktionelle Störung und nur aus den orgonotischen Körperfunktionen verstehbar.*

Versuchen wir es mit der biophysikalischen Interpretation: Wenn Gefahrangst und Triebabwehr ausscheiden, so bleibt noch der

Lust-Angst-Mechanismus des orgonotischen Körpersystems, der ja schon mit der ersten Plasmaregung funktioniert. In meiner Arbeit »Psychischer Kontakt und vegetative Strömung« (1934) mußte ich annehmen, daß die *Sensation des Fallens rein biophysikalisch* durch einen *raschen Rückzug der Bio-Energie ins vegetative Zentrum zustandekommt.* Es handelt sich um eine kinesthetische Organempfindung, die beim realen Fallen, beim Schreck (»Umfallen vor Schreck«), und bei plötzlicher Bremsung der orgastischen Expansion entsteht. Wie ich klinisch dargelegt habe, liegt der Orgasmusangst immer Fallangst zugrunde; *die rasche und extreme Pulsation beim Orgasmus wird als Fallen erlebt, wenn sie nicht ungehindert ablaufen kann.* Im Gegensatz dazu vermittelt die ungehinderte orgastische Kontraktion das Empfinden des *Schwebens* oder *Fliegens.*

Der Rückzug der Bioenergie von der Körperperipherie kommt nun einer Anorgonie der Extremitäten gleich; mit der Anorgonie der Stützorgane geht Verlust des Gleichgewichtsempfindens einher.

Die Fallangst ist also kein »psychisches Gebilde«, sondern einfacher Ausdruck der jähen Anorgonie derjenigen Organe, die das Gleichgewicht des Körpers aufrechterhalten, indem sie *dem Zug der Schwerkraft entgegen* wirken. Ob nun Fallangst und Anorgonie durch jäh einsetzende Orgasmusangst, ob sie durch reales Fallen oder ob sie durch eine Schreckkontraktion ausgelöst werden: der Mechanismus bleibt stets derselbe: *Verlust der peripheren Plasmamotilität* und damit *Verlust des Gleichgewichtsempfindens und des Equilibriums.* Das Angsterlebnis ist mit der jähen Kontraktion des Plasmasystems biophysikalisch unmittelbar gegeben. Die orgonotische Kontraktion ist aber mit *Verlust an Plasmamotilität der Peripherie verknüpft und äußert sich aus diesem Grunde als Angst zu fallen.*

Es ist natürlich für den Effekt gleichgültig, ob die Immobilisierung infolge sekundärer Lustsperre oder infolge primärer Angstkontraktion erfolgt: *Die Fallsensation ist die unmittelbare innere Empfindung der Immobilisierung der Körperperipherie, des Verlustes des Gleichgewichts.* Und die Balance des Körpers im Felde der Schwerkraft ist demzufolge eine Funktion der vollen orgonotischen Pulsation an der Peripherie des orgonotischen Systems.

Ich muß hier einen Vorfall vorbringen, der diese Interpretation stützt. Ein mir bekannter Junge hatte ein Eichkätzchen gefangen, das er in der geschlossenen Hand festhielt. Es fiel mir auf, daß das Eichkätzchen völlig schlaff in der Hand lag, sich nicht rührte, nicht wehrte, daß es nicht biß und nicht zappelte: Es war *schreckgelähmt*, hatte einen *akuten anorgonotischen Anfall*. Nach einigen Minuten legte der Junge das Eichkätzchen auf den Boden. Zunächst lag es weiter wie tot, d. h. unbewegt da. Dann versuchte es sich aufzurichten, fiel aber um; physikalisch ausgedrückt: Es konnte den Zug der Schwerkraft nicht überwinden. Seine Versuche, auf die Beine zu kommen, blieben etwa 15 Minuten lang erfolglos. Es war nicht verletzt, denn später konnte es gut laufen und klettern. Die Störung des Gleichgewichts und das fortgesetzte Umfallen erzeugte noch mehr Angst und erzielte dadurch weiteres Umfallen; einige Minuten lang zuckte der Körper des Eichkätzchens in jähen Kontraktionen, die so stark waren, daß es ca. 10–20 cm in die Luft geschleudert wurde. Schließlich erholte es sich vom Anfall, verzog sich in ein Gebüsch, wo es lange ruhte; dann lief es davon.

Kehren wir zu unserem Säugling zurück. Läßt sich eine *Verursachung* des anorgonotischen Anfalls erraten? Ich glaube ja.

Ich erwähnte früher, daß *etwa zwei Wochen lang der orgonotische Kontakt der Pflegepersonen mit dem Säugling schlecht war*; das Kind hatte offenbar starke Kontaktimpulse, die nicht befriedigt wurden. Dann trat der Orgasmus der Mundpartie auf, mit anderen Worten eine völlig natürliche Entladung der hochgespannten Erregung der Kopf- und Halspartie. Das Kontaktbedürfnis wurde dadurch noch mehr angeregt. Der Mangel an Kontakt führte zu einer Kontraktion, einem Rückzug der biologischen Energie aus verfehlten Anstrengungen, den Kontakt herzustellen. Dürften wir dies psychologisch ausdrücken, so würden wir sagen, das Kind »resignierte« (it was »frustrated«). Mit der »biologischen Resignation« wurde aber die Anorgonie angeregt, und die Fallangst trat auf. Ich erinnere an Fall 5, bei dem der gleiche Mechanismus die Biopathie beherrschte.

Meine Versuche, die Fallangst beim Säugling zu bewältigen, waren erfolgreich. Wenn meine Schlüsse richtig waren, so war dreierlei erforderlich:

1. *Das Kind mußte auf den Arm genommen werden, wenn es schrie*. Das half. Die Fallangst trat nach weiteren drei Wochen nicht mehr auf. Mit der Fallangst war auch Angst vor Fremden

aufgetreten. Das Kind pflegte *vor* dem ersten Anfall gern zu jedem Fremden auf den Arm zu gehen. *Nachher* begann es in Angst zu weinen. Es hatte auch einmal auf einen unvermutet auftauchenden Hund mit Angst reagiert.

2. *Die in »Rückhaltung« fixierten Schultern mußten wieder sachte nach vorne gebracht werden, um diesen ersten Ansatz einer charakterlichen Schulterpanzerung zu beseitigen.* Ich brachte im Spiel, unter Lachen und Lauten, die das Kind liebt, beide Schulterblätter nach vorne; das wurde etwa zwei Monate lang täglich, immer wie im Spiel, fortgesetzt.

3. *Das Kind mußte tatsächlich »fallen gelassen« werden, um sich an die Fallsensation zu gewöhnen.* Auch dies gelang. Das Kind wurde unter den Achseln sanft in die Höhe gehoben und zuerst langsam, dann immer schneller gesenkt. Zuerst reagierte das Kind mit Schreien, aber mit der Zeit begann es Freude daran zu haben. Aus diesem Hochheben und Fallenlassen entwickelte der Kleine bald ein Spiel: Als er sich bereits aufrichten konnte, machte er »Geh-Bewegungen« mit den Beinchen. Er lehnte sich an meine Brust und blickte nach oben auf meinen Kopf. Ich verstand: *Er wollte an mir hochsteigen*; oben, über meinem Kopf angelangt, jauchzte er vor Freude. In den folgenden Wochen wurde das Hochsteigen und »Fallen« ein geliebtes Spiel.

Die erste biopathische Reaktion war glücklich überwunden. Wir konnten in den folgenden sechs Monaten keine Spur von Fallangst sehen.

Es ist wichtig, die Entwicklung dieses Säuglings noch eine Strecke weit über ein Terrain zu verfolgen, das *unmittelbar* mit der biopathischen Schrumpfung zusammenhängt: *Wenn die karzinomatöse Schrumpfung des erwachsenen Organismus in früh erworbener chronischer Kontraktion und Resignation wurzelt, so geht es bei der Verhütung der Schrumpfungsbiopathie folgerichtig um die ungestörte Entwicklung der lebendigen Impulse in den ersten Lebensmonaten.* Zwar wäre die Entdeckung eines chemischen Mittels gegen den Schrumpfungsprozeß beim Krebs einfacher und beliebter, aber da dies nicht möglich ist, müssen wir an der *sexualökonomischen Erziehung des Neugeborenen* haften. Soweit ich sehen kann, gibt es keinen anderen Weg. Wir wissen, welch strenge soziale Konsequenzen dies hat.

Wir gingen vom Unverständnis der Erwachsenen für die Ausdruckssprache des Neugeborenen aus. Dieses Unverständnis reicht sehr weit und ist ganz allgemein. Die Eltern unseres Kindes glaubten besonders verständnisvoll zu sein, wenn sie das Neugeborene selbst die Zeit der Nahrungsaufnahme und die Menge der Nahrung bestimmen ließen. Schon in der 4. Lebenswoche bemerkten wir eine Unruhe im Kind, die sich in vielem Schreien kundgab. Wir verstanden es zunächst nicht; allmählich dämmerte die banale Einsicht, daß es ja sehr öde ist, viele Stunden am Tage allein in einer Krippe zu liegen, mit hohen Wänden an beiden Seiten und einem Dach darüber.

Die Lebendigkeit des Neugeborenen fordert Lebendigkeit der Umgebung. Ich meine nicht nur Lebendigkeit in der Ausdruckssprache der Erwachsenen, sondern *Bewegung im wörtlichen Sinne.* Der Säugling zieht lebendige Farben grauen oder matten, ebenso schwingende Gegenstände feststehenden vor. Bettet man den Säugling hoch, so daß die Wände nicht den Blick versperren; nimmt man das Dach weg, so kann er ohne Schwierigkeiten seine Umgebung beobachten; die vorbeikommenden Menschen, Bäume, Sträucher, Pfosten, Wände etc. lösen helles Interesse aus.

Die Auffassung vom »Autismus des Kindes«, seinem »In-Sich-Gekehrtsein«, ist weit verbreitet; sie ist *unrichtig;* der Autismus des Säuglings ist ein *Artefakt* des Benehmens der Erzieher; er ist durch die strenge Separation des Säuglings und durch die charakterliche Panzerung der Pflegepersonen wie der Theoretiker der Säuglingspflege *künstlich erzeugt.* Der Säugling tritt begreiflich gar nicht oder nur schwer aus sich heraus, wenn ihm aus der Umgebung keine lebendige Wärme, sondern nur starre Erziehungsregeln und unechtes Verhalten entgegenkommen.

Es ist richtig, daß heutzutage die meisten Neugeborenen still und in sich gekehrt sind. Aber sind die Lordose oder die Angstneurose natürlich, weil sie so weit verbreitet sind?

Solange Eltern, Ärzte und Erzieher mit unechtem, steifem Benehmen, starren Ansichten, mit Herablassung und Würde statt mit orgonotischem Kontakt an die Säuglinge herantreten werden, werden die Kinder still, in sich gekehrt, apathisch, »autistisch«, »merkwürdig« und später »kleine wilde Tiere« sein, die die ganz Kultivierten »zähmen« zu müssen glauben.

Diese Welt wird bei allem politischen Geschrei nicht anders werden, solange die Erwachsenen sich nicht dazu bequemen werden, erst mal ihre eigene Erstorbenheit nicht mehr auf das noch unverdorbene Plasmasystem des Säuglings einwirken zu lassen.

Ein Säugling antwortet mit keiner Ausdrucksbewegung auf die süßliche »Babysprache« oder auf die strenge Erwachsenensprache. *Er antwortet nur auf einen Stimmfall, eine Tonhöhe und einen sprachlichen Ausdruck, der seinem eigenen Wesen verwandt ist, mit dem er sich mittels der Ausdruckssprache verständigen kann.* Man kann bei einem wenige Wochen alten Säugling helle Freude und lebhafte Antworten auslösen, wenn man zu ihm in *seinen* Gutturallauten spricht, *seine* Bewegungen macht, vor allem, wenn man selbst lebhaft funktionierenden Kontakt hat. Unechtes Benehmen seitens der Erwachsenen zwingt das Kind unweigerlich in seine eigenen Schranken zurück. Es kann nicht eindringlich genug betont werden, daß hier die Allgemeinheit noch zu 90 % blind und taub ist; daß hier der Alltag die biopathischen Konstitutionen erzeugt.

Die Mängel der inneren Sekretion und der hochinteressanten Enzymfunktionen sind *Folgen* und *Symptome* und *nicht* Ursachen der späteren Erkrankungen des Biosystems. Dies muß richtig sein, wenn der mechano-chemische Standpunkt der Biologie unrecht hat – *und er hat unrecht*. Das hat er durch die miserable Lage des Gesundheitszustandes der Bevölkerung dieses Planeten bewiesen.

Der horrende Terror etwa der indischen, japanischen wie jeder Art asiatisch-autoritären Kleinkinder-Erziehung sollte uns nicht zu sehr in Erstaunen versetzen. Es sieht bei uns, im »kulturellen Westen«, nicht viel besser aus. Nur die Methoden der »Zähmung der kleinen wilden Tiere« sind anders. Der Altjungferngeist, der nichts Lebendiges in seiner Nähe duldet, ist derselbe. Es wird in 20 oder 50 Jahren eine Banalität sein, daß der Kinderpfleger selbst Liebe erlebt und daß sein Organismus die orgastische Empfindung und Zuckung kennen muß, ehe er das Kleinkind begreifen kann. Ich weiß, das wird heute manchem Ohr horrend klingen; es ändert nichts an der Wahrheit der alltäglichen Erfahrung, daß orgastisch impotente Erzieher die größte Gefahr für die Entwicklung des kindlichen Organismus bilden.

Der »Autismus« des Kleinkindes, seine Stille, Blässe, In-Sich-Gekehrheit, ist also ein Artefakt der Erziehung, ein Produkt unserer gesamten sozialen Misere. Diarrhoeen, Anämie etc. werden sich sehr bald anreihen. Dies ist nicht weit hergeholt: Wenn die Darmfunktion vegetativer Natur ist – und das ist sie! –, dann hat die emotionelle, d. h. orgonbiophysikalische Fehlentwicklung des Säuglings ihre Hand im Spiele, auch bei der Diarrhoe, auch bei der Blässe, Anämie und was es sonst noch gibt. Man komme mir nicht mit der »sozialen Not«, denn diese soziale Not ist selbst letzten Endes Ergebnis einer Welt erstarrter Menschentiere, die überreichlich Mittel für Kriege, aber niemals genügend Mittel, minimale Bruchteile der Kriegskosten *eines Tages* für die Sicherung des Lebendigen aufbringen. Und dies ist so, weil diese verunglückten, versteiften Menschentiere kein Verständnis für das Lebendige und nur Angst davor haben. Überdies reicht keine andere Art sozialer Misere an die Misere der Kleinkinder biopathischer Eltern heran.

Es ist ein weit verbreiteter Aberglaube, daß das Greifen, Kriechen, Gehen etc. eines Tages wie vom Himmel gefallen »da ist«. Ein Kind fängt »eben« mit X Wochen zu greifen, mit Y Wochen zu kriechen und mit Z Wochen zu gehen an. Es ist erstaunlich, daß die Pädiatrie noch keine Norm der täglich zu machenden Schritte ausgearbeitet hat, wie sie die tägliche Kalorienmenge bestimmte. Eine lebendige, erogen tadellos funktionierende Brustwarze, eine warme, kontaktvolle Umarmung des Neugeborenen schlägt als Anregung der Verdauung und der Gesamtkörperfunktion alle chemischen Rezepte. Ist der Kontakt des Säuglings mit einer verständnisvollen, warmen Atmosphäre hergestellt, dann – und nur dann – beobachtet man *natürliche* Prozesse und nicht artifizielle Produkte einer kranken Erziehung. Erst wenn die Erzieher sexuell gesund sein werden, werden die wissenschaftlichen Aussagen über Kinder *richtig* sein. Ich meine, es sollte (und es wird einmal) üblich werden, *eine Aussage ebenso von der charakterlichen Struktur des Aussagenden her zu beurteilen, wie man sie heute nur von der Eleganz des Stils her zu beurteilen pflegt, oder wie man die Tüchtigkeit eines Chirurgen nach der Sicherheit seiner Hand beurteilt.*

Ich sagte, daß man erst das Feld für korrekte Beobachtungen herstellen muß:

Ist der orgonotische Kontakt vorhanden, so sieht man die verschiedenen Funktionen beim Säugling auftreten, noch lange ehe ihr »Zweck« da ist. Das Auge zum Beispiel kommt in Kontakt mit der bewegten Faust; die Handschließbewegungen bilden sich heraus, lange ehe das Kind einen Gegenstand ergreift. Das hat nichts mit mechanisch gedachten »Greifreflexen« zu tun. *Das zielbewußte Greifen entwickelt sich allmählich durch Zusammen-*

schluß vieler Funktionen, also durch »KONTAKTSCHLUSS« der Bewegungen vorher unkoordinierter Organe. Es ist der Kontakt der Augenbewegung mit einer lusterzeugenden Bewegung in der Umgebung, die das zielstrebende *Sehen* einleitet. Ist der *Sehakt* vollzogen, so sucht die nun bereits komplizierte Funktion *neue* lustvolle Haftpunkte. Unlustvolle Reize, die Kontraktionen auslösen, bilden keinen Sehakt. Aus der überreichen Angst und Unlust, die Säuglinge erleben, leiten sich die späteren »matten Augen« die »Kurzsichtigkeit«, die Sperre der Lidbewegung und damit der »tote« Augenausdruck ab.

Was soll man angesichts solcher Tatsachen mit der mechanistischen Irrlehre anfangen, daß das »Sehen die Antwort der Retina auf einen Lichtstrahl« ist? *Gewiß* ist es das; aber die Reaktion der Retina ist nur ein Vehikel, ein Mittel des Sehens. *Ist das Tanzen eines Kindes »nur« die Berührung des Bodens mit den Füßen oder »nur« eine so und so ablaufende Folge von Muskelkontraktionen?* Hier enthüllt sich die Öde aller mechanistischen Lebensauslegungen in klarer Weise.

Das Kind blickt einen anders an, wenn man es anlacht, und anders, wenn man die Stirn runzelt. *Es kommt also auf den Bewegungsausdruck der Plasmaaktion* und nicht auf einzelne Reize, Reaktionen, Muskelkontraktionen an. Der Lichtstrahl, der die Retina trifft, ist immer derselbe Vorgang bestimmter Wellenlängen. Aber das Auge eines Säuglings kann glänzend oder trübe sein. Und dies hängt vom *Gewebsturgor* ab, der von Lust gefördert und von Angst gehemmt wird.

Hat man guten Kontakt mit dem Säugling, so kann man die Funktionen fördern. Der von mir beobachtete Säugling pflegte, wenn ich in die Nähe kam, liegend Gehbewegungen auszuführen, um mir zu sagen, daß er »gehen« wollte. Er jauchzte dann – 3 1/2 Monate alt –, wenn ich ihn unter den Armen festhielt und ich die Füßchen rhythmisch abwechselnd auf den Boden setzen konnte, wobei er sich »fortbewegte«. Er ließ seine Blicke die Wand oder Decke entlang streifen, um sich zu überzeugen, ob auch wirklich »Bewegung« stattfand, d. h. die Gegenstände an ihm vorbeizogen.

Kleinkinder passieren eine Phase der Entwicklung, die sich durch kräftige Betätigung der Stimm-Muskulatur kennzeichnet. Die Freude an lautem Rufen, an Schreien, an Formung verschiedener Laute wird nun von sehr vielen Eltern als pathologische Aggressivität angesehen. Demzufolge werden die Kleinkinder angehalten, »still« zu sein, nicht zu schreien, etc. Die Impulse des Stimmapparats werden gebremst, die betreffende Muskulatur gerät in Dauerkontraktion, das Kind wird still, »brav« und zurückgezogen. Der Erfolg solcher Mißhandlung stellt sich sehr bald in Form von Eßstörungen, allgemeiner Apathie, Blässe der Gesichtshaut etc. ein. Es ist zu vermuten, daß Störungen der Sprache, Verspätung ihrer Entwicklung etc. auf diese Weise angelegt werden. Beim Erwachsenen treffen wir die Wirkungen solchen Mißbrauchs der Erziehungsgewalt in Form von Halsspasmen an. Besonders typisch scheint die automatische Konstriktion der Glottis – und der tiefen Halsmuskulatur zu sein, die die aggressiven Kopf-Hals-Impulse bremst. Die klinische Erfahrung lehrt, daß man Kleinkinder »ausschreien« lassen muß, wenn das Schreien auf Freude beruht. Dies mag manchen Eltern unangenehm sein. Doch bei der Entscheidung von Erziehungsfragen haben wir uns *ausschließlich um die Interessen des Kindes* und nicht um die der Erwachsenen zu kümmern.

Ich hoffe, deutlich genug zu zeigen, wo ich das Problem des Ursprungs der biopathischen Schrumpfungsprozesse sehe: *In der Abhängigkeit der seelischen und chemo-physikalischen Funktionen von der bio-emotionellen Tätigkeit des Organismus in den Anfängen der Entwicklung.* Hier, und *nur hier*, werden auch die Mittel zur Verhinderung dieses Prozesses zu finden sein, und nicht in Chemikalien oder kulturellen Sublimierungstheorien.

Ich betone die Abhängigkeit der psycho-somatischen Funktionen von den bioenergetischen Funktionen der Plasmapulsation. *Lebhafte pulsatorische Tätigkeit von Geburt an ist das einzig denkbare Vorbeugungsmittel gegen chronische Kontraktion und verfrühte Schrumpfung.*

Die bioenergetische Pulsation ist eine Funktion, die durchwegs von den Anregungen und Kontakten der Umwelt abhängt. Die charakterlichen Strukturen der Erzieher bilden ein Hauptstück dieser Umwelt vom Augenblick der Geburt an. *Vor allem spielt der mütterliche Organismus die Rolle der Umwelt von der Keimbildung bis zur Geburt.*

Ich möchte nun über die spärlichen Einsichten sprechen, die wir in die *pränatale* Entwicklung des Organismus haben. Es ist zwar nicht viel, und noch nichts Entscheidendes. Man muß noch viel mehr erfahren, ehe man Breschen in das dunkle Problem der Erblichkeit schlagen kann. Aber die folgenden Notizen – mehr ist es nicht – sind ein Anfang, der zu weiteren Erfahrungen führen könnte.

Verlegt man den Ansatz einer Schrumpfungsbiopathie bis zur Keimentwicklung, so ist die nächste Frage die nach dem Einfluß des mütterlichen Blutes, der Orgonität ihres Organismus und im besonderen des bioenergetischen Zustands der mütterlichen Genitalorgane auf den Keim.

Die filmisch nachgewiesenen Zuckungen des Hühnerembryos bestätigen die klonisch-pulsatorische Natur des embryonalen Wachtums. *Die Vitalität eines Embryos drückt sich in diesen Zuckungen aus.* Die blasenartige Formbildung selbst zeigt an, daß hier die typischen bioenergetischen *Vorquellungsfunktionen* des Plasmas operieren, die man an fließenden Amöben am besten studiert. Es ist nun notwendig anzunehmen, daß ein frei kontraktiler Uterus eine weit günstigere Umgebung für den Embryo abgibt als ein spastischer und anorgonotischer Uterus. Nicht nur ist in einem orgonotisch kräftigen Uterus die Blut- und Säftezirkulation vollständiger, also der Energie-Umsatz wirksamer; *die Ladungsfähigkeit des mütterlichen Gewebes überträgt sich auf die des Embryos, der ja nur einen Funktionsteil der Uterusschleimhaut bildet.*

Es ist nun verständlich, weshalb die Kinder orgastisch potenter Frauen so viel vitaler sind als die frigider, gepanzerter Frauen. Diese Behauptung ist leicht zu überprüfen. Was man als »Vererbung des Temperaments« zu bezeichnen pflegt, ist zu einem großen Teile nichts anderes als Folge der Einwirkung des mütterlichen Gewebes auf den Embryo. Auf diese Weise läßt sich zum ersten Male ein Teil des Riesenproblems der »Charaktervererbung« fassen. Da die emotionellen Funktionen von der orgonotischen Energiefunktion bestimmt sind, versteht es sich, daß die ursprüngliche charakterliche Eigenart zunächst nur ein Mehr oder Minder an Energietätigkeit ist; mit anderen Worten: *Das Temperament ist ein Ausdruck der Quantität der pulsatorischen Tätigkeit des orgonotischen Körpersystems.*

Der »Erblichkeitsfaktor« wäre somit als quantitativer Energiefaktor prinzipiell faßbar. Es ist logisch, daß ein energiereiches System schwerer resignieren kann als ein energiearmes. Das Energieniveau eines Embryos – das ist ein legitimer Schluß – bedingt durch das Energieniveau der mütterlichen Genitalien. Die

Energiearmut kann man quantitativ als Herabsetzung der Orgonität und funktionell als eingeschränkte Pulsationstätigkeit des Plasmas auffassen. Es ist nun wahrscheinlich, daß die Einschränkung der Plasmapulsation beim Embryo sekundär eine Anorgonie bedingen kann. Der Keim selbst braucht also ursprünglich nicht anorgonotisch zu sein, wenn auch die Eltern an herabgesetztem Orgonenergiewechsel leiden. Beide Möglichkeiten sind annehmbar: *Ursprüngliche* Anorgonie im Keim oder *sekundäre* Anorgonie infolge Anorgonie des Genitalapparats der Mutter.
Verfolgen wir diesen Gedankengang ein Stück weiter. Es bleibt natürlich konkreten Beobachtungen überlassen, hier zu korrigieren oder auszuführen, was dunkel ist.
Der Embryo macht die orgastische Zuckung des Uterus während des Geschlechtsaktes der Eltern mit. Das kann nach der physiologisch-anatomischen Sachlage nicht anders sein. *Vor* der Geburt gibt es *Entwicklungszuckungen*, die man von orgastischen Zuckungen bioenergetisch nicht unterscheiden kann. Dazu kommen nun die orgastischen Zuckungen, die durch den mütterlichen Orgasmus angeregt werden. Fügen wir noch die hohe Orgonität des mütterlichen Organismus vor der Schwangerschaft an, so bekommen wir ein Bild *günstiger* bioenergetischer Voraussetzungen für die Orgonität des Embryos. Damit Hand in Hand geht die genitale Charakterstruktur der Eltern, die später im *psychischen* Entwicklungsbereiche fortsetzt, was die bioenergetische Funktion im Keim anlegte. Nach der Geburt gibt es einen selbständigen Kopf-Hals-Orgasmus beim Neugeborenen.
Da nun hohe Orgonität kräftig expansive Triebtätigkeit bedingt, ist der Anorgonie vorgebeugt. Die Anlage einer Krebsschrumpfungsbiopathie oder Anorgonie ist unwahrscheinlich geworden, wenn auch nicht gänzlich ausgeschlossen; können doch spätere böse Lebenseinflüsse auch den kräftigsten Lebensapparat in die Resignation und Schrumpfung zwingen.
Kehren wir zu unserem Neugeborenen zurück:
Die Bewegungen des Kindes waren vom fünften Monat der Schwangerschaft an außerordentlich kräftig; so kräftig, daß die Mutter oft Schmerzen hatte. Der behandelnde Arzt bezeichnete auch die Herztöne als außerordentlich kräftig. Das Neugeborene zeigte trotz einer schweren Geburt (Erstgeburt, verfrühter Blasensprung, 20 Stunden) keine Asphyxie. Das Blut der Mutter war bis zum Abschluß der Schwangerschaft orgonotisch stark und völlig T-frei.

Zusammenfassend: Hohe Orgonität und orgastische Potenz der Eltern, Fehlen von Anorgonie des Uterus, Fehlen von T-Bazillen und CO_2 Überschuß im Blut sind die bio-sozialen Vorbedingungen für kräftige Orgonität des Kindes im embryonalen Stadium.

Dagegen bilden orgastische Impotenz der Eltern, Anorgonie des Uterus, Störungen der inneren Gewebsatmung, T-Bazillen im Blut, Hyporgonie des Blutes und vegetative Panzerung zusammen die nun faßbar gewordenen Funktionsstörungen, die eine spätere Anorgonie des Kindes bedingen können.

Damit ist der mechanistisch-mystischen Erblehre ein weiteres Stück ihrer Domäne entwunden und der *funktionellen* Pathologie eingeordnet. Es liegt nicht mehr eine unkontrollierbare »erbliche Keimschädigung« vor, die das Kind mit »Krebsanlage« »belastet«, sondern wir haben es mit veränderlichen Lebensfunktionen, mit Energiequantitäten und Pulsationsstörungen zu tun. Diese Störungen legen zwar die Neigung zur Anorgonie an; aber die Neigung muß sich nicht entwickeln, wenn spätere günstige Lebensverhältnisse den Schaden wieder gut machen. Das Lebendige ist sehr anpassungsfähig. Es paßt sich schlechten ebenso wie guten Lebensbedingungen an.

Die Zeit von der Keimanlage bis zur Geburt und von der Geburt bis etwa zum Ende des ersten Lebensjahres wird für die Orgonbiophysik die »Kritische Periode«, in der die »Konstitution des orgonotischen Funktionssystems« angelegt wird. Der Kern dieser »Konstitution« ist bestimmt durch das Ausmaß der Orgonität und der Pulsationsfähigkeit der Gewebe, die das Ausmaß an plasmatischer Impulstätigkeit bestimmen.

Setzen wir den Abschluß der Keimentwicklung nicht schon mit der Geburt, sondern mit der Zusammenfassung aller Bio-Funktionen zu einem einheitlichen, koordinierten *Bio-System* etwa im 10.-12. Lebensmonat an, so haben wir die kritische Zeitspanne umfaßt, die für das spätere bioenergetische Funktionieren maßgebend ist. Die »kritische Periode« der »psychischen« Entwicklung liegt etwa zwischen dem 3. und 5. Lebensjahr; sie ist in ihrem Ausgang sehr weitgehend von dem Ablauf der *biophysikalisch* kritischen Phase bestimmt. In dieser biophysikalisch kritischen Phase ist die Lösung des Geheimnisses zu suchen, daß in jeder orgonotischen Behandlung nach Aufarbeitung der Krankheitsmechanismen ein *unfaßbares* Etwas zurückbleibt: Eine unveränderbare Hoffnungslosigkeit der Lebensbetätigung, eine Stille im Wesen, eine Reizbarkeit, kurz, das, was die klassische Psychiatrie als »angeborene Disposition« zu bezeichnen pflegte.

Vieles an der Fallangst und der Anorgonie bleibt dunkel. Weder Angst noch Wut sind pathologische Erscheinungen des Lebenssystems. Es ist natürlich, daß ein Kind Angst hat, wenn es fällt oder von einem Hund angefallen wird; es ist natürlich, daß das Neugeborene Wut äußert, wenn seine Bedürfnisse nicht befriedigt werden.

Aber die Fallangst ist mehr als eine Gefahrangst. Sie kann auftreten, lange ehe es ein Bewußtsein von Gefahr gibt. Sie hängt mit raschen Kontraktionen des Lebensapparates zusammen, wird eigentlich erst auf diese Weise erzeugt. So wie reales Fallen biologische Kontraktion auslöst, so löst umgekehrt die Kontraktion die Sensation des Fallens aus. Es ist nun verständlich, weshalb eine *Kontraktion* bei orgastischer *Expansion* mit Fallangst einhergeht. Und es ist verständlich, daß Fallangst auftritt, wenn der muskuläre Panzer durchbrochen ist und die ersten plasmatischen Strömungen einsetzen. *Eine Kontraktion mitten in einer plasmatischen Expansion stört das Gleichgewichtsempfinden.* Doch ein Rest bleibt ungelöst. Versuchen wir ihn zu lokalisieren, wenn wir ihn auch nicht auflösen können.

Eine Grundfunktion des lebenden orgonotischen Systems ist, daß es den Zug der Erdanziehung, die Schwerkraft, überwinden, ihr entgegen funktionieren muß. Der *tote* Blattstengel gehorcht der Schwerkraft vollkommen. Der *lebende* Blattstengel wächst der Schwerkraft *entgegen*. (Es sind natürlich nicht nur mechanische Quellungsverhältnisse, die dies bedingen, denn ein mit Wasser mechanisch vollgesogener *toter* Stengel bleibt liegen, richtet sich nicht auf). Der Flug der Vögel beruht auf Überwindung der Schwerkraft. Der aufrechte Gang des Menschen fordert ein Riesenmaß an Balance *gegen* den Zug der Schwerkraft. Wir wissen, daß diese Balance versagt, wenn die Einheitlichkeit der körperlichen Bewegungsfunktion irgendwie gestört ist. Diese Bewegungsstörung kann rein mechanischer Natur sein, wie bei einer Beinverletzung oder bei der Tabes; sie kann aber auch *funktioneller* Natur sein. Die Anorgonie des Gesamtkörpers oder wesentlicher Körperorgane bedeutet eine Störung der Balancefähigkeit, damit Tendenz zum Fallen und entsprechende Fallangst. Soweit ist die Sache klar. Aber der Ausdruck von Fallangst bei einem drei Wochen alten Kinde nach dem Bade, ausgelöst durch Abkühlung der Haut, behält seine Rätsel. Zwar liegt die Funktion der raschen Gefäß-Kontraktion vor, nicht aber die *Erfahrung* des Fallens. Woher stammt dann der *Ausdruck* der Fallangst? Wir könnten uns mit Heranziehung einer »phylogenetischen Erfahrung« abfinden. Diese Antwort erklärt nichts, denn die phylogenetische Erfahrung muß irgendwie *aktuell* verankert wirksam werden. Es gibt keine Erinnerungsfunktion ohne aktuellen Mechanismus.

Wir müssen es an dieser Stelle aufgeben, *alles* an der Anorgonie und der Fallangst begreifen zu wollen. Begnügen wir uns mit dem Verständnis des *Zusammenhangs zwischen Block der orgonotischen Pulsation und Verlust des Organ- und Gleichgewichtsempfindens*. Die Beziehung der Orgonität und Anorgonie zur Schwerkraft ist deutlich. Im anorgonotischen Zustand sind die Glieder »schwer«, die Bewegung erfolgt nur mit großer Anstrengung. Im Zustand hoher Orgonität dagegen fühlt man sich »leicht«, wie »schwebend«. Nehmen wir derartige Sprachformulierungen wörtlich ernst. *In der Anorgonie ist weniger biologische Energie frei und tätig; die träge Masse des Organismus wird im Verhältnis zur tätigen Energie, die den Körper zu bewegen hat, größer, also schwerer. Im Zustand hoher Orgonität ist mehr Bioenergie frei und tätig, die Masse des Organismus wird relativ dazu leichter.* Wir haben es mit echter, *veränderlicher* Beziehung von Masse und Energie im Biosystem zu tun.

Mehr läßt sich vorläufig nicht erraten – wenn wir nicht das metaphysische Heinzelmännchen anrufen wollen, das angeblich im Hintergrunde der Lebensfunktionen wirkt, denkt, fühlt, empfindet, reagiert. Das führt nirgends hin. Warten wir auf eine bessere Gelegenheit, diesen Rest endgültig zu fassen. Vorläufig genügt es, begriffen zu haben, wie früh und an welchen orgonotischen Funktionen der karzinomatöse Schrumpfungsprozeß mit seiner Anorgonie ansetzt.

X. Die Krebsbiopathie als sexualsoziologisches Problem

Es wird jahrelanger klinischer Erfahrung bedürfen, um die Verwüstungen im Lebenssystem voll zu erfassen, die die emotionelle Pest anrichtet. Dieser Tatbestand ist umso erregender, weil die zerrüttete Sexualökonomie dieser Krebskranken, die im wesentlichen durch die emotionale Pest verursacht ist, so gründlich und konsequent übersehen wird, obgleich sie so augenfällig ist. Der allgemeine Schluß ist der:

Ausgesperrt von der natürlichen Sexualfunktion entwickeln die späteren Krebskranken eine allgemeine charakterliche Resignation. Es treten zunächst lokale und harmlose »Störungen« auf, ein Magenulcus oder nur eine Hyperacidität (Magensäureüberschuß), Hämorrhoiden, ein Halsspasmus, genitale Taubheit, Menstruationsstörungen, Steifheit der Brustmuskulatur etc. Die chronische biologische Funktionsstörung unterhöhlt immer mehr die Atmung und Pulsation in den Geweben. Diese beginnen ganz langsam zu zerfallen und die Richtung zur Fäulnis einzuschlagen. T-Bazillen treten auf und beschleunigen den Prozeß der noch immer Jahre in Anspruch nimmt. Schließlich beginnen Protozoen zu wuchern, bis die Geschwulst tastbar und sichtbar wird. Es ist klar, daß selbst die allerfrüheste Diagnose der lokalen Geschwulst *immer zu spät* kommt, denn die Biopathie hat mittlerweile ihr Verwüstungswerk im Organismus vollbracht. Die Aufgabe der Krebstherapie besteht somit in der Beeinflussung der *allgemeinen Funktionsstörung des Biosystems*, auf Pflege der B-Reaktion des Organismus. Auf *einen* Nenner zurückgeführt heißt das: *Solange die Erziehung charakterliche Resignation und muskuläre Panzerungen massenweise erziehen wird, solange kann von einer radikalen Aufhebung der Krebsseuche keine Rede sein*. Man wird zwar etwas mehr Tumoren beseitigen und etwas mehr Leben retten können. Aber man gebe sich nicht der gefährlichen Illusion hin, mit chemischen Mittelchen und dem Messer oder dem Orgon allein dem Krebs je beikommen zu können.

Ich kenne die große Neigung zu solchen Illusionen sehr gut aus eigener Erfahrung. Als ich die Wirkungen der Orgonstrahlung auf die Krebsgeschwülste der Mäuse sah, atmete ich auf. Endlich, so sagte ich mir, ist der Weg zur Krebstherapie geöffnet. Nun

können wir Krebs zu heilen anfangen und vielleicht sogar verhüten lernen. Im Geheimen frohlockte es in mir, endlich von der »verdammten Sexualitätsfrage« loszukommen und mich in der »reinen«, sexualitätsfreien Atmosphäre der Organpathologie in Sicherheit zu bringen. Aber ich irrte. Die Tatsachen logen nicht. Sie forderten strengste Rechenschaft. Sie beraubten mich der bequemen Illusion, einen leichten Ausweg gefunden zu haben.
Große Aufgaben sind nicht auf leichten Wegen zu lösen. Die Schwere des Weges spiegelt nur die Schwere der Aufgabe wieder: Ich kam von der »verdammten« Sexualökonomie nicht los und ich bin den Tatsachen dankbar dafür.
Diese Krebskranken brachten mir mit aller Schärfe wieder zu Bewußtsein, was ich seit 24 Jahren sehen gelernt hatte: *Die Seuche der Sexualitätsstörungen*. Ich mochte mich wehren, wie ich wollte, es gab kein Ausweichen: *Der Krebs ist eine Fäulnis der Gewebe bei lebendigem Leibe infolge Lusthungers des Organismus*. Nicht die unzulänglichen Methoden der Forschung und nicht allein die therapeutischen Irrtümer der Biologie waren daran schuld, daß dieser höchst einfache Tatbestand bisher übersehen wurde. Ich war auf ihn nur deshalb gestoßen, weil ich als Sexualökonom konsequent zu bleiben und die Folgen der Sexualitätsstörungen überallhin zu verfolgen hatte. Schuld ist in Wirklichkeit unsere gesamte Lebensanschauung, der Moralismus, die sexuelle Verkrüppelung unserer Kinder und Jugendlichen, die moralistischen Vorurteile in Medizin und Pädagogik, kurz unsere Lebensblindheit und -angst, die wir seit mehreren tausend Jahren von Geschlecht zu Geschlecht forterben. Wir haben die wichtigste Lebensfunktion gesetzlos gemacht, sie als Verbrechen gestempelt und ihr jeden gesellschaftlichen Schutz versagt. Zu all dem haben wir auch noch eine sträfliche Tat hinzugefügt. Wir haben es geduldet und dulden es noch immer, daß der Todfeind des natürlichen Liebeslebens von Kindheit auf, die Pornographie, der sexuelle Klatsch, die sexuelle Diffamierung, der sexuelle Zwang und mittelalaterliche Sexualgesetze herrschen. Wir dulden es noch immer, daß die schmutzige Phantaie, sei es in moralistisch heuchlerischer oder in offener sadistisch-pornographischer Weise darüber bestimmt, wie unsere Kinder erzogen werden, wen wir lieben und umarmen sollen. Wir haben das Vertrauen zu den Naturgesetzen des Lebens verloren, und nun haben wir die Folgen zu spüren.

Man muß immer wieder über die Lebenstüchtigkeit und Widerstandskraft des Organismus staunen. Man muß darüber staunen, daß die menschlichen Organismen nicht viel rascher zugrundegehen, gemessen an dem Massaker, dem sie durch Mechanismus und Mystizismus unterworfen sind. Aber gerade diese Stärke des Lebendigen ist unsere Hoffnung. Wenn ein *malträtierter* Organismus Jahrzehnte verstreichen läßt, ehe er lokale Wucherungen entwickelt, dann kann sich der Krebsschrecken ohne Ende von heute in das Ende des Krebsschreckens verwandeln, aber nur dann, wenn wir ohne Illusionen an die Aufgabe herangehen. Vor allem, wenn wir keinerlei Rücksichten auf die neurotischen Ideen der pestgeplagten Menschenrasse nehmen.

Im »World Almanac 1942« findet sich eine statistische Zusammenfassung der Zahlen über Häufigkeit der Erkrankungen, die wir *Biopathien* nennen, offiziell für den Staat New York. Ich zitiere aus der Abhandlung eines Kollegen. Während der Prozentsatz an Erkrankungen nichtbiopathischer Natur (Pneumonie, Diphterie etc.) in den Jahren 1921 bis 1940 beträchtlich absank, stiegen die prozentuellen Zahlen für die biopathischen Erkrankungen (Geisteskrankheiten, Kardiovaskuläre Hypertonie, Krebs, Suizid, Kriminalität etc.) außerordentlich an:

Haupttodesursachen im Staat New York
Nicht-biopathische Krankheiten

	Lungentuberkulose		Lungenentzündung		Diphterie	
	Tote	pro 100 000 Einwohner	Tote	pro 100 000 Einwohner	Tote	pro 100 000 Einwohner
1921	9503	88,6	10 645	99,3	1702	15,9
1925	9162	78,9	13 571	116,8	1001	8,6
1930	8146	64,6	12 908	102,4	656	5,3
1935	6847	52,4	11 018	84,4	102	0,8
1940	5793	42,9	6 143	45,5	15	0,01

Biopathische Krankheiten

Kardiovaskulär

	Tote	pro 100 000 Einwohner	Krebs Tote	pro 100 000 Einwohner
1921	36 594	341,4	11 163	104,1
1925	43 370	373,3	13 201	113,6
1930	48 487	384,5	15 144	121,8
1935	55 109	422,1	18 600	142,5
1940	64 987	481,3	21 384	158,4

Geisteskranke im Staat New York

	Männer	Frauen	Total	pro 100 000 Einwohner
1920	19 515	21 265	40 780	390,0
1925	22 667	23 858	46 525	413,6
1930	28 674	27 737	56 411	444,0
1935	36 124	33 943	70 067	493,0
1941	45 870	43 393	89 263	664,2

Urteile wegen Verbrechen im Staat New York

	Total
1920	40 691
1925	77 202
1930	175 530
1935	363 743
1940	1 155 986

Suizide im Staat New York

	Total	pro 100 000 Einwohner
1920	1442	13,5
1925	1664	14,3
1930	2135	17,2
1935	2180	16,7
1941	2188	16,2

Diese Zahlen zeigen, daß die Biopathien nicht nur grundsätzlich andersartige Erkrankungen sind, verglichen mit den nichtbiopathischen Krankheiten, sondern auch, daß sie unverstanden sind. Die mechanistische und sexualökonomisch unorientierte Medizin hat zu den Biopathien keinen Zugang. *Biopathien sind Erkrankungen zufolge Störungen der biologischen Pulsation des autonomen Lebensapparates.* Diese Störungen sind im wesentlichen *sozial* bedingt; sie sind *sexuelle* Stauungskrankheiten. Ihr hervorragendstes Anzeichen ist der gestörte Haushalt der biologischen Energie, oder kurz, *die orgastische Impotenz*, die biologisch korrektes Pulsieren des Lebensapparates unmöglich macht und die orgonotische Potenz herabsetzt. Ihre Anzahl ist in stetem Wachsen begriffen. Die Situation ist sehr ernst und fordert sowohl Rechenschaft wie Abhilfe.

Die Sexualökonomie und die Orgonbiophysik fügen der Medizin und der Erziehungswissenschaft einige wichtige Einsichten an, die hier abhelfen könnten. Nicht in der Weise, wie man gerne denkt: Wir haben kein chemisches Allheilmittel entdeckt, das nun mit einem Male, massenweise angewendet, die Seuche des Lebensapparates aus der Welt schaffen könnte. Es ist nicht so einfach. Die Bekämpfung der Biopathien wird eine der schwersten Aufgaben sein, die je dem Menschen und seiner Gesellschaft zufielen. Ich wage die Behauptung, daß keine Revolution und gewiß nicht die Bewältigung der Pest des Mittelalters sich mit dieser Aufgabe an Umfang, Tiefe und Gefahren messen kann. Die Lösung dieser Aufgabe wird aller Voraussicht nach die größte Umwälzung im Denken und Handeln erfordern, die die Menschen je zu leisten hatten. Sie wird nicht die Leistung Einzelner, sondern eine Leistung der *Gesellschaft* sein.

Die Biopathien bilden eine Endemie der Bevölkerung der Erde. Die Verdoppelung der Geisteskrankheiten im Staate New York in 20 Jahren (gültig für jedes andere Land) spricht eine klare Sprache. Noch ist das nötige Wissen nicht vorhanden, oder, wenn vorhanden, nicht organisiert genug, noch gibt es allzu fest verwurzelte Irrlehren, um die Hoffnung zuzulassen, daß die Ausrottung der Biopathien rasch, leicht oder ungefährlich erfolgen wird. Wir sind erst im Beginn der ersten Einsichten in das Riesenunglück, dem das Menschengeschlecht seit einigen Jahrtausenden unterlag und gegenwärtig fast zu erliegen droht. Dieses Unglück wird sich mit Mittelchen, Ideen, politischen Schlagworten oder

Gebeten weder begreifen noch fassen lassen. Es wird sich dadurch nur vertiefen. Festhalten an gewonnenen Einsichten, Entwicklung und *Schutz der Wahrheit* unter *allen* Umständen, Mut zum Erfassen der Riesenhaftigkeit des gesellschaftlichen Unglücks, Vertrauen zur natürlichen Lebensfunktion sind erstrangige Voraussetzungen. Es ist ein Wesenszug dieses Unglücks, daß die natürliche Lebensfunktion nicht zu Worte kommt, gefürchtet ist und überall unterdrückt wird. Sie ist und bleibt die einzige Hoffnung! *Sie ist und bleibt an die natürliche Sexualfunktion der Tierart »Mensch« geknüpft.* Es gibt kein Ausweichen vor diesem Schluß, und es ist gut, daß es keinen Ausweg mehr gibt, sich diesem Schluß zu entziehen.

Der Chefarzt des Theresienhospitals in Düsseldorf, *Dr. Friedrich Lönne*, sagt in seiner Abhandlung über »Wirksame Krebsbekämpfung« (1937): »Wir müssen damit rechnen, daß etwa 15 000 Frauen an Gebärmutter- und Scheidenkrebs und etwa 3500 bis 4000 Frauen an Brustdrüsenkrebs jährlich in Deutschland zugrunde gehen. Von etwa 15 000 Fällen, welche an Scheiden- und Gebärmutterkrebs zugrundegehen, betreffen über 12 000 Fälle den Gebärmutterhals ...«

Der Krebs der Genitalorgane und der Brust überwiegt bei weitem den Krebs an anderen Organen. Daraus geht die sexualbiopathische Natur des Krebses eindeutig hervor. Verbinden wir diese Tatsache mit der überwiegenden Frigidität der Frauen, so drückt sich in der Krebsstatistik nur aus, was wir aus der sexualökonomischen Klinik über die Störungen der Sexualfunktionen längst wissen. Aber gerade auf die Verknüpfung der Sexualpathologie mit der Krebsstatistik kommt es hier an. Daraus geht nämlich ein wesentlicher Schluß hervor: *Die lokale Krebsaffektion ist eine Folgeerscheinung zerrütteter Sexualökonomie des Organismus. Die radikale Krebsbekämpfung fordert deshalb die radikale Umstellung in der gesamten Sexualhygiene der Bevölkerung.* Dem gegenüber klingen Behauptungen von manchen Krebsärzten nicht sehr logisch, die wegen ihrer Hilflosigkeit in der Krebsbekämpfung an unrichtigen Theorien über den Krebs festhalten zu müssen glauben. Statt aus der Vorliebe der Krebsgeschwulst für *sexuelle* Organe *unsere* Schlüsse zu ziehen, lesen wir etwa folgendes:

»Die wissenschaftliche Krebsforschung ist im Augenblick der Ansicht, neben der örtlichen Ursache für die Krebsentstehung noch einen zweiten allgemeinen Faktor, Schwächung des antiblastischen Systems, zu vermuten. (Das bisher unverstandene »antiblastische System« ist nichts anderes als unsere »B-Reaktion«, also die »orgonotische Potenz« des Organismus, W. R.). Bei der *Praktischen* Krebsbekämpfung haben wir aus klinischen Erwägungen zwingender Art an der Lehre vom *örtlichen* Krebsbeginn festzuhalten, denn die beste Operation oder die beste Bestrahlungsart bedeutete ja nur eine fragwürdige Teillösung, wenn eine Allgemeinerkrankung bereits *vor* dem öffentlichen Auftreten der Krebsgeschwulst bestehen *müßte*. Arzt und Patient würde das Vertrauen in die Heilbarkeit des Krebses genommen, denn uns allen ist der Weg wirkungsvoller Behandlung einer etwa bestehenden *Allgemein*erkrankung unbekannt.« (*Krebskrankheiten*, 1937, Hirzel, Leipzig, S. 201 f).

Also: Wenn wir keinen Weg zur Heilung der Krebs*biopathie* wissen, dann existiert sie einfach nicht, dann müssen wir an den *lokalen* Ursprung der Krebs*geschwulst* festhalten, denn sonst verlieren Arzt und Patient das Vertrauen! *Welches Vertrauen?* müssen wir dagegen fragen! Vertrauen in eine Illusion, die den Weg zum Verständnis und zur Ausrottung der Krebsbiopathie *versperrt*. Diese Argumentation *Lönnes* ist von derselben Art wie die mancher Psychiater: Sie leugnen die soziale Herkunft der Sexualverdrängung oder die sexualbiopathische Natur der Neurosen und Psychosen, nur weil sie durch die Feststellung dieser Zusammenhänge in harten Konflikt mit manchen sozialen Institutionen geraten würden und öffentlich für unliebsame *Tatsachen* einstehen *müßten*. Solches Verhalten hat weder mit Medizin noch mit Wissenschaft das geringste zu schaffen. Es ist Existenzangst oder Geschäftsangst und sonst nichts!

Der Leser wird nun besser begreifen, weshalb ich als ersten Krebsfall eine Krebsschrumpfungsbiopathie beschrieb, die keine diagnostizierbaren malignen Tumoren hatte. Er wird auch billigen, daß in dieser Abhandlung der *biopathische Hintergrund, und nicht der lokale Tumor,* betont wird.

Es wird in der Literatur über Krebsstatistik behauptet, daß das Anwachsen der Zahl der Todesfälle infolge Krebses in den letzten Jahrzehnten der besseren Diagnostik am Lebenden und an der Leiche zuzuschreiben ist; daß also das Anwachsen der Todesziffern ein Artefakt ist. Um an der rein erblichen Natur des Krebses festzuhalten, wird geleugnet, daß primitive Völker, die noch sexuell natürlich leben, relativ frei von Krebs sind, und daß das Anwachsen der Krebstodesziffern einem *realen Wachstum* der Krankheit entspricht.

Hier folgt eine Statistik über Krebstodesfälle in Norwegen von 1853 bis 1925 (nach Gade):

Jahr	Krebstodesfälle per 100 000 Einwohner	Anzahl der Ärzte im Lande	Von Ärzten ausgestellte Krebs-Totenscheine im Prozent aller ausgestellten Totenscheine
1853	7	295	20,4
1860	12	330	28,8
1870	27	410	38,5
1880	42	551	50,0
1890	58	658	55,4
1900	91	1066	82,7
1910	93	1177	88,3
1920	105	1281	92,4
1925	118	1496	98,5

Die Deutung solcher statistischer Zahlen durch Erbmystiker ist wie folgt zu verstehen: Die Hereditätsmystik läßt keine Wirkungen sozialer Umwelteinflüsse auf die »Erbmasse« zu. Die Lehre von der Vererbung erworbener Eigenschaften hat sich bis zum heutigen Tage, obwohl sie richtig ist, praktisch nicht durchsetzen können. Wir haben allen Grund, am rationalen wissenschaftlichen Charakter der Hereditätslehre zu zweifeln. Dagegen ist nicht daran zu zweifeln, daß ein affektives Moment in sämtlichen Hereditätsbetrachtungen völlig unkontrolliert mitspielt. Es ist gerade das Wesen dieses irrationalen Moments der Hereditätsmystik, den sozialen Umwelteinfluß auszuschalten und die Eigenschaften der Erbmasse zu verewigen. Demzufolge sind erblich erworbene Krankheiten in der »Erbmasse« gegeben, d. h. prophylaktisch unzugänglich. Demzufolge sind Veränderungen der sozialen Einwirkungen vom Standpunkt der Hereditätslehre falsch und überflüssig. Demzufolge ist der Krebs schon bei Pflanzen und Tieren, also in der Natur ganz allgemein anzutreffen, und es gibt hier keinen Unterschied zwischen natürlich lebenden Völkern und dem mechanisierten Menschen. Demzufolge entspricht die Krebsgeschwulst einem »embryonalen Mißwachstum«, und sie wird in den Lehrbüchern im Zusammenhang mit den Teratomen behandelt. Aus diesem »Erbdenken« folgt ferner, daß es kein echtes, sondern nur ein artifizielles Anwachsen der Krebstodesziffern geben kann. Dieses »scheinbare« Wachstum der Krebstodesziffern kommt, so heißt es, dadurch zustande, daß infolge besserer Diagnostik und einer größeren Anzahl von Ärzten pro Bevölkerungszahl, mehr Krebswucherungen entdeckt werden als früher.

Der geheime Sinn all dieser hereditären Argumente ist der, die falsche Theorie von der starren Erbmasse zu retten und sie vor der Zerstörung durch die lebendig-funktionelle Anschauung von der Wechselwirkung von Plasma und Umwelt zu bewahren. Zwar geht aus der mechanistisch-metaphysischen Erbmassetheorie nicht ein einziger produktiver Gedanke bezüglich ärztlicher Beeinflussung der sogenannten Erbkrankheiten hervor; zwar führt solches Denken in gerader Linie zur Mystik von erblich festgelegten Über- und Untermenschen, also zur Gedankenwelt der emotionellen Pest; aber wir sollten darüber nicht staunen, denn dies ist ja gerade die konservative Funktion der Hereditätslehre, in die die Arbeiten von *Darwin*, *De Vries*, *Freud* etc. breite, aber noch ungenügend wirksame Breschen geschlagen haben. Die Hereditätslehre ist keine Wissenschaft, sondern ein ethisches Alibi.

Aus den skizzierten Gründen ist Schein-Statistiken, wie der eben angeführten schwer zu begegnen. Da die Zahl der Ärzte in Norwegen seit 1853 beträchtlich anstieg, ist eine Bewertung der Zahlen außerordentlich schwierig. Man kann dagegen nicht behaupten, daß das Anwachsen der Krebstodesfälle von 1921 bis 1940 ebenfalls nur der besseren Diagnostik zuzuschreiben ist. Die Ärzte haben seit 1921 kaum viel in der Krebsdiagnostik hinzugelernt, und sie haben an Zahl nicht beträchtlich zugenommen. Trotzdem haben wir im Laufe von 20 Jahren ein Anwachsen der Krebstodesfälle von 104,1 auf 158,4 pro 100 000 der Bevölkerung im Staate New York.

Das Argument, das Anwachsen der Krebstodesfälle wäre artifizieller Statistik oder der durchschnittlichen Verlängerung der Lebenszeit zuzuschreiben, wird wertlos, wenn *man die Krebsbiopathie nicht von den anderen Sexual-Biopathien isoliert*, sondern sie mit dem Ansteigen der Todesziffern infolge kardiovaskulärer Biopathie, mit dem Ansteigen der Zahl der Schizophrenien, dem Anwachsen der Kriminalität und der Selbstmorde in verständlichen Zusammenhang bringt. Tut man dies und begreift man den gemeinsamen sexualökonomischen und sozialen Hintergrund der Sexualbiopathien aller Formen, dann zerschmelzen die Redensarten. Dann stehen wir vor der nackten Tatsache einer *mörderischen* Wirkung der emotionellen Pest und der Ungeschultheit der Ärzte und Pädagogen in Fragen des natürlichen Sexuallebens der Kinder und Jugendlichen. Mit dieser unentschuldbaren allgemeinen Indifferenz gegenüber den Sexualhungerseuchen kann sich keine Unterlassung messen, die je der Medizin unterlaufen ist. Es war nicht Schuld der Medizin und Pädagogik, wenn Hunderttausende an der Beulenpest starben. Man kannte den Erreger nicht. Es war nicht Schuld der Medizin, daß unendlich viele Frauen an Kindbettfieber starben. Aber die mörderischen Biopathien werden letzten Endes sozial von irrationalen Reaktionen sexualpathologischer Menschen erzeugt. Die Vermeidung oder zwangsmoralische Beurteilung der Sexualprobleme ist eine absichtliche, wenn auch meist unbewußte Haltung der Erzieherschaft und Ärzteschaft. Der Widerstand, den diese sozialen Gruppen dem Kampfe gegen die Sexualbiopathien entgegensetzen, beweist die Richtigkeit der Behauptung.

Dem Schrecken der Wahrheit steht aber eine mächtige Hoffnung gegenüber. Hat man einmal begriffen, daß es biopathische Erkrankungen des Lebensapparates gibt, die gleichzeitig *Folgen und Ursachen sozialer Krankheiten* sind, dann vereinfacht sich das zunächst erschreckend verwirrende Bild. Zwar gibt es keinen lebenden Menschen, der allein als Retter fungieren könnte. Zwar ist kein »Erlöser« möglich, wie die Menschenmassen hoffen. Aber die konstante Vertiefung des Unglücks wird diejenige Aufgabe leisten, die kein Einzelmensch je leisten kann: *Die Menschenmassen, die so sehr leiden, biopathisch und sozial, werden gezwungen sein, rational zu denken und wieder Kontakt mit ihrem biologischen Grundwesen zu gewinnen.* Diese Umwälzung wird vermutlich eines der wesentlichsten Resultate der emotionellen Pest des XX. Jahrhunderts sein. Dafür gibt es bereits eine Unmenge sicherer Anzeichen:

Vor zehn oder zwanzig Jahren war die Sexualität des Kindes und des Jugendlichen für den Laien wie für die Wissenschaft tabu.

Sie ist es nicht mehr heute, und sie wird es immer weniger sein. Das sexuelle Leiden ist zu deutlich und zu umfassend geworden. Immer zahlreicher und drängender werden, noch überwiegend inoffiziell, aber auch schon offiziell, die Versuche, Überlegungen, privaten und offiziellen Maßnahmen, an das Unglück heranzukommen. Noch stehen sie in keinem politischen Programm. Aber die politischen Programme selbst werden zum ersten Male in der Menschheitsgeschichte auf ihre Brauchbarkeit und Rationalität geprüft. Wir hören bereits fragen, ob nicht etwa die Politik selbst eine soziale Krankheit ist. Das Bewußtsein von den natürlichen Lebensansprüchen tritt immer klarer hervor, als Leistung der menschlichen Gesellschaft, und nicht als Forderung oder Traum Einzelner.

Der Leser wird fragen, was denn diese allgemeinen sozialen Fragen mit der Krebsseuche zu tun haben. *Sehr viel*, ja alles! Es ist das Hauptziel dieser Darlegung, zu überzeugen, daß der Krebs, als eine spezielle Form der Biopathie, sowohl mit der Sexualitätsfrage wie mit der sozialen Struktur unserer Gesellschaft *untrennbar* verknüpft ist. Mehr: Der Krebs blieb bisher ein ungelöstes Rätsel, weil man weder die sexuelle noch die soziale Verursachung dieser Seuche in Betracht zog. »Was hat die Organpathologie mit Sozialwissenschaft zu tun?« hört man fragen. Man fragt heute nicht mehr, wie noch vor einigen Jahren in Europa, was das Sexualleben der Menschenmassen mit der Politik (»Sozialwissenschaft«) zu tun hätte. Hier hat die Sexualökonomie breite Breschen im Denken geschlagen. Es gibt keine »unpolitische« Sexualwissenschaft mehr wie noch auf dem III. Weltkongreß der Weltliga für Sexualreform in Wien 1930. Es ist heute im Bereich der Bio-Psychiatrie klar, daß Sexualität und Sozialität nur im Zusammenhange miteinander behandelt werden können. Es wird nicht mehr lange dauern, bis die *Organpathologie bei der Beurteilung einer Gewebsstörung sowohl an ihre soziale wie an ihre sexuelle Verursachung denken wird*. Die Menschen sind *biosexuelle und soziale* Organismen, die Funktionsstörungen in den Geweben ebenso entwickeln wie in ihrem emotionellen Leben.

Viele, die die Zahlen über das Anwachsen der Krebsbiopathie kennen, werden sich gefragt haben, *weshalb* denn diese Krankheit so um sich greift. Psychiater standen vor mehreren Jahren vor derselben Frage, als sie lernen mußten, daß die seelischen Erkrankungen sich nicht auf hysterische und zwangsneurotische

Symptome beschränken; daß die *Charakterneurosen* immer mehr hervortreten und immer weitere Kreise ziehen. Die Antwort lautete hier: Vor der Jahrhundertwende waren die sexuellen Verdrängungen und Panzerungen komplett. Es gab dementsprechend nur *umschriebene* schwere Durchbrüche von neurotischen Symptomen, die grand hysterie etc. Der vollkommen gepanzerte Mensch war der »Normalmensch«. Seither brachen die sexuellen Ansprüche immer mehr durch und forderten, gehört und befriedigt zu werden. Die umschriebenen symptomatischen Neurosen traten zurück und machten der allgemeinen Charakterneurose mehr und mehr Platz: *Erhöhte Lebensansprüche stießen auf alte, starre Lebensformen, irrationale Dogmen und innere neurotische Hemmungen.*

Menschen, die durch die Veränderung der Sitten zur Bewußtheit ihrer sexuellen Bedürftigkeit kommen, denen aber die Mittel und Wege fehlen, der sexuellen Energie den natürlichen Ablauf durch volle natürliche Befriedigung zu geben, müssen notwendigerweise zerrissen werden, müssen biopathisch erkranken, asozial und kriminell werden. Es gibt kein Zurück zum Gestern! Wir haben es mit einem unerhörten *Fortschritt*, wenn auch mit einem *schmerzhaften* und *momentan gefährlichen* Fortschritt zu tun. Sich dagegen stemmen, heißt nur Unglück zeugen oder steigern.

Der Reaktionär und Mystiker wird daraus auf die Gefährlichkeit der »Unmoral« schließen und Rückkehr zur alten, resignierten Lebensweise fordern. Er tut es in der Tat immer wieder, aber er hat zum menschlichen Leiden nichts Positives zu sagen. Es gibt aber keine Umkehrung biosozialer Entwicklung! Es gibt nur die Möglichkeit, die Entwicklung etwas schmerzloser und ungefährlicher ablaufen zu lassen.

Für die Ausbreitung der Krebsbiopathie gilt nun dasselbe wie für die Biopathien im allgemeinen. Die gesamte soziale Entwicklung hat die alten sexuellen Lebensweisen durch neue zu ersetzen begonnen. Eine 35 Jahre alte Frau war um die Jahrhundertwende eine Matrone. Sie ist heute eine junge, lebenslustige Frau. Dasselbe gilt für den 40- oder 50jährigen Mann. Aber Erziehung und Medizin haben mit dieser sozialen Entwicklung nicht Schritt gehalten. Das heißt: *Die Menschen blieben in ihrer strukturellen Fähigkeit, sich lebendig durchzusetzen, weit hinter ihrem Wissen und ihren Ansprüchen zurück. Die Stauung der biologischen Energie in den menschlichen Organismen ist daher weit größer, als* sie vor 20 oder 40 Jahren war. Eine frigide Frau war um 1900, wenn sie zu Hause saß, nicht im Beruf stand, keinen Kontakt mit Männern hatte etc., einem bewußten Sexualkonflikt viel weniger ausgesetzt als heute, wo sie ihren Platz im gesellschaftlichen Leben immer vollständiger bezieht. Das besorgt die industrielle Entwicklung ebenso wie etwa der gegenwärtige Krieg. Und wir dürfen auf weit mehr umstürzende Änderungen im Leben der Frauen gefaßt sein. Niemand, außer Faschisten, wird die »Rückkehr zum Herd« fordern. Und selbst der Faschismus war hier ohnmächtig. Wenn nun die menschlichen Organismen einer *immer größeren Differenz von Lebensverlangen und Befriedigungsfähigkeit* ausgesetzt sind, dann ist es klar, daß die *Stauungen der biologischen Energie im selben Maße größer* werden. Je größer aber die Sexualstauung, desto größer der Schaden, den sie im Organismus physiologisch und emotionell anrichtet. Der Krebs ist der bedeutsamste körperliche Ausdruck der bio-physiologischen Wirkung der Sexualstauung. Die Schizophrenie ist dasselbe auf emotionellem Gebiet. Es ist kein Zufall, sondern sehr logisch, daß der Staat Massachusetts, der Mitte des 20. Jahrhunderts so scharf gegen die Geburtenregelung ist, eine der höchsten Krebssterbeziffer in den USA aufweist. Die folgende Feststellung erschien in »Whats and Whys of Cancer«, veröffentlicht vom Massachusetts Department of Public Health, 1939: »*What are the public health appects of cancer?* Cancer is responsible for more deaths than any other disease with exception of heart disease. Approximately one out of every eight deaths in Massachussetts is due to this disease. Massechussetts has one of the hightest death rates of any state from this disease.«* Man wird es lernen müssen, den Krebs als Sexualhungerseuche ernstzunehmen.

Das riesenhafte Anwachsen der Biopathien ist also einfacher Ausdruck der Diskrepanz zwischen sexuellem Lebenswillen und sexueller Lebensunfähigkeit. Der Lebenswille ist riesenhaft geworden, die Lebensfähigkeit (sexuelle Potenz, Verantwortungsfähigkeit, Selbstregulation etc.) dagegen ist nicht angewachsen. Der

---

* [»*Was sind die die allgemeine Gesundheit betreffenden Aspekte der Krebskrankheit?* Krebs ist für mehr Todesfälle verantwortlich als irgendeine andere Krankheit mit Ausnahme der Herzkrankheiten. Etwa jeder achte Todesfall in Massachussetts ist durch diese Krankheit verursacht. Was diese Krankheit betrifft, hat Massachussetts eine der höchsten Todesraten aller Staaten.«]

Schluß daraus lautet: (nicht neuerliche Herabsetzung des Lebenswillens, sondern) *Herstellung einer strukturellen Lebensfähigkeit der menschlichen Organismen, die mit den Lebensansprüchen Schritt hält.* Die Aufgabe ist wesentlich erzieherisch und sozial. Die Medizin bildet hier nur den Vermittler. Es ist klar, daß die Herstellung der vollen Lust- und Lebensfähigkeit der Individuen die Beseitigung aller Institutionen und Gesetze fordern wird, die ein Jahrhundert oder Jahrtausend alt sind und ihr widersprechen. Wenn also Jugendliche verschiedenen Geschlechts in der Pubertät *vor* dem »gesetzlichen« Alter *befriedigende* und *natürliche* Liebesbeziehungen eingehen, und es gleichzeitig 100 Jahre alte Gesetze gibt, die sie der Strafanstalt, also der Asozialität aussetzen, dann ist das alte Gesetz und nicht die natürliche Sexualität der Jugendlichen aus der Welt zu schaffen. Jeder kann sich an diesem einen Beispiel leicht ausrechnen, mit welchen reaktionären Mächten ein solcher sozialer Versuch in schärfsten Konflikt geraten muß und wird. Wer aber glaubt, daß sich der Kampf um eine »neue Weltordnung«, wie man sie überall ersehnt, an Worten und nicht an solchen spezifischen Lebensfragen abspielen wird? Es ist gerade der *tiefe* und *umwälzende* Charakter dieser Lebensfragen, der unsere Welt ins Chaos geführt hat, scharf nach Antwort drängt und es verhindert, daß diejenigen, die nach einer neuen Weltordnung rufen, sie auch konkret beim Namen nennen. Man wird sie nicht mit politikanten »Ideen« und Phrasen, sondern nur mit *konkreten Aufgabenlösungen* erkämpfen.

DER PLAN »ORGONON«: ÜBER DIE MÖGLICHKEIT DER KREBSVERHÜTUNG

Bis zum Sommer 1942 hatte ich mich geweigert, die Orgon-Akkumulatoren den Kranken im eigenen Hause zu überlassen. Viele Freunde der Arbeit hatten dies vorgeschlagen. Meine Weigerung hatte verschiedene Gründe. Es war unklar, in welcher Form – rein rechtlich – die Orgon-Akkumulatoren dem öffentlichen Gebrauch übergeben werden sollten. Da mir Geschäftsbetrieb nicht liegt, wollte ich nicht »Unternehmer« werden. Den Bau und die Distribution der Orgon-Akkumulatoren Geschäftsleuten zu über-

lassen, hieße die Orgonforschung Praktiken ausliefern, die die
heutige pharmazeutische Industrie beherrschen. Auch der häßliche
Konkurrenzkampf, der unweigerlich ausgebrochen wäre, schreckte
ab. Ich habe weder Zeit noch Lust dazu. Aber ich hatte um ein
Patent für den Akkumulator angesucht, mit der ausdrücklichen
Mitteilung an das Patentamt und alle beteiligten Arbeiter, daß
die Patentierung ausschließlich dem Schutze der Entdeckung
vor skrupelloser Ausbeutung und Profitmacherei dienen sollte.
Orgon ist wie Wasser oder Luft kostenlos zu haben und es ist
in unendlichen Mengen vorhanden. Es muß nur (wie Wasser in
Bassins) in den Akkumulatoren gesammelt werden, um dem Konsumenten *konzentriert* zugeführt zu werden. Es müssen Vorkehrungen getroffen werden, daß auch die Ärmsten das konzentrierte
Orgon genießen.

Man wird fragen, weshalb ich die Entdeckung nicht einfach, wie
es üblich ist, »der Welt schenkte«. Ich legte mir diese Frage selbst
vor. Da mir persönlich an ökonomischer Ausbeutung der Entdeckung nichts liegt, hätte ich den fadenscheinigen Ruhm solcher
Schenkung leicht genießen können. *Aber ich habe Rücksicht auf
den Fortgang der Orgonforschung zu nehmen.* Bisher hat keine
gesellschaftliche Stelle es für notwendig erachtet, unserem Institut
dieselbe wirtschaftliche Hilfe anzubieten, die jede unterdurchschnittliche Experimentalarbeit im chemischen Bereiche leicht erhält. Zudem hatte die Orgonforschung in Skandinavien die Kleinlichkeit und Irrationalität konventioneller Beamter der Wissenschaft hart zu spüren bekommen. Es war ihnen nahezu gelungen,
die ganze Arbeit zu zerschlagen, als sie zu ahnen begannen, daß
dem Mechanismus und dem Mystizismus in der Naturwissenschaft
ein gefährlicher Gegner und Konkurrent in Gestalt der funktionellen Orgonphysik zu erstehen begann. Der Amoklauf in Norwegen 1937-1938 war eine Riesenwarnung. Ich mußte meine Naivität abstreifen. Es ist lebensgefährlich, Hilfe von gesellschaftlichen
Institutionen zu erwarten, die ihre Existenz dem *Mangel* an
Wissen verdanken. Was müßte man von Edison denken, hätte er
materielle Unterstützung für den Ausbau der elektrischen Glühbirnen von den Produzenten der Gaslampen erwartet? Das atmosphärische Orgon ist die elektrische Glühbirne im Verhältnis zu
den Gaslampen der chemischen Heilmittel.

Ich stehe noch heute unter dem scharfen Eindruck der Tatsache,
daß Madame Curie nicht genügend Geld hatte, um Radium für

ihre Forschungen zu kaufen, daß man ihr wie aus Mitleid Radium schenken mußte, während die Geldfürsten mit Radium Millionen verdienten. Ich kenne die »Ethik« des Geschäftsgeistes zu gut und ebenso die Abhängigkeit der Routine-Wissenschaft davon, um nicht Vorsicht und Umsicht zu lernen.

Da also sowohl Verkauf wie Schenkung der Entdeckung, aber auch persönliche Ausbeutung des Patents ausschieden, schien es keine Form für die praktische Auswertung des Orgons zu geben. Wie es so oft in solchen Situationen geschieht, führte der spontane Gang der Ereignisse eine Lösung herbei. Die will ich nun schildern:

Ich genieße seit einigen Jahren die Freundschaft eines jetzt 70 Jahre alten Trappers und Fischers in Maine, wo ich eine Waldhütte besitze. Dort habe ich mir ein Laboratorium zum Studium des atmosphärischen Orgons eingerichtet. Da die Arbeit in den Sommermonaten in New York wegen der großen Feuchtigkeit nicht möglich ist, verlegte ich die orgonphysikalische Arbeit nach Maine.

Im Februar 1942 erfuhr ich von seiner Familie, daß er an Prostata-Ca erkrankt wäre und unter Röntgenbehandlung in einer Klinik stünde. Der Tumor war einige Monate vorher entdeckt worden, und die Ärzte hatten ihm im November 1941 nur noch sechs Monate bis zu höchstens einem Jahr zu leben gegeben.

Diese Meldung war erschütternd. Wir waren einander nahegekommen, als ich ihm das Wesen der Bione darlegte. Dieser einfache Mensch enthüllte ein spontan erworbenes Wissen um das Lebendige, mit dem keine akademische Biologie oder Physik konkurrieren kann. Ich hatte mein großes Mikroskop mit und fragte ihn, ob er die Lebensenergie in den Bionen sehen wollte. Ich erstarrte nun vor Staunen, als mir mein Freund, noch ehe er ins Mikroskop sah, die Bione korrekt beschrieb. Er hatte viele Jahrzehnte lang den Wuchs von Keimen und den Charakter des Erdhumus mit dem prächtigen Instinkt einer naturverbundenen Seele beobachtet und sich folgendes Bild zurechtgeschnitzt. Es gibt, so sagte er mir, kleinste, feinste Bläschen (»bubbles«) überall. Sie stellen das »Leben« dar. Aus ihnen entwickelt sich alles, was »Leben« ist. Sie wären so klein, daß man sie mit freiem Auge nicht sehen könnte. Aber das Felsmoos entwickelt sich aus ihnen; Fels, der dauernd Regen ausgesetzt ist, »erweicht« an der Oberfläche und bildet diese Lebensbläschen. Er hatte oft versucht, mit akade-

mischen Touristen darüber zu sprechen, aber, so klagte er, er wäre nur einem sonderbaren Lächeln begegnet. Er wüßte aber bestimmt, daß er recht hätte. Ich mußte ihm recht geben, denn wie sollten Moos-»Keime« am Fels »Wurzel fassen« können?
Als ich ihm nun die von ihm geahnten Bläschen im Mikroskop zeigte und ihm sagte, daß sie 4000 × vergrößert wären, erlebte er seinen eigenen Worten nach, die »tiefste Erschütterung meines Lebens«. Er hätte nie geglaubt, daß es ihm je vergönnt sein sollte, die Bläschen zu erblicken, an die er immer fest geglaubt hatte, wenn er sich Grün, Wachstum, Blühen und Erdfruchtbarkeit plastisch vorzustellen versuchte.
Ich hatte ihm in den ersten Sommern nichts vom atmosphärischen Orgon erzählt, weil ich fürchtete, mir's mit ihm zu verderben. Später stellte es sich heraus, daß auch er mir, aus derselben Scheu heraus, nichts über seine Ideen erzählt hatte.
Als ich im Sommer 1942 wieder zur orgonphysikalischen Arbeit hinfuhr, traf ich ihn in kachektischem Zustand an. Er hatte sehr an Gewicht verloren, ging gebeugt, konnte kaum mehr arbeiten, ermüdete sehr rasch, sein Appetit schwand dahin, ebenso seine Hoffnung. Er wußte, daß er nicht mehr lange leben würde. Ein Arzt hatte es ihm verraten. Er gestand mir, daß er sein Schicksal nicht leicht trug; er rebellierte heftig. Er wollte nicht sterben, denn diese Welt der Wälder, Berge und Seen, in denen er fast siebzig Jahre seines Lebens verbracht hätte, wäre zu schön, er wäre mit ihr zu sehr verwachsen. Er konnte sich nicht vorstellen, daß er nun bald nichts mehr davon sehen und genießen sollte. Er liebte seine Waldeinsamkeiten, in denen er viele Jahrzehnte hart um seine Existenz gearbeitet hatte.
Die Röntgenbehandlung hatte seine schlimmen Schmerzen für kurze Zeit ein wenig gelindert, nun aber stellten sie sich wieder ein. Er besaß kein Geld, denn er war sein Leben lang ein schlechter Geschäftsmann gewesen. Die Familie war verzweifelt. Der sichere Tod war in kurzem zu erwarten, und die Ärzte hatten nicht die geringste Hoffnung gelassen. Er wollte nicht mehr in die Klinik zurück. Er hatte sich dort sehr schlecht gefühlt und er hatte gegen alles und jedes rebelliert. Er war also nicht nur ein schlechter Geschäftsmann, sondern auch ein schlechter Patient. Er fügte sich als Naturmensch schlecht in die »Werte« der Kultur und Zivilisation ein. Er wußte zuviel über Natur, Liebe und Leben, Krieg und Geschäft, um die sonst hochgeschätzte Eigen-

schaft der »Ergebenheit ins Schicksal« zu besitzen. Er war tief religiös im *guten* Sinne, aber er verachtete das Kirchengeschäft. Deshalb galt er in seiner Gegend als Abtrünniger, nicht ohne gleichzeitig gerade deshalb hochgeehrt und geschätzt zu sein. Ich hatte von ihm immer den Eindruck, daß er unter entsprechenden wirtschaftlichen Bedingungen ein hervorragender Naturforscher geworden wäre. Wieviele große Talente gehen doch auf diese Weise verloren!
Als ich ihn eines Tages fragte, ob er an Gott glaubte, sagte er: »Natürlich, Er ist überall, in mir und um uns herum. Schauen Sie bloß dahin«, und er zeigte ins Blau vor den fernen Bergen. »I call it *Life*, but the people would laugh at me, and therefore I don't like to speak about it.«*
Er wußte also auch über die Existenz der Orgonenergie in der Atmosphäre Bescheid.
Wochenlang hatte ich nun schon mit seiner Familie Pläne geschmiedet, nach denen man ihn zur Benützung des Orgon-Akkumulators bewegen sollte. Er war außerordentlich mißtrauisch gegen alle Medizin und ein Trotzkopf dazu. Es war also nicht leicht, ihn zu überreden, und seine Tochter verzweifelte an der Aufgabe.
Als er mir nun sein Geheimnis verriet und das Blau in der Atmosphäre »Leben« nannte, gab ich auch mein Geheimnis preis. Ich sagte ihm, daß er voll recht hatte. Was er »Leben« nannte, sei tatsächlich die von mir entdeckte biologische Energie, »Orgon« genannt. Man könnte sie auch konzentrieren und sie blitzen sehen. Die Nordlichter wären ebenfalls Ausdruck eines besonderen Zustands des Orgons. Eines Abends zeigte ich ihm die Orgonstrahlen im Orgonoskop. Er sah und beschrieb sie sofort korrekt, ohne die pseudowissenschaftlichen Zwangzweifel, die unsere mechanistischen oder mystischen Akademiker in solchen Fällen zur Wahrung der wissenschaftlichen Würde entwickeln. Wir überredeten ihn, einen Orgon-Akkumulator selbst zu bauen und es zu versuchen. Ganz behutsam und sehr mißtrauisch ging er an die Arbeit. Uns dauerte es zu lange, denn er verfiel immer rascher. Der Akkumulator war schließlich fertig, er setzte sich hinein und erzählte strahlend, daß er deutlich ein Prickeln an den

---

* [»Ich nenn es *Leben*, aber die Leute würden mich auslachen, und deshalb spreche ich nicht gern darüber.«]

Händen gespürt hätte. Aber er war nicht dazu zu bringen, den Akkumulator *regelmäßig* zu benützen. Ich fand schließlich heraus, daß er sich gegen das Eingeständnis, krank zu sein, heftig wehrte. Eine freundschaftliche Aussprache half wenig. Da brachen bei einem Unwetter schwere Schmerzen herein, er konnte sich nicht mehr bewegen; es brannte in der Tiefe der Harnröhre und er war dabei, aufzugeben.

Mit großer Anstrengung meinerseits und mit Unterstützung seines starken Lebenswillens in der Katastrophe brachte ich ihn dazu, zweimal täglich je eine Stunde im Akkumulator zu sitzen. Nach wenigen Tagen hörte der Schmerz auf. Die mikroskopische Untersuchung des Harns zeigte zerfallende Krebszellen, die T-Bazillen waren unbewegt, wenn auch reichlich vorhanden. Er stand wieder auf, begann wieder mit Appetit zu essen und ging herum. Ich nahm ihm das Versprechen ab, sich mindestens ein Jahr lang zu schonen, das Kranksein nicht als Schande zu empfinden und seinem Organismus eine Chance der Gesundung zu geben.

Die Wirkungen des Akkumulators zusammen mit meiner psychotherapeutischen Anstrengung hatten Erfolg. Ich verfolgte die Besserung seines Zustandes mehrere Wochen lang. Er besuchte mich in der vier Meilen entfernten Hütte und fragte nach den Eigenschaften der Energie, die er »Leben« nannte. Er verstand alles spontan und gut, was ich experimentell erarbeitet hatte. Schließlich fuhr ich ab, überzeugt, daß er sehr bald nachlassen und aufhören würde, den Akkumulator regelmäßig zu benützen. Doch ich hatte unrecht. Er gewann den Akkumulator lieb, gestand, daß er ihm das Leben vorläufig gerettet hätte, und berichtete brieflich, daß er sich weit besser fühlte. Er hatte keine Schmerzen mehr, nahm an Gewicht zu und fühlte sich, nach seinen eigenen Worten, »wie verjüngt«. Im Laufe von zwei Monaten nahm er 7 lbs. an Gewicht zu. Eine Zeitlang schied er braune Flüssigkeit, also Tumordetritus, aus.

Er sollte nun längst tot sein. Er lebt in Frische und fast schmerzfrei ohne Narkotika zur Zeit der Publikation dieses Berichts. Wie immer sich sein Schicksal weiter gestalten möge: Er genießt am Ende seines Lebens die Macht dessen, was er »Gott« und »Leben« nannte.

Dieser Mann heißt Hermann O. Templeton und ist der Manager

der *Orgon-Instituts-Laboratorien* unter dem Namen »Orgonon« in Franklin County, Maine.*

Was ich nun zu schildern habe, ist heute *nur ein Plan* des Orgon-Instituts. Seine Verwirklichung hängt nicht von dem Institut allein ab. Wir wissen nicht, wie lange es dauern wird, bis die gesellschaftliche Administration die Gefahren erkennen wird, die aus den Sexualbiopathien für die menschliche Existenz hervorgehen. Wir wissen nicht, wie lange dieser Krieg dauern und die Pflege menschlichen Gedeihens behindern wird. Das Orgon-Institut hat jedenfalls einige entscheidende Schritte in der Richtung auf die Verhütung der Biopathien unternommen. Ich überlasse es nun den Lesern zu beurteilen, ob unsere Anstrengungen die Unterstützung der Öffentlichkeit verdienen. Ich meine nicht nur Anerkennung und Lob, sondern auch *greifbare* wirtschaftliche und gesellschaftliche Hilfe.**

Templeton war der erste Krebskranke, der einen Orgon-Akkumulator dauernd im Hause hatte. Die Wirkung war nicht zu überschätzen. Die Krebskranken, die in mein Laboratorium zur Orgonbehandlung kamen, waren täglich »auf dem Wege zum Arzt«. Mein Freund war sein eigener Arzt. Er konnte den Akkumulator benützen, so oft er wollte und wann immer er wollte. Wenn er Schmerzen bekam, mußte er nicht auf die Stunde warten die mit dem Arzt abgemacht war, er konnte die Orgonbestrahlung sofort haben. Er war in der Lage, sich statt einmal, *dreimal* täglich in den Akkumulator zu setzen. Er hatte Muße genug, mit der Strahlung vertraut zu werden, sich mit ihr sozusagen zu befreunden. Der Akkumulator war nicht ein »ärztlicher Apparat« in einem »klinischen Laboratorium«. Der Kranke konnte ihn seinen Freunden und Bekannten zeigen, die-

---

* Mr. Templeton starb später an einem anorgonotischen Anfall. [Herausgeber.]

** Während große Fortschritte in der Verwirklichung des Plans gemacht wurden, den Reich auf den nächsten Seiten (geschrieben 1943) beschreibt, brachten die Umstände, die schließlich zum Tod Reichs führten, die tatsächliche Arbeit von Orgonon zum Stillstand. Heute erwartet das Reichsche Besitztum Orgonon als ein Teil des Wilhelm Reich Infant Trust Fund eine Erneuerung der Unterstützung, die es in die Lage versetzt, wieder zum Forschungszentrum der Orgonomie zu werden. Das unerhörte Interesse an dieser jungen Wissenschaft läßt uns hoffen, daß die Unterstützung bald erfolgt. [Herausgeber.]

sen oder jenen hineinsetzen, mit ihm über die Escheinungen diskutieren und sich Erfahrungen bestätigen lassen. Er war nicht passives Objekt einer Behandlung, sondern er war aktiv tätig. Er lernte es, über die Energie, die ihm so weit half, nachzudenken und sie zu beherrschen. Er wurde in einer neuen Art sozialer Arbeiter, der unabhängig vom Arzt mit seiner sozialen Umgebung in dieser Sache in Kontakt tritt. Er ersparte sich auch eine Menge Geldausgaben für weite Reisen, Medikamente etc.; er brauchte kein Morphium mehr.

Diese medizinischen und sozialen Wirkungen des *Orgon-Akkumulators im eigenen Hause* liegen dem Orgonon-Plan zugrunde. Unser genesender Krebskranker erbot sich spontan, den Bau der Orgon-Akkumulatoren zu übernehmen. Seine Tochter folgte ihm später in dieser Aufgabe. Mit der Zeit würde, wenn alles seinen korrekten Weg geht, die Nachfrage nach Orgon-Akkumulatoren sehr ansteigen. Also bedurfte es eines Grundstücks, um darauf die Werkstätten einzurichten. Um das Grundstück zu erwerben und die Werkstätten zu bauen, brauchten wir Geld. Die Orgon-Forschung erfordert Riesensummen, die wir Arbeiter am Institut nicht bestreiten können und die von niemand sonst gegeben werden. Daher müßten die Orgon-Akkumulatoren in kleinen Beiträgen mit der Zeit nicht nur die Kosten ihrer Herstellung decken, sondern auch möglicherweise die gesamte Orgon-Forschung bestreiten. Wenn die Öffentlichkeit über das Wesen des Orgons immer mehr erfahren wird, wird sie auch bereit sein, freiwillig Beiträge zur Orgon-Forschung zu liefern. Als Entgelt erhält sie die gesundheitlichen Dienste, die der Orgon-Akkumulator leistet.

So kam der Gedanke auf, den Orgon-Akkumulator nicht zu verkaufen und auch nicht selbst auszubeuten, sondern für die *Orgonforschung* arbeiten zu lassen: *Es konnte nur in Form einer öffentlichen Nutzinstitution ohne Profitinteressen erfolgen.*[*]

Das Institut kaufte eine Farm von 150 Hektar im Betrage von $ 4000. Dieses Geld wurde von einer eifrigen Lehrerin, Schülerin des Instituts, zinsenfrei als Darlehen zur Verfügung gestellt. Die Rückzahlung sollte beliebig im Laufe der folgenden Jahre erfolgen. Das Landstück trägt einige alte Gebäude, aus de-

---

[*] Die Wilhelm Reich Foundation wurde 1949 zu diesem Zweck gegründet. Sie ist nicht mehr tätig. [Herausgeber.]

ren Material man leicht die allernotwendigsten Bauten errichten kann. Hermann Templeton übernahm die Administration der Bauten.
Der National Research Council in Washington ist über diesen Plan informiert.
Orgonon liegt in 1600 Fuß Höhe (rd. 500 m) und hat ein trockenes, sonniges Klima. Es eignet sich also hervorragend gut für die experimentelle Orgon-Forschung. Mit den Jahren könnte die gesamte biophysikalische Arbeit nach Orgonon verlegt werden. Endlich würde man die Enge, die die Arbeit im kleinen, mit Instrumenten überladenen Laboratorium in New York erdrückt, überwinden. Orgonon könnte die Heimstätte der orgonphysikalischen Lebensforschung werden, die nun mehr als 15 Jahre auf Wanderschaft von Land zu Land gewesen war. Sie hat ein wenig Beständigkeit und Ruhe wohl verdient.
Die Orgon-Akkumulatoren, die in Orgonon gebaut werden, bleiben Eigentum des Orgon-Instituts. So wie man Telefone mietet, mietet man auch Orgon-Akkumulatoren für beliebige Zeit und gegen monatliche Beiträge für den »Orgon-Forschungs-Fond«. Die Eingänge setzen sich aus Beiträgen der Studenten und Mitglieder, aus freiwilligen Beiträgen anderer, aus Zahlungen für experimentelle Tests am Laboratorium und aus monatlichen Zahlungen für die Benützung der Akkumulatoren zusammen. Der Fond hat seinerseits für die Kosten des Betriebes, für die Lebenskosten der Arbeiter und für den Ausbau der Orgon-Physik zu sorgen.
Da der Orgon-Akkumulator eine vagotone Erregung des Organismus und die orgonotische Auflading des Blutes bewirkt, die die Resistenz des Organismus gegen Erkrankungen zu steigern in der Lage sind, wird er ein unerläßliches Instrument im Kampfe gegen Erkrankungen werden, die in Herabsetzung der biologischen Abwehrreaktionen des Organismus und in Kontraktion des Lebensapparates bestehen. Ich zweifle nicht daran, daß die Scheu wegen der Neuheit des Apparats und seiner Einfachheit überwunden werden wird. Ich habe auf den materiellen Gewinn nicht aus Edelmut, sondern aus Interesse an der Ausschaltung jeden Verdachts der wirtschaftlichen Konkurrenz mit der mächtigen pharmazeutischen Industrie verzichtet.
Ich möchte betonen: *Es geht nicht nur um die Krebserkrankung, wenn sich auch die Orgonenergie vor allem an ihr erprobt hat.*

Es geht vielmehr um die bioenergetische Aufladung des Organismus, die nun mit dem Orgon endlich in unsere Hand gegeben ist.

Ich behaupte, daß *die Krebsverhütung sich auf das Prinzip der Steigerung der orgonotischen Potenz des Organismus stützt,* lange bevor es zur Ausbildung von T-Bazillen oder gar Krebszellen kommt. Es geht um Verhütung der Schrumpfung des Lebensapparates und des Überganges in Fäulnis. Diese Aufgabe zerfällt in zwei Teile, einen engeren biophysikalischen und einen weiteren sozialmedizinischen.

Die biophysikalische Aufgabe besteht in der direkten Applikation von Orgon durch den Akkumulator. Der weitere, soziale Teil besteht in der öffentlichen Bewältigung der Sexualbiopathien im Kindes- und Jugendalter, also in der Bewältigung derjenigen Vorgänge im Organismus, die zur Entwicklung nicht nur der Krebsschrumpfungsbiopathie, sondern *jeder* Art Biopathie führen. Die soziale Aufgabe ist zweifellos die weit umfassendere und schwierigere. Die biophysikalische Aufgabe der direkten Orgonapplikation ist im Verhältnis dazu weit einfacher und leichter. Zunächst wird sie nur in engem Rahmen und experimentell durchgeführt werden können, in einer von den folgenden zwei Weisen:

a) Die Orgon-Akkumulatoren kommen immer mehr in Gebrauch. Wir führen genaue Evidenz darüber, wieviele der Orgon-Konsumenten nach drei bis fünf Jahren Krebs oder anderen Erkrankungen entwickeln. Das wird uns ein Bild über die Möglichkeiten der Krebsprophylaxe geben. Der emotionelle Faktor dabei, das Eingehen des Lebensapparats infolge Resignation, ist allerdings unberechenbar und wahrscheinlich grundsätzlich nur mit Erfüllung der sozialen Aufgabe zu lösen. Nehmen wir an, daß von einem bestimmten Zeitpunkt ab etwa 5000 Akkumulatoren in Gebrauch wären. Sollten diese 5000 Konsumenten weniger oder gar keinen Krebs entwickeln, dann wäre dieser Teil der Aufgabe gelöst. Das Prinzip könnte in nationalem wie internationalem Maßstabe durchgeführt werden.

b) Mit Hilfe der öffentlichen Organisationen ließe sich diese Aufgabe auch noch wie folgt lösen: Ein Bezirk in irgendeinem Staate oder in einer Stadt, die, sagen wir, 10 000 Einwohner zählen, wird mit »einem Akkumulator in jedem Haus« belegt. Sozialarbeiter halten strenge Evidenz über die Krebserkrankungen in diesem Bezirk, verglichen mit anderen Bezirken, wo der Orgon-Akkumulator nicht in Gebrauch ist. Im Verlaufe von etwa zwei bis fünf Jahren könnte man bündige Schlüsse auf die Möglichkeiten allgemeiner Krebsprophylaxe ziehen.

Dieser Plan mag manchem Leser als zu phantastisch erscheinen. Demgegenüber möchte ich sagen: Wenn es möglich ist, die Bevölkerungen eines ganzen Planeten für Kriegszwecke zu mobilisieren, dann muß es möglich sein, einen Bezirk mit 10 000 Einwohnern zum Zwecke eines entscheidenden Experiments zu mobilisieren. Ich bin mir aller Umstände bewußt, die hier Schwierigkeiten schaffen werden. Aber die Durchführung dieses Plans *ist* möglich, ja sie darf nicht ausbleiben.

Register

Abasie, orgonomische Erklärung und Behandlung, 351-355
ADAM und AULER, 261
Agglutination, von Bakterien und Orgonenergie-Rückzug, 62
»Algen«, und Bione, 71
Amöben
und Krebszellen, 58
Amöba limax, 75
und der Lebensprozeß, 169
im Sputum von Krebspatienten, 228
Destruktivität von, 282
lokomotorische Funktion der, 77
Anämie
sekundäre, ihre Ursache bei Krebs, 61
Wirkung des Orgonakkumulator auf, 338
Angina pectoris, Behandlung im Orgonakkumulator, 340
Angstneurose, und lokale Tumorbildung, 242
Anorgonie
bei Krebs, 347-400
und Schrumpfung, 372
Grad der Orgonität und Anfälligkeit für, 378
funktionelle Lähmung und, 381-382
ASHER, 361
Atmungshemmung, und allgemeiner Krebsprozeß, 235
Autismus, beim Säugling, 391-393
Autoklavierung roter Blutkörperchen, s. Blutproben
Autonomes Nervensystem, 19
traditionelle und orgonomische Auffassung, 170

die Amöbe und das, 182
und Lustfunktion, 183
und Krebsschmerz, 182-183
und Fallangst, 196
und Zellkern, 236

Behandlung, übliche, von Krebs, 243
BERGSON, H., 32
BIERISCH, R., 279
BIOGENESE, 19, 70
und Ursprung der Krebszellen, 250, 251, 252, 256
Biologische Energie
Stagnation der, 12, 13
Eigenschaften der, 36
Biologische Funktionstüchtigkeit, 58
und Hämoglobin, 331
Biologische Pulsation, 78-79
und Sexualstauung, 169
und Lebensprozeß, 169-170
Bione
Entdeckung und Definition der, 37-38
Degeneration der, 37-38
und protozoale Organisation, 37
experimentelle Herstellung aus Kohle, 40
Entwicklung von Kohlebionen, 39
mikroskopische Beobachtung der, 38-40
biologische Färbereaktion der, 41
Kulturen von, und Luftkeime, 94
siehe auch PA-Bione, SAPA-Bione!
Biopathie, Definition der, 167-169

Biopathische Schrumpfung, 169-171

Bläschen, Gewebszerfall bei Krebs in, 232-233

BLOCH, 283

BLUMENTHAL, F., 260, 263-264, 275, 277, 283

Blutplättchen, und PA-Bione, 291

Blutproben, orgon-biophysikalische, 185-186

BON, W. F., 102, 105

BORST, M., 276-277

BÖWING, 361

B-Reaktion, 59, 291, 293, 295, 297-300, 401

Brown'sche Bewegung 48-51, 77

BURR, H. S., 319

Chemische Medikamente, Wirkung bei Krebs, 307, 323, 355

COHNHEIM, O., 365

CORI, 278

CURIE, M., 415

Cyanid, und T-Bazillen, 265, 267, 292

DARWIN, C., 409

DELLMAN, 283

DE VRIES, 409

Disposition, zu Krankheiten, 21, 61, 99-100
siehe auch Krebsdisposition!

DÖFLEIN, F., 281

DREIFUSS, 283

DRIESCH, H., 32

»Düngung« und PA-Bion-Bildung, 292

DU TEIL, R., 46

EINSTEIN, A., 51, 138

Eisenbione, Herstellung und Untersuchung von, 48

élan vital, 32

Elektrizität
und biologische Energie, 30
Wirkung auf Muskel-Nerv-Präparat, 31
Wirkung auf lebende Organismen, 30-32

Elektroskop, Reaktion auf Isolatoren, die Bionkulturen, Sonnenstrahlung und dem Kontakt mit lebenden Organismen ausgesetzt waren, 85-89
siehe auch Orgonometrie, Radiumelektroskop!

Emotionale Pest, 401, 403, 410

Entelechie, 32

Erblichkeit
und energetischer Funktionalismus, 75, 395
und Krebs, 293-296, 408-409
des Temperamentes und orgastische Potenz 396

Erdbione
Herstellung von, 48
Wirkung auf Erythrozyten, 62
Anwendung bei Krebsmäusen, 64
Anwendung beim Menschen, 345

Erdbion-Wasser, fluorophotometrischer Nachweis der Orgonenergie in, 82-85

Erstrahlung
und Attraktion, 62-64
Nachweis der orgonotischen, 162-166
im Zellkern, 241
mitogenetische Strahlung und, 318-319

Erythrozyten
bei Gesundheit und Krebs, 58-61
Wirkung von Erdbionen auf, 62, 64
»Sympathikotonie« der, 245
T-Zacken an, 245
Farbe der, 50

EWING, J., 282

Experiment XX, 80-93

Fallangst

und präorgastische Erregung,
    196-197
bei Charakterneurose u. Krebs,
    348-349
bei einem Säugling, 383-400
orgon-biophysikalische Erklärung von, 387-389
siehe auch Anorgonie!
Faradayscher Käfig, und Sichtbarmachung der Orgonstrahlung,
    123-127
Fäulnis
verursacht durch biopathische
    Schrumpfung, 206
verfrühte, bei Krebs, 243, 255-260, 402
nach dem Tod, 259
Fäulnisbakterien, bei Krebs, 246,
    249
Filmung
der Organisation von Protozoen, 74
der SAPA-Bion-Strahlung, 104-105
der Organisation von Trichomonas vaginalis, 379
Finalismus, 32
FISCHER, A., 50
Flimmern am Himmel
objektiviert, 118-122
und Dunst, Nebel, Feuchtigkeit,
    121-122
FRÄNKEL, E., 262
FREUD, S., 35, 67, 229, 257, 382,
    409
Funktionelle Krankheiten, Natur
    der, 206-211
Funktionelle Naturanschauung,
    117

Geiger-Müller-Zähler, Nachweis
    einer motorischen Kraft mit
    dem, 165
GURWITSCH, 241

HAVREVOLD, O., 105

Hebephrenie, biopathische
    Schrumpfung bei, 224
HEIDENHEIM, 364
HERTWIG, R., 237
Heuaufguß, siehe Protozoen!
HÖBER, R., 364-365
HOFF, 361-362
HOPPE, W., 19
Hypertension, vaskuläre, Beeinflussung durch den Orgonakkumulator, 339

Immunität, und orgonotische Potenz, 287
Immun-Körper, und PA-Bione und
    T-Bazillen, 67-68
INFELD, L., 138
Infiltration, in krebsigem Gewebe,
    233
Involution, und körperliche
    Schrumpfung, 243, 258
ITSCHIKAWA, 283

JENNINGS, 70

KAHANE, 281
Kallikak-Familie, 33
KAMMERER, P., 32
und die Vererbung erworbener
    Eigenschaften, 33
Kardiovaskuläre Biopathie, 221
karzinomatöse Schrumpfungsbiopathie, 167-222
KENNEWAY, 283
KLENITSKY, 241
KOCH, R., 10
Kohlendioxidüberschuß in Krebsgewebe, 257
KRAUS, R., 261
Krebs
allgemeine Symptome bei, 181-182
und Sexualstauung, 169
muskuläre Spasmen und, 171-174

Natur des Schmerzes bei, 182-184
Sexualfunktion und, 171-172
bei Kindern, pränatale Faktoren bei, 295
Krebsbiopathie
Voraussetzungen für ein Verständnis der, 19
und Sexualsoziologie, 401-414
Krebsdisposition, 167, 172, 288
Universalität der, 290
Krebsforschung
Irrtum in der, 228-230, 254
Rätsel in der, 260-286
Krebsheilung, und Orgontherapie, 13, 25, 315, 324, 329, 333, 337-338, 358, 401, 405
Krebsschmerz, siehe autonomes Nervensystem!
Krebsstoffwechsel, und O-Mangel, 175
Krebstherapie
herkömmliche, 167
Grundprinzipien einer echten, 292-293
siehe auch Orgontherapie!
Krebstod im hohen Alter, 258
Krebstumor
Beziehung zur Krebskrankheit, 167, 236
Lokalisation des, 199, 200
als Abwehrreaktion, 268
Krebsverhütung, 19, 293, 299, 302
»Orgonon«-Projekt, 414-424
Krebszelle
Rätsel der Entstehung der, 226-255
und Protozoen, 73
typische Entwicklungsstufen von, 232-235
Entwicklung im T-Mäuse-Experiment, 268-283
Kreiselwelle, 125

LADENBURG, R. W., 113
Lähmung, funktionelle, 210

LANGE, F. A., 34
LAPIQUE, L., 45-46
LASER, 262
Lebensenergie, Eigenschaften der, 36
Lebensformel siehe Sp-L-Formel!
LEEUWENHOOK, A. van, 229
Leukämie, 246-247
Fall von latenter, 369
LEYDEN, 280-281
Licht, Frage nach subjektiven Eindrücken von, 115-117
Liegegeschwüre, und Verbrennungen, lokale Orgonbehandlung, 343
LINDER, 262
LISTER, J. L., 229
LÖNNE, F., 406-407
LUBARSCH, 275, 284
Luftkeime, Theorie der, 12, 21, 70, 248, 251
Absurditäten der, 94-100
Widerlegung der, 97-100

Magnetismus, und orgonotische Attraktion, 144-145
MARBURG, 361
Materialismus, mechanistischer, 32
Metastasen, orgonomische Erklärung der, 246
Metazoen, biologische Pulsation in, 169-170
Milchsäure, im Krebsgewebe, 278
Mitogenetische Strahlung siehe Erstrahlung!
Mortalitätsstatistiken biopathischer und nicht-biopathischer Krankheiten, 403-404
Motorische Kraft der Orgonenergie, 165
MOXNES, 103
MÜLLER, R. L., 361
Muskelspasmen, bei Krebs, 172-174
und Lokalisation von Metastasen, 191

Mystizismus, und mechanistische Biologie, 35, 248

»natural leak«, und das atmosphärische Orgon, 148
Neurose, Ursache und Beseitigung der, 27

Ödem bei Krebs, orgon-biophysikalische Erklärung, 360-362
Orgasmus, oraler, beim Säugling, 386
Orgasmus, orgonomische Beschreibung des, 29-30
Orgasmusangst, und Sterbensangst, 199
Orgasmusformel siehe Sp-L-Formel!
Orgasmusfunktion, 27-29
und zellulärer Stoffwechsel, 235-240
Orgasmusreflex, 170
bei Krebs, 223, 257
Orgastische Entladung, Natur der, 27-28
Orgastische Impotenz, 172, 235, 240
Orgonakkumulator
Wirkung auf rote Blutzellen, 59, 315
Wirkung auf Grasaufguß, 62, 314-315
Konstruktion des, 128-131
Grundschema des, 132
Erleichterung von Schmerz im, 184
Anstieg der Körpertemperatur im, 322
Bestrahlung des gesamten Organismus im, 338-342
Benutzung während der Schwangerschaft, 341
Orgonenergie, 9, 11
SAPA-Bione und die Entdeckung der, 37
in der Atmosphäre, 37
Ableitung des Begriffs, 51
Aufladung roter Blutzellen mit, 59-60
Beziehung vom atmosphärischen Sauerstoff zur, 60
und organische Materie, 90
Sichtbarmachung in der Atmosphäre, 109-114
Nachweis der Wirkung auf organische Substanz und Metall, 128-134
Messung im Freien, 135
quantitative Bestimmung der, 149-158
und Wetterbildung, 153-158
Hülle des Planeten, 161-163
motorische Kraft der, 165
Arten der medizinischen Anwendung der, 345-346
Orgonenergiefeld, 71, 130, 258, 319-320
Orgonenergiefeld-Meßapparat, 162-166, 258, 320
Orgonenergiewechsel der Zelle, und die Orgasmusfunktion, 235-248
Orgon-Flocken
biologische Natur der, 89-91
chemische Zusammensetzung der, 90
Entwicklung von Protozoen aus, 85-89
»Orgonhunger«, 57, 67
Orgonphysik, 127-128, 222
Orgonstrahlung, 122
vagotonische Wirkung bei Krebspatienten, 181-182
Orgontherapie des Krebses, 176-206, 256, 300
Wirkung auf Erythrozyten, 186
eine biologische Therapie, 208
Wirkung auf den Embryo, 296
Experimente mit Mäusen, 301-315
die Funktion des Blutes bei der, 306-307

experimentelle Ergebnisse beim
Menschen, 316-346
verglichen mit Radium- und
Röntgentherapie, 318, 329
Beseitigung des Tumor-Detritus
bei der, 312, 329-331
Beziehung zum Fieber, 323
sexualökonomische Probleme bei
der, 331-333
Applikationsarten der, 338-346
Orgontherapie bei anderen Krankheiten als Krebs, 337-346
Orgonwasser, 345-346
Orgonometrie
elektroskopische, 145-149
thermische, 131-141
Messungen im Raum, 131-135
Messungen im Freien, 135-141
Messungen im Erdboden und in der Atmosphäre, 142-143
experimentelle Schlußfolgerungen, 140-144
Orgonomia, 92
Orgonomisches Potential, 58, 238, 371
Orgonoskop, 120-121
Orgonotische Attraktion, im Energiefeld des Orgonakkumulators, 144-145
»Orgonotische Empfindung«, 347
Orgonotische Potenz,
von Flüssigkeiten, 80-84
von Geweben, 287, 289
Orgonotische Pulsation, im nichtlebenden Bereich, 158-160
Orgonotisches System, 318
rote Blutkörperchen als, 60
Protozoen als, 77
Zelle als, 236
Schema des, 319
Orgonotische Zellerstrahlung, 316-324
Orgontin, 89
»Org«-Protozoon, 75, 79

PA-Bione, 38-48, 54-57, 231, 251, 255-256, 259, 291-292, 301-315
Wirkung auf T-Bazillen, 5-57
im Mäuseexperiment, 55
und Blutplättchen, 291
Paramaecium, 75-76
PASTEUR, L., 10, 34, 229
PAULI, 41
Pendel, Schwingungen im Energiefeld einer Metallkugel, 158-160
PFEIFFER, L., 281
PFLÜGER, 32
Plasmasystem, und biopathische Schrumpfung, 170
PODWYSSOZKI, 281
POPOFF, 237
POUCHET, F., 34
»praemortem necrosis« und fortgeschrittener Krebs, 283
Pränatale Umgebung und embryonale Entwicklung, 396-400
Protoplasma, und Maschinen, 69-70
Protozoe
natürliche Organisation aus Bionen, 37, 68-80
und »enzystierte Keime«, 71
in Grasaufgüssen, 70-71, 248-252
Entwicklungsstufen in sterilem partikelfreiem Bionwasser, 91-92
herbstliches Gras und, 250
Aufnahme von Bionen durch, 75
Pulsation
in nicht-lebender Materie, 158-160
in der Atmosphäre, 160-162

QUINCKE, 361

Radiumelektroskop, 103, 109
RANCE, 361
REICHARDT, 362

REID, 365
Religion, und der Lebensprozeß, 35
Resignation, 12, 180, 209, 220-221, 223-224, 268
 und blockierter Affekt, 222
Resorption, im Darm, orgonbiophysikalische Erklärung 364-366
Rote Blutkörperchen,
 Wirkung auf pathogene Mikroorganismen, 59-61
 Schicksal in Krebstumoren, 61
 siehe auch Erythrozyten!
Rous-Sarkom, 175, 262
RUFFER, 281
RUSSEL, 283

SAPA-Bione, 101-109
 Erscheinung der, 101
 Beweis für eine Strahlung der, 102-109
 Wirkung auf Mikroorganismen und Krebszellen, 102
 Behandlung von Krebsmäusen mit, 301-315
Säugen, und orgonotischer Kontakt, 384-385
Sauerstoffmangel bei Krebs, 11, 175
SAWTSCHENKO, 281
SCHAUDINN, 280-281
Schizophrenie, 383, 413
Schrecklähmung, 372-373
Schwangerschaft, Benutzung des Orgonakkumulator während der, 341
Schrumpfung, biopathische, 169-171
 charakterlicher Ausdruck bei, 195-206
 ohne Tumor, 211-224
 Phasen der, 242-243
SCHULLER, 282
Selbstinfektion, des Organismus durch Gewebszerfall, 231

Sexualökonomie und Krebs, 171-176, 217, 406
Spasmen, muskuläre, und Tumorbildung, 235-236
Sp-L-Formel (Spannungs-Ladungs-), 29, 77, 78, 239
Staphylococcus, 16
Statische Elektrizität, 130
Stauung, und bionöser Zerfall, 236
Stauung, sexuelle
 Beseitigung der, 27
 bei Krebs, 168-169
 und T-Reaktion, 295
Stauungsneurose und biopathische Schrumpfung, 197
Strahlungsbrücke zwischen zwei orgonotischen Systemen, 63-64
Sympathikotonie, 171, 182
»Sympathikotonie« des Erythrozyten, 245

T-Bazillen, 12, 52-62, 243-244, 251-252, 255, 259-260
 Herkunft der, 54
 Wirkung auf gesunde Mäuse, 54, 286, 287-293
T-Blutprobe, 58-62
Teer-Krebs bei Mäusen, 283-286
TEMPLETON, H. O., 419
Thermodynamik, zweiter Hauptsatz der, 141
T-Reaktion, 59, 295, 297-315
Todestrieb, Widerlegung von Freuds Hypothese über den, 257
Trichomonas vaginalis, 296, 377
 und genitale Frigidität, 378-379
TSUTSUI, 283

UEXKÜLL, 51, 68-69

Vaginale Anästhesie, 173
Vagotonische Expansion
 bei der Orgontherapie, 182-184
 und Lust, 183
Vegetotherapie, 199
Verschmelzung und Durchdrin-

gung, orgonomische Bedeutung
  von, 64-68
Vitalisten, 22
Vorticellae, siehe Org-Protozoon!

WAGNER-JAUREGG, J., 323
WALKER, 281

WARBURG, O., 11, 12, 175, 278, 292

YAMAGIWA, 283

Zerfall, in Bläschen, von quellender Materie, 37-48
Zweck und lebende Materie, 77-78